Schrüfer – Elektrische Meßtechnik

Studienbücher

der technischen Wissenschaften

Carl Hanser Verlag München Wien

E. Schrüfer

Elektrische Meßtechnik

Messung elektrischer und nichtelektrischer Größen

mit 398 Bildern und 34 Tabellen

4., durchgesehene Auflage

HANSER

Carl Hanser Verlag München Wien

Professor Dr. rer. nat. Elmar Schrüfer
Lehrstuhl für Elektrische Meßtechnik,
Technische Universität München

CIP-Kurztitelaufnahme der Deutschen Bibliothek
Schrüfer, Elmar:
Elektrische Messtechnik : Messung elektrischer und nichtelektrischer Grössen / E. Schrüfer. – 4., durchges. Aufl. – München ; Wien : Hanser, 1990
(Studienbücher der technischen Wissenschaften)
ISBN 3-446-16102-3

Gesamtherstellung: Universitätsdruckerei H. Stürtz AG, Würzburg
Umschlaggestaltung: Kaselow + Partner
Printed in Germany

Vorwort zur ersten Auflage

Die vorliegende Einführung in die Elektrische Meßtechnik ist nach elektrotechnischen Gesichtspunkten gegliedert. Auf diese Weise lassen sich die wichtigsten Meßgeräte und Meßverfahren ohne Überschneidungen behandeln.

Das an den Anfang gestellte Kapitel über die theoretischen Grundlagen der Meßtechnik muß nicht unbedingt im ganzen als erstes gelesen werden. Zu seinem Verständnis ist schon ein gewisses meßtechnisches Grundwissen erforderlich, das erst in den folgenden Abschnitten vermittelt wird. Diese beschäftigen sich mit der Messung von Strömen und Spannungen, Widerständen, Induktivitäten, Kapazitäten, Phasenwinkeln und Frequenzen. Dabei liegen zunächst amplitudenanaloge Signale, dann digitale und schließlich auch zeit- und frequenzanaloge vor.

Bei der Auswahl des Stoffes wurde versucht, den Überblick nicht durch allzuviele Details zu erschweren. Dafür sind die aufgenommenen Schaltungen und Methoden etwas ausführlicher behandelt. Sie werden jeweils durch den Text, durch Formeln, Zeichnungen und Diagramme erläutert. Die mathematischen Ableitungen gehen dabei von sehr allgemeinen Voraussetzungen aus. Durch diese vertiefte Behandlung soll das Gedächtnis entlastet und das Gelernte leicht auf ähnliche Fragestellungen übertragen werden können.

Entsprechend der gewählten Gliederung sind die Möglichkeiten zur elektrischen Messung nichtelektrischer Größen nicht nach der gesuchten verfahrenstechnischen Variablen, sondern nach der erzeugten oder beeinflußten elektrischen Größe geordnet. Damit werden die für die Signalverarbeitung bedeutsamen elektrischen Eigenschaften besser sichtbar und können im Zusammenhang besprochen werden. Die Aufnehmer und Sensoren und die ihnen zugrundeliegenden physikalischen Effekte sind dabei relativ ausführlich dargestellt.

Insgesamt geht der behandelte Stoff über den einer einführenden Vorlesung hinaus. Das Buch wendet sich nicht nur an Studenten, sondern auch an die schon auf dem Gebiet der Meßtechnik tätigen Naturwissenschaftler und Ingenieure. Es soll über die zur Verfügung stehenden Meßverfahren informieren und bei aktuellen Meßaufgaben die Auswahl erleichtern.

Bei der Ausarbeitung des Manuskripts habe ich viele Anregungen von seiten der am Lehrstuhl tätigen Assistenten erfahren. Sie haben viele der behandelten Schaltungen aufgebaut und untersucht. Frau V. Wyss hat einen großen Teil des Manuskripts geschrieben, Frau A. Koppe die meisten Bilder gezeichnet. Auf seiten des Hanser Verlags waren Herr Weberbeck und Herr Niclas sehr kooperative Gesprächspartner. Aufgrund ihrer Erfahrungen konnte das Buch mit dem gut lesbaren Formelsatz typographisch ansprechend gestaltet werden. Ihnen allen danke ich für ihre Unterstützung und Mitarbeit recht herzlich.

München, März 1983 E. Schrüfer

Vorwort zur dritten Auflage

Die dritte Auflage räumt insbesondere den aktuellen Entwicklungen auf dem Gebiet der Sensorik einen breiteren Raum ein. Die Methoden zur Beschreibung des dynamischen Verhaltens sind ausführlicher behandelt und der Abschnitt über die Messung mechanischer Größen ist neu aufgenommen. Dabei bemühte ich mich, die bisherige Art der Darstellung beizubehalten.

Auch das einführende Kapitel über die Grundlagen ist gewachsen. Dieses ist natürlich nicht überflüssig. Einfacher aber lesen sich die anderen Abschnitte, die mehr die speziellen Erscheinungen beschreiben und weniger die gemeinsamen Prinzipien betonen. So kann es durchaus sinnvoll sein, bei der Lektüre des Buches mit Kap. 2 zu beginnen und erst bei konkreten Anlässen zu den Grundlagen des Kap. 1 zurückzublättern.

Bei der Erweiterung des Buches haben mich Mitarbeiter des Lehrstuhls und Kollegen aus der Industrie unterstützt. Ebenso entgegenkommend waren die Gesprächspartner auf seiten des C. Hanser Verlags. Ihnen allen danke ich für Ihre Hilfe recht herzlich.

München, Sommer 1987 E. Schrüfer

Vorwort zur vierten Auflage

In der 4. Auflage wurden einige Fehler korrigiert und einige neuere Arbeiten wurden ins Literaturverzeichnis aufgenommen. Von einer größeren Überarbeitung konnte wegen der noch nicht lange zurückliegenden 3. Auflage abgesehen werden. Den Mitarbeitern des Carl Hanser Verlages danke ich sehr für die gute Zusammenarbeit.

München, August 1990 E. Schrüfer

Inhaltsverzeichnis

1 Grundlagen

Das Messen ist das quantitative Erfassen einer Größe. Die Meßgeräte erweitern dabei in einem fast unvorstellbaren Ausmaß die über unsere Sinne wahrnehmbare Umwelt. Sie erschließen uns Bereiche, in denen wir blind oder taub sind. So sieht unser Auge z.B. von den elektromagnetischen Schwingungen nur die Strahlung mit Wellenlängen zwischen 0,38 und 0,78 µm, während den Meßgeräten ein Wellenlängenbereich von über 18 Zehnerpotenzen zugänglich ist. Gemessen und berechnet werden Größen, die weit außerhalb unserer direkten Erfahrung liegen, wie etwa der Durchmesser von Atomkernen oder die Ausdehnung des Weltalls.

Das objektive, quantitative Beobachten bildet zusammen mit dem logischen Denken die Quelle jeder naturwissenschaftlichen Erkenntnis[1]). Diese von Galilei konsequent angewandte Methode führte zur Entwicklung der Naturwissenschaften und diese wiederum bilden die Grundlage unserer durch die Technik geprägten Zivilisation. Hier ist das Messen wichtig für Forschung, Entwicklung, Fertigung, Produktion und Prüffeld in der Industrie, für den Austausch von Gütern im Handel und für die Zuverlässigkeit und Sicherheit der Transportsysteme. Darüber hinaus hilft die Meßtechnik auf den Gebieten des Umweltschutzes und der Medizin unsere Lebensbedingungen zu verbessern. Aus diesem breiten Einsatz resultiert, daß nicht nur die mit der Entwicklung, Fertigung und dem Vertrieb der Meßgeräte befaßten Ingenieure, sondern praktisch alle in der Naturwissenschaft oder Technik Tätigen als potentielle Anwender der Meßtechnik entsprechende Kenntnisse benötigen.

1.1 Umfang und Bedeutung der elektrischen Meßtechnik

Die elektrische Meßtechnik befaßt sich zunächst mit der Messung elektrischer Größen wie z.B.

- Spannung
- Ladung, Strom
- Widerstand, Induktivität, Kapazität
- Phasenwinkel
- Frequenz.

Dabei läßt sich die zu messende Größe nur selten direkt auf einem Instrument anzeigen. Oft müssen die Meßsignale galvanisch getrennt, entkoppelt, übertra-

---

[1]) Plato (427–347 v. Chr.): „Das beste Mittel gegen Sinnestäuschungen ist das Messen, Zählen und Wägen. Dadurch wird die Herrschaft der Sinne über uns beseitigt. Wir richten uns nicht mehr nach dem sinnlichen Eindruck der Größe, der Zahl, des Gewichts der Gegenstände, sondern berechnen, messen und wägen sie. Und das ist Sache der Denkkraft, Sache des Geistes in uns" [Der Staat, Kröner Stuttgart 1973]

gen und fast immer auch „verarbeitet“ werden, wie z.B. verstärkt, kompensiert, umgeformt, umgesetzt, gefiltert, gespeichert, umgerechnet, linearisiert, bevor das Meßergebnis auf einer

- Skalen-, Ziffern- oder Bildschirmanzeige ausgegeben,
- mittels eines Schreibers oder Druckers festgehalten und dokumentiert, oder auch
- direkt zur Überwachung, Steuerung oder Regelung eines Prozesses benutzt werden kann.

Meßgeräte sind die im Signalfluß liegenden Geräte einer Meßeinrichtung, die die Qualität des Meßergebnisses wie z.B. die Genauigkeit und die Anzeigegeschwindigkeit beeinflussen [1.1, 1.2]. Sie müssen nicht wie in Bild 1.1 in Reihe geschaltet sein, sondern können auch andere *Strukturen* bilden. Die zwischen den Meßgeräten ausgetauschten *Signale* enthalten die Information über die zu messende Größe. Diese Information kann z.B. in der Amplitude oder Frequenz einer elektrischen Größe stecken oder auch quantisiert in Form eines codierten Signals vorliegen.

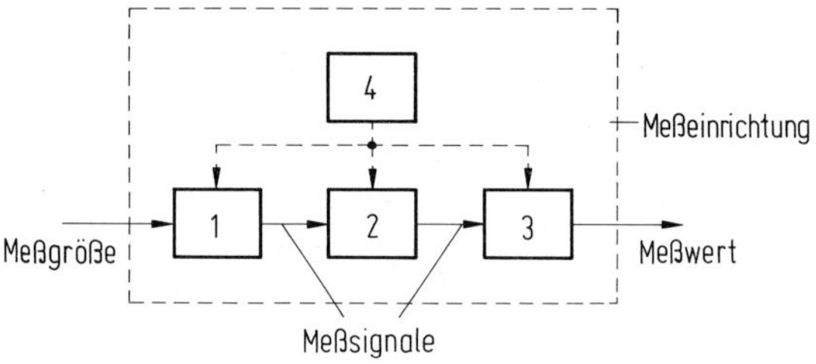

Bild 1.1: Meßeinrichtung, bestehend aus den Meßgeräten 1, 2, 3 und einem die Hilfsenergie liefernden Hilfsgerät 4 [1.2]

Das elektrische Messen hat eine zusätzliche Bedeutung gewonnen, da es gelingt, über verschiedene physikalische Effekte nichtelektrische Größen in elektrische umzuformen. Die dafür benötigten *Aufnehmer, Sensoren, Detektoren, Fühler* sind für sehr viele zu messende Größen verfügbar (Bild 1.2), so daß praktisch jede physikalische Größe als elektrisches Signal dargestellt und dann mit den Methoden der elektrischen Signalverarbeitung weiterbehandelt werden kann. Die Meßtechnik wird insbesondere durch die Anwendung dieser physikalischen Effekte auf den unterschiedlichsten Gebieten der Technik zu einem sehr interessanten Fach.

Die elektrische Meßtechnik ist somit die Disziplin, die sich mit

- der Gewinnung des elektrischen Meßsignals
- der Struktur der Meßeinrichtung
- den Eigenschaften der Signalformen und
- der Übertragung und Verarbeitung der Meßsignale
- der Ausgabe und Darstellung der gewonnenen Information

befaßt. Für eine gegebene Meßaufgabe ist jeweils der geeignete Aufnehmer auszuwählen, die Struktur zu entwerfen und die Signalform festzulegen, um die hinsichtlich der Genauigkeit, Störsicherheit und Kosten günstigste Kombination zu erhalten.

Die elektrische Messung ist dabei anderen Verfahren insbesondere überlegen durch

- das leistungsarme bis leistungslose Erfassen von Meßwerten,
- das hohe Auflösungsvermögen,
- das gute dynamische Verhalten,
- die stete Meßbereitschaft,
- die bequeme Übertragbarkeit über weite Entfernungen,
- die leichte Verarbeitung der Meßdaten,

und hat sich so weitgehend durchgesetzt.

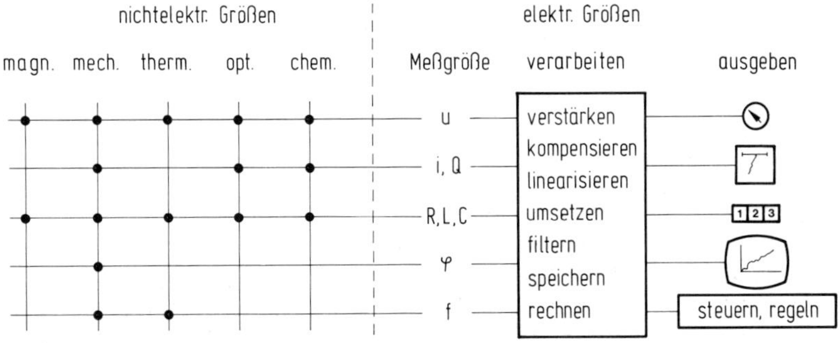

Bild 1.2: Mit Hilfe von Sensoren oder Aufnehmern werden nichtelektrische Größen in elektrische umgeformt und damit der elektrischen Messung zugänglich.

1.2 Maßeinheiten

Eine physikalische Größe ist die meßbare Eigenschaft eines Objekts, Zustands oder Vorgangs. Die Messung der physikalischen Größe erfolgt durch einen Vergleich mit einer Maßeinheit. Die Zahl, die angibt, wie oft die Einheit in der zu messenden Größe enthalten ist, wird als Zahlenwert der physikalischen Größe bezeichnet:

$$\text{physikalische Größe} = \text{Zahlenwert} \cdot \text{Einheit}.$$

Um messen zu können, müssen also vorher die Einheiten definiert sein. Diese orientierten sich zunächst am Menschen (Elle, Fuß) oder an den Abmessungen und der Umdrehungszeit unserer Erde (Meile, mittlerer Sonnentag). Sie wurden teilweise von Ort zu Ort unterschiedlich gehandhabt und erschwerten damit sowohl den Austausch von Gütern des täglichen Bedarfs als auch den von wissenschaftlichen Erkenntnissen. So wurden seit über hundert Jahren große Anstrengungen unternommen, die Einheiten allgemeinverbindlich, genau und zeitlich beständig zu definieren. In diese Diskussion hat schon J. Cl. Maxwell (1831–1879) eingegriffen und lange vor einer möglichen Realisierung empfohlen, auf Quantenmaße überzugehen:

„Wenn wir also absolut unveränderliche Einheiten der Länge, der Zeit und der Masse schaffen wollen, so müssen wir diese nicht in den Abmessungen, in der Bewegung und in der Masse unseres Planeten suchen, sondern in der Wellenlänge, der Frequenz und der Masse der unvergänglichen, unveränderlichen und vollkommen gleichartigen Atome."

Das Ziel ist, die Einheiten weniger durch Maßverkörperungen zu definieren, sondern mehr durch Experimente, die überall und immer wieder nachvollzogen werden können.

1.2.1 Internationales Einheitensystem, SI-Einheiten

Die Generalkonferenz für Maß und Gewicht hat 1960 das „Système International d'Unités" empfohlen, das inzwischen weltweit eingeführt und auch in der Bundesrepublik Deutschland gesetzlich vorgeschrieben ist [1.3, 1.4]. Das System definiert zunächst eine Mindestmenge von Grund- oder *Basisgrößen* und die dazugehörigen Grund- oder *Basiseinheiten* (Tabelle 1.1). Durch Multiplikation und/oder Division der Basiseinheiten werden die für die anderen physikalischen Größen benötigten Einheiten abgeleitet, wie z.B. die Einheit m/s für die Geschwindigkeit oder m/s^2 für die Beschleunigung. Wird die Ableitung so vorgenommen, daß bei der Umrechnung nur der Zahlenfaktor 1 auftritt, so sind die dabei entstandenen Einheiten *kohärent*. Sie bilden zusammen mit den Basiseinheiten ein kohärentes System. Einige der abgeleiteten SI-Einheiten haben dabei selbständige Namen mit eigenen Kurzzeichen bekommen (Tabelle 1.3).

Um bei den SI-Einheiten unter Umständen recht unhandliche Zahlenwerte zu vermeiden, dürfen durch dezimale Vorsätze neue vergrößerte oder verkleinerte Einheiten gebildet werden (Tabelle 1.2). Die so entstandenen Einheiten, wie z.B. MW, cm, mV, μA sind dann allerdings nicht mehr kohärent.

Temperatur-Meßwerte dürfen auch in der Einheit °C angegeben werden. Als Celsius-Temperatur ϑ wird dabei die „besondere Differenz" zwischen einer beliebigen thermodynamischen Temperatur T (in Kelvin) und der Temperatur $T_0 = 273{,}15$ K bezeichnet, also

$$\vartheta = (T - T_0) = (T - 273{,}15\,\mathrm{K}).$$

Für die Differenz $\Delta\vartheta$ zweier Celsius-Temperaturen

$$\Delta\vartheta = \vartheta_1 - \vartheta_2 = (T_1 - T_0) - (T_2 - T_0) = T_1 - T_2 = \Delta T,$$

sind die Einheiten K und °C zulässig, obwohl die Temperaturdifferenz nicht im Sinne der obigen Definition auf die Temperatur T_0 bezogen ist.

Tabelle 1.1 Basisgrößen und Basiseinheiten

Gebiet	Basisgröße	Formelzeichen	Basiseinheiten	Einheitenzeichen
Mechanik	Länge	l	Meter	m
	Masse	m	Kilogramm	kg
	Zeit	t	Sekunde	s
Elektrotechnik	Stromstärke	I	Ampere	A
Thermodynamik	thermodynamische Temperatur	T	Kelvin	K
Optik	Lichtstärke	I_L	Candela	cd
Chemie	Stoffmenge		Mol	mol

1 Meter ist die Länge der Strecke, die Licht im Vakuum während des Intervalls von (1/299 792 458) Sekunden durchläuft (1983).

1 Kilogramm ist die Masse des Internationalen Kilogrammprototyps (1889).

1 Sekunde ist das 9192631770fache der Periodendauer der dem Übergang zwischen den beiden Hyperfeinstrukturniveaus des Grundzustands von Atomen des Nuklids ^{133}Cs entsprechenden Strahlung (1967).

1 Ampere ist die Stärke eines zeitlich unveränderlichen elektrischen Stromes, der, durch zwei im Vakuum parallel im Abstand 1 m voneinander angeordnete, geradlinige, unendlich lange Leiter von vernachlässigbar kleinem, kreisförmigen Querschnitt fließend, zwischen diesen Leitern je 1 m Leiterlänge elektrodynamisch die Kraft $0{,}2 \cdot 10^{-6}$ N hervorrufen würde (1948).

1 Kelvin ist der 273,16te Teil der thermodynamischen Temperatur des Tripelpunktes des Wassers (1967).

1 Candela ist die Lichtstärke, mit der (1/600000) m^2 der Oberfläche eines Schwarzen Strahlers bei der Temperatur des beim Druck 101 325 N/m^2 erstarrenden Platins senkrecht zu seiner Oberfläche leuchtet (1967).

1 Mol ist die Stoffmenge eines Systems bestimmter Zusammensetzung, das aus ebenso vielen Teilchen besteht, wie Atome in (12/1000) kg des Nuklids ^{12}C enthalten sind. Bei Benutzung des Mol müssen die Teilchen spezifiziert werden. Es können Atome, Moleküle, Ionen, Elektronen usw. oder eine Gruppe solcher Teilchen genau angegebener Zusammensetzung sein (1971).

Tabelle 1.2 Genormte Vorsätze zur Bezeichnung von dezimalen Vielfachen und Teilen von Einheiten

Vorsatz	Zeichen	Zahlenwert	Vorsatz	Zeichen	Zahlenwert
Exa-	E	10^{18}	Dezi-	d	10^{-1}
Peta-	P	10^{15}	Zenti-	c	10^{-2}
Tera-	T	10^{12}	Milli-	m	10^{-3}
Giga-	G	10^{9}	Mikro-	µ	10^{-6}
Mega-	M	10^{6}	Nano-	n	10^{-9}
Kilo-	k	10^{3}	Piko-	p	10^{-12}
Hekto-	h	10^{2}	Femto-	f	10^{-15}
Deka-	da	10	Atto-	a	10^{-18}

Tabelle 1.3 Abgeleitete SI-Einheiten;
die in Klammern stehenden Einheiten sind veraltet

Größe und Formelzeichen	SI-Einheit	Beziehung	Weitere und zum Teil veraltete Einheiten
ebener Winkel α	Radiant rad	1 rad = 1 m/m	Grad: $1° = \pi/180$ rad
räumlicher Winkel Ω	Steradiant sr	1 sr = 1 m^2/m^2	
Frequenz f, ν	Hertz Hz	1 Hz = 1/s	
Kraft F	Newton N	1 N = 1 kg m/s^2	(1 kp ≈ 9,81 N) (1 dyn = 10^{-5} N)
Druck p	Pascal Pa	1 Pa = 1 N/m^2	Bar: 1 bar = 10^5 Pa (1 kp/cm^2 ≈ 0,98 bar)
Energie E	Joule J	1 J = 1 N m = 1 W s = 1 kg m^2/s^2	1 kW h = 3,6 · 10^6 J 1 eV = 1,60 · 10^{-19} J (1 cal ≈ 4,19 J) (1 erg = 10^{-7} J)
Leistung P	Watt W	1 W = 1 J/s = 1 N m/s = 1 kg m^2/s^3	
Ladung Q	Coulomb C	1 C = 1 A s	
Spannung U	Volt V	1 V = 1 W/A	
Feldstärke E_v	V/m		
Widerstand R	Ohm Ω		
Leitwert G	Siemens S	1 S = 1/Ω	
Induktivität L	Henry H	1 H = 1 Wb/A = 1 V s/A	
Kapazität C	Farad F	1 F = 1 C/V = 1 A s/V	
magn. Feldstärke H	A/m		(Oersted Oe: 1 Oe ≈ 80 A/m)
magn. Fluß Φ	Weber Wb	1 Wb = 1 V s	(Maxwell M: 1 M = 10^{-8} V s)
magn. Flußdichte B	Tesla T	1 T = 1 V s/m^2	(Gauß G: 1 G = 10^{-4} V s/m^2)
Lichtstrom Φ	Lumen lm	1 lm = 1 cd sr	
Beleuchtungsstärke E_v	Lux lx	1 lx = 1 lm/m^2	
Aktivität A einer radioaktiven Substanz	Becquerel Bq	1 Bq = 1/s	(Curie Ci: 1 Ci = 3,7 · 10^{10} s^{-1} = 3,7 · 10^{10} Bq)
Energiedosis D	Gray Gy	1 Gy = 1 J/kg	(Rad rd: 1 rd = 10^{-2} J/kg)
Ionendosis J	C/kg		(Röntgen R: 1 R = 2,58 · 10^{-4} C/kg)
Äquivalentdosis	Sievert Sv	1 Sv = 1 J/kg	(Rem rem: 1 rem = 10^{-2} J/kg)

Tabelle 1.4 Naturkonstanten

	Zeichen	Zahlenwert	Einheit
Avogadro-Konstante	N_A	$6{,}022 \cdot 10^{23}$	mol^{-1}
Boltzmann-Konstante	k	$1{,}3806 \cdot 10^{-23}$	$J\,K^{-1}$
elektrische Elementarladung	e_0	$1{,}6022 \cdot 10^{-19}$	A s
elektrische Feldkonstante	ε_0	$8{,}854 \cdot 10^{-12}$	$A\,s\,V^{-1}\,m^{-1}$
Fallbeschleunigung	g	9,806	$m\,s^{-2}$
Lichtgeschwindigkeit im Vakuum	c_0	299 792 458	$m\,s^{-1}$
magnetische Feldkonstante	μ_0	$1{,}2566 \cdot 10^{-6}$	$V\,s\,A^{-1}\,m^{-1}$
Masse des Elektrons	m_0	$9{,}1094 \cdot 10^{-31}$	kg
Plancksches Wirkungsquantum	h	$6{,}6261 \cdot 10^{-34}$	J s
universelle Gaskonstante	$R = k\,N_A$	8,314	$J\,K^{-1}\,mol^{-1}$
Faraday-Konstante	$F = e_0\,N_A$	$9{,}648\,455 \cdot 10^4$	$A\,s\,mol^{-1}$

1.2.2 Einheiten und Naturkonstanten

Der Zahlenwert und die Einheit einer Naturkonstanten hängen von dem gewählten Einheitensystem ab (Tabelle 1.4). Beispielhaft soll hier gezeigt werden, daß mit der Definition des Ampere gleichzeitig die magnetische Feldkonstante μ_0 festgelegt ist (Bild 1.3).

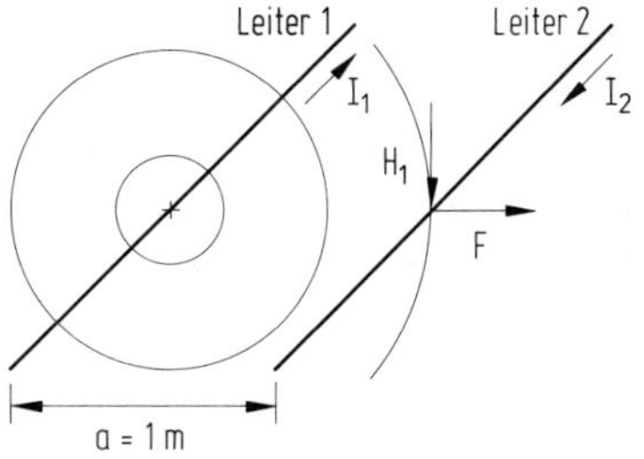

Bild 1.3: Anordnung der Leiter bei der Definition der Einheit Ampere

Der durch den Leiter 1 fließende Strom I_1 führt in dem Abstand a zu einem Magnetfeld mit der Feldstärke H_1 und der Induktion B_1

$$H_1 = \frac{I_1}{2\pi a}, \qquad B_1 = \mu_0 H_1.$$

Die durch dieses Magnetfeld auf den parallel geführten, vom Strom I_2 durchflossenen Leiter der Länge l ausgeübte Kraft F ist

$$F = I_2 l B_1 = \mu_0 I_2 l \frac{I_1}{2\pi a}.$$

Die Definition des Ampere sagt, daß für $I_1 = I_2 = I$ der durch die Leiter fließende Strom I dann genau 1 Ampere ist, wenn für $a = l = 1$ m die Kraft $F = 2 \cdot 10^{-7}$ N ist. Für diese Zahlenwerte ergibt sich die magnetische Feldkonstante μ_0 aus der letzten Gleichung zu

$$\mu_0 = 4\pi \cdot 10^{-7} \frac{N}{A^2} = 1{,}2566 \cdot 10^{-6} \frac{Vs}{Am}. \tag{1.1}$$

Sie wird also nicht mehr experimentell bestimmt, sondern ist durch die Definition des Ampere festgelegt. Der irrationale Faktor π ist dabei in die Feldkonstante eingerechnet und muß so nicht mehr in den Gleichungen mitgeschleppt werden.

Über die Beziehung

$$c_0^2 = \frac{1}{\varepsilon_0 \mu_0} \tag{1.2}$$

hängen die Lichtgeschwindigkeit im Vakuum, die magnetische Feldkonstante und die elektrische Feldkonstante zusammen. Das internationale Einheitensystem legt die Lichtgeschwindigkeit (Definition des Meters) und die magnetische Feldkonstante (Definition des Ampere) und über die Gl. (1.2) auch die elektrische Feldkonstante fest. Damit kann ε_0 praktisch beliebig genau berechnet werden.

1.2.3 Meßunsicherheit bei der Darstellung der Grundeinheiten [1.5 bis 1.10]

Der Zusammenhang zwischen den elektrischen und den mechanischen Grundeinheiten einerseits und den direkt berührten Naturkonstanten andererseits ist in Bild 1.4 dargestellt. Bei den Einheiten ist die Unsicherheit der Darstellung und bei den Naturkonstanten die der Messung angegeben.

Nach dem **Kilogramm**, das als Masse des Prototyps definiert und damit ohne Fehler verfügbar ist, läßt sich die **Sekunde** mit der größten Genauigkeit darstellen. Dies gelingt in den sogenannten Atomuhren, in denen Cs-Atome verdampft werden, durch Magnetfelder laufen und auf einen Detektor treffen. Dabei sind das magnetische Moment des Cs-Atomkerns und das des die äußerste Schale besetzenden Elektrons von Bedeutung. Die Momente können sich nur parallel oder antiparallel einstellen. Die Gesamtenergie dieser beiden Zustände unterscheidet sich um $\Delta E = h \nu_0$.

Beim Durchlaufen eines magnetischen Wechselfeldes der Frequenz ν_0 können die Cs-Atome in einer Resonanzabsorption Energie aufnehmen und von dem energieärmeren in den energiereicheren Grundzustand übergehen. Dabei ändert sich die Zahl der auf den Detektor treffenden Cs-Atome. Die Frequenz des magnetischen Wechselfeldes, bei der der Detektorstrom ein Maximum hat, wird zu $\nu_0 = 9\,192\,631\,770$ Hz definiert und die Sekunde ergibt sich als die entsprechende Zahl von Periodendauern. Die Resonanzabsorption ist sehr ausgeprägt und wird nicht durch andere Effekte gestört. Gleichzeitig lassen sich Frequenzen im GHz-Bereich gut messen, so daß die Sekunde mit der außerordentlich geringen Unsicherheit von nur 10^{-13} dargestellt werden kann.

Zur Definition des **Meter** ist die Lichtgeschwindigkeit im Vakuum zunächst als Konstante

$$c_0 = 299\,792\,458\,\mathrm{m\,s^{-1}}$$

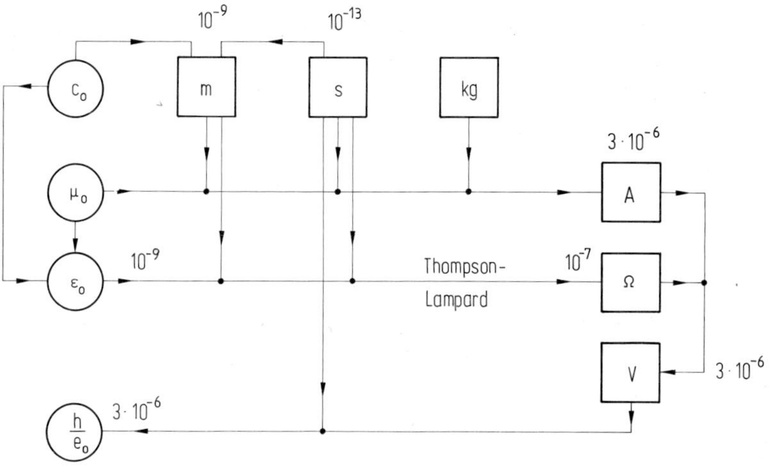

Bild 1.4: Zusammenhang zwischen SI-Einheiten und Naturkonstanten [nach 1.6]

festgelegt. Das Meter wird dann als die Länge der Strecke erklärt, die das Licht im Vakuum während des Zeitintervalls (1/299792458) s durchläuft. Damit ist die Längeneinheit meßtheoretisch von der Zeitmessung abhängig. Das Meter wird aber weiterhin als Basiseinheit bezeichnet und verwendet.

In der Präzisions-Längenmeßtechnik werden Strecken mit Hilfe von Interferometern gemessen. Diese benötigen eine sichtbare Strahlung, deren Wellenlänge bekannt sein muß (Bild 5.40). Laser z.B. sind als Strahlenquellen geeignet. Die Wellenlänge λ_l des verwendeten Lichts wird aus seiner Frequenz f_l und dem für die Lichtgeschwindigkeit festgelegten Wert c_0 nach der Beziehung

$$\lambda_l = c_0/f_l$$

berechnet. Dazu muß vorher die Frequenz des Laserlichts von etwa $5\cdot10^{14}$ Hz möglichst genau bestimmt sein. Dies geschieht über einen Vergleich mit der Frequenz des Cs 133, die mit $9{,}19\cdot10^9$ Hz wesentlich geringer ist. Der Anschluß der Frequenz des sichtbaren Lichts an die der Mikrowellen des Cs 133 kann nur über verschiedene Zwischenstufen erfolgen, die jeweils mit einem Fehler behaftet sind. So läßt sich die außerordentlich große Genauigkeit bei der Bestimmung der Sekunde nicht auf die Frequenzmessung des sichtbaren Lichts übertragen. Hier liegt die relative Unsicherheit bei $\pm1\cdot10^{-9}$ und wirkt sich voll auf die Längenmessung aus.

Das **Ampere** wird in einem Vergleich zwischen mechanischen und elektrischen Kräften dargestellt. Dazu ist die Kenntnis des Meter, der Sekunde, des Kilogramm und der magnetischen Feldkonstante erforderlich. Die Messung wird nicht an zwei einzelnen Leitern, sondern an Spulen wegen der dabei erzielbaren größeren Kräfte durchgeführt. Bild 1.5 zeigt eine derartige Stromwaage. Die von der feststehenden äußeren Spule auf die bewegliche innere ausgeübte Kraft wird mit einer empfindlichen Analysenwaage bestimmt. Die Unsicherheit der Messung beträgt $3\cdot10^{-6}$, da die geometrischen Abmessungen der Spulen nicht genauer ermittelt werden können. Würde man, wie das Internationale

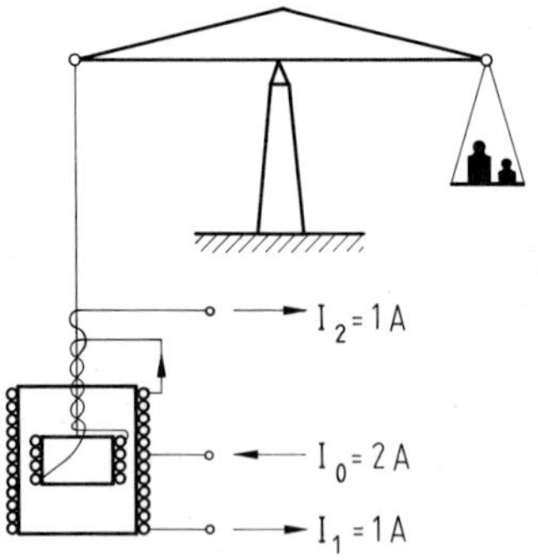

Bild 1.5: Prinzip einer Stromwaage zur Darstellung des Ampere

Einheitensystem nahelegt, von der Stromstärke ausgehend das Ohm und das Volt bestimmen, so könnte höchstens die Genauigkeit der Strommessung erreicht werden.

Hier ist nun eine Verbesserung möglich, indem der Wechselstromwiderstand eines Kondensators direkt aus mechanischen Größen errechnet werden kann. Dies gelingt besonders gut mit dem Kreuzkondensator nach Thompson und Lampard. Dessen Kapazität hängt unter gewissen Voraussetzungen nur von seiner Länge l, nicht aber von irgendwelchen Querabmessungen ab:

$$C = \frac{\ln 2}{\pi} \varepsilon_0 l.$$

Sie kann aus der nach Gl. (1.2) ermittelten elektrischen Feldkonstante ε_0 und einer Längenmessung mit einer relativen Unsicherheit von nur $1 \cdot 10^{-7}$ bestimmt werden. Über die Kapazitätsmessung ist bei bekannter Frequenz das *Ohm* als Einheit des Widerstandes unmittelbar auf die Basiseinheiten Meter und Sekunde zurückgeführt. Dieses Vorgehen ist der Bestimmung des Ampere mittels der Stromwaage gleichwertig. Ein Kreuzkondensator als Widerstandsnormal hat darüber hinaus den Vorteil, die Einheit materiell zu verkörpern, transportabel, austauschbar und vergleichbar zu sein.

Eine weitere Möglichkeit zur direkten und genauen Darstellung der Einheit Ohm ergibt sich aus der Tatsache, daß sich bei tiefen Temperaturen und starken Magnetfeldern der Hallwiderstand nur in diskreten Stufen ändert (Gl. (2.229)).

Das *Volt* wird über das Ohmsche Gesetz aus einer Strom- und Widerstandsmessung bestimmt, wobei die Unsicherheit des Ampere nicht unterschritten werden kann. Im Prinzip ließe sich in dem Josephson-Effekt die Spannungsmessung auf eine Frequenzmessung zurück- und damit genauer durchführen. Wird ein zwischen zwei Supraleitern liegender Josephson-Kontakt von einem Gleichstrom durchflossen und einer elektromagnetischen Welle der Frequenz ν ausgesetzt, so tritt zwischen den beiden Supraleitern eine Gleichspannung auf. Diese nimmt mit steigendem Strom nicht stetig, sondern stufenförmig zu. Die

Höhe einer Spannungsstufe Δu (150 µV bei $\nu = 70$ GHz)

$$\Delta u = \frac{1}{2} \frac{h}{e_0} \nu$$

ist proportional der sehr genau meßbaren Frequenz ν und dem Verhältnis aus dem Planckschen Wirkungsquantum h und der Elementarladung e_0. In letztere geht nun leider die Unsicherheit des Ampere voll ein, so daß sich die im Josephson-Effekt vorhandene Möglichkeit zu einer genaueren Darstellung des Volt nicht nutzen läßt. Der Effekt wird aber in der Präzisionsmeßtechnik dazu benutzt, die zeitliche Konstanz der Spannung von Normalelementen zu überwachen. Die Unsicherheit liegt bei Raumtemperatur bei einigen 10^{-10}.

1.2.4 Größen- und Zahlenwertgleichungen

Gleichungen beschreiben die Beziehungen zwischen physikalischen Größen. Sie heißen *Größen*gleichungen, wenn sie ausschließlich aus den mit dem Zahlenfaktor 1 multiplizierten physikalischen Größen bestehen. So ergibt sich z.B. die in einem Verbraucher umgesetzte elektrische Energie E aus der anliegenden Spannung U, dem durchgehenden Strom I und der Zeit t zu

$$E = U I t.$$

Die physikalischen Gleichungen sind unabhängig von den Einheiten, in denen die Größen gemessen werden. Zweckmäßig werden nun die Einheiten so gewählt, daß für sie die gleichen Formeln wie für die Größen gelten. Dieses Ziel wird durch die Verwendung kohärenter Einheiten erreicht. Für unser Beispiel bedeutet dies, die elektrische Energie in Ws, die Spannung in V, die Stromstärke in A und die Zeit in s zu messen:

$$1\,\mathrm{Ws} = 1\,\mathrm{VAs}.$$

Von den Größengleichungen werden die *Zahlenwert*gleichungen unterschieden. In ihnen werden nichtkohärente Einheiten verwendet und Zahlenwerte, Umrechnungsfaktoren müssen berücksichtigt werden. Soll in unserem Beispiel die Energie in kWh ausgedrückt werden, so gilt die Zahlenwertgleichung

$$E\,(\text{in kWh}) = 0{,}28 \cdot 10^{-6} \cdot U\,(\text{in V}) \cdot I\,(\text{in A}) \cdot t\,(\text{in s}).$$

Zahlenwertgleichungen führen oft zu Irrtümern und sollen deshalb vermieden werden. Da den Zahlenfaktoren ganz bestimmte Einheiten zugrunde liegen, müssen diese Einheiten immer angegeben werden. Auch bei Größengleichungen empfiehlt es sich, möglichst oft die Einheiten hinzuschreiben und zu überprüfen. Aus der Tatsache, daß auf jeder Seite einer Gleichung dieselben Einheiten stehen müssen, ergibt sich leicht eine Kontrolle der durchgeführten Rechnungen. Summen und Differenzen können nur von Größen mit gleichen Einheiten gebildet werden und als Exponenten oder als Argumente von Funktionen dürfen nur Zahlen, „dimensionslose" Größen, auftreten.

1.2.5 Umrechnung nichtkohärenter Einheiten

Um ein mit dem Zahlenwert Z_1 in der Einheit E_1 vorliegendes Meßergebnis x,

$$x = Z_1 E_1$$

in der Einheit E_2 ausdrücken zu können, muß der Umrechnungsfaktor k_{12} der beiden Einheiten bekannt sein:

$$1\,E_1 = k_{12}\,E_2.$$

Wird diese Gleichung durch die umzurechnende Größe E_1 dividiert, so entsteht die Beziehung

$$1 = k_{12}\frac{E_2}{E_1}.$$

Mit diesem Faktor 1 ist dann die Ausgangsgleichung zu multiplizieren. Die ursprüngliche Einheit E_1 kürzt sich heraus und die Umrechnung in die neue Einheit E_2 ist durchgeführt:

$$x = Z_1 E_1 = Z_1 E_1 k_{12}\frac{E_2}{E_1} = Z_1 k_{12} E_2 = Z_2 E_2$$

$$\text{mit } Z_2 = k_{12} Z_1.$$

Beispiel: Der Meßwert $x = 5 \cdot 10^6$ Ws ist in kWh umzurechnen. Bekannt ist der Umrechnungsfaktor $1\,\text{kWh} = 3{,}6 \cdot 10^6$ Ws. Diese Gleichung ist zunächst so umzuformen, daß die umzurechnende Einheit Ws mit dem Faktor 1 auftritt, also $1\,\text{Ws} = 0{,}28 \cdot 10^{-6}$ kWh. Damit wird schließlich

$$x = 5 \cdot 10^6\,\text{Ws} = 5 \cdot 10^6\,\text{Ws} \cdot 0{,}28 \cdot 10^{-6}\,\text{kWh/Ws} = 1{,}4\,\text{kWh}.$$

1.3 Statisches Verhalten der Meßgeräte

Die meßtechnischen Eigenschaften eines Geräts werden durch sein *statisches* und *dynamisches Verhalten* und durch seine *Genauigkeit* charakterisiert. Diese Begriffe sollen im folgenden etwas näher erläutert werden.

Kennlinie. Der stationäre Zustand eines Meßgeräts ist bei zeitlicher Konstanz aller Eingangsgrößen nach Ablauf aller Ausgleichsvorgänge erreicht. Für diesen Zustand beschreibt die Kennlinie, wie das Ausgangssignal x_a eines Meßgeräts von dem Eingangssignal x_e abhängt:

$$x_a = f(x_e).$$

Der Zusammenhang zwischen beiden Größen wird meistens in Form eines geschlossenen mathematischen Ausdrucks, weniger oft in Form einer Wertetabelle angegeben. Aus der Kennlinie wird die *Empfindlichkeit E* gewonnen, indem am Arbeitspunkt die beobachtete Änderung des Ausgangssignals durch die sie verursachende Änderung des Eingangssignals dividiert wird (Bild 1.6):

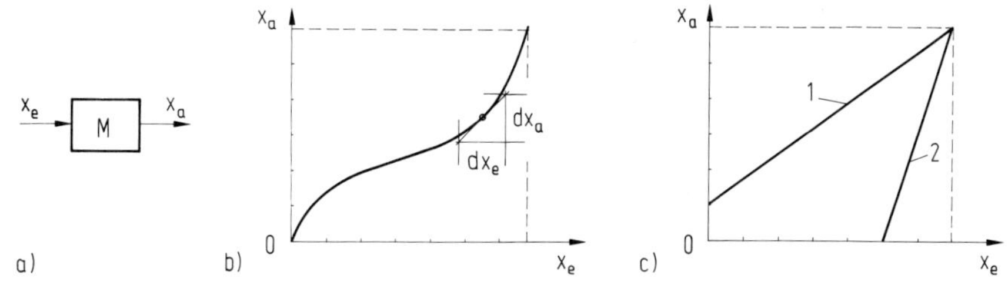

Bild 1.6: Meßgeräte-Kennlinien
a) Blockschaltbild eines Meßgeräts M mit dem Eingangssignal x_e und dem Ausgangssignal x_a
b) die Empfindlichkeit E ist der Differentialquotient dx_a/dx_e am Arbeitspunkt
c) 1 Kennlinie eines Meßgeräts mit lebendem Nullpunkt
2 Kennlinie eines Meßgeräts mit unterdrücktem Nullpunkt

$$E = \frac{dx_a}{dx_e} \frac{\text{Einheit des Ausgangssignals}}{\text{Einheit des Eingangssignals}}. \tag{1.4}$$

Bei den Meßgeräten, bei denen Ein- und Ausgangssignal gleichartige Größen sind (z.B. Ein- und Ausgangsspannung eines Verstärkers), kürzen sich die Einheiten heraus, und die Empfindlichkeit ist eine reine Zahl. Ist dies nicht der Fall, so sind die Einheiten stets mit anzugeben.

Ist die Kennlinie eine Gerade, so hat das Meßgerät an allen Arbeitspunkten dieselbe, konstante Empfindlichkeit $E = k$, die oft als Proportionalitäts- oder Übertragungsfaktor bezeichnet wird. Für eine durch den Nullpunkt gehende Kennlinie gilt:

$$x_a = k x_e. \tag{1.4a}$$

Diese lineare Abhängigkeit zwischen Ausgangs- und Eingangssignal ist für die Darstellung und Weiterverarbeitung vorteilhaft. So werden zum Teil größere Anstrengungen unternommen, um bei Meßgeräten eine konstante Empfindlichkeit zu erreichen (Abschnitt 3.13).

Ersatz der Kennlinie durch ihre Tangente. Bei kleinen Meßbereichen und bei geringen Ansprüchen an die Genauigkeit kann die Kennlinie durch ihre Tangente angenähert werden. Hier entsteht die Aufgabe, die Gleichung der Tangente zu finden. Dazu wird der analytische Ausdruck für die Kennlinie um den Arbeitspunkt in eine Taylorreihe enwickelt und diese wird nach dem linearen Glied abgebrochen.

Beispiel: Die Kennlinie eines Heißleiters Gl. (3.55)

$$R = K_0 e^{\frac{b}{T}}$$

ist in der Nähe des Arbeitspunktes T_1 durch eine Gerade zu ersetzen. Für eine beliebige Funktion f(x) würde die entsprechende Reihenentwicklung um die Stelle x_1 im Abstand Δx lauten:

$$f(x_1 + \Delta x) = f(x_1) + \Delta x \cdot f'(x_1). \tag{1.5}$$

Übertragen auf unsere Aufgabenstellung ergibt sich:

$$R(T_1 + \Delta T) = R(T_1) + \Delta T \cdot R'(T_1).$$

Mit $$R'(T_1) = \frac{dR(T_1)}{dT} = -\frac{b}{T_1^2} \cdot R(T_1) \quad \text{und} \quad -\frac{b}{T_1^2} = \alpha$$

geht diese Beziehung über in

$$R(T_1 + \Delta T) = R(T_1) + \Delta T \cdot \alpha \cdot R(T_1) = R(T_1) \cdot (1 + \alpha \cdot \Delta T), \tag{1.6}$$

womit die gestellte Aufgabe gelöst ist.

Lebender und unterdrückter Nullpunkt. Meßgerät mit lebendem Nullpunkt liefern schon zu Beginn des Meßbereichs ein festgelegtes, von Null verschiedenes Ausgangssignal. Damit kann die Meßbereitschaft des Geräts und die ordnungsgemäße Funktion der Meßleitungen überprüft werden. Beim unterdrückten Nullpunkt wird ein Teil des Eingangssignals nicht verarbeitet, wodurch sich für den restlichen Teil eine größere Empfindlichkeit ergibt (Bild 1.6c).

1.4 Statische Meßfehler und Meßunsicherheiten

1.4.1 Voraussetzungen für eine fehlerfreie Messung

Wechselwirkung zwischen Meßobjekt und Meßgerät. Eine Messung ist stets mit einem Energie- oder Informationsfluß vom Meßobjekt zum Meßgerät verbunden. Dabei ist streng darauf zu achten, daß umgekehrt durch den Anschluß oder den Einbau des Meßgeräts die zu messende Größe nicht verändert wird (Bild 1.10). Ist das Meßobjekt einmal durch das Meßgerät gestört, so kann nicht mehr der richtige, ohne Meßgerät vorhandene Wert der Meßgröße festgestellt werden.

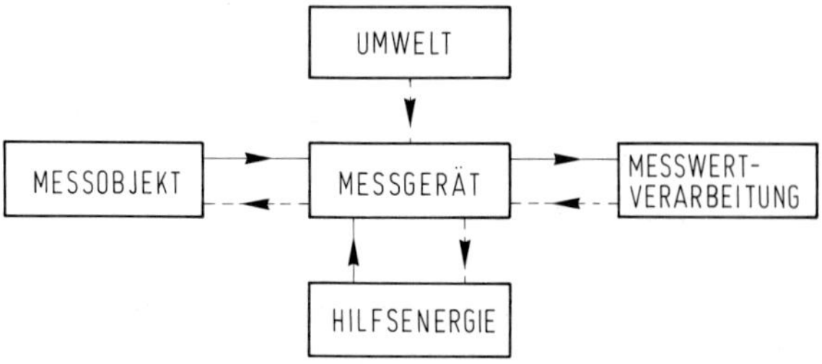

Bild 1.7: Eine Rückwirkung vom Meßgerät auf das Meßobjekt ist zu vermeiden. Das Meßergebnis darf nicht durch die Umgebungsbedingungen, die Spannungsversorgung oder den Anschluß weiterer Geräte verfälscht werden

Diese störende Rückwirkung des Meßgeräts auf das Meßobjekt läßt sich praktisch nie vollständig vermeiden. Sie kann z.B. bei einer Spannungs- oder Strommessung in einer zu starken Belastung der Quelle liegen. Bei einer Temperaturmessung kann durch den Temperaturfühler Wärme vom Meßobjekt abgeleitet und dessen Temperatur erniedrigt werden. Im Prinzip sind solche Rückwirkungen bei jeder Messung gegeben. Sie sind sorgfältig zu analysieren und gering zu halten, da die dadurch entstehenden Fehler nur in den seltensten Fällen quantitativ angegeben und korrigiert werden können.

Bestimmungsgemäße Anwendung der Meßgeräte. Die Meßgeräte sollen sachgemäß unter den Bedingungen betrieben werden, für die sie ausgelegt sind. Im allgemeinen sind die möglichen Meßbereiche, Temperatur- und Umgebungsbedingungen in den Datenblättern spezifiziert. Des weiteren sind die Einflußgrößen wie z.B. Temperaturen zu berücksichtigen. Diese führen zu nicht vermeidbaren, aber in der Höhe und in dem Vorzeichen bekannten Meßfehlern und können deshalb korrigiert werden.

Meßfehler [1.11–1.13]. Auch bei einer rückwirkungsfreien und bestimmungsgemäßen Anwendung der Meßgeräte ist das Ergebnis nicht völlig richtig. Der jeweilige Unterschied zwischen dem gemessenen, angezeigten Wert x und dem wahren Wert x_w der Meßgröße wird als Abweichung oder Fehler Δx bezeichnet:

$$\Delta x = x - x_w. \tag{1.10}$$

Die Fehler werden im folgenden entsprechend ihren unterschiedlichen Ursachen und den unterschiedlichen zu ihrer Korrektur bestehenden Möglichkeiten in *systematische* und *zufällige Fehler* unterteilt. Beide Fehlerarten sind in der *Garantiefehlergrenze* eines Meßgeräts berücksichtigt.

1.4.2 Systematische Meßfehler

Absoluter und relativer Fehler. Die Ursachen der systematischen Fehler sind bekannt. Damit können Größe und Vorzeichen der Fehler Δx angegeben werden und der wahre Wert x_w läßt sich aus dem angezeigten Wert x berechnen:

$$\begin{aligned} x_w &= x - \Delta x \\ &= x\left(1 - \frac{\Delta x}{x}\right). \end{aligned}$$

Δx ist der mit der Einheit anzugebende absolute Fehler, $\Delta x/x$ ist der auf den Meßwert bezogene relative Fehler. Wird z.B. die Spannung $x_w = 100\,V$ als $x = 100{,}6\,V$ angezeigt, so gilt für den absoluten Fehler $\Delta x = +0{,}6\,V$ und für den relativen Fehler $\Delta x/x = +0{,}006$.

Fortpflanzung der systematischen Meßfehler. Wir betrachten eine Größe y, die der direkten Messung nicht zugänglich, aber eine bekannte Funktion der meßbaren und mit den Fehlern Δx_i behafteten Größen x_i ist:

$$y = f(x_1, x_2, \ldots, x_n).$$

Die Einzelfehler Δx_i führen zu einem Gesamtfehler Δy, der berechnet werden soll. Δy wird angesetzt als Differenz zwischen dem fehlerbehafteten und dem fehlerfreien, „wahren" Funktionswert

$$\begin{aligned} \Delta y &= y - y_w \\ &= f(x_1 + \Delta x_1, x_2 + \Delta x_2, \ldots, x_n + \Delta x_n) - f(x_1, x_2, \ldots, x_n). \end{aligned} \tag{1.11}$$

Mit Hilfe der nach dem linearen Glied abgebrochenen Taylorreihe der Funktion y läßt sich dann die Differenz Δy aus den partiellen Ableitungen und den als klein angenommenen Änderungen Δx_i berechnen:

$$\Delta y = \frac{\partial f}{\partial x_1} \Delta x_1 + \ldots + \frac{\partial f}{\partial x_n} \Delta x_n$$

$$= \sum_{i=1}^{n} \frac{\partial f}{\partial x_i} \Delta x_i \quad \text{für } \Delta x_i \ll x_i. \tag{1.12}$$

In diese Gleichung sind die Einzelfehler Δx_i mit ihren Vorzeichen einzusetzen und der fehlerbehaftete Meßwert y ist entsprechend zu korrigieren,

$$y_w = y - \Delta y. \tag{1.13}$$

Ist die zu berechnende Größe y z.B. eine Linearkombination der gemessenen Größen x_i,

$$y = a_1 x_1 + a_2 x_2 + \ldots + a_n x_n,$$

so wird nach (1.12)

$$\Delta y = a_1 \Delta x_1 + a_2 \Delta x_2 + \ldots + a_n \Delta x_n. \tag{1.14}$$

Der absolute Gesamtfehler Δy ist also die Summe der mit den Koeffizienten a_i multiplizierten absoluten Einzelfehler Δx_i.

Sind zur Berechnung von y die gemessenen Größen zu multiplizieren,

$$y = a_1 x_1^{\alpha_1} \cdot a_2 x_2^{\alpha_2} \cdot \ldots \cdot a_n x_n^{\alpha_n},$$

so läßt sich einfacher mit relativen Fehlern rechnen. Die partielle Ableitung von y nach x_1 ist

$$\frac{\partial y}{\partial x_1} = \alpha_1 a_1 x_1^{\alpha_1 - 1} \cdot a_2 x_2^{\alpha_2} \cdot \ldots \cdot a_n x_n^{\alpha_n} = y \frac{\alpha_1}{x_1}.$$

Allgemein wird für die x_i erhalten

$$\frac{\partial y}{\partial x_i} = y \cdot \frac{\alpha_i}{x_i},$$

so daß aus (1.12) folgt

$$\Delta y = y \cdot \sum_i \alpha_i \frac{\Delta x_i}{x_i},$$

$$\frac{\Delta y}{y} = \sum_{i=1}^{n} \alpha_i \frac{\Delta x_i}{x_i}. \tag{1.15}$$

Der relative Gesamtfehler $\Delta y/y$ ergibt sich also als Summe der mit den Exponenten α_i multiplizierten relativen Einzelfehler $\Delta x_i/x_i$.

Beispiel: An einem Verbraucher wurden Messungen mit den folgenden relativen Fehlern durchgeführt:

$$\frac{\Delta U}{U} = -0{,}011; \qquad \frac{\Delta I}{I} = 0{,}02; \qquad \frac{\Delta R}{R} = -0{,}031.$$

Der relative Fehler der Verbraucherleistung soll bestimmt werden. Mit dem Ansatz $P = U^2/R = U^2 R^{-1}$ wird

$$\frac{\Delta P}{P} = 2\frac{\Delta U}{U} - 1\frac{\Delta R}{R} = 2(-0{,}011) - (-0{,}031) = +0{,}009.$$

Die Leistung wurde also um 0,9% zu groß gemessen und der Meßwert kann entsprechend berichtigt werden. Der Fehler von +0,009 ergibt sich auch, wenn die Leistung aus $P = U \cdot I$ oder $P = I^2 \cdot R$ berechnet wird.

1.4.3 Zufällige Meßfehler [1.11, 1.12]

Mittelwert und Standardabweichung. Zufällige Fehler werden hervorgerufen durch nicht erfaßbare und nicht beeinflußbare Änderungen der Meßgeräte, des Beobachters und der Umwelt. Betrag und Vorzeichen dieser definitionsgemäß nicht vorhersehbaren Fehler können im einzelnen nicht angegeben werden. Die Folge ist, daß die wiederholte Messung ein und derselben Meßgröße unterschiedliche, streuende Meßwerte ergibt. In diesen Fällen wird aus den Meßwerten x_i der *Mittelwert* $\bar{x}$ gebildet und dieser wird als der Erwartungswert der Meßgröße, als der wahre Meßwert x_w angesehen:

$$x_w = \frac{1}{N}\sum_{i=1}^{N} x_i \quad \text{für } N \to \infty. \tag{1.16}$$

Er hat die Eigenschaft, daß die Summe der linearen Abweichungen zu Null und die der Abweichungsquadrate zu einem Minimum wird:

$$\sum (x_i - x_w) = 0$$

$$\sum (x_i - x_w)^2 = \text{Minimum}.$$

Als Maß für die Streuung der Meßwerte dient die *Varianz* σ^2

$$\sigma^2 = \frac{1}{N}\sum_{i=1}^{N} (x_i - x_w)^2 \quad \text{für } N \to \infty. \tag{1.17}$$

Die positive Quadratwurzel der Varianz wird *Standardabweichung* σ genannt.

In der Praxis können nun nicht unendlich viele Einzelmessungen durchgeführt werden. Aus diesem Grunde wird der aus der begrenzten Zahl N gewonnene

Mittelwert $\bar{x}$ als Schätzwert $\hat{x}_w$ für den wahren Wert genommen

$$\bar{x} = \hat{x}_w = \frac{1}{N} \sum_{i=1}^{N} x_i \quad \text{für } N < \infty. \tag{1.18}$$

Ein Schätzwert $\hat{\sigma}$ für σ kann nun nicht nach Gl. (1.17) bestimmt werden, da der wahre Wert x_w nicht bekannt ist. Es bleibt nur übrig, mit dem Schätzwert $\hat{x}_w$ zu rechnen. In diesem Fall wird - worauf am Ende dieses Abschnitts noch einmal zurückgekommen wird - ein erwartungstreuer, unverzerrter Schätzwert $\hat{\sigma}$ erhalten, wenn die Summe der Abstandsquadrate nicht durch N, sondern nur noch durch die Zahl der Vergleichsmessungen N−1 geteilt wird. Dies führt zu folgendem Ausdruck für den Schätzwert der Varianz, wobei noch anstelle von $\hat{\sigma}$ das Zeichen s benutzt wird:

$$s^2 = \hat{\sigma}^2 = \frac{1}{N-1} \sum_{i=1}^{N} (x_i - \hat{x}_w)^2 = \frac{1}{N-1} \sum (x_i - \bar{x})^2. \tag{1.19}$$

Die positive Quadratwurzel s

$$s = \sqrt{\frac{\sum (x_i - \bar{x})^2}{N-1}}$$

wird als

- Standardabweichung der Meßwerte x_i,
- mittlere (quadratische) Abweichung (vom Mittelwert) der Meßwerte x_i,
- mittlerer (quadratischer) Fehler (Abweichung vom wahren Wert) der Meßwerte x_i

bezeichnet.

Waren genügend viele und voneinander unabhängige Einflußgrößen wirksam und wurden genügend viele Einzelmessungen durchgeführt, so sind die Meßwerte normalverteilt (Bild 1.11).

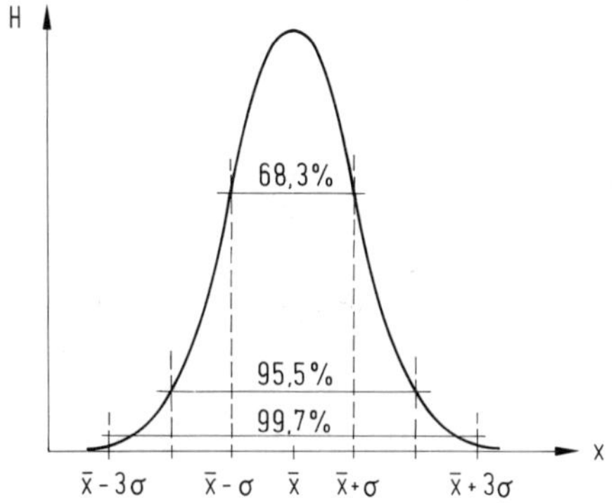

Bild 1.8: Häufigkeit H der Meßwerte x bei einer Normalverteilung; 68,3% liegen innerhalb des Bereichs $\bar{x} \pm \sigma$

50 % liegen im Bereich $\bar{x} \pm 0{,}675\ s$
68,3 % liegen im Bereich $\bar{x} \pm s$

oder anders formuliert,

mit 50 % Wahrscheinlichkeit liegt der einzelne Meßwert im Bereich $\bar{x} \pm 0.675\ s$.

Bei zufälligen Fehlern wird der Mittelwert als Meßergebnis angegeben einschließlich des Bereichs, in dem der Mittelwert vom wahren Wert abweichen kann. Um diesen Bereich berechnen zu können, müssen zunächst die Formeln zur Fehlerfortpflanzung abgeleitet werden.

Fortpflanzung der zufälligen Meßfehler. Betrachtet wird wieder eine Größe y, die sich aus den der Messung zugänglichen Größen $x_1, x_2, \ldots, x_n$ errechnet:

$$y = f(x_1, x_2, \ldots, x_n).$$

Da Zufallsfehler vorliegen, wurde jede der Größen $x_1 \ldots x_n$ wiederholt gemessen und die Mittelwerte $\bar{x}_1 \ldots \bar{x}_n$ und die Standardabweichungen $s_1 \ldots s_n$ wurden ermittelt. Im Prinzip lassen sich sehr viele y-Werte aus den möglichen Kombinationen der x_{ij}-Werte berechnen. Die y-Werte bilden eine Verteilung und die Aufgabe ist, eine Rechenvorschrift zur Bestimmung des Mittelwerts $\bar{y}$ und der Standardabweichung σ_y dieser Verteilung zu finden. Die gesuchten Beziehungen werden im folgenden ohne Einschränkung der Allgemeinheit für eine Größe y hergeleitet, die von zwei gemessenen Größen x_1 und x_2 abhängt.

a) Bestimmung des Mittelwerts $\bar{y}$. Die Größe x_1 ist m-mal gemessen. Ein beliebiger Wert x_{1i} weicht vom zugehörigen Mittelwert $\bar{x}_1$ um Δx_{1i} ab

$$\Delta x_{1i} = x_{1i} - \bar{x}_1 \qquad \text{mit } \bar{x}_1 = \frac{1}{m} \sum_{i=1}^{m} x_{1i}.$$

Die entsprechenden Beziehungen gelten ebenso für die insgesamt r Meßwerte x_{2k}

$$\Delta x_{2k} = x_{2k} - \bar{x}_2 \qquad \text{mit } \bar{x}_2 = \frac{1}{r} \sum_{k=1}^{r} x_{2k}.$$

Für ein beliebig herausgegriffenes Meßwertpaar x_{1i} und x_{2k} ergibt sich y_{ik} zu

$$\begin{aligned} y_{ik} &= f(x_{1i}, x_{2k}) \\ &= f(\bar{x}_1 + \Delta x_{1i}, \bar{x}_2 + \Delta x_{2k}), \end{aligned}$$

oder, indem $f(x_{1i}, x_{2k})$ durch die zugehörige, nach dem ersten Glied abgebrochene Taylorreihe ersetzt wird

$$y_{ik} = f(\bar{x}_1, \bar{x}_2) + \frac{\partial f(\bar{x}_1, \bar{x}_2)}{\partial x_1} \Delta x_{1i} + \frac{\partial f(\bar{x}_1, \bar{x}_2)}{\partial x_2} \Delta x_{2k}. \tag{1.20}$$

Der Mittelwert $\bar{y}$ der y_{ik} wird dann

$$\begin{aligned}
\bar{y} &= \frac{1}{m}\frac{1}{r}\sum_{i=1}^{m}\sum_{k=1}^{r} y_{ik} \\
&= \frac{1}{m}\frac{1}{r}\sum_{i}^{m}\sum_{k}^{r}\left[f(\bar{x}_1, \bar{x}_2) + \frac{\partial f(\bar{x}_1, \bar{x}_2)}{\partial x_1}\Delta x_{1i} + \frac{\partial f(\bar{x}_1, \bar{x}_2)}{\partial x_2}\Delta x_{2k}\right] \\
&= f(\bar{x}_1, \bar{x}_2) + \frac{1}{m}\frac{\partial f(\bar{x}_1, \bar{x}_2)}{\partial x_1}\sum_{i}^{m}\Delta x_{1i} + \frac{1}{r}\frac{\partial f(\bar{x}_1, \bar{x}_2)}{\partial x_2}\sum_{k}^{r}\Delta x_{2k} \\
&= f(\bar{x}_1, \bar{x}_2),
\end{aligned} \tag{1.21}$$

da gemäß der Definition des Mittelwerts die Summen der Abweichungen $\sum \Delta x_{1i}$ und $\sum \Delta x_{2k}$ zu null werden.

Der Mittelwert $\bar{y}$ der gesuchten Größe ergibt sich also aus den Mittelwerten $\bar{x}_i$ der gemessenen Größen. Allgemein gilt:

$$\bar{y} = f(\bar{x}_1, \bar{x}_2, \ldots, \bar{x}_n). \tag{1.22}$$

b) Berechnung der Standardabweichung. Zunächst soll die wahre Standardabweichung σ_y (nicht ihr Schätzwert s_y) der y-Werte berechnet werden. Dazu wird angenommen, daß die entsprechenden Standardabweichungen σ_1 und σ_2 der x-Werte bekannt sind. In Anlehnung an Gl. (1.17) wird σ_y definiert als

$$\sigma_y = \sqrt{\frac{1}{m}\frac{1}{r}\sum_{i}^{m}\sum_{k}^{r}(y_{ik} - y_w)^2}. \tag{1.23}$$

Um σ_y zu berechnen, wird von Gl. (1.20) ausgegangen. Eingeführt wird die Gl. (1.21) $y_w = \bar{y} = f(\bar{x}_1, \bar{x}_2)$; anschließend wird umgestellt, quadriert und summiert:

$$y_{ik} - \bar{y} = \frac{\partial f}{\partial x_1}\Delta x_{1i} + \frac{\partial f}{\partial x_2}\Delta x_{2k}$$

$$(y_{ik} - \bar{y})^2 = \left(\frac{\partial f}{\partial x_1}\Delta x_{1i}\right)^2 + \left(\frac{\partial f}{\partial x_2}\Delta x_{2k}\right)^2 + 2\frac{\partial f}{\partial x_1}\Delta x_{1i}\frac{\partial f}{\partial x_2}\Delta x_{2k}$$

$$\sum_{i}^{m}\sum_{k}^{r}(y_{ik} - \bar{y})^2 = \sum_{i}^{m}\sum_{k}^{r}\left(\frac{\partial f}{\partial x_1}\Delta x_{1i}\right)^2 + \sum_{i}^{m}\sum_{k}^{r}\left(\frac{\partial f}{\partial x_2}\Delta x_{2k}\right)^2 + 2\sum_{i}^{m}\sum_{k}^{r}\frac{\partial f}{\partial x_1}\Delta x_{1i}\frac{\partial f}{\partial x_2}\Delta x_{2k}.$$

Der letzte Term auf der rechten Seite wird wegen der wechselnden Vorzeichen der Δx_{1i} und Δx_{2k} ungefähr Null und mit einer gewissen Wahrscheinlichkeit gilt

$$\sum_{i}^{m}\sum_{k}^{r}(y_{ik}-\bar{y})^2 = r\left(\frac{\partial f}{\partial x_1}\right)^2\sum_{i}^{m}\Delta x_{1i}^2 + m\left(\frac{\partial f}{\partial x_2}\right)^2\sum_{k}^{r}\Delta x_{2k}^2. \tag{1.24}$$

Indem auf der rechten Seite die Quadrate der Standardabweichungen eingesetzt werden,

$$\sigma_1^2 = \frac{1}{m}\sum_{i}^{m}\Delta x_{1i}^2, \qquad \sigma_2^2 = \frac{1}{r}\sum_{k}^{r}\Delta x_{2k}^2 \tag{1.25}$$

geht die Gl. (1.24) über in

$$\sum_{i}^{m}\sum_{k}^{r}(y_{ik}-\bar{y})^2 = r\,m\left(\frac{\partial f}{\partial x_1}\,\sigma_1\right)^2 + m\,r\left(\frac{\partial f}{\partial x_2}\,\sigma_2\right)^2. \tag{1.26}$$

Wird jetzt durch $m\,r$ dividiert und anschließend die Wurzel gezogen, so steht auf der linken Seite die in (1.23) definierte Standardabweichung, die sich aus den auf der rechten Seite stehenden bekannten Größen errechnen läßt:

$$\sigma_y = \sqrt{\left(\frac{\partial f(\bar{x}_1,\bar{x}_2)}{\partial x_1}\right)^2\sigma_1^2 + \left(\frac{\partial f(\bar{x}_1,\bar{x}_2)}{\partial x_2}\right)^2\sigma_2^2}. \tag{1.27}$$

Gl. (1.27) ist das sogenannte *Gaußsche Fehlerfortpflanzungsgesetz*, das sich auf zufällige Fehler bezieht. Die gesuchte Standardabweichung der y-Werte ergibt sich, indem die Standardabweichungen der gemessenen Größen mit den an der Stelle $\bar{x}_1, \bar{x}_2$ genommenen partiellen Ableitungen multipliziert und geometrisch addiert werden. Wird die Beschränkung auf zwei Variable x_1 und x_2 aufgehoben, so geht für n Variable die Beziehung über in ihre allgemeine Form

$$\sigma_y = \sqrt{\sum_{i=1}^{n}\left(\frac{\partial f}{\partial x_i}\right)^2\sigma_i^2}. \tag{1.28}$$

In der Praxis sind nicht die Standardabweichungen σ_i, sondern nur ihre Schätzwerte s_i bekannt (Gl. 1.20). Werden diese s_i nach Gl. (1.28) behandelt, so entsteht der Schätzwert s_y für die Standardabweichung der y-Werte:

$$s_y = \sqrt{\sum_{i=1}^{n}\left(\frac{\partial f}{\partial x_i}\right)^2 s_i^2}. \tag{1.29}$$

Beispiel: Eine Komponente wird automatisch abgefüllt. Bekannt ist das mittlere Gewicht $\bar{g}_1 = 80$ g der Verpackung mit der zugehörigen Standardabweichung $s_1 = 5$ g. Gewogen wird jeweils während des Füllens. Das Gesamtgewicht g_3 von Inhalt und Verpackung ist im Mittel $\bar{g}_3 = 600$ g mit der Standardabweichung $s_3 = 9$ g. Zu bestimmen sind der Mittelwert und die Standardabweichung der Einwaage $g_2 = g_3 - g_1$.

Der Mittelwert $\bar{g}_2$ errechnet sich nach (1.21) zu

$$\bar{g}_2 = \bar{g}_3 - \bar{g}_1 = (600 - 80)\,g = 520\,g;$$

die Standardabweichung ist

$$s_2 = \sqrt{\left(\frac{\partial g_2}{\partial g_3}\right)^2 s_3^2 + \left(\frac{\partial g_2}{\partial g_1}\right)^2 s_1^2}\ g$$

$$= \sqrt{1^2 \cdot 9^2 + (-1)^2 \cdot 5^2}\ g = \sqrt{81 + 25}\ g = 10{,}3\,g.$$

Bei normalverteilten Gewichten haben 95 von 100 Packungen also einen Inhalt von $520\,g \pm 2\,s_2 = (520 \pm 20{,}6)\,g$.

Vertrauensbereich für den Mittelwert $\bar{x}$. Das Gaußsche Fehlerfortpflanzungsgesetz hilft auch bei einer neuen Fragestellung, bei der nach der Güte des Mittelwerts $\bar{x}$. Der Mittelwert ist ja nur ein Schätzwert und man möchte wissen, wie nahe er dem wahren Wert zu liegen kommt. Die Antwort läßt sich nicht absolut, sondern nur in Form einer Wahrscheinlichkeit geben. So sollen im folgenden die Grenzen eines Bereichs ermittelt werden, innerhalb dessen sich der wahre Wert mit einer bestimmten statistischen Sicherheit befindet.

Zunächst wird angenommen, daß unendlich viele Einzelmessungen durchgeführt und der Mittelwert x_w und die Standardabweichung σ der Verteilung bekannt sind. Dann können wir aus den unendlich vielen Meßwerten eine erste Stichprobe von N Meßwerten entnehmen und den zugehörigen Mittelwert $\bar{x}_1$ berechnen. Für eine zweite Stichprobe, wieder mit N Meßwerten, würde der Mittelwert $\bar{x}_2$ gefunden, der sich wahrscheinlich etwas von $\bar{x}_1$ unterscheidet. Weitere Mittelwerte $\bar{x}_i$ lassen sich bilden und es wird sich zeigen, daß die Mittelwerte voneinander weniger abweichen als die Einzelmeßwerte (Bild 1.12, Tabelle 1.5). Sie liegen um so enger beieinander, je größer die Zahl N der in die Mittelwerte eingegangenen Einzelmeßwerte ist. Die Mittelwerte $\bar{x}_i$ bilden eine Verteilung, die durch den neuen Mittelwert $\bar{\bar{x}}$ und die Standardabweichung $\sigma_{\bar{x}}$ charakterisiert wird. Bei N verschiedenen Mittelwerten wird $\bar{\bar{x}}$

$$\bar{\bar{x}} = \frac{1}{N}(\bar{x}_1 + \bar{x}_2 + \ldots + \bar{x}_N) = \frac{1}{N}\sum \bar{x}_i. \tag{1.30}$$

Bei hinreichend vielen und umfangreichen Stichproben wird sich $\bar{\bar{x}}$ nicht von dem Mittelwert x_w aller Einzelmeßwerte unterscheiden, so daß angenommen werden darf $\bar{\bar{x}} = x_w$.

Die in die Mittelwerte eingehenden Einzelmeßwerte stammen aus einer Verteilung mit der Standardabweichung σ. Das bedeutet, daß die für jede einzelne Stichprobe gezogenen Werte bei einer ausreichenden Losgröße ebenfalls die Standardabweichung σ haben. Mit

$$\frac{\partial \bar{\bar{x}}}{\partial \bar{x}_i} = \frac{1}{N}$$

Tabelle 1.5 Mittelwert $\bar{x}$ und Standardabweichung s von je 49 der Grundgesamtheit nach Bild 1.12 zufällig entnommenen Meßwerten. Die durch den Stern * gekennzeichneten 17 Werte (34 %) weichen um mehr als $s/\sqrt{N} = 2{,}08/7$ von $\bar{\bar{x}} = 99{,}98$ ab

$\bar{x}$	s	$\bar{x}$	s	$\bar{x}$	s	$\bar{x}$	s
* 99,48	2,06	99,80	1,81	* 99,64	1,84	99,80	2,53
100,06	2,56	100,13	1,95	*100,39	2,18	100,29	2,35
100,27	2,14	* 99,64	1,77	99,79	1,78	100,18	2,06
100,09	2,33	99,82	1,76	100,09	2,00	100,13	2,24
100,10	1,85	100,01	1,70	*100,32	1,96	99,76	2,21
99,87	2,01	100,07	1,92	* 99,36	2,63	100,20	2,71
* 99,34	2,12	* 99,58	1,99	100,08	2,02	100,07	1,76
*100,30	1,92	*100,48	2,00	*100,34	1,83	99,76	1,92
*100,40	1,95	* 99,33	2,27	* 99,33	1,89	99,77	1,96
100,02	2,10	*100,63	1,78	*100,49	2,37	*100,38	2,02
99,91	2,58	100,13	2,02	99,95	1,64	99,80	2,13
99,77	1,75	99,94	2,20	100,07	1,87	99,86	2,26
100,01	1,91						

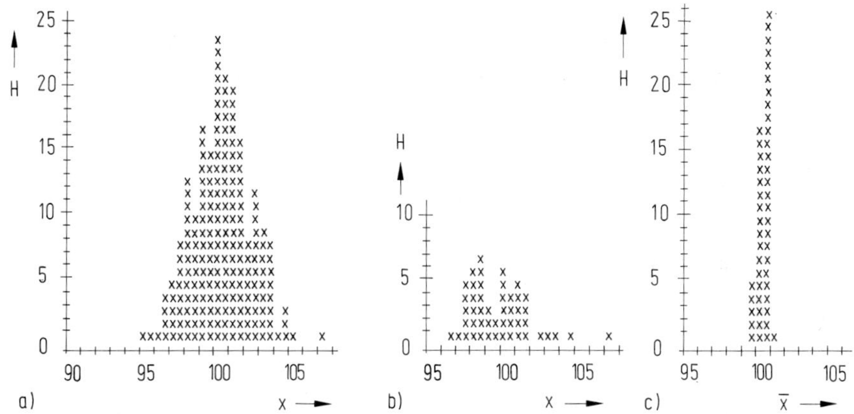

Bild 1.9: Die Verteilung der Mittelwerte (c) hat eine geringere Standardabweichung als die Verteilung der Einzelmeßwerte (a).
a) 200 normalverteilte Meßwerte mit $\bar{x} = 99{,}99$ und $s = 2{,}08$
b) Stichprobe von 49 zufällig aus (a) entnommenen Meßwerten; $\bar{x} = 99{,}48$, $s = 2{,}06$
c) Verteilung von 49 Stichprobenmittelwerten (Tabelle 1.5); $\bar{\bar{x}} = 99{,}98$, $s_{\bar{x}} = 0{,}3$

und insgesamt N Mittelwerten errechnet sich die Standardabweichung $\sigma_{\bar{x}}$ der Mittelwerte aus Gl. (1.28) zu

$$\sigma_{\bar{x}}^2 = \left(\frac{1}{N}\right)^2 (\sigma^2 + \sigma^2 + \ldots + \sigma^2) = \frac{1}{N^2} N \sigma^2;$$

$$\sigma_{\bar{x}} = \frac{\sigma}{\sqrt{N}}. \tag{1.31}$$

Die Standardabweichung der Verteilung der Mittelwerte ist um $1/\sqrt{N}$ kleiner als die der Einzelmeßwerte. Mit einer Wahrscheinlichkeit von 68% z.B. liegt also ein Mittelwert im Bereich $\bar{\bar{x}} \pm \sigma/\sqrt{N}$. Dies bedeutet, daß der (unbekannte) wahre Wert mit der Wahrscheinlichkeit von 68% höchstens um $\pm\sigma/\sqrt{N}$ von dem gefundenen Mittelwert $\bar{x}$ abweicht:

$$|\bar{\bar{x}} - \bar{x}_i| \leq \sigma/\sqrt{N}. \tag{1.32}$$

Bei der praktischen Anwendung ist nun die Standardabweichung σ der Meßanordnung nicht bekannt, so daß nur mit ihrem Schätzwert s (Gl. 1.20) gerechnet werden kann. Sinngemäß gilt dann, daß der wahre Wert

mit der Wahrscheinlichkeit von 50% um höchstens $\pm 0{,}675\, s/\sqrt{N}$,
mit der Wahrscheinlichkeit von 68% um höchstens $\pm 1\, s/\sqrt{N}$,
mit der Wahrscheinlichkeit von 95% um höchstens $\pm 2\, s/\sqrt{N}$,
mit der Wahrscheinlichkeit von 99% um höchstens $\pm 3\, s/\sqrt{N}$,

vom gefundenen Mittelwert $\bar{x}$ abweicht. Die bei einer Wahrscheinlichkeit von 68% noch bestehende Unsicherheit wird als *mittlerer Fehler* $\Delta\bar{x}$ *des Mittelwerts* bezeichnet.

$$\Delta\bar{x} = |\bar{\bar{x}} - \bar{x}| = s/\sqrt{N}. \tag{1.33}$$

Das Meßergebnis x wird in Form des Mittelwertes $\bar{x}$ (=Schätzwert für den wahren Wert) und seinen Grenzen angegeben,

$$x = \bar{x} \pm a\frac{s}{\sqrt{N}} = \bar{x}\left(1 \pm \frac{a\,s}{\bar{x}\sqrt{N}}\right), \tag{1.34}$$

wobei der Faktor a entsprechend der gewünschten Aussagewahrscheinlichkeit gewählt wird.

Die zufälligen Fehler können im Gegensatz zu den systematischen Fehlern nicht korrigiert werden. Es ist nur möglich, durch eine hinreichend große Zahl von Messungen die Unsicherheit des Meßwerts einzuengen.

Beispiel: Die Vorgehensweise bei der Behandlung zufälliger Meßfehler soll anhand der folgenden Meßreihe verdeutlicht werden:

i	Meßwert x_i in V	$(x_i - \bar{x})^2$ in V^2
1	6,7	0,04
2	6,4	0,01
3	6,3	0,04
4	6,6	0,01
5	6,5	0,00
6	6,7	0,04
7	6,5	0,00
8	6,3	0,04
9	6,6	0,01
10	6,4	0,01
Summe	65	0,20

Aus den angegebenen Daten errechnen sich die folgenden Werte:

$$\text{Mittelwert } \bar{x}\text{: } \bar{x} = \frac{\sum x_i}{N} = \frac{65\,V}{10} = 6{,}5\,V.$$

Standardabweichung s; mittlerer Fehler der Einzelmessung:

$$s^2 = \frac{\sum (x_i - \bar{x})^2}{N - 1} V^2 = \frac{0{,}20}{9} V^2; \qquad s = 0{,}15\,V.$$

Mittlerer Fehler $\Delta\bar{x}$ des Mittelwerts:

$$\Delta\bar{x} = \frac{s}{\sqrt{N}} = \frac{0{,}15\,V}{\sqrt{10}} = 0{,}047\,V.$$

Mit einer Sicherheit von 68% wird der Meßwert x angegeben als

$$x = \bar{x} \pm \frac{s}{\sqrt{N}} = (6{,}5 \pm 0{,}047)\,V.$$

Untersuchung des Schätzwerts $\hat{\sigma}$. Nachdem jetzt der mittlere Fehler des Mittelwerts angegeben werden kann (Gl. 1.33)

$$|x_w - \bar{x}| = |\bar{x} - x_w| = \sigma/\sqrt{N} \tag{1.35}$$

kommen wir noch einmal auf die Gleichung für den Schätzwert der Varianz zurück, um zu zeigen, daß der Teiler $N-1$ zu widerspruchsfreien Ergebnissen führt. In (1.19) wird der wahre Wert x_w eingeführt und anschließend wird die rechte Seite umgeformt:

$$\begin{aligned}
\hat{\sigma}^2 &= \frac{1}{N-1}\sum_1^N (x_i - \bar{x})^2 \\
&= \frac{1}{N-1}\sum_1^N [(x_i - x_w) - (\bar{x} - x_w)]^2 \\
&= \frac{1}{N-1}\left[\sum_1^N (x_i - x_w)^2 - 2(\bar{x} - x_w)\sum_1^N (x_i - x_w) + N(\bar{x} - x_w)^2\right] \\
&= \frac{1}{N-1}\left[\sum_1^N (x_i - x_w)^2 - 2(\bar{x} - x_w)(N\bar{x} - N x_w) + N(\bar{x} - x_w)^2\right] \\
&= \frac{1}{N-1}\sum_1^N (x_i - x_w)^2 - \frac{N}{N-1}(\bar{x} - x_w)^2;
\end{aligned} \tag{1.36}$$

der erste Term auf der rechten Seite beinhaltet definitionsgemäß (Gl. (1.17)) die Varianz σ^2,

$$\frac{1}{N-1}\sum_{1}^{N}(x_i - x_w)^2 = \frac{N}{N-1}\sigma^2. \qquad (1.37)$$

Der zweite Term beschreibt die mittlere Abweichung zwischen Mittelwert und wahrem Wert (Gl. (1.35)):

$$\frac{N}{N-1}(\bar{x} - x_w)^2 = \frac{N}{N-1}\frac{\sigma^2}{N} = \frac{\sigma^2}{N-1}. \qquad (1.38)$$

Indem die beiden letzten Ergebnisse in (1.36) eingeführt werden, folgt

$$\hat{\sigma}^2 = \frac{N}{N-1}\sigma^2 - \frac{1}{N-1}\sigma^2 = \sigma^2. \qquad (1.39)$$

Der Teiler $N-1$ kürzt sich heraus. Der Zusammenhang zwischen $\hat{\sigma}$ und σ wird nur bei dem gewählten Ansatz unabhängig von N. Der Schätzwert $\hat{\sigma}$ ist unverzerrt, „biasfrei" und ist mit der in Gl. (1.35) noch steckenden Wahrscheinlichkeit von 68 % ein Maß für die tatsächliche Standardabweichung σ.

1.4.4 Meßunsicherheit bei bekannten Garantiefehlergrenzen

Garantiefehlergrenze und Klassengenauigkeit. Die bis jetzt behandelten systematischen und zufälligen Fehler werden nur in Sonderfällen im einzelnen analysiert. Bei Routinemessungen wird häufig die Fehlerbetrachtung anhand der *Garantiefehlergrenze* oder *Klassengenauigkeit* durchgeführt. Diese Daten werden vom Hersteller des Meßgeräts angegeben. Er garantiert, daß die Fehler der mit dem Meßgerät unter festgelegten Bedingungen ermittelten Meßwerte innerhalb der angegebenen Grenzen liegen.

Die Garantiefehlergrenze G gibt die mögliche äußerste Abweichung vom wahren Wert an. Sie bezeichnet die maximal mögliche Unsicherheit und wird oft auf den Meßbereichsendwert X bezogen.

$$G = \frac{\text{Unsicherheit } \Delta x}{\text{Meßbereichsendwert } X} = \frac{\Delta x}{X}. \qquad (1.40)$$

Die Garantiefehlergrenze kann einseitig (Vorzeichen entweder + oder −) oder zweiseitig (±) angegeben werden. Im letzten Fall weicht der wahre Wert x_w höchstens um $\pm\Delta x$ vom gemessenen Wert x ab.

Aus (1.40) folgt

$$\Delta x = X\,G; \qquad \frac{\Delta x}{x} = \frac{X}{x}G. \qquad (1.40\text{a})$$

Die relative Unsicherheit des Meßwerts nimmt mit dem Verhältnis X/x zu. Aus diesem Grunde empfiehlt es sich, den Meßbereich jeweils möglichst gut auszunutzen.

Fortpflanzung der Fehlergrenzen [1.13]. Angenommen wird, daß sich eine Größe y aus den gemessenen Größen $x_1, x_2, \ldots, x_n$ berechnet, wobei für die gemessenen Größen die Fehlergrenzen $G_1, G_2, \ldots, G_n$, die Meßbereichsendwerte $X_1, X_2, \ldots, X_n$ und damit auch die Unsicherheiten $\Delta x_1, \Delta x_2, \ldots, \Delta x_n$ bekannt sind. Zu bestimmen ist die mögliche Unsicherheit des Ergebnisses y. Dabei wird zwischen der maximal möglichen Unsicherheit Δy^* und der wahrscheinlichen Unsicherheit Δy^{**} unterschieden.

a) Maximal mögliche Unsicherheit Δy^*; lineare Addition der Beträge der Fehlergrenzen. Bei zweiseitigen Fehlergrenzen wird wegen des unbekannten Vorzeichens mit den Beträgen gerechnet und entsprechend Gl. (1.12) bzw. (1.15) wird die maximal mögliche Unsicherheit des y-Werts angesetzt als

$$\Delta y^* = \sum \left| \frac{\partial f}{\partial x_i} \Delta x_i \right| \tag{1.41}$$

$$\frac{\Delta y^*}{y} = \sum \left| \frac{\Delta x_i}{x_i} \alpha_i \right| . \tag{1.42}$$

Der Meßwert wird dann angegeben als

$$y_w = y \pm \Delta y^* = y \left(1 \pm \frac{\Delta y^*}{y} \right). \tag{1.43}$$

Die durch $\pm \Delta y^*$ abgesteckten Grenzen werden als maximale oder „sichere" Ergebnisfehlergrenzen bezeichnet. Die so berechneten Unsicherheiten sind sehr unwahrscheinlich. Es ist nicht zu erwarten, daß einer der Meßwerte x_i um den vollen Wert der Fehlergrenze G_i falsch ist. Noch unzutreffender ist die der Gleichung zugrunde liegende Annahme, daß jeder Einzelmeßwert x_i seinen maximal möglichen Fehler hat und daß alle Einzelfehler in dieselbe Richtung wirken. Realistischer ist, die statistischen oder wahrscheinlichen Fehlergrenzen zu ermitteln.

b) Wahrscheinliche Unsicherheit Δy^{**}; geometrische Addition der Fehlergrenzen. Hier besteht zunächst die Schwierigkeit, daß die Verteilung der Fehler innerhalb einer Fehlerklasse meistens nicht bekannt ist. So kann eine wahrscheinliche Fehlergrenze nicht mathematisch begründet berechnet werden. Obwohl sich die Garantiefehlergrenze G als äußerste Abweichung vom wahren Wert von der Standardabweichung s als mittlere Abweichung der einzelnen Meßwerte unterscheidet, ist es üblich, die Gl. (1.29) für eine geometrische Addition der Fehlergrenzen zu übernehmen. In diesem Fall berechnet sich die statistische oder wahrscheinliche Fehlergrenze Δy^{**} zu

$$\Delta y^{**} = \sqrt{\sum \left(\frac{\partial f}{\partial x_i} \Delta x_i \right)^2} \tag{1.44}$$

$$\frac{\Delta y^{**}}{y} = \sqrt{\sum \left(\frac{\Delta x_i}{x_i} \alpha_i \right)^2} . \tag{1.45}$$

Die durch diese Gleichungen definierten wahrscheinlichen Unsicherheiten werden durch praktische Erfahrungen weitgehend bestätigt[1]). Darin kommt zum Ausdruck, daß in der Natur und in der Technik statistisch unabhängige Einflußgrößen zu normalverteilten Merkmalen führen.

Das Meßergebnis wird wieder angegeben als

$$y_w = y \pm \Delta y^{**} = y\left(1 \pm \frac{\Delta y^{**}}{y}\right). \tag{1.46}$$

Beispiel: Aus einer Wegmessung l, Garantiefehlergrenze $G_l = 4‰$ vom Endwert, und einer Zeitmessung t, Garantiefehlergrenze $G_t = 2‰$ vom Endwert, ist bei voller Ausnutzung des Meßbereichs die Meßunsicherheit der Geschwindigkeit $v = l/t$ zu bestimmen.

Die maximal mögliche Unsicherheit $\Delta v^*/v$ ergibt sich aus (1.42) zu

$$\frac{\Delta v^*}{v} = |1 \cdot 0{,}004| + |(-1) \cdot 0{,}002| = 0{,}006,$$

und die wahrscheinliche Unsicherheit $\Delta v^{**}/v$ wird nach Gl. (1.45)

$$\frac{\Delta v^{**}}{v} = \sqrt{(1 \cdot 4 \cdot 10^{-3})^2 + ((-1) \cdot 2 \cdot 10^{-3})^2} = \sqrt{20 \cdot 10^{-6}} = 0{,}0045.$$

1.5 Dynamisches Verhalten der Meßgeräte

Das Ausgangssignal eines Meßgeräts kann nicht beliebig schnell dem Eingangssignal folgen, da in dem Meßgerät

- Reibungs- und Dämpfungswiderstände überwunden,
- Massen beschleunigt oder abgebremst,
- Ladungen zu- oder abgeführt,
- Energiespeicher gefüllt oder geleert

werden müssen. Ein sich zeitlich änderndes Eingangssignal $x_e(t)$ bedingt ein sich zeitlich änderndes Ausgangssignal $x_a(t)$. Dabei sind auch die Ableitungen der Zeitfunktionen von Bedeutung. So ist, um das dynamische Verhalten eines Meßgeräts zu beschreiben, die Differentialgleichung zwischen dem Eingangs- und dem Ausgangssignal aufzustellen. Die höchste Ableitung des Ausgangssignals bestimmt dann die Ordnung der Differentialgleichung.

Anschaulicher jedoch ist, das Meßgerät mit einem Eingangssignal zu beschalten und das zugehörige Ausgangssignal zu untersuchen (Bild 1.10). Dieses ist dann gleichzeitig eine Möglichkeit, das dynamische Verhalten eines Meßgeräts oder Meßsystems experimentell, durch eine Messung zu ermitteln. In der Praxis werden zur Anregung des Meßgeräts häufig die folgenden Testfunktionen genommen, die zu den entsprechenden Antwortfunktionen führen:

---

[1]) Poincaré, H.: Calcul des Probabilités, Paris 1896, S. 149: «Tout le monde y croit cependant, me disait un jour M. Lippmann, car les expérimentateurs s'imaginent que c'est un théorème de mathématiques, et les mathématiciens que c'est un fait expérimental».

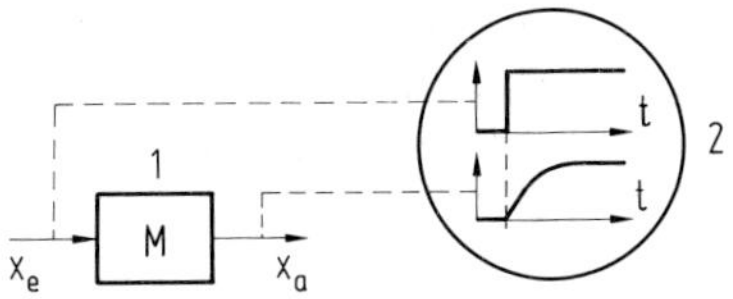

Bild 1.10: Meßanordnung zur Bestimmung des Zeitverhaltens
1 Meßgerät
2 Schreiber oder Oszilloskop

anregende Funktion:	**Antwortfunktion:**
Sinusfunktion	Sinusantwort; Amplituden- und Phasengang; Frequenzgang
Sprungfunktion	Sprungantwort; Übergangsfunktion
Impulsfunktion	Impulsantwort; Gewichtsfunktion

Die verschiedenen Verfahren sind einander gleichwertig. Eines genügt, um das Zeitverhalten eines Meßgeräts zu charakterisieren.

1.5.1 Verzögerungsglied 1. Ordnung

Meßgeräte, die einen Energiespeicher haben, werden durch eine Differentialgleichung 1. Ordnung charakterisiert. Sie sind häufig anzutreffen. Beispiele sind Temperaturfühler (Mantel-Thermoelemente, NTC-Sensoren), elektromagnetische Übertragungsglieder (Hall-Generatoren) und auch die Operationsverstärker. Das dynamische Verhalten dieser Meßgeräte wird durch ihre Grenzfrequenz f_g oder durch ihre Zeitkonstante T charakterisiert.

Differentialgleichung. Mit der Eingangsspannung u_e und der Ausgangsspannung u_a lautet die Dgl. eines Verzögerungsglieds 1. Ordnung

$$a_0\, u_a + a_1\, \dot{u}_a = e_0\, u_e. \tag{1.50}$$

a_0, a_1 und e_0 sind konstante Koeffizienten. Wird durch a_0 dividiert, so entsteht

$$u_a + \frac{a_1}{a_0}\,\dot{u}_a = \frac{e_0}{a_0}\,u_e. \tag{1.51}$$

Im stationären Fall nimmt mit $\dot{u}_a = 0$ die Ausgangsspannung den folgenden Wert an:

$$u_a = \frac{e_0}{a_0}\,u_e.$$

Das heißt, der Quotient e_0/a_0 ist nichts anderes als der in (1.4a) definierte Übertragungsfaktor k oder die Empfindlichkeit E,

$$\frac{e_0}{a_0} = k = E. \tag{1.52}$$

Des weiteren folgt aus (1.51), daß der Koeffizient a_1/a_0 die Einheit einer Zeit haben muß. Er wird als Zeitkonstante T bezeichnet,

$$\frac{a_1}{a_0} = T. \tag{1.53}$$

Mit (1.52) und (1.53) geht dann die Dgl. (1.51) über in

$$u_a + T\,\dot{u}_a = k\,u_e. \tag{1.54}$$

Die Lösung dieser Dgl. ergibt sich als Summe einer partikulären Lösung $u_{a,p}$ und der Lösung $u_{a,h}$ der homogenen Gleichung

$$u_a + T\,\dot{u}_a = 0. \tag{1.55}$$

Als partikuläre Lösung kann die Ausgangsspannung genommen werden, die sich im stationären Fall mit $\dot{u}_a = 0$ einstellt. Sie charakterisiert die Übertragungseigenschaften des Meßgeräts im Beharrungszustand,

$$u_{a,p} = k\,u_e. \tag{1.56}$$

Die homogene Dgl. beschreibt das Eigenverhalten des Meßgeräts. Angenommen wird, daß das Gerät durch eine Eingangsgröße angeregt war. Nach dem Verschwinden der Anregung ($u_e = 0$) stellt sich das sich selbst überlassene Gerät entsprechend seinem Eigenverhalten auf die Ausgangsspannung $u_{a,h}$ ein. Diese kennzeichnet das Übergangsverhalten. Sie ergibt sich aus (1.55) mit K als Integrationskonstanten zu

$$u_{a,h} = K\,e^{-t/T}. \tag{1.57}$$

Da das Meßgerät als ein lineares System angenommen ist, wird die vollständige Lösung von (1.51) als Summe von (1.56) und (1.57) erhalten,

$$u_a = u_{a,p} + u_{a,h} = k\,u_e + K\,e^{-t/T}. \tag{1.58}$$

Die Integrationskonstante K bestimmt sich aus der Anfangsbedingung $u_a(t = 0) = 0$ zu

$$K = -\,k\,u_e,$$

womit aus (1.58) die endgültige Lösung entsteht

$$u_a = k\,u_e(1 - e^{-t/T}). \tag{1.59}$$

Beispiel Tiefpaß. Eine Dgl. 1. Ordnung beschreibt z. B. den Tiefpaß von Bild 1.11. Um sie aufzustellen, wird von der Maschengleichung ausgegangen:

$$u_a + u_R = u_e. \tag{1.60}$$

Mit $i = C\,\frac{d\,u_a}{d\,t}$ und $u_R = i \cdot R = RC\,\frac{d\,u_a}{d\,t}$ geht die letzte Gleichung über in

$$u_a + RC\,\frac{d\,u_a}{d\,t} = u_e. \tag{1.61}$$

Der Übertragungsfaktor $k = e_0/a_0$ hat den Wert 1 und die Zeitkonstante T ist das Produkt aus dem Widerstand R und der Kapazität C:

$$T = RC. \tag{1.62}$$

Aus (1.59) folgt damit die Ausgangsspannung des Tiefpasses zu

$$u_a = u_e(1 - e^{-t/RC}). \tag{1.63}$$

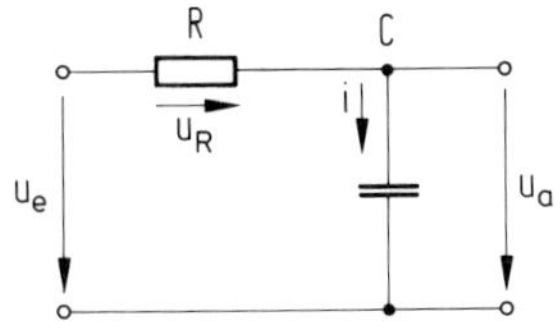

Bild 1.11: Tiefpaß

Sinusantwort; Frequenzgang. Als Eingangssignal wird eine sich sinusförmig ändernde Spannung u_e gewählt,

$$u_e = \hat{u}_e \sin \omega t.$$

Die daraus resultierende Ausgangsspannung hat die gleiche Frequenz und wird für den allgemeinen Fall angesetzt als

$$u_a = \hat{u}_a \sin(\omega t + \varphi).$$

Gemessen werden das Verhältnis der Amplituden $\hat{u}_a/\hat{u}_e$ und der Phasenwinkel φ.

Indem der Tiefpaß nacheinander mit Sinussignalen unterschiedlicher Frequenz angeregt wird, lassen sich das Amplitudenverhältnis und der Phasenwinkel in Abhängigkeit von der Frequenz darstellen (Bild 1.12). Die doppeltlogarithmische Darstellung von $\hat{u}_a/\hat{u}_e$ über der Frequenz wird als **Amplitudengang**, die halblogarithmische Darstellung des Phasenwinkels als **Phasengang** bezeichnet.

Zur rechnerischen Behandlung werden die Spannungen komplex angesetzt, wobei der Sinus im Imaginärteil enthalten ist,

$$\underline{u}_e = \hat{u}_e\, e^{j\omega t} \tag{1.64a}$$

$$\underline{u}_a = \hat{u}_a\, e^{j(\omega t + \varphi)}. \tag{1.64b}$$

Mit diesen Signalen geht die Differentialgleichung (1.54) über in

$$(1 + j\omega T)\,\underline{u}_a = k\,\underline{u}_e. \tag{1.65}$$

Daraus ergibt sich das von der Kreisfrequenz ω abhängige Verhältnis aus Ausgangs- und Eingangssignal, der sog. **Frequenzgang G(jω)** zu

$$G(j\omega) = \frac{\underline{u}_a}{\underline{u}_e} = \frac{k}{1 + j\omega T}. \tag{1.66}$$

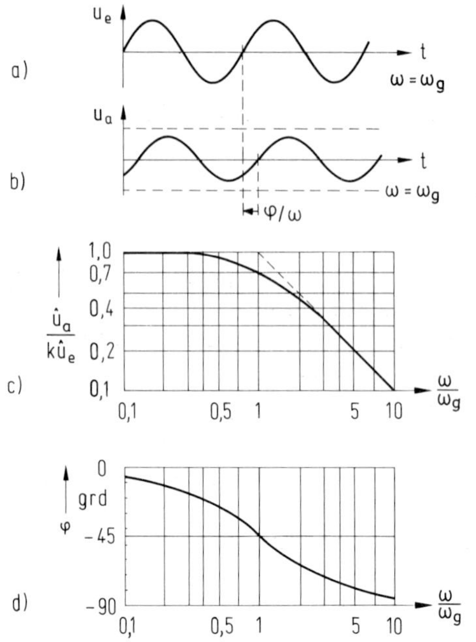

Bild 1.12: Amplituden- und Phasengang eines Meßgeräts mit Zeitverhalten 1. Ordnung

a) Eingangsspannung u_e
b) Ausgangsspannung u_a bei $\omega = \omega_g$; die Amplitude ist auf 0,7 abgefallen und die Phasenverschiebung beträgt $-45°$
c) Amplitudengang
d) Phasengang

Durch Erweiterung des Zählers und Nenners mit dem konjugiert komplexen des Nenners ergeben sich der Real- und Imaginärteil, sowie der Amplitudengang (Betrag) $|G(j\omega)|$ und der Phasengang $\varphi(\omega)$:

$$\mathrm{Re}[G(j\omega)] = \frac{k}{1 + \omega^2 T^2} \tag{1.66a}$$

$$\mathrm{Im}[G(j\omega)] = \frac{-k\omega T}{1 + \omega^2 T^2} \tag{1.66b}$$

$$|G(j\omega)| = \frac{\hat{u}_a}{\hat{u}_e} = \sqrt{\left(\frac{k}{1 + \omega^2 T^2}\right)^2 + \left(\frac{-k\omega T}{1 + \omega^2 T^2}\right)^2} = \frac{k}{\sqrt{1 + \omega^2 T^2}} \tag{1.66c}$$

$$\varphi(\omega) = \arctan\left(\frac{\mathrm{Im}}{\mathrm{Re}}\right)_{\text{Zähler}} - \arctan\left(\frac{\mathrm{Im}}{\mathrm{Re}}\right)_{\text{Nenner}} = -\arctan \omega T \tag{1.66d}$$

Die zu $\omega T = 2\pi f T = 1$ gehörende Frequenz wird Eck- oder Grenzfrequenz f_g genannt

$$\omega_g T = 2\pi f_g T = 1.$$

Mit dieser Gleichung lassen sich die Grenzfrequenz f_g und die Zeitkonstante T ineinander umrechnen

$$f_g = \frac{1}{2\pi T}. \tag{1.67}$$

Bei der Grenzfrequenz ist für $k=1$ das Amplitudenverhältnis auf $1/\sqrt{2}$ abgefallen:

$$|G(j\,\omega_g)| = \left.\frac{\hat{x}_a}{\hat{x}_e}\right|_{\omega_g} = \frac{1}{\sqrt{2}} = 0{,}71.$$

Für eine Messung ist ein derartiger Amplitudenfehler im allgemeinen nicht tragbar. Die Signalfrequenz sollte mindestens um einen Faktor 10 kleiner als die Grenzfrequenz des Gerätes sein, um die Amplituden ohne Abschwächung und ohne allzu großen Phasenfehler verarbeiten zu können.

Signale mit Frequenzen $\omega \gg \omega_g$ werden nicht mehr amplitudenrichtig übertragen. Nimmt die Frequenz um den Faktor 10 zu, geht die Ausgangsamplitude auf 1/10 zurück. Dieses Verhalten eines Verzögerungsglieds erster Ordnung ist nicht unbedingt ein Nachteil, sondern kann auch bewußt zur Trennung von Nutz- und Störsignal, zur „Glättung" des Nutzsignals eingesetzt werden (Bild 1.13).

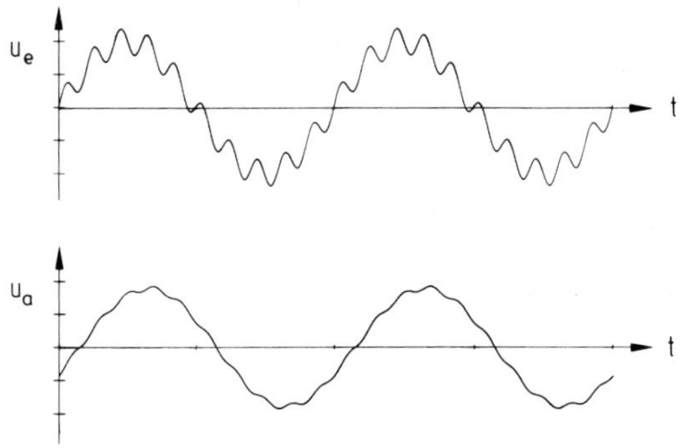

Bild 1.13: Filterwirkung eines RC-Tiefpasses mit $\omega_g = 2\,\omega_0$
Eingangsspannung $u_e = \sin \omega_0 t + \frac{1}{5} \sin 10\,\omega_0 t$; in der Ausgangsspannung u_a sind die Oberwellen nur noch abgeschwächt zu erkennen; die Ausgangsspannung ist gegenüber der Eingangsspannung phasenverschoben.

Bei der Herleitung des Frequenzganges eines elektrischen Netzwerks sparen sich die Elektrotechniker gewöhnlich die Differentialgleichung, betrachten das Netzwerk als komplexen Spannungsteiler und benützen sofort dessen Gleichung. So läßt sich z.B. für das RC-Glied von Bild 1.11 mit

$$\frac{\underline{u}_a}{\underline{u}_e} = \frac{\frac{1}{j\omega C}}{R + \frac{1}{j\omega C}} = \frac{1}{1 + j\omega RC} = G(j\omega)$$

die Gleichung des Frequenzganges sofort hinschreiben. Falls gewünscht, kann dann auch vom Frequenzgang ausgehend die Dgl. aufgestellt werden.

Sprungantwort. Als Eingangssignal eines Verzögerungsgliedes 1. Ordnung wird die sich sprungförmig ändernde Eingangsspannung u_e angenommen,

$$\begin{aligned} u_e &= 0 \quad &\text{für } t \leqq 0 \\ u_e &= U_0 \quad &\text{für } t > 0. \end{aligned} \tag{1.68}$$

Aus (1.59) folgt die Ausgangsspannung u_a,

$$u_a = k\,U_0(1 - e^{-t/T}). \tag{1.69}$$

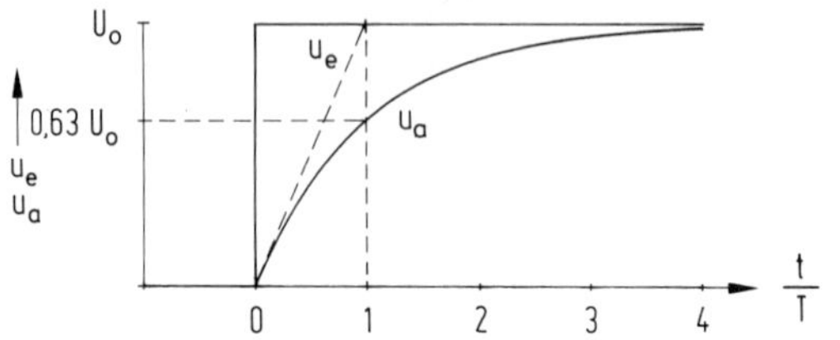

Bild 1.14: Sprungantwort eines Tiefpasses 1. Ordnung mit der Zeitkonstanten T

Die sich dabei in Abhängigkeit von der Zeit ergebende Kurve wird als Sprungantwort bezeichnet (Bild 1.14). Wird die Ausgangsspannung u_a auf die Anregespannung U_0 bezogen, so bleibt die das Zeitverhalten beschreibende dimensionslose **Übergangsfunktion h(t)** übrig:

$$\frac{u_a}{U_0} = h(t) = k(1 - e^{-t/T}). \tag{1.70}$$

63% des Endwertes sind nach einer, 95% nach drei und 99,5% nach fünf Zeitkonstanten erreicht.

Impulsantwort. Als Anregesignal diene zunächst ein Spannungsimpuls der Dauer T_0 (s) und der Höhe A/T_0 (V), woraus die Impulsfläche A (Vs) resultiert (Bild 1.15). Die Reaktion eines Tiefpasses 1. Ordnung auf diesen Impuls kann aus Dgl. (1.54) abgeleitet werden. Bei einer von null verschiedenen Impulsdauer wird für $0 < t < T_0$ der Kondensator aufgeladen. Seine Spannung u_a nimmt entsprechend (1.63) zu. Zum Zeitpunkt $t = T_0$ hat sie den Wert

$$u_a(t = T_0) = \frac{k\,A}{T_0}(1 - e^{-T_0/T}). \tag{1.71}$$

Für Zeiten $t \geqq T_0$ ist die Eingangsspannung null, $u_e = 0$, und der Kondensator beginnt sich zu entladen. Seine Ausgangsspannung folgt der homogenen Dgl. mit der Lösung (1.57). Aus dem Vergleich von (1.71) und (1.57)

$$u_a(t = T_0) = \frac{k\,A}{T_0}(1 - e^{-T_0/T}) = K\,e^{-T_0/T} \tag{1.72}$$

bestimmt sich die Integrationskonstante K zu

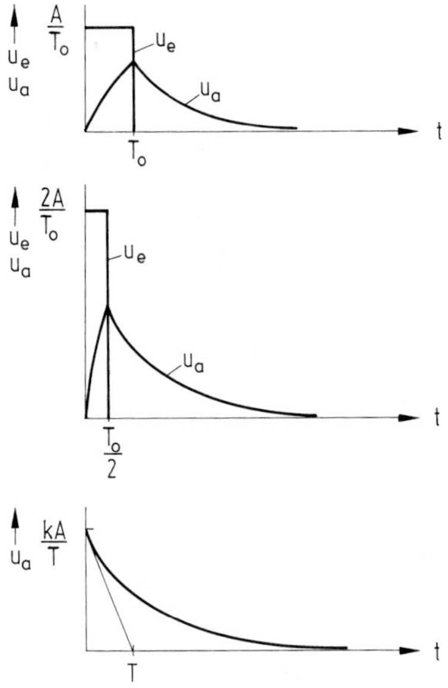

Bild 1.15: Herleitung der Impulsantwort eines Systems 1. Ordnung

$$K = \frac{k\,A}{T_0}\left(1 - e^{-T_0/T}\right) e^{T_0/T}. \tag{1.73}$$

Für Zeiten $t > T_0$ entlädt sich der Kondensator. Seine Ausgangsspannung nimmt exponentiell ab,

$$u_a(t \geqq T_0) = \frac{k\,A}{T_0}\left(1 - e^{T_0/T}\right) e^{-(t-T_0)/T}. \tag{1.74}$$

Nun denke man sich die Dauer T_0 des Impulses verkürzt und seine Höhe entsprechend vergrößert, so daß die Fläche jeweils den Wert A (Vs) behält. Mit dem Grenzübergang $T_0 \to 0$ und $1/T_0 \to \infty$ wird ein idealer Impuls erhalten. Um dessen Antwortfunktion zu berechnen wird zunächst in (1.74) der Faktor $k\,A\,e^{-t/T}$ ausgeklammert. Anschließend wird der Grenzübergang $T_0 \to 0$ durchgeführt:

$$\lim_{T_0 \to 0} \frac{\left(1 - e^{-T_0/T}\right)}{T_0} e^{T_0/T} = \lim_{T_0 \to 0} \frac{e^{T_0/T} - 1}{T_0} = \frac{1-1}{0} = \frac{0}{0}.$$

Es ergibt sich der unbestimmte Ausdruck 0/0, der nach der Regel von de l'Hospital übergeht in

$$\lim_{T_0 \to 0} \frac{e^{T_0/T} - 1}{T_0} = \lim_{T_0 \to 0} \frac{1}{T}\,\frac{e^{T_0/T}}{1} = \frac{1}{T}. \tag{1.75}$$

Unter Berücksichtigung des ausgeklammerten Faktors wird dann die Ausgangsspannung u_a

$$u_a(t \geqq 0) = \frac{kA}{T} e^{-t/T} \text{ (V)}. \tag{1.76}$$

Bei einer Impulsanregung liefert der Tiefpaß unseres Beispiels zum Zeitpunkt $t=0$ die Spannung kA/T (V). Um wieder von der Einheit der anregenden Größe unabhängig zu werden, wird der Faktor A (Vs) auf die linke Seite gebracht. Damit entsteht die **Gewichtsfunktion g(t)**

$$\frac{u_a}{A} = g(t) = \frac{k}{T} e^{-t/T} \text{ } (s^{-1}). \tag{1.77}$$

Die charakteristische Größe „Zeitkonstante" kann wieder dem Verlauf der Impulsantwort entnommen werden.

Hier läßt sich fragen, ob die ideale Impulsanregung mit $T_0 \to 0$ mehr für die Theorie und weniger für die Praxis von Bedeutung ist. Diese Bedenken treffen nicht zu. Für die technische Anwendung ist nur zu fordern, daß die Dauer T_0 des Impulses klein gegenüber der Zeitkonstanten T des Geräts bleibt. Bild 1.16 zeigt, daß ein Verhältnis $T_0/T = 0{,}1$ noch etwa ausreichend ist.

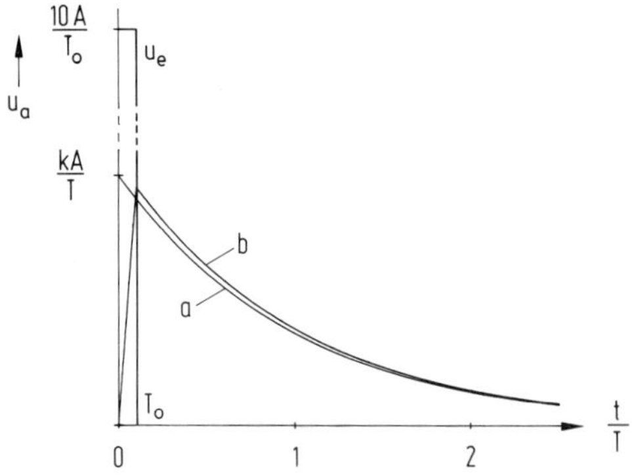

Bild 1.16: Impulsantwort eines Systems 1. Ordnung

a) idealisierte Anregung mit $T_0 = 0$ (Gl. 1.76)

b) reale Anregung mit $T_0/T = 0{,}1$ (Gl. 1.74)

Beziehungen zwischen den Antwortfunktionen. Die Sprungantwort (Übergangsfunktion) und die Impulsantwort (Gewichtsfunktion) lassen sich experimentell schneller ermitteln als der Frequenzgang. Bei dem letzteren Verfahren sind mehrere Anregungen mit Sinussignalen unterschiedlicher Frequenz notwendig, während bei der Sprung- und Impulsantwort eine einzige Messung ausreicht. Trotzdem wird das Zeitverhalten vollständig beschrieben. Dies erklärt sich dadurch, daß in einem sprung- oder impulsförmigen Anregesignal alle Frequenzen enthalten sind. Während beim Frequenzgang die Antwort auf unterschiedliche Frequenzen nacheinander abgefragt werden muß, beinhalten die Sprung- und die Impulsantwort schon die Reaktion des Geräts im gesamten Frequenzbereich.

Das Impulssignal läßt sich als Differenz zweier Sprungsignale herleiten. Bei einer stetigen Sprungantwort ergibt sich dann im Grenzfall eines unendlich kurzen Impulses die Gewichtsfunktion als die Ableitung der Übergangsfunktion:

$$g(t) = \frac{dh(t)}{dt}. \tag{1.78}$$

Beispiel: Wird die Gl. (1.70) differenziert, so wird mit

$$g(t) = \frac{dh(t)}{dt} = \frac{k}{T} e^{-t/T}$$

das schon von Gl. (1.77) bekannte Ergebnis erhalten.

Auch zwischen der Gewichtsfunktion und dem Frequenzgang besteht ein Zusammenhang. Die Systemtheorie zeigt, daß der Frequenzgang $G(j\omega)$ die Fouriertransformierte der Gewichtsfunktion $g(t)$ ist,

$$G(j\omega) = \int_{-\infty}^{+\infty} g(t)\, e^{-j\omega t}\, dt. \tag{1.79}$$

Aus der Impulsantwort läßt sich also der Frequenzgang berechnen.

Beispiel: Wird (1.77) in (1.79) eingesetzt, so genügt es, die Integration von 0 bis ∞ durchzuführen. Für $t<0$ existiert die Gewichtsfunktion nicht. An der oberen Grenze $t \to \infty$ liefert das Integral den Wert null. Insgesamt ergibt sich der schon bekannte Frequenzgang von (1.66):

$$\frac{k}{T} \int_0^{\infty} e^{-t/T} e^{-j\omega t}\, dt = \frac{k}{T} \left(\frac{-1}{j\omega + \frac{1}{T}} \right) e^{-\left(j\omega + \frac{1}{T}\right)t} \Big|_0^{\infty}$$

$$= 0 - \frac{k}{T} \left(\frac{-1}{j\omega + \frac{1}{T}} \right) \cdot 1 = \frac{k}{1 + j\omega T}.$$

1.5.2 Verzögerungsglied 2. Ordnung

Meßgeräte mit zwei gekoppelten Energiespeichern lassen sich durch eine Dgl. 2. Ordnung beschreiben. Beispiele sind das Drehspulmeßwerk, die Schwingungsgeber, die harmonischen Oszillatoren oder auch thermisch träge Komponenten wie die Widerstandsthermometer.

Kenngrößen für das dynamische Verhalten dieser Verzögerungsglieder 2. Ordnung sind der dimensionslose Dämpfungsfaktor D und die Zeitkonstante T, die nach (1.67) mit der Grenzfrequenz verknüpft ist.

Differentialgleichung. Die Dgl. 2. Ordnung lautet mit u_e als Eingangs- und u_a als Ausgangsspannung in ihrer einfachsten Form:

$$a_0 u_a + a_1 \dot{u}_a + a_2 \ddot{u}_a = e_0 u_e. \tag{1.82}$$

Indem durch a_0 dividiert wird, geht sie über in

$$u_a + \frac{a_1}{a_0}\dot{u}_a + \frac{a_2}{a_0}\ddot{u}_a = \frac{e_0}{a_0}u_e. \quad (1.83)$$

Im Beharrungszustand mit $\dot{u}_a = 0$ und $\ddot{u}_a = 0$ reduziert sich die Gleichung auf

$$u_a = \frac{e_0}{a_0}u_e$$

und zeigt, daß der Quotient e_0/a_0 nichts anderes als die statische Empfindlichkeit E oder der Übertragungsfaktor k ist

$$\frac{e_0}{a_0} = E = k. \quad (1.84)$$

Der Koeffizient a_2/a_0 hat die Einheit s^2. Er liefert das Quadrat der Zeitkonstanten T, beziehungsweise das der Grenzfrequenz ω_g, die identisch ist mit der Eigenfrequenz ω_0 des ungedämpften Systems.

$$\frac{a_2}{a_0} = T^2 = \frac{1}{\omega_g^2} = \frac{1}{\omega_0^2}. \quad (1.85)$$

Der Beiwert von $\dot{u}_a$ hat die Einheit s und wird zweckmäßig als Zeitkonstante T, multipliziert mit dem doppelten dimensionslosen Dämpfungsfaktor D, geschrieben,

$$\frac{a_1}{a_0} = 2DT. \quad (1.86)$$

Mit diesen neuen Bezeichnungen geht (1.82) über in

$$u_a + 2DT\dot{u}_a + T^2\ddot{u}_a = k\,u_e. \quad (1.87)$$

Hier sind wieder eine partikuläre und die homogene Lösung gesucht. Als partikuläre Lösung bietet sich für den statischen Fall an

$$u_{a,p} = k\,u_e. \quad (1.88)$$

Die homogene Dgl.

$$u_a + 2DT\dot{u}_a + T^2\ddot{u}_a = 0, \quad (1.89)$$

die das Verhalten des sich selbst überlassenen und von außen nicht gestörten Systems zum Ausdruck bringt, führt mit dem Ansatz

$$u_{a,h} = e^{rt} \quad (1.90)$$

zur charakteristischen Gleichung

$$1 + 2DTr + T^2r^2 = 0. \quad (1.91)$$

Deren Wurzeln $r_{1,2}$ werden als Eigenwerte bezeichnet,

$$r_{1,2} = -\frac{D}{T} \pm \frac{1}{T}\sqrt{D^2 - 1}. \quad (1.92)$$

Hier lassen sich in Abhängigkeit vom Dämpfungsfaktor D die im folgenden diskutierten drei Fälle unterscheiden:

a) für $D<1$ bilden die beiden Wurzeln r_1 und r_2 ein konjugiert komplexes Zahlenpaar;
b) für $D>1$ sind die Wurzeln r_1 und r_2 reelle Zahlen;
c) für $D=1$ haben die Wurzeln nur einen einzigen reellen Wert $r_1=r_2$.

Fall a; D<1. Die Wurzeln (Eigenwerte) sind konjugiert komplexe Zahlen. Mit der Eigenfrequenz ω_d des gedämpften Systems,

$$\omega_d = \frac{1}{T}\sqrt{1-D^2} = \omega_g\sqrt{1-D^2} \tag{1.93}$$

lauten sie

$$r_{1,2} = -\frac{D}{T} \pm j\,\omega_d. \tag{1.94}$$

In der Mathematik wird gezeigt, daß mit den Integrationskonstanten A und B die Eigenwerte (1.94) zu der folgenden Lösung der homogenen Gl. führen:

$$u_{a,h} = e^{-Dt/T}(A\cos\omega_d t + B\sin\omega_d t). \tag{1.95}$$

Die Lösung der kompletten Dgl. (1.87) ergibt sich nun als Summe der partikulären und der homogenen Lösung:

$$u_a = k\,u_e + e^{-Dt/T}(A\cos\omega_d t + B\sin\omega_d t). \tag{1.96}$$

Die Integrationskonstanten A und B errechnen sich aus den Anfangsbedingungen

$$u_a(t=0) = 0 \tag{1.97}$$

$$\dot{u}_a(t=0) = 0. \tag{1.98}$$

Aus (1.97) folgen

$$0 = k\,u_e + 1(A\cdot 1 + 0) \quad \text{und} \quad A = -k\,u_e. \tag{1.99}$$

Wird nun (1.96) differenziert und wird die Ableitung an der Stelle $t=0$ genommen, so ergibt sich aus (1.98) schließlich

$$B = -k\,u_e\frac{D}{\omega_d T} = -k\,u_e\frac{D}{\sqrt{1-D^2}}. \tag{1.100}$$

Mit diesen Konstanten ist aus (1.96) die endgültige Lösung erhalten:

$$u_a = k\,u_e\left[1 - e^{-Dt/T}\left(\cos\omega_d t + \frac{D}{\sqrt{1-D^2}}\sin\omega_d t\right)\right]. \tag{1.101}$$

Das Gerät führt im Bereich $0<D<1$ gedämpfte Schwingungen aus. Bei einem

Anstoß durch ein Eingangssignal schwingt das Meßgerät mit der Kreisfrequenz ω_d und mit abnehmender Amplitude auf den Beharrungswert $u_a = k\,u_e$ ein (Bild 1.19).

Die Gl. (1.101) beinhaltet auch den Fall eines harmonischen Oszillators, den Fall der ungedämpften Schwingung mit $D=0$. Unter dieser Voraussetzung folgt aus (1.93) $\omega_d = \omega_g$ und (1.101) reduziert sich auf

$$u_a = k\,u_e(1 - \cos\omega_g\,t). \qquad (1.102)$$

Die Forderung nach dem verschwindenden Dämpfungsfaktor ist eine notwendige Bedingung für eine ungedämpfte, sich selbst erhaltende Schwingung. In diesem Fall ist in der Dgl. (1.87) der Koeffizient von $\dot{u}_a$ gleich null:

$$\frac{a_1}{a_0} = 0. \qquad (1.103)$$

Fall b; D > 1. Die Eigenwerte $r_{1,2}$ der charakteristischen Gleichung sind reell mit den Werten von (1.92). Die Zeitkonstanten T_1 und T_2 lassen sich einführen mit

$$r_1 = -\frac{1}{T_1} \quad \text{mit } T_1 = \frac{T}{D - \sqrt{D^2 - 1}} \quad \text{und}$$

$$r_2 = -\frac{1}{T_2} \quad \text{mit } T_2 = \frac{T}{D + \sqrt{D^2 - 1}}. \qquad (1.104)$$

Mit den Integrationskonstanten C und E ergibt sich daraus die Lösung der homogenen Gl. zu

$$u_{a,h} = C\,e^{-t/T_1} + E\,e^{-t/T_2} \qquad (1.105)$$

und die komplette Lösung von (1.87) wird

$$u_a = k\,u_e + C\,e^{-t/T_1} + E\,e^{-t/T_2}. \qquad (1.106)$$

Die Koeffizienten lassen sich wieder aus den Anfangsbedingungen ermitteln. Aus (1.97) folgt zunächst

$$k\,u_e + C + E = 0 \qquad (1.107)$$

und (1.98) liefert

$$C = -E\frac{T_1}{T_2}. \qquad (1.108)$$

Aus diesen beiden Gleichungen berechnen sich dann die Integrationskonstanten zu

$$C = -k\,u_e\frac{T_1}{T_1 - T_2} \qquad (1.109)$$

$$E = k\, u_e \frac{T_2}{T_1 - T_2}. \tag{1.110}$$

Die endgültige Lösung lautet also

$$u_a = k\, u_e \left(1 - \frac{T_1}{T_1 - T_2}\, e^{-t/T_1} + \frac{T_2}{T_1 - T_2}\, e^{-t/T_2}\right). \tag{1.111}$$

Die Ausgangsspannung kann nicht mehr schwingen, sondern kriecht asymptotisch an den neuen Beharrungswert heran. Dieses Zeitverhalten ist z. B. bei trägen Berührungsthermometern anzutreffen.

Für $D > 1$ läßt sich das Verzögerungsglied 2. Ordnung als eine Hintereinanderschaltung eines Verzögerungsglieds 1. Ordnung mit der Zeitkonstante T_1 und eines weiteren Verzögerungsglieds 1. Ordnung mit der Zeitkonstante T_2 interpretieren. Die Gln. (1.103) und (1.104) liefern den Zusammenhang zwischen den neuen Zeitkonstanten T_1 und T_2 und den Koeffizienten der Dgl.

$$T_1 + T_2 = 2DT \tag{1.112}$$

$$T_1\, T_2 = T^2. \tag{1.113}$$

Die Hintereinanderschaltung zweier Verzögerungsglieder 1. Ordnung kann also nie zu Schwingungen führen.

Fall c; D = 1. Aus (1.82) folgt, daß die beiden Wurzeln der charakteristischen Gl. zusammenfallen und reell sind,

$$r_1 = r_2 = -\frac{1}{T}. \tag{1.114}$$

Entsprechend lautet mit den Integrationskonstanten F und G die Lösung der homogenen Dgl.

$$u_{a,h} = F\, e^{-t/T} + G\, t\, e^{-t/T} \tag{1.115}$$

und die der gesamten Dgl. ist

$$u_a = k\, u_e + F\, e^{-t/T} + G\, t\, e^{-t/T}. \tag{1.116}$$

Die Anfangsbedingung (1.97) liefert

$$F = -\, k\, u_e \tag{1.117}$$

und aus (1.98) folgt

$$G = -\, k\, u_e \frac{1}{T}. \tag{1.118}$$

Damit ist die gesamte Lösung

$$u_a = k\, u_e \left(1 - e^{-t/T} - \frac{t}{T}\, e^{-t/T}\right) = k\, u_e \left(1 - \frac{T + t}{T}\, e^{-t/T}\right). \tag{1.119}$$

Bei einem Dämpfungsfaktor $D = 1$ ist einerseits das Schwingen, andererseits auch das allzu langsame Herankriechen an den neuen Beharrungswert vermieden. Bei diesem **aperiodischen Grenzfall** stellt sich die Ausgangsspannung des Geräts ohne Überschwingen in der kürzest möglichen Zeit auf den neuen Beharrungswert ein. In der Praxis werden die Meßwerke auf etwa $D \approx 0{,}7$ abgeglichen, so daß bei einem tolerierbaren Überschwingen der neue Meßwert etwas schneller als im aperiodischen Grenzfall erreicht wird.

Beispiel RLC-Netzwerk. Zur Veranschaulichung soll die Differentialgleichung des LRC-Netzwerks von Bild 1.17 aufgestellt werden. Die Maschengleichung liefert zunächst

$$u_a + u_R + u_L = u_e. \tag{1.120}$$

Sie geht, indem die Ströme eingeführt werden, mit

$$i = C\frac{d\,u_a}{d\,t}, \quad u_R = R\,i \quad \text{und} \quad u_L = L\frac{d\,i}{d\,t}$$

über in

$$u_a + RC\,\dot{u}_a + LC\,\ddot{u}_a = u_e. \tag{1.124}$$

Aus dem Vergleich mit (1.87) folgt dann

$$k = 1; \tag{1.125}$$

$$T^2 = LC; \quad \omega_g = \frac{1}{\sqrt{LC}}; \tag{1.126}$$

$$2DT = RC; \quad D = \frac{R}{2}\sqrt{\frac{C}{L}}. \tag{1.127}$$

Damit ist der Bezug zu den vorausgegangenen Überlegungen hergestellt und die Lösungen können übernommen werden.

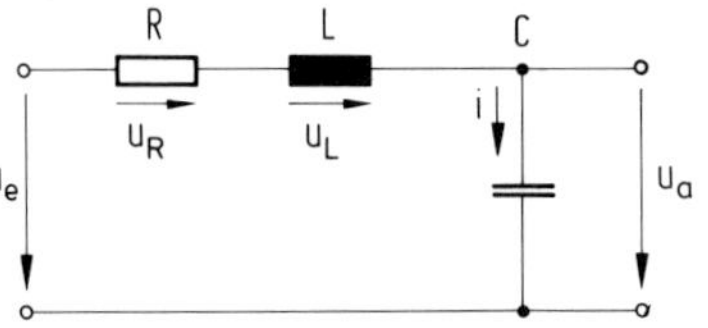

Bild 1.17: RLC-Netzwerk

Sinusantwort. Wie in (1.64) werden die Ein- und Ausgangsspannung wieder komplex angesetzt. Die Dgl. (1.87) geht dadurch über in

$$[1 + j\omega 2DT + (j\omega)^2 T^2]\,\underline{u}_a = k\,\underline{u}_e. \tag{1.130}$$

Daraus ergibt sich der Frequenzgang $G(j\omega)$ zu

$$G(j\omega) = \frac{\underline{u}_a}{\underline{u}_e} = \frac{k}{1 - \omega^2 T^2 + j\omega 2DT}. \tag{1.131}$$

Die entsprechenden Gleichungen des Real- und Imaginärteils sowie des Amplituden- und des Phasengangs lauten:

$$\mathrm{Re}[G(j\,\omega)] = \frac{k(1-\omega^2 T^2)}{(1-\omega^2 T^2)^2 + \omega^2 4D^2 T^2}, \tag{1.132}$$

$$\mathrm{Im}[G(j\,\omega)] = \frac{-2kD\,\omega T}{(1-\omega^2 T^2)^2 + \omega^2 4D^2 T^2}, \tag{1.133}$$

$$|G(j\,\omega)| = \frac{\hat{u}_a}{\hat{u}_e} = \frac{k}{\sqrt{(1-\omega^2 T^2)^2 + \omega^2 4D^2 T^2}}, \tag{1.134}$$

$$\varphi(\omega) = -\arctan\frac{\omega 2DT}{1-\omega^2 T^2}. \tag{1.135}$$

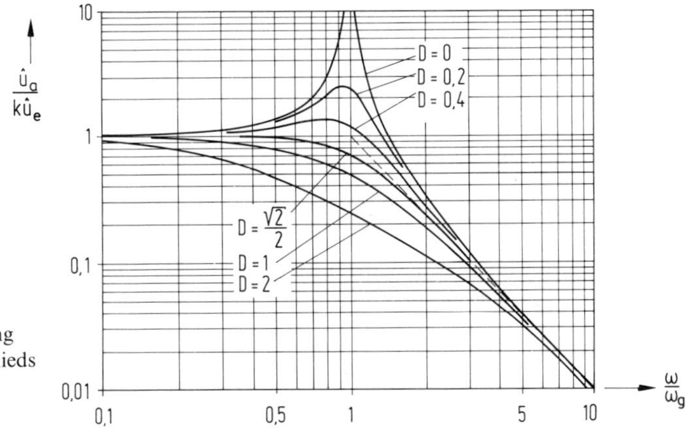

Bild 1.18: Amplitudengang eines Verzögerungsglieds 2. Ordnung

Für verschiedene Dämpfungsfaktoren ist in Bild 1.18 der Amplitudengang dargestellt. Für $D<1$ ergibt sich in der Nähe von ω_g die Resonanzüberhöhung. Für den Dämpfungsfaktor $D=1$ ist bei ω_g die Ausgangsamplitude auf $k\,\hat{u}_e/2$ gesunken,

$$\left.\frac{\hat{u}_a}{\hat{u}_e}\right|_{\omega=\omega_g} = \frac{k}{1+\omega_g^2 T^2} = \frac{k}{2}.$$

Im Bereich $\omega \gg \omega_g$ geht das Amplitudenverhältnis bei zunehmender Frequenz mit $(\omega/\omega_g)^2$ zurück. Damit werden die Amplituden bei $\omega = a\,\omega_g$ insgesamt a-mal so stark gedämpft wie im Fall des Verzögerungsglieds 1. Ordnung.

Für den Fall des ungedämpft schwingenden Oszillators verschwindet wegen (1.103) in (1.131) der Term mit $j\,\omega$. Der Frequenzgang ist rein reell.

In Gerätebeschreibungen wird das dynamische Verhalten manchmal nicht durch den Amplitudengang von (1.134) charakterisiert, sondern durch den Quotienten aus der Ausgangsspannung $\hat{u}_a$ bei der interessierenden Frequenz und der Ausgangsspannung $\hat{u}_{a0}$ bei Frequenzen $\ll \omega_g$, bei denen sicher die Amplituden noch richtig gemessen werden. Für $\omega T \ll 1$ bleibt aus (1.134) übrig

$$\hat{u}_{a0} = k\,\hat{u}_e.$$

Die neue Kenngröße

$$\frac{\hat{u}_a}{\hat{u}_{a0}} = \frac{\hat{u}_a}{k\,\hat{u}_e} = \frac{1}{k}\,|G(j\,\omega)| \tag{1.136}$$

hängt also genauso von der Frequenz ab wie der Amplitudengang.

Sprungantwort. Als Anregesignal wird eine sich sprungförmig ändernde Eingangsspannung angenommen. In Abhängigkeit von der Dämpfung ergeben sich dann entsprechend den vorausgegangenen Überlegungen die folgenden Ausgangsspannungen:

$$0 \leqq D < 1: \quad u_a(t) = k\,U_0\left[1 - e^{-Dt/T}\left(\cos\omega_d t + \frac{D}{\sqrt{1-D^2}}\sin\omega_d t\right)\right] \tag{1.137}$$

$$D > 1: \quad u_a(t) = k\,U_0\left(1 - \frac{T_1}{T_1 - T_2}\,e^{-t/T_1} + \frac{T_2}{T_1 - T_2}\,e^{-t/T_2}\right) \tag{1.138}$$

$$D = 1: \quad u_a(t) = k\,U_0\left(1 - \frac{T+t}{T}\,e^{-t/T}\right). \tag{1.139}$$

Diese Spannungsverläufe sind in Bild 1.19 für einige ausgewählte Dämpfungsfaktoren D dargestellt.

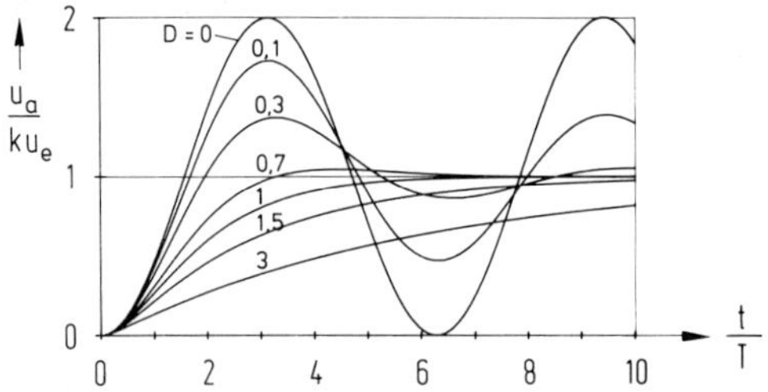

Bild 1.19: Normierte Sprungantwort eines Verzögerungsglieds 2. Ordnung

Impulsantwort. Um die Impulsantwort zu erhalten, machen wir von (1.78) Gebrauch. Mit der für D = 1 aus (1.139) gewonnenen Übergangsfunktion h(t)

$$h(t) = \frac{u_a(t)}{U_0} = k\left(1 - \frac{T+t}{T}\,e^{-t/T}\right)$$

entstehen die Gewichtsfunktion g(t)

$$g(t) = \frac{k\,t}{T^2}\,e^{-t/T} \quad (s^{-1})$$

und die Impulsantwort $u_a(t)$

$$u_a(t) = \frac{kA}{T}\,\frac{t}{T}\,e^{-t/T}. \tag{1.140}$$

Bild 1.20 zeigt den Verlauf der Impulsantwort auch für Dämpfungswerte $D \neq 1$.

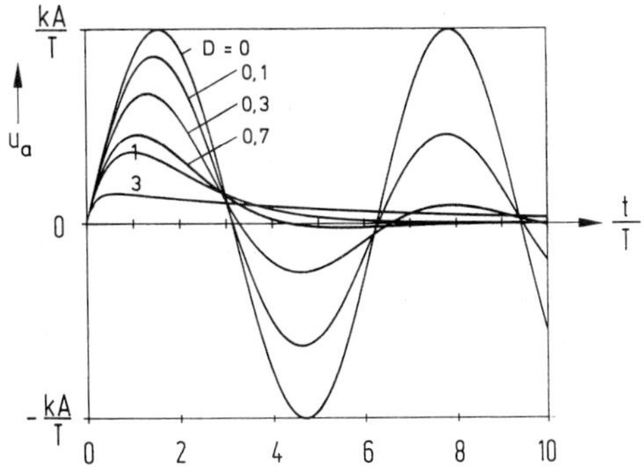

Bild 1.20: Normierte Impulsantwort eines Verzögerungsglieds 2. Ordnung

1.5.3 Weitere Beispiele für das Zeitverhalten

Nicht alle Meßgeräte lassen sich durch Verzögerungsglieder 1. Ordnung oder 2. Ordnung beschreiben. Einige folgen nur ungefähr dem mathematischen Modell, andere entsprechen Differentialgleichungen höherer Ordnung.

Differenzier-Glied. Das Netzwerk von Bild 1.21 bildet einen CR-Hochpaß, der als Differenzierer wirkt. Unter Berücksichtigung von

$$u_a = i\,R, \qquad i = C\,\frac{d(u_e - u_a)}{d\,t} \quad \text{und} \quad R\,C = T = \frac{1}{\omega_g}$$

entsteht die Dgl.

$$u_a + R\,C\,\dot{u}_a = R\,C\,\dot{u}_e \tag{1.141}$$

mit der Sprungantwort

$$u_a = U_0\,e^{-t/T}. \tag{1.142}$$

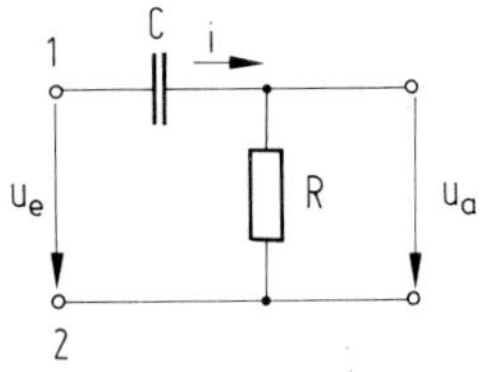

Bild 1.21: Hochpaß

Die Flanke des anregenden Signals führt also zu einer Ausgangsspannung u_a, die zum Zeitpunkt $t=0$ die Höhe U_0 der anregenden Spannung besitzt, dann aber mit der Zeitkonstante T abnimmt. Ein positiver und negativer Spannungssprung führen zu einem Rechteck-Impuls, der entsprechend Bild 1.22 übertragen wird.

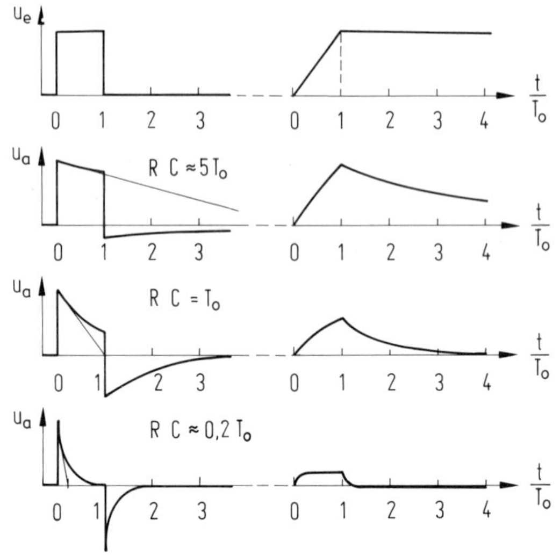

Bild 1.22: Ein- und Ausgangssignale eines Hochpasses der Zeitkonstante RC
links: Impulse der Dauer T_0
rechts: Signal mit rampenförmigem Anstieg (Anstiegszeit T_0)

Entweder aus der Dgl. oder aus der Betrachtung als Spannungsteiler entsteht der Frequenzgang $G(j\,\omega)$

$$G(j\,\omega) = \frac{\underline{u}_a}{\underline{u}_e} = \frac{j\,\omega T}{1 + j\,\omega T} \tag{1.143}$$

mit dem Amplitudengang (Bild 1.21 c)

$$|G(j\,\omega)| = \frac{\hat{u}_a}{\hat{u}_e} = \frac{\omega T}{\sqrt{1 + \omega^2 T^2}} \tag{1.144}$$

Gleichspannungen ($\omega=0$) können nicht übertragen werden. Sie werden durch die Kapazität abgeblockt. Für Frequenzen $\omega<\omega_g$ nimmt das Verhältnis aus Ausgangs- und Eingangsamplitude mit der Frequenz zu. Bei $\omega=\omega_g$ erreicht die Ausgangsamplitude den $1/\sqrt{2}$-fachen Wert der Eingangsamplitude. Spannungen mit Frequenzen $\omega \gg \omega_g$ werden ungeschwächt übertragen. Mit zunehmender Frequenz geht der Blindwiderstand des Kondensators gegen null. Die Kapazität wirkt wie ein Kurzschluß. Der Hochpaß läßt Spannungen mit Frequenzen $\omega \gg \omega_g$ passieren und trennt sie von einer evtl. vorhandenen Gleichspannung ab.

Für $\omega \ll \omega_g$ kann im Nenner von (1.143) der Term $j\omega T$ gegenüber 1 vernachlässigt werden. Der Frequenzgang reduziert sich auf

$$G(j\omega) = j\omega T. \tag{1.145}$$

Dazu gehören die Dgln.

$$\underline{u}_a = T j\omega \underline{u}_e = T \dot{\underline{u}}_e,$$

$$u_a = T \dot{u}_e. \tag{1.146}$$

Die Ausgangsspannung ist also proportional der nach der Zeit abgeleiteten Eingangsspannung. Der Hochpaß wirkt in diesem Bereich als Differenzierer. Der mit der Frequenz ansteigende Amplitudengang bringt dieses Verhalten zum Ausdruck.

Für $\omega \gg \omega_g$ wird im Nenner von (1.143) die eins vernachlässigt und es entsteht

$$G(j\omega) = \frac{j\omega T}{j\omega T} = 1$$

mit

$$\underline{u}_a = \underline{u}_e. \tag{1.147}$$

Hochfrequente Signale können den Hochpaß ungeschwächt passieren.

Integrier-Glied. Der Tiefpaß von Bild 1.11 wird oft als Integrierer bezeichnet. Dies trifft für Frequenzen $\omega \gg \omega_g$ zu. In diesem Bereich darf in (1.66) die eins im Nenner vernachlässigt werden. Damit reduziert sich die Gleichung auf

$$G(j\omega) = \frac{k}{j\omega T}. \tag{1.148}$$

Die zugehörige Dgl.

$$T \dot{u}_a = k\, u_e \tag{1.149}$$

mit der Lösung

$$u_a = \frac{k}{T} \int u_e \, dt \tag{1.150}$$

macht deutlich, daß die Ausgangsspannung die über die Zeit integrierte Eingangsspannung ist. Im Frequenzbereich kommt dieses Verhalten durch den mit $1/\omega$ abnehmenden Amplitudengang zum Ausdruck.

Genau genommen steht auf der rechten Seite von (1.150) der Mittelwert $\bar{u}_e$

$$\bar{u}_e = \frac{1}{T} \int u_e \, dt,$$

$$u_a = k\, \bar{u}_e \tag{1.151}$$

und es zeigt sich, daß die Ausgangsspannung des Tiefpasses proportional dem Mittelwert der Eingangsspannung ($\omega \gg \omega_g$) ist.

Totzeitglied. Beim Totzeitglied erscheint am Ausgang die Eingangsspannung unverändert, jedoch um die Totzeit T_t verzögert,

$$u_a(t) = u_e(t - T_t). \quad (1.152)$$

Dazu gehört der Frequenzgang

$$G(j\,\omega) = e^{-j\omega T_t}, \quad (1.153)$$

der keine Amplitudenänderung, sondern nur eine Phasenverschiebung ausdrückt. Totzeiten treten immer im Zusammenhang mit Laufzeiten auf. Ein elektrisches Beispiel ist das Schieberegister von Abschnitt 5.5.3.

1.6 Dynamische Meßfehler

Das Ausgangssignal eines Meßgeräts kann einer sich zeitlich ändernden Meßgröße im allgemeinen nur verzögert folgen. Der ausgegebene Wert $x_a(t)$ ist mit dem Eingangswert $k\,x_e(t)$ nicht identisch. Entsprechend (1.10) entsteht der zeitabhängige dynamische Fehler $\Delta x(t)$,

$$\Delta x(t) = x_a(t) - k\,x_e(t). \quad (1.160)$$

Erst im Beharrungszustand verschwindet der dynamische Fehler und übrig bleibt der in diesem Abschnitt nicht betrachtete statische Meßfehler.

Dynamische Meßfehler sind insbesondere dann unzulässig, wenn das Meßgerät Teil eines prozeßgekoppelten Systems ist und z.B. den Istwert eines Regelkreises oder das Anregesignal einer Steuerkette liefert. In diesen Fällen ist sicherzustellen, daß die Meßgeräte schneller sind als die Transienten des überwachten Prozesses, um gegebenenfalls noch rechtzeitig eingreifen zu können.

1.6.1 Fehlermöglichkeiten

Amplitudenanaloge Meßsignale. Die Zeitkonstanten und Grenzfrequenzen der Meßgeräte müssen zu den Änderungsgeschwindigkeiten der Meßgrößen passen. Dabei dürfen evtl. vorhandene Oberwellen nicht vergessen werden. So genügt es bei der Aufzeichnung einer rechteckförmigen Impulsfolge nicht, nur die Grundfrequenz der Impulsfolge zu berücksichtigen. Es ist vielmehr sicherzustellen, daß auch die vorhandenen Oberwellen noch mit hinreichender Genauigkeit übertragen werden.

Der Arbeitsbereich der Meßgeräte, ihre Bandbreite, liegt zwischen einer unteren und oberen Grenzfrequenz. Die untere Grenzfrequenz kann Null oder von Null verschieden sein. Im ersten Fall wie z.B. beim Drehspulinstrument oder bei den Gleichspannungsverstärkern lassen sich Gleich- und Wechselgrößen verarbeiten. Ist die untere Grenzfrequenz von Null verschieden, so können Gleichgrößen nicht gemessen werden. Dies ist z. B. beim Wechselspannungsverstärker und meistens auch beim piezoelektrischen Kraftaufnehmer der Fall.

Abtast- und Halteglied. Bei dem Umsetzen analoger Signale in digitale wird häufig vor dem Analog-/Digital-Umsetzer ein Abtast- und Haltekreis verwendet.

Durch das Abtasten und Halten entsteht aus einem kontinuierlich verlaufenden Signal eine Art Treppenkurve (Bild 1.23). In der Zeit, in der ein abgetasteter Meßwert gehalten wird, kann sich das originäre analoge Signal weiter entwikkeln. Der umgesetzte Wert weicht von dem aktuellen ab und die Differenz bedeutet einen Meßfehler, der nicht zu groß werden soll. Er hängt von der Änderungsgeschwindigkeit des Signals und der Abtastrate ab und kann wie folgt eingegrenzt werden:

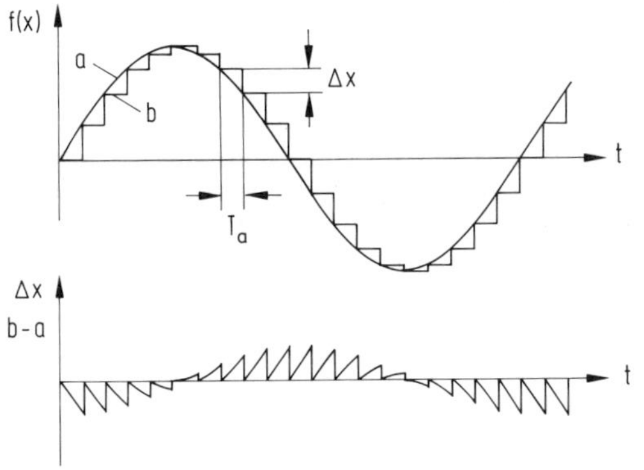

Bild 1.23: Durch das zeitdiskrete Abtasten und wertdiskrete Umsetzen entsteht aus der kontinuierlichen eine stufenförmige Funktion.
a Originalfunktion, b abgetastete Funktion, T_a Abtastintervall, Δx Fehler

Angenommen wird ein sinusförmiges Meßsignal x(t) mit dem Scheitelwert $\hat{x}$, das sich mit der Kreisfrequenz ω ändert,

$$x(t) = \hat{x} \sin \omega t = \hat{x} \sin 2\pi f t .$$

Die Änderungsgeschwindigkeit $dx/dt = \dot{x} = \hat{x}\,\omega \cos \omega t$ hat ihr Maximum bei $\cos \omega t = \pm 1$, mit

$$\dot{x}_{max} = \hat{x}\,\omega .$$

In der Zeit T_a zwischen zwei Abtastungen ändert sich damit das Signal maximal um Δx,

$$\Delta x = \hat{x}\,\omega\, T_a . \tag{1.161}$$

Wird das abgetastete Signal in ein n bit enthaltendes Digitalwort umgesetzt und ist in diesem Wort das niedrigwertigste bit unsicher, so ist der Quantisierungsfehler Δq,

$$\Delta q = \frac{\hat{x}}{2^n}. \tag{1.162}$$

Soll nun der Quantisierungsfehler für die Meßgenauigkeit ausschlaggebend sein, so darf sich das Meßsignal zwischen zwei Abtastungen um höchstens Δq ändern. Diese Forderung führt zu dem Ansatz

$$\Delta x \leqq \Delta q,$$

$$\hat{x}\,\omega\,T_a \leqq \frac{\hat{x}}{2^n},$$

$$T_a \leqq \frac{1}{\omega\,2^n}, \quad \text{und}$$

$$f_a \geqq \omega\,2^n = 2\pi f\,2^n = 2^{n+1}\pi f. \tag{1.163}$$

Die Abtastfrequenz $f_a = 1/T_a$ soll also größer sein als die ($\pi\,2^{n+1}$)-fache Signalfrequenz f. Bei einer Auflösung von 8 bit müßte also die Abtastfrequenz mindestens das ($\pi\,2^{8+1} = 1608$)-fache der Signalfrequenz betragen.

Diese Art der Signalverarbeitung berührt **nicht** das sog. „Abtasttheorem". Wird im Sinne dieses Theorems gearbeitet, so ist zunächst das interessierende Signal während einer bestimmten Zeit T_m abzutasten. Die Meßwerte werden gespeichert. Erst nachdem der letzte Meßwert erfaßt ist, kann die Verarbeitung beginnen. Diese benutzt Algorithmen, die in der Systemtheorie entwickelt worden sind und für deren Durchführung Rechner erforderlich sind. Als Ergebnis dieser Rechnung lassen sich

a) die im abgetasteten Signal enthaltenen Frequenzen angeben und
b) die Amplituden des Signals lückenlos, d.h. auch zwischen den Abtastpunkten rekonstruieren.

Diese Ergebnisse sind nur zeitverzögert zu gewinnen. Die Abtastfrequenz darf jedoch bedeutend niedriger als in Gl. (1.163) sein. Die Abtastfrequenz muß lediglich mehr als das Doppelte der höchsten Signalfrequenz betragen. Die berechneten diskreten Signalfrequenzen liegen dann in einem Abstand, der umgekehrt proportional zur Meßzeit ist [1.23].

Beispiel: Wird ein Meßsignal mit der Frequenz $f_a = 10^3\,s^{-1}$ abgetastet, so sind z.B. 4096 Meßwerte nach der Meßzeit $T_m = 4{,}096$ Sekunden erfaßt. Die anschließende Signalverarbeitung mit Hilfe der Fast-Fourier-Transformation benötigt z.B. 0,3 Sekunden. Die Ergebnisse liegen damit frühestens 4,4 s nach Beginn der Messung vor. Bei einer Abtastfrequenz von $10^3\,s^{-1}$ muß die höchste Signalfrequenz kleiner als $500\,s^{-1}$ bleiben. Die gesuchten diskreten Signalfrequenzen lassen sich in Abständen von $1/4{,}096\,s^{-1} = 0{,}24$ Hz berechnen.

Frequenzmessung. Bei der Frequenzmessung werden die Perioden des interessierenden Signals gezählt und durch die Meßzeit T_m dividiert. Die angezeigte Frequenz ist dann der Mittelwert der während der Meßzeit aufgetretenen Frequenzen. Ist f_1 z.B. die zu messende Frequenz bei Beginn der Messung zum Zeitpunkt t_1, und ist die Frequenz linear auf f_2 am Ende der Messung zum Zeitpunkt t_2 angestiegen, so wird der Zähler die Frequenz f_m

$$f_m = \frac{f_1 + f_2}{2}$$

anzeigen.

Die richtige Frequenz zum Zeitpunkt t_2 wäre jedoch die Frequenz f_2 gewesen. Der Fehler Δf beträgt also

$$\Delta f = f_m - f_2 = \frac{f_1 - f_2}{2} . \tag{1.164}$$

1.6.2 Korrektur des dynamischen Fehlers

In den Fällen, in denen das dynamische Verhalten des Meßgeräts bekannt ist, läßt sich der dynamische Fehler bis zu einem gewissen Grad korrigieren. Dazu ist ein Hochpaß notwendig, der in Reihe mit dem als Verzögerungsglied wirkenden Meßgerät liegt.

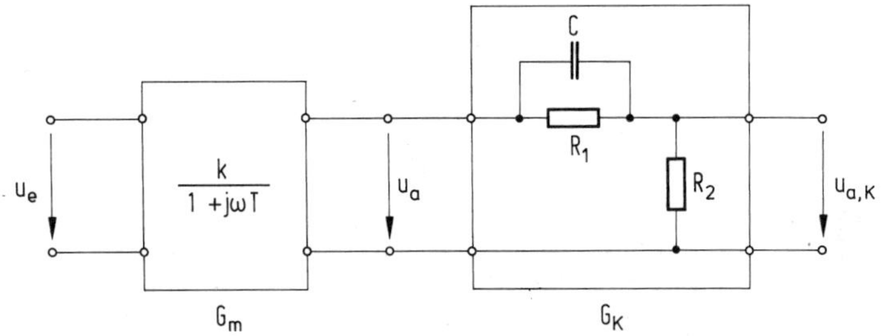

Bild 1.24: Dynamische Korrektur der Ausgangsspannung eines Meßgeräts (Frequenzgang G_m) durch einen Hochpaß (Frequenzgang G_k)

Bild 1.24 zeigt als Beispiel die Serienschaltung aus einem Verzögerungsglied 1. Ordnung und einem nachfolgenden Hochpaß. Der Hochpaß ist aus dem von Bild 1.21 entstanden, indem parallel zur Kapazität noch der Widerstand R_1 eingeführt worden ist. Das Meßgerät hat den Frequenzgang G_m, der Hochpaß als Korrekturglied den Frequenzgang G_K. Für Gleichspannungen mit $\omega = 0$ hat das Korrekturglied den Übertragungsfaktor $a = R_2/(R_1 + R_2)$. Die Ausgangs-Gleichspannung des Hochpasses ist also kleiner als seine Eingangsspannung.

Der Frequenzgang $G_K(j\,\omega)$ ergibt sich mit $R_1\,C = T_K$ zu

$$G_K(j\,\omega) = \frac{\underline{u}_{a,K}}{\underline{u}_a} = \frac{R_2}{\left(R_1 \middle\| \frac{1}{j\,\omega C}\right) + R_2}$$

$$= a\,\frac{1 + j\,\omega R_1 C}{1 + a\,j\,\omega R_1 C} = a\,\frac{1 + j\,\omega T_K}{1 + j\,a\,\omega T_K} . \tag{1.165}$$

Die Gesamtschaltung aus Meßgerät und Korrekturglied hat dann mit $\underline{u}_a = G_M(j\,\omega)\,\underline{u}_e$ und $\underline{u}_{a,K} = G_K(j\,\omega)\,\underline{u}_a$ den Gesamt-Frequenzgang $G_{ges}(j\,\omega)$

$$G_{ges}(j\,\omega) = \frac{\underline{u}_{a,K}}{\underline{u}_e} = G_m(j\,\omega)\,G_K(j\,\omega) = \frac{k}{1 + j\,\omega T}\,a\,\frac{1 + j\,\omega T_K}{1 + j\,a\,\omega T_K} . \tag{1.166}$$

Werden nun die Zeitkonstanten des Meßgeräts und des Korrekturglieds gleich groß gewählt, $T = T_K$, so geht die letzte Gleichung über in

$$G_{ges}(j\,\omega) = \frac{a\,k}{1 + j\,a\,\omega T}\,. \tag{1.167}$$

Das ist wieder die Gleichung eines Verzögerungsglieds 1. Ordnung. Der Gleichspannungs-Übertragungsfaktor a ist kleiner 1. Dementsprechend sind die Amplituden des zeitkorrigierten Signals auf das a-fache zurückgegangen, während die neue Grenzfrequenz $\omega_{g,K}$ auf ω_g/a angestiegen ist. Der Gewinn an Schnelligkeit ist also durch den Verlust an Empfindlichkeit erkauft (Bilder 1.25 und 1.26).

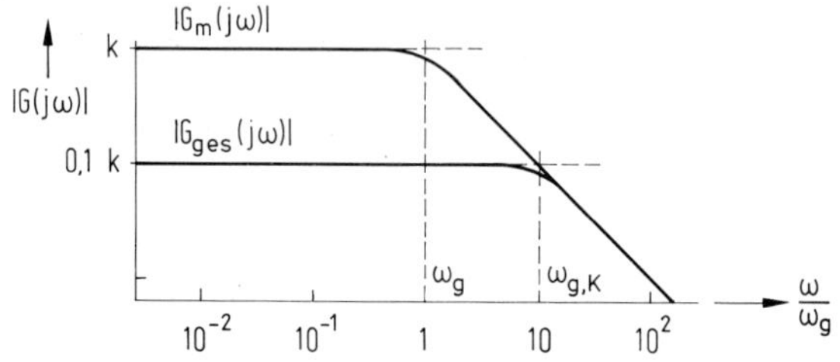

Bild 1.25: Bei der dynamischen Korrektur wird der Gewinn an Schnelligkeit durch einen Verlust an Empfindlichkeit erkauft. Im Bild gehen für $a = 0{,}1$ die Amplituden um den Faktor 10 zurück, während die Grenzfrequenz sich auf das 10-fache erhöht.

G_m Frequenzgang eines Verzögerungsglieds 1. Ordnung mit der Grenzfrequenz ω_g

G_{ges} Frequenzgang der Serienschaltung aus Verzögerungsglied 1. Ordnung und Korrekturschaltung mit der neuen Grenzfrequenz $\omega_{g,k} = 10\,\omega_g$.

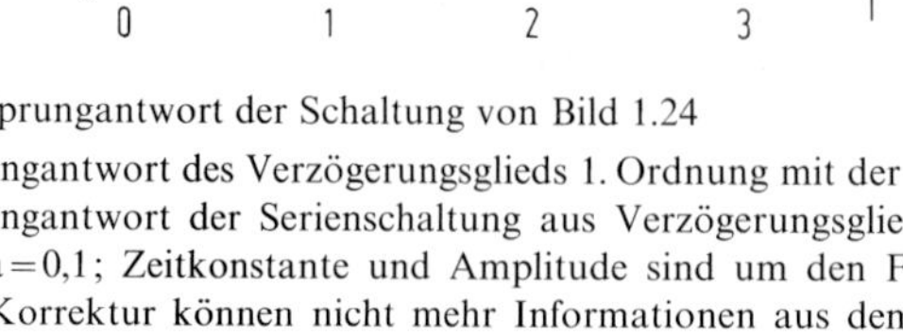

Bild 1.26: Sprungantwort der Schaltung von Bild 1.24

u_a Sprungantwort des Verzögerungsglieds 1. Ordnung mit der Zeitkonstanten T

$u_{a,k}$ Sprungantwort der Serienschaltung aus Verzögerungsglied 1. Ordnung und Korrekturglied für $a = 0{,}1$; Zeitkonstante und Amplitude sind um den Faktor a kleiner geworden. Durch die Korrektur können nicht mehr Informationen aus dem Meßsignal herausgeholt werden, als ursprünglich schon enthalten waren. Nach der Zeitkorrektur sind die Amplituden noch entsprechend zu verstärken.

In der Praxis wird die Zeitkorrektur durch das Rauschen der Meßsignale begrenzt. Mit steigender Grenzfrequenz nimmt das Rauschen zu und die Nutzamplitude ab. Die bei industriellen Prozessen erzielbaren Beschleunigungsfaktoren 1/a liegen zwischen 10 und 100.

In den Fällen, in denen das zeitverzögerte Meßsignal abgetastet, digitalisiert und mit Hilfe eines Mikroprozessors weiterverarbeitet wird, läßt sich die Zeitkorrektur besonders effektiv gestalten. Es ist nicht notwendig, den Hochpaß als eigenständiges Gerät aufzubauen. Die Operation der Filterung wird mit Hilfe einer Rechenvorschrift durchgeführt. Dieses digitale Filter erlaubt die Meßwerte ohne Amplitudenverlust zu beschleunigen.

Bei der eben diskutierten rechnerischen dynamischen Korrektur ist die Kenntnis der Zeitkonstante T des Meßgeräts notwendig. Ist diese nur ungenau bekannt, oder ändert sie sich während des Betriebs, so läßt sich die Bedingung $T = T_K$ nicht einhalten und die dynamische Korrektur wird falsch. Besser als die Zeitkonstante zu korrigieren ist es daher, diese überhaupt zu vermeiden. Das Anemometer von Abschnitt 7.2.3 ist dafür ein Beispiel. Dort wird in der Betriebsart mit eingeprägtem Strom die Temperatur des Heizdrahtes konstant gehalten, wodurch die thermischen Zeitkonstanten entfallen.

1.7 Strukturen von Meßeinrichtungen

Für die Messung einer Größe sind in der Regel mehrere Meßgeräte erforderlich, die eine Meßeinrichtung oder ein Meßsystem bilden. Die Art und Weise, wie die Meßgeräte verschaltet und die Signale verknüpft sind, wird als *Struktur* der Meßeinrichtung bezeichnet. Diese ist für das statische und dynamische Verhalten der Meßeinrichtung maßgebend und bestimmt, wieweit äußere Störgrößen und Änderungen der Meßgeräteparameter das Meßergebnis beeinflussen können.

1.7.1 Kettenstruktur

Bei der sehr häufig angewandten Kettenstruktur sind die Meßgeräte hintereinandergeschaltet. Sie bilden eine Kette. Die Meßeinrichtung von Bild 1.1 zum Beispiel enthält drei Meßgeräte mit den folgenden statischen Übertragungsgleichungen

$$x_{a1} = k_1 x_{e1}$$
$$x_{a2} = k_2 x_{e2}$$
$$x_{a3} = k_3 x_{e3}.$$

Das Ausgangssignal des vorausgehenden Geräts ist jeweils das Eingangssignal des nachfolgenden, $x_{a1} = x_{e2}$, $x_{a2} = x_{e3}$ und der Meßwert x_{a3} wird

$$x_{a3} = k_3 k_2 k_1 x_{e1}.$$

Bei der Meßkette multiplizieren sich die Übertragungsfaktoren der einzelnen Meßgeräte. Die Empfindlichkeit K der Meßeinrichtung ergibt sich als das Produkt der Geräteempfindlichkeiten k_i

$$K = k_1 k_2 \dots k_n. \tag{1.170}$$

Die im vorausgegangenen Abschnitt entwickelten Rechenregeln zur Fehlerfortpflanzung sind sinngemäß auch auf Meßeinrichtungen anzuwenden. Sind die Übertragungsfaktoren k_i mit den Unsicherheiten Δk_i behaftet, so ist nach Gl. (1.45) die wahrscheinliche, relative Unsicherheit des Übertragungsfaktors K der gesamten Meßkette

$$\frac{\Delta K}{K} = \sqrt{\left(\frac{\Delta k_1}{k_1}\right)^2 + \left(\frac{\Delta k_2}{k_2}\right)^2 + \dots + \left(\frac{\Delta k_n}{k_n}\right)^2}. \tag{1.171}$$

Beispiel: Die Meßkette von Bild 1.27 besteht aus einem Photoelement, das in Abhängigkeit von der Beleuchtungsstärke E_v die Spannung u liefert. Diese wird in einen Strom umgeformt und dieser wird auf einem Strommesser angezeigt. Die Übertragungsgleichungen der einzelnen Komponenten lauten

$$u = k_1 E_v; \qquad i = k_2 u; \qquad \alpha = k_3 i$$

und der Ausschlagwinkel α des Anzeigeinstruments ist mit der Empfindlichkeit K der Beleuchtungsstärke proportional:

$$\alpha = k_3 k_2 k_1 E_v = K E_v.$$

Die Empfindlichkeit des Photoelements hat die Einheit V/lx, die des Verstärkers A/V, die des Anzeigeinstruments °/A und die der gesamten Meßkette °/lx.

Ist die Empfindlichkeit des Photoelements um $\Delta k_1/k_1 = 0{,}03$ unsicher, die des Verstärkers um $\Delta k_2/k_2 = 0{,}005$ und die des Anzeigeinstruments um $\Delta k_3/k_3 = 0{,}01$, so ist die wahrscheinliche Unsicherheit der gesamten Meßkette nach Gl. (1.51)

$$\frac{\Delta K}{K} = \sqrt{0{,}03^2 + 0{,}005^2 + 0{,}01^2} = 0{,}032.$$

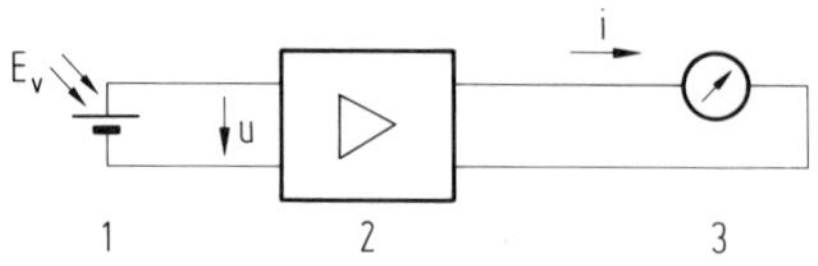

Bild 1.27: Meßkette zur Messung der Beleuchtungsstärke mit Photoelement 1, Verstärker 2 und Anzeigeinstrument 3

1.7.2 Parallelstruktur

Differenzbildung zur Gleichtaktunterdrückung. Eine Meßeinrichtung ist parallel strukturiert, wenn mindestens 2 Größen gleichzeitig oder nacheinander mit derselben Empfindlichkeit k gemessen und verarbeitet werden. Die Einrichtung von Bild 1.28 zum Beispiel verarbeitet die beiden Eingangssignale x_{e1} und x_{e2} und liefert die Signale

$$x_{a1} = k\,x_{e1} \qquad x_{a2} = k\,x_{e2}$$
$$x_a = x_{a1} - x_{a2} = k(x_{e1} - x_{e2}). \tag{1.172}$$

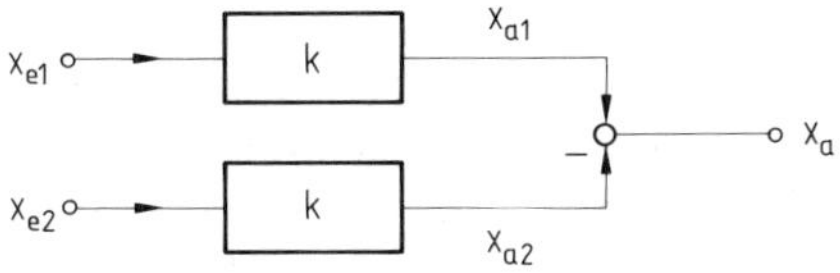

Bild 1.28: Meßanordnung mit Differenzstruktur zur Gleichtaktunterdrückung

Durch die Differenzbildung wird im einfachsten Fall der Nullpunkt unterdrückt und der Meßbereich damit besser ausgenutzt. Ist x_{e1} z.B. eine zu messende Spannung zwischen 0 und 250 V und interessieren nur Spannungswerte größer als 200 V, so kann durch Verwendung einer Referenzspannung $x_{e2} = 200$ V der Meßbereich entsprechend eingeengt werden.

Die Referenzgröße muß dabei nicht konstant bleiben. So besteht z.B. bei der Messung geringer radioaktiver Strahlungen das Problem, daß ein Detektor jeweils die Summe aus der natürlichen und künstlichen Radioaktivität erfaßt. Wird jetzt ein zweiter Detektor zur Messung allein der natürlichen Strahlung benutzt und wird dessen Signal als „Nulleffekt" von dem des ersten Detektors abgezogen, so ist das entstehende Differenzsignal ein Maß für die Stärke der künstlichen Quelle.

Die Differenzmessung ist des weiteren geeignet, unerwünschte Einflüsse auf die Meßgeräte zu korrigieren. Ist die Meßgröße x_{e1} z.B. der Wert eines Widerstandes, der von R_0 ausgehend sich infolge einer Temperaturänderung um ΔR_T und infolge einer Dehnung um ΔR_σ ändert, und wird als Meßgröße x_{e2} derselbe Widerstand genommen und nur der Temperaturänderung ausgesetzt, so hängt die Differenz x_a der beiden Signale

$$x_a = x_{a1} - x_{a2} = k(R_0 + \Delta R_T + \Delta R_\sigma) - k(R_0 + \Delta R_T)$$
$$= k\,\Delta R_\sigma$$

nur noch von der Dehnung ab. Der Grundwiderstand R_0 und seine Zu- oder Abnahme mit der Temperatur gehen explizit nicht in das Meßergebnis ein.

Ein Spezialfall ist die Verwendung sogenannter Differential-Aufnehmer, deren Signale sich in Abhängigkeit von einer Meßgröße gegensinnig ändern. So läßt sich z.B. eine Strecke s messen, indem der Abgriff eines Potentiometers um diese Strecke verstellt und die Differenz der abgegriffenen Widerstände gebildet wird. Von der Mittelstellung des Potentiometers ausgehend nimmt der Widerstand der einen Potentiometerhälfte um ΔR zu, der der anderen um ΔR ab. Das Meßsignal

$$x_a = k\left(\frac{R}{2} + \Delta R\right) - k\left(\frac{R}{2} - \Delta R\right) = 2k\,\Delta R$$

ist also doppelt so groß wie bei Verwendung einer Potentiometerhälfte und einer Nullpunktsunterdrückung von R/2. Darüber hinaus ist die Kennlinie der Differential-Aufnehmer in einem gewissen Bereich auch dann linear, wenn die der Geberhälften gekrümmt ist.

In diesen Beispielen hoben sich durch die Differenzbildung die jeweils gleichen Signalanteile gegenseitig auf, und nur die unterschiedlichen lieferten einen Beitrag zum Ausgangssignal. Die Meßeinrichtungen sind unempfindlich gegen Gleichtaktstörungen. Additive Störgrößen fallen heraus. Beispiele für diese Strukturen sind die Differenzverstärker und die Brückenschaltungen.

Verhältnisbildung zur Eliminierung der Meßgeräteempfindlichkeit. Die Differenz der Meßsignale muß nicht kontinuierlich, sondern kann auch zu diskreten Zeitpunkten gebildet werden. Diese Vorgehensweise soll anhand der Schaltung Bild 1.29 erläutert werden, bei der drei Meßsignale nacheinander über einen Schalter an das Meßgerät angeschlossen werden können. Unterstellt wird, daß das Meßgerät schon ohne Eingangssignal das Ausgangssignal x_{a0} liefert (fehlerhafter Nullpunkt) und die Empfindlichkeit k besitzt. Werden als Eingangssignale x_{ei} z.B. 0, die zu messende Größe x_e und eine bekannte Referenzgröße x_r gewählt, so werden nacheinander die folgenden Ausgangssignale x_{ai} erhalten:

1. Schritt: $x_{e1} = 0 \qquad x_{a1} = x_{a0}$

2. Schritt: $x_{e2} = x_e \qquad x_{a2} = x_{a0} + k\,x_e$

3. Schritt: $x_{e3} = x_r \qquad x_{a3} = x_{a0} + k\,x_r$.

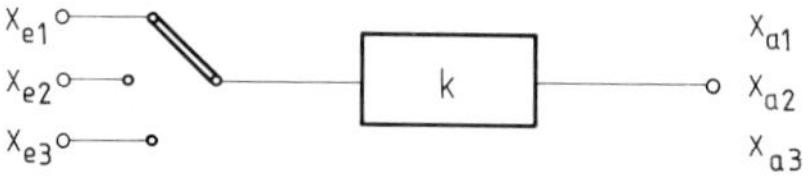

Bild 1.29: Serielle Meßstellenabfrage und -verarbeitung

Die Signale x_{ai} werden abgespeichert und weiterverarbeitet. Wird x_{a1} von x_{a2} subtrahiert, so fällt ein eventueller Nullpunktsfehler heraus und die Differenz ist proportional zu x_e. In der gleichen Weise kann auch x_{a3} hinsichtlich des Nullpunkts korrigiert werden:

$$x_{a2} - x_{a1} = x_a^* = k\,x_e$$

$$x_{a3} - x_{a1} = x_r^* = k\,x_r.$$

Wird jetzt noch das Verhältnis der korrigierten Signale gebildet, so kürzt sich die Empfindlichkeit k heraus und die zu messende Größe x_e ist gleich dem Referenzsignal x_r, multipliziert mit dem Verhältnis aus den korrigierten Meßwerten x_a^* und x_r^*:

$$\frac{x_a^*}{x_r^*} = \frac{k\,x_e}{k\,x_r}; \qquad x_e = x_r\,\frac{x_a^*}{x_r^*}. \tag{1.173}$$

Durch die Verwendung einer Referenzgröße und die Bildung des Verhältnisses gehen die Meßgeräteempfindlichkeit und ihre Änderung nicht mehr in das Meßergebnis ein (multiplikative Störgrößen fallen heraus). Ein bekanntes Beispiel für diese Struktur ist der Zweirampen-Umsetzer.

1.7.3 Kreisstruktur

Prinzip. Kennzeichen der Kreisstruktur ist die Rückführung eines Signals vom Ausgang an den Eingang der Schaltung (Bild 1.30). Das rückgeführte Signal

$$x_g = k_g x_a$$

wird im Summationspunkt 1 entweder zum Eingangssignal addiert (Vorzeichen +) oder von diesem subtrahiert (Vorzeichen −). Die Rückführung des Signals

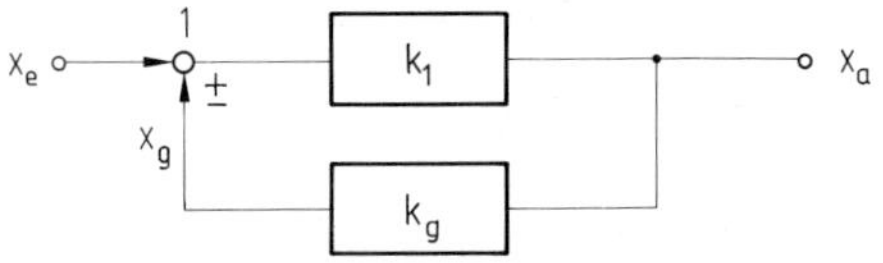

Bild 1.30: Kreisstruktur einer Meßeinrichtung mit dem rückgeführten Signal x_g

mit einem positiven Vorzeichen, die *Mitkopplung*, kann zu schwingungsfähigen Systemen führen. Diese Systeme oszillieren auch dann noch, wenn das (zum Anstoßen benötigte) Eingangssignal nicht mehr vorhanden ist. Die zweite Betriebsweise, in der das rückgeführte Signal abgezogen wird (*Gegenkopplung*), liegt den Meßverstärkern und allgemein allen Kompensationsverfahren zugrunde. Ist k_1 der Übertragungsfaktor der Meßeinrichtung im Vorwärtszweig und k_g der im Rückführungszweig, so hängen Eingangs- und Ausgangssignal wie folgt zusammen:

$$x_a = k_1(x_e - x_g) = k_1(x_e - k_g x_a),$$

$$x_a = \frac{k_1}{1 + k_1 k_g} x_e \tag{1.174}$$

und die Empfindlichkeit E der Meßeinrichtung wird

$$E = \frac{dx_a}{dx_e} = \frac{k_1}{1 + k_1 k_g} = \frac{1}{1/k_1 + k_g} \approx \frac{1}{k_g} \quad \text{für } k_1 \to \infty. \tag{1.175}$$

Solange der Übertragungsfaktor k_1 groß genug ist, um seinen Kehrwert gegenüber k_g vernachlässigen zu können, beeinflußt er nicht die Empfindlichkeit der Meßeinrichtung. Diese wird allein bestimmt durch den Übertragungsfaktor k_g in Rückwärtsrichtung, der im allgemeinen durch stabile passive Bauelemente realisiert werden kann. Die große Verstärkung k_1 in Vorwärtsrichtung erzwingt praktisch die Gleichheit von x_e und x_g,

$$x_e - x_g \approx 0. \tag{1.176}$$

Kompensations- und Ausschlagverfahren. Der geschlossene Wirkungskreis einer gegengekoppelten Meßeinrichtung bedeutet immer eine Kompensationsmessung. Die Meßgröße wird mit einer Referenz verglichen und die Messung ist durchgeführt, wenn die Differenz genügend klein geworden ist. Für die Genauigkeit ist der Übertragungsfaktor k_g im Rückwärtszweig maßgebend.

Von diesem Kompensationsverfahren ist das Ausschlagverfahren zu unterscheiden, das der Kettenstruktur von Bild 1.27 zugrundeliegt. Dort laufen die Signale nur in Vorwärtsrichtung, ohne eine Rückführung. Die Genauigkeit der Meßkette wird bestimmt durch die Genauigkeit aller in der Kette liegenden Glieder.

Meßeinrichtungen mit Kreisstruktur benötigen immer eine Hilfsenergie, um das rückgeführte Signal, die Vergleichsgröße, zu erzeugen. Dafür wird dem Meßobjekt keine Energie entzogen, da ja die Meß- und die Vergleichsgröße gleich groß sind. Bei den Kompensationsverfahren ist eine Rückwirkung vom Meßgerät auf das Meßobjekt praktisch nicht vorhanden. Eine Spannung z.B. kann gemessen werden, ohne die Quelle mit einer Stromentnahme zu belasten.

1.8 Die informationstragenden Parameter der Meßsignale

Zwischen den einzelnen Geräten einer Meßeinrichtung werden die Meßsignale in Form von z.B. Spannungen und Strömen ausgetauscht, in denen die Informationen über die gemessenen Größen stecken. Dabei werden insbesondere die folgenden Signalarten oder Datenformate benutzt:

- amplitudenanaloges Signal: Die Amplitude des Signals ist proportional dem Meßwert.
- digitales Signal: Parallele oder serielle Binärsignale geben den codierten Meßwert an.
- zeitanaloges Signal: Die Zeitdauer eines Impulses ist proportional dem Meßwert.
- frequenzanaloges Signal: Die Frequenz einer periodischen oder stochastischen Impulsfolge ist proportional dem Meßwert.

Diese Signale unterscheiden sich zunächst hinsichtlich der Werte, die sie annehmen können. Die analogen Signale sind wertkontinuierlich. Innerhalb des Definitionsbereiches führt jeder Wert der Eingangsgröße zu einem eigenen Wert der Ausgangsgröße (Bild 1.31). Das digitale Signal hingegen ist wertdiskret. Die Kennlinie eines derartigen Gerätes verläuft treppenförmig. Innerhalb einer Stufe ist verschiedenen Werten der Eingangsgröße ein einziger Wert der Ausgangsgröße zugeordnet.

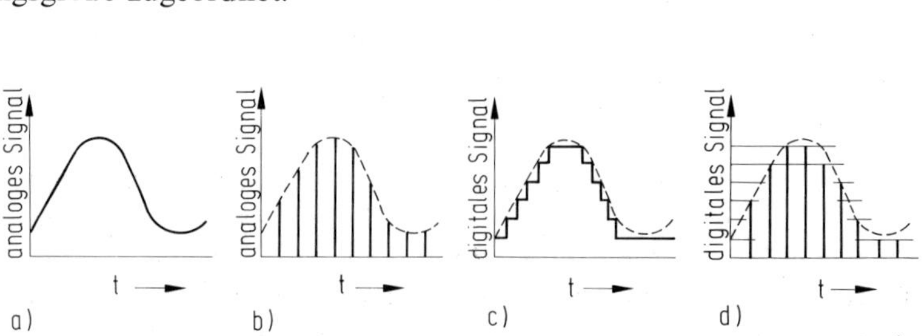

Bild 1.31: Einteilung der Signale [1.14]
a) wert- und zeitkontinuierliches Signal
b) wertkontinuierliches, zeitdiskretes Signal
c) wertdiskretes, zeitkontinuierliches Signal
d) wert- und zeitdiskretes Signal

Weitere Unterschiede liegen im Zeitverhalten. Die amplitudenanalogen Signale stehen jederzeit zur Verfügung, sie sind zeitkontinuierlich. Dasselbe gilt für die digitalen Signale, die von direktcodierten Umsetzern (Längengeber, A/D-Umsetzer mit parallelen Komparatoren) geliefert werden. Bei den zeitanalogen Signalen hingegen wird die zu messende Größe als Zeitintervall dargestellt, dessen Dauer erst noch festzustellen ist. Ähnlich ist auch eine gewisse Zeit erforderlich, um die Frequenz eines frequenzanalogen Signals zu erfassen. Dementsprechend kann der Wert eines Zeitintervalls oder der einer Frequenz nur zu diskreten Zeitpunkten angegeben werden.

Einige weitere, für die Meßtechnik wichtige Signaleigenschaften sind in Tabelle 1.6 angesprochen. Viele Aufnehmer und Meßgeräte sind für *amplitudenanaloge* Signale entwickelt. Vorteilhaft sind das erreichbare hohe Auflösungsvermögen und die zeitkontinuierliche Darbietung des Signals. Bei der Weiterverarbeitung und Übertragung des Signals kann seine Amplitude allerdings durch verschie-

Tabelle 1.6 Eigenschaften der Meßsignale

	amplitudenanaloges Signal	digitales Signal parallel codiert	digitales Signal seriell codiert	zeitanaloges Signal	frequenzanaloges Signal
Auflösungsvermögen	theoretisch unbegrenzt	begrenzt	begrenzt	theoretisch unbegrenzt	theoretisch unbegrenzt
Meßunsicherheit	am Ende des Meßbereichs gering	im ganzen Meßbereich gering	im ganzen Meßbereich gering	gering	gering
Zeitverhalten des Signals	kontinuierlich	kontinuierlich	diskret	diskret	diskret
Empfindlichkeit gegen äußere Störungen	vorhanden	vorhanden	vorhanden	gering	gering
Empfindlichkeit gegen Änderungen der Leitungsparameter	vorhanden	nicht vorhanden	nicht vorhanden	nicht vorhanden	nicht vorhanden
erforderliche Bandbreite bei der Signalverarbeitung	gering	gering	mittel	groß	mittel
galvanische Trennung	aufwendig	weniger aufwendig	einfach	einfach	einfach
Anpassung an einen Rechner	aufwendig über A/D-Umsetzer	vorhanden	vorhanden	einfach über Zähler	einfach über Zähler

dene Effekte wie z.B. induktive und kapazitive Einstreuungen, Brumm der Versorgungsspannungen oder Änderungen der Leitungseigenschaften verfälscht werden. Nachteilig ist weiterhin, daß die amplitudenanalogen Signale nur mit größerem Aufwand galvanisch getrennt und nur unter Zwischenschaltung eines A/D-Umsetzers in einen Rechner eingegeben werden können. Das *digitale* Datenformat vermeidet diesen Nachteil, steht aber nur bei wenigen Aufnehmern direkt zur Verfügung. Die digitalen Schaltkreise arbeiten sehr schnell, sodaß schon kurze Störimpulse, die die viel langsameren Geräte der Analogtechnik nicht beeinflussen, zu Fehlschaltungen führen.

Eine Zwischenstellung nehmen die *zeit- und frequenzverschlüsselten* Signale ein. Bei deren Verarbeitung interessiert nicht die Amplitude des übertragenen Signals, sondern nur dessen Flanken. Das Meßgerät ist solange unempfindlich gegen Einstreuungen und Störimpulse, solange deren Amplitude die Triggerschwelle nicht erreicht. Vorteilhaft ist weiterhin, daß unter Verwendung eines Zählers Impulsbreiten und Frequenzen leicht als Zahlen dargestellt und in digitalen Systemen weiterverarbeitet werden können.

In Übereinstimmung mit dem informationstragenden Parameter werden die Meßsignale auch als amplitudenmodulierte, pulscodemodulierte, impulsbreitenmodulierte und frequenzmodulierte charakterisiert. Die amplitudenmodulierten Signale stellen an die Bandbreite des Übertragungskanals die geringsten Forderungen. Besonders schnelle Geräte sind für impulsbreitenmodulierte Signale notwendig. Hier soll auch bei niedrigen Meßwerten die Anstiegs- und Abfallzeit der Impulse klein gegenüber ihrer Dauer sein. Weniger anspruchsvoll ist dagegen die Übertragung der frequenz- oder pulscodemodulierten Signale.

Die speziellen Vorteile der einzelnen Signale haben zur Folge, daß innerhalb einer Meßeinrichtung häufig von einem Datenformat auf das andere übergegangen wird (Bild 1.32). So können amplitudenanaloge Größen mit direktvergleichenden A/D-Umsetzern oder über die Umformung in ein Zeitintervall (Frequenz) und dessen digitale Messung numerisch dargestellt werden. Auch

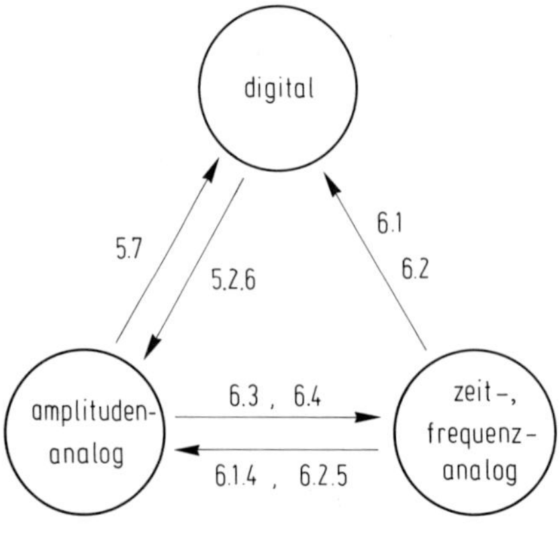

Bild 1.32: Signalumsetzung; die Zahlen verweisen auf die Abschnitte, in denen die Umsetzverfahren behandelt sind

die Umsetzung in umgekehrter Richtung ist jeweils möglich. Jeder Signalwechsel bedeutet aber einen Mehraufwand und so wäre es günstig, wenn schon der Aufnehmer die für die Weiterverarbeitung gewünschte Signalart liefern würde.

Die nachfolgenden Ausführungen sind so gegliedert, daß in den Kapiteln 2, 3 and 4 amplitudenanaloge Signale, im Abschnitt 5 digitale und im Abschnitt 6 zeit- und frequenzanaloge behandelt werden.

1.9 Elektrisches Messen nichtelektrischer Größen

1.9.1 Physikalische Effekte zum elektrischen Messen nichtelektrischer Größen

Die elektrische Meßtechnik wird besonders interessant und abwechslungsreich dadurch, daß die verschiedenen physikalischen Effekte zur Messung nichtelektrischer Effekte herangezogen werden. Dabei steuert oder erzeugt die nichtelektrische Größe das elektrische Signal des jeweiligen Aufnehmers, Gebers, Fühlers, Detektors oder Sensors. Die Tab. 1.7 zeigt eine Auswahl der in diesem Buch behandelten Effekte. Sie darf nicht darüber hinwegtäuschen, daß bei ein und demselben Aufnehmer oder Sensor jeweils verschiedene Einflußgrößen wirksam sind. Der elektrische Widerstand eines Leiters z.B. ist sowohl von der Temperatur als auch von mechanischen Spannungen abhängig. Soll die Temperatur gemessen werden, sind mechanische Spannungen zu vermeiden. Umgekehrt müssen bei der Dehnungsmessung die Temperatureinflüsse herauskorrigiert werden. Die Sensoren sind so zu entwerfen und zu konstruieren, daß sie mindestens reproduzierbar und nach Möglichkeit auch selektiv auf die zu messende Größe reagieren. Störgrößen müssen, falls sie nicht vermieden werden können, korrigierbar sein.

Der Aufnehmer wird charakterisiert durch seine Kennlinie, die den Zusammenhang zwischen der gemessenen nichtelektrischen Größe und dem abgegebenen elektrischen Signal beschreibt. Sie kann in Form einer Gleichung, einer Tabelle oder einer gezeichneten Kurve angegeben werden.

Die nichtelektrischen Größen können passiv oder aktiv in die elektrischen umgeformt werden. Die passiven Aufnehmer sind auf eine elektrische Energieversorgung angewiesen. Die nichtelektrische Größe beeinflußt den Vorgang, der zu dem Ausgangssignal führt. Die aktiven Aufnehmer hingegen kommen ohne eine elektrische Hilfsenergie aus. Sie wandeln mechanische, thermische oder chemische Energien in elektrische um.

1.9.2 Technologien zur Sensorfertigung

Die in der Verfahrenstechnik und Energietechnik gebräuchlichen Meßumformer für nichtelektrische Größen sind auf eine große Genauigkeit, große Betriebssicherheit und lange Lebensdauer hin ausgelegt und durch zusätzliche Funktionen

Tabelle 1.7 Effekte, die zur elektrischen Messung nichtelektrischer Größen benutzt werden

Mechanische Größen:

Induktionsgesetz
piezoelektrischer Effekt
reziproker piezoelektrischer Effekt
Abhängigkeit des elektrischen Widerstandes von geometrischen Größen
Änderung des spezifischen Widerstands unter mechanischer Spannung
Kopplung zweier Spulen über einen Eisenkern
Abhängigkeit der Induktivität einer Spule vom magnetischen Widerstand
Abhängigkeit der Kapazität eines Kondensators von geometrischen Größen
Änderung der relativen Permeabilitätszahl unter mechanischer Spannung
Abhängigkeit der Eigenfrequenz von mechanischen Spannungen
Wirkdruckverfahren
Erhaltung des Impulses (Coriolis-Durchflußmesser)
Wirbelbildung hinter einem Störkörper
Durchflußmessung über die Bestimmung der Wärmeabfuhr
Abhängigkeit der Schallgeschwindigkeit von der Geschwindigkeit des Mediums

Thermische Größen:

thermoelektrischer Effekt
pyroelektrischer Effekt
Abhängigkeit des elektrischen Widerstandes von der Temperatur
Abhängigkeit der Eigenleitfähigkeit von der Temperatur
Ferroelektrizität
Abhängigkeit der Quarz-Resonanzfrequenz von der Temperatur

Optische oder radioaktive Größen:

äußerer Fotoeffekt
innerer lichtelektrischer Effekt, Sperrschicht-Fotoeffekt
Fotoeffekt, Compton-Effekt und Paarbildung
Anregung zur Luminiszenz

Chemische Größen:

Bildung elektrochemischer Potentiale an Grenzschichten
Änderung der Austrittsarbeit an Phasengrenzen
Temperaturabhängigkeit des Paramagnetismus von Sauerstoff
Gasanalyse über die Bestimmung der Wärmeleitfähigkeit
Gasanalyse über die Bestimmung der Wärmetönung
Sauerstoff-Ionenleitfähigkeit von Festkörper-Elektrolyten
Prinzip des Flammen-Ionisationsdetektors
hygroskopische Eigenschaften des LiCl
Abhängigkeit der Kapazität vom Dielektrikum

an ihre verfahrenstechnische Aufgabe angepaßt. Ihr Preis verbietet den Einsatz in Konsum- oder Verbrauchsgütern. Aber auch auf diesem Sektor sind nichtelektrische Größen zu messen. Sensoren lassen sich dort in größeren Stückzahlen einsetzen, wenn es gelingt, sie preisgünstig zu fertigen. Dies ist z. B. durch automatisierbare Techniken wie die Dickschicht-, Dünnschicht- und Silizium-Technologie möglich [1.15–1.18].

Dickschicht-Technologie. In der Dickschicht-Technologie können passive elektronische Komponenten wie Widerstände, Kondensatoren und Leiterbahnen gefertigt werden. Die Komponenten werden auf einem nichtleitenden Substrat aus Keramik oder Glas in der Siebdrucktechnik aufgebracht. Aus einem mit einem fotoempfindlichen Lack beschichteten Sieb wird mit Hilfe der Fotolitographie die Druckform gewonnen. An den Stellen, an denen der fotoempfindliche Lack entfernt ist, werden die aufzudruckenden Pasten durch das Sieb auf das Substrat gedrückt (Bild 1.33). Anschließend werden sie getrocknet und eingebrannt. Werden aktive Bauteile benötigt, so sind sie nachträglich in die Schaltung einzulöten (Hybrid-Technik). Die Schichtdicken liegen zwischen 10 und 50 μm. Die Leiterbahnen haben eine Breite und einen Abstand von etwa 200 μm.

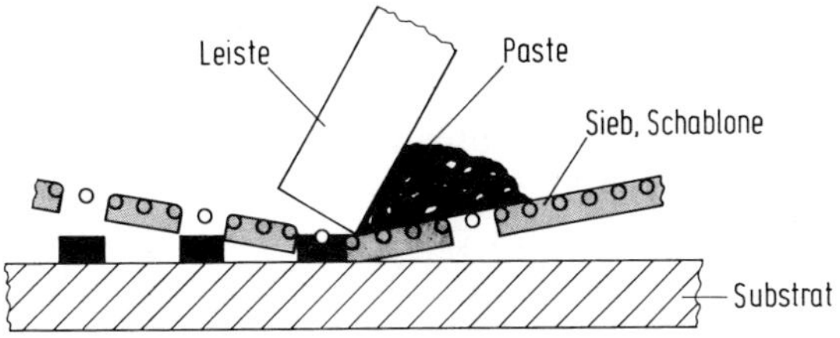

Bild 1.33: Schematische Darstellung des Siebdruckverfahrens

Verfügbar sind

- für Widerstände Pasten aus Metalloxiden
- für Dielektrika Pasten mit einer hohen Dielektrizitätszahl (Tantaloxid, Bariumtitanat)
- für Leiterbahnen Pasten mit Metallpulver (Gold, Silber, Platin, Kupfer, Nickel)
- für Abdeck- und Schutzschichten Glaspasten.

Die Widerstände werden mit Hilfe des Laser-Schneidens auf den genauen erforderlichen Wert abgeglichen. Der Widerstand ist zunächst mit einer zu großen Fläche, d.h. mit einem zu kleinen Wert gefertigt. Mit dem Laser-Strahl wird dann die Schicht so weit verkleinert, bis der geforderte Widerstandswert erreicht ist.

Die in der Dickschichttechnik hergestellten Sensoren werden z. B. zur Temperaturmessung, zur Druckmessung und zur Feuchtemessung eingesetzt.

Dünnschicht-Technologie. Noch dünnere Schichten und kleinere Strukturen können in der Dünnschicht- oder Dünnfilm-Technik durch Bedampfen oder Aufstäuben hergestellt werden.

Beim *Hochvakuum-Aufdampfen* befindet sich das zu verdampfende Material

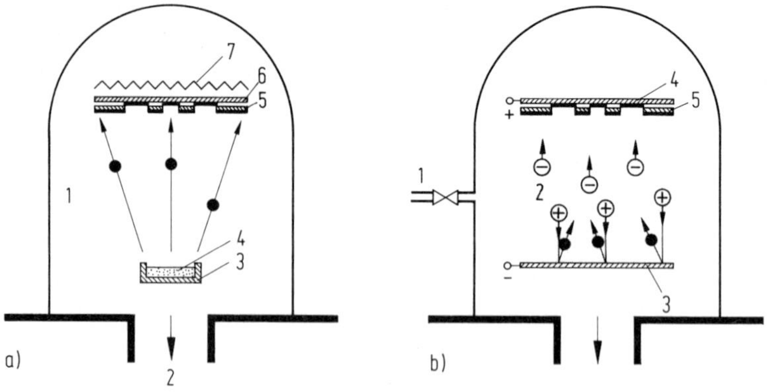

Bild 1.34: Verfahren zur Herstellung dünner Schichten

a Prinzip des Vakuum-Aufdampfens
1 evakuiertes Volumen, 2 Anschluß zur Pumpe, 3 Tiegel, 4 Schmelze, 5 Maske, 6 zu bedampfendes Substrat, 7 Heizung

b Prinzip der Kathodenzerstäubung
1 Gaseinlaß, 2 Glimmentladung, 3 auf negativem Potential befindliche Kathode (Target), 4 auf positivem Potential befindliches zu beschichtendes Substrat (Anode), 5 Maske

und das zu beschichtende Substrat in einem evakuierten Behälter (Bild 1.34a). Der Tiegel mit dem zu verdampfenden Material wird beheizt. Die verdampften Atome breiten sich geradlinig aus und kondensieren auf dem (evtl. geheizten) Substrat. Strukturen lassen sich durch eine vor dem Substrat liegende Maske erzeugen. Ist diese als eine getrennte Schablone aufgelegt, so haben die kleinsten Strukturen eine Breite von etwa 50 µm. Eine um den Faktor 10 bessere Auflösung wird mit Hilfe der Fotolithographie erreicht. Dabei sind die folgenden Verfahrensschritte auszuführen:

- das Substrat wird mit einem lichtempfindlichen Lack beschichtet
- der lichtempfindliche Lack wird durch Masken belichtet
- der lichtempfindliche Lack wird entwickelt
- die belichteten Teile des Lacks werden entfernt
- zwischen den stehengebliebenen, nichtbelichteten Teilen des Lacks wird das Substrat bedampft.

Bei dem *Kathoden-Zerstäuben* (sputtering) wird der zunächst evakuierte Behälter wieder mit einem Gas (Argon, Stickstoff) bis zu einem Druck gefüllt, bei dem sich nach Anlegen einer elektrischen Spannung eine Glimmentladung ausbilden kann (Bild 1.34b). In der Glimmentladung werden die Gasatome ionisiert. Die positiven Ionen werden zur Kathode beschleunigt und prallen dort derartig heftig auf, daß sie aus dem Kathodenmaterial Atome herausschlagen. Diese kondensieren auf dem zu beschichtenden (nicht immer auf Anodenpotential liegenden) Substrat. Ihre kinetische Energie ist wesentlich größer als die der thermisch verdampften Atome. Das Kathoden-Zerstäuben ergibt daher besonders haftfähige und dichte Schichten.

Die aufgedampften oder aufgestäubten Schichten sind polykristallin oder amorph. Sie haben qualitativ ähnliche Eigenschaften wie die monokristallinen. Während die monokristallinen Scheiben aus einem Einkristall herausgeschnitten werden und damit in ihrer Fläche begrenzt sind, fällt bei den aufgedampften oder aufgestäubten Schichten diese Einschränkung weg. Detektoren mit einer großen empfindlichen Fläche haben dementsprechend stets polykristalline oder amorphe Strukturen.

Ein weiteres Verfahren zur Herstellung dünner Schichten ist das *Abscheiden aus der Gas- oder Dampfphase* (chemical vapour deposition). Diese Methode benötigt nur relativ niedrige Temperaturen und führt zu amorphen Schichten. Zur Herstellung einer Siliziumschicht z.B. wird ein Behälter mit Silan SiH_4 so weit evakuiert, bis sich eine Hochfrequenz-Glimmentladung ausbilden kann. In der Glimmentladung zerfällt das SiH_4-Molekül. Die Siliziumatome wachsen auf dem auf Erdpotential befindlichen Substrat zu einer amorphen Schicht auf. Sie bilden ein Gitter mit eingebauten Wasserstoffatomen. Dieses amorphe hydrogenisierte Silizium a – Si : H wird für großflächige Fotosensoren oder Solarzellen benutzt [1.18].

In der Dünnschicht-Technologie lassen sich neben Widerstandsschichten, Isolationsschichten, Schutzschichten und Leiterbahnen insbesondere die folgenden Sensorschichten aufbringen:

- temperaturempfindliche Widerstandsschichten (Platin, Nickel, Permalloy)
- dehnungsempfindliche Widerstandsschichten (Tantal, Nickel-Chrom)
- lichtempfindliche Schichten (Si, CdS, PbS)
- piezoelektrische und pyroelektrische Schichten
- magnetische Schichten (Permalloy)
- supraleitende Schichten.

Bei der Fertigung der Sensoren sind die Verfahrensschritte mehrmals zu wiederholen. Für einen Dünnfilm-Dehnungsmeßstreifen z.B. sind auf der metallischen Unterlage nacheinander eine Isolationsschicht, eine dehnungsempfindliche Widerstandsschicht, eine niederohmige Leiterschicht und noch eine Schutzschicht aufzubringen (Bild 3.48).

Silizium-Technologie. Die technologischen Verfahren zur Behandlung von Silizium, Germanium oder auch Gallium-Arsenid werden gut beherrscht. Die gefertigten integrierten Schaltkreise sind in großen Stückzahlen kostengünstig hergestellte Massenprodukte. So liegt der Gedanke nahe, die für die Großserienfertigung erprobten Verfahrensschritte auch für die Herstellung von Sensoren zu nutzen. Silizium ist als Basismaterial für Sensoren gut geeignet. Es hat definierte mechanische Eigenschaften, behält seine Form, ist genügend elastisch und ist chemisch stabil. Seine Anwendung als Sensormaterial eröffnet dazu die Möglichkeit, das den Meßeffekt liefernde Element zusammen mit der in derselben

Tabelle 1.8 Physikalische Effekte im Silizium und ihre Anwendung

Eigenschaft, Effekt	Anwendung
mechanische Verformung einer Silizium-Membran	kapazitive Kraft- oder Druckmessung
piezoresistiver Effekt	Dehnungs-, Kraft- oder Druckmessung
Temperaturabhängigkeit des elektrischen Widerstands	Temperatursensor
Temperaturabhängigkeit der Diodenkennlinie	(integrierter) Temperatursensor
lichtelektrischer Effekt	Fotoelement, Fotodiode, Diodenzeile, Diodenarray, positionsempfindliche Fotodiode
Fotoeffekt der Gammaquanten	Halbleiter-Strahlungsdetektor
Hall-Effekt	magnetfeldabhängiger Sensor; berührungslose Strommessung, Endschalter, Hall-Multiplizierer
Steuerung des Ladungstransports durch ein elektrisches Feld	ionensensitiver Feldeffekttransistor; gassensitiver Feldeffekttransistor

Technologie hergestellten Schaltung zur Signalverarbeitung auf einem Chip zusammenzufassen und so zu einem „integrierten“ Sensor zu kommen. So können zum Beispiel die in Tab. 1.8 genannten Effekte in Silizium auftreten und zur Messung von mechanischen, thermischen, optischen, magnetischen oder chemischen Größen herangezogen werden [1.19, 1.20].

Auch hier ist darauf zu achten, daß nicht alle Effekte gleichzeitig auftreten. Die Konstruktion ist so auszuführen, daß der Sensor vorzugsweise nur der inter-

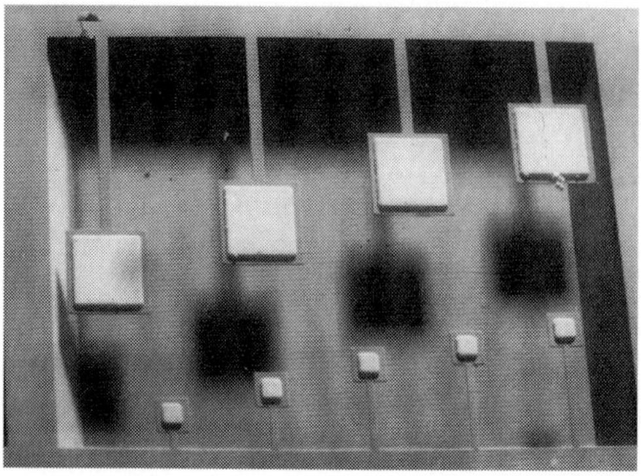

Bild 1.35: Silizium-Chip mit anisotrop geätzten Paddeln, deren Masse durch eine Goldschicht vergrößert ist [1.21]

essierenden Größe ausgesetzt wird. Der Temperatureinfluß ist wohl immer vorhanden und ist gegebenenfalls zu korrigieren. Die mechanischen, chemischen, magnetischen und optischen Einflüsse sind jedoch dann zu vermeiden, wenn nicht gerade eine dieser Größen zu messen ist.

Für die Sensorfertigung werden die Verfahren der Planar-Technologie benutzt [0.25]. Die dabei dotierten Schichten haben eine Tiefe von etwa 0,01 μm und kleinste Strukturen von etwa 1 μm. Besonders interessant sind die Möglichkeiten des isotropen und anisotropen Ätzens. Damit läßt sich bei einem Silizium-Plättchen das Material definiert wegnehmen, so daß eingespannte Membranen (Bild 7.8) oder auch hinterätzte, frei eingespannte Strukturen in Form von Biegebalken entstehen (Bild 1.35).

1.9.3 Sensornahe Signalverarbeitung

Die Sensoren benötigen teilweise eine elektrische Hilfsenergie, immer aber eine Verstärkung des gelieferten Signals. Die dafür notwendigen elektronischen Schaltungen lassen sich so miniaturisiert herstellen, daß sie bei der Dickschicht- und Dünnschicht-Technik mit dem Sensor zusammen auf einem Substrat, bei der Silizium-Technologie direkt auf dem Sensorchip untergebracht werden können (Bild 1.36). Ein derartiger integrierter Sensor hat den Vorteil, daß das Meßsignal vor der Übertragung verstärkt und ins digitale Datenformat umgesetzt werden kann. Damit wird es unempfindlicher gegenüber elektrischen Störungen auf dem Übertragungsweg. Der Signal-Stör-Abstand verbessert sich und die Zuverlässigkeit steigt. Nachteilig andererseits ist, daß bei der integrierten Anordnung nicht nur der Sensor, sondern auch die elektronische Schaltung den Umwelteinflüssen am Meßort und den dortigen elektrischen Störungen ausgesetzt ist. Zusätzliche Maßnahmen sind hier erforderlich, um die elektronischen Teile unempfindlich gegen diese Umgebungsbedingungen und elektromagnetischen Einstreuungen zu machen. Auch die Konstruktion eines geeigneten Gehäuses ist nicht immer ganz einfach, da die zu messende Größe einerseits auf das Sensorelement einwir-

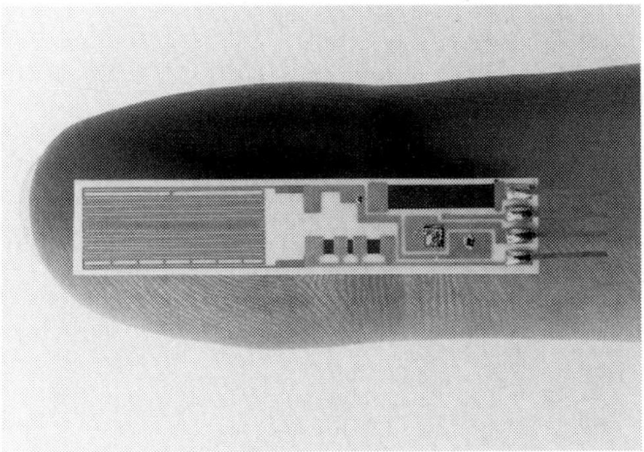

Bild 1.36: Dünnschicht-TaNi-Temperatursensor mit integriertem Schaltkreis zur Bildung eines frequenzanalogen Ausgangssignals (Werkbild Bosch)

ken muß, andererseits aber von dem elektronischen Teil ferngehalten werden muß.

Neben der Signalverstärkung und Analog-Digital-Umsetzung lassen sich noch weitere Funktionen implementieren wie z. B.:

- Einstellung und Überwachung des Nullpunkts
- Einstellung und Überwachung der Verstärkung
- Korrektur herstellungsbedingter Streuungen
- Linearisieren der Kennlinie
- Korrektur von Störgrößen
- Korrektur des dynamischen Verhaltens
- Frequenzselektive Auswahl des Meßsignals durch Filter
- Berechnung nicht direkt meßbarer Größen
- Selbstkalibrierung
- Selbstüberwachung und Plausibilitätskontrolle
- Bildung von Grenzwerten.

Bei einer derartig umfangreichen Meßsignalverarbeitung ist dann der Sensor nicht nur „integriert", sondern unter Umständen auch „smart" oder „intelligent".

In der Tab. 1.9 sind die besprochenen Technologien noch einmal kurz gegenübergestellt. Die Dickschicht-Technologie erfordert die geringsten Investitionskosten und ist für kleinere bis mittlere Stückzahlen geeignet. Die Silizium-Technologie hingegen lohnt sich nur, wenn der Sensor als ein Massenprodukt eingesetzt werden kann.

Tabelle 1.9 Vergleich der Technologien [1.16]

	Dickschicht-Technologie	Dünnschicht-Technologie	Silizium-Technologie
Schichtdicke	10–50 µm	0,01–5 µm	≈ 10 nm
Breite der kleinsten Struktur	150 µm	5–50 µm	1 µm
Investitionskosten	$\approx 10^5$ DM	$\approx 3 \cdot 10^5$ DM	$> 10 \cdot 10^5$ DM
geeignete für eine jährliche Produktion von	10^2–10^5 Stück	10^3–10^6 Stück	$> 10^5$ Stück
Signalverarbeitung ist integrierbar auf dem	Substrat	Substrat	Chip

2 Messung von Strom und Spannung; spannung- und stromliefernde Aufnehmer

Nachdem im vorausgegangenen Abschnitt einige generelle Gesichtspunkte der Meßtechnik angesprochen sind, wird jetzt mit der Erklärung der verschiedenen Meßgeräte begonnen. Dabei muß auch auf die Details eingegangen werden, die für eine sachgemäße Anwendung wichtig sind. Zunächst werden die Geräte zur Strom- und Spannungsmessung vorgestellt, um dann in den beiden letzten Abschnitten des Kapitels die Effekte und Aufnehmer zu behandeln, die nichtelektrische Größen als Strom- oder Spannungssignale darzustellen gestatten und damit elektrisch meßbar machen.

2.1 Elektromechanische Meßgeräte und ihre Anwendung

2.1.1 Meßwerke

Die nachfolgend erklärten Meßgeräte nutzen die zwischen zwei magnetischen Feldern wirkende Kraft zur Messung von Strömen aus. Die Felder können in stromdurchflossenen Leitungen oder in ferromagnetischen Stoffen ihren Ursprung haben. Durch die Kombination dieser Möglichkeiten entstehen Meßwerke mit speziellen Vor- und Nachteilen, die von ihrer Wirkungsweise her Strommeßgeräte sind.

Drehspulmeßwerk. Das Drehspulmeßwerk enthält eine in dem radialhomogenen Feld eines Dauermagneten beweglich aufgehängte Spule (Bild 2.1). Fließt durch die Spule der Strom I, so wird sie senkrecht zur Richtung des durchgehenden Stroms und senkrecht zur Richtung des Magnetfelds ausgelenkt. Ist l die Länge der Spule im Magnetfeld, d ihr Durchmesser, N ihre Windungszahl und B die Induktion des Dauermagneten, so ist die auf die Spule ausgeübte elektrische Kraft F_e

$$F_e = lNBI,$$

die mit dem Hebelarm d/2 und der Spulenfläche $A = d \cdot l$ das elektrische Moment M_e

$$M_e = 2\frac{d}{2}lNBI = ANBI \tag{2.1}$$

ergibt. Damit dieses Moment nicht wie bei einem Gleichstrommotor zu einer dauernden Umdrehung der Spule führt, ist diese durch eine Feder gefesselt. Die von dieser Feder mit der Federkonstanten c ausgeübte Richtkraft führt zu einem mechanischen Moment M_m, das mit dem Ausschlagwinkel α zunimmt:

$$M_m = c\,\alpha. \tag{2.2}$$

Bild 2.1 und 2.2: Prinzip und Aufbau eines Drehspulmeßwerks (Hartmann & Braun)
1 Magnet
2 Polschuhe
3 Drehspule
4 Kern aus Weicheisen
5 Rückstellfeder

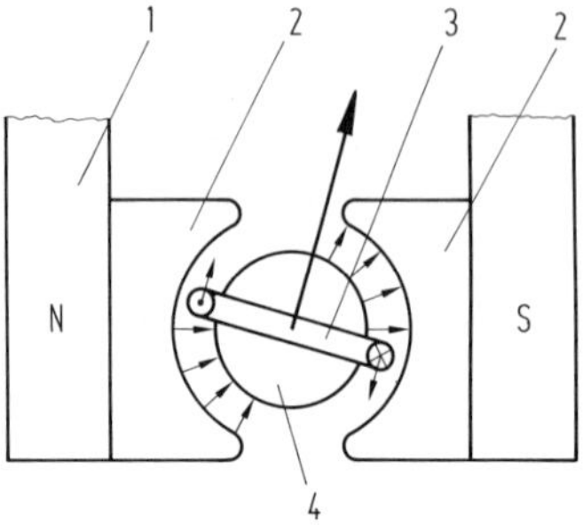

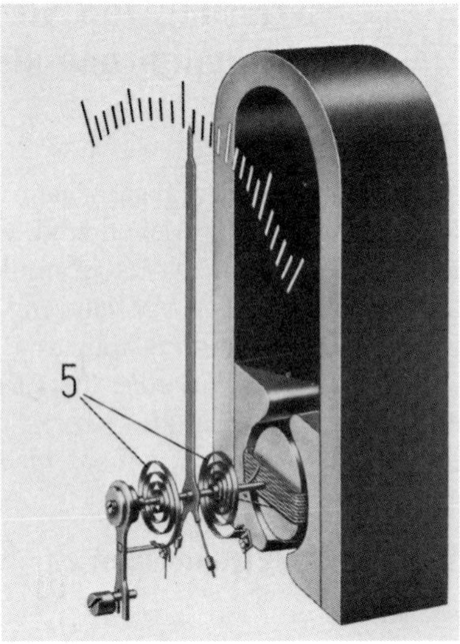

Fließt kein Strom, so wird die Spule durch die Feder in der Nullstellung gehalten. Bei Stromdurchgang wird dann die Spule so weit ausgelenkt, bis das elektrische Moment gleich dem mechanischen ist. In diesem Fall gilt

$$A\,N\,B\,I = c\,\alpha \quad \text{und} \tag{2.3}$$

$$\alpha = \frac{A\,N\,B}{c}\,I = k\,I, \tag{2.4}$$

wenn die bekannten Größen A, N, B, c in der Konstanten k zusammengefaßt werden.

Der Ausschlag nimmt also linear mit dem durchgehenden Strom zu; die Empfindlichkeit

$$E = \frac{d\alpha}{dI} = k = \frac{A\,N\,B}{c} \tag{2.5}$$

ist konstant.

Ändert sich der zu messende Strom, so bewegt sich die Spule im Magnetfeld und in ihr wird die Spannung u induziert:

$$u = -N\,\frac{d\Phi}{dt} = -N\,B\,A\,\frac{d\alpha}{dt}. \tag{2.6}$$

Diese Spannung hat einen Ausgleichsstrom i zur Folge, der dem Meßstrom entgegenwirkt. Dadurch wird bei richtiger Auslegung des Meßwerks sein Ausschlag so weit gedämpft, daß der neue Endwert einerseits ohne Überschwingen, andererseits aber auch möglichst schnell erreicht wird.

Um die bei einer Bewegung entstehende Reibung besonders gering zu halten, wird die Drehspule nicht in Steinen gelagert, sondern an einem Spannband aufgehängt (Bild 2.3). Mit der Spule dreht sich das Band und erzeugt das benötigte mechanische Rückstellmoment. Gleichzeitig dient es dem Anschluß der Spule an den äußeren Stromkreis und löst so die drei Aufgaben Lagerung, Rückstellung und Stromzuführung.

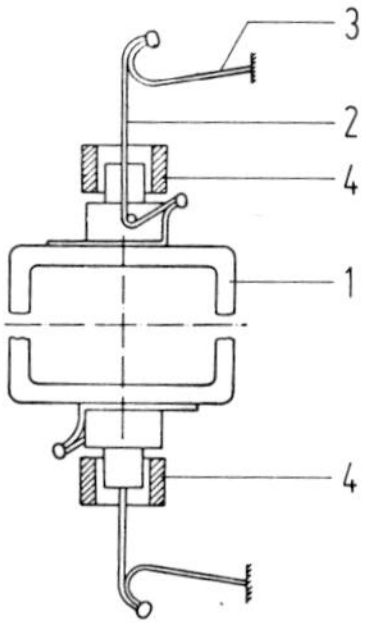

Bild 2.3: Spannbandlagerung
1 Drehspule 3 Spannfeder
2 Spannband 4 Abfangvorrichtung [0.13]

Die Empfindlichkeit des Drehspulinstruments läßt sich vielen Erfordernissen anpassen. Ströme von 10^{-9} A an können gemessen werden. Dabei wird in der Spule nur eine geringe Leistung umgesetzt. Der Eigenverbrauch des Drehspulinstruments ist niedrig. Diese Eigenschaft ist wichtig, da die im Meßwerk verbrauchte Energie dem Meßkreis entzogen wird und so die zu messende Größe unter Umständen verfälscht.

Zeitverhalten des Drehspulmeßwerks. Ändert sich der durch das Meßwerk fließende Strom, so stellen sich Spule und Zeiger auf einen neuen Winkel α ein. Das geht nicht beliebig schnell, da folgende Effekte zu berücksichtigen sind:

- das Reibungsmoment M_{m1}, das mit dem Proportionalfaktor w der Geschwindigkeit der Winkeländerung proportional ist,

  $M_{m1} = w\,\dot{\alpha}$.

- das Drehmoment M_{m2}, das proportional dem Trägheitsmoment J und der Winkelbeschleunigung ist,

  $M_{m2} = J\,\ddot{\alpha}$.

- das elektrische Moment M_{el}, das durch die nach (2.6) induzierte Spannung und den daraus resultierenden Strom i hervorgerufen wird.

Wenn sich der Gesamtwiderstand des Meßwerks aus dem Widerstand der Spule R_s und einem in Reihe liegenden Abgleichwiderstand R_a zusammensetzt, so entsteht aus der induzierten Spannung der Strom i

$$i = \frac{U_{ind}}{R_s + R_a} = \frac{-A\,N\,B}{R_s + R_a}\,\dot{\alpha}, \qquad (2.6\,a)$$

der das elektrische Moment M_{el} zur Folge hat,

$$M_{el} = A\,N\,B \cdot i.$$

Wie in (2.3) müssen sich die elektrischen und mechanischen Momente die Waage halten,

$$M_e + M_{el} = M_m + M_{m1} + M_{m2}.$$

$$A\,N\,B(I + i) = c\,\alpha + w\,\dot{\alpha} + J\,\ddot{\alpha}.$$

Indem jetzt (2.6a) in die obige Gl. eingeführt, diese neu geordnet und durch c dividiert wird, entsteht

$$c\,\alpha + w\,\dot{\alpha} + J\,\ddot{\alpha} + \frac{(A\,N\,B)^2}{R_s + R_a}\,\dot{\alpha} = A\,N\,B \cdot I,$$

$$\alpha + \left(\frac{w}{c} + \frac{(A\,N\,B)^2}{c(R_s + R_a)}\right)\dot{\alpha} + \frac{J}{c}\,\ddot{\alpha} = \frac{A\,N\,B}{c}\,I. \tag{2.7}$$

Das ist eine Dgl. 2. Ordnung, deren Lösung in Abschnitt 1.5.2 diskutiert worden ist. Der Strom I ist das anregende Signal und der Winkel α ist die Antwort. Ein Vergleich von (2.7) mit (1.83) zeigt, daß der Koeffizient von I die statische Empfindlichkeit k ausdrückt,

$$k = \frac{A\,N\,B}{c}.$$

Dieses Ergebnis stimmt mit (2.5) überein.

Der Koeffizient von $\ddot{\alpha}$ liefert den Kehrwert der Eigenkreisfrequenz des Meßwerks,

$$\omega_0^2 = \frac{1}{T^2} = \frac{c}{J}.$$

Das Meßwerk könnte also mit ω_0 schwingen. Dieses wird mit Hilfe des Abgleichwiderstandes R_a vermieden. Er wird so eingestellt, daß ein Dämpfungsfaktor $D \approx 1$ erreicht wird. Entsprechend (1.119) lautet für $D = 1$ die Lösung von (2.7):

$$\alpha = \frac{A\,N\,B}{c}\,I\left(1 - \frac{T + t}{T}\,e^{-t/T}\right).$$

Damit wird bei einer Stromänderung der neue Ausschlag ohne Überschwingen in der kürzest möglichen Zeit erreicht.

Drehmagnetmeßwerk. Das Drehmagnetmeßwerk verwendet wieder eine stromdurchflossene Spule und einen Dauermagneten. Verglichen mit dem Drehspulmeßwerk ist jetzt die Funktion dieser beiden Komponenten vertauscht (Bild 2.4). Die stromdurchflossene Spule der Länge l ist fest angeordnet und erzeugt in ihrem Inneren ein Magnetfeld mit der Induktion

$$B = \frac{\mu_0 N}{l}\,I.$$

In diesem Feld ist ein kleiner Dauermagnet drehbar aufgehängt. Die notwendige Rückstellkraft wird durch eine Feder oder durch das Feld eines zusätzlichen Richtmagneten gebildet. Die magnetischen Felder der Spule und des Richtmagneten überlagern sich. Der bewegliche Magnet zeigt die Richtung der resultierenden Feldstärke an, die von dem zu messenden Strom I abhängt. Der Proportionalitätsfaktor k ist eine Funktion des Ausschlagswinkels

$$\alpha = k(\alpha)\, I, \qquad (2.8)$$

so daß die Skala des Drehmagnetmeßwerks nicht linear geteilt ist.

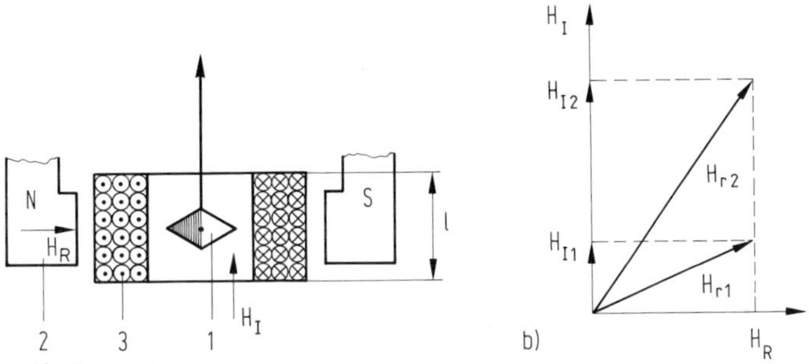

Bild 2.4: Drehmagnetinstrument
a) Prinzip
1 Drehmagnet
2 Richtmagnet
3 feststehende, von dem zu messenden Strom I durchflossene Ablenkspule
b) Das Magnetfeld H_I der stromdurchflossenen Ablenkspule überlagert sich dem Magnetfeld H_R des Richtmagneten; H_r ist die resultierende magnetische Feldstärke

Das Drehmagnetmeßwerk ist einfach und robust aufgebaut. Seine Empfindlichkeit ist jedoch geringer als die des Drehspulmeßwerks. Der Eigenverbrauch ist größer, da das benötigte Magnetfeld von dem zu messenden Strom selbst erzeugt werden muß. Gedämpft wird das Instrument entweder durch Wirbelströme, die von dem Drehmagneten in einem ihn umschließenden, feststehenden Kupferzylinder erzeugt werden, oder durch einen an der Achse befestigten Flügel, dessen Bewegung durch den Luftwiderstand gebremst wird.

Elektrodynamisches Meßwerk. Bei dem elektrodynamischen Meßwerk oder Dynamometer ist der Dauermagnet des Drehspulmeßwerks durch einen Elektromagneten ersetzt (Bild 2.5). Dieser kann aus einer Spule mit (eisengeschlos-

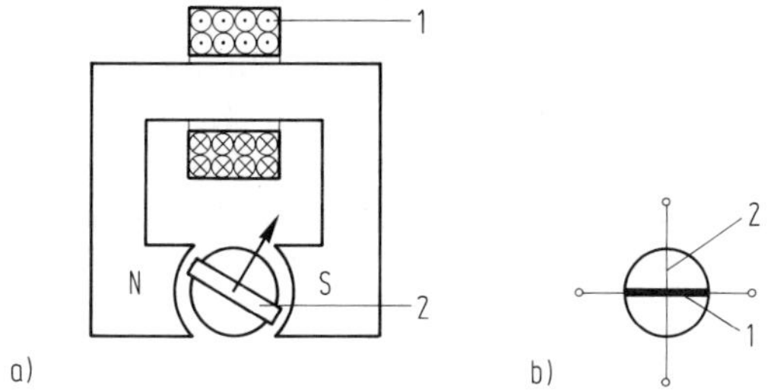

Bild 2.5: Elektrodynamisches Meßwerk
a) Prinzip
1 feststehende, vom Strom I_1 durchflossene Feldspule mit Eisenkern
2 bewegliche, vom Strom I_2 durchflossene Spule
b) Schaltbild mit Strompfad 1 und Spannungspfad 2

senes elektrodynamisches Meßwerk) oder ohne Eisenkern (eisenloses elektrodynamisches Meßwerk) bestehen. Wird ein Eisenkern verwendet, so ist er aus einzelnen, gegeneinander isolierten Blechen aufgebaut, um bei der Messung von Wechselströmen die Wirbelstromverluste niedrig zu halten.

Ist der magnetische Widerstand des Eisenkreises zu vernachlässigen, und fließt der Strom I_1 durch die Spule mit N_1 Windungen, so ist die magnetische Induktion B in dem Luftspalt der Breite a

$$B = \frac{\mu_0 N_1}{a} I_1 .$$

Von diesem Feld wird auf die bewegliche, von dem Strom I_2 durchflossene Spule mit N_2 Windungen und der Fläche A eine Kraft ausgeübt, woraus das elektrische Moment M_e

$$M_e = \frac{\mu_0 A N_1 N_2}{a} I_1 I_2 \tag{2.9}$$

resultiert. Das Rückstellmoment M_m wird wie bei dem Drehspulinstrument durch eine Spiralfeder oder durch ein Spannband erzeugt, $M_m = c\alpha$. Bei Gleichheit der Momente ist der Ausschlagwinkel α

$$\alpha = \frac{\mu_0 A N_1 N_2}{a c} I_1 I_2 = k I_1 I_2, \tag{2.10}$$

wenn in dem Proportionalitätsfaktor k wieder die bekannten Größen zusammengefaßt werden.

Das elektrodynamische Meßwerk ist ein multiplizierendes Instrument und zeigt das Produkt zweier Ströme an. Häufig wird es zur Leistungsmessung benutzt. Wird derselbe Strom $I = I_1 = I_2$ durch beide Spulen geschickt, so ist der Ausschlag proportional zu I^2 und die Kennlinie verläuft quadratisch.

In Abschnitt 2.1.4 wird noch gezeigt, daß bei Wechselströmen die Phasenlage zu berücksichtigen ist. Für diesen allgemeineren Fall ist die rechte Seite der Gl. (2.10) noch mit dem Kosinus des Phasenwinkels φ zu multiplizieren (Gl. (2.41)).

Dreheisenmeßwerk. Das Dreheisenmeßwerk verwendet eine feststehende Spule, in deren Feld zwei Eisenplättchen magnetisiert werden (Bild 2.6). Das eine ist befestigt, das andere ist beweglich und durch eine Feder in der Ruhelage gehalten. Die entstehenden Magnete haben gleichgerichtete Pole. Sie stoßen sich infolgedessen mit einer Kraft ab, die proportional dem Produkt ihrer magnetischen Momente ist. Das Moment jedes Plättchens hängt von dem durch die Spule fließenden Strom I ab. Der Ausschlag α des Instruments ist damit proportional zu I^2 und mit k als Proportionalitätsfaktor kann geschrieben werden

$$\alpha = k I^2. \tag{2.11}$$

Das Dreheiseninstrument bewertet das Quadrat des durchgehenden Stromes und seine Kennlinie verläuft nach (2.11) zunächst quadratisch. Durch geeignet gestaltete Plättchen kann aber auch ein linearer Zusammenhang zwischen Strom und Ausschlagwinkel erreicht werden.

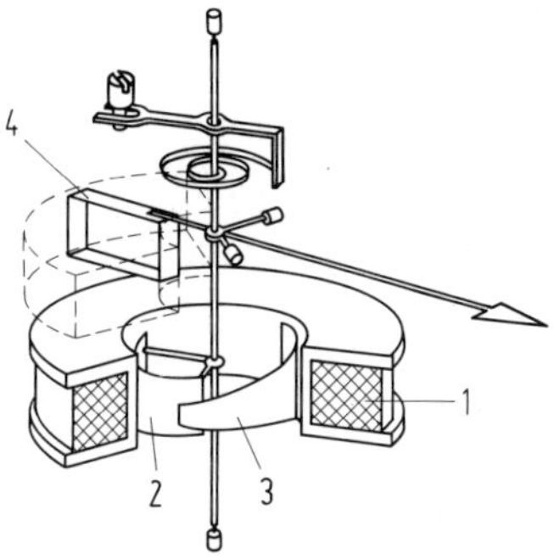

Bild 2.6: Rundspul-Dreheisenmeßwerk
1 Feldspule
2 bewegliches Eisenplättchen
3 feststehendes Eisenplättchen
4 Flügel zur Luftdämpfung

Beim Dreheiseninstrument wird wie beim Drehmagnetinstrument das benötigte Magnetfeld von dem zu messenden Strom erzeugt. Der Eigenverbrauch ist daher größer als beim Drehspulinstrument. Die Wirbelstromdämpfung ist nicht ausreichend; eine Luftdämpfung wird benötigt.

Temperatureinfluß. Die Meßwerke benutzen Bauteile wie Spulen, Dauermagnete und Federn, deren Eigenschaften sich mit der *Temperatur* ändern. Dabei sind die Einflüsse auf die Federkonstante und auf die Induktion eines Dauermagneten entgegengerichtet oder gering und können so vernachlässigt werden. Bedeutsamer ist die Erhöhung des elektrischen Widerstandes einer Kupferspule von R_0 auf $R(T)$ bei einer Temperaturzunahme von T_0 auf T. Da der Temperaturkoeffizient α selbst noch von der Temperatur abhängt, gilt die folgende Beziehung nur angenähert:

$$R(T) = R_0[1 + \alpha(T - T_0)] \quad \text{mit } \alpha = 0{,}004\,\mathrm{K}^{-1}. \tag{2.12}$$

Diese Temperaturänderung bleibt ohne Einfluß, solange nur Ströme gemessen werden. Sie ist jedoch bei Spannungsmessern zu berücksichtigen, bei denen der durch das Meßwerk fließende Strom mit einem festen Wert des Spulenwiderstands multipliziert und als Spannung interpretiert wird. Hier nimmt bei zunehmendem Spulenwiderstand der Strom ab und täuscht so eine kleinere Spannung vor. Um diesen Einfluß zu verringern, wird der Spule ein größerer, temperaturunabhängiger Widerstand vorgeschaltet. Noch effektiver ist, einen Widerstand mit negativem Temperaturkoeffizienten zu verwenden. Das Meßwerk wird dann so ausgelegt, daß sich die Widerstandszunahme der Spule und die Widerstandsabnahme des Vorwiderstandes gegenseitig aufheben.

2.1.2 Messung von Gleichstrom und Gleichspannung

Strommessung.

Im einfachsten Fall besteht ein Stromkreis aus einer Spannungsquelle mit der Leerlaufspannung U_L, dem Innenwiderstand R_i und einem Lastwiderstand R_b (Bild 2.7). Um den über den Lastwiderstand fließenden Strom zu messen, ist der Kreis aufzutrennen und das Strommeßgerät mit dem Widerstand R_M ist in Reihe mit dem Lastwiderstand anzuschließen. Meßgerät und Lastwiderstand werden vom gleichen Strom durchflossen, der jedoch durch das Meßgerät beeinflußt ist. Ohne Meßgerät fließt in dem Kreis der Strom I_b

$$I_b = \frac{U_L}{R_i + R_b} \tag{2.13}$$

und mit dem Meßgerät der Strom I_M

$$I_M = \frac{U_L}{R_i + R_b + R_M}. \tag{2.14}$$

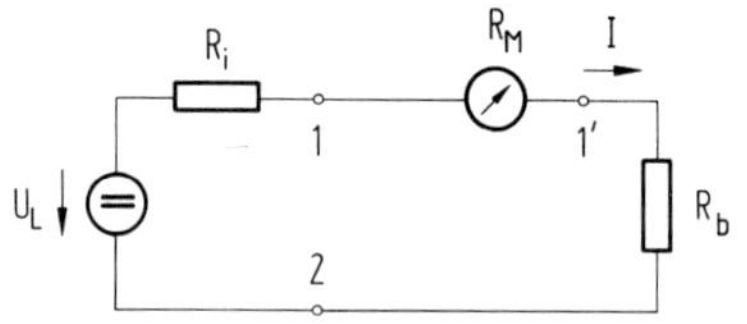

Bild 2.7: Zur Messung des über den Verbraucher R_b fließenden Stroms wird das Meßgerät in Reihe zum Verbraucher angeschlossen

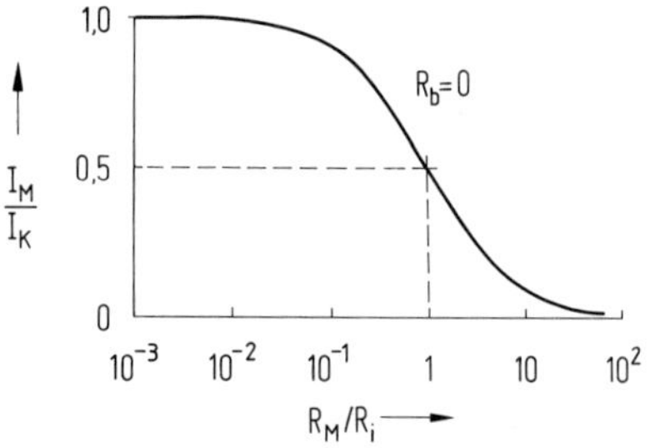

Bild 2.8: Um den Kurzschlußstrom I_K zu messen, muß der Widerstand R_M des Meßgeräts klein sein gegenüber dem Innenwiderstand R_i der Quelle

Der wahre Wert I_b des Stromes wird nur dann angezeigt, wenn R_M gegenüber $R_i + R_b$ zu vernachlässigen ist. Daraus folgt für die Strommessung die Regel:

> Der Widerstand des Strommessers soll möglichst niedrig sein;
> Ströme sind niederohmig zu messen.

Ist der Kurzschlußstrom I_K der Quelle zu messen,

$$I_K = \frac{U_L}{R_i}, \tag{2.15}$$

so ist der Lastwiderstand $R_b = 0$ und die Quelle wird nur mit dem Meßinstrument belastet. Dieses zeigt den Strom I_M an

$$I_M = \frac{U_L}{R_i + R_M}.$$

Das Verhältnis aus angezeigtem Strom und Kurzschlußstrom

$$\frac{I_M}{I_K} = \frac{U_L R_i}{U_L(R_i + R_M)} = \frac{1}{1 + \frac{R_M}{R_i}} \tag{2.16}$$

ist in Abhängigkeit von R_M/R_i in Bild 2.8 dargestellt. Für $R_M \ll R_i$ ist $I_M/I_K = 1$. Ist der Meßwerkwiderstand gleich dem Innenwiderstand der Quelle, so wird nur der halbe Kurzschlußstrom angezeigt.

Spannungsmessung.

Die im vorausgegangenen Abschnitt vorgestellten Strommesser werden zur Spannungsmessung verwendet, indem der über das Meßgerät fließende Strom mit dessen Widerstand multipliziert und das Ergebnis direkt als Spannung angezeigt wird. Im einfachsten Fall ist die Spannung einer Quelle mit der Leerlaufspannung U_L und dem Innenwiderstand R_i festzustellen (Bild 2.9). Das Meßgerät mit dem Widerstand R_M wird an die Klemmen der Quelle ange-

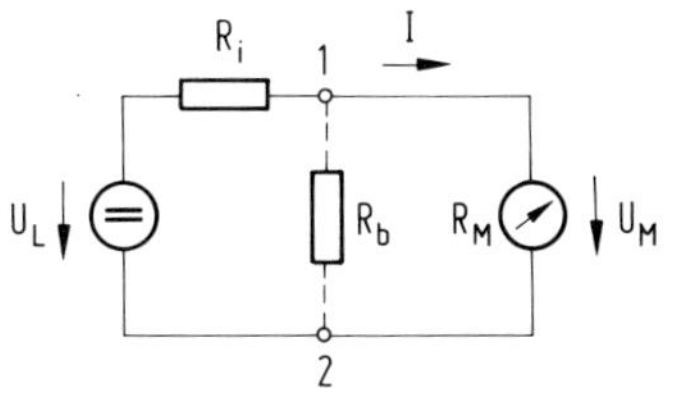

Bild 2.9: Zur Messung der an dem Verbraucher R_b abfallenden Spannung wird das Meßgerät parallel zum Verbraucher angeschlossen

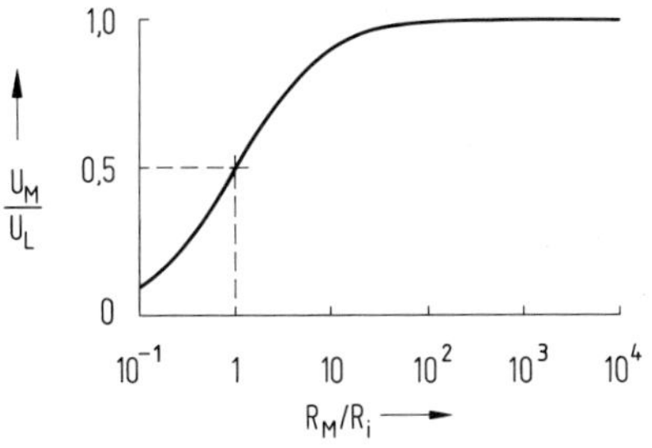

Bild 2.10: Um die Leerlaufspannung U_L zu messen, muß der Widerstand R_M des Meßgeräts groß sein gegenüber dem Innenwiderstand R_i der Quelle

schlossen, R_b ist nicht vorhanden. Damit fließt jetzt der Strom I und für den Kreis gilt die Maschengleichung:

$$I R_i + I R_M - U_L = 0. \tag{2.17}$$

Angezeigt wird die Spannung $U_M = I R_M$. Eingesetzt in die letzte Gleichung ergibt dies die Beziehung

$$U_M = U_L - I R_i. \tag{2.18}$$

Das Instrument zeigt also nur die um den Spannungsabfall am Innenwiderstand verminderte Leerlaufspannung U_L an. Diese wird nur dann richtig gemessen, wenn der Term IR_i zu vernachlässigen ist. Um dies zu erreichen, muß der über das Meßwerk fließende Strom niedrig und der Widerstand dementsprechend hoch sein. Wir erhalten die folgende Regel:

Der Widerstand eines Spannungsmessers soll möglichst groß sein; Spannungen sind hochohmig zu messen.

Das Verhältnis aus angezeigter Spannung und Leerlaufspannung

$$\frac{U_M}{U_L} = \frac{I R_M}{I(R_i + R_M)} = \frac{1}{1 + \dfrac{R_i}{R_M}} \tag{2.19}$$

ist nur für $R_M \gg R_i$ gleich 1 (Bild 2.10). Bei $R_i = R_M$ wird die halbe Leerlaufspannung angezeigt.

Liegt zwischen den Klemmen 1 und 2 von Bild 2.9 der Verbraucher R_b, so zeigt das Meßinstrument die am Verbraucher liegende Spannung an. Um sie nicht zu beeinflussen, muß der Widerstand des Meßwerkes groß gegenüber dem des Verbrauchers sein.

Messung des Innenwiderstandes.

Aus den bisherigen Ausführungen gehen die folgenden drei Verfahren zur Messung des Innenwiderstandes hervor:

a) Messung der Leerlaufspannung und des Kurzschlußstromes und Bestimmung des Innenwiderstandes nach der Gl. (2.15) $R_i = U_L/I_K$.

b) Messung des von der Quelle gelieferten Stromes bei Veränderung des Widerstandes R_M des Strommessers; wird der halbe Kurzschlußstrom angezeigt, so gilt $R_i = R_M$.

c) Messung der von der Quelle gelieferten Spannung bei Veränderung des Widerstandes R_M des Spannungsmessers; wird die halbe Leerlaufspannung angezeigt, so gilt $R_i = R_M$.

Meßbereichserweiterung beim Drehspulinstrument

In der täglichen Praxis sind Meßgeräte mit mehreren umschaltbaren Meßbereichen sehr vorteilhaft. Sie geben dem Anwender die gewünschte Flexibilität und gestatten die Messung niedriger und hoher Ströme oder Spannungen mit demselben Instrument. Eine derartige Meßbereichsumschaltung über weite Bereiche ist mit einfachen Mitteln nur beim Drehspulinstrument möglich und hat maßgebend zu dessen großer Verbreitung beigetragen.

Umschaltbare Strommeßbereiche. Um mit einem Meßwerk noch einen den Meßbereich überschreitenden Strom I messen zu können, wird im Nebenschluß zum Meßwerk mit dem Widerstand R_M der Parallelwiderstand R_p gelegt. Der gesamte zu messende Strom I teilt sich jetzt auf in einen Strom durch das Meßwerk I_M und einen Strom I_p durch den Parallelwiderstand (Bild 2.11):

$$I = I_M + I_p. \tag{2.20}$$

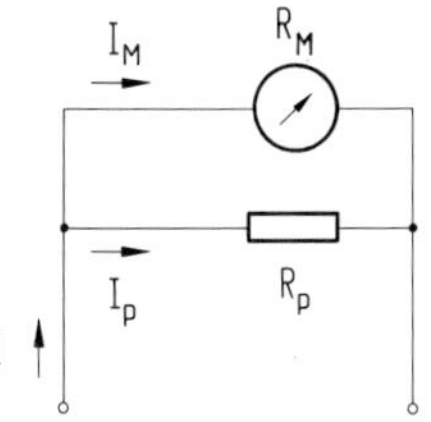

Bild 2.11: Erweiterung des Strommeßbereichs durch einen Parallelwiderstand R_p

Der Spannungsabfall an R_M ist ebenso groß wie der an R_p

$$R_M I_M = R_p I_p = R_p(I - I_M),$$

womit die Vorschrift zur Dimensionierung von R_p gewonnen ist:

$$R_p = R_M \frac{I_M}{I - I_M}. \tag{2.21}$$

Beispiel: Hat das vorhandene Meßwerk, bestehend aus Spule und Vorwiderstand zur Temperaturkompensation, z.B. einen Widerstand $R_M = 400\,\Omega$ und einen Vollausschlag bei $I_M = 0{,}2$ mA, und soll ein Strom $I = 1$ mA gemessen werden, so ist ein Parallelwiderstand von

$$R_p = 400 \frac{0{,}2}{1 - 0{,}2}\,\Omega = 100\,\Omega$$

erforderlich.

Auf diese Weise lassen sich Widerstände für weitere Meßbereiche ermitteln, die dann über einen Umschalter parallel zum Meßwerk gelegt werden können. Dabei ist die zunächst naheliegende Anordnung von Bild 2.12a ungeeignet. Hier liegen die Übergangswiderstände der Schaltkontakte in Reihe mit dem Parallelwiderstand und verfälschen das Verhältnis R_M/R_p. Besser ist, den für den niedrigsten Meßbereich erforderlichen Widerstand aufzuteilen und über einen im Hauptzweig sitzenden Schalter anzuwählen (Bild 2.12b). In unserem Beispiel wird der Widerstand von $100\,\Omega$ durch die vier Widerstände $90\,\Omega$, $9\,\Omega$, $0{,}9\,\Omega$ und $0{,}1\,\Omega$ gebildet. Die Übergangswiderstände des Kontakts beeinflussen nicht mehr die Stromaufteilung in der Parallelschaltung. Sie addieren sich lediglich zum Innenwiderstand der Quelle und zu dem Lastwiderstand im Stromkreis und sind diesen gegenüber zu vernachlässigen.

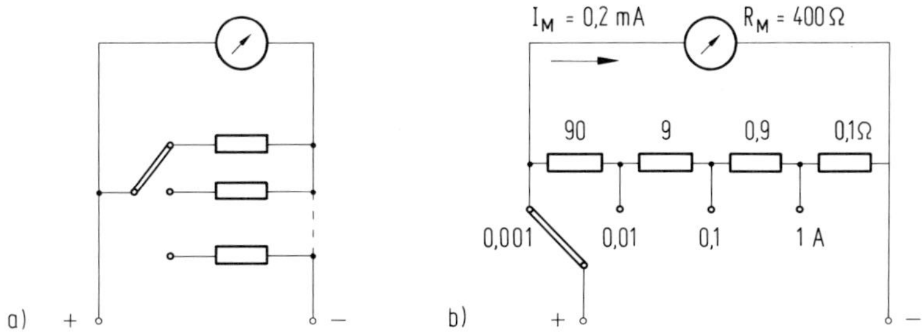

Bild 2.12: Umschaltung der Strommeßbereiche bei einem Drehspulinstrument
a) Die Kontaktwiderstände beeinflussen die Stromaufteilung
b) Die Kontaktwiderstände führen nicht zu Fehlern

Beispiel: Das Meßgerät von Bild 2.12 zeigt bei einem Strom $I_M = 0{,}2$ mA Vollausschlag. Ist ein Meßbereich von 100 mA eingestellt, so liegen die Widerstände $(9+90+400)\,\Omega$ und $(0{,}9+0{,}1)\,\Omega$ parallel. Mit $I_p : I_M = 499:1$ und $I_M = 0{,}2$ mA wird $I_p = 99{,}8$ mA. Wie beabsichtigt ist $I = I_M + I_p = 0{,}2\,\text{mA} + 99{,}8\,\text{mA} = 100\,\text{mA}$.

Umschaltbare Spannungsmeßbereiche. An dem Meßwerk unseres Beispiels mit einem Meßbereich von 1 mA liegt bei Vollausschlag die Spannung U_M von

$$U_M = 1\,\text{mA} \cdot (400\,\Omega \,\|\, 100\,\Omega) = 80\,\text{mV}.$$

Um höhere Spannungen messen zu können, wird ein Vorwiderstand verwendet. Die gesamte zu messende Spannung U fällt dann mit U_v am Vorwiderstand und mit U_M am Meßwerk ab (Bild 2.13):

$$U = U_v + U_M = R_v I + (R_p \,\|\, R_M)\, I. \tag{2.22}$$

Indem die letzte Gleichung umgestellt wird, ergibt sich die Rechenvorschrift zur Dimensionierung von R_v:

$$R_v = \frac{U}{I} - (R_p \,\|\, R_M). \tag{2.23}$$

Um mit unserem Meßwerk 100 mV zu messen, ist also ein Vorwiderstand von

$$R_v = \frac{100\,\text{mV}}{1\,\text{mA}} - 80\,\Omega = 20\,\Omega$$

erforderlich.

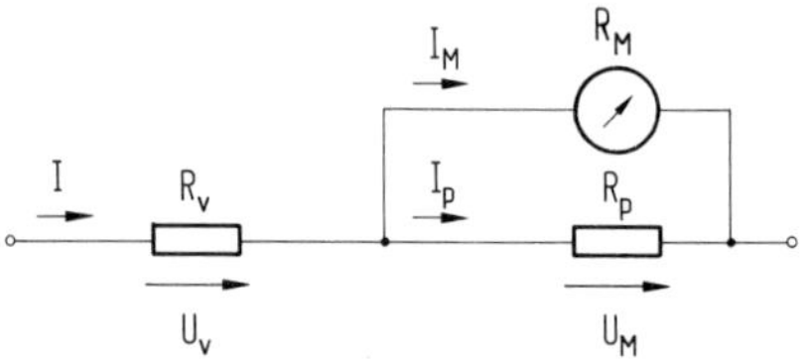

Bild 2.13: Erweiterung des Spannungsmeßbereichs durch einen Vorwiderstand R_v

Auf dieselbe Weise werden die Vorwiderstände für weitere Spannungsmeßbereiche berechnet. Für den Meßbereich 1 V ist bei einer Stromaufnahme von 1 mA ein Gesamtwiderstand von 1000 Ω erforderlich. Da jedoch für den 0,1-V-Meßbereich schon 100 Ω vorhanden sind, wird zusätzlich nur noch ein Widerstand von $1000\,\Omega - 100\,\Omega = 900\,\Omega$ benötigt (Bild 2.14).

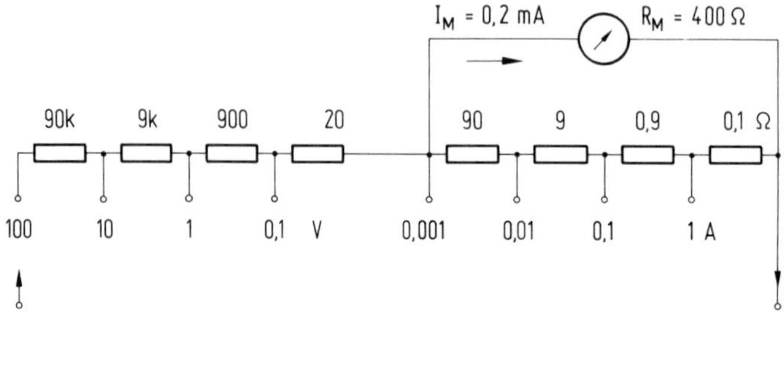

Bild 2.14: Drehspulinstrument mit umschaltbaren Strom- und Spannungsmeßbereichen

Die Spannungsmesser messen nur dann rückwirkungsfrei, wenn ihr Innenwiderstand genügend hoch ist. Dieser wird von den Herstellern auf den *Meßbereichsendwert* bezogen. Die Angabe 1 kΩ/V z.B. bedeutet, daß – unabhängig von dem Ausschlag des Zeigers – im 100 V Meßbereich ein Widerstand von 100 kΩ zwischen den Geräteklemmen liegt.

Begrenzerschaltungen

Um die Meßwerke vor einer Überlastung zu schützen, oder um ihren Meßbereich gezielt zu beeinflussen, werden sie oft in Verbindung mit Halbleiterdioden betrieben. Darüber hinaus finden die Dioden noch zahlreiche weitere Anwendungen in der Meßtechnik und sollen so anhand ihrer Kennlinie kurz vorgestellt werden.

Dioden-Kennlinie. Eine Halbleiterdiode ist ein Bauelement mit einem p- und einem n-leitenden Bereich und kann aus Si, Ge, Cu_2O oder Se als Grundmaterial bestehen. Der Anschluß an das p-Gebiet wird als Anode, der an das n-Gebiet als Kathode bezeichnet. Zwischen beiden Bereichen bildet sich die etwa 0,1 bis 1 µm dicke Sperrschicht aus.

In Dioden fließt ein Strom im wesentlichen nur in Durchlaßrichtung von der Anode A zur Kathode K. Liegt zwischen Anode und Kathode die Spannung U_{AK}, so entsteht der Strom I_{AK},

$$I_{AK} = I_s(T)\,(e^{e_0 U_{AK}/kT} - 1) \tag{2.24}$$

mit $I_s(T)$ = der von der Temperatur abhängende Strom in Sperrichtung (Sperrstrom). Er verdoppelt sich etwa bei einer Temperaturerhöhung von 10 K.
e_0 = Elementarladung ($1{,}6 \cdot 10^{-19}$ As)
k = Boltzmann-Konstante ($1{,}38 \cdot 10^{-23}$ Ws/K)
T = Sperrschichttemperatur in K.

Der im Exponenten stehende Faktor kT/e_0 hat die Einheit einer Spannung und nimmt bei Raumtemperatur den Wert 0,026 V an. Damit geht die Gleichung der Kennlinie über in

$$I_{AK} = I_s(T)\,(e^{U_{AK}/0{,}026\,V} - 1) \approx I_s(T) \cdot e^{U_{AK}/0{,}026\,V} \tag{2.25}$$

wenn der Subtrahend 1 gegenüber dem schnell mit der Spannung wachsenden Exponentialterm vernachlässigt werden darf.

Die Kennlinien der realen Dioden weichen von der allgemeinen Gl. (2.24) insoweit ab, als der Term kT/e_0 noch mit einem empirischen Faktor zwischen 1,1 und 2,0 zu multiplizieren ist (Bild 2.15). Bei Cu_2O steigt der Strom mit der anliegenden Spannung sehr schnell an, während bei Si erst eine Schwellspannung von etwa 0,7 V überwunden werden muß.

Bei einer in Sperrichtung gepolten Diode (U_{AK} ist negativ) strebt der Wert der e-Funktion gegen null, und lediglich der Sperrstrom I_s fließt

$$I_{AK} = -I_s(T); \qquad I_{KA} = I_s(T), \tag{2.26}$$

der bei Silizium-Dioden etwa 10^{-9} A, bei Germanium-Dioden etwa 10^{-6} A beträgt.

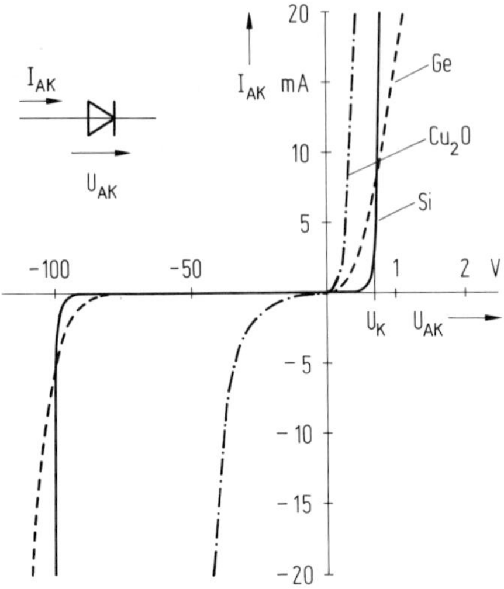

Bild 2.15: Kennlinien von Dioden. Die Abszissen sind unterschiedlich geteilt. Die Si-Kennlinie ist für $I_s = 1{,}7\,\text{nA}$ und $1{,}9\,kT/e_0 = 50\,\text{mV}$ gezeichnet

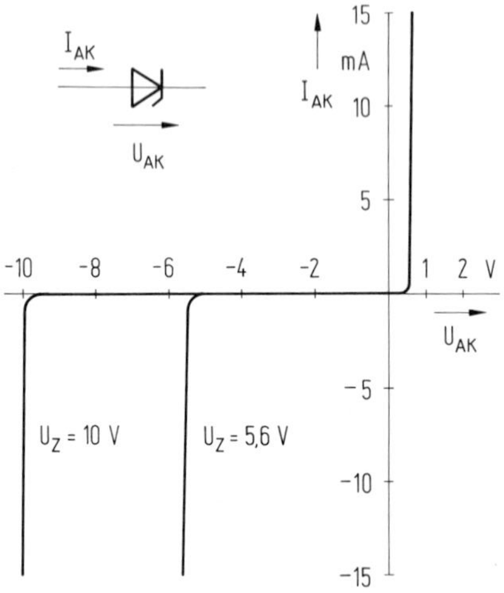

Bild 2.16: Kennlinien von Zener-Dioden

Die Diode läßt also praktisch nur einen Strom in Vorwärtsrichtung entstehen. Liegt die Diode an einer Wechselspannung, so ist sie während der positiven Halbwelle für den Strom durchlässig und unterdrückt ihn während der in die Sperrichtung fallenden Halbwelle. Ein pulsierender Gleichstrom entsteht.

Wird die Spannung in Sperrichtung zu groß, so steigt der Sperrstrom plötzlich sehr steil an. Die Diode wird zerstört und soll dementsprechend nur bei geringen Spannungen betrieben werden. Bei Si-Dioden sind in Sperrichtung höhere Spannungen als bei Cu_2O- oder Se-Dioden zulässig. Darüber hinaus erlauben Si-Dioden in Durchlaßrichtung auch höhere Stromdichten und werden so zunehmend für Gleichrichterschaltungen eingesetzt.

Zenerdioden. Zenerdioden sind speziell so ausgelegt, daß der sehr steile Stromanstieg in Sperrichtung als Arbeitsbereich genutzt werden kann (Bild 2.16). Die Spannung, bei der der definierte Knick in der Kennlinie auftritt, wird als Zenerspannung U_z bezeichnet. Sie kann zwischen 3 und 200 V liegen. Zenerdioden werden ausschließlich aus Silizium hergestellt und haben in Durchlaßrichtung die Kennlinie einer normalen Diode mit einer Knickspannung von etwa 0,7 V.

Reihenschaltung aus einem ohmschen Widerstand und einem nichtlinearen Bauelement. Die Diode wird oft in Reihe mit einem ohmschen Widerstand betrieben und es stellt sich dann die Aufgabe, den im Kreis fließenden Strom und die an den Bauelementen abfallenden Spannungen zu bestimmen. Die Lösung läßt sich einfach auf graphischem Weg finden (Bild 2.17). Als Abszisse wird die an die Bauelemente insgesamt angelegte Spannung U_B aufgetragen. Vom Koordinaten-Nullpunkt aus wird dann die Kennlinie des nichtlinearen Elements (in unserem Beispiel die der Diode) und vom Wert der Versorgungsspannung aus wird nach links die des Widerstandes gezeichnet. Die beiden Kennlinien schneiden sich. Die Ordinate des Schnittpunkts bezeichnet den im Kreis fließenden Strom I_B, die Abszisse die an der Diode abfallende Spannung U_{DB}, sodaß für den Widerstand die Spannung $U_{RB} = U_B - U_{DB}$ übrig bleibt.

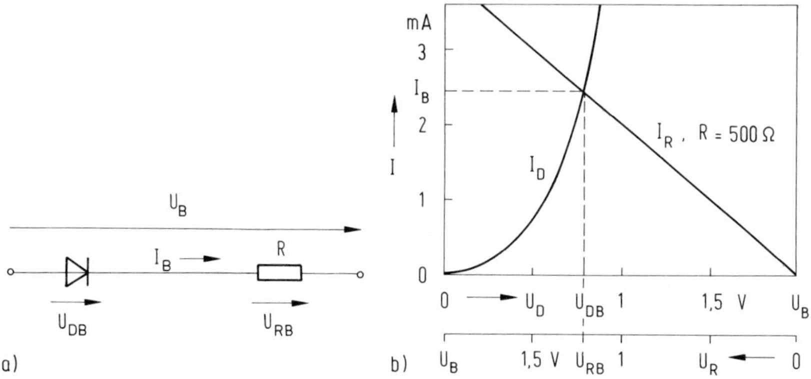

Bild 2.17: Bestimmung der Spannungen und Ströme in einer Reihenschaltung von Diode und Widerstand
a) Schaltung; b) Kennlinien

Anwendung der Dioden zur Meßbereichsbegrenzung. Wird eine in Sperrichtung gepolte Zenerdiode in Reihe mit dem Meßgerät gelegt, so kann erst dann über

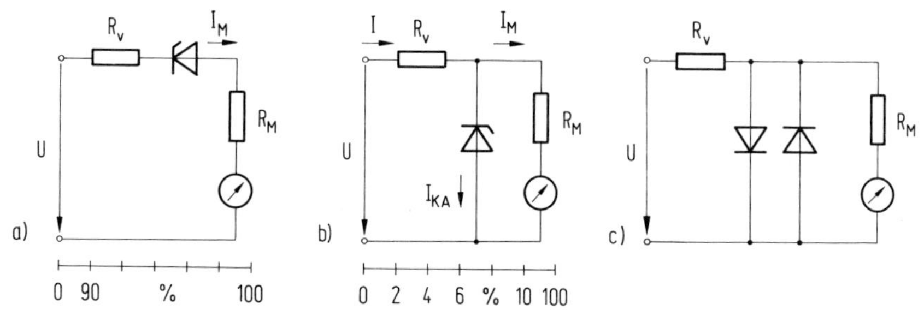

Bild 2.18: Begrenzerschaltungen am Drehspulinstrument
a) unterdrückter Anfangsbereich
b) unterdrückter Endbereich
c) Überlastschutz des Meßwerks

das Instrument ein Strom fließen, wenn die anliegende Spannung U größer als die Zenerspannung U_z ist. Der Anfang des Meßbereichs wird unterdrückt (Bild 2.18a).

Liegt die Zenerdiode parallel zum Meßgerät, so fließt zunächst der ganze Strom über das Meßgerät. Die Zenerdiode wird stromführend, wenn der Spannungsabfall am Meßgerät mit dem Widerstand R_M größer als die Zenerspannung wird (Bild 2.18b). Von diesem Arbeitspunkt an bleibt der Strom über das Meßgerät praktisch konstant und eine eventuelle weitere Zunahme des Gesamtstroms führt zu einem größeren Strom über die Zenerdiode (Bild 2.19). Gemessen wird nur in dem Bereich, in dem die Zenerdiode noch sperrt.

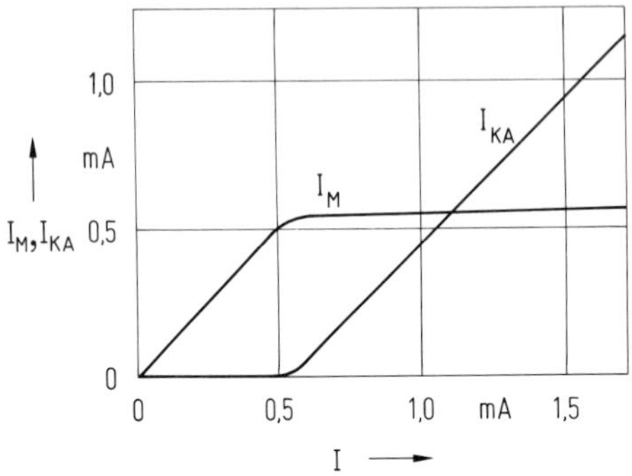

Bild 2.19: Überlastsicherung eines Meßwerks nach Bild 2.17b
I_M Strom durch das Meßgerät ($R_M = 3\,k\Omega$)
I_{KA} Strom durch die Zenerdiode ($U_z = 1{,}5\,V$)

Auf dieselbe Weise läßt sich ein Meßwerk vor Überlastung schützen. Zwei Dioden liegen antiparallel zum Meßwerk. Wird der Spannungsabfall am Meßwerk größer als 0,7 V, so wird eine der Dioden leitend und schützt das Meßwerk vor einem zu großen Strom (Bild 2.18c).

2.1.3 Messung von Wechselstrom und Wechselspannung

Begriffe. Eine sinusförmige Wechselspannung u(t)

$$u(t) = \hat{u} \sin \omega t$$

ist durch ihren Scheitelwert $\hat{u}$ und ihre Kreisfrequenz ω bzw. ihre Periodendauer $T = 2\pi/\omega$ festgelegt (Bild 2.20). Die elektromechanischen Meßgeräte können schon bei niedrigen Frequenzen den Augenblickswerten nicht mehr folgen und zeigen so nur gemittelte Werte an. Die Information über die Frequenz geht verloren. Gemessen werden können bei Wechselspannungen und Wechselströmen entweder Scheitelwerte oder Mittelwerte:

Der *lineare Mittelwert* $\bar{u}$

$$\bar{u} = \frac{1}{T} \int_0^T \hat{u} \sin \omega t \, dt = 0 \tag{2.27}$$

ist für sinusförmige Signale null und hilft so nicht weiter. Besser ist, erst den Betrag zu bilden, d.h. die Meßgröße gleichzurichten, und dann zu mitteln. Der so entstandene *Gleichrichtwert* $\overline{|u|}$

$$\overline{|u|} = \frac{1}{T}\int_0^T |\hat{u}\,\sin\omega t|\,dt = \frac{2}{\pi}\,\hat{u} = 0{,}637\,\hat{u} \qquad (2.28)$$

kann dann als Maß für den Scheitelwert genommen werden.

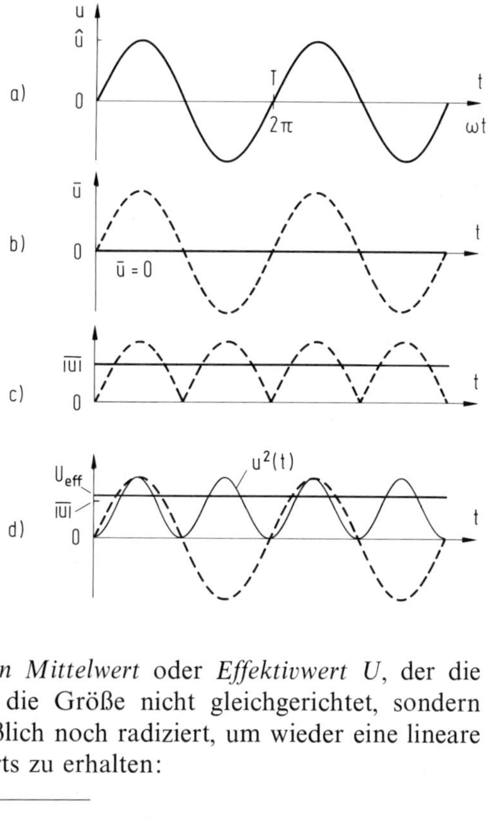

Bild 2.20: Wechselspannungsgrößen
a) Augenblickswert
b) linearer Mittelwert
c) Gleichrichtwert
d) $u^2(t)$ und Effektivwert U_{eff}

Dies gilt auch für den *quadratischen Mittelwert* oder *Effektivwert U*, der die größere Bedeutung hat. Hier wird die Größe nicht gleichgerichtet, sondern quadriert, dann gemittelt und schließlich noch radiziert, um wieder eine lineare Größe in der Einheit des Scheitelwerts zu erhalten:

$$U_{eff} = U = \sqrt{\frac{1}{T}\int_0^T (\hat{u}\,\sin\omega t)^2\,dt} = \frac{\hat{u}}{\sqrt{2}} = 0{,}707\,\hat{u}. \qquad (2.29)$$

Der Effektivwert ist also bei sinusförmigen Signalen etwas größer als der Gleichrichtwert.

Die angegebenen Zahlenwerte gelten für sinusförmige Signale und nehmen für andere Kurvenformen abweichende Werte an. Der jeweilige zeitliche Verlauf der Größe, z.B. sinusförmig, rechteckförmig oder dreieckförmig, kann dann durch einen der folgenden Faktoren charakterisiert werden:

$$\text{Scheitelfaktor} = \frac{\text{Scheitelwert}}{\text{Effektivwert}}$$

$$= \frac{\hat{u}}{0{,}707\,\hat{u}} = 1{,}41 \text{ für sinusförmige Größen} \tag{2.30}$$

$$\text{Formfaktor} = \frac{\text{Effektivwert}}{\text{Gleichrichtwert}}$$

$$= \frac{0{,}707\,\hat{u}}{0{,}637\,\hat{u}} = 1{,}11 \text{ für sinusförmige Größen.} \tag{2.31}$$

Messung des Scheitelwerts; Spitzenwertgleichrichtung.

Um den Scheitelwert zu messen, ist er zunächst zu speichern. Dazu dient der in Bild 2.21 gezeichnete Kondensator. Er wird über die Diode auf die Spannung U_C aufgeladen, die gleich dem Spitzenwert der angelegten Spannung, vermindert um die Schwellspannung der Diode von etwa 0,7 V ist; $U_C = \hat{u} - 0{,}7\,\text{V}$. U_C wird mit dem parallel liegenden Drehspulinstrument erfaßt. Über den hohen Widerstand R_M des Meßinstruments entlädt sich der Kondensator etwas, bis seine Spannung mit der nächsten ansteigenden Signalflanke wieder ihren Maximalwert erreicht.

In der Schaltung von Bild 2.21 wird der Kondensator nur während der positiven Halbwelle aufgeladen und mißt so nur die positive Scheitelspannung $\hat{u}_+$.

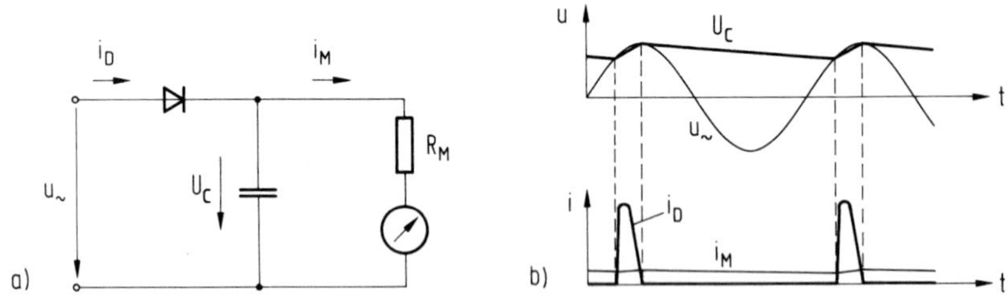

Bild 2.21: Spitzenwert-Gleichrichtung
a) Schaltung
b) zeitlicher Verlauf der Spannungen und Ströme

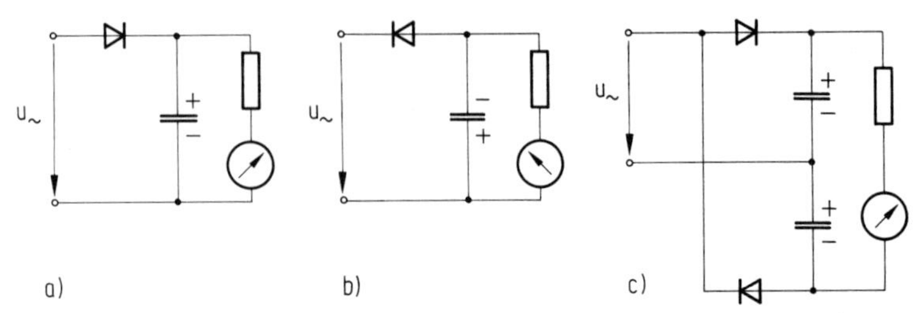

Bild 2.22: Messung (a) des positiven Scheitelwerts $\hat{u}_+$, (b) des negativen Scheitelwerts $\hat{u}_-$ und (c) der Summe der Scheitelwerte $\hat{u}_+ + \hat{u}_-$

In den Fällen, in denen der positive und der negative Spitzenwert unterschiedlich sind, ist ein zweiter Gleichrichter mit Kondensator zur Messung des negativen Scheitelwerts $\hat{u}_-$ erforderlich. In Bild 2.22c sind die beiden Kapazitäten in Reihe geschaltet. Die obere wird während der positiven Halbwelle, die untere während der negativen aufgeladen. Das Instrument zeigt dann die Summe der beiden Kondensatorspannungen und damit die Summe $\hat{u}_+ + \hat{u}_-$ der beiden Scheitelwerte der angelegten Wechselspannung an.

Messung des Gleichrichtwerts mit dem Drehspulinstrument

Einweggleichrichtung. Wird eine Diode zur Gleichrichtung dem Drehspulinstrument vorgeschaltet, so können dann mit diesem auch Wechselgrößen gemessen werden (Bild 2.23). In diesem Fall ist bei einer Spannungsmessung die gekrümmte Diodenkennlinie zu berücksichtigen. Die angelegte Spannung führt zu dem exponentiell ansteigenden Strom, dem der Ausschlag des Instruments proportional ist. Die gemessene Spannung wird so auf einer nichtlinearen Skala angezeigt. Diese Nichtlinearität läßt sich mit einem höheren Widerstand R_M des Meßwerks verringern. Ist der Spannungsabfall am Meßwerk merklich größer als der an der Diode, so ist die resultierende Kennlinie nicht mehr so stark gekrümmt und eine Entzerrung der Skala ist erreicht (Bild 2.23b).

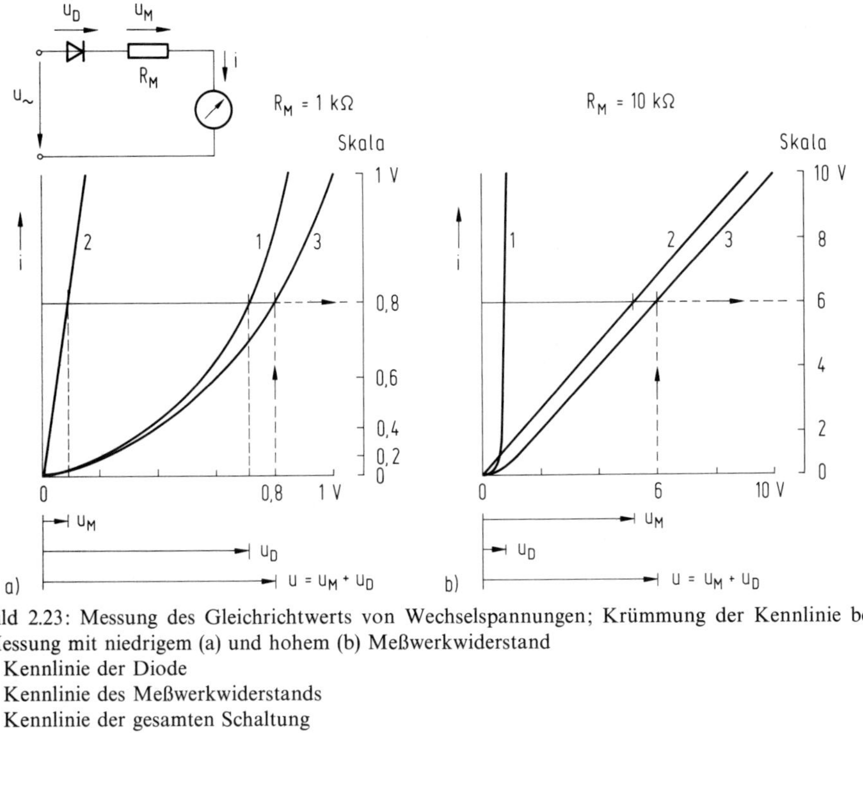

Bild 2.23: Messung des Gleichrichtwerts von Wechselspannungen; Krümmung der Kennlinie bei Messung mit niedrigem (a) und hohem (b) Meßwerkwiderstand
1 Kennlinie der Diode
2 Kennlinie des Meßwerkwiderstands
3 Kennlinie der gesamten Schaltung

Doppelweggleichrichtung. Die bis jetzt besprochene Schaltung richtet nur die positive Halbwelle der zu messenden Spannung gleich und zeigt dementsprechend nur den halben Gleichrichtwert an. Um den vollen Gleichrichtwert zu erfassen, ist eine Doppelweggleichrichtung erforderlich (Bild 2.24). Die häufig benutzte Graetzschaltung a verwendet 4 Dioden, jeweils 2 für eine Stromrichtung. Damit verstärken sich die Nichtlinearitäten der Dioden. Diesen Nachteil vermeidet die Schaltung b, bei der in Reihe mit dem Meßinstrument jeweils eine Diode und ein Vorwiderstand zur Linearisierung liegen. Hier verzweigt sich aber der Strom; ein Teil fließt am Meßwerk vorbei und verringert so die Empfindlichkeit. Die Gegentaktschaltung c verwendet einen Strom- oder Spannungswandler mit einer Mittelanzapfung. Sie kommt mit einer Diode für jede Stromrichtung aus, ohne daß eine Stromverzweigung auftritt. Darüber hinaus kann mit den Wandlern die Spannung an den Dioden soweit vergrößert werden, daß die Kennlinienkrümmung ohne Einfluß auf die Genauigkeit bleibt.

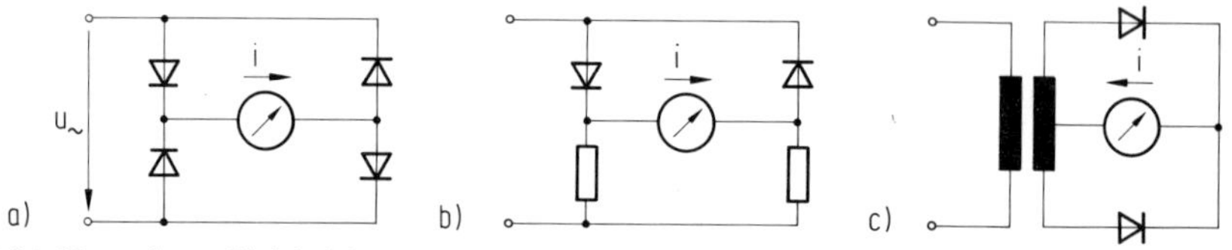

Bild 2.24: Doppelweg-Gleichrichtung
a) Brückenschaltung mit Dioden
b) Brückenschaltung mit Dioden und Widerständen
c) Mittelpunktschaltung, Gegentaktschaltung, Transformatorbrücke

Vielfachinstrument. Bei Verwendung von Gleichrichtern können mit dem umschaltbaren Drehspulinstrument auch Gleichrichtwerte gemessen werden. In

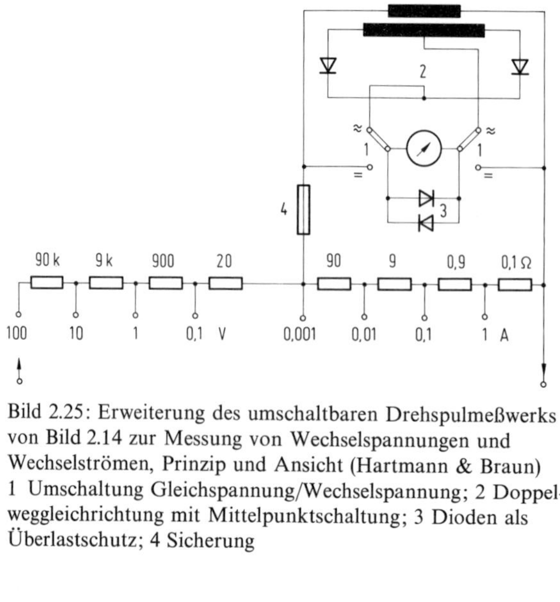

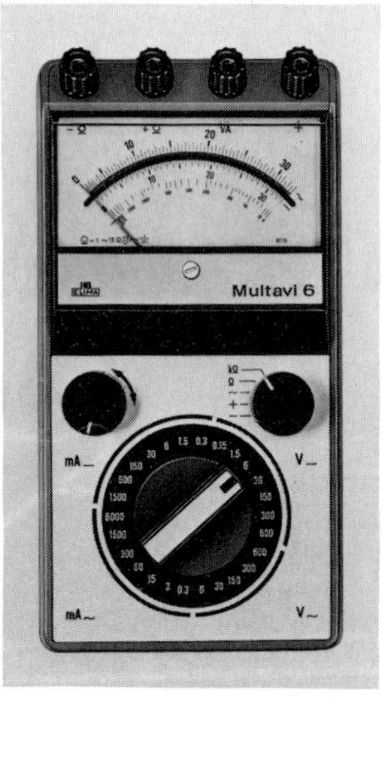

Bild 2.25: Erweiterung des umschaltbaren Drehspulmeßwerks von Bild 2.14 zur Messung von Wechselspannungen und Wechselströmen, Prinzip und Ansicht (Hartmann & Braun)
1 Umschaltung Gleichspannung/Wechselspannung; 2 Doppelweggleichrichtung mit Mittelpunktschaltung; 3 Dioden als Überlastschutz; 4 Sicherung

Bild 2.25 ist die Schaltung von Bild 2.14 um den Doppelweggleichrichter und um den Umschalter von Gleich- auf Wechselstrom ergänzt. Außerdem sind die Sicherung und die Dioden zum Überspannungsschutz dargestellt.

Die Skala der Vielfachinstrumente ist im allgemeinen für Effektivwerte ausgeführt. Da das Drehspulinstrument Gleichrichtwerte mißt, sind diese mit dem Faktor 1,11 auf Effektivwerte umgerechnet. Dieser Formfaktor gilt nur für sinusförmig verlaufende Ströme, so daß bei anderen Kurvenformen eine spezielle Umrechnung erforderlich wird. Dies ist zweifelsohne ein Nachteil des Drehspulinstruments. Ihm steht aber der Vorteil des geringen Eigenverbrauchs und der leicht umschaltbaren Meßbereiche gegenüber.

Messung des Effektivwerts

Dreheiseninstrument. Das Dreheiseninstrument ist zur Effektivwertmessung sehr geeignet. Dieses robuste Gerät führt ohne zusätzliche Einrichtungen die für die Effektivwertbildung notwendigen Operationen Quadrierung und Mittelwertbildung durch und kann bis zu Frequenzen von etwa 1 kHz verwendet werden.

Das Dreheiseninstrument bewertet den Effektivwert des durchgehenden Stromes. Sind *Spannungen* zu messen, so wird die Anzeige indirekt aus dem mit der Impedanz des Meßwerks multiplizierten gemessenen Strom ermittelt. In diesem Fall muß auf die Impedanz $\underline{Z}_S$ der Feldspule geachtet werden. Diese enthält eine ohmsche und eine induktive Komponente und hängt somit von der Frequenz ab:

$$\underline{Z}_S = R_s + j\omega L. \tag{2.32}$$

Für jede Frequenz wäre jetzt mit einem eigenen Faktor vom durchgehenden Strom auf die anliegende Spannung umzurechnen. Um dieses zu vermeiden, wird der Widerstand des Instruments frequenzunabhängig ausgelegt. Dies gelingt, indem der Feldspule ein ohmscher Widerstand R mit einer parallel

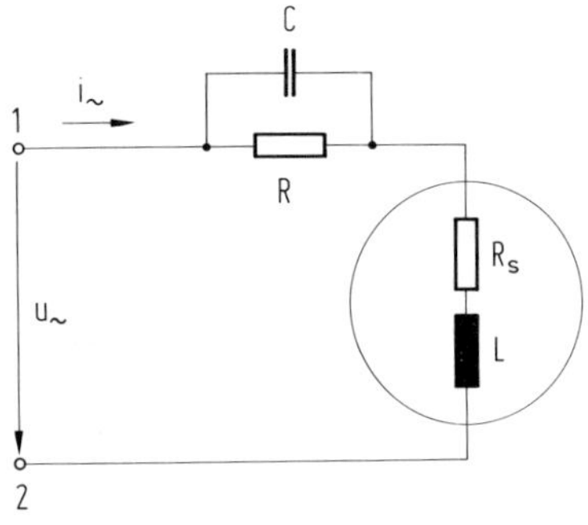

Bild 2.26: Um einen frequenzunabhängigen Widerstand zu erreichen, wird der Spule des Dreheiseninstruments (R_s, L) ein Widerstand mit parallel liegender Kapazität vorgeschaltet

liegenden Kapazität C vorgeschaltet wird (Bild 2.26). Die Gesamtimpedanz $\underline{Z}$ des Meßwerks zwischen den Klemmen 1 und 2 beträgt jetzt

$$\underline{Z} = R_s + j\omega L + \left(R \| \frac{1}{j\omega C}\right) = R_s + j\omega L + \frac{R}{1 + j\omega C R}. \quad (2.33)$$

Indem der Bruch mit dem konjugiert komplexen Nenner erweitert wird. entsteht

$$\underline{Z} = R_s + \frac{R}{1 + \omega^2 C^2 R^2} + j\omega \left(L - \frac{C R^2}{1 + \omega^2 C^2 R^2}\right). \quad (2.34)$$

Durch konstruktive Maßnahmen gelingt es, den Wert von $\omega^2 C^2 R^2 \ll 1$ zu halten, womit dieser Term vernachlässigt werden darf. Des weiteren wird die vorgeschaltete Impedanz so ausgelegt, daß die Beziehung

$$L = C R^2$$

eingehalten wird. In diesem Fall verschwindet die imaginäre, die Frequenz enthaltende Komponente von (2.34). Der Gesamtwiderstand ist reell, unabhängig von der Frequenz und das Dreheiseninstrument ist zu Strom- und Spannungsmessungen in gleicher Weise geeignet.

Drehspulinstrument mit Thermoumformer. Um auch mit Drehspulinstrumenten Effektivwerte messen zu können, sind diesen Thermoumformer vorzuschalten (Bild 2.27). Ein Thermoumformer besteht zunächst aus einem Widerstandsdraht, der von dem zu messenden Strom aufgeheizt wird. Die Temperatur des Drahtes ist proportional der umgesetzten Leistung $R I^2$, also auch proportional dem Effektivwert I. Sie wird mit einem Thermoelement erfaßt, dessen Gleichspannung dann mit dem Drehspulinstrument gemessen wird.

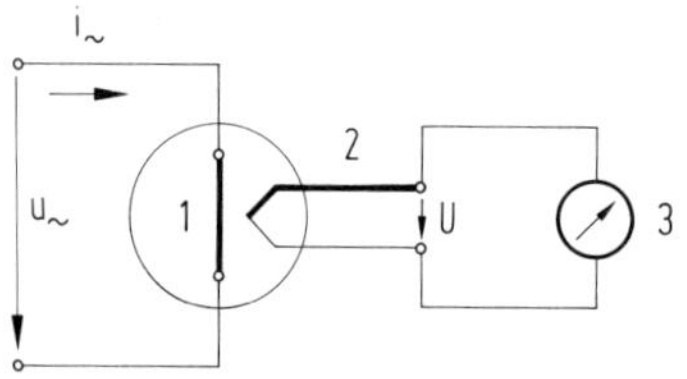

Bild 2.27: Drehspulinstrument mit Thermoumformer zur Messung von Wechselströmen
1 Widerstandsdraht
2 Thermoelement
3 Drehspulinstrument

Der Eigenverbrauch derartiger Geräte liegt zwischen 10^{-3} und 1 VA. Strommessungen sind bis zu Frequenzen von 10^8 Hz, Spannungsmessungen bis etwa 10^5 Hz möglich.

Wechselstrom-Gleichstrom-Komparator. Die Einheiten der elektrischen Größen sind als Gleichgrößen definiert. So entsteht die Aufgabe, die Wechselstrommessung auf die Gleichstrommessung zu beziehen. Dies ist bei niedrigen Frequenzen mit dem Dreheiseninstrument möglich, bei höheren Frequenzen mit dem Thermoumformer. Das dem Bild 2.28 zugrundeliegende Transferverfahren benutzt für die Gleichstrom- und Wechselstrommessung jeweils einen eigenen Thermoumformer. Durch einen einstellbaren Widerstand wird der Gleichstrom solange verändert, bis die auf dem Nullinstrument angezeigte Differenz der Thermospannungen zu null geworden ist und die beiden Widerstandsdrähte die gleiche Temperatur angenommen haben. Der Effektivwert des Wechselstroms ist jetzt gleich dem des Gleichstroms, der mit Hilfe des Instruments 3 direkt gemessen werden kann.

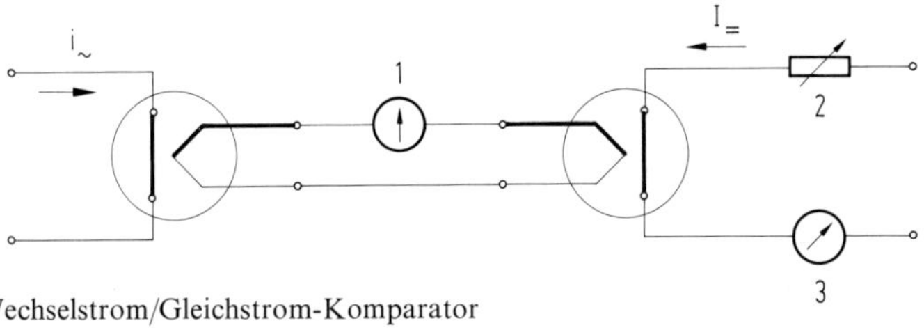

Bild 2.28: Wechselstrom/Gleichstrom-Komparator
1 Nullinstrument
2 Widerstand zur Einstellung des Gleichstroms
3 Meßinstrument zur Anzeige des eingestellten Gleichstroms

Vergleich eines Drehspul- und Dreheiseninstruments. Abgesehen von den konstruktiven Unterschieden mißt das Dreheiseninstrument Effektivwerte, das Drehspulinstrument Gleichrichtwerte. Dementsprechend ist bei den Drehspul-

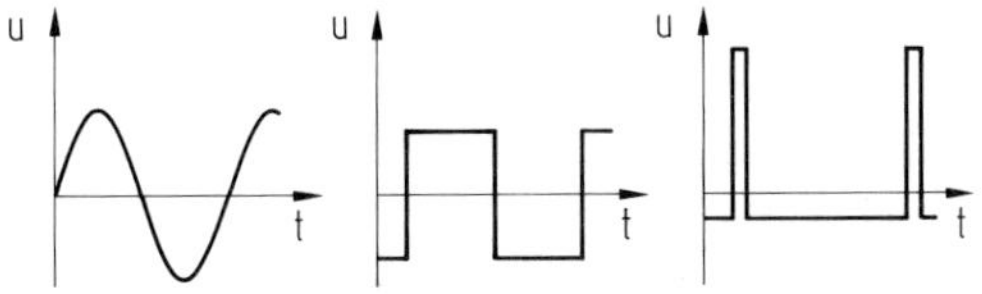

U_{eff}	20 V	20 V	20 V
$\overline{\lvert u \rvert}$	18 V	20 V	14 V
k	1,11	1	1,4

a)

1	20 V	20 V	20 V
2	20 V	22 V	15,5 V

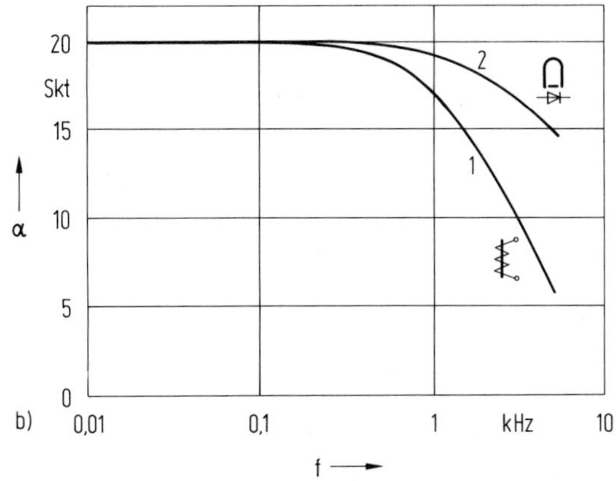

Bild 2.29:
a) Einfluß der Kurvenform bei der Spannungsmessung
1 Anzeige des Dreheiseninstruments
2 Anzeige des Drehspulinstruments
b) Einfluß der Frequenz bei der Messung von Wechselspannungen konstanter Amplituden auf die Anzeige α des Dreheiseninstruments 1 und des Drehspulinstruments 2

geräten jeweils der Kurvenformfaktor k zu berücksichtigen (Bild 2.29a). Das Dreheiseninstrument ist dann dem Drehspulinstrument jedoch bezüglich der oberen, noch meßbaren Frequenz unterlegen (Bild 2.29b).

2.1.4 Messung der Leistung

Leistungsmessung bei Gleichspannung

In einem Gleichstromkreis ist die elektrische Leistung P das Produkt aus der Spannung U und dem Strom I

$$P = U\,I.$$

Zu ihrer Messung ist das multiplizierende elektrodynamische Instrument gut geeignet. Dieses enthält die vom Strom I_1 durchflossene Feldspule und die bewegliche Spule mit dem Widerstand R_2 und dem Strom I_2. Wird nun der zu messende Strom I durch die Feldspule geschickt, $I = I_1$, und wird die zu messende Spannung U an die bewegliche Spule gelegt, so fließt dort der Strom $I_2 = U/R_2$ (Bild 2.30). Der Ausschlag α des Instruments ist damit proportional der zu messenden Leistung

$$\alpha = k\,I_1\,I_2 = k\,\frac{U}{R_2}\,I = k_1\,U\,I. \tag{2.35}$$

Die Feldspule des Instruments wird zur Strommessung benutzt. Ihr Widerstand soll niedrig sein. Dagegen ist die im Spannungspfad liegende bewegliche Spule hochohmig auszuführen.

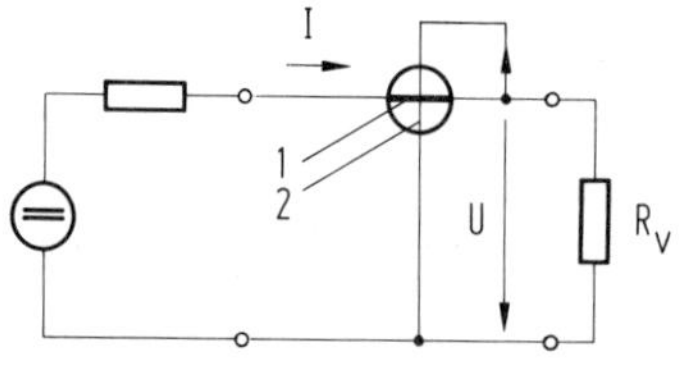

Bild 2.30: Leistungsmessung mit dem elektrodynamischen Meßinstrument
1 Strompfad
2 Spannungspfad

Das Meßgerät hat nun einen von null verschiedenen Eigenverbrauch und die von der Quelle gelieferte Leistung P_q teilt sich auf in die im Verbraucher R_V umgesetzte Leistung P_V und die für das Meßgerät benötigte Leistung P_M

$$P_q = P_V + P_M.$$

Damit müssen jetzt die Größen der Quelle U_q, I_q von denen des Verbrauchers U_V, I_V unterschieden werden. Wird wie in Bild 2.31a der Spannungspfad des Instruments an die verbraucherseitige Klemme 3 angeschlossen, so wird die an der Last abfallende Spannung U_V gemessen, nicht jedoch die Quellspannung U_q. Durch die Feldspule fließt der der Quelle entnommene Strom I_q, der um den Strom I_2 durch die bewegliche Spule größer ist als der Strom durch den Verbraucher. Versucht man nun in der Schaltung b den Laststrom I_V richtig zu

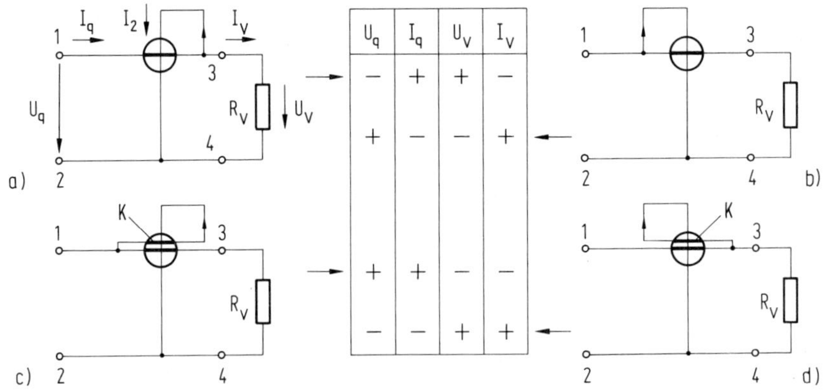

Bild 2.31: Anschlußmöglichkeiten für einen elektrodynamischen Leistungsmesser; die Größe wird richtig (+) oder falsch (−) gemessen;
K Korrekturspule

erfassen und schließt die bewegliche Spule direkt an der Quelle an (Klemme 1), so wird die Quellspannung U_q und nicht die Verbraucherspannung U_V gemessen. Damit kann weder die der Quelle entnommene Leistung P_q noch die im Verbraucher umgesetzte Leistung P_V richtig angezeigt werden.

Dieses gelingt, wenn das Dynamometer um eine zweite Feldspule K erweitert wird. Durch diese Korrekturspule wird der durch die bewegliche Spule fließende Strom I_2 geschickt. Je nach Stromrichtung ist dann das Magnetfeld der zweiten Feldspule dem der ersten gleich- oder entgegengerichtet. In der Schaltung c wird der durch die bewegliche Spule fließende Strom zu dem in der Feldspule fließenden addiert. Die Leistung wird quellrichtig gemessen. In der Schaltung d hingegen wird der durch den Spannungspfad fließende Strom von dem der Feldspule abgezogen. Die Leistung wird verbraucherrichtig angezeigt.

Leistungsmessung bei Wechselspannung

Begriffe. In den Fällen, in denen die komplexe Schreibweise schneller zu Ergebnissen führt, soll sie hier angewendet werden. $\underline{X}$ bezeichnet also eine komplexe Größe, $\underline{X}^*$ die dazu konjugiert komplexe, und X ihren Betrag. In dieser Darstellung lauten die Effektivwerte von Spannung und Strom

$$\underline{U}_{eff} = U_{eff}\, e^{j\varphi_u}$$

$$\underline{I}_{eff} = I_{eff}\, e^{j\varphi_i}.$$

Die komplexe Leistung $\underline{P}$ als Rechengröße ist erklärt durch

$$\underline{P} = \underline{U}_{eff}\, \underline{I}^*_{eff} = U_{eff}\, I_{eff}\, e^{j\varphi_{ui}} \tag{2.36}$$

$$= \mathrm{Re}(\underline{P}) + j\,\mathrm{Im}(\underline{P}). \tag{2.37}$$

Der Realteil der komplexen Leistung liefert die Wirkleistung P_W, der Imaginärteil der Blindleistung P_B und der Betrag stellt die Scheinleistung P_S dar (Bild 2.32):

$$\mathrm{Re}(\underline{P}) = P_W = U_{eff} I_{eff} \cos\varphi_{ui} = U I \cos\varphi \qquad (2.38)$$

$$\mathrm{Im}(\underline{P}) = P_B = U_{eff} I_{eff} \sin\varphi_{ui} = U I \sin\varphi \qquad (2.39)$$

$$|\underline{P}| = P_S = U_{eff} I_{eff} = U I. \qquad (2.40)$$

Wirk-, Blind- und Scheinleistung sind auseinanderzuhalten und werden auf unterschiedliche Weise bestimmt.

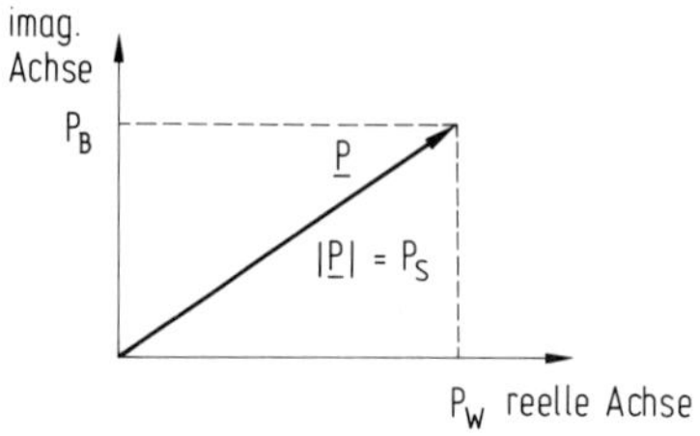

Bild 2.32: Zusammenhang zwischen Wirk-, Blind- und Scheinleistung

Wirkleistung. Ähnlich wie bei Gleichgrößen kann auch bei Wechselgrößen das elektrodynamische Meßinstrument zur Leistungsmessung eingesetzt werden. Um dies zu zeigen, nehmen wir an, daß die Ströme i_1 und i_2

$$i_1 = \hat{i}_1 \sin\omega t; \qquad i_2 = \hat{i}_2 \sin(\omega t + \varphi)$$

durch die beiden Spulen des Meßwerks fließen. Sie führen zu einem Ausschlag α

$$\alpha = k\, i_1\, i_2 = k\, \hat{i}_1\, \hat{i}_2 \sin\omega t \quad \sin(\omega t + \varphi).$$

Das Produkt der beiden trigonometrischen Funktionen läßt sich mit der Beziehung

$$\sin\alpha \sin\beta = \frac{1}{2}[\cos(\alpha - \beta) - \cos(\alpha + \beta)]$$

in eine Summe überführen:

$$\alpha = \frac{k}{2}\hat{i}_1\, \hat{i}_2 [\cos\varphi - \cos(2\omega t + \varphi)].$$

Indem von den Scheitelwerten $\hat{i}$ auf die Effektivwerte I übergegangen wird, entsteht

$$\alpha = k\, I_1\, I_2 \cos\varphi - k\, I_1\, I_2 \cos(2\omega t + \varphi).$$

Das Meßwerk kann den Augenblickswerten der Ströme nicht folgen. Es wird sich ein mittlerer Ausschlagswinkel $\bar{\alpha}$ einstellen mit

$$\bar{\alpha} = \frac{1}{T}\int_0^T \alpha\, dt = k\, I_1\, I_2 \cos\varphi \frac{1}{T}\int_0^T dt - k\, I_1\, I_2 \frac{1}{T}\int_0^T \cos(2\omega t + \varphi)\, dt.$$

Das Integral über den zweiten periodischen Term (linearer Mittelwert) wird null und so bleibt übrig

$$\bar{\alpha} = k\, I_1\, I_2 \cos\varphi. \tag{2.41}$$

Der Ausschlag des elektrodynamischen Meßwerks ist also von dem Kosinus des Phasenwinkels der beiden Ströme abhängig. Wird jetzt wie bei der Gleichstrommessung die Feldspule von dem zu messenden Strom durchflossen und wird die bewegliche Spule an die zu messende Spannung gelegt, so zeigt das Dynamometer die Wirkleistung an (Bild 2.33a):

$$\bar{\alpha} = k_1\, U I \cos\varphi = k_1\, P_W. \tag{2.42}$$

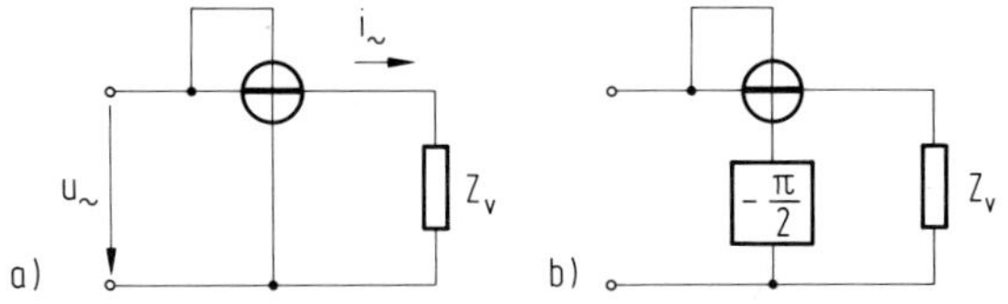

Bild 2.33: Messung der Wirkleistung (a) und der Blindleistung (b)

Blindleistung. Unter Verwendung eines zusätzlichen Phasenschiebers können mit dem elektrodynamischen Instrument auch Blindleistungen gemessen werden. Die Phasendrehung um $-\pi/2$ erfolgt zweckmäßig im Spannungspfad (Bild 2.33b). Der Ausschlag $\bar{\alpha}$ des Instruments ist dann

$$\bar{\alpha} = k\, I_1\, I_2 \cos(\varphi - \pi/2) = k\, I_1\, I_2 \sin\varphi$$
$$= k_1\, U I \sin\varphi = k_1\, P_B. \tag{2.43}$$

Scheinleistung. Bei der Messung der Scheinleistung darf die Phasenbeziehung zwischen Spannung und Strom nicht bewertet werden. Eine Möglichkeit ist, die Effektivwerte von Spannung und Strom getrennt zu erfassen oder aus den gemessenen Scheitel- oder Gleichrichtwerten zu berechnen und dann zu multiplizieren. Diese Multiplikation kann auch in einem elektrodynamischen Meßinstrument erfolgen. In der Schaltung von Bild 2.34 werden der Scheitelwert

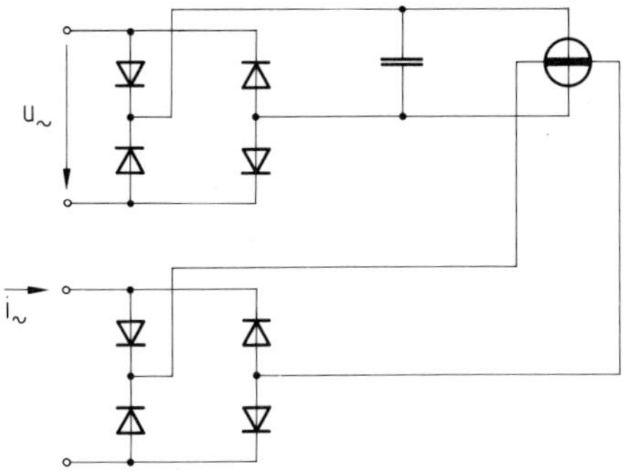

Bild 2.34: Messung der Scheinleistung

der Spannung und der Gleichrichtwert des Stromes erfaßt. Im Strompfad ist auf den Kondensator zur Glättung des Signals verzichtet, da er sich über die niederohmige Feldspule schnell entladen würde. Die Zahlenfaktoren zwischen Scheitel-, Gleichricht- und Effektivwert sind in der in der Einheit Watt ausgeführten Skala berücksichtigt.

Leistungsmessung bei Drehstrom

Bezeichnungen. Das Drehstromsystem ist ein dreifaches Wechselstromsystem mit den drei Außenleitern L1, L2, L3 (früher R, S, T) und dem Sternpunktleiter L0. Mit den Zählpfeilen von Bild 2.35 gilt für das 4-Leiter-System

$$i_1 + i_2 + i_3 = i_0. \qquad (2.44)$$

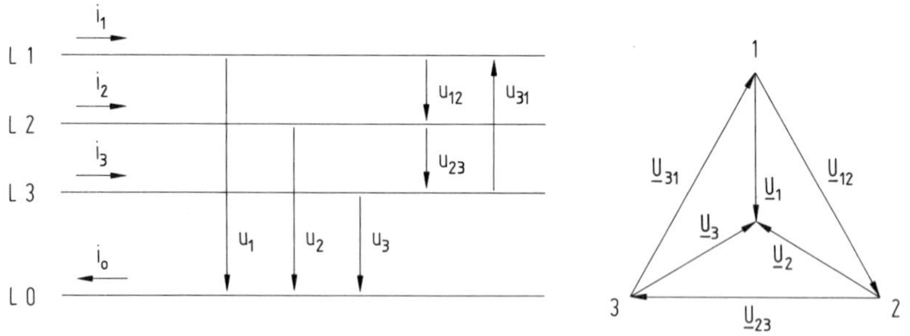

Bild 2.35: Spannungen und Ströme im Drehstromsystem

Fehlt der Sternpunktleiter, so entsteht das 3-Leiter-System mit

$$i_1 + i_2 + i_3 = 0. \qquad (2.45)$$

Im Drehstromsystem sind die Sternspannungen und die Leiterspannungen zu unterscheiden. *Die Sternspannung* u_i liegt zwischen einem Außenleiter und dem Sternpunkt. Die *Leiterspannung* u_{ik} (Dreiecksspannung, verkettete Spannung) liegt zwischen zwei Außenleitern. Es gilt

$$u_{ik} = u_i - u_k. \qquad (2.46)$$

Die Summe der Leiterspannungen ist zu jedem Zeitpunkt null,

$$u_{12} + u_{23} + u_{31} = 0. \qquad (2.47)$$

Beim symmetrischen Drehstromsystem sind die Phasen der Spannungen jeweils um $2\pi/3$ gegeneinander verschoben. Der Scheitelwert der Leiterspannungen ist um $\sqrt{3}$ größer als der der Sternspannungen

$$\hat{u}_{ik} = \sqrt{3}\,\hat{u}_i. \qquad (2.48)$$

Wirkleistung im 4-Leiter-System. Um die Wirkleistung P_W

$$P_W = U_1 I_1 \cos\varphi_1 + U_2 I_2 \cos\varphi_2 + U_3 I_3 \cos\varphi_3 \qquad (2.49)$$

im 4-Leiter-System zu messen, ist für jede Phase ein eigener Leistungsmesser erforderlich (Bild 2.36a). Die Leistungen der drei Phasen sind dann zu addieren. Einfacher ist, Leistungsmesser mit drei Meßwerken zu verwenden, bei denen die drei beweglichen Spulen auf einer gemeinsamen Achse sitzen. Diese Geräte zeigen die gesamte im Drehstromsystem verbrauchte Leistung ohne Zwischenrechnung an.

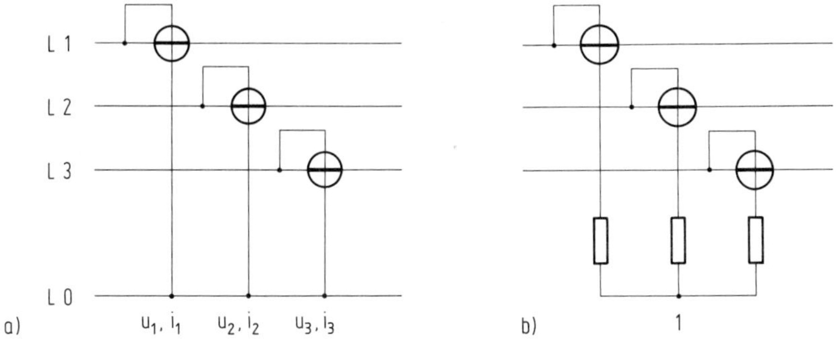

Bild 2.36: Messung der Wirkleistung im 4-Leiter-Drehstromsystem (a) und im 3-Leiter-Drehstromsystem mit künstlichem Sternpunkt 1 (b)

Wirkleistung im 3-Leiter-System bei beliebiger Belastung. Im 3-Leiter-System fehlt der Sternpunktleiter, so daß ein künstlicher Sternpunkt geschaffen werden muß (Bild 2.36b). Dies gelingt, indem die drei Phasen über Widerstände an einen gemeinsamen Punkt gelegt werden. Die Leistungsmessung läßt sich dann wie im 4-Leiter-System mit drei Meßgeräten durchführen.

Eine genauere Betrachtung zeigt jedoch, daß zwei Meßgeräte ausreichen, um die gesamte Leistung des beliebig belasteten 3-Leiter-Systems zu erfassen. In der komplexen Schreibweise ist die gesamte Leistung $\underline{P}$

$$\underline{P} = \underline{U}_1 \underline{I}_1^* + \underline{U}_2 \underline{I}_2^* + \underline{U}_3 \underline{I}_3^*. \qquad (2.50)$$

Indem beim ersten und beim letzten Term auf der rechten Seite die Sternspannungen durch die Leiterspannungen ausgedrückt werden (Gl. (2.46)),

$$\underline{U}_1 = \underline{U}_{12} + \underline{U}_2; \qquad \underline{U}_3 = \underline{U}_{32} + \underline{U}_2$$

entsteht der Ausdruck

$$\begin{aligned}\underline{P} &= \underline{U}_{12} \underline{I}_1^* + \underline{U}_2 \underline{I}_1^* + \underline{U}_2 \underline{I}_2^* + \underline{U}_{32} \underline{I}_3^* + \underline{U}_2 \underline{I}_3^* \\ &= \underline{U}_{12} \underline{I}_1^* + \underline{U}_{32} \underline{I}_3^* + \underline{U}_2(\underline{I}_1^* + \underline{I}_2^* + \underline{I}_3^*). \qquad (2.51)\end{aligned}$$

Hier verschwindet wegen Gl. (2.45) das letzte Glied und der Realteil von $\underline{P}$ liefert die Wirkleistung P_W

$$\mathrm{Re}(\underline{P}) = P_w = U_{12} I_1 \cos\varphi_a + U_{32} I_3 \cos\varphi_b. \tag{2.52}$$

Um die Wirkleistung mit zwei Meßgeräten zu erfassen, sind also mit dem ersten Meßgerät die Spannung U_{12} und der Strom I_1 und mit dem zweiten Meßgerät die Spannung U_{32} und der Strom I_3 zu messen (Bild 2.37).

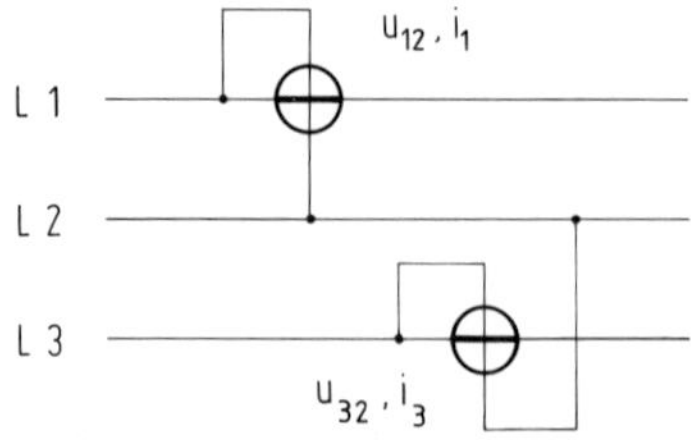

Bild 2.37: Messung der Wirkleistung im beliebig belasteten 3-Leiter-Drehstromsystem mit zwei Meßgeräten (Aronschaltung)

Wirkleistung im 3-Leiter-Drehstromsystem bei symmetrischer Belastung. Bei einer symmetrischen Lastaufteilung wird die Leistungsmessung besonders einfach. Man schafft sich einen künstlichen Sternpunkt (Bild 2.38a), mißt die Leistung einer Phase und multipliziert den Meßwert mit dem Faktor 3:

$$P_W = 3\, U_i I_i \cos\varphi. \tag{2.53}$$

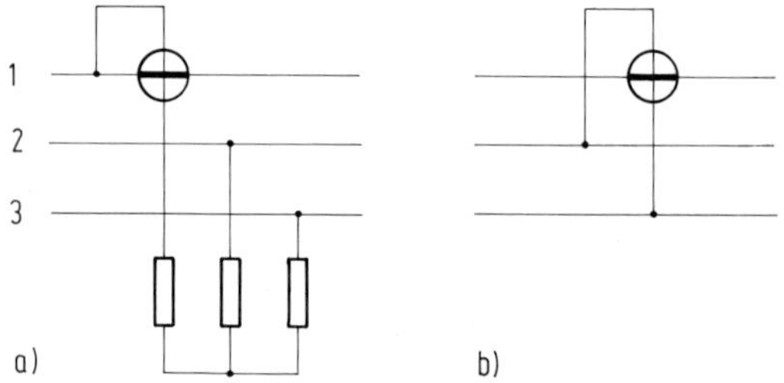

Bild 2.38: Messung der Wirkleistung (a) und der Blindleistung (b) im symmetrisch belasteten 3-Leiter-System

Blindleistung im 3-Leiter-Drehstromsystem bei symmetrischer Belastung. Um die Blindleistung zu messen, mußte beim einfachen Wechselstromsystem die Phase der Spannung um $\pi/2$ verzögert werden. Diese Aufgabe stellt sich auch hier. Sie ist aber ohne zusätzliche phasendrehende Komponenten zu lösen, da im Drehstromsystem sich immer Spannungspaare mit der nötigen Phasendifferenz finden. Ist der Leistungsmesser zum Beispiel wie im Bild 2.38b angeschlossen, so ist sein Ausschlag α

$$\alpha = k\, I_1 U_{23} \cos\varphi. \tag{2.54}$$

Wird in dieser Beziehung anstelle der Leiterspannung U_{23} die Sternspannung U_1 eingeführt, so ist einmal deren geringere Größe und dann ihre um $-\pi/2$ verschobene Phase zu berücksichtigen. Der Ausschlag ist proportional der Blindleistung:

$$\alpha = k\, I_1 \sqrt{3}\, U_1 \cos(\varphi - \pi/2) = k\sqrt{3}\, I_1 U_1 \sin\varphi = k\sqrt{3}\, P_{1B}. \tag{2.55}$$

2.1.5 Messung der elektrischen Arbeit

Zur Messung der elektrischen Arbeit dienen die Elektrizitätszähler. Sie sind die am weitesten verbreiteten elektrischen Meßgeräte. Ihre Anzeige ist Grundlage für die Berechnung der in Haushalten, Büros und Betrieben bezogenen elektrischen Energie E

$$E = \int_0^T P_W \, dt = U I \cos\varphi \, T. \tag{2.56}$$

Um die verbrauchte elektrische Energie zu erhalten, ist die Wirkleistung über die Zeit zu integrieren.

Induktionsmeßwerk. Zur Messung der elektrischen Arbeit wird meistens der Zähler mit Induktionsmeßwerk (Ferraris-Zähler, Wanderfeld-Zähler) verwendet [2.1]. Er enthält eine Achse mit einer metallischen Scheibe als beweglichem Organ (Bild 2.39). Würde die Scheibe in den Luftspalt eines Dauermagneten reichen und würde dieser um die Scheibe bewegt, so entstünden in der Scheibe Wirbelströme, welche die Bewegung zu hindern suchten und zu einer Drehung der Scheibe führten. Nach diesem Prinzip arbeitet das Induktionsmeßwerk, wobei freilich das räumlich um die Scheibe laufende Magnetfeld nicht durch einen bewegten Dauermagneten, sondern durch die beiden um 90 Grad gegeneinander versetzten Elektromagnete 1 und 2 erzeugt wird. An deren Spulen liegen die Spannungen u_1 und u_2 und führen über die Ströme i_1 und i_2 zu den magnetischen Flüssen Φ_1 und Φ_2. Die Spule des Magneten 1 (Spannungsspule) hat eine große, die des Magneten 2 (Stromspule) eine kleine Induktivität. Durch zusätzliche magnetische Nebenschlüsse wird erreicht, daß der Fluß Φ_1 um genau $-\pi/2$ gegenüber der Spannung u_1 phasenverschoben ist, während u_2, i_2 und Φ_2 in Phase bleiben. Damit haben bei einer cosinusförmigen Erregung die beiden Flüsse den folgenden zeitlichen Verlauf:

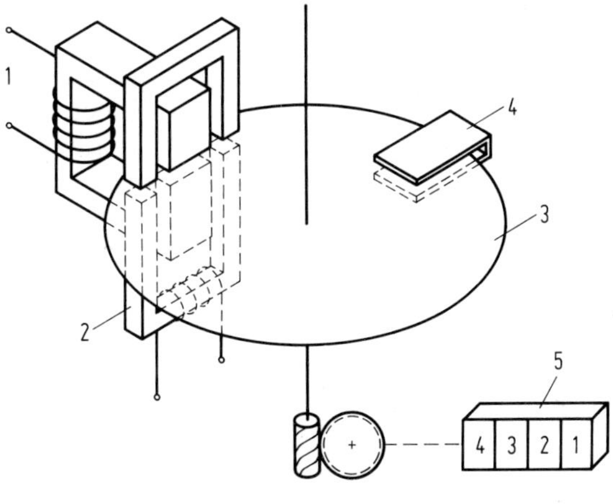

Bild 2.39: Schematischer Aufbau eines Energiezählers mit Induktionsmeßwerk (Ferrariszähler, Wanderfeldzähler)
1 Spannungspule
2 Stromspule
3 Metallscheibe
4 Bremsmagnet
5 Zählwerk

$$\Phi_2 = A_0 \cos \omega t \quad \text{und} \quad \Phi_1 = A_0 \cos\left(\omega t - \frac{\pi}{2}\right) = A_0 \sin \omega t.$$

Das umlaufende Wechselfeld hat einen Fluß mit dem konstanten Betrag A_0. Es führt in der beweglichen Scheibe zu dem elektrischen Moment M_{el}. Wird jetzt an die Spule 1 die zu messende Spannung U gelegt und wird die Spule 2 vom Strom I durchflossen, so ist das Drehmoment proportional der Wirkleistung:

$$M_{el} = k\,U\,I \cos \varphi. \tag{2.57}$$

Dieses Moment dreht die Scheibe durch das Feld des Dauermagneten 4. Dabei entstehen Wirbelströme, die die Bewegung zu hindern suchen. Das Bremsmoment M_{magn} ist proportional zur Drehzahl n:

$$M_{magn} = k_1\, n. \tag{2.58}$$

Die beiden Momente halten sich das Gleichgewicht, $M_{el} = M_{magn}$. Die daraus resultierende Drehzahl

$$n = \frac{k}{k_1}\, U\,I \cos \varphi \tag{2.59}$$

ist proportional der Wirkleistung. Die noch notwendige Integration über die Zeit erfolgt, indem die Umdrehungen der Meßwerkachse gezählt werden. Der Zählerstand ist damit ein Maß für die verbrauchte elektrische Energie.

Die Zähler mit Induktionsmeßwerk haben sich außerordentlich bewährt. Ihre Lebensdauer ist wohl größer als die jedes anderen vergleichbaren Meßgeräts. Die Eichung ist z.B. für zwanzig Jahre gültig.

2.2 Kompensatoren

Prinzip. Die bis jetzt besprochenen Ausschlagmeßgeräte belasten die Strom- oder Spannungsquelle des Meßobjekts und wirken so auf die zu messende Größe zurück. Die Kompensatoren vermeiden diesen Nachteil. Sie gestatten, Spannungen und Ströme leistungslos zu erfassen. Die zur Messung benötigte Energie wird einer Hilfsquelle entnommen. Eine Vergleichsgröße wird gebildet und von der zu messenden Größe abgezogen, so daß die geschlossene Wirkungsrichtung der Kreisstruktur entsteht. Ein Nullinstrument zeigt die Differenz aus der Meß- und Vergleichsgröße an. Dieses muß nur in der Nähe des Nullpunkts empfindlich und nicht über einen größeren Bereich linear sein. Die Vergleichsgröße wird solange verändert, bis die Differenz genügend klein geworden ist. Die Kompensatoren

- benötigen eine Hilfsenergie
- belasten nicht das Meßobjekt
- erfordern lediglich ein Nullinstrument und
- erreichen eine hohe absolute und relative Genauigkeit.

2.2.1 Gleichspannungskompensation

Potentiometerverstellung. Die Wirkungsweise eines Gleichspannungskompensators soll anhand von Bild 2.40 erklärt werden. Der zu messenden Spannung U_e wird die aus der Hilfsspannungsquelle U_0 gebildete Vergleichsspannung U_r,

$$U_r = \frac{R}{R_0} U_0$$

entgegengeschaltet. Der Potentiometerabgriff wird solange verstellt, bis das Galvanometer G die Spannung null anzeigt. In diesem Fall wird der Quelle kein Strom entnommen und die zu messende Spannung ist genauso groß wie die Vergleichsspannung:

$$U_e = U_r = \frac{R}{R_0} U_0. \tag{2.60}$$

Die Größen auf der rechten Seite von Gl. (2.60) sind bekannt, so daß die gesuchte Spannung U_e bestimmt ist.

Motorbetätigtes Potentiometer. Der in der Schaltung von Bild 2.40 noch notwendige manuelle Abgleich läßt sich automatisieren, indem das Null-Galvanometer durch einen Null-Verstärker ersetzt wird (Bild 2.41). Um den Abgleich zu erreichen, steuert dieser über die Bewegungsrichtung eines Stellantriebs den Potentiometerabgriff so, daß bei einer positiven Differenzspannung $U_e - U_r$ der abgegriffene Widerstand vergrößert, bei einer negativen aber verkleinert wird.

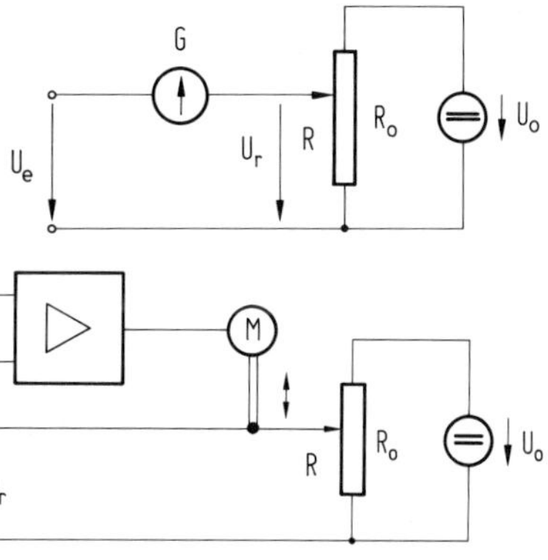

Bild 2.40: Spannungskompensation, Abgleich von Hand

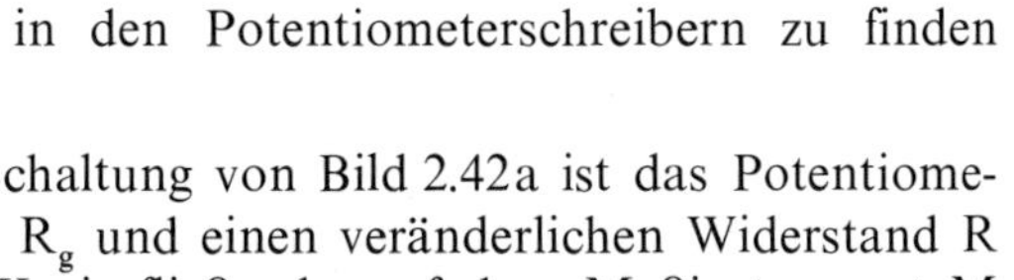

Bild 2.41: Spannungskompensation mit Verstärker und motorbetätigtem Potentiometer

Derartige Meßsysteme sind z.B. in den Potentiometerschreibern zu finden (Bild 2.51).

Messung des Hilfsstroms. In der Schaltung von Bild 2.42a ist das Potentiometer durch einen festen Widerstand R_g und einen veränderlichen Widerstand R ersetzt. Mit diesem wird der im Kreis fließende, auf dem Meßinstrument M angezeigte Hilfsstrom I_a solange verändert, bis der Ausschlag des Galvanometers G zu null geworden ist. Die zu messende Spannung U_e ist jetzt gleich der am Widerstand R_g abfallenden:

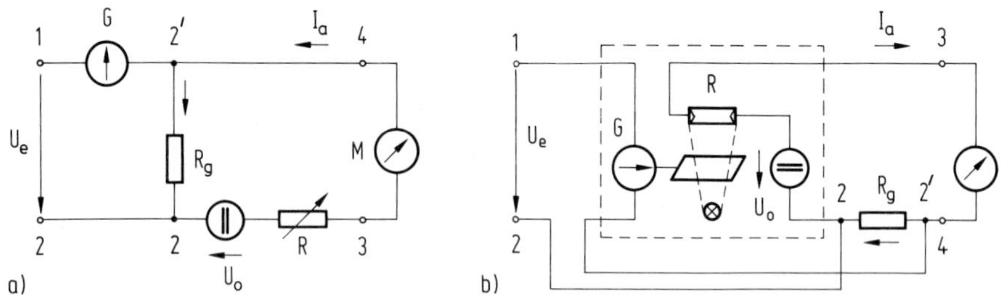

Bild 2.42: Spannungskompensation durch Einstellen und Messen des Hilfsstroms I_a
a) Abgleich von Hand
b) automatische Veränderung eines Photowiderstandes

$$U_e = R_g I_a; \qquad I_a = \frac{U_e}{R_g}. \tag{2.61}$$

Auch dieses Verfahren läßt sich automatisieren (Bild 2.42b). Die Spule des Galvanometers ist jetzt nicht mehr federgefesselt, sondern richtkraftlos und kann sich frei bewegen. Je nachdem, ob ein positiver oder negativer Strom durch die Spule fließt, läuft der Zeiger nach rechts oder links und bleibt stehen, sobald der Strom zu null geworden ist. Am Zeiger ist eine Fahne befestigt, welche die Beleuchtung eines Photowiderstandes steuert. In Abhängigkeit vom auftreffenden Licht ändert der Photowiderstand seinen Wert. Der Strom I_a wird dadurch solange verstellt, bis die Abgleichbedingung

$$U_e = R_g I_a$$

erfüllt, das Galvanometer stromlos geworden und die Bewegung der Fahne zum Stillstand gekommen ist. Der Photowiderstand hat also die Funktion des von Hand betätigen Widerstandes aus Bild 2.42a übernommen.

2.2.2 Gleichstromkompensation

Mit dem Spannungskompensator konnten Spannungen gemessen werden, ohne daß ein Strom über das Nullinstrument floß. Mit dem Stromkompensator gelingt die Strommessung, ohne daß am Nullinstrument eine Spannung abfällt. Die Wirkungsweise wird anhand der Schaltung von Bild 2.43a erklärt. Für die Masche 1–4–2–1 gilt, solange der Widerstand des Galvanometers groß gegen R_1 und R_2 ist:

$$I_e R_1 + (I_e + I_a) R_2 + U_G = 0. \tag{2.62}$$

Über den veränderlichen Widerstand R wird der Strom I_a so eingestellt, daß die Spannung U_G am Galvanometer verschwindet. Für diesen Fall, $U_G = 0$, wird

$$I_e = -\frac{R_2}{R_1 + R_2} I_a; \qquad I_a = -\left(1 + \frac{R_1}{R_2}\right) I_e. \tag{2.63}$$

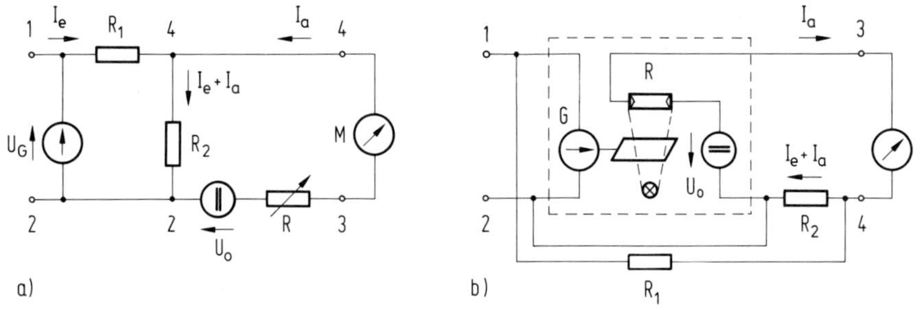

Bild 2.43: Stromkompensation durch Einstellen und Messen des Hilfsstroms I_a
a) Abgleich von Hand
b) automatisches Verändern eines Photowiderstandes

Auch diese Schaltung läßt sich mit Hilfe eines optoelektrischen Abtastsystems leicht automatisieren (Bild 2.43b).

2.2.3 Servomultiplizierer und -dividierer

Das Kompensationsverfahren ist auch zur Durchführung von Rechenoperationen geeignet. Die Schaltung von Bild 2.44 enthält in ihrem oberen Teil die schon bekannte Spannungskompensation mit Hilfe des motorbetätigten Potentiometers P_1. Hinzugekommen ist das an der Spannung U_3 liegende und synchron mit P_1 verstellte Potentiometer P_2. Die abgegriffenen Spannungen sind

$$U_1 = k U_2;$$

$$U_4 = k U_3.$$

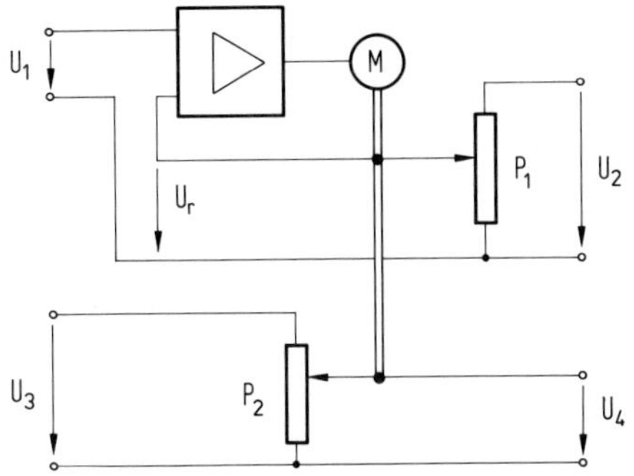

Bild 2.44: Servo-Multiplizierer und -Dividierer

Diese beiden Ergebnisse lassen sich zusammenfassen zu

$$U_4 = \frac{U_1 U_3}{U_2}. \tag{2.64}$$

Die Ausgangsspannung U_4 der Anordnung hängt also von den Eingangsspannungen U_1, U_2 und U_3 ab. Wird z.B. U_2 konstant gehalten, so kann das Gerät multiplizieren; U_4 ist proportional dem Produkt aus U_1 und U_3. Wird umgekehrt U_1 nicht verändert, so wird dividiert und U_4 ist ein Maß für den Quotienten aus U_3 und U_2.

2.3 Meßwerk- und Kompensationsschreiber

Oft ist die zeitliche Entwicklung einer Meßgröße zu beobachten. Die Anzeigegeräte liefern nur Augenblickswerte und sind für diese Aufgabe nicht geeignet. Besser ist, Schreiber oder Registriergeräte zu verwenden und die Meßgröße aufzuzeichnen. Ein derartiger Schreiberstreifen

- liefert ein lückenlose Aufzeichnung der Meßwerte,
- läßt Tendenzen erkennen,
- erfaßt auch schnell und unerwartet ablaufende Vorgänge,
- hilft bei Störungen die Vorgeschichte zu rekonstruieren,
- dokumentiert und belegt den Verlauf der Meßgröße.

Die Registriergeräte werden in vielen Bauformen hergestellt, die nicht alle besprochen werden können. Hier soll zunächst auf die wichtigsten Konstruktionsprinzipien eingegangen werden, bevor dann einige ausgewählte Geräte vorgestellt werden.

2.3.1 Konstruktionsmerkmale

Meßwerk. Die bei den Anzeigegeräten besprochenen Meßwerke begegnen uns wieder bei den Schreibern. Zusätzlich enthalten die Registriergeräte noch die für die Aufzeichnung der Meßwerte benötigten Funktionseinheiten.

Papierform. Die Schreibfläche kann als Kreisblatt, Trommelblatt oder Streifen ausgeführt sein (Bild 2.45). Das Kreisblatt hat gekrümmte Koordinaten und muß etwa in Abständen von Stunden ausgewechselt werden. Der ab- und aufgewickelte Streifen dagegen kann mehrere Wochen lang den Verlauf der Meßgröße aufzeichnen.

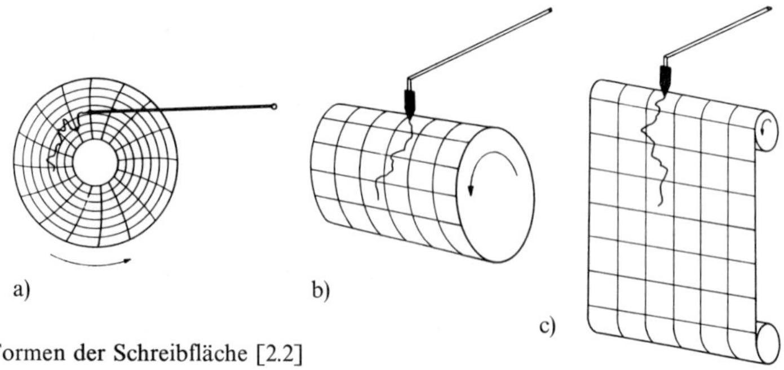

Bild 2.45: Formen der Schreibfläche [2.2]
a) Kreisblatt
b) Trommelblatt
c) Streifen

Papierantrieb. Als Antriebe stehen Federwerke, Synchronmotoren und Schrittmotoren zur Verfügung. Die Federwerke mit Handaufzug sind unabhängig von einer elektrischen Hilfsenergie. Der Synchromotor ist der am häufigsten eingesetzte Antrieb. Die Schrittmotoren werden in den Fällen verwendet, in denen die Antriebe mehrerer Schreiber exakt zeitgleich von den Impulsen einer Zentraluhr gesteuert werden sollen.

Getriebe. Zwischen Antrieb und Papierträger liegt ein Getriebe mit umschaltbarer Übersetzung. Die Papiergeschwindigkeit läßt sich so im Hinblick auf die erwartete Änderungsgeschwindigkeit der Meßgröße etwa zwischen 20 und 3600 mm/h einstellen.

Registrierverfahren. Eine tintengefüllte Feder oder ein Faserstift an der Spitze des Meßwerkzeuges vermögen dessen Bewegung aufzuzeichnen. Auch Farbbänder werden verwendet, um Markierungen auf das Papier zu drucken. In Spezialfällen werden Metall-, Wachs- oder Fotopapier verwendet. Das Papier mit metallisierter Rückseite wird in den Fällen, in denen ein weitgehend wartungsfreier Betrieb gewünscht wird, benutzt. An die Stelle der Feder tritt eine Elektrode. Die zwischen Papierrückseite und Elektrode angelegte Spannung führt zu einem Überschlag, der das Papier durchbrennt und so den Meßwert markiert (Bild 2.46). Beim Wachspapier ist der gefärbte Untergrund mit einer Wachsschicht überzogen. Die Spitze des Zeigers wird hier geheizt (Thermoschreibstift). Die Wachsschicht schmilzt, so daß die gefärbte Unterlage als Spur sichtbar wird. Sehr schnelle Vorgänge werden registriert, indem ein vom Meßwerk abgelenkter Lichtstrahl ein Fotopapier belichtet.

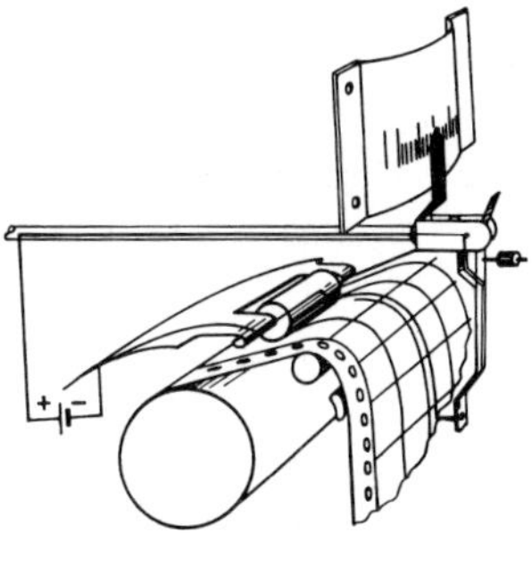

Bild 2.46: Aufzeichnung auf Metallpapier [2.2]

Federführung. Bogenkoordinaten sind im Prinzip zur Aufzeichnung des Winkelausschlags eines Meßwerks geeignet. Sie sind aber schlecht abzulesen und auszuwerten. So wird oft die Drehbewegung in eine lineare Bewegung umgeformt (Ellipsenlenker), um den Verlauf der Meßgröße in dem gewohnten, rechtwinkligen Koordinatensystem darstellen zu können.

2.3.2 Ausführungsformen

Drehspul-Linienschreiber. Der Linienschreiber von Bild 2.47 enthält ein Drehspulmeßwerk mit Ellipsenlenker und tintengefüllter Feder. Der Schreibarm ist schwerer als ein Zeiger, so daß das Meßwerk des Schreibers ein höheres Drehmoment als das des Anzeigers aufbringen muß. Dementsprechend größer

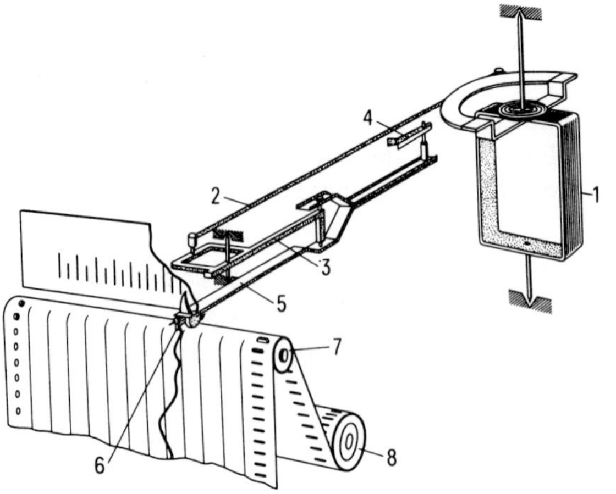

Bild 2.47: Linienschreiber mit Drehspulmeßwerk und Ellipsenlenker [0.17]
1 Drehspule
2 Schubstange
3 Lenkarm
4 Führung
5 Schreibarm
6 Feder
7 Walze
8 Papiervorrat

ist der Eigenverbrauch des Schreibers. Der Meßwert wird kontinuierlich, gut sichtbar, als durchlaufende Linie aufgezeichnet.

Drehspul-Fallbügel-Punktdrucker. Der Mehrfarben-Drehspul-Punktdrucker enthält einen Umschalter, über den nacheinander mehrere Meßgrößen mit der Drehspule verbunden werden (Bild 2.48). Die Registrierung erfolgt, indem die

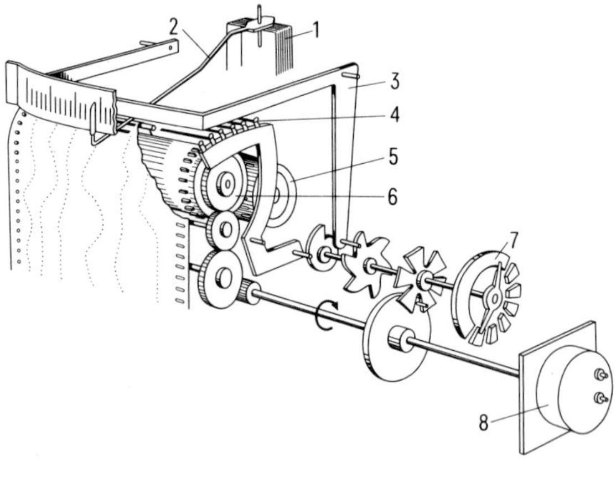

Bild 2.48: 6-Farben-Punktschreiber [0.17]
1 Drehspule
2 Zeiger
3 Fallbügel
4 Farbbänder
5 Papiervorrat
6 Walze
7 Meßstellenumschalter
8 Synchronmotor

als Schneide ausgebildete Unterkante des Zeigers von dem Fallbügel auf ein Farbband gedrückt wird. Der Meßstellenumschalter steuert den Fallbügel und die Farbbänder so, daß mehrere Meßgrößen als unterschiedlich gefärbte Punktfolgen dargestellt werden. Das Abtastintervall einer Meßgröße beträgt mehrere Sekunden, so daß die Punktdrucker nur zur Registrierung langsam veränderlicher Größen geeignet sind.

Tintenstrahlschreiber. Speziell für die Aufzeichnung schnell ablaufender Vorgänge ist der Tintenstrahlschreiber von Bild 2.49 ausgelegt. Er enthält ein

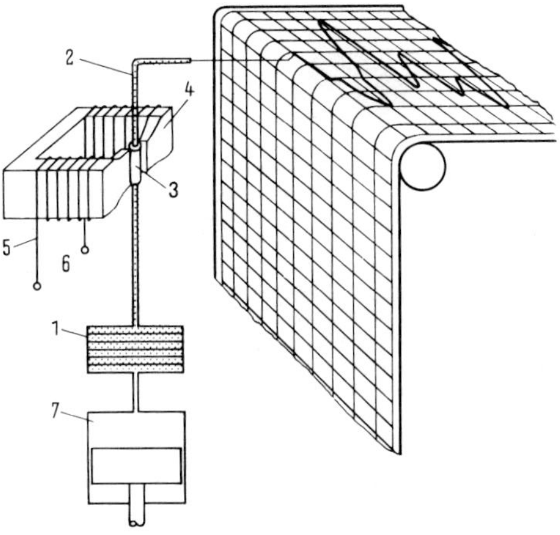

Bild 2.49: Aufbau eines Tintenstrahl-Schreibers (Oszillomink-Meßwerk) [2.3]
1 Filter
2 Kapillare
3 Drehmagnet
4 Polschuhe
5 Feldwicklung
6 Meßanschluß
7 Pumpe

Drehmagnetmeßwerk. Mit dem Magnet ist eine Kapillare verbunden, durch die Tinte auf das vorbeilaufende Registrierpapier gespritzt wird.

Lichtstrahlschreiber. Um sehr schnellen Vorgängen folgen zu können, dürfen die beweglichen Teile eines Instruments nur eine geringe Masse besitzen. So enthält der Schleifenschwinger von Bild 2.50 anstelle einer Spule lediglich eine Leiterschleife. Der Zeiger ist durch einen kleinen, aufgeklebten Spiegel ersetzt. Dieser Spiegel wird beleuchtet. Der reflektierte Strahl wird entsprechend der Drehbewegung der Leiterschleife ausgelenkt und belichtet ein Photopapier. Signale mit Frequenzen bis zu 10^4 Hz lassen sich so aufzeichnen und dokumentieren.

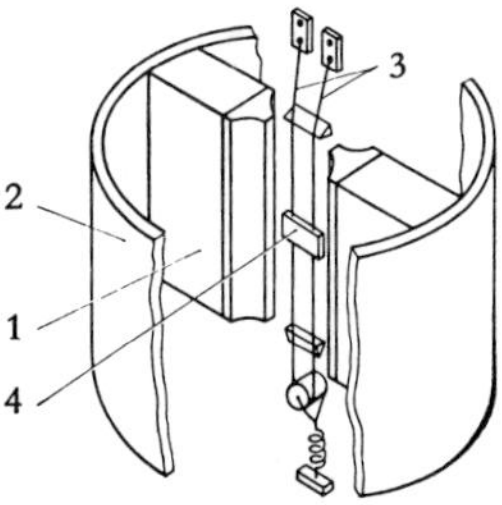

Bild 2.50: Schleifenschwinger-Meßwerk [2.3]
1 Dauermagnet
2 Magnetischer Rückschluß
3 Schleife
4 Spiegel

Kompensationsschreiber. Der in Bild 2.51 gezeigte Linienschreiber enthält einen automatischen Spannungskompensator in der Schaltung von Bild 2.41. Das Potentiometer ist ringförmig ausgeführt. Mit seinem Abgriff ist der auf einer Schiene laufende Schreibwagen gekoppelt. Dieser trägt entweder eine tintengefüllte Feder oder einen Faserstift. Bei der Ausführung als Punktdrucker können über einen Umschalter nacheinander mehrere Meßgrößen gemessen

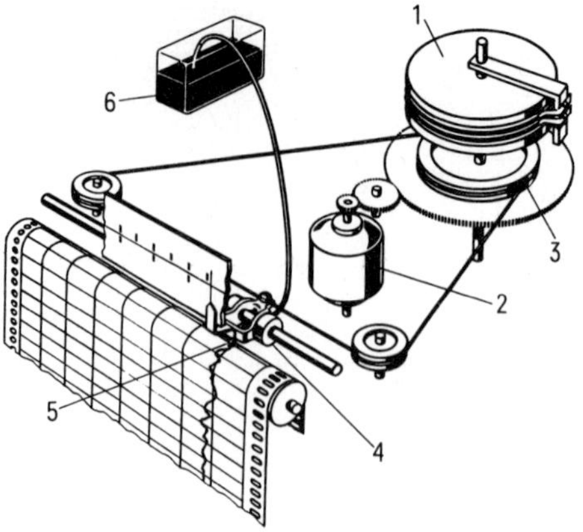

Bild 2.51: Kompensations-Linienschreiber [0.17]
1 Abgleichpotentiometer
2 Meßmotor
3 Seilscheibe
4 Schreibwagen
5 Schreibfeder
6 Tintentank

werden. Im Schreibwagen befindet sich dann ein Druckwerk, das bis zu 24 unterschiedliche Spuren markiert.

x/y-Kompensationsschreiber. Die bisher erwähnten Schreiber registrierten den Verlauf einer Meßgröße in Abhängigkeit von der Zeit t; sie sind x/t-Schreiber mit der Zeit als kontinuierlich verlaufende, unabhängige Variable. Die x/y-Schreiber hingegen enthalten getrennte Meßwerke für die beiden Größen x und y. Beide Meßsysteme steuern einen gemeinsamen Schreibwagen, der sich in einem rechtwinkligen Koordinatensystem bewegt. Damit ist es nun möglich, eine Größe y (Ordinate) in Abhängigkeit von einer anderen Größe x (Abszisse) darzustellen. Kennlinien können so direkt aufgezeichnet werden (Bild 2.52).

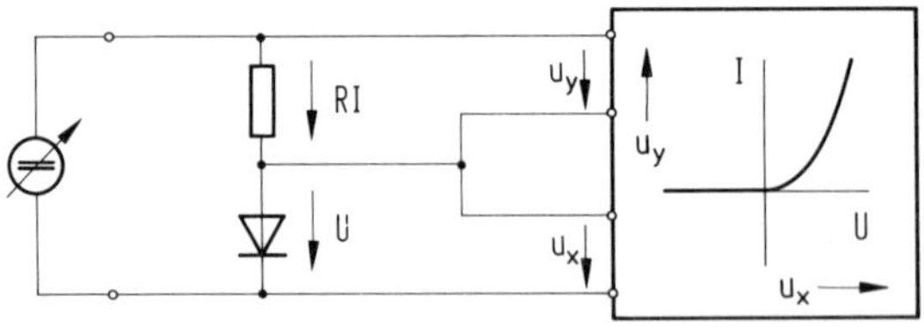

Bild 2.52: Aufnahme einer Dioden-Kennlinie mit einem x/y-Kompensationsschreiber

2.3.3 Anwendungsbereiche der verschiedenen Systeme

Das Bild 2.53 zeigt die Anwendungsbereiche der besprochenen Meßwerke für Strom- und Spannungsmessungen. Der Eigenverbrauch der Instrumente nimmt mit der gewählten Reihenfolge vom Drehspulinstrument zum Dreheiseninstrument zu. Die Tintenstrahlschreiber mit Drehmagnetmeßwerk und die Kompensationsschreiber verwenden Verstärker und belasten so nicht die Quelle.

Punktschreiber und Punktdrucker können nur langsam verlaufende Größen aufzeichnen. Schneller sind die Linienschreiber, wobei die Signalfrequenz folgende Werte nicht überschreiten soll:

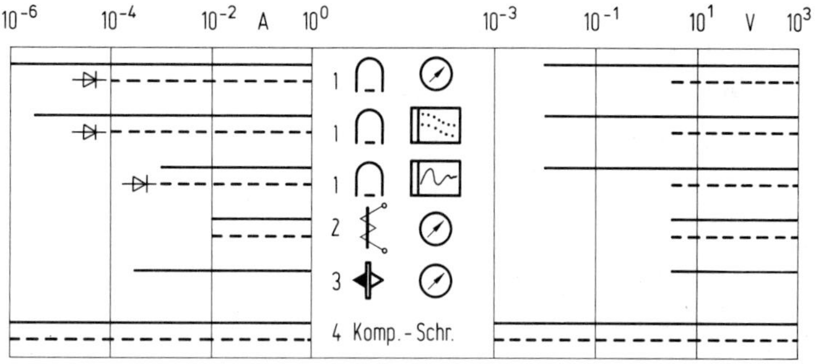

Bild 2.53: Meßbereiche verschiedener Meßwerke
——— Messung von Gleichspannung und Gleichstrom
– – – Messung von Wechselspannung und Wechselstrom
1 Drehspulmeßwerk, 2 Dreheisenmeßwerk, 3 Drehmagnetmeßwerk, 4 Kompensationsmeßwerk

Kompensations-Linienschreiber	2 Hz
Drehspul-Linienschreiber	20 Hz
Tintenstrahl-Schreiber	500 Hz
Lichtstrahl-Schreiber	10000 Hz.

2.4 Elektronenstrahl-Oszilloskop

Das Elektronenstrahl-Oszilloskop gestattet, den zeitlichen Verlauf von Signalen mit Frequenzen bis in den GHz-Bereich auf einem Leuchtschirm sichtbar zu machen. Es ist vielseitig anzuwenden und gehört zur Standardausrüstung jedes elektronischen Labors [2.4, 2.5].

2.4.1 Elektronenstrahl-Röhre

Das Elektronenstrahl-Oszilloskop enthält eine evakuierte Glasröhre (*Braunsche Röhre*) mit verschiedenen Elektroden und einem Leuchtschirm (Bild 2.54). Aus der geheizten Kathode treten Elektronen aus. Sie werden infolge der zwischen Kathode und Anode liegenden Spannung U_z beschleunigt. Der Elektronen-

Bild 2.54: Prinzipieller Aufbau einer Elektronenstrahlröhre mit Heizung H, Kathode K, Wehnelt-Zylinder W, Fokussier-Elektroden F1 und F2, Anode A, x- und y-Ablenkplatten, Nachbeschleunigungs-Elektrode N und Leuchtschirm L

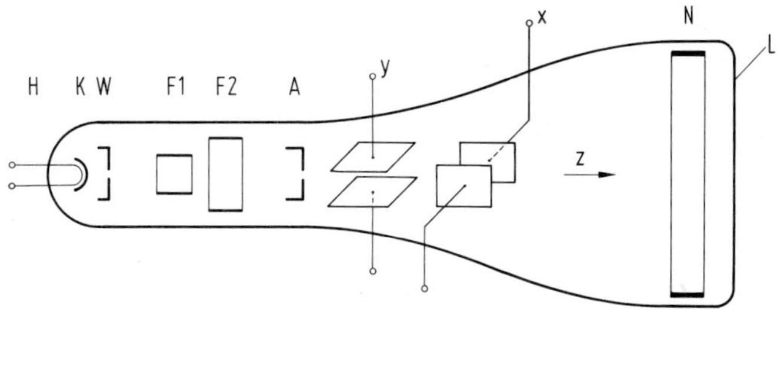

strahl wird zusätzlich in den vor der Anode liegenden Elektroden gebündelt und fokussiert, durchläuft die y- und x-Ablenkplatten und trifft auf den Leuchtschirm.

Geschwindigkeit der Elektronen. Ist e_0 die Ladung eines Elektrons, d der Abstand zwischen Kathode und Anode und U_z die anliegende Spannung, so greift an dem Elektron die Kraft $e_0 U_z/d$ an. Seine Masse m_0 wird in z-Richtung auf a_z beschleunigt:

$$m_0 a_z = e_0 \frac{U_z}{d}. \tag{2.70}$$

Die Integration dieser Gleichung führt zur Geschwindigkeit v_z und zur zurückgelegten Wegstrecke s_z:

$$v_z = \frac{e_0}{m_0} \frac{U_z}{d} t; \tag{2.71}$$

$$s_z = \frac{1}{2} \frac{e_0}{m_0} \frac{U_z}{d} t^2. \tag{2.72}$$

Die Anode im Abstand $s_z = d$ wird nach der Zeit t

$$t = \sqrt{2 \frac{m_0}{e_0} \frac{d^2}{U_z}} \tag{2.73}$$

erreicht. Wird diese Zeit in Gl. (2.71) eingesetzt, so folgt damit die Geschwindigkeit der Elektronen in z-Richtung zu

$$v_z = \sqrt{2 \frac{e_0}{m_0} U_z}; \qquad \frac{v_z}{\text{km/s}} = 593 \sqrt{\frac{U_z}{V}}. \tag{2.74}$$

Ablenkung der Elektronen. Die Elektronen benötigen die Zeit $t = l/v_z$, um zwischen den y-Platten durchzufliegen (Bild 2.55). Während dieser Zeit werden sie in y-Richtung beschleunigt

$$m_0 a_y = e_0 \frac{u_y}{b} \tag{2.76}$$

und erhalten die Geschwindigkeit

$$v_y = \frac{e_0}{m_0} \frac{u_y}{b} \frac{l}{v_z}. \tag{2.77}$$

Sie werden um den Winkel α aus ihrer ursprünglichen Richtung abgelenkt

$$\tan \alpha = \frac{v_y}{v_z} = \frac{e_0}{m_0} \frac{u_y}{b} \frac{l}{v_z^2} \tag{2.78}$$

und treffen dann im Abstand B vom Mittelpunkt auf den Schirm

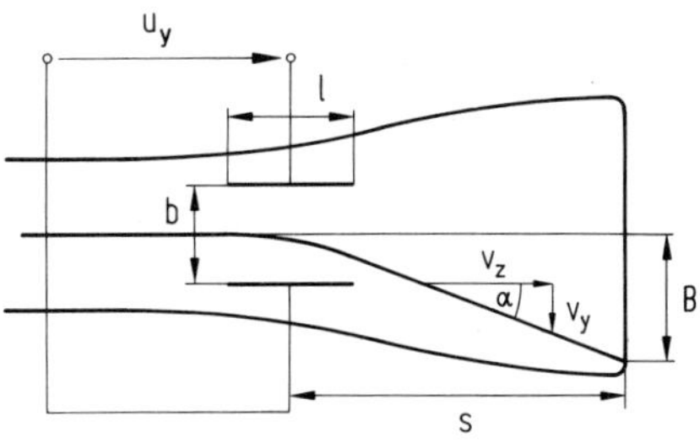

Bild 2.55: Ablenkung eines Elektrons in einem elektrischen Feld

$$B = s \cdot \tan\alpha = \frac{e_0}{m_0} \frac{u_y}{b} \frac{l\,s}{v_z^2}. \qquad (2.79)$$

Die an die y-Platten angelegte Spannung u_y wird so über die Auslenkung B des Elektronenstrahls gemessen. Die Auslenkung nimmt mit der Feldstärke zwischen den y-Platten, deren Länge l und dem Abstand s vom Leuchtschirm zu. Sie ist umso größer, je kleiner die Geschwindigkeit in z-Richtung ist.
Die Empfindlichkeit E des Oszilloskops ist der Quotient aus der Auslenkung des Elektronenstrahls und der angelegten Spannung:

$$E = \frac{B}{u_y}. \qquad (2.80)$$

Anstelle der Empfindlichkeit wird in den Datenblättern oft ihr Kehrwert, der *Ablenkkoeffizient*, genannt. Er gibt die Spannung an, die an die Ablenkplatten anzulegen ist, um den Bildpunkt auf dem Schirm um 1 cm zu verschieben.
Im Interesse einer hohen Empfindlichkeit ist also eine geringe Geschwindigkeit der Elektronen in z-Richtung erwünscht. Langsame Elektronen führen aber nur zu einem Leuchtbild von geringer Helligkeit. Um diesen beiden sich widersprechenden Gesichtspunkten nachzukommen, werden die Elektronen oft in der Nähe des Bildschirms noch einmal beschleunigt (Nachbeschleunigungselektrode N von Bild 2.54). Diese Maßnahme verbessert die Bildhelligkeit, ohne die Empfindlichkeit zu verringern.

2.4.2 Baugruppen

Übersichtsschaltbild. Die an die x- und y-Plattenpaare anzulegenden Spannungen werden in getrennten Kanälen verarbeitet (Bild 2.56). An den Eingängen liegen die Betriebsarten-Schalter S 1 und S 2. Sie bestimmen, ob die gesamte angelegte Spannung (Stellung DC) oder nur der Wechselanteil (Stellung AC) dargestellt wird. Im letzten Fall wird der Gleichanteil durch einen Kondensator abgeblockt. Das Oszilloskop zeigt die dem Gleichanteil überlagerte Wechselspannung, deren linearer Mittelwert null ist.

Vor den Verstärkern sitzen Spannungsteiler, in denen die Meßsignale an den Aussteuerbereich der Platten angepaßt werden. Mit den entsprechenden Schal-

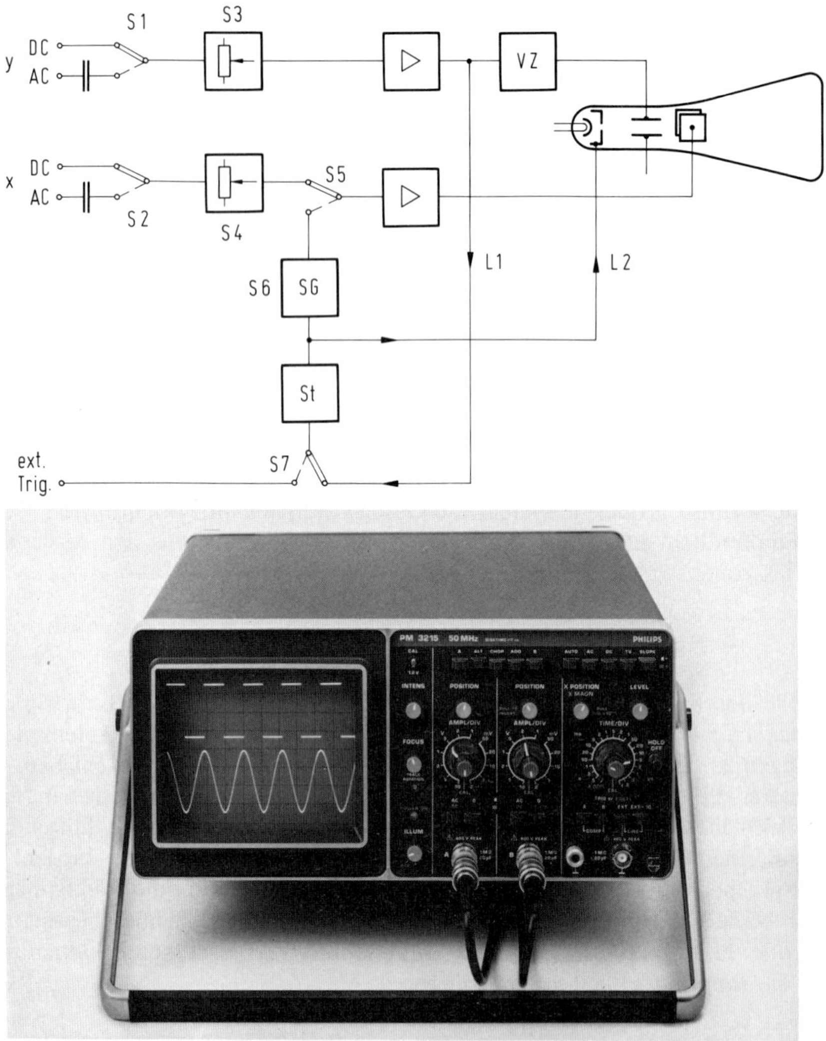

Bild 2.56: Ansicht (PHILIPS) und Übersichtsschaltbild eines Oszilloskops mit Verzögerungsstufe VZ, Steuerteil St und Sägezahngenerator SG

S1, S2 DC/AC-Umschaltung
S3, S4 Einstellen der Empfindlichkeit
S5 Umschaltung vom x/y- auf den y/t-Betrieb
S6 Einstellen der Zeitablenkung
S7 Umschaltung auf externe Triggerung

tern S 3 und S 4 werden die Ablenkkoeffizienten eingestellt, die z.B. zwischen 1 mV/cm und 100 V/cm liegen können. Die Verstärker sind Breitband-Verstärker; sie vervielfachen Gleichspannungen und Wechselspannungen bis zu einer oberen Grenzfrequenz, die einige hundert MHz erreichen kann. Die x- und y-Kanäle werden benutzt, um auf dem Bildschirm die Abhängigkeit der einen Größe von der anderen darzustellen. Dieser x/y-Betrieb ist z.B. zur Aufnahme von Kennlinien geeignet.

In vielen Fällen interessiert jedoch der Verlauf einer Größe in Abhängigkeit von der Zeit t. Um diese Darstellungsart zu erreichen, wird an die x-Platten eine linear mit der Zeit ansteigende Spannung gelegt. Der Sägezahn-Generator SG liefert eine derartige Spannung. Mit dem Schalter S 5 kann von der y/x- auf die y/t-Darstellung übergegangen und mit dem Schalter S 6 kann die Ablenkzeit etwa zwischen 0,1 µs und 100 s eingestellt werden.

Die Ablenkspannung läuft periodisch und es entsteht die Schwierigkeit, auf dem Leuchtschirm ein stehendes Bild zu erhalten. Um dieses zu erreichen, wird das y-Signal in die Steuereinheit St geführt (Leitung L 1). Dort werden seine Amplitude und Phase bestimmt und die Ablenkspannung wird bei vorgewählten Werten jeweils neu gestartet („*getriggert*"). Bei periodischen Signalen wird so immer dieselbe Kurve geschrieben.

Beim Zurücksetzen der Ablenkspannung von ihrem maximalen Wert auf null würde der Leuchtpunkt von rechts nach links zum Ursprung zurücklaufen und das Bild stören. Um dieses zu vermeiden, wird während dieser Zeit eine negative Spannung an den Wehneltzylinder gelegt (Leitung L 2). Die Elektronen können dadurch nicht den Bildschirm erreichen.

Die Triggereinheit braucht eine gewisse Zeit, um das Signal zu erkennen und den Ablenkvorgang zu starten. Um trotzdem auch steile Signalflanken darstellen zu können, liegt hinter dem y-Verstärker die Funktionsgruppe VZ, die das y-Signal um die für die Steuerung der x-Ablenkung benötigte Zeit verzögert.

Manchmal ist die zu untersuchende Größe y in Abhängigkeit von einem externen Ereignis aufzuzeichnen. Für diesen Fall kann mit dem Schalter S 7 von der internen auf die externe Triggerung umgeschaltet werden.

Nach dieser generellen Übersicht werden nun einige Funktionseinheiten näher erörtert.

Frequenzkompensierter Spannungsteiler. Am Spannungsteiler wird die zu messende Spannung $\underline{U}_1$ auf die zur Aussteuerung des hochohmigen Verstärkers benötigte Spannung $\underline{U}_2$ abgeschwächt. Der Ablenkkoeffizient und der Meßbereich werden eingestellt. Das Teilerverhältnis soll dabei von Gleichspannung aus bis zu einer oberen Grenzfrequenz für alle Frequenzen dasselbe sein. Um dieses Ziel zu erreichen, sind die Streukapazitäten der Widerstände und des

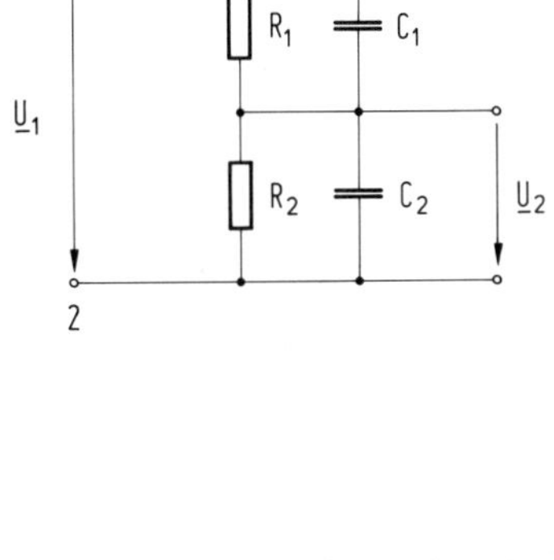

Bild 2.57: Frequenzkompensierter Spannungsteiler

Umschalters zu berücksichtigen. Der Spannungsteiler ist aus Scheinwiderständen $\underline{Z}_i$ aufzubauen, die jeweils aus einem ohmschen Widerstand und einer parallel liegenden Kapazität bestehen (Bild 2.57)

$$\underline{Z}_i = \left(R_i \| \frac{1}{j\omega C_i}\right) = \frac{R_i}{1 + j\omega R_i C_i}. \tag{2.81}$$

Für den Teiler wird das Verhältnis aus angelegter Spannung $\underline{U}_1$ und abgenommener Spannung $\underline{U}_2$

$$\frac{\underline{U}_1}{\underline{U}_2} = \frac{\underline{Z}_1 + \underline{Z}_2}{\underline{Z}_2} = 1 + \frac{\underline{Z}_1}{\underline{Z}_2} = 1 + \frac{R_1}{R_2}\frac{1 + j\omega R_2 C_2}{1 + j\omega R_1 C_1}. \tag{2.82}$$

Das Verhältnis der Spannungen wird von der Frequenz dann unabhängig, wenn in der obigen Gleichung der Term mit $j\omega$ verschwindet. Dies ist der Fall für

$$R_1 C_1 = R_2 C_2. \tag{2.83}$$

Ist diese Bedingung eingehalten, dann ist innerhalb der Bandbreite des Elektronenstrahl-Oszilloskops das Teilerverhältnis frequenzunabhängig mit

$$\frac{\underline{U}_1}{\underline{U}_2} = 1 + \frac{R_1}{R_2}. \tag{2.84}$$

In der Praxis ist der Spannungsteiler mit mehreren Abgriffen ausgeführt. Von den Eingangsklemmen 1 und 2 aus gesehen, beträgt sein Gesamtwiderstand R_E etwa 1 MΩ und seine Kapazität C_E ist ungefähr 25 pF.

Tastteiler. In vielen Fällen wird die zu messende Spannung über längere Leitungen an den Eingang des Oszilloskops geführt. Die Kapazität C_K dieser Leitung liegt parallel zur Eingangskapazität C_E des Spannungsteilers. Die die Spannung $\underline{U}_e$ liefernde Quelle wird mit der Summe C_E^* dieser Kapazitäten belastet, $C_E^* = C_E + C_K$. Der der Quelle entnommene Strom $\underline{I}_e$ nimmt mit der Frequenz und der Kapazität zu:

$$\underline{I}_e = \underline{U}_e \cdot j\omega(C_K + C_E) = \underline{U}_e \cdot j\omega C_E^*. \tag{2.85}$$

Bei ausreichend großen Meßspannungen kann die Rückwirkung des Meßgeräts auf die zu messende Größe dadurch verringert werden, daß ein Tastteiler verwendet und nur ein Bruchteil der Meßspannung an das Oszilloskop geführt wird (Bild 2.58). Der Tastteiler ist mit dem Kabel verbunden. Er enthält den

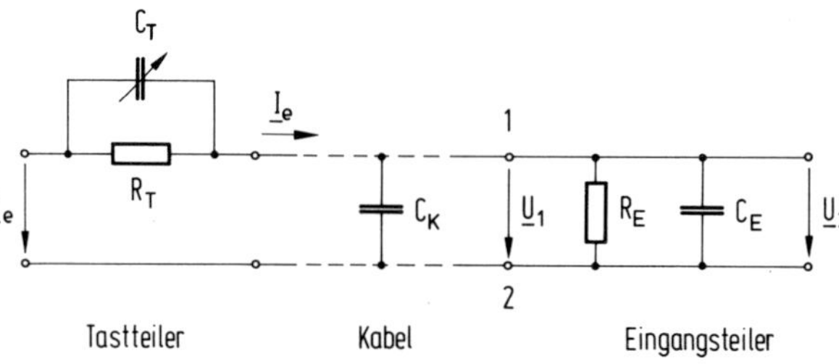

Bild 2.58: Tastteiler am Eingang eines Oszilloskops

festen Widerstand R_T und die veränderliche Kapazität C_T. Letztere ist so einzustellen, daß die Bedingung

$$R_T C_T = R_E C_E^* \qquad (2.86)$$

erfüllt und das Teilerverhältnis damit frequenzunabhängig ist.

Die richtige Einstellung läßt sich prüfen, indem rechteckförmige Impulse auf den Eingang gegeben werden. Bei einer fehlerhaften Frequenzkompensation ist das Dach der dargestellten Impulse entweder steigend oder fallend (Bild 2.59).

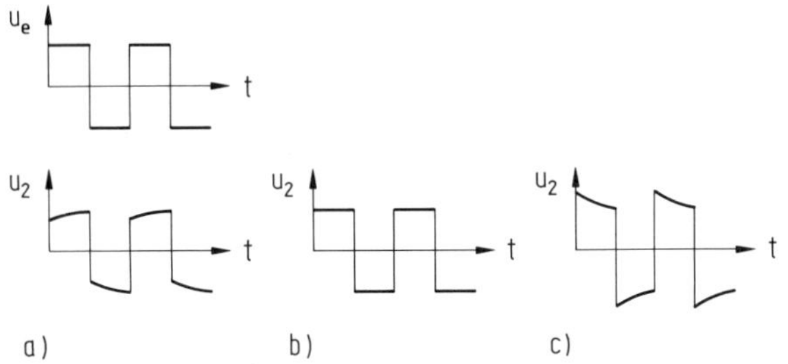

Bild 2.59: Rechteckimpulse an einem RC-Spannungsteiler
$u_e(t)$ Eingangsspannung
$u_2(t)$ Ausgangsspannung bei unterkompensiertem (a), richtig kompensiertem (b) und überkompensiertem (c) Spannungsteiler

Die Differentialgleichung des Spannungsteilers zeigt, daß im Falle a die Kapazität C_T im Tastkopf zu klein ist; der Teiler ist unterkompensiert. Umgekehrt ist bei dem überkompensierten Teiler (Fall c) die Kapazität C_T zu groß. Zu den Zeitpunkten t_0 der Impulsflanken legen praktisch die Kapazitäten das Teilerverhältnis fest mit

$$u_2(t_0) = \frac{C_T}{C_T + C_E^*} u_e(t_0). \qquad (2.87)$$

Sobald zu den Zeitpunkten t_1 keine Ströme mehr durch die Kapazitäten fließen, wird die abgegriffene Spannung u_2 allein durch die ohmschen Widerstände bestimmt:

$$u_2(t_1) = \frac{R_E}{R_T + R_E} u_e(t_1). \qquad (2.88)$$

Bei Verwendung eines Tastkopfes wird die Quelle ohmsch und kapazitiv weniger belastet. Der Lastwiderstand steigt von R_E auf $R_T + R_E$ und die Kapazität nimmt von C_E^* auf $C_T C_E^*/(C_T + C_E^*)$ ab.

Verstärker. In Oszilloskopen werden weitgehend die in dem nächsten Abschnitt zu besprechenden gegengekoppelten Gleichspannungsverstärker verwendet. Sie verstärken Gleich- und Wechselspannungen bis zu einer oberen Grenzfrequenz. Bei einer Bandbreite von 200 MHz beträgt der kleinste Ablenkkoeffizient etwa 1 mV/cm.

Sägezahngenerator. Der Sägezahngenerator liefert die linear mit der Zeit ansteigende Spannung, die an die horizontalen Ablenkplatten (x-Platten) des Oszilloskops gelegt wird. Ein derartiger Spannungsverlauf wird z.B. von den Integrationsverstärkern geliefert (Gl. (2.190)).

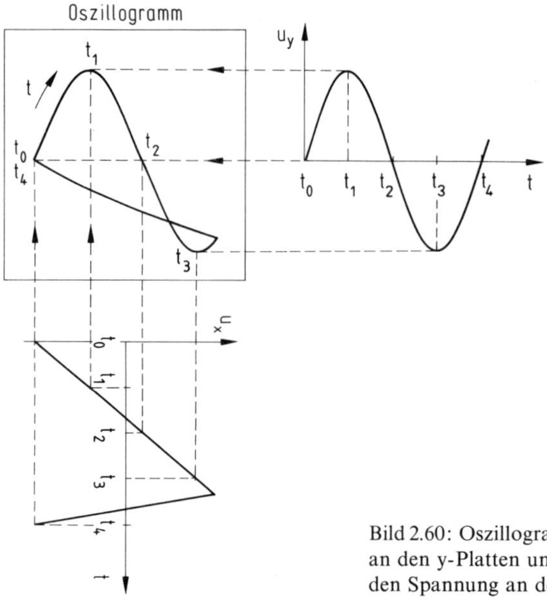

Bild 2.60: Oszillogramm bei einer sinusförmigen Spannung an den y-Platten und einer linear mit der Zeit ansteigenden Spannung an den x-Platten

Aus Bild 2.60 ist im Detail ersichtlich, wie die an den x- und y-Platten anliegenden Spannungen die Koordinaten des Leuchtpunkts bilden. Nimmt die Spannung u_x linear mit der Zeit zu, so wird der zeitliche Verlauf von u_y auf dem Bildschirm dargestellt.

Triggereinheit. Um auf dem Bildschirm ein stehendes Bild eines periodisch verlaufenden Signals zu erhalten, muß immer derselbe Ausschnitt erfaßt werden. Um dies zu erreichen, wird die Größe und die Steigung der an den y-

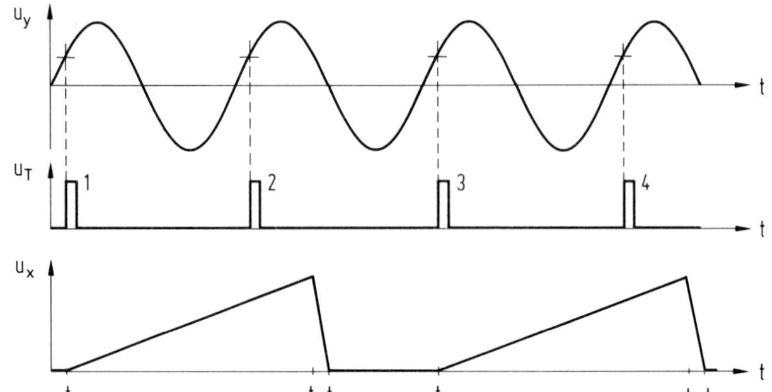

Bild 2.61: Arbeitsweise der Triggereinheit. Bei den eingestellten Werten von u_y wird zum Zeitpunkt t_1 die Zeitablenkung gestartet. Zwischen t_2 und t_3 läuft der Elektronenstrahl zum Anfangspunkt zurück. Zum Zeitpunkt t_4 beginnt ein neuer Ablenkvorgang. Die Kurvenstücke t_1 bis t_2 und t_4 bis t_5 werden übereinander geschrieben.

Platten liegenden Spannung durch die im Steuerteil enthaltene Triggereinheit überwacht. Bei einem ausgewählten, einstellbaren Wertepaar liefert die Triggereinheit einen Impuls, der den Sägezahngenerator und damit die Zeitablenkung startet (Bild 2.61). Während des Laufs des Sägezahngenerators bleiben neu hinzugekommene Triggerimpulse ohne Wirkung. Ist der Leuchtfleck am rechten Bildschirmrand angekommen, so wird der Strahl durch eine Spannung am Wehneltzylinder dunkelgetastet und der Integrator wird zurückgesetzt. Gewartet wird, bis das darzustellende Signal wieder die gewünschte Größe und Steigung erreicht hat. Die Triggereinheit löst dann einen neuen Ablenkvorgang aus und schreibt das zweite Bild direkt über das erste. Dieses geschieht in so kurzen Abständen, daß dem Auge ein stehendes Bild vorgetäuscht wird.

Zweikanalbetrieb. Oft ist es zweckmäßig, zwei Signale y_1 und y_2 zur gleichen Zeit darzustellen. Diese Möglichkeit eröffnet mit einfachen Mitteln ein im y-Kanal sitzender elektronischer Umschalter (Bild 2.62). Dieser Schalter legt abwechselnd entweder y_1 oder y_2 über den Verstärker an die y-Platten des Oszilloskops. Üblicherweise kann zwischen den Darstellungsarten *chopped* und *alternated* gewählt werden. Im Chopper-Betrieb wird während eines Ablenkvorgangs zwischen den Signalen y_1 und y_2 umgeschaltet. Die einzelnen Leuchtpunkte liegen dicht beieinander und erwecken den Eindruck von zwei geschlossenen Kurvenzügen. Bei der alternierenden Betriebsweise werden die Signale im Takt der Zeitablenkung nacheinander dargestellt. Auch hier wird so schnell umgeschaltet, daß das menschliche Auge den Signalwechsel nicht wahrnimmt.

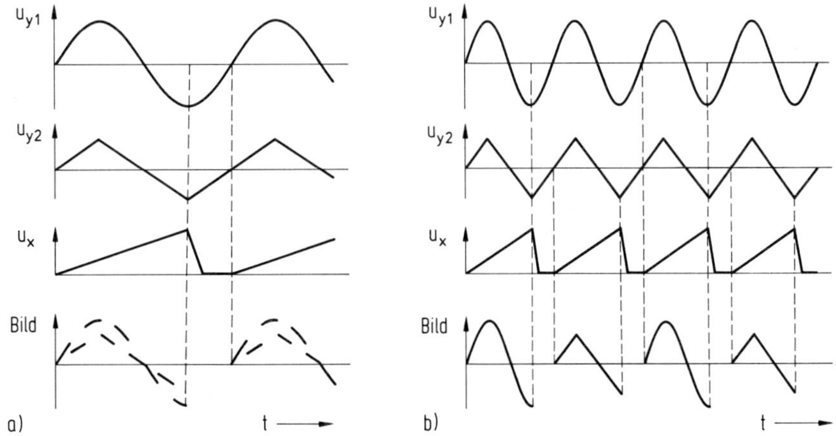

Bild 2.62: Zweikanal-Betrieb mit den Betriebsarten „chopped“ (a) und „alternated“ (b)

Schwierigkeiten entstehen unter Umständen im Chopper-Betrieb bei der Triggerung, durch die die zeitliche Zuordnung der Signale verfälscht werden kann. Der Alternated-Betrieb ist nur für ausreichend hohe Signalfrequenzen sinnvoll, da sonst ein flimmerndes Bild entsteht.

2.4.3 Spezial-Oszilloskope

Zweistrahl-Oszilloskop. Die Schwierigkeiten des Zweikanal-Systems vermeidet das Zweistrahl-Oszilloskop. Dieses enthält eine Röhre mit zwei kompletten Elektrodensystemen. Die Zeitablenkung ist für beide Systeme gemeinsam. Der zeitliche Verlauf von zwei Signalen y_1 und y_2 läßt sich gut darstellen.

Abtast-Oszilloskop. Mit den bis jetzt besprochenen Elektronenstrahl-Oszilloskopen können periodische Signale mit Frequenzen bis zu 500 MHz angezeigt werden. Sollen Signale höherer Frequenzen sichtbar gemacht werden, so muß von der Darstellung in Echtzeit auf eine Abtastung und auf die damit verbundene Änderung der Zeitachse übergegangen werden. Die entsprechenden Sampling- oder Abtast-Oszilloskope tasten das *periodische* Meßsignal punktweise ab (Bild 2.63). Der Momentanwert wird gespeichert, bis der nächste

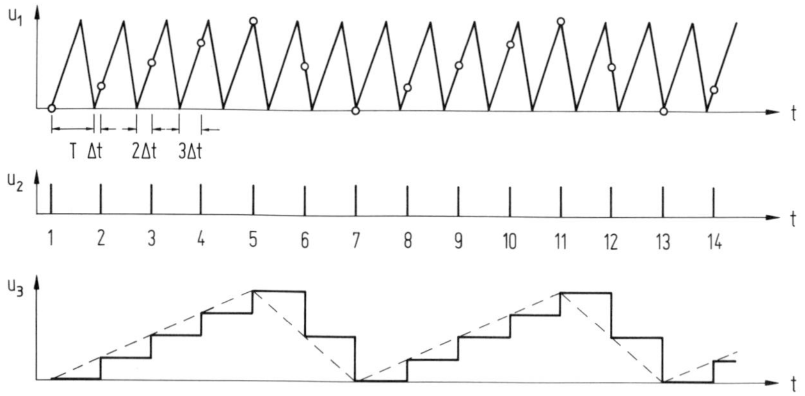

Bild 2.63: Arbeitsweise eines Abtast-Oszilloskops
u_1 zu messende Spannung
u_2 Abtastimpuls
u_3 Meßsignal im gedehnten Zeitmaßstab

Abtastimpuls einen neuen Signalwert festhält. Das Zeitintervall zwischen den Sampling-Impulsen ist etwas größer als ein ganzzahliges Vielfaches der Periodendauer des Meßsignals, so daß das Meßsignal punktweise bei einer jeweils etwas anderen Phasenlage erfaßt wird. Die abgetasteten Werte bilden in Form einer Treppenkurve den Verlauf des ursprünglichen Signals nach, das dann auf einem üblichen Oszillographenschirm dargestellt wird. Wird z.B. das ursprüngliche Signal in jeder zehnten Periode abgetastet und werden hundert Abtastwerte pro Periode genommen, so ist der Zeitmaßstab um den Faktor 1000 gedehnt. Frequenzen bis zu 20 GHz können sichtbar gemacht werden.

Während sonst bei Abtastsystemen die Frequenz der Abtastimpulse höher ist als die des Meßsignals, ist dies beim Sampling-Oszilloskop nicht der Fall.

Speicher-Oszilloskop. Sind keine periodischen Signale, sondern einmalig auftretende Vorgänge zu beobachten, so führt der anzuzeigende Spannungsimpuls nur zu einem kurzen Aufleuchten des Bildschirms. Soll das Bild jedoch für eine gewisse Zeit festgehalten werden, so ist die Verwendung eines Speicher-Elektronen-Oszilloskops, eines Oszilloskops mit einer Ladungsspeicherröhre, erforderlich. Hier wird zunächst der Verlauf des kurzzeitigen Vorgangs auf eine aus vielen hochisolierten Kondensatorelementen bestehende Schicht geschrieben und gespeichert. Die Ladungsverteilung der Kondensatorelemente wird dann von einem zweiten Elektronenstrahlsystem abgetastet und auf einem Leuchtschirm dargestellt. Der aufgenommene Vorgang, wie z.B. ein Ein- oder Ausschaltimpuls oder das Prellen von Kontaktzungen, kann bis zu Stunden angezeigt werden.

Das einmal aufgenommene Bild läßt sich durch die Entladung der Kondensatorelemente wieder löschen. Des weiteren kann die Nachleuchtdauer eingestellt und kontinuierlich verändert werden. Damit ist das Speicher-Oszilloskop auch geeignet, niederfrequente Vorgänge flimmerfrei darzustellen.

Eine weitere vorteilhafte Möglichkeit der Signalspeicherung bietet das im Abschnitt 5.7.8 erwähnte Digital-Oszilloskop.

2.4.4 Betriebsarten des Elektronenstrahl-Oszilloskops

Obwohl bei den vorausgegangenen Erklärungen der Funktionseinheiten schon auf die Anwendung eingegangen ist, sollen hier die wichtigsten Betriebsarten noch einmal im Zusammenhang erwähnt werden.

x/t-Betrieb. Das Meßsignal wird in Abhängigkeit von der Zeit dargestellt. Seine Kurvenform, Phase, Amplitude und Frequenz werden zusammen mit eventuell überlagerten Störspannungen angezeigt. Für Phasenmessungen besonders geeignet ist das Zweistrahl-Oszilloskop.

DC/AC-Umschaltung. In der Betriebsart AC wird über einen Kondensator der Gleichanteil der anliegenden Spannung abgeblockt und nur der Wechselanteil wird angezeigt. In der Stellung DC des Schalters hingegen wird die gesamte Spannung dargestellt. Die Differenz der beiden Anzeigen liefert den Gleichanteil des Signals (Bild 2.64).

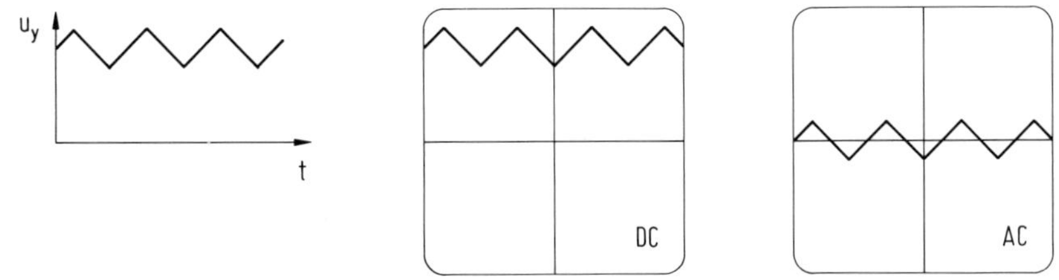

Bild 2.64: Darstellung eines Signals mit einem Gleichanteil in den Betriebsarten DC und AC

x/y-Betrieb. Der x-Kanal wird nicht zur Zeitablenkung benutzt, sondern mit einem interessierenden Signal beschaltet. Das Schirmbild zeigt den Zusammenhang der an den x- und y-Eingängen liegenden Größen. So können z.B. Kennlinien geschrieben werden. Die einer Diode z.B. läßt sich mit einer dem Bild 2.52 ähnlichen Schaltung aufnehmen; die Magnetisierungskennlinie eines Eisenkerns wird in der Schaltung nach Bild 2.65 ermittelt.

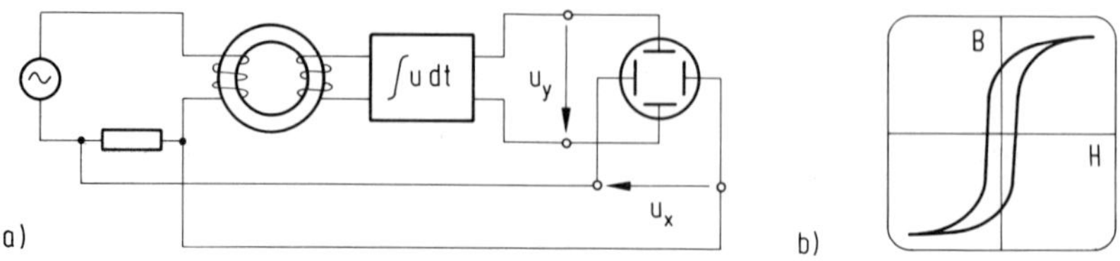

Bild 2.65: x/y-Betrieb eines Oszilloskops; Aufnahme der Magnetisierungskennlinie eines Eisenkerns; Schaltung a und Kennlinie b

Die x- und y-Platten sind räumlich um 90° gedreht. Werden an die Platten zwei periodische Spannungen gleicher Amplitude und gleicher Frequenz, aber mit einer Phasendifferenz von 90° gelegt, so entsteht auf dem Schirm das Bild eines in einem Kreis umlaufenden Leuchtpunktes (Bild 2.66). Auf diese Weise kann z. B. das magnetische Drehfeld eines Induktionsmeßwerkes sichtbar gemacht werden.

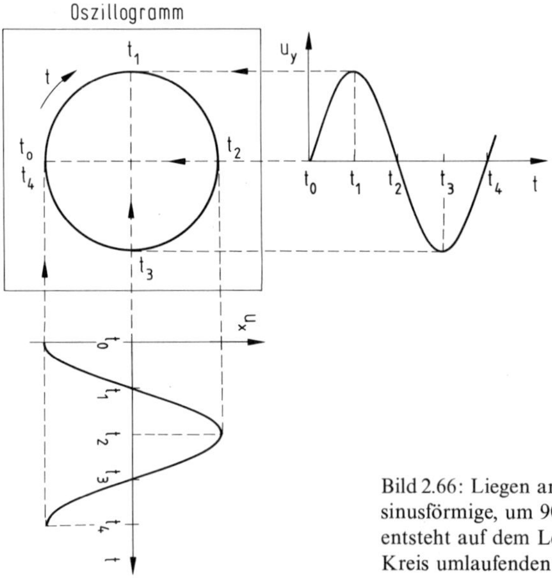

Bild 2.66: Liegen an den Eingängen eines Oszilloskops sinusförmige, um 90° phasenverschobene Spannungen, so entsteht auf dem Leuchtschirm das Bild eines in einem Kreis umlaufenden Punktes

Der Kreis von Bild 2.66 ist eine der Lissajous-Figuren, die entstehen, wenn den x- und den y-Platten zwei Wechselspannungen zugeführt werden. Abhängig von der Phasenverschiebung und dem Frequenzverhältnis der beiden Spannungen werden auf dem Leuchtschirm die in Bild 2.67–2.69 gezeigten Kurven sichtbar.

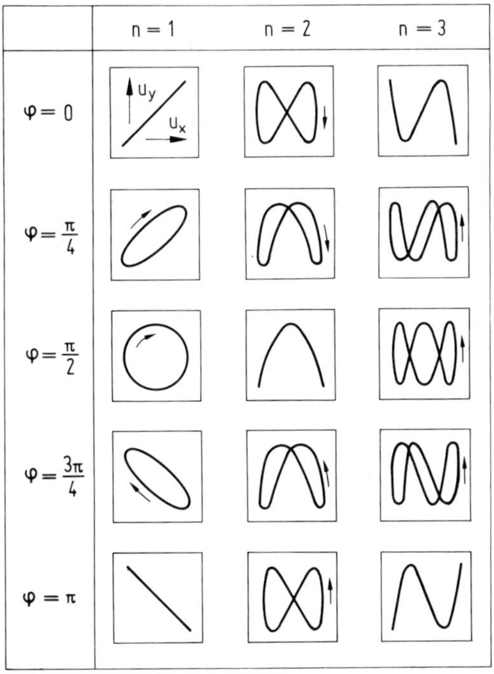

Bild 2.67–2.69: Lissajous-Figuren für $u_x = \hat{u} \sin \omega t$; $u_y = \hat{u} \sin(n \omega t + \varphi)$

2.5 Meßverstärker

2.5.1 Einführung

Aufgabe. In vielen Fällen sind die zu messenden Spannungen und Ströme sehr klein. Hier sind die Meßgrößen durch Verstärker in Signale höherer Leistung umzuformen. Diese können dann störungsfrei übertragen und auch in Meßgeräten mit größerem Eigenverbrauch verarbeitet werden. Im einzelnen sollen die Meßverstärker die folgenden Forderungen erfüllen [0.25]:

- geringe Rückwirkung auf die Meßgröße: Um das Meßobjekt nicht zu belasten, soll bei der Spannungsmessung der Eingangswiderstand des Verstärkers hoch, bei der Strommessung niedrig sein.
- hohes Auflösungsvermögen: Strom- oder Spannungssignale, die nahe der theoretischen Nachweisgrenze liegen, sollen noch erkennbar sein.
- definiertes Übertragungsverhalten: Das Ausgangssignal soll eindeutig vom Eingangssignal abhängen.

- gutes dynamisches Verhalten: Das Ausgangssignal des Verstärkers soll möglichst schnell dem richtigen Meßwert entsprechen.
- eingeprägtes Ausgangssignal: Das Ausgangssignal des Verstärkers soll durch die angeschlossenen Meßgeräte nicht verändert werden.

Ersatzschaltbild. Wir betrachten den Verstärker als einen von der Meßgröße gesteuerten Generator. Im idealen Fall erfolgt die Steuerung leistungslos. Bei einer Spannungsmessung ist der Eingangswiderstand des Verstärkers unendlich groß ($R_e \rightarrow \infty$) und bei einer Strommessung ist der Eingangswiderstand null ($R_e = 0$). Der Verstärker benötigt immer eine Hilfsenergie. Aus ihr stammt dann die am Verstärkerausgang abgegebene Leistung. Der Terminus „Verstärkung" bezieht sich insbesondere auf das Verhältnis von Ausgangs- zu Eingangsleistung.

Eingangsseitig werden Spannungs- und Stromverstärker unterschieden. Sowohl ein Spannungssignal u_e wie auch ein Stromsignal i_e kann entweder den eine Ausgangsspannung u_a oder einen Ausgangsstrom i_a liefernden Generator steuern, so daß die folgenden vier Verstärkertypen entstehen (Bild 2.70):

- der u/u-Verstärker mit der Empfindlichkeit E, bzw. dem Übertragungsfaktor k_u

$$E = k_u = \frac{u_a}{u_e} \text{ in } \frac{V}{V} \qquad (2.90)$$

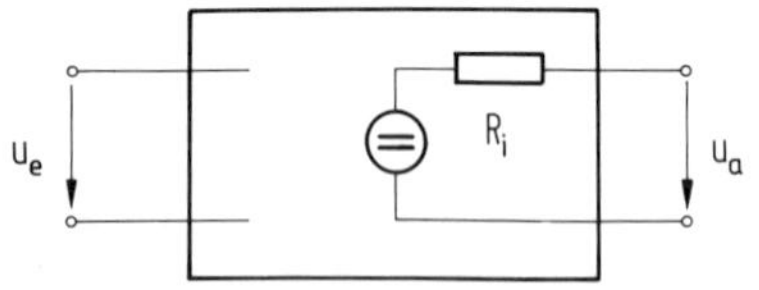

- der u/i-Verstärker mit

$$k_G = \frac{i_a}{u_e} \text{ in } \frac{A}{V} \qquad (2.91)$$

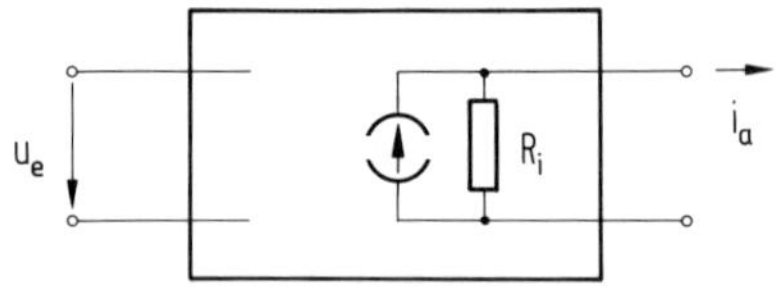

- der i/u-Verstärker mit

$$k_R = \frac{u_a}{i_e} \text{ in } \frac{V}{A} \qquad (2.92)$$

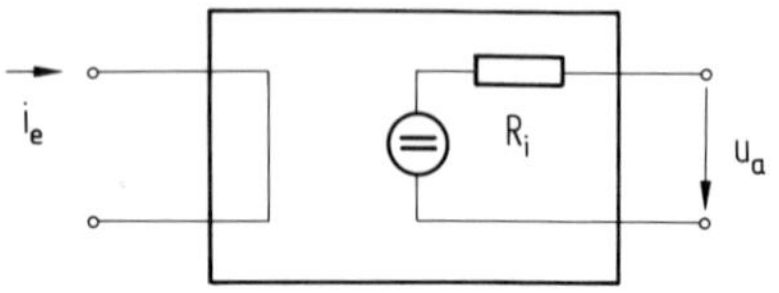

- der i/i-Verstärker mit

$$k_i = \frac{i_a}{i_e} \text{ in } \frac{A}{A}. \qquad (2.93)$$

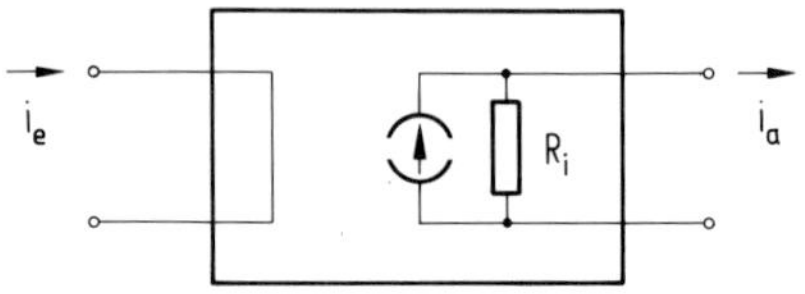

Bild 2.70: Die vier Verstärkertypen

Spannungsgenerator. Der im Verstärker enthaltene Spannungsgenerator liefert die Leerlaufspannung u_{aL} und hat den Innenwiderstand R_i (Bild 2.71). An seinen Klemmen 1 und 2 steht die Spannung u_a

$$u_a = \frac{R_b}{R_i + R_b} u_{aL} \tag{2.94}$$

an. Diese Spannung ist solange gleich der Leerlaufspannung, solange der Lastwiderstand R_b groß gegenüber dem Innenwiderstand R_i der Quelle ist:

$$\frac{u_a}{u_{aL}} = \frac{1}{1 + \frac{R_i}{R_b}}.$$

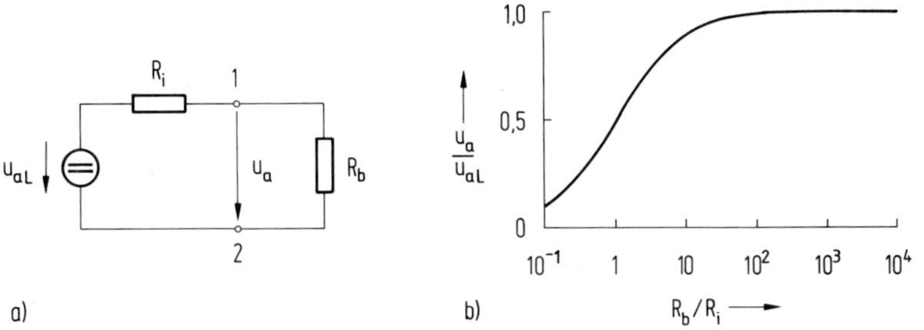

Bild 2.71: Belasteter Spannungsgenerator mit der Leerlaufspannung u_{aL} und dem Innenwiderstand R_i
a) Ersatzschaltbild
b) Ausgangsspannung in Abhängigkeit von R_b/R_i

Ein niedriger Innenwiderstand ist wünschenswert, damit die gelieferte Spannung möglichst unabhängig vom Lastwiderstand, d.h. eingeprägt ist. Er läßt sich, wie Gl. (2.94) zeigt, aus der Leerlaufspannung u_{aL} $(R_b \to \infty)$ und der bei dem Lastwiderstand R_b gemessenen Spannung u_a bestimmen:

$$R_i = \left(\frac{u_{aL}}{u_a} - 1\right) R_b. \tag{2.95}$$

Stromgenerator. Ein Stromgenerator wird im Ersatzschaltbild durch die den Kurzschlußstrom i_{aK} liefernde Quelle mit dem parallel liegenden Innenwiderstand R_i dargestellt (Bild 2.72). Über einen Lastwiderstand R_b fließt der Strom i_a und an den Klemmen 1 und 2 fällt die Spannung $i_a R_b$ ab:

$$R_b i_a = R_i(i_{aK} - i_a). \tag{2.96}$$

Der im Kreis fließende Strom ist solange gleich dem Kurzschlußstrom, solange der Lastwiderstand R_b klein ist gegenüber dem Innenwiderstand R_i der Quelle:

$$\frac{i_a}{i_{aK}} = \frac{1}{1 + \frac{R_b}{R_i}}.$$

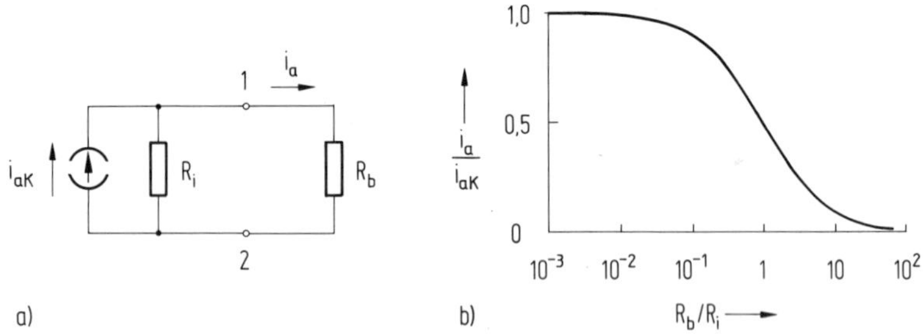

Bild 2.72: Belasteter Stromgenerator mit dem Kurzschlußstrom i_{aK} und dem Innenwiderstand R_i
a) Ersatzschaltbild
b) Ausgangsstrom in Abhängigkeit von R_b/R_i

Für Stromgeneratoren ist ein hoher Innenwiderstand wünschenswert. Er läßt sich aus dem Kurzschlußstrom i_{aK} ($R_b=0$) und dem bei dem Lastwiderstand R_b gemessenen Strom i_a bestimmen zu

$$R_i = \frac{R_b}{\frac{i_{aK}}{i_a} - 1}. \tag{2.97}$$

In der industriellen Praxis wird der Stromausgang, bei dem die Widerstände der zu den angeschlossenen Geräten führenden Leitungen keine Rolle spielen, dem Spannungsausgang vorgezogen. Um auch bei dem einen eingeprägten Strom liefernden Verstärker ohne Unterbrechung des Ausgangskreises Meßgeräte anschließen oder abklemmen zu können, ist der Ausgangskreis als *Diodenkette* aufgebaut (Bild 2.73). Die Anzeigegeräte, Schreiber, Widerstände als i/u-Umformer usw. liegen parallel zu Zenerdioden und schließen diese praktisch kurz, da die an den Verbrauchern abfallenden Spannungen kleiner als die Knickspannungen der Zenerdioden sind. Lediglich in den Fällen, in denen die vorbereiteten Plätze nicht besetzt sind, fließt der eingeprägte Ausgangsstrom über die Zenerdioden.

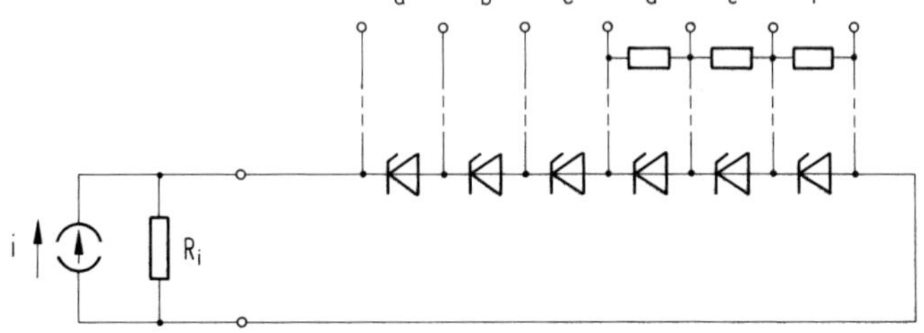

Bild 2.73: Stromgenerator mit Diodenkette. Die Abgänge a bis f führen zu Anzeige-, Register-, Überwachungs-, Steuer-, Regel- und Rechengeräten

Operationsverstärker

Die Meßverstärker sind aus einem oder mehreren Operationsverstärkern aufgebaut. Diese stehen als integrierte Schaltkreise zur Verfügung. Sie sind mehrstufige Gleichspannungsverstärker großer Empfindlichkeit und großer Bandbreite. Sie haben zwei Eingänge und verstärken Spannungsdifferenzen. Ihre meßtechnischen Eigenschaften lassen sich durch eine äußere Beschaltung mit Widerständen, Kondensatoren und Dioden z.B. festlegen. Operationsverstärker sind vielseitig anwendbar [2.6–2.10].

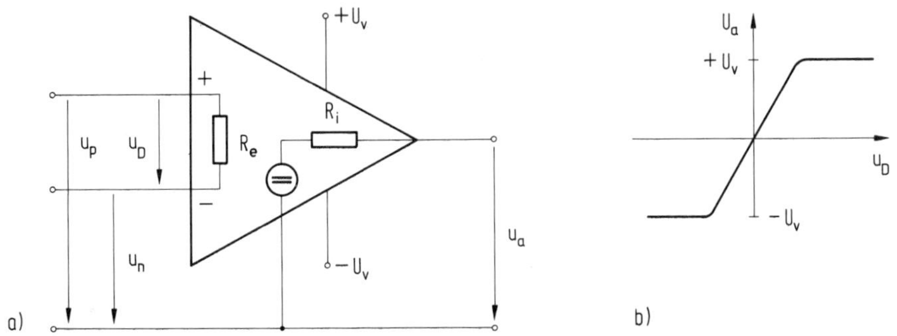

Bild 2.74: Schaltbild (a) und Kennlinie (b) eines Operationsverstärkers

Die Ausgangsspannung u_a eines Operationsverstärkers (Bild 2.74) ist proportional der Differenz u_D aus der am p-Eingang liegenden Spannung u_p und der am n-Eingang anstehenden Spannung u_n. Die Spannungen sind, mit Ausnahme von u_D, auf das gemeinsame Massepotential bezogen. Die Empfindlichkeit k′ des Verstärkers ist

$$k' = \frac{u_a}{u_D} = \frac{u_a}{u_p - u_n}; \qquad u_a = k'(u_p - u_n). \tag{2.98}$$

Der Verstärkungsfaktor k′ hat in der Regel Werte zwischen 10^4 und 10^6. Im Aussteuerbereich wächst die Ausgangsspannung linear mit der Eingangsspannung, kann aber selbstverständlich nicht größer werden als die Versorgungsspannung U_v des Verstärkers.

Wird in der obigen Schaltung der positive Eingang auf Masse gelegt ($u_p = 0$), so haben Eingangs- und Ausgangsspannung unterschiedliche Vorzeichen. Gl. (2.98) geht für $u_p = 0$ über in

$$u_a = -k' u_n. \tag{2.99}$$

Der Verstärker wird in dieser Betriebsart als *invertierend* bezeichnet und von dem nichtinvertierenden mit $u_p \neq 0$ unterschieden.

Wird an beide Eingänge dieselbe Spannung $u_{Gl} = u_p = u_n$ gelegt, so ist $u_p - u_n = 0$. Dementsprechend sollte bei dieser Gleichtaktaussteuerung auch keine Ausgangsspannung auftreten. Dies ist jedoch bei realen Verstärkern nicht der Fall.

Die Ausgangsspannung ändert sich auch bei einer gleichsinnigen Änderung der an den Eingängen liegenden Spannung u_{Gl} und eine Gleichtaktverstärkung k'_{Gl} läßt sich definieren mit

$$k'_{Gl} = \frac{\Delta u_a}{\Delta u_{Gl}}. \tag{2.100}$$

Die Ausgangsspannung u_a des Operationsverstärkers hängt somit von der Differenzspannung u_D und der Gleichtaktspannung u_{GL} ab, wobei als Gleichtaktspannung die niedrigere der beiden Eingangsspannungen genommen wird:

$$u_a = k'_{(u_{Gl} = \text{konst.})} \cdot u_D + k'_{Gl(u_D = \text{konst.})} \cdot u_{Gl}. \tag{2.101}$$

Die Gleichtaktverstärkung ist sehr viel niedriger als k'. Das Verhältnis

$$\frac{k'}{k'_{Gl}} \approx 10^4$$

wird als Gleichtaktunterdrückung bezeichnet. Beim invertierenden Verstärker liegt der p-Eingang auf Masse und eine Gleichtaktaussteuerung tritt dementsprechend nicht auf.

Besondere Probleme entstehen beim realen Operationsverstärker noch durch Nullpunktsänderungen. Auf diese Schwierigkeiten wird im Abschnitt 2.5.6 eingegangen.

Gegenkopplung

Die Operationsverstärker werden gegengekoppelt, damit sie Meßeigenschaften bekommen (Kreisstruktur Abschnitt 1.6.3).

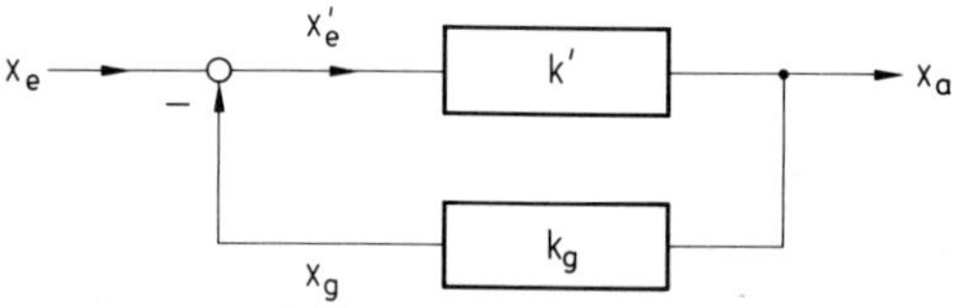

Bild 2.75: Prinzip der Gegenkopplung

Der Verstärker ohne eine äußere Beschaltung, der *offene* Verstärker, ist von dem *gegengekoppelten* zu unterscheiden, bei dem das Ausgangssignal an den Eingang zurückgeführt ist. Im Signalflußplan Bild 2.75 stellt der Block mit der Empfindlichkeit k', dem Eingangssignal x'_e und dem Ausgangssignal x_a den offenen Verstärker dar,

$$x_a = k' x'_e. \tag{2.102}$$

Von dem Ausgangssignal wird der Teil x_g

$$x_g = k_g x_a \tag{2.103}$$

an den Eingang zurückgeführt und vom Eingangssignal x_e abgezogen:

$$x'_e = x_e - x_g. \tag{2.104}$$

Die Empfindlichkeit k des gegengekoppelten Verstärkers mit dem Eingangssignal x_e und dem Ausgangssignal x_a,

$$k = \frac{x_a}{x_e}, \tag{2.105}$$

läßt sich mit den vorausgegangenen Gleichungen überführen in

$$k = \frac{x_a}{x_e' + x_g} = \frac{k' x_e'}{x_e' + k_g k' x_e'} = \frac{k'}{1 + k_g k'}. \tag{2.106}$$

Die Gegenkopplung vermindert also die Empfindlichkeit. Infolge des Nenners von Gl. (2.106) ist k immer kleiner als k'.

Dieser Verlust an Empfindlichkeit wird aber mehr als aufgehoben dadurch, daß die Gegenkopplung die folgenden Eigenschaften des Verstärkers verbessert:

- Ist k' groß genug, so wird die Empfindlichkeit k des gegengekoppelten Verstärkers unabhängig von k'.

$$\lim_{k' \to \infty} k = \lim_{k' \to \infty} \frac{1}{k_g + \frac{1}{k'}} = \frac{1}{k_g}. \tag{2.107}$$

  Die Empfindlichkeit wird nur durch den Übertragungsbeiwert k_g im Rückwärtszweig bestimmt. Dieser läßt sich durch wenige stabile passive Bauelemente realisieren, während in die Empfindlichkeit k' des offenen Verstärkers die Parameteränderungen der aktiven Bauelemente des Verstärkers eingehen.
- Der Eingangswiderstand des Spannungsverstärkers wird – wie noch gezeigt wird – vergrößert, der des Stromverstärkers verringert.
- Der Innenwiderstand des Spannungsgenerators wird verkleinert, der des Stromgenerators erhöht.
- Die Bandbreite wird durch die Gegenkopplung vergrößert. Das Produkt aus Empfindlichkeit und Grenzfrequenz ist konstant (Bild 2.76):

$$k' f_g' = k f_g. \tag{2.108}$$

  In dem Maße, in dem die Gegenkopplung die Empfindlichkeit vermindert, erhöht sie die obere Grenzfrequenz und die Bandbreite.

Keine Verbesserung bringt jedoch die Gegenkopplung für die später noch zu behandelnden Nullpunktfehler.

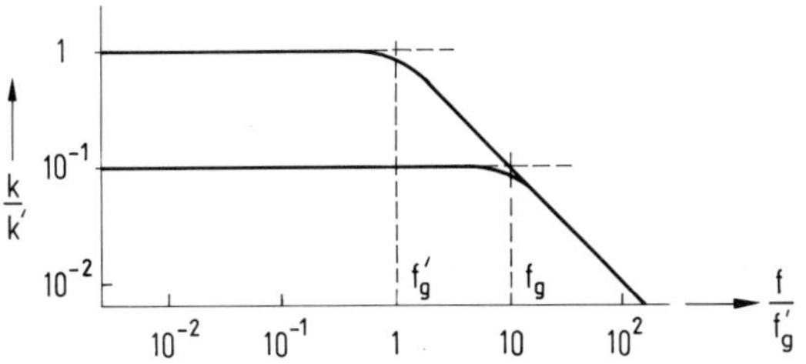

Bild 2.76: Die Grenzfrequenz des gegengekoppelten Verstärkers f_g ist höher als die des offenen Verstärkers f_g'

2.5.2 Nichtinvertierender Spannungsverstärker

Nach den einleitenden Ausführungen des vorausgegangenen Abschnitts sollen nun die Eigenschaften der direktgekoppelten Gleichspannungsverstärker quantitativ beschrieben werden. Die mit einem Strich als oberen Index versehenen Größen beziehen sich dabei auf den offenen, die anderen auf den gegengekoppelten Verstärker.

Gegengekoppelter u/u-Verstärker

In der Schaltung nach Bild 2.77 entsteht der gegengekoppelte Verstärker mit den Klemmenpaaren 1, 2 und 3, 4 aus dem offenen Verstärker mit den Anschlüssen 1', 2' und 3', 4'. Der offene Verstärker mit der Empfindlichkeit k'

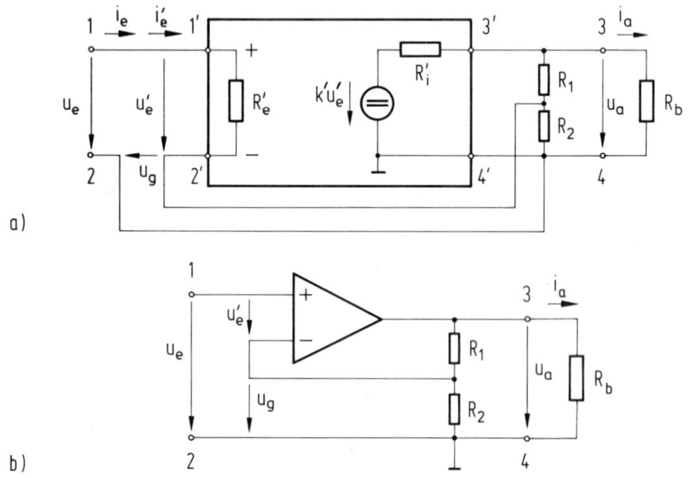

Bild 2.77: Gegengekoppelter u/u-Verstärker mit vierpolig (a) und dreipolig (b) gezeichnetem Grundverstärker

verstärkt die Eingangsspannung u'_e auf $k'u'_e$. Wird der Ausgang belastet, so fällt ein Teil der Spannung am Innenwiderstand R'_i der Spannungsquelle ab und an den Ausgangsklemmen steht die Spannung u_a zur Verfügung. Der Bruchteil u_g

$$u_g = \frac{R_2}{R_1 + R_2} u_a \tag{2.109}$$

wird zur Gegenkopplung an den Eingang zurückgeführt und von der zu messenden Spannung u_e abgezogen.

Damit der Spannungsteiler R_1, R_2 die Quelle nur vernachlässigbar belastet, soll er hochohmig gegenüber R'_i und auch gegenüber R_b sein:

$$R_1 + R_2 \gg R'_i. \quad R_1 + R_2 \gg R_b. \tag{2.110}$$

Im Eingangskreis fließt der Strom $i_e = i'_e$ über die in Reihe liegenden Widerstände R'_e und R_2. Der Spannungsabfall an R_2 soll gegenüber dem an R'_e zu vernachlässigen sein. Dementsprechend wird R_2 so ausgelegt, daß gilt

$$R_2 \ll R'_e. \tag{2.111}$$

Empfindlichkeit. Zunächst soll die Empfindlichkeit k_u des gegengekoppelten Verstärkers, die *Betriebsempfindlichkeit*, berechnet werden:

$$k_u = \frac{u_a}{u_e}. \tag{2.112}$$

Gesucht ist also der Zusammenhang zwischen der Eingangsspannung u_e und der Ausgangsspannung u_a. Um ihn zu finden, werden Maschengleichungen für die Spannungen im Eingangskreis und im Ausgangskreis gebildet:

$$u_e - \frac{R_2}{R_1 + R_2} u_a - u'_e = 0, \tag{2.113}$$

$$k' u'_e - u_a - \frac{R'_i}{R_b} u_a = 0. \tag{2.114}$$

Die Gl. (2.113) wird nach u'_e geordnet

$$u'_e = u_e - \frac{R_2}{R_1 + R_2} u_a$$

und in Gl. (2.114) eingesetzt. Die so entstandene Beziehung enthält nur die Variablen u_e und u_a,

$$k' u_e - k' \frac{R_2}{R_1 + R_2} u_a - u_a - \frac{R'_i}{R_b} u_a = 0$$

$$u_e - \left(\frac{R_2}{R_1 + R_2} + \frac{1}{k'} + \frac{R'_i}{k' R_b}\right) u_a = 0 \tag{2.115}$$

und die Betriebsempfindlichkeit k_u ist

$$k_u = \frac{u_a}{u_e} = \frac{1}{\dfrac{R_2}{R_1 + R_2} + \dfrac{1}{k'} + \dfrac{R'_i}{k' R_b}}. \tag{2.116}$$

Bei einem „idealen" Verstärker mit $k' \to \infty$ geht der letzte Ausdruck über in

$$\lim_{k' \to \infty} k_u = 1 + \frac{R_1}{R_2}; \qquad u_a = \left(1 + \frac{R_1}{R_2}\right) u_e. \tag{2.117}$$

Die Betriebsverstärkung k_u hängt nur von den Widerständen R_1 und R_2 ab. Die Verstärkung k' des offenen Verstärkers, die *Grundverstärkung*, bleibt solange ohne Einfluß, solange sie nur groß genug ist.

Die Stärke der Gegenkopplung wird durch das Verhältnis aus Grundverstärkung und Betriebsverstärkung, durch den sogenannten *Gegenkopplungsgrad g*, charakterisiert:

$$g = \frac{k'}{k_u}. \qquad (2.118)$$

Für eine erste Dimensionierung der Gegenkopplung ist es ausreichend, den offenen Verstärker als ideal ($k' \to \infty$) anzusehen. In diesem Fall benötigt er keine Eingangsspannung, $u'_e = 0$, um eine endliche Ausgangsspannung u_a zu liefern. Die Maschengleichung (2.113) für den Eingangskreis reduziert sich auf

$$u_e - \frac{R_2}{R_1 + R_2} u_a = 0, \qquad (2.119)$$

woraus direkt das Ergebnis (2.117) folgt.

Eingangswiderstand. Der Widerstand R_e zwischen den Eingangsklemmen 1, 2 des Verstärkers (Eingangswiderstand) ist

$$R_e = \frac{u_e}{i_e} = \frac{u_e}{i'_e}. \qquad (2.120)$$

Um ihn mit dem des offenen Verstärkers R'_e

$$R'_e = \frac{u'_e}{i'_e} \qquad (2.121)$$

in Verbindung zu setzen, werden die beiden letzten Gleichungen zusammengefaßt:

$$R_e = \frac{u_e}{u'_e} R'_e. \qquad (2.122)$$

In dieser Gleichung werden jetzt nach (2.112) und (2.114) die Eingangsspannungen durch die Ausgangsspannung und die Verstärkungsfaktoren ausgedrückt:

$$R_e = \frac{\dfrac{u_a}{k_u}}{\dfrac{u_a}{k'}\left(1 + \dfrac{R'_i}{R_b}\right)} R'_e = \frac{k'}{k_u} \frac{1}{1 + \dfrac{R'_i}{R_b}} R'_e \approx \frac{k'}{k_u} R'_e. \qquad (2.123)$$

Der Eingangswiderstand des gegengekoppelten Verstärkers ist also um den Faktor k'/k_u größer als der des offenen. Bei einem idealen Verstärker wird der Eingangswiderstand unendlich

$$\lim_{k' \to \infty} R_e \to \infty, \qquad (2.124)$$

und die Quelle wird nicht belastet, $i'_e = i_e = 0$.

Da früher nur mit Elektrometerröhren derartig hohe Eingangswiderstände erreicht werden konnten, wird der gegengekoppelte nichtinvertierende Verstärker auch als *Elektrometerverstärker* bezeichnet.

Ausgangswiderstand. Der Innenwiderstand des Spannungsgenerators ist der Ausgangswiderstand des Verstärkers. Der des offenen Verstärkers ist R_i'. Der Ausgangswiderstand R_i des gegengekoppelten Verstärkers bezüglich der Klemmen 3 und 4 läßt sich nach Gl. (2.95) aus zwei Spannungsmessungen bestimmen:

$$R_i = \left(\frac{u_{aL}}{u_a} - 1\right) R_b.$$

Um den Zusammenhang zwischen R_i und R_i' zu finden, werden in der letzten Gleichung nach (2.116) die Ausgangsspannungen durch die Eingangsspannung und Verstärkungsfaktoren ersetzt. Die Leerlaufspannung u_{aL} ergibt sich aus (2.116), indem ein unendlich großer Lastwiderstand, $R_b \to \infty$, angenommen und der Term $R_i'/k'R_b$ vernachlässigt wird:

$$R_i = \left(\frac{u_e}{\dfrac{R_2}{R_1 + R_2} + \dfrac{1}{k'}} \; \frac{\dfrac{R_2}{R_1 + R_2} + \dfrac{1}{k'} + \dfrac{R_i'}{k'R_b}}{u_e} - 1 \right) R_b$$

$$R_i = \frac{R_i'}{1 + k'\dfrac{R_2}{R_1 + R_2}} = \frac{R_i'}{1 + \dfrac{k'}{k_u}}. \tag{2.125}$$

Der wirksame Innenwiderstand R_i der Quelle wird durch die Gegenkopplung um den Faktor k'/k_u verkleinert und verschwindet für den idealen Verstärker mit $k' \to \infty$:

$$\lim_{k' \to \infty} R_i = 0. \tag{2.126}$$

Beispiel: Um die Spannung $u_e = 10\,\text{mV}$ auf $u_a = 10\,\text{V}$ zu verstärken, ist die Betriebsempfindlichkeit

$$k_u = \frac{u_a}{u_e} = \frac{10\,\text{V}}{0{,}01\,\text{V}} = 1000$$

erforderlich. Bei einem idealen Operationsverstärker ist dafür nach (2.117) das Teilerverhältnis $R_1 : R_2 = 999$ notwendig, das z.B. mit $R_1 = 999\,\text{k}\Omega$ und $R_2 = 1\,\text{k}\Omega$ erreicht werden kann. (Später wird mit Gl. (2.197) noch begründet, daß der Widerstand R_2 ungefähr so groß wie der Innenwiderstand der Spannungsquelle sein soll.)

Mit diesem Spannungsteiler wird nun ein realer Operationsverstärker

$$k' = 10^5; \qquad R_e' = 10^{10}\,\Omega; \qquad R_i' = 100\,\Omega;$$

mit $R_b = 1\,\text{k}\Omega$ beschaltet. Aus Gl. (2.116) ergibt sich die Betriebsempfindlichkeit zu $k_u = 989$. Der Gegenkopplungsgrad g ist 101. Der Eingangswiderstand R_e erhöht sich nach (2.123) auf $0{,}92 \cdot 10^{12}$ Ω und der Ausgangswiderstand R_i nimmt mit (2.125) auf $0{,}99\,\Omega$ ab (Zeile a von Tabelle 2.1). Um auch mit dem realen Verstärker den Verstärkungsfaktor von 1000 zu erreichen, ist das Verhältnis $R_1 : R_2$ auf 1010,1 zu erhöhen.

Tabelle 2.1 Ein Spannungsverstärker (Operationsverstärker) mit den Daten $k'=10^5$, $R_e'=10^{10}\ \Omega$, $R_i'=10^2\ \Omega$ wird durch die Gegenkopplung zu einem u/u-, u/i-, i/u- oder i/i-Verstärker mit den in der Tabelle angegebenen Eigenschaften. Der Spannungsausgang ist mit $R_b=1\ \mathrm{k}\Omega$, der Stromausgang mit $R_b=200\ \Omega$ belastet.

	Typ	x_e	x_a	$\lim\limits_{k'\to\infty} k$	$k(k'=10^5)$	R_e in Ω	R_i in Ω
a	u/u	10 mV	10 V	$k_u=10^3$	$k_u=989$	$0{,}9\cdot10^{12}$	0,99
b	u/i	10 mV	20 mA	$k_G=2$ A/V	$k_G=1{,}988$ A/V	$1{,}6\cdot10^{12}$	$5\cdot10^4$
c	i/u	10 µA	−10 V	$k_R=-1$ V/µA	$k_R=-0{,}999$ V/µA	1	$1\cdot10^{-3}$
d	i/i	10 µA	−20 mA	$k_i=-2000$	$k_i=-1999$	6	$1\cdot10^6$

Gegengekoppelter u/i-Verstärker

Die Eingangsgröße des u/i-Verstärkers von Bild 2.78 ist eine Spannung, die Ausgangsgröße der eingeprägte Strom i_a. Dieser fließt über den Gegenkopplungswiderstand R_g. Die am R_g abfallende Spannung u_g

$$u_g = R_g i_a \tag{2.127}$$

wird an den Eingang zurückgeführt und von der zu messenden Spannung u_e abgezogen. Der Gegenkopplungswiderstand R_g ist dabei klein gegenüber dem Eingangswiderstand R_e' zu halten,

$$R_g \ll R_e'. \tag{2.128}$$

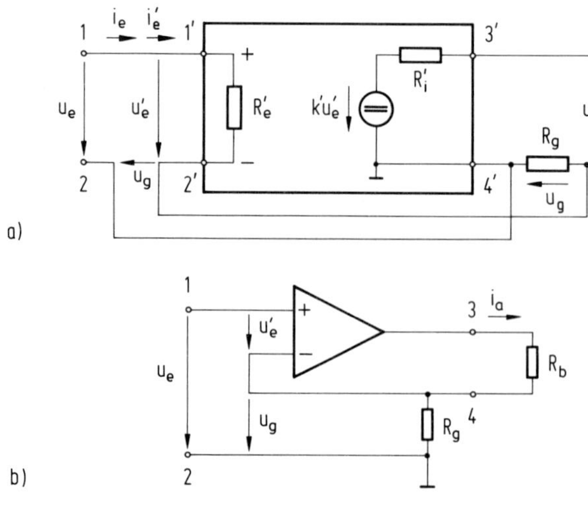

Bild 2.78: Gegengekoppelter u/i-Verstärker mit vierpolig (a) und dreipolig (b) gezeichnetem Grundverstärker

Empfindlichkeit. Die Empfindlichkeit k_G des gegengekoppelten Verstärkers

$$k_G = \frac{i_a}{u_e} \tag{2.129}$$

hat die Einheit eines Leitwerts. Um den Zusammenhang zwischen der Eingangsspannung u_e und dem Ausgangsstrom i_a zu finden, werden die Maschengleichungen für den Ein- und Ausgangskreis aufgestellt:

$$u_e - R_g i_a - u'_e = 0 \tag{2.130}$$

$$k' u'_e - (R_g + R_b + R'_i)\, i_a = 0. \tag{2.131}$$

In dieser Gleichung kann die Eingangsspannung u'_e des offenen Verstärkers nach (2.130) mit

$$u'_e = u_e - R_g i_a$$

eliminiert werden:

$$k' u_e - k' R_g i_a - (R_g + R_b + R'_i)\, i_a = 0. \tag{2.132}$$

Daraus ergibt sich die gesuchte Empfindlichkeit k_G zu

$$k_G = \frac{i_a}{u_e} = \frac{1}{R_g + \frac{1}{k'}(R_g + R_b + R'_i)}. \tag{2.133}$$

Bei dem idealen Verstärker mit $k' \to \infty$ hängt die Empfindlichkeit nur von dem Gegenkopplungswiderstand R_g ab:

$$\lim_{k' \to \infty} k_G = \frac{1}{R_g}; \qquad i_a = \frac{u_e}{R_g}. \tag{2.134}$$

Dieses Ergebnis läßt sich schon direkt aus Gl. (2.130) ablesen. Der ideale Verstärker benötigt keine Eingangsspannung, $u'_e = 0$, so daß mit

$$u_e - R_g i_a = 0$$

die bekannte Gl. (2.134) übrig bleibt.

Eingangswiderstand. Um den sich an den Klemmen 1 und 2 ergebenden Eingangswiderstand zu bestimmen, wird von der Gl. (2.122) ausgegangen

$$R_e = \frac{u_e}{u'_e} R'_e.$$

In dieser Beziehung werden jetzt die Eingangsspannungen nach (2.129) und (2.131) durch den Ausgangsstrom ersetzt:

$$R_e = \frac{i_a}{k_G} \frac{k'}{i_a(R_g + R_b + R'_i)} R'_e = \frac{k'}{k_G} \frac{R'_e}{R_g + R_b + R'_i}. \tag{2.135}$$

Der Eingangswiderstand R_e des gegengekoppelten Verstärkers ist wieder größer als der des offenen Verstärkers R'_e und geht für den idealen Verstärker gegen unendlich:

$$\lim_{k' \to \infty} R_e \to \infty. \tag{2.136}$$

Ausgangswiderstand. Der gegengekoppelte Verstärker liefert den eingeprägten Ausgangsstrom i_a. Das Ersatzschaltbild, das sein Verhalten bezüglich der Klemmen 3 und 4 beschreibt, ist das der Stromquelle von Bild 2.72. Deren Innenwiderstand läßt sich nach Gl. (2.97) aus zwei Strommessungen bestimmen:

$$R_i = \frac{R_b}{\frac{i_{aK}}{i_a} - 1}.$$

Um den Zusammenhang zwischen dem Ausgangswiderstand des gegengekoppelten und des offenen Verstärkers herzustellen, werden in die obige Beziehung die Ausgangsströme nach Gl. (2.133) eingesetzt. Der Kurzschlußstrom $i_{a,K}$ ergibt sich aus (2.133) für $R_b = 0$.

$$R_i = \frac{R_b}{\dfrac{u_e}{R_g + \frac{1}{k'}(R_g + R_i')} \cdot \dfrac{R_g + \frac{1}{k'}(R_g + R_b + R_i')}{u_e} - 1}$$

$$= R_i' + (1 + k')\, R_g. \tag{2.137}$$

R_i ist jetzt größer als R_i'. Obwohl der offene Verstärker eine Spannungsquelle mit dem Innenwiderstand R_i' darstellt, zeigt der gegengekoppelte Verstärker das Verhalten einer Stromquelle mit dem für eine Stromquelle erforderlichen hohen Innenwiderstand R_i. Bei dem idealen Verstärker geht der Innenwiderstand gegen unendlich,

$$\lim_{k' \to \infty} R_i \to \infty. \tag{2.138}$$

Vergleich mit dem Spannungskompensator. Der gegengekoppelte u/i-Verstärker nach Bild 2.78 unterscheidet sich bezüglich seiner Klemmen nicht von dem Spannungskompensator Bild 2.42b. Bei dem Kompensator steuert der Flügel des Drehspulinstruments den Ausgangsstrom, bei dem (mehrstufigen) Operationsverstärker verstellt die zu messende Spannung z.B. als Basis-Ermitter-Spannung eines Transistors dessen Kollektorstrom (Ausgangssignal). Trotzdem ist die Funktionsweise der beiden Schaltungen identisch. Von außen kann nicht auf die innere Ausführung geschlossen werden. Der Vergleich verdeutlicht die dem Kompensator und dem gegengekoppelten Verstärker gemeinsam zugrundeliegende Kreisstruktur. Operationsverstärker lassen sich preiswerter fertigen und sind zuverlässiger als die bewegte Bauelemente enthaltenden Kompensatoren und werden daher immer häufiger verwendet.

Beispiel. Mit einem idealen Verstärker soll eine Spannung von 10 mV in einen Strom von 20 mA umgeformt werden. Der notwendige Gegenkopplungswiderstand R_g errechnet sich nach (2.134) zu

$$R_g = \frac{u_e}{i_a} = \frac{10\,\text{mV}}{20\,\text{mA}} = 0{,}5\,\Omega.$$

Entsprechend gilt $k_G = \frac{1}{R_g} = 2\,\frac{mA}{mV}$.

Wird wieder der reale Operationsverstärker des vorausgegangenen Abschnitts zugrundegelegt und mit dem Widerstand $R_b = 200\,\Omega$ beschaltet, so errechnet sich nach (2.133) der Übertragungsfaktor k_G zu $1{,}998\,\Omega^{-1}$. Die Gl. (2.135) liefert den Eingangswiderstand R_e zu $1{,}67 \cdot 10^{12}\,\Omega$ und der Ausgangswiderstand (Gl. (2.137)) ist mit 50,1 kΩ der einer eingeprägten Stromquelle (Zeile b von Tabelle 2.1).

2.5.3 Invertierender Stromverstärker

Der p-Eingang des invertierenden Verstärkers liegt an Masse, so daß keine Gleichtaktspannungen auftreten können. Die Gegenkopplung führt, wie noch gezeigt wird, zu einem niedrigen Eingangswiderstand. Der invertierende Verstärker ist damit ein Strom- und nicht ein Spannungsverstärker.

Gegengekoppelter i/u-Verstärker

Der Strom i_e ist das Eingangssignal, die Spannung u_a das Ausgangssignal des gegengekoppelten i/u-Verstärkers (Bild 2.79). Zur Gegenkopplung wird der Strom i_g zurückgeführt und dem zu messenden Strom i_e hinzugefügt. Da Ströme in Knotenpunkten, Spannungen in Maschen addiert werden, können Strom- und Spannungsverstärker anhand der jeweiligen Eingangsschaltung unterschieden werden. Der zurückgeführte Strom i_g ergibt sich aus dem an der Spannung $u_a - u_e'$ liegenden Gegenkopplungswiderstand R_g. Der Gegenkopplungswiderstand ist so auszulegen, daß die Bedingungen

$$R_e' \gg R_g \quad \text{und } R_g \gg R_i' \tag{2.140}$$

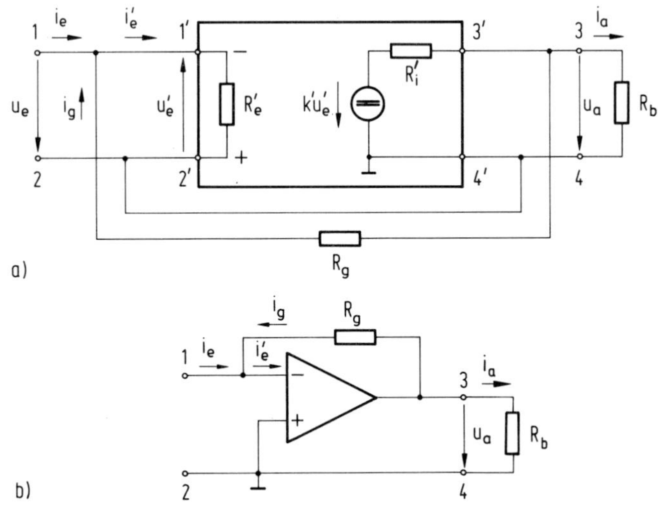

Bild 2.79: Gegengekoppelter i/u-Verstärker mit vierpolig (a) und dreipolig (b) gezeichnetem Grundverstärker

eingehalten sind. In diesem Fall wird einerseits der rückgeführte Strom i_g durch R_g bestimmt und andererseits die Ausgangsspannung nicht zu sehr belastet.

Empfindlichkeit. Gesucht ist der Zusammenhang zwischen dem Eingangsstrom i_e und der Ausgangsspannung u_a. Die Rechnung wird hier etwas umfangreicher als beim Spannungsverstärker, da aus den in den Ansätzen stehenden Größen i_e, u_a, u'_e, i_g die beiden letzteren zu eliminieren sind. Die Knotenpunktgleichung im Eingangskreis liefert

$$i_e + i_g - i'_e = 0. \tag{2.141}$$

Sie wird unter Berücksichtigung der für den offenen Verstärker geltenden Beziehung $i'_e R'_e = -u'_e$ nach i_g geordnet

$$i_g = -i_e - \frac{u'_e}{R'_e}. \tag{2.142}$$

Indem in die Maschengleichung

$$u'_e - R_g i_g + u_a = 0 \tag{2.143}$$

die Gl. (2.142) eingeführt wird, entsteht

$$u'_e + R_g i_e + \frac{R_g}{R'_e} u'_e + u_a = 0. \tag{2.144}$$

Hier kann wegen (2.140) der 3. Term gegenüber dem ersten vernachlässigt werden und übrig bleibt

$$u'_e = -R_g i_e - u_a. \tag{2.145}$$

Nun wird die Maschengleichung für den Ausgang aufgestellt, die Beziehung $i_a R_b = u_a$ berücksichtigt und Gl. (2.142) eingeführt

$$k' u'_e + u'_e - R_g i_g - R'_i(i_a + i_g) = 0 \tag{2.146}$$

$$k' u'_e + u'_e + R_g i_e + \frac{R_g}{R'_e} u'_e - \frac{R'_i}{R_b} u_a + R'_i i_e + \frac{R'_i}{R'_e} u'_e = 0 \tag{2.147}$$

In dieser Gl. können der 2., 4. und der letzte Term gegenüber dem 1. unberücksichtigt bleiben. Mit Gl. (2.145) geht (2.147) über in

$$-k' R_g i_e - k' u_a + R_g i_e - \frac{R'_i}{R_b} u_a + R'_i i_e = 0. \tag{2.148}$$

Jetzt darf der 3. Term gegenüber dem ersten vernachlässigt werden und die gesuchte Betriebsverstärkung k_R des gegengekoppelten Verstärkers ergibt sich zu

$$k_R = \frac{u_a}{i_e} = -\frac{k' R_g - R'_i}{k' + \dfrac{R'_i}{R_b}} = -\frac{R_g - \dfrac{R'_i}{k'}}{1 + \dfrac{R'_i}{k' R_b}}. \tag{2.149}$$

Für den idealen Verstärker mit $k' \to \infty$ wird diese Gleichung besonders einfach mit

$$\lim_{k' \to \infty} k_R = -R_g; \qquad u_a = -R_g i_e. \tag{2.150}$$

Maßgebend für die Verstärkung ist allein der Gegenkopplungswiderstand R_g, wobei das Minuszeichen die invertierende Eigenschaft zum Ausdruck bringt.

Die letzte Gleichung läßt sich auch schneller gewinnen. Der ideale Verstärker benötigt weder einen Eingangsstrom noch eine Eingangsspannung, $i'_e = 0$, $u'_e = 0$. Unter diesen Voraussetzungen folgt aus der Knotenpunktgleichung (2.141) $i_e = -i_g$ und aus der Maschengleichung (2.143) $u_a = R_g i_g$. Indem diese beiden Ergebnisse zusammengefaßt werden, ergibt sich mit

$$u_a = -R_g i_e$$

die schon bekannte Beziehung (2.150).

Eingangswiderstand. Bei den gewählten Zählpfeilen sind die Eingangsspannungen des Stromverstärkers entgegengesetzt gleich:

$$u_e = -u'_e.$$

Der Eingangswiderstand zwischen den Klemmen 1 und 2 ist

$$R_e = \frac{u_e}{i_e} = -\frac{u'_e}{i_e}. \tag{2.151}$$

Mit (2.145) geht dieser Ausdruck über in

$$R_e = R_g + k_R. \tag{2.152}$$

Für eine unendlich große Grundverstärkung gilt $k_R = -R_g$ und der Eingangswiderstand des gegengekoppelten invertierenden Verstärkers wird null:

$$\lim_{k' \to \infty} R_e = R_g - R_g = 0. \tag{2.153}$$

Der gegengekoppelte invertierende Verstärker verhält sich so, als läge neben dem p- auch der n-Eingang und damit auch der Knotenpunkt im Eingangskreis an Masse. Der n-Eingang wird aus diesem Grunde häufig als virtuelles Massepotential bezeichnet.

Ausgangswiderstand. Wie beim u/u-Verstärker wird von Gl. (2.95) ausgegangen. Indem aus Gl. (2.149) die Werte für u_a und u_{aL} eingesetzt werden, entsteht das Ergebnis:

$$R_i = \frac{R'_i}{k'}. \tag{2.154}$$

Der Innenwiderstand des Spannungsgenerators geht für den idealen Verstärker wieder gegen Null:

$$\lim_{k' \to \infty} R_i = 0. \tag{2.155}$$

Beispiel. Mit einem idealen Verstärker soll ein Strom von 10 µA in eine Spannung von −10 V umgeformt werden. Der erforderliche Gegenkopplungswiderstand errechnet sich aus (2.150) zu

$$R_g = -\frac{u_a}{i_e} = -\frac{-10\,\text{V}}{10\,\mu\text{A}} = 1\,\text{M}\Omega.$$

Wird jetzt der reale Operationsverstärker des vorausgegangenen Abschnitts zugrundegelegt und mit dem Widerstand $R_b = 1\,\text{k}\Omega$ beschaltet, so nimmt die Empfindlichkeit k_R leicht auf $-0{,}999998\,\text{V}/\mu\text{A}$ ab. Der Eingangswiderstand R_e des Stromverstärkers (2.152) ist mit $1\,\Omega$ sehr viel niedriger als der des offenen Verstärkers ($R'_e = 10^{10}\,\Omega$). Der Ausgangswiderstand ergibt sich aus (2.154) zu $10^{-3}\,\Omega$ (Zeile c von der Tabelle 2.1).

Gegengekoppelter i/i-Verstärker

Der i/i-Verstärker hat einen Strom als Ein- und Ausgangssignal (Bild 2.80). Der rückgeführte Strom i_g wird durch den Spannungsabfall an R_2 und durch den Widerstand R_1 bestimmt. Die beiden Widerstände sind so auszulegen, daß sie jeweils klein gegenüber R'_e bleiben:

$$R_1 \ll R'_e; \qquad R_2 \ll R'_e. \tag{2.156}$$

a)

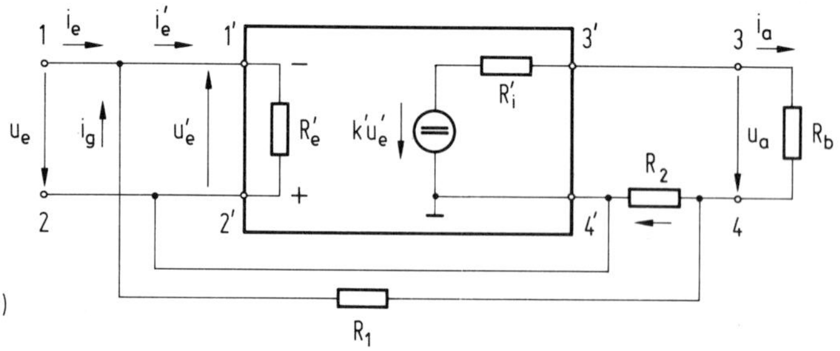

b)

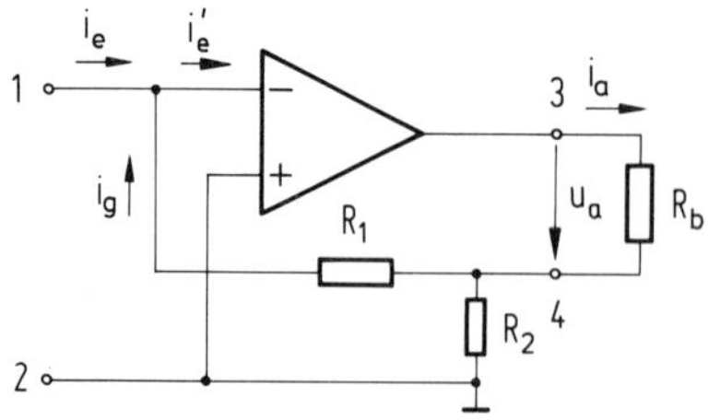

Bild 2.80: Gegengekoppelter i/i-Verstärker mit vierpolig (a) und dreipolig (b) gezeichnetem Grundverstärker

Empfindlichkeit. Um die Abhängigkeit des Ausgangsstroms vom Eingangsstrom zu finden, werden wieder die Knoten- und Maschengleichungen aufgestellt. Die Stromaufteilung im Eingangskreis ist dieselbe wie beim i/u-Verstärker, so daß von dort die Beziehung (2.142) übernommen werden kann.

$$i_g = -i_e - \frac{u'_e}{R'_e} \tag{2.142}$$

Die Maschengleichung für den Verstärkereingang

$$u'_e - R_1 i_g + R_2(i_a - i_g) = 0 \tag{2.157}$$

geht mit (2.142) über in

$$u'_e + R_1 i_e + \frac{R_1}{R'_e} u'_e + R_2 i_a + R_2 i_e + \frac{R_2}{R'_e} u'_e = 0. \tag{2.158}$$

Hier brauchen wegen (2.156) der 3. und der letzte Term nicht weiter berücksichtigt werden, so daß sich die Eingangsspannung u'_e des offenen Verstärkers darstellen läßt als

$$u'_e = - R_1 i_e - R_2 i_e - R_2 i_a. \tag{2.159}$$

Wird nun in die Maschengleichung für den Ausgang

$$k' u'_e + u'_e - R_1 i_g - R_b i_a - R'_i i_a = 0 \tag{2.160}$$

die Gl. (2.142) eingeführt, so entsteht

$$k' u'_e + u'_e + R_1 i_e + \frac{R_1}{R'_e} u'_e - R_b i_a - R'_i i_a = 0. \tag{2.161}$$

Hier dürfen der 2. und der 4. Term gegenüber dem ersten vernachlässigt werden. Mit Gl. (2.159) folgt als Endergebnis mit $R_1 i_e \ll k' R_1 i_e$

$$- k' R_1 i_e - k' R_2 i_e - k' R_2 i_a + R_1 i_e - R_b i_a - R'_i i_a = 0 \tag{2.162}$$

$$k_i = \frac{i_a}{i_e} = - \frac{R_1 + R_2}{R_2 + \frac{R_b}{k'} + \frac{R'_i}{k'}}. \tag{2.163}$$

Für $k' \to \infty$ wird Empfindlichkeit unabhängig von den Eigenschaften des offenen Verstärkers und allein durch die Widerstände R_1 und R_2 bestimmt

$$\lim_{k' \to \infty} k_i = - \frac{R_1 + R_2}{R_2}; \qquad i_a = - \left(1 + \frac{R_1}{R_2}\right) i_e. \tag{2.164}$$

Dieses Ergebnis ist für den idealen Verstärker mit $i'_e = 0$, $u'_e = 0$ auch direkt zu gewinnen. Die Knotenpunktgleichung (2.142) liefert $i_e = -i_g$ und die Maschengleichung (2.157) ergibt $i_g = R_2 i_a/(R_1 + R_2)$. Aus der Kombination der beiden Ausdrücke ensteht die Gl. (2.164).

Eingangswiderstand. Die Gl. (2.159) in (2.151) eingesetzt liefert

$$R_e = \frac{(R_1 + R_2) i_e + R_2 i_a}{i_e} = R_1 + R_2 + k_i R_2. \tag{2.165}$$

Der Eingangswiderstand des idealen Verstärkers wird null bei $k' \to \infty$:

$$\lim_{k' \to \infty} R_e = R_1 + R_2 - \frac{R_1 + R_2}{R_2} R_2 = 0. \tag{2.166}$$

Der n-Eingang und der Knoten im Eingangskreis können wieder als virtuelles Massepotential angesehen werden.

Ausgangswiderstand. In die Gl. (2.97) für den Ausgangswiderstand des Stromgenerators werden die Ströme nach Gl. (2.163) eingeführt. Damit ergibt sich der Ausgangswiderstand R_i zu

$$R_i = R_i' + k' R_2. \tag{2.167}$$

Der ideale Verstärker enthält eine ideale Stromquelle mit einem unendlich großen Innenwiderstand

$$\lim_{k' \to \infty} R_i \to \infty. \tag{2.168}$$

Vergleich mit dem Stromkompensator. Die Bilder 2.43b und 2.80 zeigen, daß dem Stromkompensator und dem gegengekoppelten Stromverstärker dieselben Strukturen zugrundeliegen.

Beispiel. Ein Strom von 10 µA soll auf −20 mA verstärkt werden. Die Gleichung (2.164) liefert für das Verhältnis R_1/R_2 den Wert 1999. Wird R_2 z.B. zu 10 Ω gewählt (0,1 R_i'), so ist R_1 mit 19,99 kΩ zu dimensionieren. Bei dem realen Verstärker mit den Daten von Tabelle 2.1 geht nach (2.163) die Empfindlichkeit von −2000 geringfügig auf −1999,4 zurück. Der Eingangswiderstand ist nach Gl. (2.165) 6 Ω und Gl. (2.167) liefert für den Ausgangswiderstand den Wert von $R_i = 1$ MΩ.

2.5.4 Anwendungen des Spannungsverstärkers

Der Spannungsverstärker, charakterisiert durch seinen hohen Eingangswiderstand, wird natürlich zur Spannungsmessung verwendet. Als Beispiele für weitere Einsatzmöglichkeiten werden nachfolgend einige für die Meßtechnik wichtige erläutert. Dabei wird jeweils der ideale Verstärker mit $u_e = u_g$ zugrundegelegt.

Konstantspannungs- und Konstantstromquelle. Galvanische Elemente und mit Zenerdioden stabilisierte Schaltungen werden als *Konstantspannungsquellen* verwendet. Bei einer wechselnden Belastung ändert sich jedoch die abgegebene Spannung und die Eigenschaft der Konstanz geht verloren. Hier helfen die gegengekoppelten Verstärker weiter. Der von Bild 2.81a bildet aus der konstanten Eingangsspannung U_{e0} die konstante Ausgangsspannung U_{a0} mit

$$U_{a0} = \left(1 + \frac{R_1}{R_2}\right) U_{e0}. \tag{2.170}$$

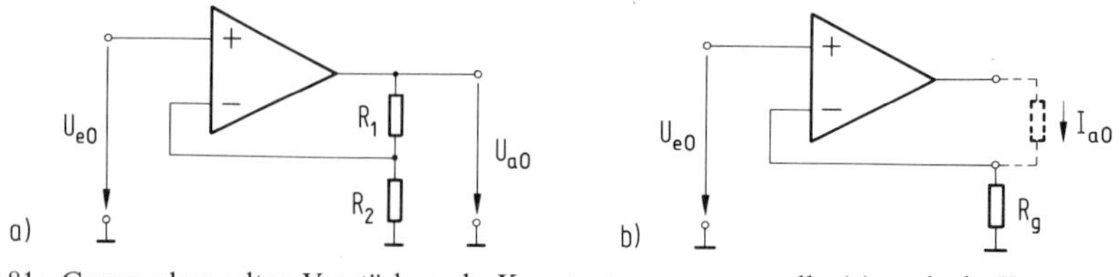

Bild 2.81: Gegengekoppelter Verstärker als Konstantspannungsquelle (a) und als Konstantstromquelle (b)

Infolge des gleichbleibend hohen Verstärker-Eingangswiderstandes wird die Quelle praktisch nicht belastet und ihre Spannung U_{e0} bleibt konstant. Die Ausgangsspannung U_{a0} des Verstärkers andererseits ist eingeprägt und in weiten Grenzen vom entnommenen Strom unabhängig (Bild 2.71).

Wird anstelle des u/u- ein u/i-Verstärker verwendet, so ergibt sich eine den eingeprägten Strom I_{a0} liefernde *Konstantstromquelle* (Bild 2.81b):

$$I_{a0} = \frac{U_{e0}}{R_g}. \quad (2.171)$$

Spannungsfolger. Wird der Spannungsverstärker mit $R_1 = 0$ und $R_2 \to \infty$ gegengekoppelt (Bild 2.82), so wird die gesamte Ausgangsspannung u_a zurückgeführt und die Ausgangsspannung wird gleich der Eingangsspannung,

$$u_a = u_e. \quad (2.172)$$

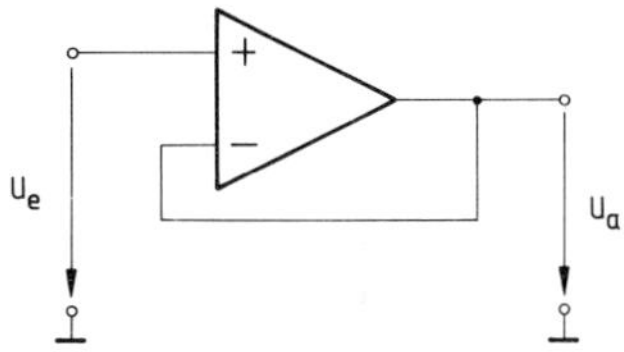

Bild 2.82: Spannungsfolger oder Impedanzwandler

Der Spannungsfolger oder *Impedanzwandler* bringt in den Fällen Vorteile, in denen Quellen mit einem großen Innenwiderstand schon ausreichend hohe Spannungen liefern. Er ändert nicht die Höhe der Spannung, sondern erleichtert ihre Weiterverarbeitung dadurch, daß jetzt die aus einer niederohmigen Quelle stammende Verstärkerausgangsspannung zu messen ist. Der Impedanzwandler wird insbesondere in Abtast- und Haltegliedern und bei Impulsmessungen verwendet. Hier wird der Ausgangswiderstand des Verstärkers an den Wellenwiderstand des Kabels angepaßt, wodurch sich unerwünschte Reflexionen weitgehend vermeiden lassen.

Präzisions-Spitzenwertgleichrichter. Die in Bild 2.21 gezeigte Schaltung zur Messung des Scheitelwerts einer Wechselspannung hat den Nachteil, daß die Kondensatorspannung u_C jeweils um den Spannungsabfall u_D an der Diode kleiner als der Scheitelwert ist, $u_C = \hat{u}_e - u_D$. Dieser Fehler läßt sich vermeiden, wenn die Diode an den Ausgang eines Spannungsverstärkers gelegt und die Spannung hinter der Diode an den Eingang zurückgeführt wird (Bild 2.83a). Jetzt wird der Kondensator, unabhängig von dem Spannungsabfall an der Diode, immer auf den Scheitelwert der Eingangsspannung aufgeladen:

$$u_C = u_a = \hat{u}_e. \quad (2.173)$$

Bei der Messung des Gleichrichtwerts von Wechselspannungen mit dem Drehspulinstrument störte die nichtlineare Diodenkennlinie (Abschnitt 2.1.3). Wird die zu messende Spannung jedoch zunächst in einen Strom umgesetzt und wird dieser dann gleichgerichtet, so spielt die Diodenkennlinie keine Rolle

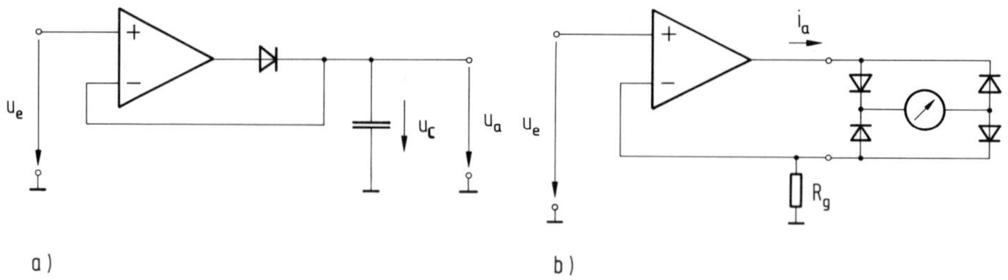

Bild 2.83: Präzisions-Gleichrichter für a) positiven Spitzenwert (Spannungsausgang) und b) Gleichrichtwert (Stromausgang)

mehr (Bild 2.83 b). Der vom Drehspulinstrument gemessene Gleichrichtwert ist proportional dem Spitzenwert des Ausgangsstroms, der wiederum streng proportional dem Spitzenwert der Eingangsspannung ist:

$$\overline{|i_a|} = \frac{2}{\pi}\,\hat{i}_a = \frac{2}{\pi}\,\frac{\hat{u}_e}{R_g}. \tag{2.174}$$

2.5.5 Anwendungen des Stromverstärkers

Der invertierende Verstärker wird in den Fällen eingesetzt, in denen der niedrige Eingangswiderstand des Stromverstärkers entweder erforderlich ist oder nicht stört. Er ist in der Meß-, Regel- und Simulationstechnik für sehr unterschiedliche Aufgaben verwendbar. Beispielhaft wird in diesem Abschnitt gezeigt, wie sich mit seiner Hilfe Rechenoperationen durchführen lassen.

Den nachfolgenden Ableitungen liegt wiederum der ideale Verstärker zugrunde, bei dem der Eingangsstrom i_e entgegengesetzt gleich ist dem rückgeführten Strom i_g, $i_e = -i_g$.

Der p-Eingang liegt an Masse. Die Gleichtaktspannung ist damit null. Der n-Eingang darf als virtuelle Masse betrachtet werden.

Invertieren. Der im Eingangs- und Gegenkopplungskreis den gleichen Widerstand R enthaltende Invertierer von Bild 2.84 liefert die Ausgangsspannung u_a. Diese ist entgegengesetzt gleich der Eingangsspannung u_e, wie aus $i_e = -i_g$ folgt:

$$\frac{u_e}{R} = -\frac{u_a}{R}; \qquad u_a = -u_e. \tag{2.175}$$

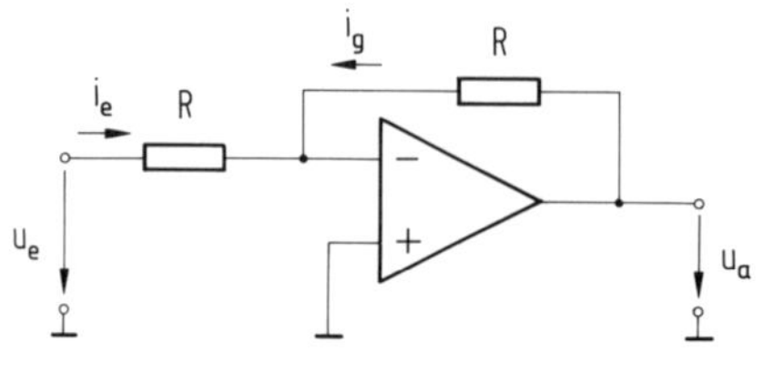

Bild 2.84: Polaritätsumkehr durch den invertierenden Verstärker

Addieren. Sind die zwei Spannungen u_1 und u_2 zu addieren, so sind sie zunächst über die Widerstände R_1 und R_2 in die Ströme i_1 und i_2 umzuformen (Bild 2.85). Die Ströme fließen in den Knoten 1. Dieser liegt an der virtuellen Masse und es gilt

$$i_1 + i_2 + i_g = 0; \qquad \frac{u_1}{R_1} + \frac{u_2}{R_2} + \frac{u_a}{R_g} = 0$$

$$u_a = -\left(\frac{u_1}{R_1} + \frac{u_2}{R_2}\right) R_g. \tag{2.176}$$

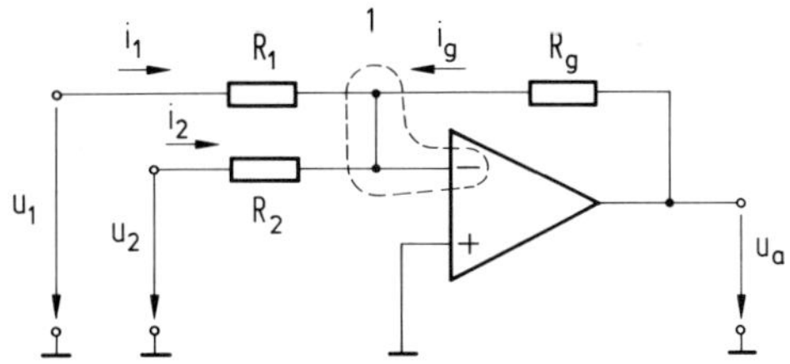

Bild 2.85: Addieren mit dem Umkehrverstärker

Sind die verwendeten Widerstände gleich, $R_1 = R_2 = R_g$, so ist der Betrag der Ausgangsspannung gleich dem der Summe der Eingangsspannungen

$$u_a = -(u_1 + u_2). \tag{2.177}$$

Subtrahieren. Bei dem Subtrahierer (Bild 2.86) liegt der p-Eingang nicht an Masse, sondern an der Spannung u_p:

$$u_p = \frac{R_5}{R_4 + R_5} u_2. \tag{2.178}$$

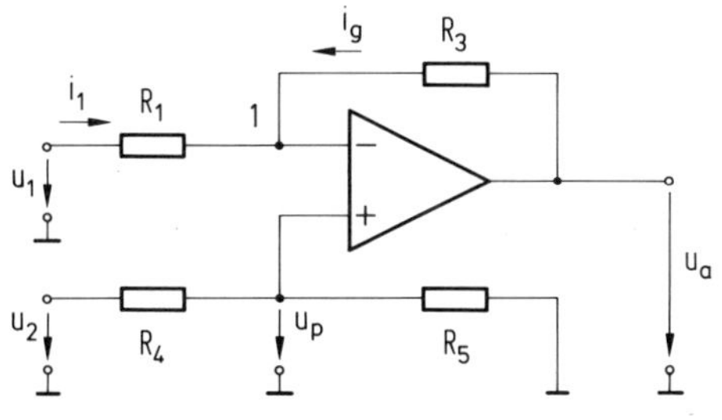

Bild 2.86: Subtrahieren mit dem Umkehrverstärker

In den Knoten 1 fließen die Ströme i_1 und i_g

$$i_1 = \frac{u_1 - u_p}{R_1}; \qquad i_g = \frac{u_a - u_p}{R_3}.$$

Diese sind entgegengesetzt gleich, $i_1 = -i_g$, und unter Berücksichtigung von Gl. (2.178) errechnet sich u_a zu

$$u_a = -\frac{R_1 + R_3}{R_1}\left(\frac{R_3}{R_1 + R_3} u_1 - \frac{R_5}{R_4 + R_5} u_2\right). \tag{2.179}$$

Die obige Gleichung zeigt, daß nicht die vollen Eingangsspannungen u_1 und u_2, sondern nur die an den Widerständen R_3 und R_5 abfallenden Teilspannungen subtrahiert werden. Die Widerstände sind sehr genau auszulegen, da eventuelle Unterschiede im Teilerverhältnis ebenfalls vervielfacht werden. Für $R_1 = R_4$ und $R_3 = R_5$ geht die letzte Gleichung über in

$$u_a = -\frac{R_5}{R_4}(u_1 - u_2). \tag{2.180}$$

Die Differenz der Eingangsspannungen wird also um den Faktor R_5/R_4 verstärkt.

Um eventuelle Gleichtaktstörungen zu vermeiden, kann auch die zu subtrahierende Spannung u_2 mittels des Umkehrverstärkers Bild 2.84 in die gleich große, entgegengesetzte Spannung u_2^* überführt werden.

$$u_2^* = -u_2.$$

Anschließend werden dann u_1 und u_2^* addiert. Erhalten wird die Ausgangsspannung u_a

$$u_a = -(u_1 + u_2^*) = -(u_1 - u_2). \tag{2.181}$$

Die Subtrahierer werden insbesondere in Verbindung mit Brückenschaltungen eingesetzt (Abschnitt 3.4).

Multiplizieren. Die Rechenoperationen umkehren, addieren, subtrahieren werden in dem Parabel-Multiplizierer von Bild 2.87 benötigt. Dieser bildet das Produkt der zwei Spannungen u_1 und u_2 nach der Beziehung

$$u_1 u_2 = \frac{1}{4}[(u_1 + u_2)^2 - (u_1 - u_2)^2]. \tag{2.182}$$

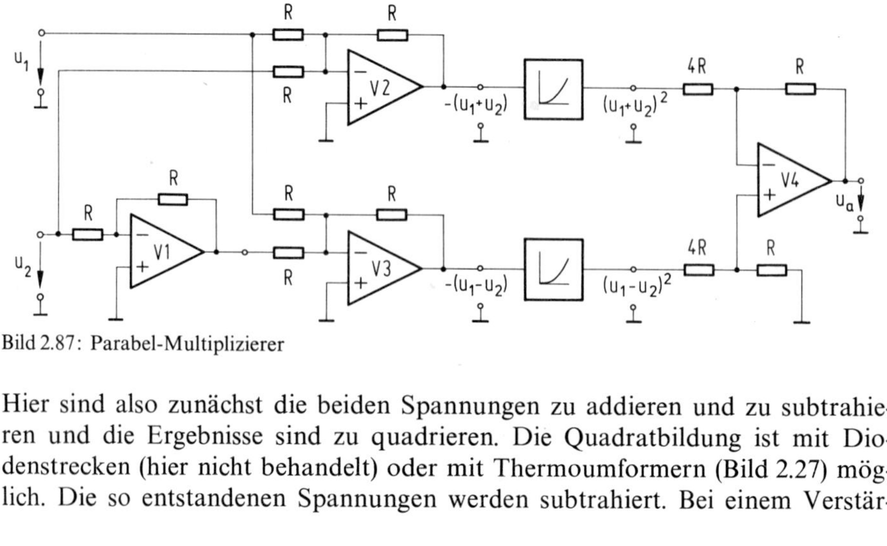

Bild 2.87: Parabel-Multiplizierer

Hier sind also zunächst die beiden Spannungen zu addieren und zu subtrahieren und die Ergebnisse sind zu quadrieren. Die Quadratbildung ist mit Diodenstrecken (hier nicht behandelt) oder mit Thermoumformern (Bild 2.27) möglich. Die so entstandenen Spannungen werden subtrahiert. Bei einem Verstärkungsfaktor von 0,25 des Subtrahierers V 4 ist dessen Ausgangsspannung u_a dann gleich dem Produkt aus den beiden Eingangsspannungen u_1 und u_2, wobei wegen der unterschiedlichen Einheiten von u_a und $u_1 \cdot u_2$ noch der Skalierungsfaktor k in V^{-1} erforderlich ist:

$$u_a = -k u_1 u_2. \tag{2.183}$$

Das Schaltbild verdeutlicht, daß die Operation der Multiplikation nicht ganz einfach auszuführen ist. Neben dem Parabel-Multiplizierer gibt es noch andere Geräte, die keine Funktionseinheiten mit quadratischer Kennlinie voraussetzen. Der Servo-Multiplizierer wurde schon im Abschnitt 2.2.3 erwähnt; auf den Hall-Multiplizierer und den Impulsbreiten-Multiplizierer wird in den Abschnitten 2.6.7 und 6.3.3 noch eingegangen werden.

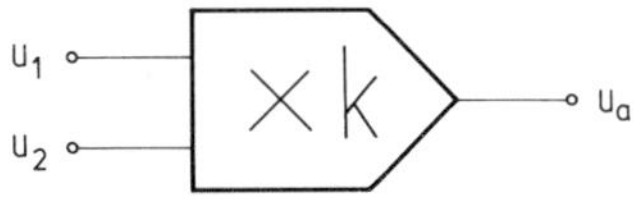

Bild 2.88: Symbol eines Multiplizierers

Das Symbol von Bild 2.88 stellt allgemein, ohne Rücksicht auf die dem Gerät zugrundeliegende Schaltung, einen Multiplizierer dar. Wird dieselbe Spannung u_1 an die beiden Eingänge des Multiplizierers gelegt, so ist die Ausgangsspannung gleich dem Quadrat der Eingangsspannung und der Multiplizierer arbeitet als Quadrierer:

$$u_a = k u_1^2. \tag{2.184}$$

Dividieren. Der Quotient zweier Spannungen u_1 und u_2 läßt sich bilden, indem ein Multiplizierer in den Gegenkopplungszweig eines invertierenden Verstärkers gelegt wird (Bild 2.89). Die Eingangsspannungen des Multiplizierers sind u_a und u_2. Seine Ausgangsspannung u_g ist proportional dem Produkt der Eingangsspannungen, $u_g = k u_a u_2$. Über den Widerstand R_g fließt der rückgeführte Strom i_g,

$$i_g = \frac{u_g}{R_g} = \frac{k u_a u_2}{R_g} = -i_1 = -\frac{u_1}{R_1}. \tag{2.185}$$

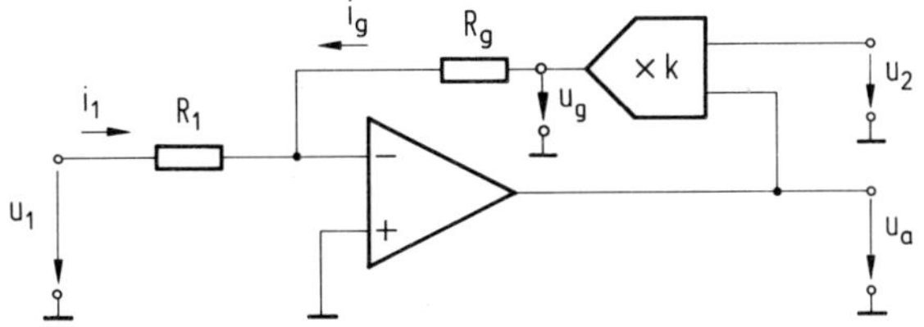

Bild 2.89: Dividieren mit dem Umkehrverstärker

Die Ausgangsspannung u_a des Verstärkers,

$$u_a = -\frac{R_g}{kR_1} \frac{u_1}{u_2}, \tag{2.186}$$

ist also proportional dem Quotienten der beiden Spannungen u_1 und u_2.

Festlegung der Betriebsweise durch die Art der Gegenkopplung. Die Methode, die zum Dividieren geführt hat, läßt sich verallgemeinern und auch für andere Rechenoperationen nutzen. Ist k_R der Übertragungsbeiwert des i/u-Verstärkers in Vorwärtsrichtung,

$$u_a = -k_R i_e,$$

und beschreibt k_G den Zusammenhang zwischen der Ausgangsspannung u_a und dem rückgeführten Strom i_g des Verstärkers,

$$i_g = k_G u_a = -i_e, \qquad u_a = -\frac{1}{k_G} i_e$$

so lassen sich die beiden letzten Gleichungen zusammenfassen:

$$u_a = -k_R i_e = -\frac{1}{k_G} i_e$$

und es entsteht die Beziehung

$$k_R = \frac{1}{k_G}, \tag{2.187}$$

d.h. die Verstärkung in Vorwärtsrichtung ist immer die Umkehrung der Verstärkung in Rückführung. Miteinander sind so verbunden die Operationen

dividieren	–	multiplizieren
radizieren	–	quadrieren
integrieren	–	differenzieren
logarithmieren	–	potenzieren.

Wird die zweite Operation in der Rückführung realisiert, so ensteht die erste in Vorwärtsrichtung und bestimmt die Betriebsweise des gegengekoppelten Verstärkers.

Radizieren. Ist der Multiplizierer in der Rückführung als Quadrierer geschaltet (Bild 2.90), so ist der rückgeführte Strom i_g

$$i_g = \frac{k u_a^2}{R_g} = -i_1 = -\frac{u_1}{R_1}$$

und die Ausgangsspannung u_a wird proportional zur Wurzel aus der Eingangsspannung

$$u_a = -\sqrt{\frac{R_g}{k R_1} u_1}. \tag{2.188}$$

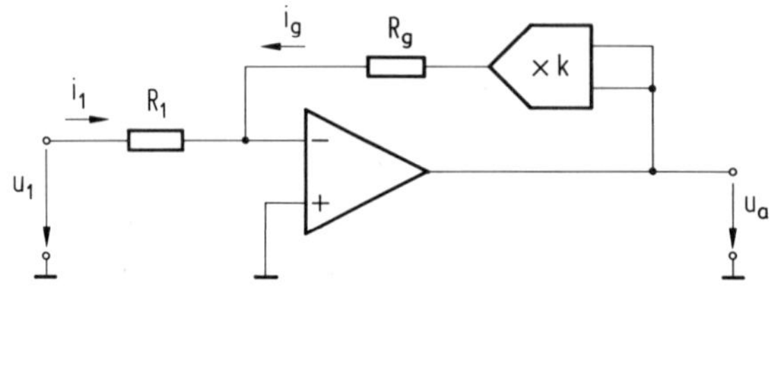

Bild 2.90: Radizieren mit dem Umkehrverstärker

Differenzieren. Der vor dem Verstärkereingang liegende Kondensator (Bild 2.91) führt dazu, daß der Eingangsstrom i_e von der zeitlichen Änderung der Eingangsspannung abhängt

$$i_e = C\frac{du_e}{dt} = -i_g = -\frac{u_a}{R_g}.$$

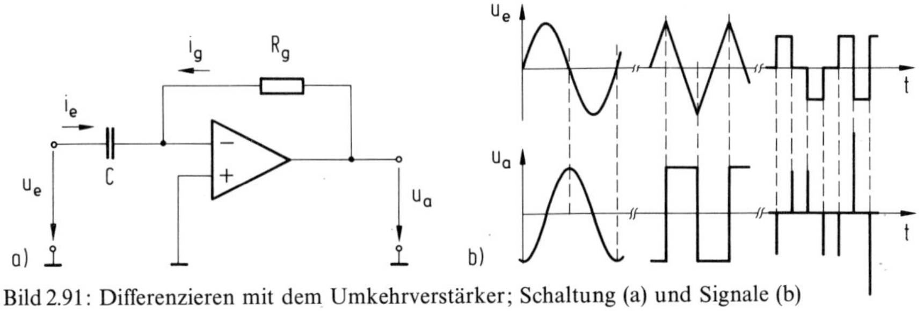

Bild 2.91: Differenzieren mit dem Umkehrverstärker; Schaltung (a) und Signale (b)

Die Ausgangsspannung des Verstärkers ist damit proportional der Änderungsgeschwindigkeit der Eingangsspannung

$$u_a = -R_g C\frac{du_e}{dt}. \tag{2.189}$$

Das Differenzieren bereitet erfahrungsgemäß in der Praxis mehr oder minder große Schwierigkeiten, da durch diese Operation das Rauschen und die höherfrequenten Störanteile der Meßsignale besonders hervorgehoben werden. Die Schaltung von Bild 2.91 zeigt das Prinzip, muß aber für einen industriellen Einsatz insbesondere noch um Funktionseinheiten für eine Bandbegrenzung erweitert werden.

Integrieren. Der Kondensator liegt in der Gegenkopplungsschleife (Bild 2.92). Der rückgeführte Strom i_g ist proportional der zeitlichen Ableitung von u_a,

$$i_g = C\frac{du_a}{dt} = -i_e = -\frac{u_e}{R}.$$

Die Ausgangsspannung u_a ist proportional der am Eingang entstandenen La-

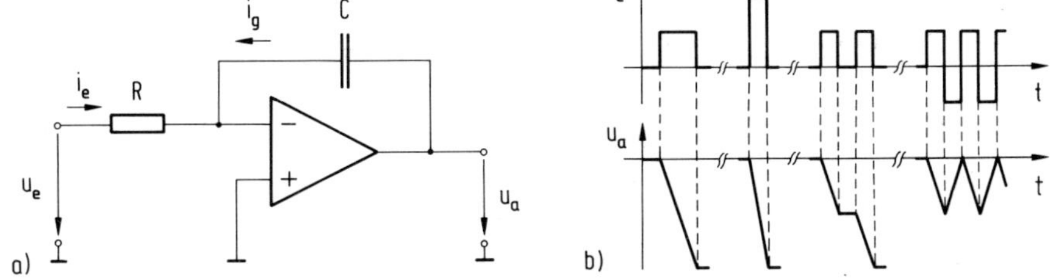

Bild 2.92: Integrieren mit dem Umkehrverstärker; Schaltung (a) und Signale (b)

dung $\int i_e\,dt$ bzw. dem zeitlichen Integral der Eingangsspannung u_e:

$$u_a = -\frac{1}{C}\int i_e dt = -\frac{1}{RC}\int u_e dt. \tag{2.190}$$

Bei einer konstanten Eingangsspannung nimmt die Ausgangsspannung des *ladungsempfindlichen Verstärkers* oder Integrierers linear mit der Zeit zu.

Logarithmieren. In der Rückführung des invertierenden Verstärkers (Bild 2.93) liegt eine Diode mit dem Strom I_{AK} in Durchlaßrichtung (Gl. (2.25))

$$I_{AK} = I_s e^{U_{AK}/0{,}026\,V} = I_s e^{-U_a/0{,}026\,V}.$$

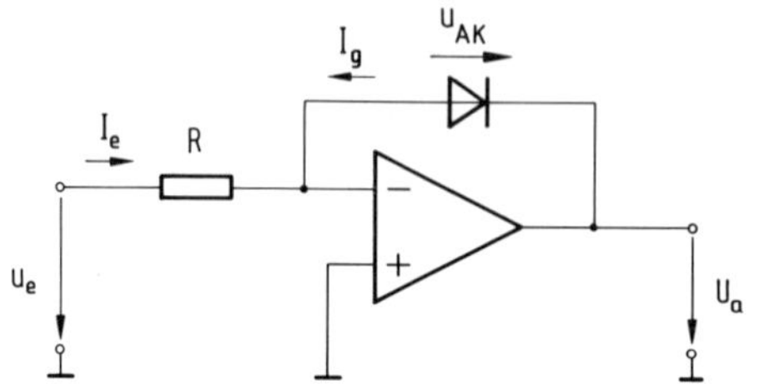

Bild 2.93: Logarithmieren mit dem Umkehrverstärker

Aus $I_e = -I_g = I_{AK}$ ergibt sich für die Ausgangsspannung U_a die Zahlenwertgleichung

$$U_a = -0{,}026 \ln \frac{I_e}{I_s} = -0{,}06 \log \frac{I_e}{I_s} \quad \text{in V}. \tag{2.191}$$

Steigt der Eingangsstrom auf seinen zehnfachen Wert, so nimmt die Ausgangsspannung um 60 mV zu. Verstärker mit einer derartigen logarithmischen Kennlinie werden benötigt, um Meßwerte, die sich um mehrere Zehnerpotenzen ändern, auf einer einzigen Skala zusammenhängend darzustellen. Die nichtlinearen Kennlinie der Diode setzt positive Eingangsspannungen u_e voraus.

2.5.6 Nullpunktfehler des realen Operationsverstärkers

In der Übertragungsgleichung des offenen Verstärkers tritt die Empfindlichkeit k' als Faktor auf, $u_a = k'u'_e$. Wird der Verstärker gegengekoppelt, so bleiben Änderungen des Faktors k', die *multiplikativen* Störgrößen, unwirksam. Überlagert sich der Eingangsspannung u'_e jedoch eine andere Spannung, so wird diese genau wie u'_e verstärkt. Die Gegenkopplung kann gegen derartige *additive* Störsignale nicht schützen. Sie treten beim realen Operationsverstärker auf und führen zu Nullpunktfehlern, die letztlich die Meßgenauigkeit begrenzen.

Ersatzschaltbild des realen Operationsverstärkers

Die Kennlinie eines realen Verstärkers geht im allgemeinen nicht durch den Nullpunkt (Bild 2.94). Auch wenn beide Eingänge geerdet sind ($u_p = u_n = 0$), tritt eine Ausgangsspannung auf. Der Verstärker verhält sich so, als würde an seinem Eingang die Spannung U_{os} liegen, die als *Offsetspannung* bezeichnet wird. Die Ausgangsspannung verschwindet erst dann, wenn der Verstärker mit der Spannung – U_{os} beschaltet wird. Im Ersatzschaltbild kann die Quelle der Offsetspannung entweder dem p- oder dem n-Eingang zugeordnet werden. Die Ergebnisse unterscheiden sich nur im Vorzeichen.

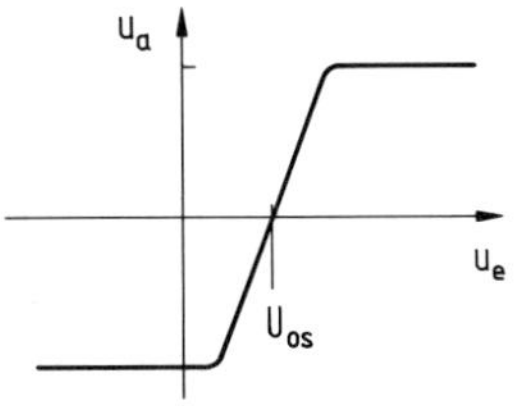

Bild 2.94: Kennlinie eines Operationsverstärkers mit der Offsetspannung U_{os}

Die Offsetspannung entsteht durch Unsymmetrien zwischen den Transistoren der Eingangsdifferenzstufe und kann durch einstellbare Widerstände zum Verschwinden gebracht werden. Der Abgleich ist leider nicht von Dauer, da sich

Tabelle 2.2 Drift- und Rauschdaten von Operationsverstärkern (typische Werte)

Typ	Eingangsoffsetspannungsdrift	Eingangsruhestrom	Rauschspannung u_{ss} in µV	Rauschstrom i_{ss} in pA	Rauschstromdichte $fA/\sqrt{Hz}$	Verstärkungs-Bandbreite-Produkt	Bemerkungen
	µV/°C	pA	f=0,1 … 10 Hz	f=0,1 … 10 Hz	bei 10 Hz	MHz	
OP–07A	0,2	700	0,35	14		0,6	bipolar
OPA 27 EZ	0,2	10000	0,08	50		8	bipolar
OPA 111 BM	0,5	0,5	1,2	0,01		2	FET-Eingang
MAX 420 C	0,02	10	1,1		10	0,5	CMOS-Operationsverst. mit automatischem Nullpunktabgleich
ICL 7652 CPA	0,01	15	0,7		10	0,45	
ICL 7650	0,01	1,5	2		10	2	
LTC 1052 C	0,01	1	1,5		0,6	1,2	
LT 1012 C	0,2	30	0,5	0,14		1	niedriger Versorgungsstrom
AMP–01E	0,1	1000	0,2			0,57	instrumentation amplifier

die Offsetspannung mit der Temperatur ϑ, der Versorgungsspannung U_V und der Betriebszeit t ändert. Die Offsetspannung *driftet* um ΔU_{os},

$$\Delta U_{os} = \frac{\partial U_{os}}{\partial \vartheta} \Delta \vartheta + \frac{\partial U_{os}}{\partial U_V} \Delta U_V + \frac{\partial U_{os}}{\partial t} \Delta t. \tag{2.192}$$

Von den genannten Einflußgrößen ist die Temperatur die wichtigste. Bei stabilisierten Versorgungsspannungen ist ΔU_V zu vernachlässigen. Zeitliche Änderungen entstehen sehr langsam, so daß die Meßgenauigkeit praktisch allein durch die Temperaturdrift bestimmt wird.

Weitere Nullpunktfehler entstehen durch die in den Verstärkern fließenden Eingangsströme I_p und I_n. Ihre Differenz wird als *Eingangs-Offsetstrom* $I_{os} = I_p - I_n$, ihr Mittelwert als *Eingangsruhestrom* oder *Biasstrom* $I_b = 0{,}5(I_p + I_n)$ bezeichnet. Diese Ströme fließen über die an den Eingängen liegenden Widerstände und führen dort zu Spannungsabfällen, die wie zusätzliche Offsetspannungen wirken. Auch die Eingangsströme ändern sich mit der Temperatur, der Betriebsspannung und der Zeit (Tabelle 2.2)

Beispiel: Ein Verstärker, dessen Offsetspannung sich um 5 µV/K ändert, soll im Temperaturbereich von 20 bis 60 °C eingesetzt werden. Der kleinstmögliche Meßbereich ist für den Fall anzugeben, daß der Nullpunktfehler höchstens 1 % des Meßbereich-Endwerts ausmacht.

Der erste Term von Gl. (2.192) liefert die durch Temperaturänderungen maximal entstehende Offsetspannung von

$$\Delta U_{os} = 5\,\mu V/K \cdot 40\,K = 200\,\mu V.$$

Der Meßbereichs-Endwert muß mindestens hundertmal so groß sein, also mindestens 20 mV betragen.

Nullpunktfehler bei einer Spannungsmessung

Mit Hilfe des *Überlagerungssatzes* (Superpositionsprinzip) kann der Einfluß der Offsetgrößen auf die Ausgangsspannung untersucht werden. Dabei wird zunächst die Wirkung jeder Quelle für sich allein betrachtet und die Ergebnisse werden zum Schluß addiert. Zusätzlich vorhandene Spannungsquellen werden als kurzgeschlossen, Stromquellen als unterbrochen angesehen. Die Innenwiderstände der Quellen werden jedoch berücksichtigt. Die Ableitungen sind für den idealen Verstärker mit $u_e' = 0$, $i_e' = 0$ durchgeführt.

Bei dem u/u-Verstärker von Bild 2.95 interessiert zunächst der Einfluß der Offsetspannung U_{os}. Mit $U_q = 0$, $I_p = I_n = 0$ führt die Maschengleichung am Eingang, $U_{os} - U_g = 0$, zu dem Ergebnis

$$U_a(U_{os}) = \frac{R_1 + R_2}{R_2} U_{os}. \tag{2.193}$$

Die Offsetspannung wird also wie die Eingangsspannung verstärkt und überlagert sich dieser.

Um die Wirkung des Eingangsstromes I_p zu finden, werden U_q und U_{os} als kurzgeschlossen und I_n als nicht vorhanden angenommen. Bei dem idealen Verstärker mit $i'_e = 0$ fließt der Eingangsstrom I_p über den Innenwiderstand R_q

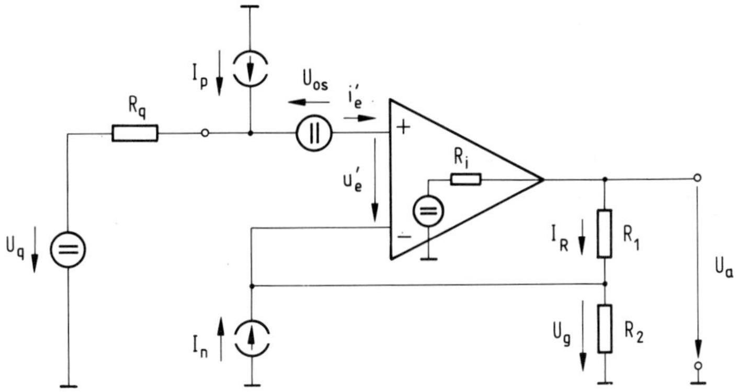

Bild 2.95: Offsetgrößen bei einer Spannungsmessung

der Quelle und führt dort zu dem Spannungsabfall $R_q I_p$, der die Ausgangsspannung U_a zur Folge hat

$$U_a(I_p) = \frac{R_1 + R_2}{R_2} R_q I_p . \tag{2.194}$$

Der Strom I_n schließlich fließt in den Knoten zwischen R_1 und R_2, woraus

$$U_g = (I_n + I_R) R_2 \tag{2.195}$$

folgt. Aus der Maschengleichung für den Eingang. $U_{os} + U_q - U_g = 0$, ergibt sich, daß bei $U_q = U_{os} = 0$ auch U_g null ist. Aus Gl. (2.195) entsteht so

$$I_n = - I_R ,$$
$$U_a(I_n) = R_1 I_R + U_g = - R_1 I_n . \tag{2.196}$$

Die Addition der Gln. (2.193), (2.194) und (2.196) liefert die gesamte Ausgangsspannung in Abhängigkeit der Offsetgrößen zu

$$U_a(U_{os}, I_p, I_n) = \frac{R_1 + R_2}{R_2} \left(U_{os} + R_q I_p - \frac{R_1 R_2}{R_1 + R_2} I_n \right). \tag{2.197}$$

Falls die Ströme I_p und I_n gleich groß sind, kompensieren sie sich für

$$R_q = R_1 \parallel R_2 . \tag{2.198}$$

Die letzte Gleichung ist zusammen mit den Bedingungen (2.110) und (2.111) bei der Dimensionierung der Widerstände R_1 und R_2 zu beachten. Für $k_u \gg 1$

empfiehlt sich, R_2 so groß wie den Innenwiderstand R_q der Spannungsquelle zu wählen und R_1 dann nach Gl. (2.117) zu berechnen.

Beispiel: Die Spannung einer Quelle mit einem Innenwiderstand $R_q = 100\,\Omega$ ist mit einem Verstärker zu messen, der eine Offsetspannung $U_{os} = 200\,\mu V$ und die Eingangsströme $I_p = I_n = 10^{-8}$ A aufweist. Der Eingangsstrom I_p führt an R_q zu einem Spannungsabfall von $10^2\,\Omega \cdot 10^{-8}\,A = 1\,\mu V$, der gegenüber der Offsetspannung unberücksichtigt bleiben darf. Ist zusätzlich noch $R_2 = R_q$, so könnte auch $R_2 I_n$ vernachlässigt werden unabhängig davon, daß sich für $R_2 = R_q$ die Wirkungen der Offsetströme gegenseitig aufheben. Allgemein gilt, daß eine Spannungsmessung bei niederohmiger Quelle durch die Offsetspannung, nicht aber durch die Offsetströme gestört wird.

Nullpunktfehler bei einer Strommessung

Um bei dem i/u-Verstärker von Bild 2.96 den Einfluß der Offsetspannung U_{os} zu finden, werden alle Stromquellen als unterbrochen angesehen. Zwischen den

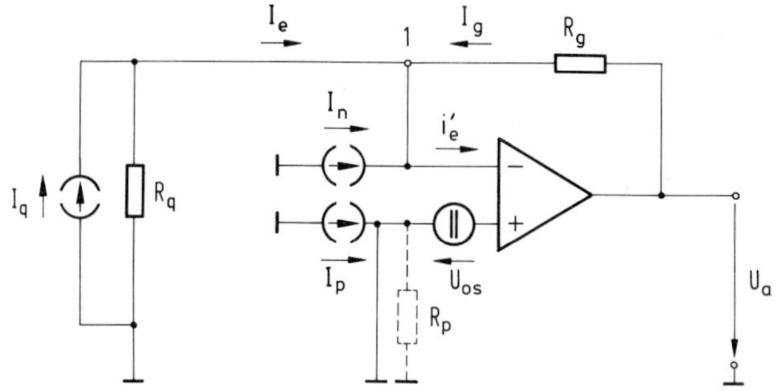

Bild 2.96: Offsetgrößen bei einer Strommessung; der p-Eingang kann über den Widerstand R_p an Masse gelegt werden

Eingangsklemmen liegt damit der Widerstand R_q. Der p-Eingang, der n-Eingang und der Knoten 1 befinden sich auf demselben Potential, so daß die Offsetspannung zu den folgenden Strömen führt:

$$I_e = -\frac{U_{os}}{R_q} \quad \text{und} \quad I_g = \frac{U_a - U_{os}}{R_g}. \tag{2.200}$$

Beide Ströme sind entgegengesetzt gleich, $I_e = -I_g$. Die Ausgangsspannung U_a

$$U_a(U_{os}) = \frac{R_q + R_g}{R_q} U_{os} = \left(1 + \frac{R_g}{R_q}\right) U_{os} \tag{2.201}$$

ist wegen des hohen Innenwiderstandes R_q der Stromquelle, $R_q \gg R_g$, nur unbedeutend höher als die Offsetspannung

$$U_a(U_{os}) \approx U_{os}.$$

Die Offsetspannung wird bei einer Strommessung praktisch nicht verstärkt und kann unberücksichtigt bleiben. Sie führt wegen des hohen Innenwiderstandes R_q nach Gl. (2.200) zu einem sehr kleinen Eingangsstrom I_e, der vernachlässigt werden darf.

Um den Einfluß von I_n zu untersuchen, wird die Offsetspannungsquelle als kurzgeschlossen betrachtet und die Stromquellen I_q und I_p werden als unterbrochen angesehen. Bei einem großen Innenwiderstand R_q der Stromquelle fließt dann auch kein Strom über R_q, und $I_e = 0$. Damit folgt für den idealen Verstärker aus

$$I_n = -I_g = -\frac{U_a}{R_g} \qquad (2.202)$$

die Ausgangsspannung U_a zu

$$U_a(I_n) = -R_g I_n. \qquad (2.203)$$

Der Strom I_p schließlich fließt bei $R_p = 0$ wegen $i'_e = 0$ zur Masse ab und bleibt ohne Einfluß auf die Ausgangsspannung, $U_a(I_p) = 0$. Damit können sich die beiden Eingangsströme nicht gegenseitig aufheben und der am n-Eingang fließende Strom I_n wird wie der Eingangsstrom I_e verstärkt.

Die Schaltung des invertierenden Verstärkers läßt sich verbessern, indem der p-Eingang nicht direkt, sondern über einen Widerstand R_p

$$R_p = R_g \| R_q = \frac{R_g R_q}{R_g + R_q} \qquad (2.204)$$

an Masse gelegt wird. Die dadurch am p-Eingang entstehende Spannung $U_p = R_p I_p$ wirkt ähnlich wie U_{os} und führt zu der Ausgangsspannung

$$U_a(I_p) = \frac{R_q + R_g}{R_q} R_p I_p = R_g I_p. \qquad (2.205)$$

Damit können sich jetzt die Wirkungen der Eingangsströme I_n und I_p gegenseitig aufheben und die Ausgangsspannung als Summe der Gl. (2.203) und (2.205)

$$U_a(I_p, I_n) = R_g(I_p - I_n) \qquad (2.206)$$

verschwindet für $I_p = I_n$.

Nullpunktfehler beim Subtrahierer

Der Subtrahierer von Bild 2.86 ist mit $R_1 = R_4$, $R_3 = R_5$ und kurzgeschlossenen Spannungsquellen U_1 und U_2 noch einmal im Bild 2.97 dargestellt. Für ihn ist die Bedingung Gl. (2.204) erfüllt, so daß sich die Eingangsströme I_p und I_n gegenseitig aufheben können.

Bei dem als ideal angenommenen Verstärker ($u'_e = 0$; $i'_e = 0$) liegen der p-, der n-Eingang und der Knotenpunkt 1 auf demselben Potential. Die Offsetspannung U_{os} führt zu den Strömen

$$I_1 = -\frac{U_{os}}{R_4} \quad \text{und} \quad I_g = \frac{U_a - U_{os}}{R_5}.$$

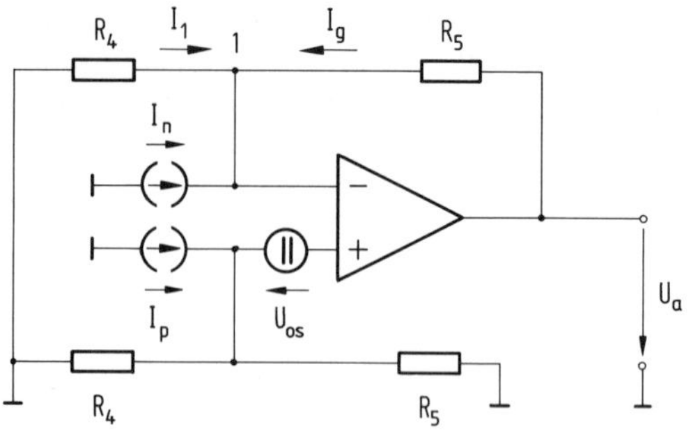

Bild 2.97: Offsetgrößen beim Subtrahierer; die Innenwiderstände der Spannungsquellen sind vernachlässigt

Beide Ströme sind entgegengesetzt gleich, $I_1 = -I_g$, woraus sich die Ausgangsspannung ergibt zu

$$U_a(U_{os}) = \left(1 + \frac{R_5}{R_4}\right) U_{os}. \tag{2.207}$$

Operationsverstärker mit automatischem Nullabgleich.

Um die Driften der Offsetspannung und der Offsetströme möglichst gering zu halten, empfiehlt sich ein häufiger Nullabgleich. Dieser läßt sich automatisieren und dann dementsprechend oft, z.B. 100mal in der Sekunde, durchführen. Ein derartiger Operationsverstärker mit automatischem Nullabgleich ist zweikanalig aufgebaut. Der entsprechende integrierte Schaltkreis enthält zwei Verstärker mit einer Steuereinrichtung und einem Umschalter. Er verarbeitet die zu messende Spannung abwechselnd in beiden Kanälen. Während der eine Verstärker mit den Ein- und Ausgangsklemmen des IC verbunden und damit nach außen hin aktiv ist, wird die Offsetspannung des anderen ermittelt und gespeichert. Damit kann die Offsetspannung nach der Umschaltung von der zu messenden Spannung abgezogen werden.

Verstärkerrauschen.

Werden die Nullpunktfehler beherrscht, so liegt die Meß-Ungenauigkeit in einem Spannungsbereich, der durch das Rauschen des Verstärkers geprägt ist. Bild 2.95 kann bei einer Spannungsmessung als Ersatzschaltbild dienen, wenn die Quellen U_{os}, I_p und I_n jetzt als Rauschquellen interpretiert werden. Die Rauschspannungen und -ströme wirken ähnlich wie die Offsetgrößen und die oben angestellten Überlegungen gelten auch hier. Die Rauschspannung wird direkt verstärkt, während der Rauschstrom I_p erst nach Multiplikation mit dem Quellwiderstand R_q zu einer störenden Spannung wird. Die Tabelle 2.2 gibt auch typische Rauschwerte für einige Operationsverstärker an. Für die niederohmigen Signalquellen ist das Spannungsrauschen maßgebend, das z.B. bei 1 μV liegen kann. Eine gleich große Spannung wird durch einen Rauschstrom von 10 pA erst an einem Widerstand von 100 kΩ erzeugt. Bei niederohmigen Quellen kann also das Stromrauschen oft vernachlässigt werden. Bei hochohmigen Quellen jedoch ist es von Bedeutung.

Die Tabelle 2.2 zeigt noch, daß die chopperstabilisierten Typen mit automatischem Nullabgleich zwar eine geringe Offsetspannungsdrift, aber keine besseren Rauschwerte als die nichtstabilisierten Verstärker haben. Messungen ergaben, daß das Rauschen der chopperstabilisierten Verstärker noch wesentlich größere Werte als die in der Tabelle mitgeteilten typischen erreichen kann.

Thermospannungen.

Im Eingangskreis eines Verstärkers finden unter Umständen Leiter und Bauelemente aus unterschiedlichen Metallen Verwendung. Liegen die Verbindungsstellen auf unterschiedlichen Temperaturen, so können Thermospannungen entstehen. Diese werden wie das Nutzsignal verstärkt und führen damit zu einem Fehler. Die Thermospannungen betragen für metallische Elemente etwa 40 µV bei 1 K Temperaturdifferenz. Sie sind durch konstruktive Maßnahmen zu vermeiden, wenn Messungen im µV-Bereich durchgeführt werden sollen.

2.5.7 Modulationsverstärker

Die Offsetspannungen und -ströme begrenzen die Genauigkeit der Gleichspannungs- und Gleichstromverstärker. Diese Schwierigkeiten treten bei Wechselspannungsverstärkern nicht oder in einem geringeren Maße auf. Wechselspannungsverstärker können keine Gleichspannungen übertragen und haben dementsprechend einen stabilen Nullpunkt. Diese driftfreie Verstärkung läßt sich auch für die Messung von Gleichspannungen nutzen, wenn diese zuvor in Wechselspannungen umgeformt werden. Der bei dieser Umformung erzielte Gewinn an Nullpunktstabilität wird mit einem größeren Aufwand und einer Einbuße an Bandbreite erkauft. Die Wechselspannungsverstärker haben auch eine untere Grenzfrequenz.

Arbeitsweise eines Modulationsverstärkers. Das Bild 2.98 zeigt die für einen Modulationsverstärker erforderlichen Funktionseinheiten, nämlich den Multiplizierer als *Modulator* für die Umformung der Gleich- in eine Wechselspannung, den Wechselspannungsverstärker und den *phasenselektiven Gleichrichter* oder *Demodulator*, der aus der verstärkten Wechselspannung wieder eine Gleichspannung bildet. Modulator und Demodulator werden synchron von

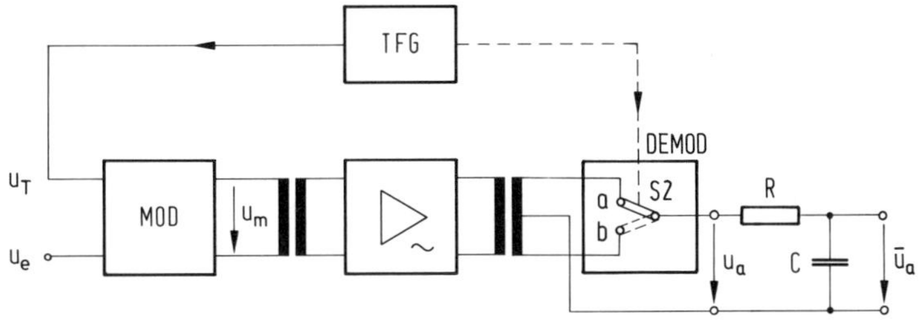

Bild 2.98: Blockschaltbild eines Modulationsverstärkers mit Modulator MOD, Wechselspannungsverstärker, gesteuertem Schalter als Demodulator DEMOD und Trägerfrequenzgenerator TFG

dem Generator TFG gesteuert, der in unserem Beispiel eine sinusförmige Spannung, die sogenannte *Trägerspannung* $u_T = \hat{u}_T \sin \omega t$ liefert. Die Trägerspannung wird mit der zu messenden Gleichspannung multipliziert. Die Gleichspannung u_e ist damit in die Wechselspannung u_m

$$u_m = u_e \cdot u_T = u_e \hat{u}_T \sin \omega t \tag{2.208}$$

umgeformt, deren Amplitude proportional der Gleichspannung ist. Wechselt die Polarität der Gleichspannung u_e, so springt wegen

$$-u_e \hat{u}_T \sin \omega t = u_e \hat{u}_T \sin(\omega t + \pi) \tag{2.209}$$

die Phase der modulierten Spannung jeweils um 180° (dritte Zeile von Bild 2.99).

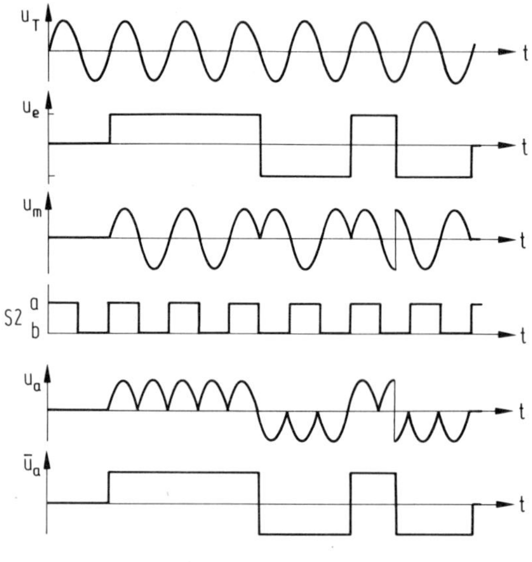

Bild 2.99: Signale eines Modulationsverstärkers

Die modulierte Trägerspannung u_m wird in dem Wechselspannungsverstärker auf den Wert $k\,u_m$ vervielfacht. Danach entsteht die Aufgabe, aus diesem Signal die eigentlich interessierende Größe $k\,u_e$ zu separieren. Dazu sind die in Bild 2.24 gezeigten Gleichrichterschaltungen nur dann geeignet, wenn sich die Polarität der Eingangsspannung während der Messung nicht ändert, wenn also nur positive oder nur negative Eingangsspannungen zu verarbeiten sind.

Für den allgemeineren Fall einer wechselnden Polarität der Eingangsspannung sind wegen des in dem modulierten Signal auftretenden Phasensprungs gesteuerte oder phasenselektive Gleichrichter für die Demodulation erforderlich. Die Arbeitsweise soll anhand des in Bild 2.98 dargestellten Umschalters erklärt werden. Der Schalter S2 (Polaritätswender) wird so gesteuert, daß er bei der positiven Halbwelle der Trägerspannung in der Stellung a, bei der negativen Halbwelle in der Stellung b steht (vierte Zeile von Bild 2.99). Bei der negativen Halbwelle wird so die Polarität der vom Übertrager gelieferten Spannung umgedreht. Die resultierende Spannung u_a kann damit positive und negative Werte annehmen. Sie wird in dem RC-Tiefpaß noch geglättet und ist dem Vorzeichen und der Höhe nach proportional der Eingangsspannung u_e.

Phasenselektiver Gleichrichter mit Mittelwertbildung. Eine weitere wichtige Eigenschaft des phasenselektiven Gleichrichters ist die Unterdrückung von Spannungen, die um $\pm 90°$ gegenüber der den Gleichrichter steuernden Spannung verschoben sind. Um dies zu zeigen (Bild 2.100), wird ein Phasenwinkel φ zwischen der Eingangsspannung u_1 und der den Gleichrichter steuernden Spannung angenommen,

$$u_1 = \hat{u}_1 \sin(\omega t + \varphi). \tag{2.210}$$

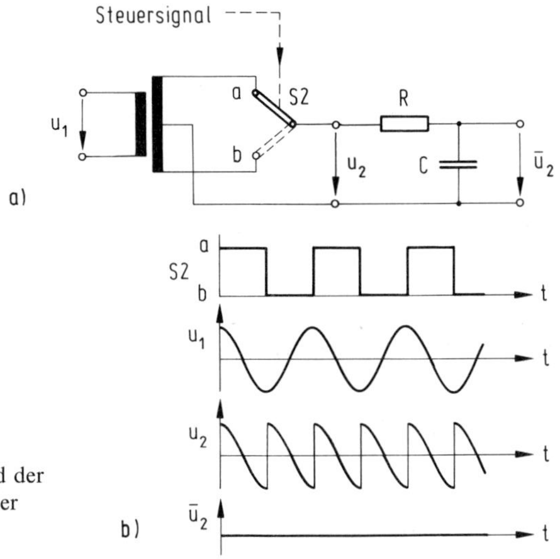

Bild 2.100: Phasenselektiver Gleichrichter
a) Schaltung
b) bei einer Phasenverschiebung von 90° zwischen der Eingangsspannung u_1 und der Steuerspannung ist der Mittelwert $\bar{u}_2$ der Ausgangsspannung null

Der Übertragungsfaktor k sei 1. Die gemittelte Ausgangsspannung $\bar{u}_2$ ist

$$\bar{u}_2 = \frac{1}{T}\left[\int_0^{T/2} \hat{u}_1 \sin(\omega t + \varphi) - \int_{T/2}^{T} \hat{u}_1 \sin(\omega t + \varphi)\right] dt, \tag{2.211}$$

wobei der erste Term auf der rechten Seite die Mittelung während der positiven Halbwelle der Trägerspannung, der zweite Term die während der negativen Halbwelle bezeichnet. Die Integration führt zu dem Ergebnis

$$\bar{u}_2 = \frac{2}{\pi}\,\hat{u}_1 \cos\varphi. \tag{2.212}$$

Die gemittelte Ausgangsspannung des phasenselektiven Gleichrichters bewertet also den Kosinus des Phasenwinkels zwischen Eingangsspannung und Steuerspannung. Für $\varphi = 0$ ergibt sich der Gleichrichtwert der Sinusschwingung, für φ

$=180°$ der negative Gleichrichtwert. Bei $\varphi = \pm 90°$ werden $\cos\varphi$ und $\bar{u}_2$ zu Null. Der phasenselektive Gleichrichter mit *Mittelwertbildung* unterdrückt also die Spannungen, die um $\pm 90°$ gegenüber der steuernden Spannung phasenverschoben sind.

Beispiel: Eine um 90° verschobene Spannung kann z.B. in einer Meßleitung als Störung durch den Streufluß des Trägerfrequenzgenerators entstehen. Bei einer Frequenz des Generators $f = 5\,\text{kHz}$ und einem Fluß $\Phi = 2 \cdot 10^{-7} \sin\omega t$ Vs wird in der 1 Windung umfassenden Meßleitung die Spannung u_i induziert,

$$u_i = -\frac{d\Phi}{dt} = -2 \cdot 10^{-7} \frac{d \sin\omega t}{dt} = -2 \cdot 10^{-7}\, \omega \cos\omega t\, \text{V}.$$

Der Scheitelwert der Störspannung wird für $\omega = 2\pi \cdot 5\,\text{kHz}$ und $\cos\omega t = -1$

$$\hat{u}_i = 6{,}28\,\text{mV}.$$

Die Störspannung liegt damit oft im Bereich der Nutzspannung. Sie wird aber durch die phasenselektive Gleichrichtung mit nachfolgender Mittelwertbildung unterdrückt und verfälscht nicht das Meßergebnis.

Modulator mit Kapazitätsdioden. Die Modulation einer sinusförmigen Trägerspannung wird hauptsächlich in Brückenschaltungen zur Messung von Widerständen, Induktivitäten und Kapazitäten benutzt (Abschnitt 3.4.4). In Verbindung mit einer Kapazitätsdioden enthaltenden Brücke ist sie auch zur hochohmigen Messung kleiner Gleichspannungen geeignet.

Bei den Kapazitätsdioden hängt die Sperrschichtkapazität von der anliegenden Spannung ab. Die Kapazität nimmt mit steigender Spannung zu (Bild 2.101a). Betrieben werden die Dioden mit Spannungen, die kleiner als die Knickspannungen im Durchlaßbereich bleiben, so daß weder in Sperr- noch in Durchlaßrichtung Ströme fließen.

Um die Wirkungsweise des Modulators zu verstehen, gehen wir von einer mit einer Wechselspannung $U_T = U_0$ gespeisten, zwei Kapazitäten enthaltenden Brücke aus (Bild 2.101b). Die Brücke ist bei der Kapazität C_0 abgeglichen und liefert bei einer Verstimmung um ΔC nach Gl. (4.35) die Diagonalspannung

$$U_d = \frac{U_0}{2C_0} \Delta C.$$

In dieser Brücke werden nun die diskreten Kapazitäten durch zwei Sperrschichtkapazitäten ersetzt (Bild 2.101c), wobei die Gleichspannung über die Anschlüsse 1 und 2 an die Kapazitätsdioden gelegt werden kann. Diese Gleichspannung erhöht die Kapazität der Diode D1 und vermindert die der Diode D2 um jeweils

$$\Delta C = k\, U_e, \tag{2.213}$$

wobei k die Steigung der Kennlinie ist. Die bei $C_2 = C_1 = C_0$ abgeglichene Brücke wird durch die Gleichspannung U_e verstimmt und liefert an den Klemmen 3 und 4 die Wechselspannung U_d

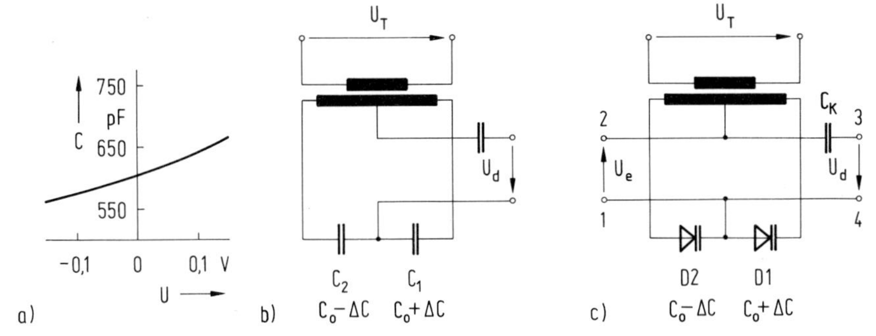

Bild 2.101: Modulator mit Kapazitätsdioden
a) Dioden-Kennlinie
b) Halbbrücke mit zwei Kapazitäten C_1 und C_2
c) Halbbrücke mit zwei Kapazitätsdioden D_1 und D_2

$$U_d = \frac{U_0}{2C_0} \Delta C = \frac{k}{2} \frac{U_0}{C_0} U_e.$$

Die Gleichspannung U_e ist damit in eine ihr proportionale Wechselspannung U_d übergeführt. Die Spannungsquelle wird dabei nicht belastet, da weder über die Dioden noch über den Koppelkondensator C_k ein Strom fließen kann. Die Gleich- und Wechselspannungen müssen dabei jedoch so niedrig bleiben, daß die Dioden auch in Durchlaßrichtung nicht stromführend werden.

Modulator mit mechanischen Kontakten. Der vom Prinzip her einfachste Modulator ist ein Zerhacker, der eine Gleichspannung u_e in eine Folge von amplitudengleichen Rechteckimpulsen umformt. Der Zerhacker ist in Bild 2.102 als Umschalter S1 dargestellt und wird vom Generator G gesteuert. Für den Eingangsübertrager polt er abwechselnd die Eingangsspannung um; er multipliziert u_e also periodisch mit ± 1. Dabei führt wie bei der Modulation eines sinusförmigen Trägers ein Wechsel im Vorzeichen der Eingangsspannung zu einem Sprung in der Phase des modulierten Signals. Die so entstandene Folge von Rechteckimpulsen wird in dem Wechselspannungsverstärker vervielfacht und anschließend über den gesteuerten Umschalter S2 wieder phasenrichtig gleichgerichtet. Die entsprechend gemittelte Ausgangsspannung ist dem Vorzeichen und der Amplitude nach proportional der Eingangsspannung.

Nullpunktfehler der Modulationsverstärker. Neben den Kapazitätsdioden und den mechanischen Zerhackern gibt es noch eine Reihe anderer Schaltungen, die Gleich- in Wechselspannungen überzuführen gestatten. So können die mechanischen Kontakte des Zerhackers durch Feldeffekt-Transistoren ersetzt werden. Beim Fotozerhacker sind die Schaltelemente lichtempfindliche Widerstände die periodisch beleuchtet werden. Auch der Hallgenerator ist als Modulator geeignet.

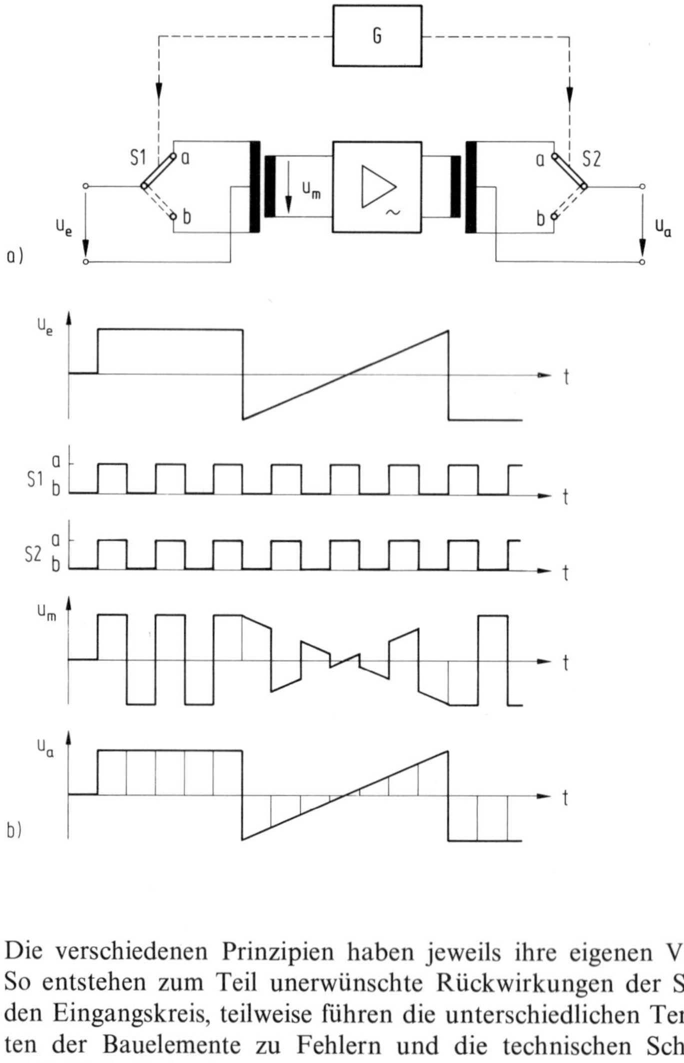

Bild 2.102: Zerhacker-Modulationsverstärker
a) Blockschaltbild
b) Signalverlauf

Die verschiedenen Prinzipien haben jeweils ihre eigenen Vor- und Nachteile. So entstehen zum Teil unerwünschte Rückwirkungen der Steuerspannung auf den Eingangskreis, teilweise führen die unterschiedlichen Temperaturkoeffizienten der Bauelemente zu Fehlern und die technischen Schaltelemente bilden schließlich die in den vorausgegangenen Betrachtungen als ideal angenommenen Schalter nur unvollkommen nach. So ist der Nullpunkt der Wechselspannungsverstärker zwar stabil, der der Modulatoren jedoch gewissen Änderungen unterworfen.

Gegenkopplung bei den Modulationsverstärkern. Auch bei den Modulationsverstärkern kann der Übertragungsfaktor durch eine Gegenkopplung stabilisiert werden. In der Schaltung von Bild 2.103 wird eine Gleichspannung vom Ausgang an den Eingang zurückgeführt. Im Gegensatz dazu erfolgt in Bild 2.104 die Gegenkopplung im Wechselspannungsteil. Die Ausgangs-Gleichspannung wird durch einen weiteren Modulator in eine Wechselspannung umgeformt und am Eingang des Wechselspannungsverstärkers der modulierten Trägerspannung entgegengeschaltet.

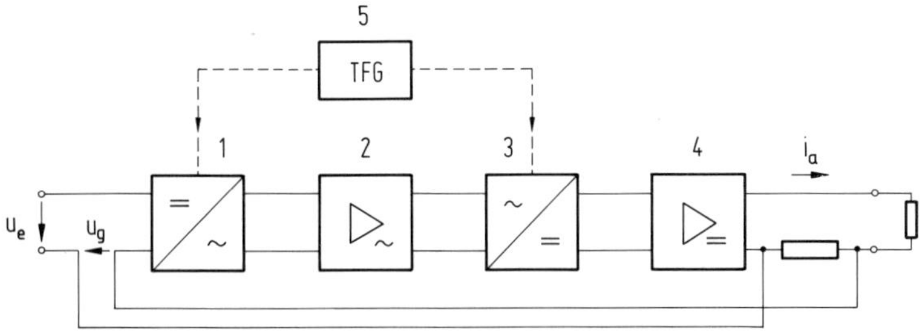

Bild 2.103: Modulationsverstärker, mit Gleichspannung gegengekoppelt
1 Modulator
2 Wechselspannungsverstärker
3 Demodulator
4 Gleichspannung-Leistungsverstärker
5 Trägerfrequenzgenerator

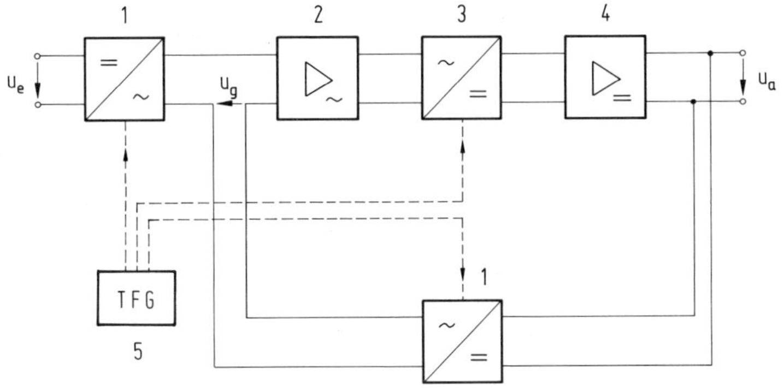

Bild 2.104: Modulationsverstärker, mit Wechselspannung gegengekoppelt

2.6 Elektrodynamische spannungliefernde Aufnehmer

Nachdem die vorausgegangenen Abschnitte in die Spannung- und Strommessung einführten, wird nun auf das elektrische Messen nichtelektrischer Größen übergegangen (Abschnitt 1.9). Zunächst werden spannung- und stromliefernde Aufnehmer vorgestellt.

Das Ersatzschaltbild eines spannungsliefernden Aufnehmers ist eine Spannungsquelle, die durch ihre Leerlaufspannung und ihren Innenwiderstand beschrieben wird. Beide Größen sind wichtig. Schwierigkeiten bei der Messung entstehen, wenn entweder die abgegebene Spannung sehr niedrig oder der Innenwiderstand der Quelle sehr hoch ist. Um wirklich die von der Quelle gelieferte Spannung zu erfassen, ist die Spannungsmessung hochohmig durchzuführen. Umgekehrt ist bei der Stromquelle, die als Stromgenerator mit parallel liegendem Innenwiderstand gezeichnet werden kann, der gelieferte Strom möglichst niederohmig zu messen.

Die nachfolgend zu besprechenden Aufnehmer sind nach den zugrunde liegenden physikalischen Gesetzen und den abgegebenen Signalen, nicht jedoch nach der zu messenden nichtelektrischen Größe geordnet. So kommt es, daß in diesem Abschnitt so verschieden aussehende Geräte wie der Hall-Generator und der Induktions-Durchflußmesser im Zusammenhang besprochen werden.

2.6.1 Weg- und Winkelmessung

Differential-Transformator

Der Differential-Transformator (Bild 2.105) besteht aus einer Primärspule und zwei Sekundärspulen, die auf einer Hülse sitzen. Gekoppelt sind die Spulen über einen in der Hülse verschiebbaren Kern. Die in den Sekundärspulen induzierten Spannungen sind gegeneinandergeschaltet. Steht der Tauchkern in der Mitte, so sind die beiden Sekundärspannungen gleich und die Ausgangsspannung des Gebers ist null. Wird der Kern verfahren, nimmt die Ausgangsspannung der einen Spule zu, die der anderen ab, und die Differenz wächst streng linear mit der Verschiebung s [2.15].

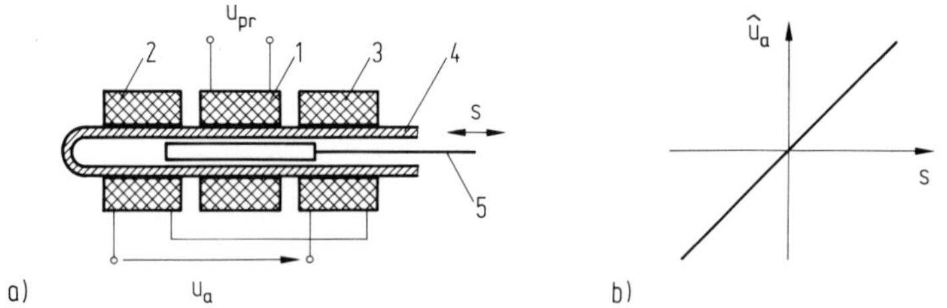

Bild 2.105: Differential-Transformator, Aufbau (a) und Kennlinie (b)
1 Primärspule
2 und 3 Sekundärspulen
4 Hülse
5 verschiebbarer Kern

Mit dem Differential-Transformator kann ohne einen mechanischen Kontakt zwischen Tauchkern und Spule ein Weg in eine Spannung umgeformt werden. Ist die Hülse druckdicht ausgeführt, so kann die Stellung des Kerns aus einem unter Druck stehenden Raum berührungslos nach außen übertragen werden.

Die Meßbereiche der Differential-Transformatoren liegen im Bereich zwischen 10^{-6} und 10^{-2} m. Ein voll ausgesteuerter Aufnehmer liefert etwa 1 V. Der Wechselstromwiderstand der Sekundärspulen bildet den Innenwiderstand der Ersatzspannungsquelle.

Wiegand-Sensor

Zunächst soll an das bekannte Experiment von Barkhausen erinnert werden (Barkhausen-Effekt, Bild 2.106): Ein Stück Draht aus einem magnetisch weichen Eisen ist von einer Spule umgeben. Der Draht wird in einem äußeren Magnetfeld langsam aufmagnetisiert. Die Magnetisierung findet dabei nicht stetig statt. Die Elementarmagnete des Eisens (Weißsche Bezirke) klappen vielmehr nacheinander sprungartig um und nehmen die Richtung des äußeren Feldes an. Damit ändern sich die Polarisation und die Flußdichte des Eisens ebenfalls sprunghaft. Infolge der plötzlichen Änderungen der Flußdichte dB/dt werden in der den Draht umgebenden Spule Spannungsimpulse induziert, die z.B. in einem Lautsprecher als knackendes Geräusch nachgewiesen werden können.

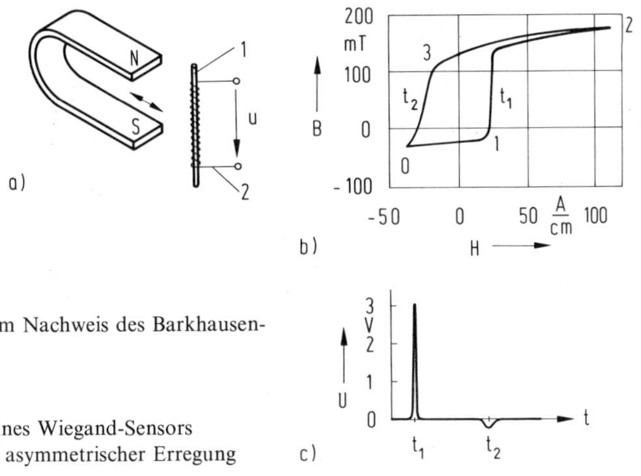

Bild 2.106:
a) Prinzipielle Anordnung zum Nachweis des Barkhausen- und des Wiegand-Effekts
1 Draht
2 Spule
b) asymmetrische Erregung eines Wiegand-Sensors
c) induzierte Spannungen bei asymmetrischer Erregung

Die sprunghafte Änderung der Flußdichte ist bei dem *Wiegand-Draht* besonders ausgeprägt. Dieser besteht aus einem weichmagnetischen Kern, der von einem Material mit höherer Koerzitivkraft umgeben ist. Wird der Draht aufmagnetisiert, so kippt zuerst der Kern und dann der härtere Mantel in die Richtung des äußeren Magnetfelds. Bei jedem dieser sehr schnell verlaufenden

Übergänge wird in einer um den Draht gewickelten oder in der Nähe befindlichen Spule ein Spannungsimpuls induziert. Diese Impulse treten in umgekehrter Reihenfolge auf, wenn die Hysteresekurve in umgekehrter Richtung durchfahren wird. Dabei ist der Impuls, der bei der Richtungsänderung des Kerns entsteht, der größere. Aus diesem Grunde wird oft die äußere Feldstärke nur bis zur Ummagnetisierung des Kerns geändert (asymmetrischer Betrieb) [2.16].

Der Wiegand-Sensor besteht aus dem Draht, dessen Kern durch das Feld eines Dauermagneten in einer bestimmten Richtung magnetisiert wird, und der dazugehörige Spule. Er wird als berührungsloser Endlagenschalter eingesetzt.

Dazu werden an dem Werkstück, dessen Weg oder Winkel zu überwachen ist, zwei entgegengesetzt gerichtete Dauermagnete befestigt. Läuft dieses Werkstück an dem feststehenden Sensor vorbei, so wird die Hysteresekurve in der Richtung 0 - 1 - 2 - 3 - 0 durchfahren. Die sprunghafte Änderung der magnetischen Flußdichte bei t_1 und t_2 führt zu zwei Spannungsimpulsen, deren Höhe nicht von der Geschwindigkeit des Werkstückes, sondern nur von der Änderung der Flußdichte dB/dt des Drahtes abhängt. Auch bei schleichender Annäherung an den Auslösepunkt liefert der Sensor Spannungsimpulse von einigen Volt Höhe und etwa 10 µs Dauer.

2.6.2 Analoge Drehzahlmessung

In diesem Abschnitt werden die Drehzahlgeber besprochen, die eine analoge Ausgangsspannung liefern. Einige impulsliefernde Drehzahlgeber sind im Abschnitt 6.7.5 aufgeführt.

Gleichspannungsgenerator. Im Feld eines Dauermagneten läuft ein Anker, auf dem eine oder mehrere Spulen gewickelt sind (Bild 2.107). Bei einer Drehung des Ankers wird in der Spule eine Spannung proportional zur Drehzahl induziert. Werden die Anschlüsse der Spulen über einen Kommutator jeweils bei dem Nulldurchgang der Spannung umgepolt, so entsteht als Ausgangssignal eine pulsierende Gleichspannung. Ihre Amplitude ist proportional der Drehzahl. Die Drehrichtung ist in der Polarität der abgegebenen Spannung erkennbar.

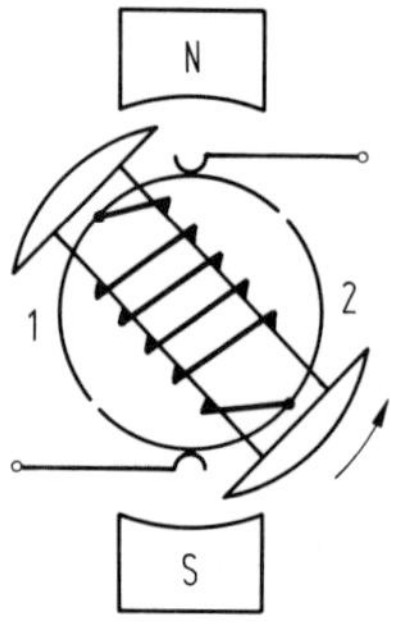

Bild 2.107: Gleichspannungs-Generator

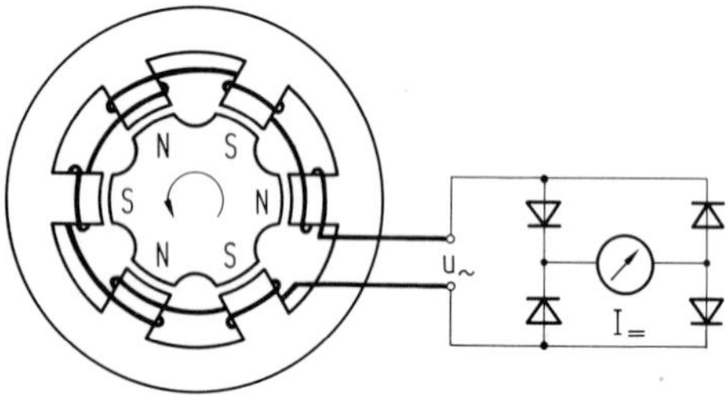

Bild 2.108: Wechselspannungs-Generator

Wechselspannungsgenerator. Um die Stromzuführungen zu einer sich drehenden Spule zu vermeiden, sind die Wechselspannungsgeneratoren mit feststehenden Spulen und drehbar gelagerten Dauermagneten ausgeführt. Die induzierte Wechselspannung wird gleichgerichtet und kann z.B. auf einem Drehspulgerät angezeigt werden. Die Information über die Drehrichtung geht dabei verloren.

2.6.3 Hall-Sonde

Wirkungsweise. Eine Hall-Sonde enthält ein senkrecht von einem Magnetfeld durchsetztes Plättchen, dessen Dicke d klein ist gegenüber seiner Länge und seiner Breite b (Bild 2.109). Bei einem Steuerstrom I in Längsrichtung des Plättchens kann an seiner Seite eine Spannung, die sogenannte Hall-Spannung, abgenommen werden.

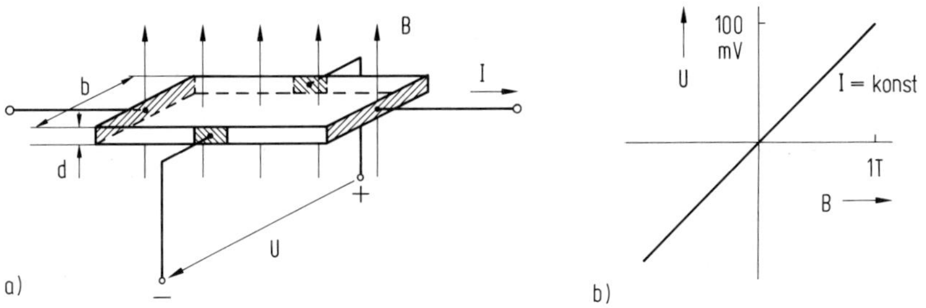

Bild 2.109: Aufbau (a) und Kennlinie (b) einer Hall-Sonde

Diese Spannung entsteht infolge der Lorentz-Kraft F_m, die eine senkrecht zu einem Magnetfeld bewegte Ladung erfährt. Für ein mit der Geschwindigkeit v fließendes Elektron mit der Elementarladung e_0 beträgt die Lorentz-Kraft

$$F_m = e_0 v B. \tag{2.223}$$

Die Elektronen werden abgelenkt, sodaß die eine Seite des Hall-Plättchens an Elektronen verarmt, die andere dagegen entsprechend angereichert wird. Ein elektrisches Feld E baut sich auf, das auf die Elektronen die Gegenkraft F_e

$$F_e = e_0 E \tag{2.224}$$

ausübt. Die beiden Kräfte stehen im Gleichgewicht, $E = vB$, so daß bei einem Plättchen der Breite b die Spannung U entsteht (Hallgenerator),

$$U = E b = b v B. \tag{2.225}$$

Die Geschwindigkeit v der Elektronen ist über ihre Konzentration n mit der Stromdichte S verknüpft, die sich ihrerseits aus dem Querschnitt bd und dem durch das Plättchen fließenden Steuerstrom I ergibt:

$$S = n v e_0 = \frac{I}{bd}. \tag{2.226}$$

Wird die letzte Gleichung nach v aufgelöst und in (2.225) eingesetzt, so ist die Hall-Spannung U,

$$U = \frac{1}{n e_0} \frac{1}{d} I B, \tag{2.227}$$

proportional dem Steuerstrom I und der magnetischen Flußdichte B. Sie ist, anders als der Widerstand der Feldplatte (Abschnitt 3.11), abhängig von der Richtung des durchgehenden Stroms. Sie nimmt mit der Elektronenkonzentration n ab und mit der Elektronengeschwindigkeit v, bzw. mit der Elektronenbeweglichkeit $\mu = v/E$, zu. Letztere ist in Halbleitermaterialien bedeutend größer als in Metallen (Tabelle 2.3). Daher werden insbesondere InSb, InAs und In(As, P) für Hall-Sonden verwendet.

Der Innenwiderstand eines Hall-Generators liegt im Bereich von Ω.

Tabelle 2.3 Konzentration und Beweglichkeit von Ladungsträgern

Material	Konzentration n der Ladungsträger cm^{-3}	Beweglichkeit μ der Leitungs-Elektronen $\frac{cm}{s} / \frac{V}{cm}$	Beweglichkeit der Defekt-Elektronen $\frac{cm}{s} / \frac{V}{cm}$	Leitfähigkeit $\frac{1}{\Omega cm}$
Cu	$8{,}7 \cdot 10^{22}$	40	–	$6 \cdot 10^5$
Si	$1{,}5 \cdot 10^{10}$	1350	480	$5 \cdot 10^{-6}$
Ge	$2{,}4 \cdot 10^{13}$	3900	1900	$2 \cdot 10^{-2}$
InSb	$1{,}1 \cdot 10^{16}$	80000	750	$1 \cdot 10^2$
GaAs	$9 \cdot 10^6$	8500	400	$1 \cdot 10^{-8}$

Anwendung des Hall-Effekts

Hall-Sonden werden zunächst benutzt, um Magnetfelder auszumessen. Darüber hinaus können sie alle die Größen erfassen, die Magnetfelder erzeugen oder beeinflussen.

Strommessung. Zur potentialfreien Messung eines Stromes I_1 wird dieser durch die Wicklung eines Elektromagneten geschickt. Dessen magnetische Induktion B wird mit einer Hall-Sonde bestimmt (Bild 2.110a). Bei konstantem Steuerstrom I ist die Hallspannung U ein Maß für den Strom I_1.

Um den Einfluß des Eisenkreises auf die Meßgenauigkeit auszuschalten, empfiehlt es sich, auf die Kompensationsanordnung nach Bild 2.110b überzugehen.

Hier trägt der Eisenkern zwei Spulen. Die eine mit der Windungszahl N_1 wird von dem zu messenden Strom I_1, die andere mit der Windungszahl N_2 von dem Kompensationsstrom I_2 durchflossen. Die zweite Spule ist so angeschlossen, daß ihr Magnetfeld dem der ersten Spule entgegenwirkt. Die resultierende magnetische Induktion wird mit einem Hall-Sensor erfaßt. Dessen Spannung wird in einem u/i-Verstärker hoher Empfindlichkeit in den Kompensationsstrom I_2 so umgeformt, daß sich die Magnetfelder der beiden Ströme aufheben, $N_1 I_1 = N_2 I_2$. Der Strom I_2 ist dann ein Maß für den gesuchten Strom I_1.

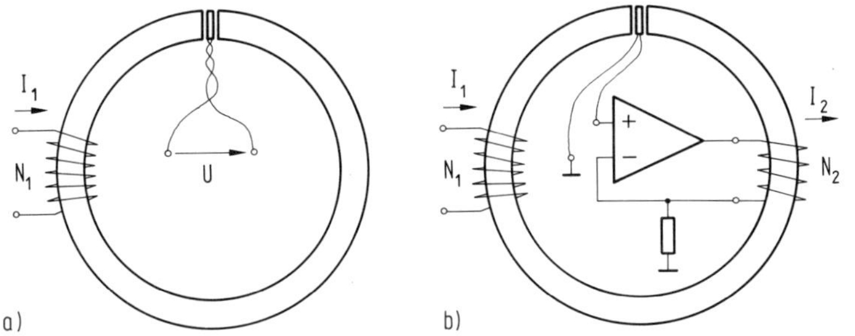

Bild 2.110: Strommessung mit einer Hall-Sonde; direkte Messung (a) und Kompensationsmessung (b)

Hall-Multiplizierer. Die Hall-Spannung U ist proportional dem Steuerstrom I und der magnetischen Flußdichte B. Wird letztere mittels eines von dem Strom I_B durchflossenen Elektromagneten erzeugt (Bild 2.111), so steigt die Hall-Spannung mit dem Produkt der Ströme I und I_B. Damit ist ein Bauteil verfügbar, in dem Ströme multipliziert werden können. So werden Hall-Multiplizierer z.B. zur Leistungsmessung verwendet. Ist der Steuerstrom I proportional der an einem Verbraucher liegenden Spannung $U_b (I = U_b/R)$ und ist der über den Verbraucher fließende Strom I_b gleich dem, der das Magnetfeld erzeugt, $I_b = I_B$, so ist die entstehende Hallspannung U proportional der im Verbraucher umgesetzten Leistung, $U = k\, U_b\, I_b = k\, P_b$.

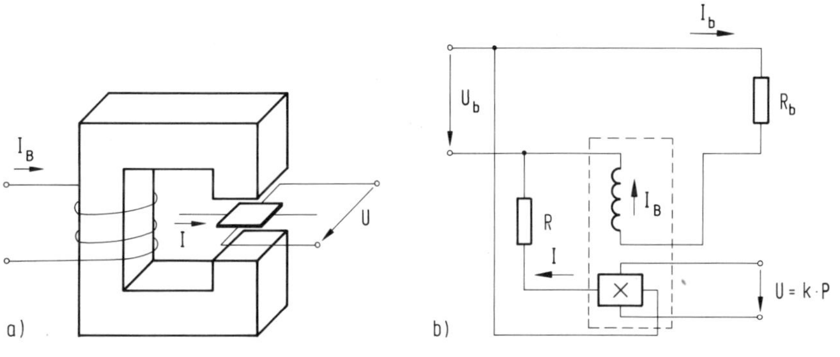

Bild 2.111: Hall-Multiplizierer; Aufbau (a) und Anwendung (b) zur Leistungsmessung

Positionsmessung mit Magnetschranke. In der Magnetschranke von Bild 2.112 sitzt die Hall-Sonde in dem von einem Dauermagneten erzeugten Feld. In den Luftspalt fährt eine Weicheisenblende ein und aus und steuert so den das Hall-Plättchen durchsetzenden magnetischen Fluß, der als Maß für die Position der Weicheisenblende dient. Die Hallspannung wird in einer elektronischen Schaltung ausgewertet, die nur zwei diskrete Spannungspegel, z.B. 0 V und 12 V, ausgibt. Die Magnetschranke mit Hall-Detektor arbeitet damit als Endlagenschalter, der die Position von Maschinenteilen berührungslos überwacht [2.18].

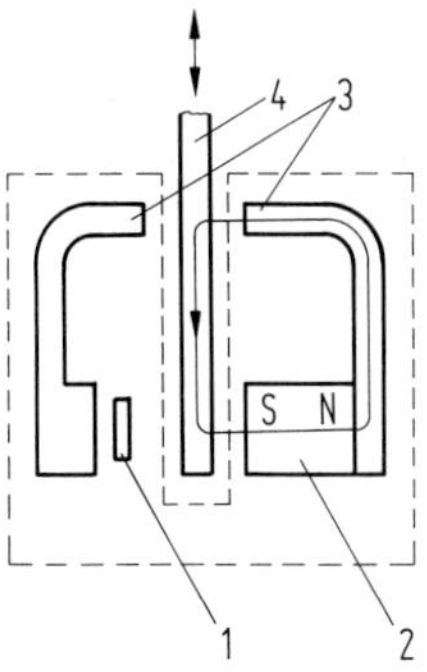

Bild 2.112: Magnetschranke mit Hall-Sonde zur Endlagenmessung
1 Hall-Sonde mit integrierter Auswerteschaltung
2 Dauermagnet
3 Fluß-Leitbleche
4 Weicheisenblende

Bestimmung der Ladungsträgerkonzentration und -beweglichkeit. Von den in der Gl. (2.227) stehenden Größen können die Dicke des Plättchens d, der Steuerstrom I, die magnetische Flußdichte B und die Hall-Spannung U gemessen werden. Aus diesen Werten ergibt sich die Konzentration n der Elektronen. Der Hall-Effekt entsteht nun nicht nur bei der Bewegung von Elektronen, sondern auch bei der von positiven Ladungen, wobei sich die Richtung der Hall-Spannung umkehrt. So können über den Hall-Effekt das Vorzeichen und die Anzahl der Ladungsträger bestimmt werden.

Die Geschwindigkeit v der Ladungsträger ist das Produkt ihrer Beweglichkeit μ und der Feldstärke E in der Bewegungsrichtung: $v = \mu E$. Die Stromdichte S ist proportional der Leitfähigkeit σ und der elektrischen Feldstärke E:

$$S = \sigma E = n v e_0.$$

Wird in der letzten Beziehung die Geschwindigkeit v durch die Beweglichkeit μ ausgedrückt, so entsteht

$$\frac{1}{n e_0} = \frac{\mu}{\sigma}. \tag{2.228}$$

Über die Hall-Spannung läßt sich also bei bekannter Leitfähigkeit auch die Beweglichkeit μ der Ladungsträger erfassen.

Entsprechende Messungen werden sowohl bei der Entwicklung neuer Halbleiter-Materialien als auch während der Fertigung zur Qualitätskontrolle und Qualitätssicherung durchgeführt.

Quantisierter Hall-Widerstand

Messungen der Hall-Spannung bei tiefen Temperaturen und starken Magnetfeldern zeigen, daß die Bewegung der Elektronen auf Kreisbahnen erfolgt. Dabei können nur diskrete Energieniveaus eingenommen werden (*Klitzing-Effekt*) [2.19]. Der Hall-Widerstand R_H als Quotient aus der Hall-Spannung U und dem Steuerstrom I ist quantisiert. Wird er bei einem festen Magnetfeld in Abhängigkeit von einer die Konzentration der Ladungsträger steuernden Spannung U_G gemessen, so treten charakteristische Stufen auf (Bild 2.113). Die Widerstandswerte $R_{H,z}$ bei diesen Stufen hängen ausschließlich von dem Planckschen Wirkungsquantum h, der Elementarladung e_0 und einem Parameter z ab, der die möglichen Energieniveaus kennzeichnet:

$$R_{H,z} = \frac{U}{I} = \frac{1}{n e_0} \frac{1}{d} B = \frac{1}{z} \frac{h}{e_0^2} \frac{Ws \cdot s}{As \cdot As}. \qquad (2.229)$$

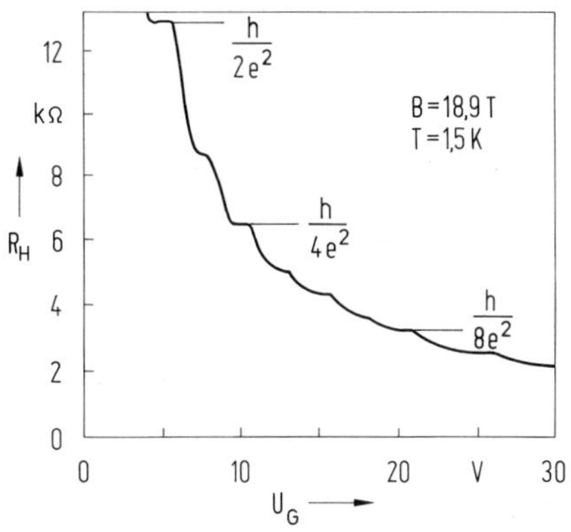

Bild 2.113: Stufenförmiger Verlauf des Hall-Widerstandes bei tiefen Temperaturen und hohen Magnetfeldern [2.19]

Diese Widerstandswerte sind unabhängig von der Geometrie und von dem Material der verwendeten Hall-Sonden. Damit ist es gelungen, das Ohm als Einheit des elektrischen Widerstandes auf ein Naturmaß zurückzuführen. Der Hall-Effekt eröffnet so eine Möglichkeit zur genauen und reproduzierbaren Darstellung dieser Einheit und bildet eine Alternative zur Verwendung des Kreuzkondensators von Thompson-Lampard.

2.6.4 Induktions-Durchflußmesser

Wirkungsweise. Flüssigkeiten enthalten entsprechend ihrer Leitfähigkeit Ionen als Ladungsträger. Haben diese Ionen die Ladung q und bewegen sie sich mit der strömenden Flüssigkeit durch ein senkrecht zur Bewegungsrichtung stehendes magnetisches Feld, so werden sie mit der Kraft $F_m = qvB$ zur Seite abgelenkt. Dadurch entsteht ein elektrisches Feld E mit einer auf die Ionen wirkenden Kraft $F_e = qE$. Die elektrische Feldstärke E führt zu einer Spannung U, die an den im Abstand eines Rohrdurchmessers D isoliert sitzenden Elektroden abgegriffen werden kann:

$$q v B = q E = q \frac{U}{D}; \qquad U = D v B. \tag{2.230}$$

Mit der Geschwindigkeit v ist der Volumendurchfluß $\dot{V}$ ($\dot{V} = 0{,}78\ D^2 v$) verknüpft, so daß die abgegriffene Spannung als Maß für die Durchflußmenge genommen werden kann.

In Gl. (2.230) tritt die Leitfähigkeit σ der Flüssigkeit nicht auf. Sie hat keine Bedeutung für die Höhe der induzierten Spannung, wohl aber für den Innenwiderstand R_q der Quelle. Dieser ist gleich dem Widerstand der Flüssigkeitssäule zwischen den Elektroden. Bezeichnet D den Rohrdurchmesser und A die Fläche der Elektroden, so ist

$$R_q = \frac{1}{\sigma} \frac{D}{A}$$

und erreicht für $\sigma = 10\ \mu S/cm$, $D = 100$ cm, $A = 1\ cm^2$ den hohen Wert

$$R_q = \frac{1}{10^{-5}} \frac{V\,cm}{A}\ 100\ cm\ \frac{1}{1\ cm^2} = 10^7\ \Omega.$$

Induktions-Durchflußmesser stellen also hochohmige Quellen dar und erfordern für die Spannungsmessung Verstärker mit großem Eingangswiderstand.

Magnetfeld. Da sich bei magnetischen Gleichfeldern Polarisationsspannungen den induzierten Spannungen überlagern und diese verfälschen, werden die Messungen im allgemeinen mit Wechselfeldern durchgeführt. Die entstehenden Meßspannungen haben Scheitelwerte von einigen mV. Durch das Streufeld der Magnete werden nun Stör-Wechselspannungen in den Meßleitungen induziert, die erheblich größer als die Nutzsignale sein können. Hier entsteht das Problem, Nutz- und Störsignal sicher voneinander zu trennen.

Das Nutzsignal ist proportional der magnetischen Flußdichte $B = \hat{B} \sin \omega t$, die Störspannung ist proportional der zeitlichen Ableitung $dB/dt = \omega \hat{B} \cos \omega t$. Stör- und Nutzspannung haben also eine Phasenverschiebung von 90°. So besteht die Möglichkeit, einen im Takt der Meßspannung gesteuerten Gleichrichter zu verwenden, dessen Ausgangsspannung nach einer Mittelwertbildung die um $\pi/2$ verschobene Störspannung nicht mehr enthält (Bild 2.100).

Besser noch ist, anstelle eines sinusförmig verlaufenden Feldes ein getaktetes umgeschaltetes Gleichfeld zu verwenden (Bild 2.115). Die Periodendauer wird so groß gewählt, daß gerade noch keine Polarisationsspannungen auftreten. Die Störspannungen entstehen nur während der Umschaltung des Magnetfelds. Gemessen wird nicht zeitlich kontinuierlich, sondern diskret zu den Zeiten, bei denen das Magnetfeld konstant und keine Störspannung vorhanden ist [2.20, 2.21].

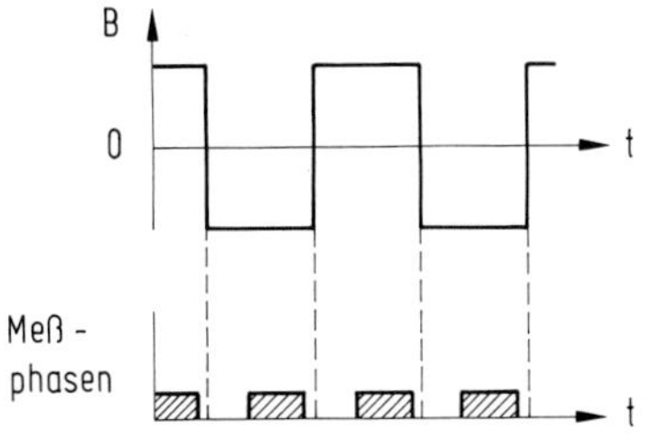

Bild 2.115: Geschaltetes magnetisches Gleichfeld beim Induktions-Durchflußmesser

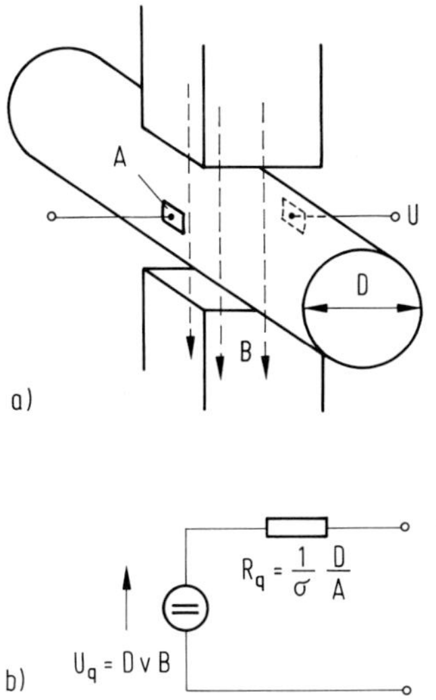

Bild 2.114: Induktions-Durchflußmesser; Prinzip (a), Ersatzschaltbild (b), umgeschaltetes Gleichfeld (c)

Eigenschaften. Der Induktions-Durchflußmesser wird auch als magnetischer Durchflußmesser, induktiver Durchflußmesser und magnetisch-induktiver Durchflußmesser bezeichnet. Die von ihm gelieferte Spannung ist bei einem homogenen Magnetfeld solange ein Maß für den Durchfluß, solange das Strömungsprofil rotationssymmetrisch ist. Ein Vorteil des Induktions-Durchflußmessers ist, daß der Strömungsquerschnitt nicht durch Blenden oder Düsen eingeengt werden muß. Die Messung stark verschmutzter Flüssigkeiten (Klärschlamm), die von zähen Pasten oder auch von aggressiven Medien wie Säuren und Laugen ist mit entsprechend ausgekleideten Meßstrecken möglich. Verglichen mit anderen Methoden ist die Meßgenauigkeit hoch. Zwischen 10 und 100 % des Meßbereichs kann die Unsicherheit der Messung kleiner als 1 % vom angezeigten Wert gehalten werden.

2.7 Thermische spannungliefernde Aufnehmer

2.7.1 Thermoelement

Wirkungsweise. Zwei unterschiedliche Materialien A und B bilden den Stromkreis von Bild 2.116. A ist mit B an der Stelle I und B ist mit A an der Stelle II verlötet oder verschweißt. Die Temperaturen der Verbindungsstellen sind T_1 und T_2. Unterscheiden sich diese, so entsteht in dem Kreis eine Spannung U, die sogenannte Thermospannung (thermoelektrischer Effekt, Seebeck-Effekt) [2.22, 2.23].

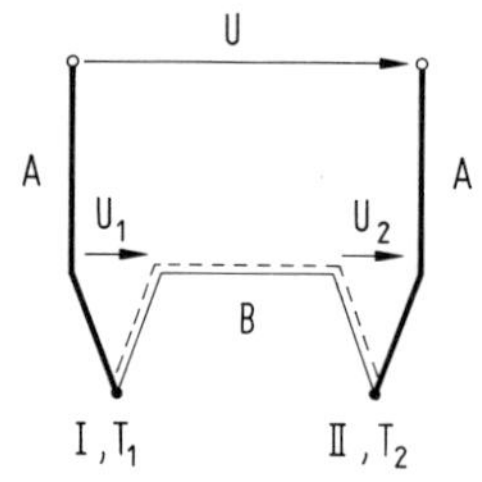

Bild 2.116: Prinzipschaltung eines Thermoelements

An der Berührungsstelle zweier Metalle treten Elektronen von einem in das andere über. Maßgebend für diesen Vorgang ist die Austrittsarbeit der Elektronen. Das Metall mit der geringeren Austrittsarbeit gibt Elektronen ab und wird positiv. Dadurch bildet sich an der Grenzfläche ein elektrisches Feld. Es entsteht ein Gleichgewichtszustand zwischen den Elektronen, die von A nach B diffundieren und denen, die infolge des elektrischen Feldes von B nach A gezogen werden. An der Berührungsstelle I bildet sich die Kontaktspannung U_1, die nach der Boltzmann-Verteilung der dort herrschenden Temperatur T_1 und dem Verhältnis der Elektronenzahldichten n_A und n_B proportional ist:

$$U_1 = \frac{kT_1}{e_0} \ln \frac{n_A}{n_B} = \left(\frac{k}{e_0} \ln \frac{n_A}{n_B}\right) T_1. \tag{2.231}$$

In dieser Gleichung bedeutet k die Boltzmann-Konstante und e_0 die Elementarladung. Auf der rechten Seite lassen sich die in der Klammer stehenden Terme zu einer Materialkonstanten k_{AB} zusammenfassen, wodurch die Gleichung übergeht in

$$U_1 = k_{AB} T_1.$$

Entsprechend gilt für die Lötstelle II,

$$U_2 = k_{BA} T_2.$$

Die Summe der beiden Kontaktspannungen U_1, U_2 ergibt die Thermospannung U. Aus (2.231), bzw. aus der Maschengleichung $U_1 + U_2 - U = 0$ und aus der Beobachtung, daß bei Temperaturgleichheit $T_1 = T_2$ keine Thermospannung auftritt, $U = 0$, folgt $U_1 = -U_2$ und

$$k_{AB} T_1 = -k_{BA} T_1; \qquad k_{AB} = -k_{BA}. \tag{2.232}$$

Mit dieser letzten Beziehung entsteht aus den vorangegangenen Gleichungen für den allgemeinen Fall von unterschiedlichen Temperaturen, $T_1 \neq T_2$,

$$U = U_1 + U_2 = k_{AB}(T_1 - T_2). \tag{2.233}$$

Die entstandene Thermospannung hängt von den Werkstoffen A und B ab und wächst mit der Temperaturdifferenz $T_1 - T_2$ zwischen den Verbindungsstellen I und II.

Um den Proportionalitätsfaktor k_{AB} nicht für alle möglichen Werkstoffkombinationen angeben zu müssen, wurden die Empfindlichkeiten der einzelnen Materialien gegenüber Platin ermittelt. Die Ergebnisse sind in der sogenannten thermoelektrischen Spannungsreihe zusammengestellt. Nachfolgend sind einige Werte angegeben, die für eine Temperaturdifferenz zwischen 100 °C und 0 °C gelten:

Material X	k_{XPt} in $\frac{mV}{100\,K}$
Konstantan (CuNi)	−3,47 ... 3,04
Nickel (Ni)	−1,9
Platin (Pt)	0,0
Wolfram (W)	0,7
Kupfer (Cu)	0,7
Eisen (Fe)	1,9
Nickel-Chrom (NiCr)	2,2
Silizium (Si)	44

Die Empfindlichkeit k_{AB} zweier beliebiger Materialien A und B ergibt sich dann als Differenz ihrer Empfindlichkeiten k_{APt} und k_{BPt}:

$$k_{AB} = k_{APt} - k_{BPt}. \tag{2.234}$$

Für ein Thermoelement mit Schenkeln aus Eisen und Konstantan (Ko) wird dementsprechend

$$k_{FeKo} = k_{FePt} - k_{KoPt} = 1{,}9 - (-3{,}47) = 5{,}37\,\frac{mV}{100\,K}.$$

Grundwerte. Die Gl. (2.233) drückt einen streng linearen Zusammenhang zwischen der Temperaturdifferenz und der Thermospannung aus. Dies ist nur in erster Näherung und nur für kleine Temperaturbereiche richtig. Um die Thermospannungen in Abhängigkeit von der Temperatur wirklich genau angeben zu können, sind Polynome höherer Ordnung notwendig. Diese können DIN IEC 584 oder DIN 43710 entnommen werden. Die Thermospannung eines NiCr−Ni Thermopaares (Typ K) z.B. berechnet sich im Temperaturbereich 0 bis 1372 °C aus

$$U = \sum_{i=0}^{8} b_i\,\vartheta^i + 125 \exp\left[-\frac{1}{2}\left(\frac{\vartheta - 127}{65}\right)^2\right] \mu V.$$

Dabei bezeichnet ϑ die jeweilige Temperatur in °C. Die einzelnen Koeffizienten sind in der Norm auf elf Stellen genau angegeben und gehen von

$$b_0 = -\,1{,}8533063273 \cdot 10^{+1} \quad \text{bis} \quad b_8 = +\,2{,}2239974336 \cdot 10^{-20}.$$

Tabelle 2.4 Thermospannungen der (Fe-CuNi)- und (NiCr-Ni)-Thermoelemente bei einer Bezugstemperatur $T_0 = 0$ °C (DIN IEC 584)

Temperatur T_1 °C	Spannung U Fe-CuNi mV	Spannung U NiCr-Ni mV
−200	−8,15	
−100	−4,75	
0	0	0
100	5,37	4,10
200	10,95	8,13
300	16,56	12,21
400	22,16	16,40
500	27,85	20,65
600	33,67	24,91
700	39,72	29,14
800		33,30
900		37,36
1000		41,31

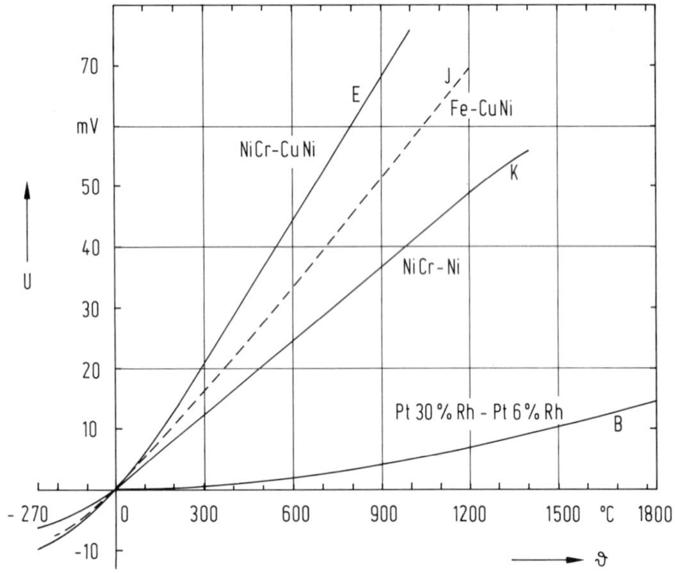

Bild 2.117: Kennlinie von Thermoelementen

Auch in der Tabelle 2.4 und in dem groben Maßstab von Bild 2.117 sind die Nichtlinearitäten zu erkennen. Die Empfindlichkeiten liegen zwischen 5 mV/100 °C und 2 mV/100 °C.

Die Thermospannungen der gefertigten Thermopaare dürfen von den Grundwerten der Norm bis zu einem maximalen Wert abweichen. In DIN IEC 584 Teil 2 werden drei verschiedene Klassen der Grenzabweichungen definiert. Sie hängen vom Material des Thermopaares und dem Temperaturbereich ab. Für (NiCr–Ni)-Thermopaare z. B. sind die folgenden Werte vorgeschrieben:

Klasse	Grenzabweichung	Verwendungsbereich
1	$\pm(1{,}5\ °C$ oder $0{,}004\,\lvert\vartheta\rvert)$	-40 °C bis 1000 °C
2	$\pm(2{,}5\ °C$ oder $0{,}0075\,\lvert\vartheta\rvert)$	-40 °C bis 1200 °C
3	$\pm(2{,}5\ °C$ oder $0{,}015\,\lvert\vartheta\rvert)$	-200 °C bis 40 °C

Von den beiden angegebenen Werten gilt jeweils der höhere. Ein (NiCr–Ni)-Thermopaar der Klasse 2 hat also zwischen -40 °C und 330 °C eine Unsicherheit von $\pm 2{,}5$ °C. Bei höheren Betriebstemperaturen ϑ beträgt sie $\pm 0{,}0075\,\lvert\vartheta\rvert$.

Stromkreis mit drei unterschiedlichen Materialien. Die Thermospannung des in Bild 2.118 gezeigten Kreises ergibt sich als Summe der drei Einzelspannungen U_1, U_2 und U_3 mit

$$U_1 = k_{CA}\,T_1 = (k_{CPt} - k_{APt})\,T_1,$$
$$U_2 = k_{AB}\,T_2 = (k_{APt} - k_{BPt})\,T_2,$$
$$U_3 = k_{BC}\,T_3 = (k_{BPt} - k_{CPt})\,T_3$$

zu

$$U = U_1 + U_2 + U_3 = k_{CPt}(T_1 - T_3) + k_{APt}(T_2 - T_1) + k_{BPt}(T_3 - T_2). \tag{2.236}$$

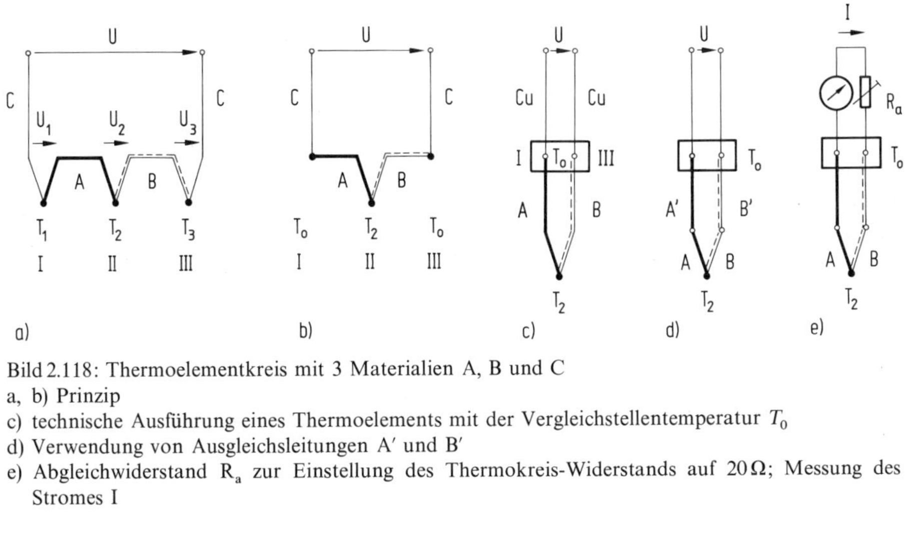

Bild 2.118: Thermoelementkreis mit 3 Materialien A, B und C
a, b) Prinzip
c) technische Ausführung eines Thermoelements mit der Vergleichstellentemperatur T_0
d) Verwendung von Ausgleichsleitungen A′ und B′
e) Abgleichwiderstand R_a zur Einstellung des Thermokreis-Widerstands auf 20 Ω; Messung des Stromes I

Für den Fall, daß die Temperaturen der Verbindungsstellen I und III gleich sind, $T_1 = T_3 = T_0$, wird der erste Term auf der rechten Seite der obigen Gleichung null und übrig bleibt

$$U = k_{APt}(T_2 - T_0) + k_{BPt}(T_0 - T_2) = k_{AB}(T_2 - T_0). \tag{2.237}$$

Diese Gleichung beschreibt die technische Ausführung eines Thermoelements (Bild 2.118b, c), die sich von der Prinzipskizze Bild 2.117a unterscheidet. Die Verbindungsstelle des Thermoelements aus den Werkstoffen A und B liegt auf der Temperatur T_2. An den Anschlußpunkten I und III wird von den Thermodrähten auf Kupferleitungen übergangen. Die hier enstehenden Thermospannungen heben sich gegenseitig auf, solange die Anschlußpunkte dieselbe Temperatur $T_1 = T_3 = T_0$ haben. Das Thermoelement liefert die Spannung U, die nach Gl. (2.237) von der Materialpaarung A, B und der Temperaturdifferenz $T_2 - T_0$ abhängt.

In der Praxis wird manchmal von den Thermodrähten A, B zunächst auf Ausgleichsleitungen A′, B′ übergegangen (Bild 2.118d). Die Ausgleichsleitungen haben bis etwa 200 °C dieselben thermoelektrischen Eigenschaften wie die Thermodrähte, so daß an den Anschlußpunkten keine Thermospannungen entstehen. Die Ausgleichsleitungen sind aber etwas weniger aufwendig gefertigt, haben im allgemeinen einen größeren Querschnitt und geringeren elektrischen Widerstand als die Thermodrähte und sind trotzdem preisgünstiger als jene. Damit entsteht ein wirtschaftliches Interesse an ihrer Verwendung in den Fällen, in denen größere Entfernungen bis zum Anschluß an die Kupferleitungen zu überbrücken sind.

Vergleichsstelle. Die Thermospannung ist proportional der Temperaturdifferenz zwischen der Temperatur T_2 der heißen Lötstelle und der Temperatur T_0 der Anschlußpunkte. Soll die Temperatur T_2 angegeben werden, so muß die Temperatur T_0 der sogenannten Vergleichsstelle bekannt sein. Diese Forderung läßt sich z.B. mit einem Thermostaten oder mit einer Korrekturschaltung erfüllen.

Thermostat: Die Temperatur im Innern eines Thermostaten wird auf einen konstanten Wert von 50 oder 60 °C geregelt. Dort sitzen die Klemmen, in denen die Thermodrähte mit den Kupferleitungen verbunden sind (Bild 2.119a). Die Temperatur der Vergleichsstelle ist damit bekannt und konstant, so daß aus der Thermospannung jederzeit die Temperatur T_2 der heißen Lötstelle angegeben werden kann.

Korrekturschaltung: Wird eine Korrekturschaltung verwendet, so darf die Temperatur T_0 der Vergleichsstelle schwanken. Bei einer Änderung von T_0 wird eine Zusatzspannung U_d erzeugt und zur Thermospannung U addiert, so daß die Summe $U_d + U$ konstant bleibt. Dazu wird eine Brücke mit einem temperaturempfindlichen Widerstand R_T verwendet (*Kompensationsdose, Spannungsausgleicher*, Bild 2.119b). Sie ist für eine bestimmte Umgebungstemperatur T_0 abgegli-

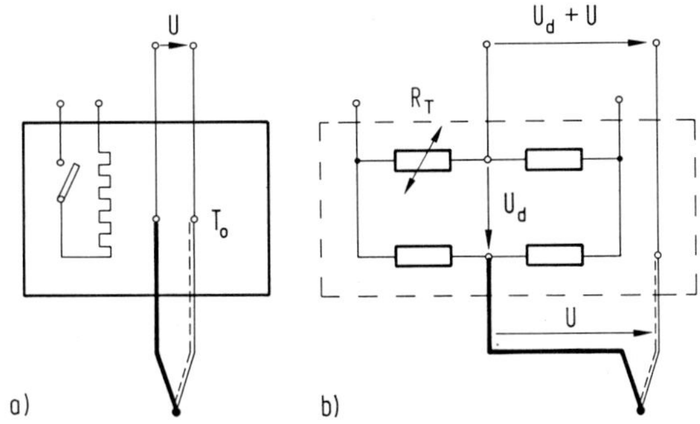

Bild 2.119: Ausführung der Vergleichsstelle mit einem Thermostaten (a) und einer Korrekturschaltung (b)

chen, d.h., bei der Temperatur T_0 ist die Diagonalspannung null, $U_d(T_0)=0$. Ändert sich T_0, so wird die Brücke verstimmt, und die Diagonalspannung nimmt mit T_0 zu. Umgekehrt verhält sich die entstandene Thermospannung. Diese wird mit steigender Umgebungstemperatur kleiner und bei fallender entsprechend größer. Die Brücke ist so ausgelegt, daß sie dieselbe Empfindlichkeit wie das zugehörige Thermoelement erreicht. Dadurch gleichen sich die beiden gegenläufigen Effekte aus, und die Summe der Diagonalspannung und der Thermospannung ist so groß wie das Signal eines Thermoelements, dessen Vergleichsstelle konstant auf T_0 gehalten wird.

Ausführungsformen der Thermoelemente. Unterschieden werden Thermoelemente in Meßeinsätzen und Mantel-Thermoelemente:

Meßeinsatz und Schutzrohr: Um die Thermodrähte vor einer mechanischen Beschädigung und einer chemischen Einwirkung durch das zu messende Medium zu schützen, sind sie zunächst in eine Hülse eingesetzt und bilden mit dieser den sogenannten Meßeinsatz (Bild 2.120). Dieser steckt seinerseits in einem Schutzrohr, dessen Werkstoff und Wandstärke sich nach Art und Druck des Meßmediums richtet. Ändert sich die Temperatur des Mediums, so muß erst das Schutzrohr, dann die Hülse und dann die Lötstelle die neue Temperatur annehmen, bevor diese zu einer Änderung der Thermospannung führt. Die Temperaturmessung ist also träge.

Mantel-Thermoelement: Die Thermodrähte des Mantelthermoelements sind von einem Metallröhrchen als Mantel umgeben und durch Al_2O_3 oder MgO von diesem isoliert. Der Mantel schützt die Thermodrähte vor chemischen Einwirkungen. Gleichzeitig erreichen die Elemente durch den kompakten Aufbau eine ausreichende mechanische Stabilität. Die Mantelthermoelemente haben eine geringere Masse und eine geringere Wärmekapazität als die Thermoelemente in Meßeinsätzen und Schutzrohren. Besonders schnell sprechen diejenigen an, bei denen die Lötstelle mit dem Mantel verschweißt ist oder überhaupt offen liegt.

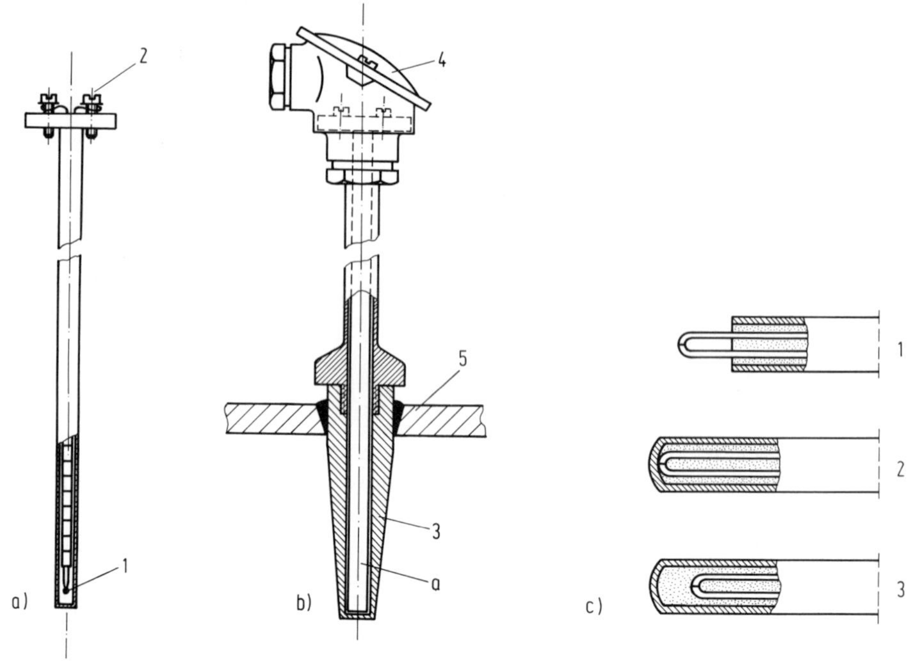

Bild 2.120: Ausführungsformen von Thermoelementen
a) Meßeinsatz mit Thermopaar 1 und Anschlußklemmen 2
b) Armatur mit Meßeinsatz a; 3 Schutzrohr, 4 Anschlußkopf, 5 Wand der Rohrleitung oder des Behälters
c) Mantelthermoelemente; 1 Thermopaar offen, 2 Thermopaar mit dem Mantel verschweißt, 3 Thermopaar vom Mantel isoliert

Meßschaltung. Die elektrische Ersatzschaltung eines Thermoelements ist eine Spannungsquelle, deren Leerlaufspannung gleich der Thermospannung ist. Der Innenwiderstand liegt bei einigen Ohm für die Thermoelemente in Meßeinsätzen und bei einigen kΩ für die dünneren Drähte der Mantelthermoelemente. Der Widerstand der Thermodrähte nimmt mit einem Temperaturkoeffizienten von etwa $5 \cdot 10^{-3}\ K^{-1}$ mit der Temperatur zu.

Manchmal wird nicht die erzeugte Spannung, sondern der im Thermoelementkreis fließende Strom I gemessen. In diesen Fällen muß der Widerstand des gesamten Kreises bekannt sein, um von dem Strom I über das Ohmsche Gesetz auf die den Strom verursachende Thermospannung zurückrechnen zu können. Um zusätzlich die in Temperatureinheiten kalibrierten Strommeßgeräte austauschbar zu halten, wird der Gesamtwiderstand des Meßkreises durch einen Abgleich-Widerstand R_a auf z.B. jeweils 20 Ω ergänzt (Bild 2.118e).

Zeitverhalten. Das Zeitverhalten des Thermoelements hängt von dem Wärmeübergang von dem zu messenden Medium auf den Temperaturfühler und von dessen Wärmekapazität und Wärmeleitfähigkeit ab. In strömendem Wasser ist die Anzeigeverzögerung geringer als bei einer Messung in einem stehenden Gas. Thermoelemente in Schutzrohren zeigen bei einer sprunghaften Temperaturänderung 90% des neuen Wertes nach ca. 10 bis 100 s an. Bei Mantelthermoelementen sind diese Zeiten mit 0,1 bis 1 s erheblich kürzer. Deren Zeitverhalten läßt sich durch eine Differentialgleichung erster Ordnung beschreiben mit einer Zeitkonstante als bestimmendem Parameter (Bild 2.121).

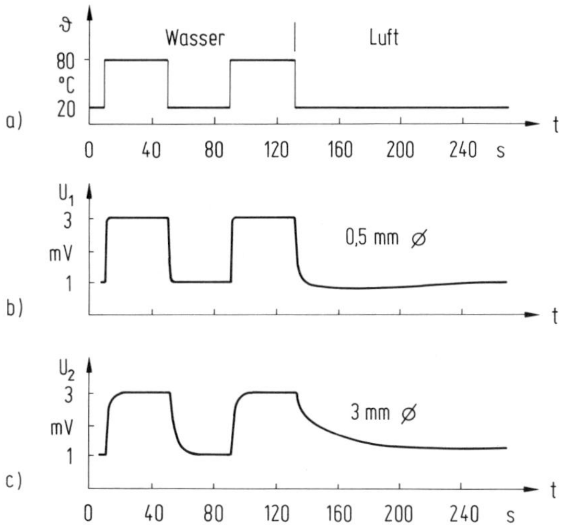

Bild 2.121: Anzeigegeschwindigkeit von Mantelthermoelementen beim Eintauchen in Wasser und Luft
a) Temperatur des Wassers und der Luft
b) Spannung des Thermoelements mit 0,5 mm ⌀
c) Spannung des Thermoelements mit 3 mm ⌀

2.7.2 Integrierter Sperrschicht-Temperatur-Sensor

Der Durchlaßstrom einer Diode ist von der Temperatur abhängig. Dieser Effekt läßt sich für eine Temperaturmessung nutzen. In der Gl. (2.24) der Diodenkennlinie wird in der Klammer zunächst der Subtrahend 1 gegenüber der e-Funktion vernachlässigt, so daß mit $U_{AK} = U_D$ und $I_{AK} = I_D$ übrigbleibt

$$I_D = I_s e^{e_0 U_D / kT} \qquad (2.240)$$

Indem (2.240) logarithmiert wird,

$$U_D = \frac{kT}{e_0} \ln \frac{I_D}{I_s}, \qquad (2.241)$$

wird schon deutlich, daß die Spannung in Durchlaßrichtung proportional mit der absoluten Temperatur T wächst. Leider steht in dieser Gleichung aber noch der von der Temperatur abhängige Sperrstrom $I_s = I_s(T)$, so daß noch kein eindeutiger Zusammenhang zwischen der Temperatur T und der Spannung in Durchlaßrichtung erreicht ist.

Dieser läßt sich gewinnen, indem die Diode mit zwei unterschiedlichen Strömen I_1 und I_2 betrieben wird, zu denen in Durchlaßrichtung die Spannungen U_1 und U_2 gehören. Deren Differenz

$$U_2 - U_1 = \frac{kT}{e_0} \ln \frac{I_2}{I_s} - \frac{kT}{e_0} \ln \frac{I_1}{I_s} = \frac{kT}{e_0} \ln \frac{I_2}{I_1} \tag{2.242}$$

ist unabhängig vom Sperrstrom und nimmt linear mit der absoluten Temperatur T zu.

Bei der praktischen Anwendung dieser Beziehung ist oft die Diode durch die Basis-Emitterstrecke eines Transistors ersetzt. Verwendet werden zwei Transistoren, die als Teil einer integrierten Schaltung völlig identisch aufgebaut sind. Der Emitterstrom I_2 des zweiten Transistors ist N-mal so groß wie der Strom I_1 des ersten, $I_2 = NI_1$. Gemessen wird die Differenz der beiden Basis-Emitterspannungen, die nach Gl. (2.242) von der Temperatur abhängt. Diese Differenz wird gleichzeitig verstärkt, so daß der integrierte Schaltkreis z.B. eine Ausgangsspannung von 1 mV/K oder einen Ausgangsstrom von 1 µA/K liefert. Die Signale bei 0 °C sind also entweder 273,2 mV oder 273,2 µA.

Mit einem derartigen integrierten Temperatursensor lassen sich Temperaturen zwischen −50 und +150 °C messen. Vorteilhaft ist die lineare Kennlinie, die zusätzliche Schaltungen zur Linearisierung überflüssig macht, und die Kombination von Aufnehmer und Verstärker in einem Bauteil.

2.8 Chemische spannungliefernde Aufnehmer und Sensoren

2.8.1 Galvanisches Element

Die chemischen Aufnehmer und Sensoren können als galvanische Elemente aufgefaßt werden, deren Quellspannung in einer definierten Weise von der nachzuweisenden Komponente abhängt. Den Sensoren liegen die Erscheinungen und Gesetzmäßigkeiten zugrunde, die zur Bildung von Galvani-Spannungen führen. Aus diesem Grunde soll hier kurz auf diese eingegangen werden.

Taucht ein Metall in eine Lösung seiner Ionen ein, so können Metallionen in Lösung gehen. Die zugehörigen freien Elektronen bleiben im Metall und laden dieses negativ auf. Die Elektronen befinden sich an der Metalloberfläche und verhindern durch die elektrische Anziehung, daß sich die Metall-Ionen von der Elektrode entfernen können. Es entsteht eine Doppelschicht aus Elektronen und Ionen. Die entsprechende Differenz zwischen dem Potential im Metall Φ_{M1} und dem der Lösung Φ_L führt über die Boltzmann-Verteilung zur Nernst-Gleichung

$$U_1 = \Phi_{M1} - \Phi_L = \frac{kT}{e_0} \ln \frac{c_{M1}}{c_L}, \tag{2.243 a}$$

wobei mit c_{M1} die Konzentration der Ionen im Metall und mit c_L die der Ionen in der Lösung bezeichnet wurde.

Um diese Spannung zu messen, ist eine zweite Elektrode notwendig. Ist diese aus einem anderen Metall M 2, so entsteht an ihr die Potentialdifferenz U_2

$$U_2 = \Phi_{M2} - \Phi_L = \frac{kT}{e_0} \ln \frac{c_{M2}}{c_L} . \qquad (2.243\,b)$$

Beide Elektroden bilden zusammen mit dem Elektrolyten ein galvanisches Element, das die Spannung U liefert:

$$U_{21} = U_2 - U_1 = \frac{kT}{e_0} \ln \frac{c_{M2}}{c_{M1}} . \qquad (2.243\,c)$$

Diese Gleichung wird im folgenden gleichermaßen auf die Elektronen- und Ionenleitung angewendet, d.h. auf das Vorzeichen der Spannung wird keine Rücksicht genommen.

Auch wenn zwei verschiedene Metalle in dieselbe Elektrolytlösung tauchen (z.B. Zink und Kupfer in die verdünnte Schwefelsäure des Daniell-Elements) ist zwischen ihnen eine Spannung zu messen. Die unterschiedlichen Metalle nehmen nämlich gegenüber der Lösung unterschiedliche Potentiale an. Desweiteren treten Potentialdifferenzen nicht nur an der Grenzfläche zwischen Metall und wäßriger Lösung auf, sondern generell auch an den Grenzflächen Festkörper-Festkörper, Flüssigkeit-Flüssigkeit und Festkörper-Flüssigkeit. In dieser Situation ist die Aufgabe des Meßtechnikers, eine Elektrodenkette zu finden, deren Spannung reproduzierbar und definiert von nach Möglichkeit einer einzigen interessierenden Komponente abhängt.

2.8.2 pH-Meßkette mit Glaselektrode

Der pH-Wert (potentia Hydrogenii) kennzeichnet die Konzentration an H^+-Ionen in wäßrigen Lösungen. Eine Lösung mit dem pH-Wert 7 ist neutral; kleinere pH-Werte weisen auf saure, größere auf alkalische Flüssigkeiten hin. Der pH-Wert ist der mit -1 multiplizierte dekadische Logarithmus der Konzentration c_{H^+} von H^+-Ionen

$$pH = - \log c_{H^+} .$$

Er ist eine reine Zahl und darf nicht wie eine Einheit angewendet werden (Schreibweise nach DIN 1962: eine Lösung hat den pH-Wert 5, oder: bei einer Lösung ist pH = 5; jedoch nicht: die Lösung hat 5 pH).

Der pH-Wert bestimmt die Richtung und die Geschwindigkeit der in wäßrigen Lösungen miteinander reagierenden Stoffe. Seine Messung hat dementsprechend für die Chemie, Lebensmittelindustrie, Metallindustrie (Korrosionsschutz, galvanische Oberflächenveredelung) und nicht zuletzt für den Umweltschutz, indem die Emissionen kontrolliert und die Abwässer entsprechend neutralisiert werden können, eine große Bedeutung [2.25, 2.26].

Elektroden. Die gesuchte Wasserstoffionenkonzentration c_x wird mit Hilfe von zwei Elektroden gemessen (Bild 2.122). Verwendet werden häufig Glaselektroden, die mit speziell ausgewählten Lösungen so gefüllt sind, daß die abgegebene Spannung weitgehend nur von der Konzentration der Wasserstoff-Ionen abhängt und nicht durch oxidierende oder reduzierende Substanzen, durch Salze

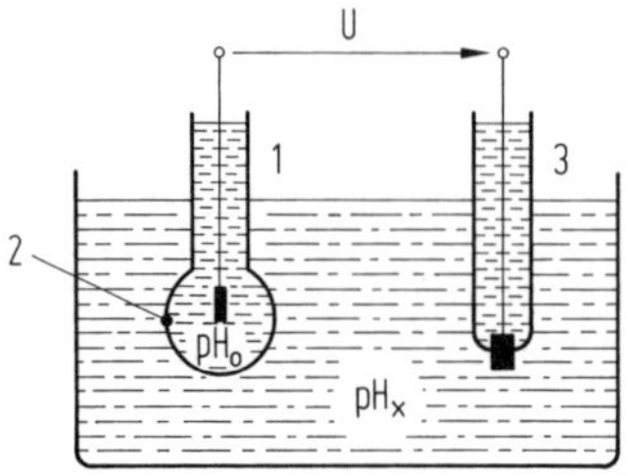

Bild 2.122: Glaselektrode zur Messung des pH-Wertes
1 innere Ableitelektrode
2 Glasmembran
3 äußere Ableitelektrode

oder Elektrodengifte, gestört wird. Der Nullpunkt wird durch die Wasserstoffionenkonzentration c_0 in der inneren Ableitelektrode festgelegt. So resultiert schließlich aus den verschiedenen Potentialdifferenzen der Grenzschichten die Spannung

$$\begin{aligned} U &= \frac{kT}{e_0} \ln \frac{c_x}{c_0} \\ &= \frac{kT}{e_0} 2{,}3(\log c_x - \log c_0) \\ &= \frac{k}{e_0} 2{,}3\, T(pH_0 - pH_x) \\ &= 0{,}2\, T(pH_0 - pH_x) \quad \text{mV}, \end{aligned} \tag{2.244}$$

in der T die absolute Temperatur bezeichnet. Bei 0 °C, T = 273 K, beträgt also die Spannung

$$U = 54{,}2(pH_0 - pH_x) \quad \text{mV}, \tag{2.245}$$

54,2 mV, falls sich die beiden pH-Werte um 1 unterscheiden.

Die entstandenen Spannungen sind so groß, daß sie an und für sich leicht weiterverarbeitet werden könnten. Schwierigkeiten entstehen jedoch durch den hohen Innenwiderstand der Spannungsquelle. Dieser kann infolge des gut isolierenden Glases der Meßelektrode im Bereich von $10^9\ \Omega$ liegen. Dementsprechend hochohmig ist dann auch der Eingang des nachfolgenden Spannungsverstärkers auszuführen. Die Meßleitung zwischen Elektroden und Verstärker ist sehr sorgfältig abzuschirmen, da irgendwelche Einstreuungen in diesem hochohmigen Kreis nicht abfließen und das Meßergebnis verfälschen. Oft wird die Messung zusätzlich durch die feuchte und schmutzige Umgebung erschwert.

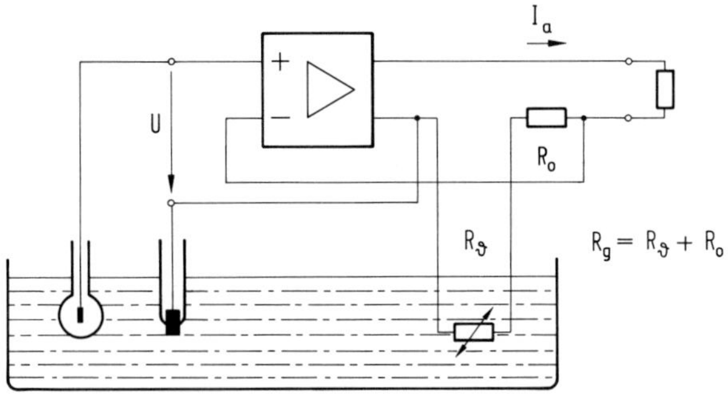

Bild 2.123: Verstärkung der von den pH-Elektroden gelieferten Spannung mit automatischer Temperaturkorrektur

Meßkette. Der u/i-Verstärker (Bild 2.123) ist geeignet, die von den Elektroden gelieferte Spannung U in einen Strom I_a umzuformen:

$$I_a = \frac{U}{R_g} = \frac{U}{R_\vartheta + R_0}.$$

Der hierfür erforderliche Gegenkopplungswiderstand R_g ist in der Schaltung von Bild 2.123 in die zwei Widerstände R_ϑ und R_0 zerlegt, um den Einfluß der Temperatur auf die zu messende Spannung korrigieren zu können. Diese nimmt ja proportional zur absoluten Temperatur zu. Um die Widerstände R_ϑ und R_0 zu dimensionieren, ist zunächst der Temperaturkoeffizient α der von den pH-Elektroden gelieferten Spannung zu berechnen. Dieser ergibt sich aus dem Ansatz

$$0{,}2\,T = 0{,}2(273 + \vartheta) = 54{,}2\left(1 + \frac{0{,}2}{54{,}2}\vartheta\right) = 54{,}2(1 + 0{,}0037\vartheta)$$

zu $\alpha = 0{,}0037$.

Der Wert des temperaturabhängigen Widerstandes R_ϑ ist dann mit dem des temperaturunabhängigen R_0 so abzustimmen, daß die Summe der Widerstände $R_g = R_\vartheta + R_0$ denselben Temperaturkoeffizienten $\alpha = 0{,}0037$ wie die Elektrodenspannung aufweist. Hat also R_g bei 0 °C den Wert R_{g0}, so muß R_g mit der Temperatur ϑ wie folgt zunehmen:

$$R_g = R_{g0}(1 + 0{,}0037\vartheta).$$

Werden die beiden letzten Ergebnisse in Gl. (2.245) eingesetzt, so kürzt sich der temperaturabhängige Faktor heraus und der Ausgangsstrom I_a hängt allein von dem zu messenden pH-Wert ab:

$$I_a = \frac{U}{R_g} = \frac{54{,}2(1 + 0{,}0037\vartheta)(pH_0 - pH_m)}{R_{g0}(1 + 0{,}0037\vartheta)} \cdot \frac{mV}{\Omega}$$

$$= \frac{54{,}2}{R_{g0}}(pH_0 - pH_x)\ mA. \qquad (2.246)$$

Indem hier der Gegenkopplungswiderstand im Hinblick auf die Temperaturkorrektur ausgelegt ist, ergibt sich zwangsweise die durch Gl. (2.246) definierte Empfindlichkeit. Soll diese noch frei einstellbar sein, so ist ein zweiter Verstärker erforderlich.

2.8.3 Ionensensitiver Feldeffekt-Transistor

Die pH-Glaselektroden liefern proportional zur Konzentration der H^+-Ionen eine elektrische Spannung; sie sind ionensensitiv. Dieser Effekt läßt sich in Verbindung mit einem Metall-Oxid-Silizium-Feldeffekt-Transistor (MOSFET) nutzbar machen und führt zum ionensensitiven Feldeffekt-Transistor, dem ISFET. Die ISFETs sind zur Zeit noch nicht so ausgereift und erprobt wie die Glaselektroden. Es besteht jedoch die Erwartung, sie als kleine, schnelle und preiswerte Sensoren zum Nachweis von Ionen in Flüssigkeiten nützen zu können.

Wirkungsweise. Um die Wirkungsweise eines ISFETs zu erläutern, ist in Bild 1.124 zunächst der Aufbau eines MOSFET gezeigt. Dessen drain-source-Strom wird durch eine an die Steuerelektrode G angelegte Spannung gesteuert. Bei dem ISFET fehlt nun die metallische gate-Elektrode. Sie ist durch eine isolierende, ionensensitive Schicht ersetzt. Diese steht im direkten Kontakt mit einer wäßrigen Lösung (Elektrolyten), in dem die Konzentration einer bestimmten Ionenart zu messen ist. Die Bezugselektrode R dient zum definierten Einstellen des Arbeitspunktes [2.38].

An den Übergangsstellen Bezugselektrode-Elektrolyt und Elektrolyt-ionensensitive Schicht entstehen elektrochemische Potentiale. Aus ihnen resultiert eine Spannung u_{EL}, die entsprechend Gl. (2.243) von der Ionenkonzentration c_x in der Flüssigkeit abhängt:

$$u_{EL} = u_{EL}(c_x).$$

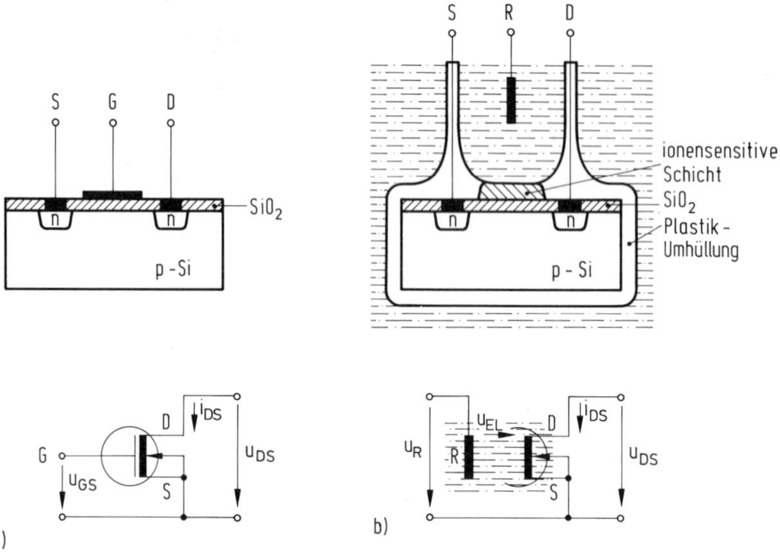

Bild 2.124:

a) Aufbau eines MOSFET

b) Aufbau eines Feldeffekttransistors mit ionensensitiver Schicht (ISFET)

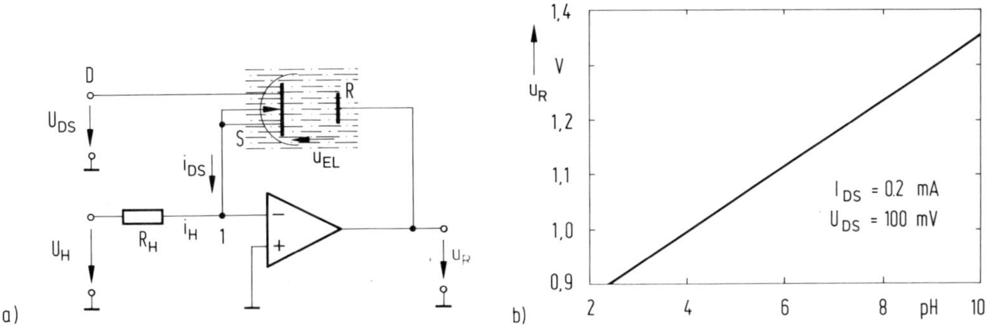

Bild 2.125:
a) Schaltung eines ISFET im Konstant-Strom-Betrieb [2.39]
b) Abhängigkeit der Ausgangsspannung u_R eines Ta_2O_5-ISFETs in Abhängigkeit vom pH-Wert bei 25 °C [2.38]

Diese Spannung u_{EL} wirkt wie eine an die gate-Elektrode angelegte Spannung. Sie liegt in Reihe mit der Spannung u_R an der Bezugselektrode. Beide Spannungen zusammen steuern den drain-source-Strom des ISFET, so daß dieser als Maß für die gesuchte Ionenkonzentration genommen werden kann.

Als Materialien für die ionensensitive Schicht stehen neben SiO_2 und Si_3N_4 auch Spezialgläser, anorganische und organische Verbindungen zur Verfügung. Eine Schicht aus Tantalpentoxyd Ta_2O_5 z.B. reagiert auf die H^+-Ionen in der Flüssigkeit, ist also zur Messung des pH-Werts geeignet. Möglich ist auch z.B. die Messung von Na^+-Ionen mit Hilfe einer Natrium-Aluminium-Silikat-Schicht, die von K^+-Ionen mit Hilfe von Valinomycin und die von Ca^{++}-Ionen mit Hilfe von Kronenether.

Schaltung. Zunächst könnte bei konstanter drain-source-Spannung u_{DS} und bei konstanter Spannung u_R an der Bezugselektrode der Strom i_{DS} gemessen und aus ihm die Ionenkonzentration berechnet werden. Die sich dabei ergebende Kennlinie ist nicht linear.

Vorteilhafter ist es, den drain-source-Strom i_{DS} durch Verstellen der Spannung u_R immer auf dem gleichen Wert zu halten. Durch die Wahl des festen Arbeitspunktes ändern sich die Leistungsaufnahme und die Temperatur des ISFETs nicht. Bei dieser Betriebsart steckt die Information über die gemessene Größe in der Spannung der Bezugselektrode u_R. Bild 2.125 zeigt eine Schaltung für diesen Konstant-Strom-Betrieb [2.39]. Sie benutzt die konstante drain-source-Spannung u_{DS} und eine weitere konstante Hilfsspannung U_H. Durch U_H und den Widerstand R_H ist der Hilfsstrom i_H festgelegt, der sich im Knoten 1 mit dem drain-source-Strom i_{DS} trifft. Bei dem als ideal angenommenen Verstärker liegt der Knoten 1 an der virtuellen Masse. Dementsprechend müssen der Hilfsstrom i_H und der drain-source-Strom i_{DS} gleich sein:

$$i_H = i_{DS}. \tag{2.248}$$

Ändert sich die von der Ionenkonzentration des Elektrolyten abhängige Spannung u_{EL}, so würde das zunächst zu einem geänderten Strom i_{DS} führen. Der Verstärker stellt sich jedoch auf eine neue Ausgangsspannung u_R ein, so daß Gl. (2.248) wieder eingehalten wird. Die Verstärkerausgangsspannung u_R kann damit als Maß für die Ionenkonzentration genommen werden.

2.8.4 Gassensitiver Feldeffekt-Transistor

Auch Gaskonzentrationen lassen sich mit Hilfe eines MOSFETs messen. Eine der möglichen Konstruktionen entsteht, indem in Bild 2.124a die metallische gate-Elektrode des MOSFET strukturiert und mit winzigen Öffnungen versehen wird. Dadurch wird dem Gas ein direkter Zugang zu der Oberfläche der Isolationsschicht ermöglicht. An der Phasengrenze zwischen Metall und Isolator entsteht eine elektrische Doppelschicht. Durch diese wird wie beim ISFET der drain-source-Strom gesteuert. Sind Gase an dieser Phasengrenze vorhanden, so können diese unter Umständen an der Metalloberfläche dissoziieren und ins Metall diffundieren. Dadurch ändert sich die ursprüngliche, ohne Gas vorhanden gewesene Dipolschicht und es stellt sich ein anderer drain-source-Strom ein. Die Stromänderung dient dann als Maß für die Gaskomponente [2.40, 2.44–2.46].

Palladium-Elektroden z. B. sind geeignet für den Nachweis von Wasserstoff und Kohlenmonoxid. Untersucht werden zwischen Gate-Elektrode und SiO_2 zusätzliche Schichten aus z. B. organisch modifizierten Silikaten (Ormosile), um die Messung von CO_2, SO_2, NO_2, NH_3 und CH_4 zu ermöglichen. Eine besondere Bauform ist der Suspended-Gate-CHEMFET, bei dem zwischen dem isolierenden SiO_2 und der Gate-Elektrode ein für das nachzuweisende Gas zugänglicher Raum entsteht.

Da sich im Gas wegen der fehlenden elektrischen Leitfähigkeit unter Umständen undefinierte Potentialverhältnisse ausbilden, ist die Messung von Gaskonzentrationen schwieriger als die von Ionenkonzentrationen. Probleme bereitet noch die mangelnde Selektivität. Auch die Messung zeitlich veränderlicher Gaskonzentrationen, bei denen sich jeweils ein Gleichgewicht zwischen Adsorption und Desorption einstellen muß, ist noch nicht befriedigend gelöst.

2.8.5 Sauerstoffmessung mit Festkörper-Ionenleiter

Prinzip. Bei Temperaturen größer als 350 °C ist eine Keramik aus Zirkonoxid (ZrO_2) und Yttriumoxid (Y_2O_3) ein Sauerstoff-Ionenleiter. Ein Stromfluß durch eine solche Keramik erfolgt nicht wie beim metallischen Leiter durch Elektronen, sondern durch Sauerstoffionen (O^{--}). Der Stromtransport ist also, wie in einem flüssigen Elektrolyten, mit einem Materialtransport verbunden.

Wird ein derartiger Sauerstoff-Ionenleiter mit zwei porösen Elektroden aus z. B. Platin versehen und werden diese Elektroden unterschiedlichen Sauerstoff-Partialdrücken ausgesetzt, so bildet sich ein galvanisches Element (Bild 2.126). Dabei spielen sich an den Elektroden die folgenden Vorgänge ab:

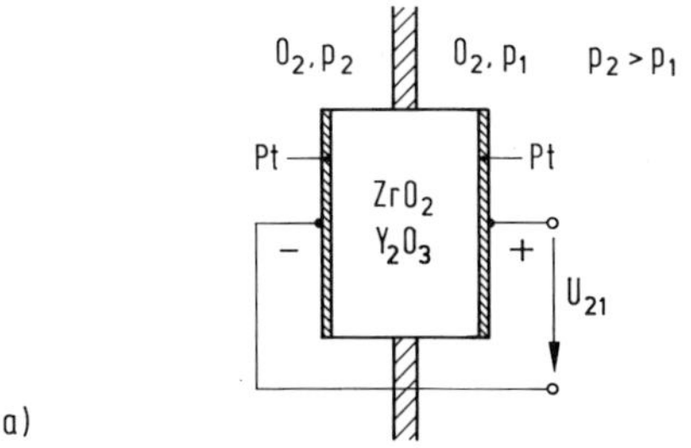

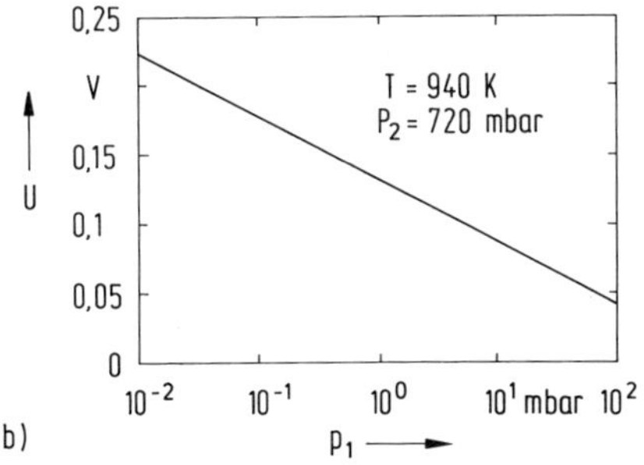

Bild 2.126: Sauerstoffsensor mit Festkörper-Elektrolyt

a) Aufbau

b) Kennlinie [2.41]

Kathode (Umgebung mit dem höheren Sauerstoff-Partialdruck p_2):

$$O_2 + 4e_0^- \rightarrow 2O^{--} \tag{2.250}$$

Anode (Umgebung mit dem niedrigeren Sauerstoff-Partialdruck p_1):

$$2O^{--} \rightarrow O_2 + 4e_0^-. \tag{2.251}$$

Bei geschlossenem äußeren Stromkreis fließen Elektronen über die metallischen Leiter von der Anode zur Kathode und dementsprechend wandern Sauerstoffionen von der Kathode zur Anode. Bei offenem Stromkreis entsteht an den Elektroden entsprechend (2.243c) die Spannung U_{21},

$$U_{21} = \frac{kT}{4e_0} \ln \frac{p_2}{p_1}. \tag{2.252}$$

Der Faktor 4 im Nenner berücksichtigt, daß 4 Elementarladungen am Umsatz eines Sauerstoffmoleküls beteiligt sind.

Indem die vorstehende Gleichung Zähler und Nenner mit der Avogadro-Zahl N_A erweitert wird, lassen sich die allgemeine Gaskonstante R und die Faraday-Konstante F (die Ladung, die pro Mol entsteht) einführen. Die Gleichung geht damit über in

$$U_{21} = \frac{RT}{4F} \ln \frac{p_2}{p_1} = 0{,}0496\,T \log \frac{p_2}{p_1} \frac{mV}{K}. \tag{2.253}$$

Ist der eine Sauerstoff-Partialdruck bekannt, so kann aus der obigen Formel der andere bestimmt werden. Messungen bestätigen diese Beziehung (Bild 2.126b). Unterscheiden sich die Sauerstoff-Partialdrücke um den Faktor 10, so ergibt sich bei $T = 1000$ K die Spannung $U_{21} = 49{,}6$ mV.

Derartige Sensoren werden z. B. für die Messung der Sauerstoffkonzentration in Rauchgasen von Industriefeuerungen eingesetzt [2.42].

Lambda-Sonde. Zu einem Massenprodukt ist der Festkörperelektrolyt-Sauerstoffsensor in der Automobilindustrie geworden. Dort bezeichnet λ die Luftzahl des dem Motor zugeführten Gemisches. Erhält der Motor ganausoviel Luftsauerstoff wie zur vollständigen Verbrennung des Kraftstoffes erforderlich ist, so ist $\lambda = 1$; bei $\lambda < 1$ fehlt Sauerstoff. Das Gemisch ist „fett" und es ist „mager" bei $\lambda > 1$ (Luftüberschuß).

Eine Sauerstoff-Sonde in der Abgasleitung des Motors vermag den Restsauerstoff zu erfassen (Bild 2.127). Er ist vom Luft-Kraftstoff-Verhältnis des Gemisches abhängig. Damit läßt sich aus dem Abgas auf die Betriebsweise des Motors schließen.

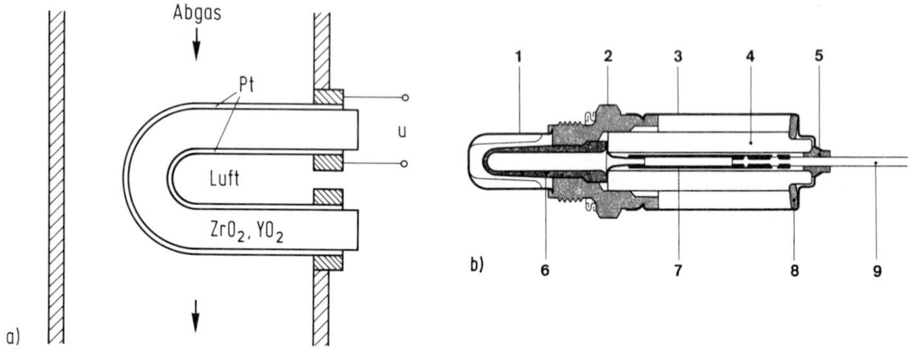

Bild 2.127: Lambda-Sonde

a) Aufbau

b) Technische Ausführung; 1 Schutzrohr mit Schlitzen, 2 Sondengehäuse, 3 Schutzhülse, 4 Stützkeramik, 5 Isolierteil, 6 Sondenkeramik, 7 Kontaktierung, 8 Tellerfeder, 9 Anschlußleitung

Die sich in der Lambda-Sonde an der Grenzfläche zwischen Elektrolyt und abgasseitiger Elektrode einstellende Potentialdifferenz berechnet sich nun nicht direkt aus dem Sauerstoff-Partialdruck p_1 des Abgases, sondern aus dem Partialdruck p_1^* des thermodynamischen Gleichgewichts. Dieses wird infolge der katalytischen Wirksamkeit des Platin erreicht. Der Sauerstoffpartialdruck p_1 ändert sich bei Veränderung der Luftzahl in einen engen Bereich um $\lambda = 1$ um mehr als 20 Größenordnungen. Für Luft als Referenzgas ($p_2 = 0{,}21$) wird bei 500 °C

$$\lambda = 0{,}9 \qquad p_1^* = 1{,}9 \cdot 10^{-27} \qquad U = 998\,\text{mV}$$

$$\lambda = 1{,}1 \qquad p_1^* = 1{,}8 \cdot 10^{-2} \qquad U = 41\,\text{mV}$$

Die Spannungen sind dabei aus der Nernst'schen Gleichung (2.253) berechnet. Über diese signifikante Änderung der Sondenspannung bei $\lambda \approx 1$ läßt sich das Luft-/Kraftstoffverhältnis des Gemischs zuverlässig erfassen (Bild 2.128).

Voraussetzung für die Messung ist die Sauerstoff-Ionenleitfähigkeit des Festkörper-Elektrolyts. Da diese erst oberhalb 400 °C einsetzt, ist die Lambda-Sonde – insbesondere beim Start des Motors – auf eine Temperatur von etwa 700 °C zu heizen. Innenwiderstand und Ansprechzeit der Sonde sind von der Temperatur abhängig. Bei 700 °C betragen die entsprechenden Werte 100 Ω und 10 ms.

Regelung des Kraftstoff-Luft-Gemischs. Mit Hilfe der Lambda-Sonde läßt sich in Verbindung mit einem Katalysator die Schadstoff-Emission eines Kraftfahr-

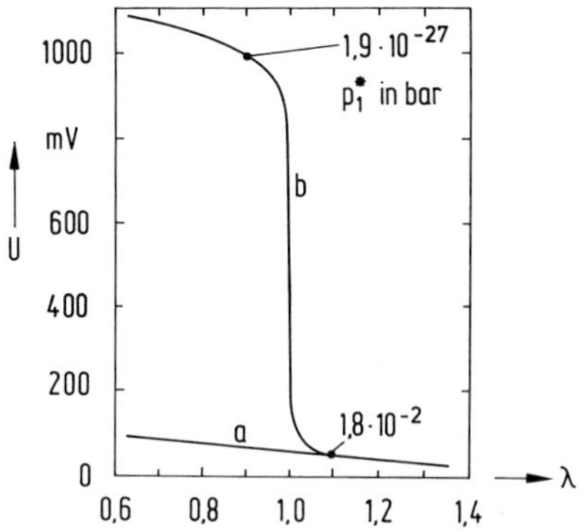

Bild 2.128: Leerlaufspannung der Lambda-Sonde bei T = 780 K in Abhängigkeit von der Luftzahl λ [2.43];

a katalytisch nicht aktive und b katalytisch aktive abgasseitige Elektrode; angegeben ist der Gleichgewichts-Sauerstoff-Partialdruck p_1^* in der abgasseitigen Elektrode

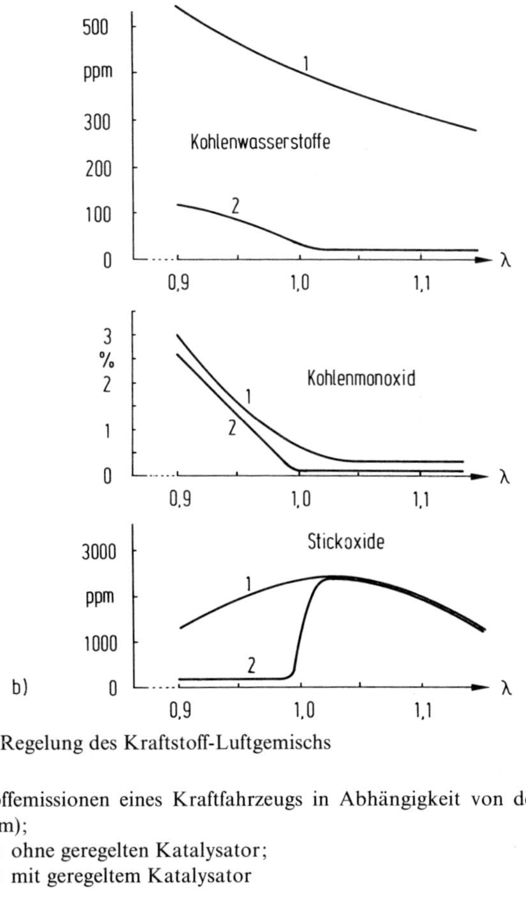

Bild 2.129: Regelung des Kraftstoff-Luftgemischs

a) Prinzip

b) Schadstoffemissionen eines Kraftfahrzeugs in Abhängigkeit von der Luftzahl λ(1,7 l Hubraum, 3000 Upm);
Kurve 1: ohne geregelten Katalysator;
Kurve 2: mit geregeltem Katalysator

zeugs wirkungsvoll begrenzen. Dazu wird in der Abgasleitung der Restsauerstoffgehalt gemessen. Aufgrund dieses Signals wird die Kraftstoffzufuhr so geregelt, daß der Motor bei $\lambda = 1$ betrieben wird (Bild 2.129). Dadurch werden mit Hilfe des Katalysators die drei wichtigsten Schadstoffe Kohlenmonoxyd, Kohlenwasserstoffe und Stickoxyde wesentlich reduziert. Ohne diese Regelung würden trotz Katalysator entweder zuviel Kohlenmonoxyd und zuviele Kohlenwasserstoffe (fettes Gemisch) oder zuviel Stickoxyde (mageres Gemisch) emittiert [2.43].

2.9 Piezo- und pyroelektrische ladungliefernde Aufnehmer

2.9.1 Wirkungsweise und Werkstoffe

Piezoelektrischer Effekt. Bei den piezoelektrisch wirksamen dielektrischen Stoffen sind die positiven und negativen Ladungen unsymmetrisch verteilt. Bei den Molekülen, bzw. bei den Kristalliten fällt der Schwerpunkt der positiven Ladungen nicht mit dem der negativen zusammen. Die piezoelektrischen Stoffe sind elektrisch polarisiert. Werden sie deformiert, so ändern sich die Dipolmomente. Durch die damit verbundene Änderung der Polarisation werden an der Oberfläche Ladungen frei. So läßt sich dieser piezoelektrische Effekt nützen, um aus der gemessenen Ladung die die Deformation verursachende Größe zu bestimmen [2.47].

Je nach Polarisationsrichtung des piezoelektrischen Materials können die Ladungen an den mechanisch belasteten Flächen (Längseffekt) oder quer dazu (Quereffekt) auftreten. Auch durch Schubspannungen wird die Polarisation verändert (Schereffekt) (Bild 2.130).

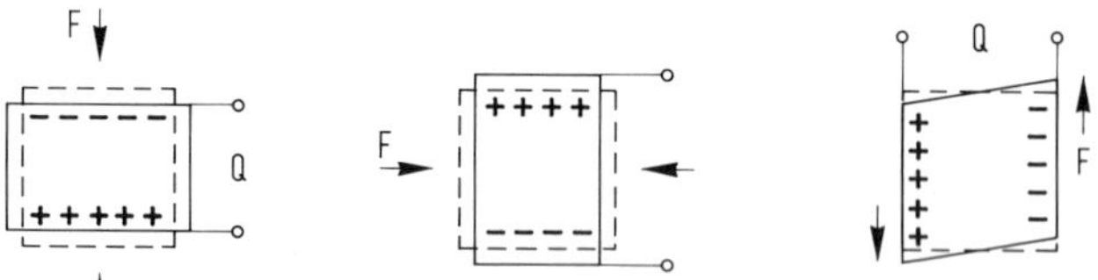

Bild 2.130: Wirkungsrichtungen des piezoelektrischen Effekts

Die freigesetzte Ladung hängt nur von der Deformation des Kristalls ab und nicht von der Geschwindigkeit oder Beschleunigung, mit der die Deformation erzeugt wird. Maßgebend ist also nur die jeweilige Längen- oder Dickenänderung. Ein piezoelektrischer Körper reagiert wie ein Längenfühler, wenn auch die Längenänderungen kaum wahrnehmbar sind.

Der piezoelektrische Effekt ist umkehrbar. Wird ein dielektrischer Stoff in ein elektrisches Feld gebracht, so dehnt er sich etwas aus oder zieht sich zusammen (Elektrostriktion, reziproker piezoelektrischer Effekt).

Pyroelektrischer Effekt. Die Polarisation eines dielektrischen Körpers nimmt nicht nur bei einer mechanischen Verformung andere Werte an, sondern auch bei Temperaturänderungen. Auch hier werden an der Oberfläche Ladungen frei, die als Maß für die Temperaturänderung dienen können [2.47–2.50].

Werkstoffe. Der piezo- und pyroelektrische Effekt tritt auf in (Tab. 2.5)

- Einkristallen, wie z. B. Quarz, Triglyzinsulfat TGS, Lithiumtantalat $LiTaO_3$
- polykristallinen keramischen Körpern, wie z. B. Bariumtitanat $BaTiO_3$, Bleititanat $PbTiO_3$, Bleizirkonat $PbZrO_3$, Blei-Zirkonat-Titanat PZT $Pb(Zr, Ti)O_3$
- organischen Polymeren, wie z. B. Polyvinylidendifluorid PVDF.

Tabelle 2.5 Eigenschaften piezo- und pyroelektrischer Materialien bei Raumtemperatur [0.7, 2.47]

Material	Curie-Temperatur °C	ε_r	piezoelektrische Empfindlichkeit k(10^{-12} As/N)			pyroelektrische Empfindlichkeit	
			Längseffekt d_{33}	Quereffekt d_{31}	Schereffekt d_{15}	k_Q As/K·m²	k_u V/K·m
Quarz	–	4,5	2,3	[3]	4,6	–	–
TGS [1]	49	30	–	–	–	$3{,}5 \cdot 10^{-4}$	$1{,}3 \cdot 10^{6}$
$LiTaO_3$	618	45	5,7	−3	26	$2 \cdot 10^{-4}$	$0{,}5 \cdot 10^{6}$
$BaTiO_3$	120	1000	374	−150	550	$4 \cdot 10^{-4}$	$0{,}05 \cdot 10^{6}$
$Pb(Zr, Ti)O_3$	340	1600	374	−171	584	$4{,}2 \cdot 10^{-4}$	$0{,}03 \cdot 10^{6}$
$PbTiO_3$	470	200	51	−6,1	45	$2{,}3 \cdot 10^{-4}$	$0{,}13 \cdot 10^{6}$
PVDF	205 [2]	12	30	−20	–	$0{,}4 \cdot 10^{-4}$	$0{,}4 \cdot 10^{6}$

[1]) d_{21}: $k = 23{,}5 \cdot 10^{-12}$ As/N
[2]) irreversible Polyrisationsverluste bei Temperaturen über 80 °C
[3]) abhängig von den geometrischen Abmessungen

In Übereinstimmung mit dem geringen Temperaturkoeffizienten des Quarzes ist der pyroelektrische Effekt dort zu vernachlässigen. Die erwähnten polykristallinen Metalloxide sind im Hinblick auf ihr piezo- und pyroelektrisches Verhalten entworfen. Sie sind empfindlicher als Quarz, preiswerter und lassen sich in unterschiedlichen Formen fertigen. Sie werden aus gemahlenen Metalloxiden hergestellt, die mit einem Bindemittel zu einem Brei verrührt sind. Er wird in die gewünschte Form gegossen und anschließend zu einem keramischen Körper gebrannt. Danach ist, um die genauen Abmessungen zu erreichen, noch eine mechanische Nachbehandlung notwendig. Anschließend wird die Keramik unter Erwärmung in einem elektrischen Feld polarisiert. Die vorher regellosen Kristallite orientieren sich in Richtung des elektrischen Feldes und behalten diese Richtung auch nach dem Abschalten der Polarisationsspannung bei (Bild 2.131).

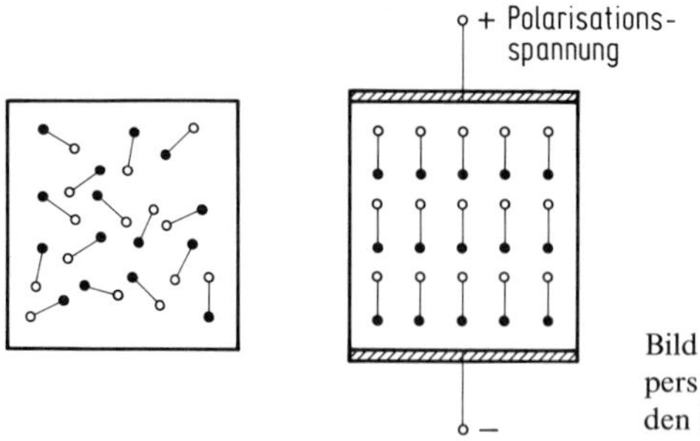

Bild 2.131: Polarisation eines piezoelektrischen Körpers; die vorher regellos angeordneten Dipole werden im elektrischen Feld ausgerichtet.

Wie die ferromagnetischen Stoffe im Magnetfeld magnetisiert werden, werden die piezoelektrischen Stoffe im elektrischen Feld polarisiert. Wegen dieser Ähnlichkeit im Aufbau und im Verhalten werden die piezoelektrischen Metalloxide als **ferroelektrisch** bezeichnet. Ein ferroelektrischer Körper ist also immer auch piezoelektrisch. Die Ordnung der Kristallite und damit auch das piezo- und pyroelektrische Verhalten gehen aber bei Erreichen der Curie-Temperatur verloren. Doch auch dann noch sind die ferroelektrischen Metalloxide als Kaltleiter für die Meßtechnik von Bedeutung (Abschn. 3.6.3).

Das Polyvinylidendifluorid hat von den bisher untersuchten Polymeren die größte piezo- und pyroelektrische Empfindlichkeit. Es polymerisiert nach dem Muster

$$\left(\begin{array}{cc} H & H \\ | & | \\ -C-C- \\ | & | \\ H & H \end{array} \right)_n .$$

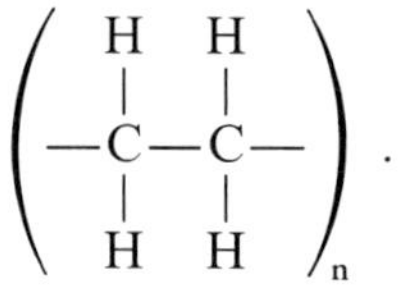

Das PVDF läßt sich in Folien gießen und anschließend in verschiedenen Richtungen polarisieren. Die Folie ist flexibel, biegsam und kann leicht unterschiedlichen Aufgabenstellungen angepaßt werden.

In der Meßtechnik sind die piezoelektrischen Körper in ihrer Eigenschaft als mechanisch-elektrische Energiewandler von Bedeutung (Kraftmessung, Beschleunigungsmessung). Darüber hinaus spielt auch der reziproke piezoelektrische Effekt, die elektrisch-mechanische Energiewandlung eine große Rolle. Sie wird z. B. beim Schwingquarz, zur Erzeugung von Ultraschall und als Antrieb für die Verstellung von Komponenten benutzt.

2.7.1 Piezoelektrischer Kraftaufnehmer

Als Beispiel eines piezo-elektrischen Aufnehmers zeigt Bild 2.132 ein aus einem Einkristall in einer bestimmten Richtung herausgeschnittenes Stück Quarz. Die obere und untere Schnittfläche sind metallisiert und bilden die Elektroden.

Wirkt eine Kraft F auf die Quarzscheibe, so wird die Ladung Q

$$Q = kF \quad k = 2{,}3 \cdot 10^{-12}\,\mathrm{As/N}$$

frei. Die Ladung nimmt proportional zur wirkenden Kraft zu.

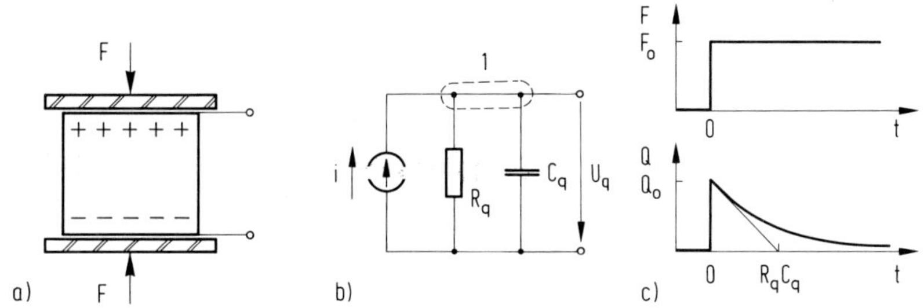

Bild 2.132: Aufbau (a), Ersatzschaltbild (b) und Sprungantwort (c) eines piezo-elektrischen Aufnehmers

Das Ersatzschaltbild eines derartigen Quarzes ist eine Stromquelle mit dem Kurzschlußstrom $i = dQ/dt = k\,dF/dt$, dem Innenwiderstand R_q und der Kapazität C_q. Der Widerstand berechnet sich aus den Abmessungen und dem spezifischen Widerstand des Quarzes, die Kapazität aus den Amessungen und der relativen Dielektrizitätszahl. Der Quarz läßt sich als Kondensator auffassen, der sich unter dem Einfluß der Kraft F infolge der freigesetzten Ladung Q auf die Spannung U_q auflädt:

$$U_q = \frac{Q}{C_q}.$$

Beispiel: Ein Quarz mit der Empfindlichkeit $k = 2{,}3 \cdot 10^{-12}$ As/N, der Fläche $A = 10\,\mathrm{cm}^2$, der Dicke $d = 1$ mm, dem spezifischen Widerstand $\varrho = 10^{14}\,\Omega\,\mathrm{cm}$, der relativen Dielektrizitätszahl $\varepsilon_r = 5$ und belastet mit einer Kraft von 10^3 N

- hat den Innenwiderstand $R_q = \frac{d}{A}\varrho = \frac{0{,}1\,\mathrm{cm}}{10\,\mathrm{cm}^2} 10^{14}\,\Omega\,\mathrm{cm} = 10^{12}\,\Omega$,
- hat die Kapazität $C_q = \frac{\varepsilon_0 \varepsilon_r A}{d} = \frac{8{,}85 \cdot 10^{-12}\,\mathrm{As/Vm} \cdot 5 \cdot 0{,}001\,\mathrm{m}^2}{0{,}001\,\mathrm{m}} = 44\,\mathrm{pF}$,
- liefert die Ladung $Q = kF = 2{,}3 \cdot 10^{-12}\,\mathrm{As/N} \cdot 10^3\,\mathrm{N} = 2{,}3 \cdot 10^{-9}\,\mathrm{As}$,
- liefert die Spannung $U_q = \frac{Q}{C_q} = \frac{2{,}3 \cdot 10^{-9}\,\mathrm{As}}{44\,\mathrm{pF}} = 52\,\mathrm{V}$.

Zeitverhalten. Die durch die wirkende Kraft getrennten Ladungen bleiben nicht beliebig lange auf den Elektroden sitzen, sondern versuchen, sich über den Innenwiderstand R_q auszugleichen. Mit $i = dQ/dt$ gilt für den Knoten 1 von Bild 2.132 b die Differentialgleichung:

$$\frac{dQ}{dt} - \frac{U_q}{R_q} - C_q \frac{dU_q}{dt} = 0.$$

Das ist eine inhomogene Dgl. 1. Ordnung

$$\frac{U_q}{R_q} + C_q \frac{dU_q}{dt} = \frac{dQ}{dt} \tag{2.254}$$

in der Form von Gl. (1.54). Eine partikuläre Lösung ist $U_{q,p} = 0$. Die Lösung der homogenen Gleichung ergibt sich zu

$$U_{q,h} = K\, e^{-t/R_q C_q}.$$

Die Randbedingung $U_q(t=0) = Q_0/C_q$ liefert für die Konstante den Wert $K = Q_0/C_q$. Damit ist die gesamte Lösung

$$U_q = \frac{Q_0}{C_q}\, e^{-t/R_q C_q} \quad \text{für } t > t_0.$$

Die Spannung U_q des Quarzes nimmt mit der durch die Materialkonstanten festgelegten Zeitkonstante T_q ab,

$$T_q = R_q C_q.$$

Bei dem Quarz des vorangegangenen Beispiels beträgt sie $10^{12}\,\Omega \cdot 44\,\text{pF} = 44\,\text{s}$. Soll der Meßwert um höchstens 1 % falsch ermittelt werden, so müßte die Messung nach $T_q/100$, d.h. nach 0,44 Sekunden, abgeschlossen sein.

Aufnehmer mit entgegengesetzten Kristallen. Werden zwei Quarzscheiben, die entgegengesetzte Ladungen liefern, nach Bild 2.133 zusammengeschaltet, so kann die entstehende Ladung von der gemeinsamen Mittelelektrode abgenommen werden. Die beiden äußeren Elektroden lassen sich miteinander und mit dem Schirm des Meßkabels verbinden, wodurch der Aufnehmer allseitig abgeschirmt wird.

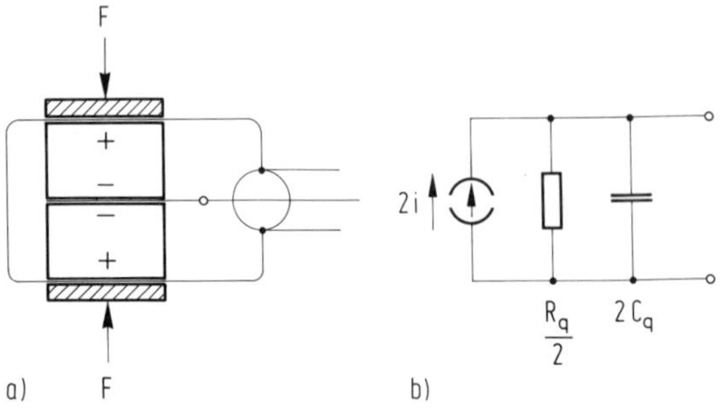

Bild 2.133: Aufbau (a) und Ersatzschaltbild (b) eines Aufnehmers mit zwei einander entgegengerichteten Kristallen

Jede Quarzscheibe liefert die Ladung Q, so daß insgesamt 2Q entstehen. Die Kapazitäten der beiden Scheiben liegen parallel, und die Gesamtkapazität des Aufnehmers ist doppelt so groß wie die einer Scheibe. Wird bei dem Aufnehmer mit entgegengesetzten Kristallen nicht die erzeugte Ladung, sondern die entstandene Spannung gemessen, so ist sie mit

$$U_q = \frac{2Q}{2C_q} = \frac{Q}{C_q}$$

auch nicht größer als bei dem einfachen Aufnehmer von Bild 2.132.

Spannungsverstärker. Wie das weiter vorne gerechnete Beispiel zeigt, liefert der Quarz-Aufnehmer schon relativ große Spannungen. Diese können aber wegen des hohen Innenwiderstandes der Quelle nicht direkt mit einem elektromechanischen Voltmeter gemessen werden. Dessen niederohmiges Meßwerk würde die Quarzelektroden kurzschließen, so daß sich überhaupt keine Spannung aufbauen könnte. So läßt sich ein Elektrometerverstärker, dessen Eingangswiderstand groß gegenüber dem Innenwiderstand des Quarzaufnehmers sein muß, nicht umgehen.

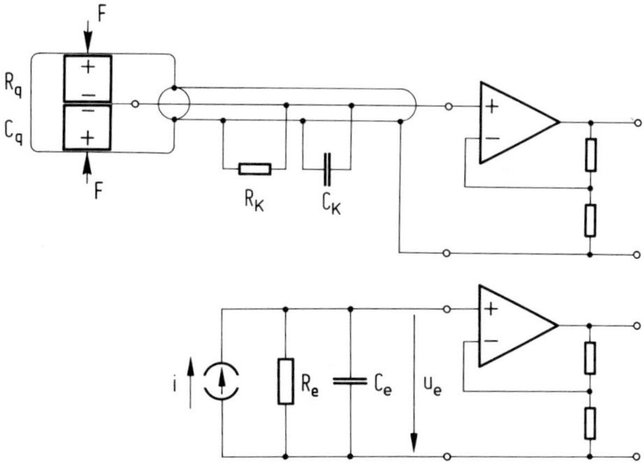

Bild 2.134: Anschluß eines Spannungsverstärkers an einen piezoelektrischen Aufnehmer

In der Schaltung von Bild 2.134 ist der Aufnehmer über ein Koaxialkabel mit dem Isolationswiderstand R_K und der Kapazität C_K mit dem Verstärker verbunden. Widerstand und Kapazität von Quelle und Kabel liegen somit einander parallel, woraus sich der Gesamtwiderstand R_e und die Gesamtkapazität C_e ergeben zu

$$R_e = R_q \parallel R_K; \qquad C_e = C_q + C_K. \tag{2.255}$$

Die wirksame Kapazität wird also von C_q auf C_e vergrößert, und der Verstärker bekommt als Eingangssignal die kleinere Spannung $u_e = Q/C_e$.

Das Zeitverhalten wird wieder durch die Differentialgleichung (2.254) beschrieben, wobei jetzt nicht mit R_q und C_q, sondern mit R_e und C_e zu rechnen ist. Nach wie vor läßt sich die entstandene Ladung nicht speichern, und statisch wirkende Kräfte lassen sich nicht messen.

Die Meßeinrichtung, bestehend aus dem Aufnehmer und dem über das Kabel angeschlossenen Spannungsverstärker, ist nicht ganz ohne Probleme. Damit der Isolationswiderstand des Kabels nicht in die Meßgenauigkeit eingeht, muß dieser groß gegenüber dem Innenwiderstand des Quarzes bleiben. Diese Bedingung ist nur mit hochwertigen Kabeln und bei entsprechend sorgfältig angeschlossenen Steckern zu gewährleisten. Die Kabelkapazität beeinflußt aber in jedem Fall die Empfindlichkeit. So muß das Meßsystem für jedes Kabel eigens kalibriert werden. Hinzu kommt, daß der hochohmige Eingangskreis empfindlich gegen elektromagnetische Störungen ist.

Um diese Nachteile zu vermeiden, kann der Spannungsverstärker direkt mit dem Aufnehmer zusammengebaut werden. In diesem Fall entfallen die hochohmigen Verbindungsleitungen zwischen Aufnehmer und Verstärker, und nur die verstärkten Signale müssen vom Ort der Messung zu dem der Meßwertausgabe übertragen werden. Eine zweite, häufig benutzte Alternative ist, anstelle des Spannungsverstärkers einen Ladungsverstärker zu verwenden.

Ladungsverstärker. In Bild 2.135 ist der piezoelektrische Kraftaufnehmer an einen Integrations- oder Ladungsverstärker angeschlossen. Der Widerstand R_e beinhaltet wieder die Parallelschaltung aus dem Innenwiderstand der Quelle R_q und dem Isolationswiderstand des Kabels R_K. In gleichem Sinne ist C_e die Summe aus der Aufnehmer- und der Kabelkapazität. Im Unterschied zu dem Ladungsverstärker Bild 2.92 liegt in der Rückführung parallel zu Kapazität C_g noch der Widerstand R_g, über den sich C_g kontinuierlich entladen kann. Bei dem als ideal angenommenen Verstärker mit $i'_e = 0$ liegt der Knoten 1 an der virtuellen Masse. An R_e und C_e stehen keine Spannungen an, und dementsprechend fließen keine Ströme über diese Elemente. Mit $i = dQ/dt$ lautet die Knotengleichung für den Punkt 1:

$$i + \frac{u_a}{R_g} + C_g \frac{du_a}{dt} = 0. \qquad (2.256)$$

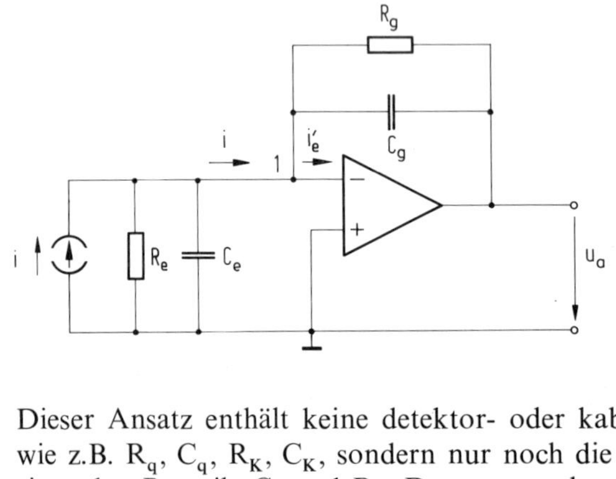

Bild 2.135: Anschluß eines Ladungsverstärkers an einen piezoelektrischen Aufnehmer

Dieser Ansatz enthält keine detektor- oder kabelspezifischen Parameter mehr wie z.B. R_q, C_q, R_K, C_K, sondern nur noch die Werte der in der Rückführung sitzenden Bauteile C_g und R_g. Dementsprechend sind jetzt diese allein maßgebend für die statische und dynamische Empfindlichkeit der Meßeinrichtung.

Die vom Aufnehmer gelieferte Ladung fließt völlig auf die in der Rückführung liegende Kapazität C_g. Springt zum Zeitpunkt t_0 die wirkende Kraft von 0 auf F_0, so entsteht die Ladung $Q_0 = k F_0$, und der Ladungsverstärker liefert für $t > t_0$ die Ausgangsspannung u_a

$$u_a = -\frac{Q_0}{C_g} e^{-\frac{t}{R_g C_g}} \quad \text{für } t > t_0. \tag{2.257}$$

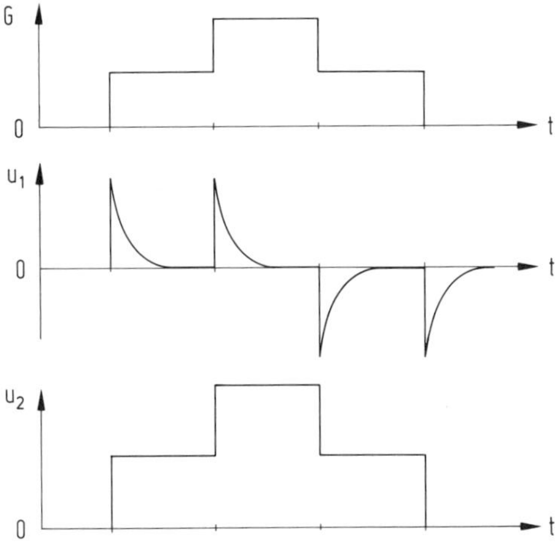

Bild 2.136: Sprungantwort des mit der Kraft G belasteten Quarzes

u_1 Ausgangsspannung des Spannungsverstärkers Bild 2.134

u_2 Ausgangsspannung des Ladungsverstärkers Bild 2.135 für $R_g \to \infty$

Bei dem exakten Integrierer mit $R_g \to \infty$ kann die auf der Kapazität sitzende Ladung nicht mehr abfließen, und die Ausgangsspannung $u_a = -Q_0/C_g$ steht praktisch beliebig lange an. Der piezoelektrische Aufnehmer ist dementsprechend in Verbindung mit dem Ladungsverstärker auch zur Messung von sich langsam ändernden Kräften geeignet (Bild 2.136).

Anwendung der piezoelektrischen Aufnehmer zur Druckmessung. Wird der piezoelektrische Aufnehmer in ein mit einer elastischen Membran verschlossenes Gehäuse eingebaut, so wirkt der durch die Membrane übertragene Druck nach der Beziehung

$$\text{Druck} \cdot \text{Fläche} = \text{Kraft}$$

wie eine Kraft und kann dementsprechend gemessen werden. Ein derartiger piezoelektrischer Aufnehmer ist insbesondere für die Messung schnell veränderlicher Drücke und für die Messung von Druckstößen geeignet, da dann der Ladungsausgleich über den Quarz keine Rolle spielt. Entsprechende Aufnehmer werden z. B. benutzt, um den Kompressionsdruck in den Zylindern von Verbrennungsmotoren zu messen. Erschütterungen am Einbauort stören die Messung, da der Druckaufnehmer selbst ein schwingungsfähiges System ist (Abschn. 7.1). In diesem Fall sind dann beschleunigungs-kompensierte Druckaufnehmer zu verwenden.

2.9.3 Pyroelektrischer Infrarot-Sensor

Empfindlichkeit. Ein pyroelektrischer Sensor enthält ein dünnes pyroelektrisches Plättchen, das auf der Ober- und Unterseite metallisiert und mit Anschlüssen versehen ist. Erwärmt sich das Plättchen um die Temperatur ΔT, so wird die Ladung ΔQ frei. Mit A als Fläche des Plättchens und k_Q als Ladungsempfindlichkeit ergibt sich

$$\Delta Q = k_Q A \Delta T.$$

Der Sensor liefert primär eine Ladung. Die Ersatzschaltung von Bild 2.132 gilt auch für den pyroelektrischen Detektor.

Das Plättchen mit der Dicke d und der Dielektrizitätszahl ε_r hat die Kapazität C_q

$$C_q = \varepsilon_0 \varepsilon_r \frac{A}{d}.$$

Die Ladung ΔQ führt an dieser Kapazität zur Spannung ΔU

$$\Delta U = \frac{\Delta Q}{C_q} = \frac{k_Q A \Delta T d}{\varepsilon_0 \varepsilon_r A} = k_U d \Delta T, \tag{2.258}$$

wenn die materialspezifischen Größen zur Spannungsempfindlichkeit k_U zusammengefaßt werden,

$$k_U = \frac{k_Q}{\varepsilon_0 \varepsilon_r}.$$

Nach (2.258) liefert also eine 30 µm dicke Scheibe aus $LiTaO_3$ mit der in Tabelle 2.5 angegebenen Empfindlichkeit bei einer Temperaturänderung von 1 K die Spannung 15 V.

Die freigesetzte Ladung kann mit Hilfe eines Spannungs- oder eines Ladungsverstärkers weiterverarbeitet werden. Oft ist auch das pyroelektrische Plättchen zusammen mit einer FET-Stufe als Vorverstärker in einem Gehäuse zusammen untergebracht (integrierter Sensor). In diesem Fall sind die Elektroden des Plättchens mit einem Lastwiderstand R_L abgeschlossen und verstärkt wird die an diesem Lastwiderstand abfallende Spannung (Bild 2.137).

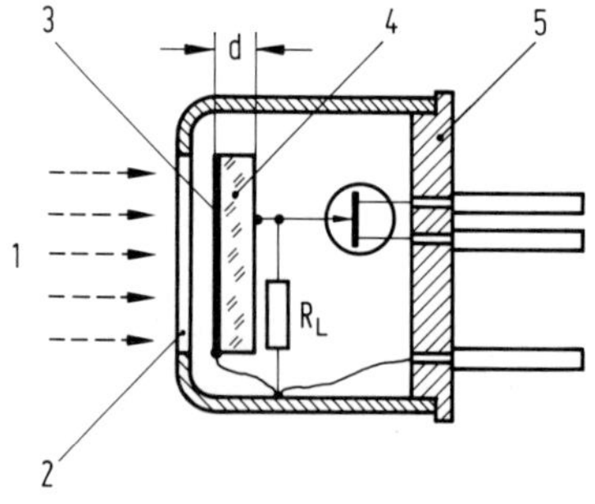

Bild 2.137: Aufbau eines pyroelektrischen Infrarot-Detektors

1 Infrarotstrahlung, 2 infrarotdurchlässiges Fenster, 3 Absorber, 4 pyroelektrisches Material, 5 Transistorgehäuse

Zeitverhalten. Wird der pyroelektrische Detektor sprungförmig bestrahlt, so bildet sich das Signal mit der Zeitkonstante τ_1 aus. Diese Zeitkonstante hängt von dem Wärmewiderstand R_{th} und der Wärmekapazität C_{th} des Sensors ab,

$$\tau_1 = R_{th}\, C_{th}.$$

Der thermische Widerstand ist am größten, wenn die Wärmeabfuhr nur über die Wärmeabstrahlung der Sensoroberfläche erfolgt. In diesem Fall ohne Konvektion ist er nach dem Stefan-Boltzmann'schen Gesetz umgekehrt proportional zur dritten Potenz der absoluten Temperatur,

$$R_{th} = \frac{K}{T^3}.$$

Die Zeitkonstante hängt also von der zu messenden Temperatur T ab.

Infolge der Leitfähigkeit des Sensors und des endlichen Ableitwiderstandes R_L gleichen sich die entstandenen Ladungen wieder aus. Dieser Ausgleich erfolgt bei vernachlässigter Konvektion mit der Zeitkonstante τ_2, die von der elektrischen Kapazität des Sensors C_q und dem Ableitwiderstand R_L abhängt,

$$\tau_2 = R_L\, C_q.$$

Die Sprungantwort des pyroelektrischen Detektors folgt mit x_a als Ausgangssignal der folgenden Gleichung (Bild 2.138)

$$x_a = k(e^{-t/\tau_1} - e^{-t/\tau_2}). \qquad (2.259)$$

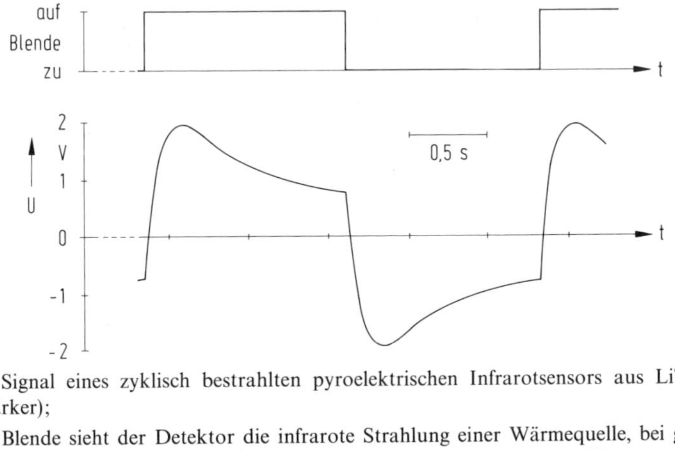

Bild 2.138: Signal eines zyklisch bestrahlten pyroelektrischen Infrarotsensors aus $LiTaO_3$ (Spannungsverstärker);

Bei offener Blende sieht der Detektor die infrarote Strahlung einer Wärmequelle, bei geschlossener die der Blende. Im Gleichgewichtszustand sind die Amplituden (Temperaturdifferenzen) beim Öffnen und Schließen der Blende gleich groß. Die in Tab. 2.5 angegebenen Spannungsempfindlichkeiten beziehen sich auf den Scheitelwert der Sprungantwort.

Anwendung. Verwendet werden die pyroelektrischen Sensoren zur Messung der infraroten Strahlung (Bild 2.139). Ihre Empfindlichkeit ist unabhängig von der Wellenlänge im Bereich zwischen 0,6 und 35 µm. Sie können aber nur Strahlungsänderungen erfassen. Dies ist z. B. ausreichend bei Brand- und Einbruch-Meldeanlagen. Tritt eine Person z. B. in das Blickfeld des pyroelektrischen Sensors, so ist sie mit ihrer Körpertemperatur eine heißere Strahlungsquelle als die sonst beobachtete kühlere Wand und der Sensor liefert ein entsprechendes Signal.

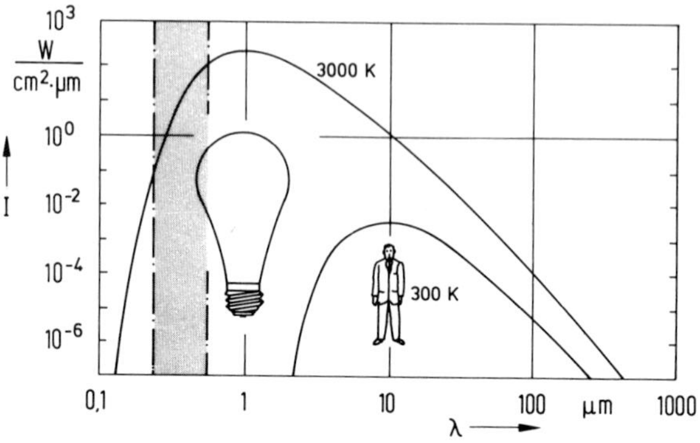

Bild 2.139: Strahlung eines Menschen (300 K) und einer Glühbirne (3000 K)
I spektrales Emissionsvermögen in W/(cm² Fläche · µm Wellenlänge),
λ Wellenlänge in µm

Ein weiteres Einsatzgebiet ist die berührungslose Temperaturmessung. Hier sind statische oder nur langsam veränderliche Temperaturen zu messen. Das gelingt, indem die statische Messung in eine dynamische umgeformt wird (Bild 2.140). Vor dem Sensor befindet sich eine umlaufende Blende (Chopper), die den Strahlengang abwechselnd abdeckt und freigibt. Bei unterbrochenem Strahlengang sieht der Detektor die Strahlung der Blende (bzw. die einer eingespiegelten Referenzquelle), bei geöffnetem die Strahlung die des Objekts. Die daraus resultierende Temperaturänderung des mit einem absorbierenden Material belegten Detektors führt zu einem der Objekttemperatur proportionalen Signal. Diese Infrarotthermometer erweitern das Einsatzgebiet der im sichtbaren Licht messenden Strahlungspyrometer in Richtung niedrigerer Temperaturen.

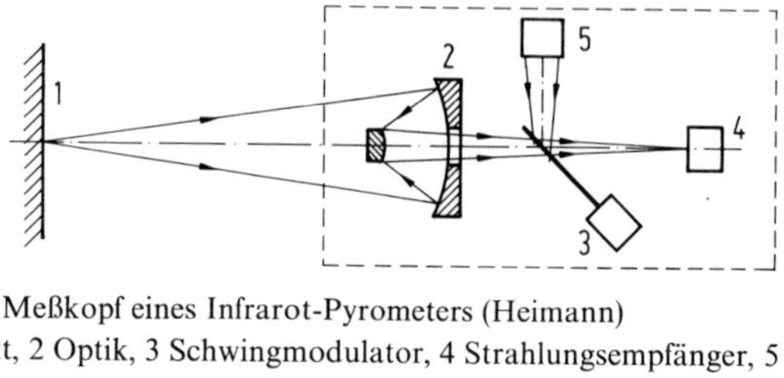

Bild 2.140: Meßkopf eines Infrarot-Pyrometers (Heimann)
1 Meßobjekt, 2 Optik, 3 Schwingmodulator, 4 Strahlungsempfänger, 5 Vergleichsstrahler

2.10 Optische Aufnehmer und Sensoren

Übersicht. Photoelement und Photodiode gehören zusammen mit der Photozelle, dem Photovervielfacher und dem in Abschnitt 3.9 besprochenen Photowiderstand zu den optoelektrischen Meßgrößenumformern. Diese liefern proportional zu einer optischen Größe ein elektrisches Signal.

Die Einheiten der lichttechnischen Größen sind das Lumen und das Lux. Sie leiten sich von der Basiseinheit Candela ab:

- das Lumen lm ist die Einheit des Lichtstroms Φ, der die gesamte von einer Lichtquelle abgegebene und vom Auge bewertete Strahlungsleistung darstellt;
- das Lux lx ist die Einheit der Beleuchtungsstärke E_v und ergibt sich als das Verhältnis aus dem Lichtstrom Φ und der beleuchteten Fläche A:

$$\text{Beleuchtungsstärke } E_v = \frac{\text{Lichtstrom } \Phi}{\text{Fläche A}}; \qquad 1\,\text{lx} = \frac{1\,\text{lm}}{\text{m}^2}.$$

Die wichtigsten Daten der photoelektrischen Aufnehmer sind in der Tabelle 2.6 zusammengestellt. Die einzelnen Aufnehmer unterscheiden sich insbesondere in ihrer statischen, dynamischen und spektralen Empfindlichkeit (Bild 2.141). Diese Eigenschaften sind bei der Auswahl eines Aufnehmers für eine konkrete Meßaufgabe zu berücksichtigen [2.31–2.34].

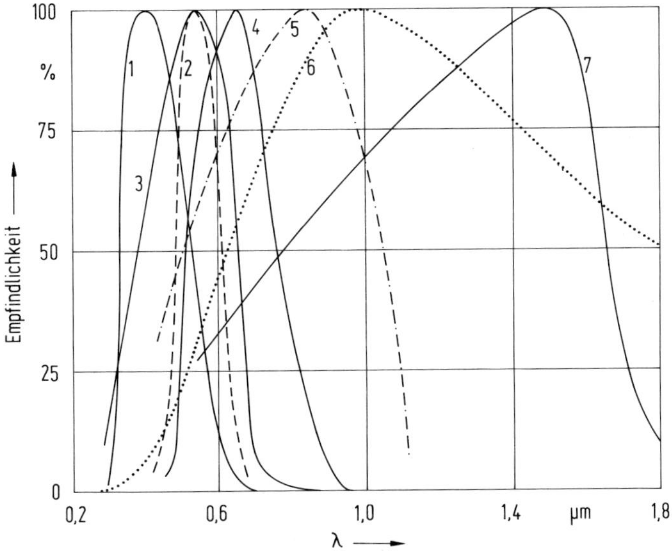

Bild 2.141: Normierte spektrale Empfindlichkeit einiger optoelektrischer Meßgrößenumformer

1 Photozelle mit Sb–Cs-Kathode
2 Augenempfindlichkeit
3 Se-Photoelement
4 CdS-Photowiderstand
5 Si-pin-Photodiode
6 spektrale Emission einer Glühlampe
7 Ge-Photodiode

Tabelle 2.6 Optoelektronische Sensoren

Aufnehmer	Selen-Photoelement	Silizium-Photoelement
ausgenutzter Effekt	Sperrschicht-Photoeffekt	Sperrschicht-Photoeffekt
elektrische Meßgröße	Strom oder Spannung	Strom oder Spannung
ausgenutzter Bereich des i(u)-Kennlinienfeldes	4. Quadrant	4. Quadrant
Versorgungsspannung in V	0	0
Strom-Empfindlichkeit in μA/lux	1	10^{-1}
Grenzfrequenz in Hz	10^2	10^3
spektrale Empfindlichkeit	Se	Si
Temperaturkoeffizient in K^{-1}	$2 \cdot 10^{-3}$	$5 \cdot 10^{-3}$

2.10.1 Photoelement und Photodiode

Wirkungsweise des Photoelements. In einem Halbleiter mit einer p- und einer n-leitenden Zone diffundieren an der Schnittstelle die Defektelektronen in den n-leitenden und die Leitungselektronen in den p-leitenden Bereich. Defekt- und Leitungselektronen rekombinieren, so daß eine Zone ohne freie Ladungsträger, die Raumladungszone oder Sperrschicht, entsteht. Dabei bleibt auf der p-leitenden Seite die unkompensierte negative Ladung der Akzeptoren und auf der n-leitenden die entsprechend große positive der Donatoren zurück, so daß an der Raumladungszone die Diffusionsspannung von z.B. 0,7 V bei Si entsteht.

Wird nun die Raumladungszone von Lichtquanten genügend hoher Energie getroffen, so wird die Elektronenbindung zerstört, und Elektronen werden vom Valenz- in das Leitungsband gehoben. Die dadurch entstandenen Elektron-

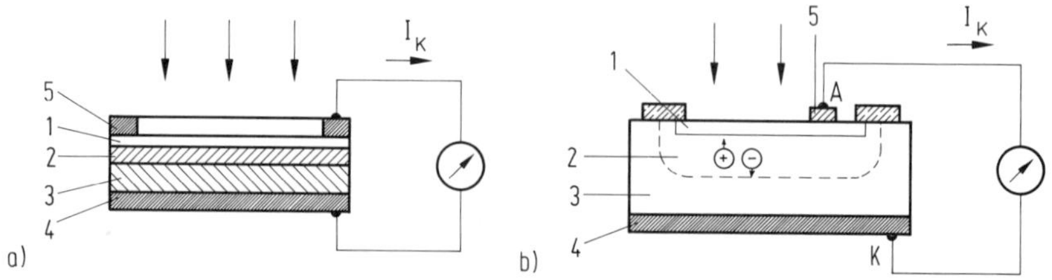

Bild 2.142: a) Selen-Photoelement; 1 durchsichtige Metallelektrode, 2 CdS-Schicht, 3 Selenschicht, 4 Trägermetall, 5 Kontaktring
b) Silizium-Photoelement; 1 p-leitende Zone, 2 Raumladungszone, 3 n-leitende Zone, 4, 5 Kontaktierung

Silizium-Photodiode	Photozelle	Photo-vervielfacher	Photo-widerstand
Sperrschicht-Photoeffekt	äußerer Photoeffekt	äußerer Photoeffekt	innerer Photoeffekt
Strom	Strom	Strom	Widerstand
3. Quadrant	1. Quadrant	1. Quadrant	1. und 3. Quadrant
-10	100	1000	10–100
10^{-1}	10^{-3}	10^{5}	10^{2}
10^{8}	10^{9}	10^{6}	10^{2}
Si	Sb – Cs, Cs	Sb – Cs, Cs	CdS, CdSe
$5 \cdot 10^{-3}$	sehr klein	sehr klein	$25 \cdot 10^{-3}$

Loch-Paare werden durch das elektrische Feld der Raumladungszone getrennt. Die Löcher werden zur p- und die Elektronen zur n-leitenden Seite hin abgesaugt (Driftstrom). Außerhalb der Raumladungszone erzeugte Ladungsträger müssen erst in die Raumladungszone diffundieren, um dort getrennt zu werden. Rekombinieren Löcher und Elektronen vorher, so tragen sie nicht zum Photostrom bei. Der Photostrom setzt sich damit aus dem Driftstrom der Raumladungszone und dem Diffusionsstrom aus dem p- und dem n-Gebiet zusammen. Er ist proportional der Beleuchtungsstärke und kann gemessen werden, indem der pn-Halbleiter mit Elektroden versehen und die Elektroden zu einem Stromkreis verbunden werden *(innerer lichtelektrischer Effekt, Sperrschicht-Photoeffekt)*.

Selen und Silizium sind Ausgangsmaterialien für derartige Photoelemente (Bild 2.142). Das Se-Element, bei dem sich die Sperrschicht zwischen dem Se und dem CdS aufbaut, wird hauptsächlich in der Lichttechnik benutzt. Seine spektrale Empfindlichkeit ist der des menschlichen Auges ähnlich. Die optische Nachrichtentechnik hingegen ist das Einsatzgebiet der Si-Aufnehmer.

Betrieb als Photoelement. Die Eigenschaften des Photoelements sollen anhand seiner Kennlinien diskutiert werden. Dargestellt sind in Bild 2.143 die Kennlinien für den gesamten möglichen Betriebsbereich. Die im III. Quadranten des Kennlinienfeldes verlaufenden Kurven charakterisieren die Betriebsart „Diode“, die im IV. Quadranten die Betriebsart „Element“. Möglich ist beim Elementbetrieb die Messung des Kurzschlußstroms I_K bei $U_{AK} = 0$. Die entsprechenden Werte sind auf der negativen Ordinatenachse dargestellt. Der Kurzschlußstrom steigt linear mit der Beleuchtungsstärke (Bild 2.144b).

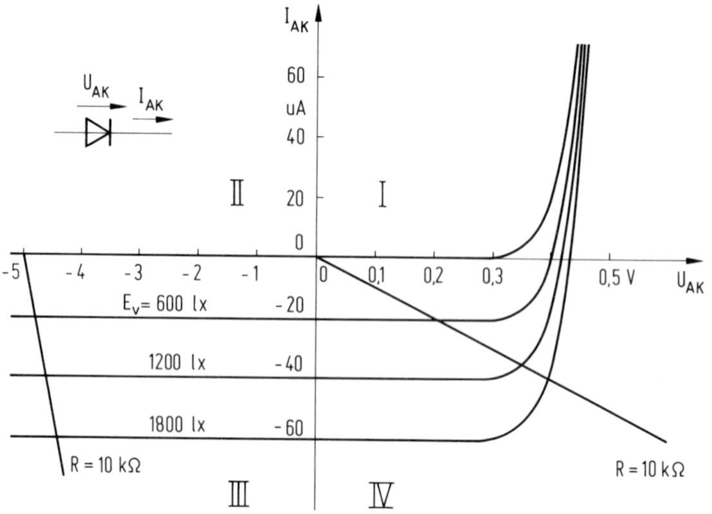

Bild 2.143: Kennlinie der Si-Photodiode BPW 20

Wird die Leerlaufspannung U_L des Elements gemessen, so fließt kein Strom durch die Diode, $I_{AK} = 0$. Für die verschiedenen Beleuchtungsstärken ergeben sich die auf der positiven Abszissenachse angegebenen Spannungen. Sie steigen mit dem Logarithmus der Beleuchtungsstärke (Bild 2.144 c).

Dieses Verhalten läßt sich im Ersatzschaltbild durch eine Stromquelle darstellen, bei der nicht nur der Kurzschlußstrom I_K, sondern auch der Innenwiderstand R_q von der Beleuchtungsstärke abhängt. Die Leerlaufspannung U_L ergibt sich als das Produkt aus dem Kurzschlußstrom I_K und dem Innenwiderstand R_q:

$$U_L = I_K R_q \tag{2.260}$$

und steigt so weniger schnell als der Kurzschlußstrom.

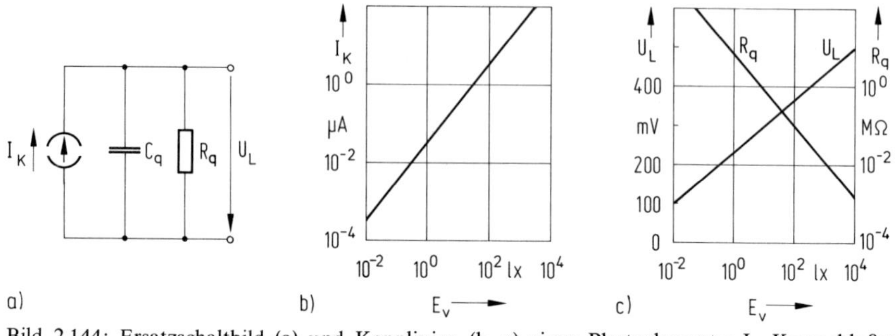

Bild 2.144: Ersatzschaltbild (a) und Kennlinien (b, c) eines Photoelements; I_K Kurzschlußstrom, U_L Leerlaufspannung, R_q Innenwiderstand, E_v Beleuchtungsstärke

Kurzschlußstrom (Ordinate) und Leerlaufspannung (Abszisse) begrenzen den Betriebsbereich eines Photoelements. Dazwischen kann praktisch jeder Arbeitspunkt erreicht werden, indem das Element mit einem Widerstand R belastet wird (Bild 2.145c). In diesem Fall kann entweder der im Kreis fließende Strom I_R oder die am Widerstand abfallende Spannung U_R gemessen werden. Beide Größen hängen nichtlinear von der Beleuchtungsstärke ab.

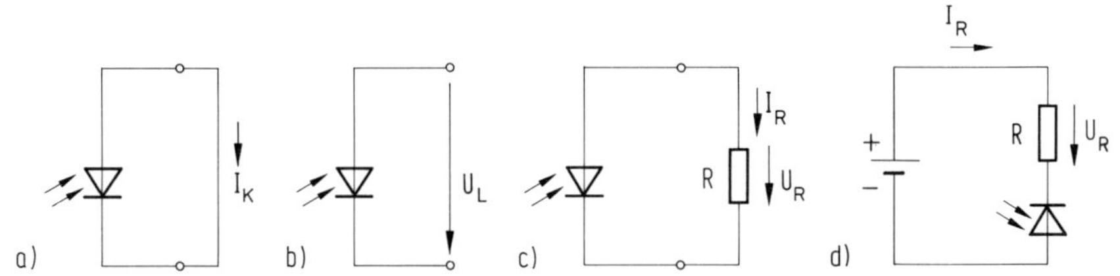

Bild 2.145: Betriebsarten von Photoelement und Photodiode
a) Elementbetrieb, Messung des Kurzschlußstroms I_K
b) Elementbetrieb, Messung der Leerlaufspannung U_L
c) Elementbetrieb, Strom- oder Spannungsmessung in einem Kreis mit Lastwiderstand
d) Diodenbetrieb, Messung des Stroms oder der am Lastwiderstand abfallenden Spannung

Betrieb als Photodiode. Im Diodenbetrieb wird eine Spannung in Sperrichtung an den Aufnehmer gelegt (III. Quadrant des Kennlinienfeldes). Dadurch ändert sich, wie die Kennlinien zeigen, nicht der vom Aufnehmer gelieferte Strom. Ein Lastwiderstand kann jetzt relativ groß gewählt werden, ohne daß der lineare Zusammenhang zwischen der Beleuchtungsstärke und dem im Meßkreis fließenden Strom oder der am Widerstand abfallenden Spannung verloren geht. Noch wichtiger aber ist, daß durch die Spannung in Sperrichtung die Breite der Raumladungszone zunimmt, womit die Kapazität der Diode sinkt. Dadurch verbessert sich ihr Zeitverhalten. Photoelemente können Frequenzen von höchstens einigen kHz folgen, wogegen Photodioden Frequenzen im MHz-Bereich zu messen gestatten.

2.10.2 Photosensoren für Positionsmessungen und zur Bilderzeugung

In einer Vielzahl von Anwendungen wie z. B. bei Werkzeugmaschinen und Robotern ist mit optischen Mitteln die Position eines Werkstücks zu erfassen. Für diese Aufgabe interessiert nicht so sehr die Intensität eines Lichtstrahls als vielmehr seine Lage. Dafür sind ortsauflösende Photodioden verfügbar, die sich als segmentiert oder nicht segmentiert unterscheiden lassen.

Lateraleffekt-Photodiode. Die Lateraleffekt-Photodiode ist nicht segmentiert. Sie kann die Verschiebung eines Lichtpunkts längs einer Geraden (einachsige Ausführung) oder in einer Ebene (zweiachsige Ausführung) messen. An der lichtempfindlichen Seite der Photodiode sind zwei bzw. vier p-Kontakte (Anoden) vor-

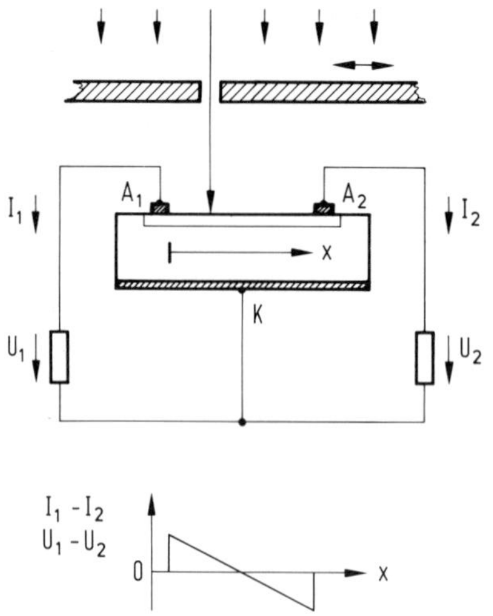

Bild 2.146: Lateraleffekt-Fotodiode mit den beiden p-Elektroden A_1 und A_2 in x-Richtung. Die Differenz der Ströme $I_1 - I_2$ gibt die Lage des Lichtpunkts in x-Richtung an.

handen. Der gemeinsame n-Kontakt (Kathode) befindet sich an der Rückseite (Bild 2.146). Bei einer punktförmigen Beleuchtung ist die zu einer Anode fließenden Ladung umso größer, je näher der Lichtpunkt an dieser Anode zu liegen kommt. Die an gegenüberliegenden Elektroden austretenden Ströme werden subtrahiert. Ihre Differenz ist ein Maß für die Position des Lichtpunkts zwischen diesen beiden Elektroden.

Segmentierte Photodioden. Bei den segmentierten Photodioden sind mehrere getrennte p-leitende Zonen auf einem gemeinsamen n-leitenden Substrat untergebracht. Auf diese Weise lassen sich Quadranten-, Zeilen-, Ring- oder Flächensensoren (Diodenarrays) fertigen. Mit Hilfe der Quadranten-Diode kann z.B. in Form einer Ja-Nein-Entscheidung festgestellt werden, ob der Lichtpunkt die Mitte der Diode trifft (Bild 2.147).

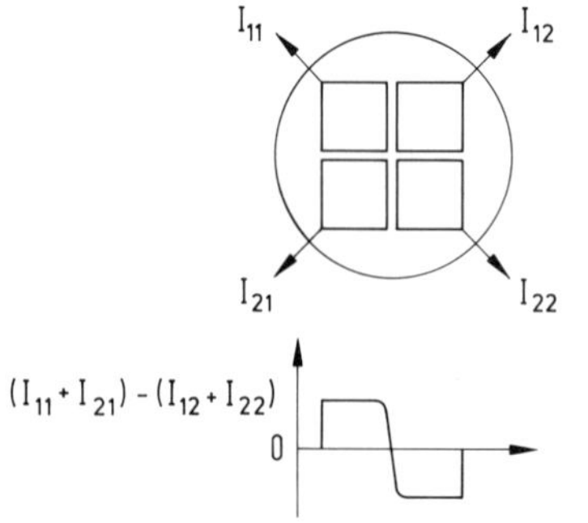

Bild 2.147: Segmentierte Quadranten-Fotodiode zur Zentrierung eines Lichtpunkts in der x/y-Ebene; das Signal $(I_{11} + I_{21}) - (I_{12} + I_{22})$ zeigt die Abweichung in x-Richtung, $(I_{11} + I_{12}) - (I_{21} + I_{22})$ die in y-Richtung an.

Haben die Dioden einige wenige individuelle lichtempfindliche Segmente, so können die dazugehörigen Elektroden noch einzeln als Anschlüsse nach außen geführt werden. Bei den großen Zeilensensoren mit bis zu 4096 einzelnen Segmenten, z.B. 13 µm breit und 2,5 mm hoch, können individuelle Zuleitungen nicht mehr untergebracht werden. Noch größer ist dieses Problem bei den matrixförmigen Flächensensoren, die z.B. bei einer Elementgröße von 24 µm · 24 µm bis zu 800 · 800 = 640000 Bildpunkte enthalten. In diesem Falle müssen die einzelnen Meßsignale mit Hilfe besonderer Verfahren über gemeinsame Leitungen nacheinander ausgelesen werden.

Die lageempfindlichen Dioden dienen in der Meß- und Automatisierungstechnik zur berührungslosen Bestimmung der Lage von Werkstücken. Darüber hinaus werden die Zeilensensoren z.B. in optischen Spektrometern eingesetzt. Dort wird weißes Licht mit Hilfe eines Prismas oder eines Gitters spektral zerlegt. Das aufgefächerte Licht trifft auf einen Zeilensensor, wobei jedes einzelne lichtempfindliche Segment jetzt die Strahlung einer definierten Wellenlänge erfaßt [2.51]. Damit kann das gesamte Spektrum praktisch gleichzeitig ermittelt werden und es wird z.B. möglich, die Geschwindigkeit chemischer Reaktionen anhand ihrer Absorptionsspektren zu untersuchen.

In Verbindung mit einer entsprechenden Optik können die Flächensensoren Bilder aus dem sichtbaren oder infraroten Licht in elektrische Signale umsetzen (Bildsensoren, Festkörper-Vidikons, Bildwandler). Sie sind für die Aufnahmen schwarz-weißer und auch farbiger Bilder geeignet.

2.10.3 Photozelle

Die Photozelle besteht aus einer evakuierten Glasröhre mit einer Kathode K und einer Anode A (Bild 2.148). Treffen auf die Kathode Lichtquanten, deren Energie größer als die Ablösearbeit der Elektronen ist, so werden Elektronen freigesetzt *(äußerer Photoeffekt)*. Die Elektronen werden unter dem Einfluß einer zwischen Kathode und Anode angelegten Spannung in Richtung Anode beschleunigt und führen zu einem im äußeren Kreis meßbaren Strom. Dieser ist bei einer bestimmten Wellenlänge ein Maß für die Zahl der auftreffenden Lichtquanten und damit ein Maß für die Beleuchtungsstärke.

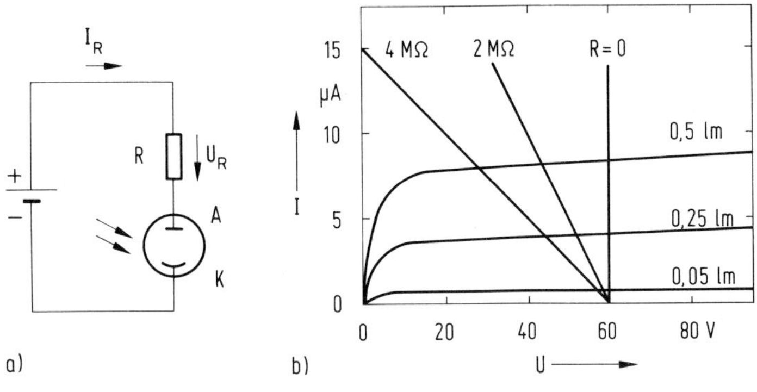

Bild 2.148: Aufbau (a) und Kennlinie (b) einer Photozelle

Hat die an der Photozelle liegende Spannung eine bestimmte Größe erreicht, so ist der Photostrom unabhängig von der Spannung und nimmt linear mit der Beleuchtungsstärke zu. Die Empfindlichkeit ist konstant und beträgt etwa 10^{-3} µA/lx. Infolge der kurzen Laufzeit der Elektronen zwischen Kathode und Anode sind die Photozellen sehr schnell; Lichtfrequenzen von 10^9 Hz können verarbeitet werden.

2.10.4 Photovervielfacher

Der Photovervielfacher (Multiplier, Sekundär-Elektronen-Vervielfacher) enthält zunächst wie die Hochvakuumphotozelle eine lichtempfindliche Kathode (Bild 2.155). Darüber hinaus sind jetzt mehrere Elektroden (Dynoden) vorhanden, die in Richtung Anode an einer jeweils höheren Spannung liegen. Die in der Kathode von den Lichtquanten freigesetzten Elektronen werden zur ersten Dynode beschleunigt. Dort wird der Effekt der *Sekundärelektronenemission* wirksam. Jedes auftreffende Elektron löst im Mittel z Sekundärelektronen aus. Dieser Vorgang setzt sich von Dynode zu Dynode fort, so daß bei insgesamt N Dynoden der Ausgangsstrom i_A um den Faktor z^N größer ist als der Photostrom i_K der Kathode:

$$i_A = z^N i_K. \tag{2.261}$$

Der Photovervielfacher ist sehr empfindlich. Verstärkungsfaktoren bis zu 10^8 werden erreicht, und einzelne Lichtquanten können als Impulse nachgewiesen werden.

2.11 Aufnehmer für ionisierende Strahlung

2.11.1 Ionisationskammer

Die Ionisationskammer gehört zusammen mit dem Auslöse-Zählrohr, dem Szintillationszähler und dem Halbleiterdetektor zu der Gruppe der Strahlungsdetektoren [2.35].

Wirkungsweise. Die Ionisationskammer besteht aus zwei Elektroden, deren Zwischenraum mit einem ionisierbaren Gas wie z.B. Luft oder Argon gefüllt ist (Bild 2.149). Die Elektroden werden an eine Spannung gelegt, so daß sich

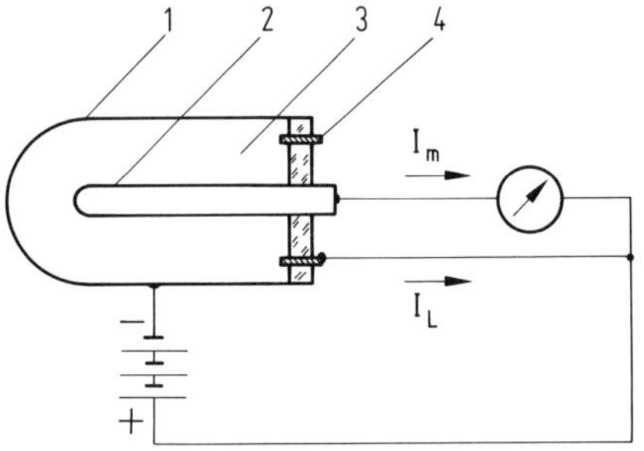

Bild 2.149: Ionisationskammer
1 Außenelektrode
2 Innenelektrode
3 Gasfüllung
4 Schutzring

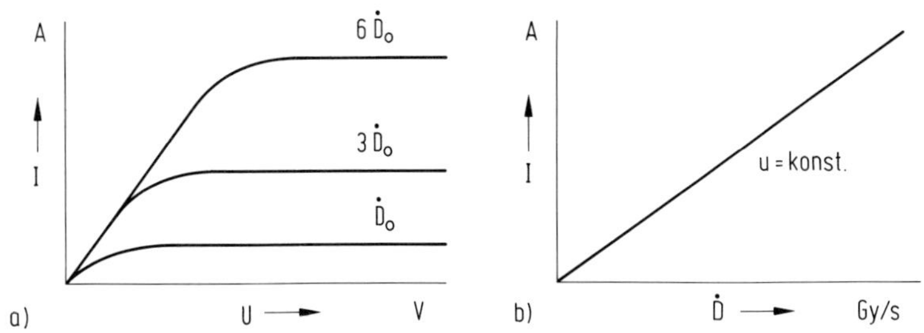

Bild 2.150: I(U)-Kennlinie (a) und (I(Ḋ)-Kennlinie (b) einer Ionisationskammer

ein elektrisches Feld aufbaut. Trifft eine α-, β- oder γ-Strahlung das Gas zwischen den Elektroden, so werden dessen Atome ionisiert. Das elektrische Feld trennt die entstandenen Ladungen. Diese fließen zu den Elektroden ab und bilden den im Außenkreis meßbaren Ionisationskammerstrom I_m.

Der Ionisationskammerstrom steigt zunächst mit der an der Kammer liegenden Spannung, bis alle primär gebildeten Ladungsträger die Elektroden erreicht haben. Dieses ist bei der sogenannten Sättigungsspannung der Fall. Von diesem Wert an ist der Ionisationskammerstrom nur noch abhängig von der in der Kammer erzeugten Ladung und ist damit ein Maß für die Dosisleistung $\dot{D}$ der auftreffenden γ-Strahlung (Bild 2.150). Die Ionisationskammern werden so insbesondere im Strahlenschutz zur Messung und Überwachung der Dosisleistung verwendet [2.36].

Der Ionisationskammerstrom ist unter Umständen sehr niedrig und liegt im Bereich um 10^{-10} A oder darunter. Er kann leicht durch einen Leckstrom zwischen den Elektroden verfälscht werden. Um diesen Leckstrom von dem Ionisationskammerstrom zu trennen, enthält die Ionisationskammer von Bild 2.149 einen Schutzring. Dieser liegt auf demselben Potential wie die Innenelektrode. Die Potentialdifferenz zwischen Schutzring und Innenelektrode ist null, so daß über diesen Weg kein Strom zustande kommt. Lediglich zwischen Außenelektrode und Schutzring kann ein Leckstrom I_L fließen, der sich jedoch nicht dem Ionisationskammerstrom I_m überlagert.

Ersatzschaltbild und Stromverstärker. Eine Stromquelle mit sehr hohem Innenwiderstand bildet das Ersatzschaltbild einer Ionisationskammer. Liefert diese z.B. bei einer angelegten Spannung von 100 V einen Strom von 10^{-11} A, so ist ihr Innenwiderstand $R_q = 100\,\text{V} : 10^{-11}\,\text{A} = 10^{13}\,\Omega$.

Wird der Ionisationskammerstrom von 10^{-11} A in einem idealen i/u-Verstärker in eine Spannung von 10 V umgeformt, so ist ein Gegenkopplungswiderstand R_g von $R_g = U_a : I_e = 10^{12}\,\Omega$ notwendig. Bei der Herleitung der Empfindlichkeit für den i/u-Verstärker war in Gl. (2.140) vorausgesetzt worden, daß der Eingangswiderstand R'_e des offenen Verstärkers groß gegenüber dem Gegenkopplungswiderstand R_g sein sollte. Diese Bedingung ist für Gegenkopplungswi-

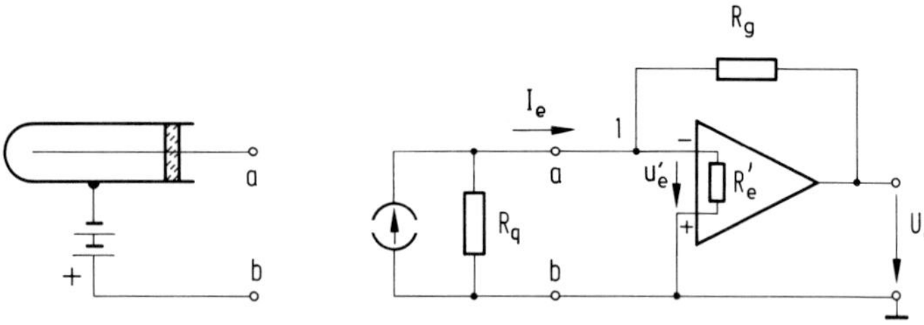

Bild 2.151: Ersatzschaltbild einer Ionisationskammer und Verstärkung des Ionisationskammerstroms

derstände von $10^{12}\,\Omega$ nicht ohne weiteres zu erfüllen und so soll hier noch einmal der reale i/u-Verstärker untersucht werden, wobei eine von null verschiedene Eingangsspannung u'_e angenommen wird.

Für den Knoten 1 von Bild 2.151 entsteht die Gleichung

$$I_e + \frac{U_a - u'_e}{R_g} - \frac{u'_e}{R'_e} = 0, \qquad (2.262)$$

die mit $U_a = -k' u'_e$ übergeht in

$$I_e + U_a \left(\frac{1}{R_g} + \frac{1}{k' R_g} + \frac{1}{k' R'_e} \right) = 0. \qquad (2.263)$$

Hier darf in der Klammer der zweite Term gegenüber dem ersten vernachlässigt werden ($k' \approx 10^5$), und es entsteht

$$U_a = - I_e (R_g \| k' R'_e). \qquad (2.264)$$

Der Verstärker verhält sich so, als ob dem Gegenkopplungswiderstand R_g der mit k' multiplizierte Eingangswiderstand R'_e des offenen Verstärkers parallelgeschaltet wäre. Damit nun R_g die Empfindlichkeit des Verstärkers bestimmt und nicht R'_e, muß $k' R'_e$ groß gegenüber R_g bleiben ($k' R'_e \gg R_g$). Diese Forderung ist leichter zu erfüllen als die ursprüngliche Annahme $R'_e \gg R_g$.

Bei der Messung derartig geringer Ströme muß also der Eingangswiderstand des offenen Verstärkers sehr hoch sein. Dieser wird dann durch die Gegenkopplung soweit reduziert, daß die von den hochohmigen Ionisationskammern gelieferten Ströme praktisch im Kurzschluß gemessen werden. Verstärker mit Feldeffekttransistoren oder Kapazitätsdioden-Modulatoren lassen sich verwenden, deren Spannungsdriften wegen des hohen Innenwiderstands der Ionisationskammer die Strommessung nicht stören.

Ionisations-Rauchmelder. Ionisations-Rauchmelder werden in automatischen Brandmeldeanlagen als Signalgeber benutzt [2.37]. Ein derartiger Detektor besteht aus zwei luftgefüllten Ionisationskammern (Bild 2.152), in denen ein radioaktives Präparat einen Strom von etwa 20 pA erzeugt. Die erste Kammer steht mit der Luft des zu überwachenden Raumes in Verbindung, während die zweite Kammer abgeschlossen ist und als Bezugskammer dient. Bei einem

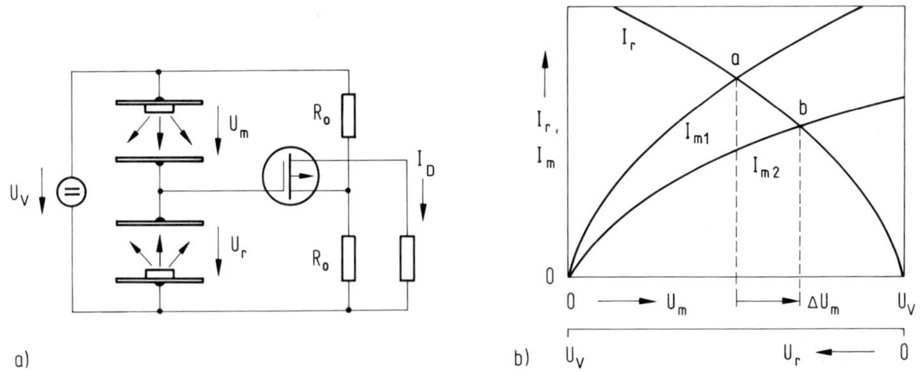

Bild 2.152: Prinzip (a) und Kennlinie (b) eines Ionisations-Rauchmelders

Brand gelangen Rauchteilchen in die Meßkammer, an die sich die von der radioaktiven Strahlung erzeugten Ionen anlagern. Die sehr viel schwereren Rauchteilchen bewegen sich nur sehr langsam im elektrischen Feld, wodurch der Strom in der Meßkammer zurückgeht.

Die Meß- und die Vergleichskammer liegen hintereinander an einer Versorgungsspannung U_V. Infolge dieser Reihenschaltung fließt durch beide Kammern immer derselbe Strom. Im Normalfall sind die Kennlinien der Kammern gleich (I_{m1}, I_r), und die Versorgungsspannung teilt sich etwa hälftig auf beide Kammern auf (Arbeitspunkt a). Gelangen nun infolge eines Brandes Rauchpartikel in die Meßkammer, so verschiebt sich ihre Kennlinie, der Strom geht von I_{m1} auf I_{m2} zurück. Die Kennlinien von Meß- und Bezugskammer schneiden sich bei dem neuen Arbeitspunkt b. Die Spannung an der Meßkammer nimmt damit um ΔU_m zu, die der Vergleichskammer entsprechend ab. Diese Spannungsänderung ist das Meßsignal, das ausgewertet wird. Sie liegt zwischen der Source- und der Gate-Elektrode eines Feldeffekttransistors und führt zu einem Anstieg des Drain-Stromes, der den Alarm auslöst. Stromänderungen aufgrund von Luftdruck- oder Temperaturschwankungen, die sich auf beide Kammern auswirken, verschieben nicht die Aufteilung der Versorgungsspannung und bleiben ohne Einfluß auf die Messung.

Flammen-Ionisationsdetektor. Der Flammen-Ionisationsdetektor dient zum Nachweis von Kohlenwasserstoffen in Luft. Diese sind meist geruch-, geschmack- und farblos. Sie treten in Räumen auf, in denen mit organischen Lösungsmitteln gearbeitet wird oder in denen Verbrennungsmotoren laufen. Sie schädigen den menschlichen Organismus schon bei Konzentrationen von etwa $1:10^6$.

In dem Flammen-Ionisationsdetektor (Bild 2.153) werden in einer H_2-Flamme die im Meßgas enthaltenen Kohlenwasserstoffe verbrannt. Vor der Brennerdüse befindet sich eine gitterförmige Auffang-Elektrode. Brennerdüse und Auffang-Elektrode liegen an einer Spannung und bilden eine Ionisationskammer.

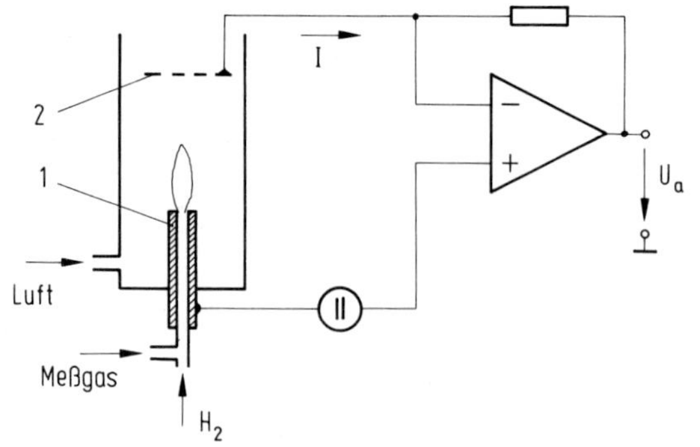

Bild 2.153: Prinzip des Flammen-Ionisationsdetektors mit Brennerdüse 1 und Auffangelektrode 2

Der zwischen beiden Elektroden fließende Strom ist proportional zur Konzentration an Kohlenwasserstoffen, wobei die Nachweisgrenze bei etwa 10^{-12} g/s liegt.

2.11.2 Auslöse-Zählrohr

Wirkungsweise. Das gasgefüllte Auslösezählrohr oder Geiger-Müller-Zählrohr ist rotationssymmetrisch aufgebaut mit einem Zähldraht als Innen- und einem Zylindermantel als Außenelektrode (Bild 2.154). Die Elektroden liegen an einer Spannung von etwa 100 V.

Ein in dem Zählrohr absorbiertes radioaktives Teilchen ionisiert längs seiner Bahn die Atome des Füllgases. Die entstandenen Ladungen werden unter dem Einfluß des elektrischen Feldes getrennt und fließen zu den Elektroden ab. In der Nähe des sehr dünnen Zähldrahtes ist die Feldstärke sehr hoch; die primär

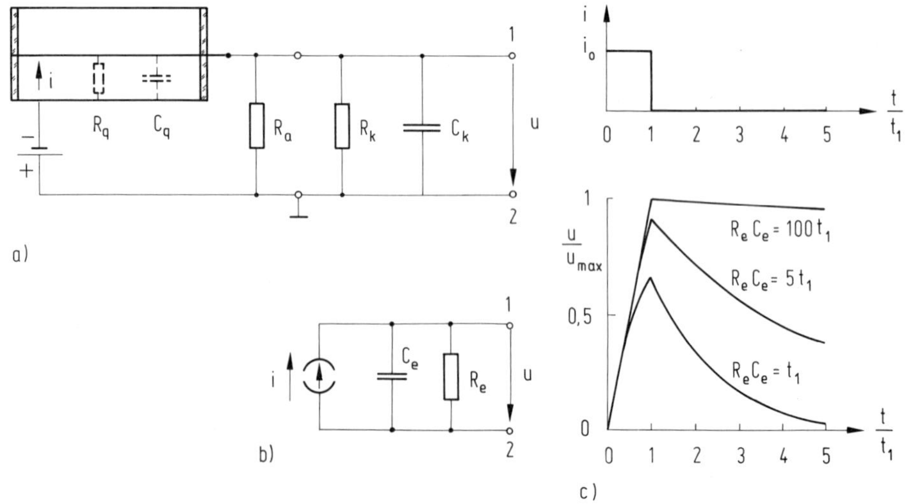

Bild 2.154: Prinzipschaltung (a), Ersatzschaltbild (b) und Signale (c) des Auslösezählrohrs

gebildeten Elektronen werden soweit beschleunigt, daß sie bei ihren Zusammenstößen mit den Atomen des Füllgases diese zu einer Lichtemission anregen oder auch ionisieren. Die Photonen werden nicht nur in Richtung des elektrischen Feldes, sondern nach allen Seiten abgestrahlt. Sie führen über den Photoeffekt zur Bildung von weiteren freien Elektronen, so daß sich die Entladung des Zählrohrs längs des gesamten Zähldrahtes ausbreitet. Sie kommt erst dann zum Erliegen, wenn die beweglicheren Elektronen den Zähldraht erreicht haben und die langsameren positiv geladenen Ionen die elektrische Feldstärke in der Nähe des Zähldrahtes so weit herabsetzen, daß eine Photonenemission und Sekundärionisation nicht mehr möglich ist.

Das Zählrohr liefert also bei einem Eindringen eines ionisierenden Teilchens einen Impuls. Ein weiteres Teilchen kann erst dann erfaßt werden, wenn die bei dem vorausgegangenen Ereignis gebildeten positiven Ionen zur zylindrischen Außenelektrode abgewandert sind. Erst nach dieser Totzeit, die bei etwa 0,1 ms liegt, nimmt die Feldstärke wieder die für die Entladung notwendigen Werte an. In der Sekunde können so etwa 10^4 Teilchen nachgewiesen werden.

Die Höhe eines Impulses hängt nicht mehr von der Zahl der primär gebildeten Ladungen, sondern nur von der Auslegung des Zählrohres ab. Die Impulse sind etwa gleich groß und haben infolge der Gasverstärkung schon eine Amplitude von etwa 1 V.

Ersatzschaltbild. Im Ersatzschaltbild wird das Zählrohr durch eine Stromquelle mit dem Kurzschlußstrom i, dem Innenwiderstand R_e und der Kapazität C_e dargestellt (Bild 2.139b). Das Zeitintegral über den von der Quelle gelieferten Strom ist gleich der bei einem Impuls an die Elektroden abgeführten Ladung Q,

$$\int i \, dt = Q. \tag{2.265}$$

Die Ladung fließt auf die Kapazität C_e, die sich als die Summe von Zählrohrkapazität C_q und der Kabelkapazität C_K ergibt:

$$C_e = C_q + C_K. \tag{2.266}$$

Um den Innenwiderstand R_e des Ersatzschaltbildes zu finden, wird der Innenwiderstand der die Zählrohrspannung liefernden Quelle vernachlässigt. Von den Klemmen 1 und 2 aus gesehen liegen dann der Widerstand des Kabels R_K, der Arbeitswiderstand R_a und der Detektorwiderstand R_q parallel. Der Arbeitswiderstand ist dabei mit etwa 1 MΩ noch merklich niedriger als der Zählrohr- und der Kabelwiderstand und bestimmt somit den Wert der Parallelschaltung:

$$R_e = R_K \parallel R_a \parallel R_q \approx R_a. \tag{2.267}$$

Damit sind die Elemente i, C_e und R_e des Ersatzschaltbildes bestimmt und die Knotenpunktsgleichung

$$i - C_e \frac{du}{dt} - \frac{u}{R_e} = 0 \tag{2.268}$$

läßt sich aufstellen, mit der die Spannung u eines Zählrohrimpulses in Abhängigkeit von dem Zählrohrstrom i berechnet werden kann. Diese Gleichung wird im nachfolgenden gelöst unter der vereinfachenden Annahme, daß für die Zeit zwischen 0 und t_1 der Strom mit der konstanten Amplitude i_0 fließt, der Stromimpuls also rechteckförmig ist. Während der Dauer des Stromimpulses $0 \leq t \leq t_1$ steigt die Spannung des zunächst leeren Kondensators mit der Zeitkonstanten $R_e C_e$ an:

$$u(t) = R_e i_0 (1 - e^{-\frac{t}{R_e C_e}}) \quad \text{für } 0 \leq t \leq t_1. \tag{2.269}$$

Nach dem Stromimpuls, für $t \geq t_1$, geht die Spannung mit derselben Zeitkonstanten wieder auf ihren Ausgangswert 0 zurück:

$$u(t) = u(t_1)\, e^{-\frac{t - t_1}{R_e C_e}} \quad \text{für } t \geq t_1. \tag{2.270}$$

Ein rechteckförmiger Stromimpuls führt also zu einem zeitlich längeren Spannungsimpuls, dessen Spitzenwert und Form von der Kapazität und dem Innenwiderstand der Ersatzspannungsquelle abhängen.

Verkürzung der Spannungsimpulse durch einen Hochpaß. Der Spannungsimpuls des Zählrohres dauert länger als der Stromimpuls, da die Ladung an der Zählrohrkapazität integriert wird. Soll die von der Totzeit her mögliche maximale Impulsrate erfaßt werden können, so sind die Spannungsimpulse zu verkürzen. Dies geschieht mit einem Hochpaß (Bild 1.21; Eingangsspannung u, Ausgangsspannung u_1, Kapazität C_1, Widerstand R_1), der die zur Integration inverse Operation der Differentiation ausführt. Mit

$$u_1 = R_1 i_0 = R_1 C_1 \frac{du_{C1}}{dt} \tag{2.271}$$

führt die Maschengleichung

$$-u + u_{C1} + u_1 = 0 \tag{2.272}$$

zu der Differentialgleichung

$$u_1 = R_1 C_1 \frac{d(u - u_1)}{dt}. \tag{2.273}$$

Auf der rechten Seite dieser Gleichung kann die Ausgangsspannung u_1 in den Fällen vernachlässigt werden, in denen sie klein ist gegenüber der Eingangsspannung u. Der Hochpaß liefert dann die Spannung u_1, die proportional ist der zeitlichen Ableitung der Eingangsspannung u:

$$u_1 \approx R_1 C_1 \frac{du}{dt}. \tag{2.274}$$

Diese Voraussetzung ist immer dann erfüllt, wenn die Zeitkonstante $R_1 C_1$ des Hochpasses sehr viel kleiner als die Impulsdauer t_1 ist.

In der Praxis ist oft – anders als in Bild 2.154 – nicht der positive, sondern der negative Pol der Zählrohrspannung geerdet. Der Vorteil ist, daß der Außenmantel des Zählrohrs nicht besonders zu isolieren ist. Andererseits sind aber dann die Spannungsimpulse des Zählrohrs nicht auf dem Nullpotential, sondern auf dem Potential der Versorgungsspannung zu messen. In diesem Fall übernimmt dann der Kondensator C_1 noch die Aufgabe, den Gleichanteil der Versorgungsspannung abzublocken. Er ist also genügend spannungsfest auszuführen.

Verarbeitung der Zählrohrimpulse. Die verkürzten Zählrohrimpulse u_1 werden in der Regel noch normiert, bevor ihre Impulsrate ermittelt wird. Diese kann als Maß für die Aktivität oder die Dosisleistung der gemessenen Strahlung in den Fällen genommen werden, in denen die strahlenden Nuklide mit ihren Zerfallsschemata bekannt sind.

2.11.3 Szintillationszähler

Wirkungsweise. Ein Szintillationsmeßkopf enthält einen Photovervielfacher mit einem an die Photokathode angebauten Szintillator. Im Szintillator wird die nachzuweisende radioaktive Strahlung absorbiert, wobei Photonen emittiert werden. Ihre Zahl ist proportional der Energie des absorbierten Teilchens. Diese Lichtimpulse werden in dem Photovervielfacher in Stromimpulse umgesetzt und können an dem Arbeitswiderstand R_a als Spannungsimpulse abgenommen werden (Bild 2.155).

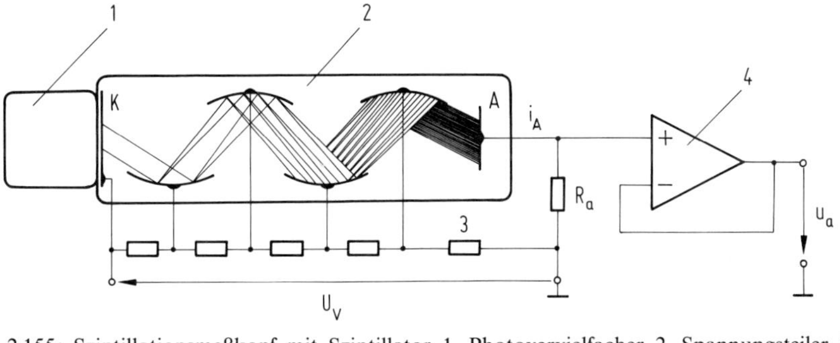

Bild 2.155: Szintillationsmeßkopf mit Szintillator 1, Photovervielfacher 2, Spannungsteiler 3 und Impedanzwandler 4

α- und β-Teilchen bleiben wegen ihrer kurzen Reichweite mit Sicherheit in dem Szintillator, der zum Beispiel aus Anthracen oder aus einem plastischen Phosphor besteht, stecken. Jedes Teilchen führt zu einem Impuls. Bei γ-Quanten hängt die Nachweiswahrscheinlichkeit von der Energie der γ-Strahlung und von der Größe und Ordnungszahl des Szintillators (z.B. NaI(Tl)-Kristall) ab und liegt im allgemeinen unter 100%.

Die Impulsdauer wird bestimmt durch die Dauer des Lichtblitzes im Leuchtstoff und durch die Laufzeit der Elektronenkaskade im Photovervielfacher. Die Abklingzeit der organischen Leuchtstoffe liegt zwischen 10^{-9} und 10^{-8} s, die der NaI(Tl)-Kristalle bei etwa 10^{-6} s. Die Laufzeit der Elektronen im Vervielfacher beträgt einige 10^{-8} s. Dementsprechend können Impulsraten von mehr als $10^6\,s^{-1}$ gemessen werden.

Verarbeitung der Szintillationszählerimpulse. Der Photovervielfacher benötigt eine sorgfältig stabilisierte Versorgungsspannung von etwa 1500 V. Die gelieferten Spannungsimpulse werden, um sie unverzerrt übertragen zu können, in der Regel mit einem Impedanzwandler an den Wellenwiderstand des Kabels angepaßt. Ist im Gegensatz zu Bild 2.156 die Kathode des Photovervielfachers geerdet, so muß die Versorgungsgleichspannung U_V durch einen Kondensator vor dem p-Eingang abgeblockt werden.

Wird die Impulsrate gebildet, so sind die Baugruppen für die Impulsformung und für den Zähler auf die im Vergleich zum Zählrohr kürzeren und häufiger eintreffenden Impulse auszulegen. Die Impulsrate ist proportional der Zahl der absorbierten Teilchen und ein Maß für die Aktivität der strahlenden Nuklide.

Darüber hinaus kann aus der Höhe eines Impulses die Energie des auslösenden Teilchens ermittelt werden. In einem NaI(Tl)-Kristall sind im Mittel 300 eV für die Erzeugung eines Lichtquants erforderlich. Ein (bei der Absorption eines γ-Quants entstandenes) Elektron mit einer Energie von 1 MeV führt zur Emission von $10^6 : 300 = 3300$ Photonen und zu einem der Photonenzahl proportionalen Spannungsimpuls. Die verschiedenen radioaktiven Nuklide strahlen γ-Quanten mit diskreten, unterschiedlichen Energien ab und lassen sich so in einer Impulshöhenanalyse identifizieren.

2.11.4 Halbleiter-Strahlungsdetektor

Wirkungsweise. Ein Halbleiter-Strahlungsdetektor ist eine pin-Diode, die auf einen geringen Dunkelstrom und hohe Spannungsfestigkeit hin entwickelt ist. An die Diode wird in Sperrichtung eine Spannung von etwa 5000 V gelegt. Sie wird mit flüssigem Stickstoff gekühlt, um die thermische Bildung von freien Ladungsträgern zu vermeiden.

Trifft eine γ-Strahlung die Diode und überträgt ein γ-Quant im Photoeffekt seine Energie auf ein Elektron, so wird dieses über die Bildung von Elektron-Loch-Paaren abgebremst. Die so entstandenen Ladungen fließen unter dem Einfluß des elektrischen Feldes zu den Elektroden ab und führen dort zu einem Stromimpuls von etwa 10^{-7} s Dauer. Die Wahrscheinlichkeit für die Absorption eines γ-Quants im Photoeffekt steigt mit der 4. Potenz der Ordnungszahl Z des Halbleitermaterials. Sie ist bei Germanium mit $Z = 32$ höher als bei Silizium mit $Z = 14$. So werden zur Strahlungsmessung hauptsächlich Ge-Dioden verwendet. Um ein Elektron-Loch-Paar zu bilden, ist in Germanium im Mittel eine Energie von 2,8 eV, in Silizium von 3,6 eV erforderlich.

Beispiel: Ein Elektron der Energie 1 MeV erzeugt in Ge $10^6 : 2{,}8 = 0{,}36 \cdot 10^6$ Ladungsträger eines Vorzeichens.

Die Elementarladung ist $1{,}6 \cdot 10^{-19}$ As, so daß insgesamt die Ladung Q

$$Q = 0{,}36 \cdot 10^6 \cdot 1{,}6 \cdot 10^{-19} = 5{,}7 \cdot 10^{-14}\,\text{As}$$

abfließt. Wird diese Ladung auf einer Kapazität von 300 pF gesammelt, so entsteht die Spannung u

$$u = \frac{Q}{C} = \frac{5{,}7 \cdot 10^{-14}\,\text{As}}{300 \cdot 10^{-12}\,\text{As/V}} = 0{,}19\,\text{mV}.$$

Ersatzschaltbild und Ladungsverstärker. Bei der Bildung von Elektron-Loch-Paaren fließt in der an Spannung liegenden Diode der Strom $i = dQ/dt$. Die Diode hat den Widerstand R_q und die Kapazität C_q und ist über ein Kabel mit dem Widerstand R_K und der Kapazität C_K mit den Verstärkerklemmen 3, 4 verbunden (Bild 2.156). Im Ersatzschaltbild läßt sich die Diode durch eine Stromquelle mit dem Kurzschlußstrom i, dem Innenwiderstand R_e und der Kapazität C_e darstellen:

$$C_e = C_K + C_q, \tag{2.275}$$

$$R_e = R_K \| (R_q + R_a) \approx R_K \| R_q, \tag{2.276}$$

da der Arbeitswiderstand R_a von etwa 1 MΩ gegenüber dem Detektorwiderstand R_q vernachlässigt werden darf.

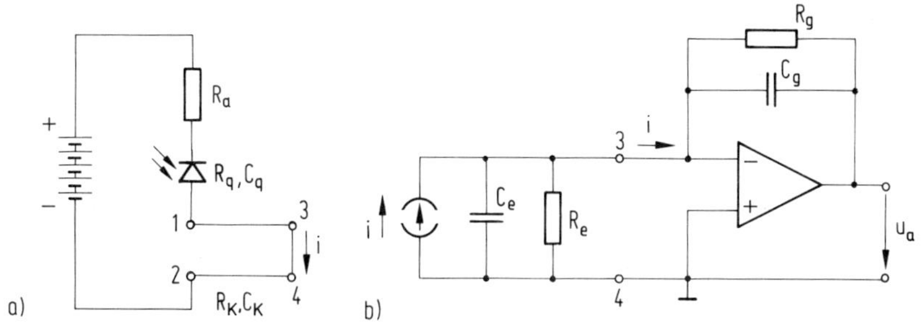

Bild 2.156: Prinzipschaltung (a) und Ersatzschaltbild (b) eines Halbleiter-Strahlungsdetektors

Der Halbleiter-Strahlungsdetektor hat damit dasselbe Ersatzschaltbild wie das Geiger-Müller-Zählrohr und der piezoelektrische Kraftaufnehmer, wobei die erzeugten Ladungen um Größenordnungen niedriger sind. Die beim Kraftaufnehmer diskutierten Vor- und Nachteile einer Spannungs- oder Ladungsverstärkung gelten auch hier. Zweckmäßig ist, sich für den Ladungsverstärker zu entscheiden, ein Kabel für die Übertragung der Stromimpulse zu vermeiden und den Ladungsverstärker direkt mit der in einem Kryostaten sitzenden Diode zusammenzubauen. Das Zeitverhalten wird durch die Differentialgleichung (2.256) beschrieben, in die nicht die detektorspezifischen Parameter R_q, R_K, C_q, C_K, sondern die Werte der in der Rückführung sitzenden Bauteile R_g

und C_g eingehen. Wird ein rechteckförmiger Stromimpuls mit der Amplitude i_0 und der Dauer t_1 angenommen, so steigt für $0 \le t \le t_1$ die Ausgangsspannung u_a des Verstärkers mit

$$u_a(t) = -R_g i_0 (1 - e^{-\frac{t}{R_g C_g}}) \quad \text{für } 0 \le t \le t_1 \tag{2.277}$$

und geht für $t \ge t_1$ mit

$$u_a(t) = -u_a(t_1)\, e^{-\frac{t - t_1}{R_g C_g}} \quad \text{für } t \ge t_1 \tag{2.278}$$

wieder auf 0 zurück. Dieser Impuls ist im allgemeinen für eine Weiterverarbeitung zu lang und wird wie der des Zählrohrs in Differenziergliedern amplitudengetreu verkürzt.

Anwendung. Der Halbleiter-Strahlungsdetektor ist wegen der erforderlichen Kühlung und seiner hohen Betriebsspannung nicht ganz einfach zu handhaben. Trotzdem kann auf ihn für Präzisionsmessungen nicht verzichtet werden. Die erzeugte Ladung Q ist ein Maß für die Energie des absorbierten Teilchens. Der Detektor wird hauptsächlich zur Impulshöhenanalyse und zur Identifizierung unbekannter Nuklide verwendet. Da bei der Ge-Diode nur 2,8 eV für die Bildung eines Elektron-Loch-Paares erforderlich sind gegenüber 300 eV beim NaI(Tl)-Kristall, ist die Energieauflösung des Halbleiterdetektors bedeutend besser als die des Szintillationszählers.

3 Messung von ohmschen Widerständen; Widerstandsaufnehmer

Die in der Elektrotechnik verwendeten Werkstoffe unterscheiden sich sehr hinsichtlich ihrer elektrischen Leitfähigkeit. Ihr ohmscher Widerstand kann Werte in dem außerordentlich weiten Bereich von mehr als 20 Zehnerpotenzen annehmen. Sehr niedrige Widerstände sind bei Leitern oder Leiterbahnen, sehr hohe bei isolierenden Werkstoffen zu messen.

Die Messungen selbst können entweder nur einmalig, zu diskreten Zeitpunkten oder auch zeitlich kontinuierlich notwendig sein. Zur ersten Gruppe gehören die Untersuchungen in Labor, Fertigung und Prüffeld, zur zweiten zählt die Signalverarbeitung der *Widerstandsaufnehmer*. Der elektrische Widerstand dieser Sensoren ändert sich bei einer mechanischen, thermischen, magnetischen oder optischen Einwirkung, und über die Widerstandmessung wird die die Widerstandsänderung verursachende nichtelektrische Größe erfaßt. Die Widerstandsaufnehmer sind passive Bauteile. Zur Messung ist jeweils eine Spannungs- oder Stromversorgung notwendig. Die nichtelektrische Größe beeinflußt den Widerstand in vielen Fällen rückwirkungsfrei und die für die Messung erforderliche Energie wird nicht der gemessenen Größe, sondern der benutzten Spannungs- oder Stromquelle entnommen.

Dieses Kapitel ist ähnlich gegliedert wie das vorausgegangene. Zunächst werden die Meßmethoden erläutert, um dann die Widerstandsaufnehmer und ihre Anwendungen zu besprechen.

3.1 Strom- und Spannungsmessung

Die Bestimmung eines Widerstandes nach dem Ohmschen Gesetz aus Spannung und Strom ist sehr naheliegend. Sie vereinfacht sich, wenn eine dieser Größen bekannt oder ein Referenzwiderstand vorhanden ist.

3.1.1 Gleichzeitige Messung von Spannung und Strom

Ein Widerstand kann durch eine getrennte, gleichzeitige Messung von Spannung und Strom nach den in Bild 3.1 wiedergegebenen Schaltungen a und b bestimmt werden, wobei jede Schaltung einen systematischen Meßfehler verur-

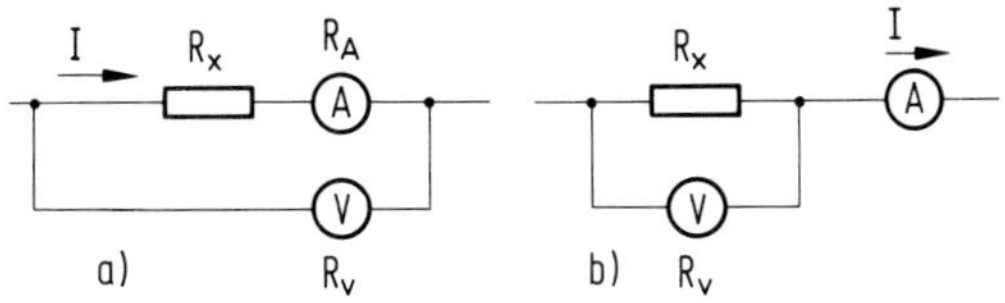

Bild 3.1: Bestimmung eines Widerstandes R aus der gleichzeitigen Messung von Spannung und Strom
a) Schaltung für die Messung großer Widerstände
b) Schaltung für die Messung kleiner Widerstände

sacht. Diese Fehler können korrigiert werden, wenn die Widerstände R_A des Strommessers und R_V des Spannungsmessers bekannt sind.

Bei der Anordnung der Meßgeräte nach Schaltung a wird der durch den Widerstand R_x gehende Strom I richtig erfaßt, die Spannungsmessung ist fehlerhaft und der Spannungsabfall am Amperemeter ist abzuziehen:

$$R_x = \frac{U - R_A I}{I} = \frac{U}{I} - R_A. \tag{3.1}$$

In der Schaltung b stimmt dann die Spannungsmessung, der Strom wird jedoch um den durch den Spannungsmesser gehenden Teil zu groß angezeigt:

$$R_x = \frac{U}{I - U/R_V}. \tag{3.2}$$

Da der Innenwiderstand des Strommessers R_A klein, der des Spannungsmessers R_V aber groß sein wird, empfiehlt sich die Schaltung a für große Widerstände ($R_x \gg R_A$), die Schaltung b für kleine Widerstände ($R_x \ll R_V$).

3.1.2 Vergleich mit einem Referenzwiderstand

Der systematische Fehler läßt sich vermeiden, wenn der zu bestimmende Widerstand R_x mit einem Referenzwiderstand R_r verglichen wird.

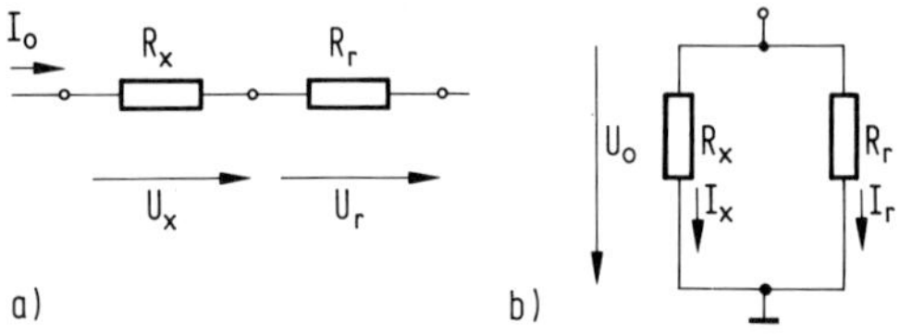

Bild 3.2: Bestimmung eines Widerstandes R_x mit Hilfe eines Referenzwiderstandes R_r
a) Stromspeisung; Messung des Spannungsabfalls
b) Spannungsspeisung; Messung des durchgehenden Stroms

In der Schaltung nach Bild 3.2a werden der gesuchte und der bekannte Widerstand vom gleichen, konstanten Strom I_0 durchflossen. Gemessen werden die an den Widerständen abfallenden Spannungen. Der gesuchte Widerstand R_x ergibt sich zu

$$R_x = \frac{U_x}{U_r} R_r. \tag{3.3}$$

Bei Isolationsmessungen schreiben die Normen jeweils die Spannung U_0 vor, die an den Prüfling R_x zu legen ist. Hier empfiehlt sich die Schaltung nach Bild 3.2b, in der die konstante Meßspannung an den Prüfling und an den Referenzwiderstand gelegt wird. Gemessen werden die durch die beiden Widerstände fließenden Ströme I_x und I_r und der gesuchte Isolationswiderstand ist

$$R_x = \frac{I_r}{I_x} R_r. \tag{3.4}$$

3.2 Anwendung einer Konstantstromquelle

Prinzip. Eine kontinuierliche Anzeige eines Widerstandswerts ermöglicht die Schaltung nach Bild 3.3. Der eingeprägte, konstante Strom I_0 fließt über den zu bestimmenden Widerstand R_x und dessen Wert ergibt sich aus der gemessenen Spannung U_x zu

$$R_x = \frac{U_x}{I_0}. \tag{3.5}$$

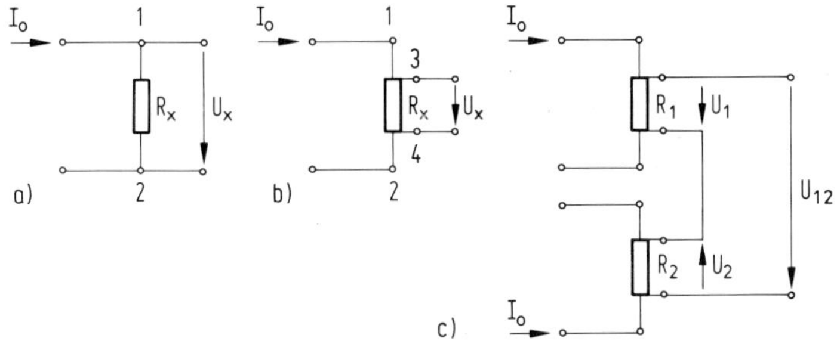

Bild 3.3: Speisung mit konstantem Strom und Messung des Spannungsabfalls
a) Prinzip
b) Messung eines niederohmigen Widerstandes mit den Stromklemmen 1, 2 und den Spannungsklemmen 3, 4
c) Messung der Widerstandsdifferenz $R_1 - R_2$

Der eingeprägte Strom ist natürlich so niedrig zu wählen, daß er nicht zu einer Temperatur- und damit Widerstandserhöhung führt. Gegebenenfalls ist mit einer gepulsten Stromquelle zu arbeiten.

Bei der Messung *sehr niedriger Widerstände* sind die an den Klemmen auftretenden Übergangswiderstände nicht zu vernachlässigen. Um sie und eventuelle Zuleitungswiderstände nicht mitzumessen, empfiehlt sich der in Bild 3.3b skizzierte 4-Leiter-Anschluß. Hier sind die Klemmen 1 und 2 der Stromzuführung von denen der Meßleitungen (Potentialklemmen) 3 und 4 getrennt. Die möglichen Spannungsabfälle an den Anschlußpunkten 1 und 2 werden nicht gemessen. Die Übergangswiderstände an den Klemmen 3 und 4 liegen in Reihe mit dem Eingangswiderstand des Spannungsmessers und können ebenso wie die Widerstände der Meßleitungen vernachlässigt werden, solange der Spannungsmesser genügend hochohmig ist.

Widerstandsdifferenzen $R_1 - R_2$ können unter Verwendung von zwei Stromquellen, von denen jede denselben eingeprägten Strom I_0 liefert, gemessen werden. Bei der Schaltung nach 3.3c fällt am Widerstand R_1 die Spannung $U_1 = R_1 I_0$ und am Widerstand R_2 die Spannung $U_2 = R_2 I_0$ ab. Die Spannung

$$U_{12} = U_1 - U_2 = I_0(R_1 - R_2) \tag{3.6}$$

ist ein Maß für die gesuchte Widerstandsdifferenz $R_1 - R_2$.

Diese Schaltung ermöglicht gleichzeitig eine *Nullpunktsunterdrückung* und eine *Kompensation unerwünschter Widerstandsänderungen*, die bei der Messung nichtelektrischer Größen häufig erforderlich sind. Gehen wir von zwei gleichen Widerständen $R_1 = R_2 = R_0$ aus und nehmen wir für den ersten Widerstand eine Zunahme seines Werts auf $R_0 + \Delta R$ an, so wird in der Differenzschaltung der Grundwiderstand R_0 unterdrückt und nur die Widerstandsdifferenz ΔR wird angezeigt:

$$U_{12} = I_0(R_1 - R_2) = I_0(R_0 + \Delta R - R_0) = I_0 \Delta R. \tag{3.7}$$

Nimmt in einem anderen Beispiel der Wert des Widerstandes R_1 infolge eines erwünschten Effekts A um ΔR_A und infolge eines störenden Effekts B um ΔR_B auf

$$R_1 = R_0 + \Delta R_A + \Delta R_B$$

zu, und ist der zweite Widerstand nur den Einflüssen der Störgröße B ausgesetzt

$$R_2 = R_0 + \Delta R_B,$$

so wird durch die Differenzschaltung nur der Unterschied der beiden Widerstände, also die Widerstandserhöhung des ersten infolge des Effekts A erfaßt. Die gleichsinnige Änderung beider Widerstände infolge des Effekts B hebt sich durch die Differenzbildung auf:

$$U_{12} = I_0[(R_0 + \Delta R_A + \Delta R_B) - (R_0 + \Delta R_B)] = I_0 \Delta R_A. \tag{3.8}$$

Operationsverstärker für die Widerstandsmessung. Die Konstantstrommessung kann vorteilhaft unter Verwendung eines invertierenden Verstärkers durchgeführt werden. In der Schaltung von Bild 3.4a ergibt sich der konstante Eingangsstrom I_0 aus der bekannten Spannung U_0 und dem bekannten Widerstand R_0. Rückgeführt wird der Strom $I_g = u_a/R_x$. Beide Ströme heben sich gegenseitig auf, $I_0 + I_g = 0$. Die gemessene Spannung u_a ist also ein Maß für den gesuchten Widerstand R_x,

$$u_a = -\frac{U_0}{R_0} R_x. \tag{3.9}$$

Die diskutierte Schaltung funktioniert natürlich auch in Verbindung mit einer Konstantstromquelle I_0 (Bild 3.4b). Der Verstärker liefert hier die Ausgangsspannung

$$u_a = -I_0 R_x.$$

Bei der Speisung mit eingeprägtem Strom läßt sich auch der 4-Leiter-Anschluß realisieren (Bild 3.4c), bei dem die Zuleitungswiderstände R_{L1} bis R_{L4} keine Rolle spielen. Dazu wird der Verstärkungsfaktor k' des nicht gegengekoppelten Operationsverstärkers so hoch angenommen, daß der Eingangsstrom i'_e zu vernachlässigen ist. Desweiteren soll die Ausgangsspannung u_a so hochohmig gemessen werden, daß der Ausgangsstrom i_a unberücksichtigt bleiben darf. In der gezeigten Schaltung geht R_{L1} wegen des eingeprägten Stroms I_0 nicht ins

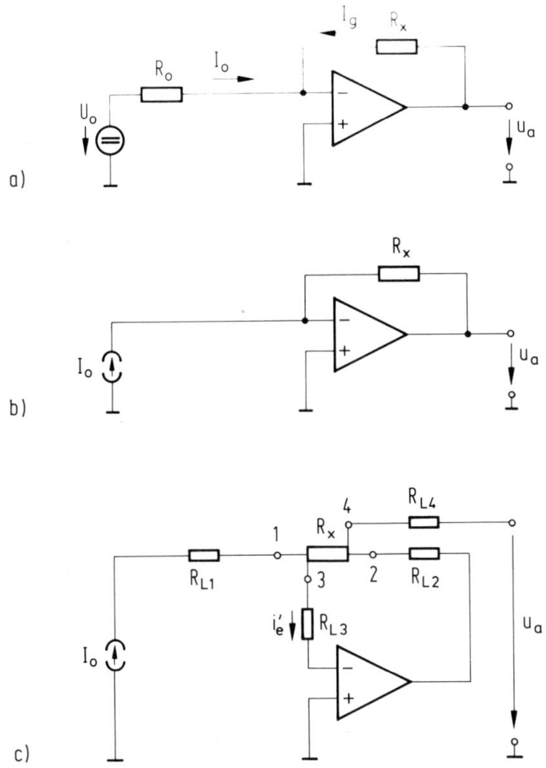

Bild 3.4: Widerstandsmessung mit Hilfe des invertierenden Verstärkers

a) Speisung mit einer konstanten Spannung
b) Speisung mit einem konstanten Strom
c) 4-Leiter-Anschluß bei Speisung mit einem konstanten Strom

Ergebnis ein, ebensowenig wie R_{L2}, das lediglich den (nicht gezeichneten) Innenwiderstand der Spannungsquelle des Operationsverstärkers vergrößert. Mit $i'_e = 0$ fällt keine Spannung an R_{L3} ab; der Knoten 3 liegt an der virtuellen Masse. Wegen $i_a = 0$ tritt ebenfalls kein Spannungsabfall an R_{L4} auf; zwischen der Klemme 4 und der Masse liegt die Spannung u_a. Damit gilt wie in Bild 3.4b

$$u_a = - I_0 R_x .$$

Die Leitungswiderstände beeinflussen also nicht das Ergebnis.

Operationsverstärker für die Messung von Widerstandsdifferenzen. In den Fällen, in denen eine Temperaturdifferenz gemessen oder auch nur eine Nullpunktunterdrückung durchgeführt werden soll, ist ein Differenzverstärker notwendig. In Bild 3.5a liegt z. B. in der Gegenkopplung das Widerstandsthermometer mit

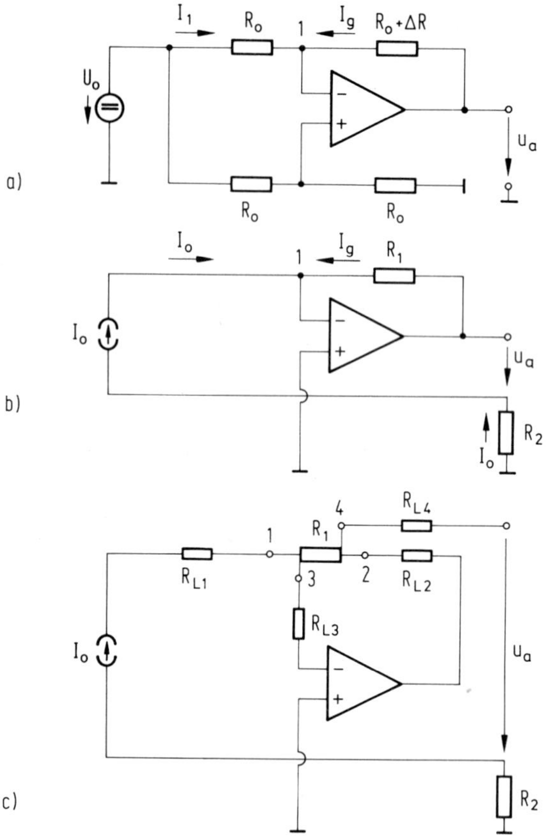

Bild 3.5: Widerstandsdifferenzmessung mit Hilfe des invertierenden Verstärkers
a) Speisung mit einer konstanten Spannung
b) Speisung mit einem konstanten Strom
c) 4-Leiter-Anschluß bei Speisung mit einem konstanten Strom

dem Widerstand $R_0 + \Delta R$. Die Schaltung, gespeist von der konstanten Spannung U_0, ist durch drei weitere Festwiderstände R_0 ergänzt. Bei einem idealen Verstärker ($k' \rightarrow \infty$) liegt der Knoten 1 auf dem Potential $U_0/2$. Aus der Knotengleichung

$$I_1 + I_g = \frac{U_0 - U_0/2}{R_0} + \frac{u_a - U_0/2}{R_0 + \Delta R} = 0$$

folgt die Ausgangsspannung u_a zu

$$u_a = -\frac{U_0}{2R_0}\Delta R. \tag{3.10}$$

Die Verstärkerausgangsspannung nimmt streng linear mit ΔR zu. Das Widerstandsthermometer wird dabei von dem konstanten Strom I_g

$$I_g = -I_1 = -\frac{U_0 - U_0/2}{R_0} = -\frac{U_0}{2R_0}$$

durchflossen.

Eine Offsetspannung U_{os} führt nach Gl. (2.201) mit $R_q = R_0$ und $R_g = R_0 + \Delta R$ zu der Ausgangsspannung

$$u_a(U_{os}) = \frac{2R_0 + \Delta R}{R_0} U_{os} \approx 2U_{os}.$$

Die Eingangsströme I_p und I_n kompensieren sich für $\Delta R \ll R_0$ und $R_g = R_0$ nach Gl. (2.206) weitgehend:

$$u_a(I_p, I_n) = R_0(I_p - I_n).$$

Beispiel: Bei einer Versorgungsspannung $U_0 = 10$ V, einem Anfangswiderstand $R_0 = 100\,\Omega$ und einer Widerstandsänderung $\Delta R = 0{,}02\,\Omega$ liefert der Verstärker die Spannung

$$u_a = \frac{10\text{ V}}{2 \cdot 100\,\Omega} 0{,}02\,\Omega = 0{,}001\text{ V} = 1\text{ mV}.$$

Sollen die Offsetgrößen keinen größeren Effekt als die Widerstandsänderung von 0,02 Ω verursachen (1 mV), so muß die Drift der Offsetspannung U_{os} kleiner als

$$U_{os} = \frac{u_a}{2} = 0{,}5\text{ mV}$$

bleiben und die Differenz der Eingangsströme darf

$$I_p - I_n = \frac{u_a}{R_0} = \frac{1\text{ mV}}{100\,\Omega} = 10\,\mu\text{A}$$

nicht überschreiten. Soll weiterhin auch die Gleichtaktverstärkung die Ausgangsspannung um höchstens 1 mV verfälschen, so ist bei einer Gleichtaktaussteuerung von 5 V eine Gleichtaktunterdrückung von mindestens 5 V : 1 mV = 5000 erforderlich.

In der Schaltung von Bild 3.5a können auch die Spannungsteiler an den Verstärkereingängen getauscht werden. In diesem Fall kommt der Widerstandsaufnehmer zwischen dem p-Eingang und der Masse zu liegen und wäre somit geerdet. Er wird dann nicht mehr von einem konstanten Strom durchflossen und die Ausgangsspannung des Verstärkers steigt nur ungefähr proportional zu ΔR

$$u_a \approx \frac{U_0}{2R_0} \Delta R.$$

In der Prinzipschaltung Bild 3.3c sind für eine Differenzmessung zwei getrennte Quellen notwendig, die exakt dieselben Ströme liefern müssen. Gegenüber dieser Forderung stellt die Schaltung Bild 3.5b, die mit einer einzigen Stromquelle für eine Differenzmessung auskommt, eine Vereinfachung dar. Die Stromquelle muß allerdings massefrei ausgeführt werden und die Ausgangsspannung u_a ist auf das Potential $-I_0 R_2$ bezogen. R_1 und R_2 sind die Widerstände, deren Differenz zu ermitteln ist. Der Knoten 1 liegt an der virtuellen Masse, so daß am Widerstand R_1 die Spannung $u_a + (-I_0 R_2)$ ansteht. Es gilt die Knotenpunktgleichung

$$I_0 = -I_g = -\frac{u_a - I_0 R_2}{R_1},$$

aus der die Ausgangsspannung u_a folgt zu

$$u_a = -I_0(R_1 - R_2). \tag{3.11}$$

Die Ausgangsspannung ist wieder der Widerstandsdifferenz proportional.

Der Widerstand R_1 läßt sich auch in der 4-Leiter-Technik anschließen. Nach den vorausgegangenen Überlegungen spielen dann die Zuleitungswiderstände keine Rolle mehr (Bild 3.5c).

3.3 Brückenschaltungen

3.3.1 Abgleich-Widerstandsmeßbrücke

Prinzip. Die erstmals von Wheatstone 1843 zum Messen eines Widerstands verwendete Brückenschaltung [3.2] enthält die vier Widerstände R_1 bis R_4, die

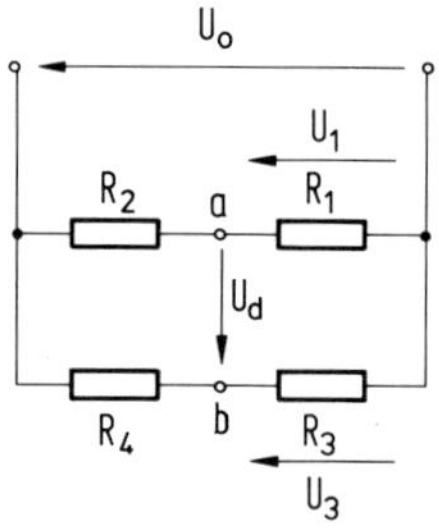

Bild 3.6: Wheatstone-Meßbrücke

paarweise einen Spannungsteiler bilden und an der Brückenspeisespannung U_0 liegen (Bild 3.6). An dem Widerstand R_1 wird die Teilspannung

$$U_1 = U_0 \frac{R_1}{R_1 + R_2} \tag{3.12}$$

und am Widerstand R_3 die Teilspannung U_3

$$U_3 = U_0 \frac{R_3}{R_3 + R_4} \tag{3.13}$$

abgegriffen. Die Differenz dieser Teilspannungen ergibt die in der Brückendiagonale zwischen den Punkten a und b liegende Diagonalspannung U_d,

$$U_d = U_3 - U_1 = U_0 \frac{R_2 R_3 - R_1 R_4}{(R_1 + R_2)(R_3 + R_4)}. \tag{3.14}$$

Ist die Diagonalspannung null, so ist die Brücke abgeglichen. In diesem Fall verschwindet der Zähler der obigen Gleichung und als Abgleichbedingung ergibt sich

$$R_2 R_3 = R_1 R_4. \tag{3.15}$$

Zur Messung wird der gesuchte Widerstand (z.B. R_2) zusammen mit drei bekannten Widerständen zu einer Brücke verschaltet. Von diesen ist mindestens ein Widerstand einstellbar, so daß die Brücke abgeglichen werden kann. Der Wert des gesuchten Widerstandes R_2 ist

$$R_2 = R_1 \frac{R_4}{R_3}. \tag{3.16}$$

Schleifdrahtmeßbrücke. Bei der Schleifdrahtmeßbrücke (Bild 3.7) wird der untere Spannungsteiler durch einen Draht der Länge $l_3 + l_4$ mit dem konstanten Querschnitt A und dem spezifischen Widerstand ϱ gebildet, an dem durch einen Abgriff die Teilwiderstände

$$R_3 = l_3 \frac{\varrho}{A}; \qquad R_4 = l_4 \frac{\varrho}{A}$$

eingestellt werden können. R_1 sei ein bekannter Widerstand und ungefähr so groß wie der zu messende Widerstand $R_x = R_2$. Aus dem Widerstandsverhältnis R_4/R_3, d.h. aus der Länge l_4/l_3 bestimmt sich nach dem Brückenabgleich der unbekannte Widerstand R_x zu

$$R_x = R_2 = R_1 \frac{R_4}{R_3} = R_1 \frac{l_4}{l_3}. \tag{3.17}$$

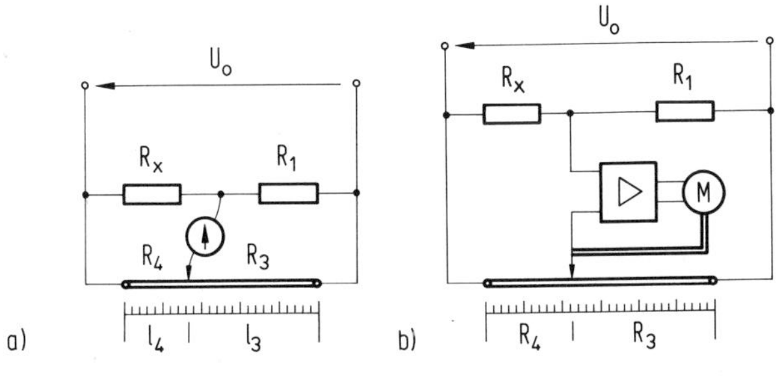

Bild 3.7: Schleifdraht-Meßbrücke
a) manueller Abgleich
b) selbsttätiger Abgleich

Der Abgleich läßt sich leicht automatisieren, indem von der verstärkten Diagonalspannung ein Motor angetrieben wird. Wie bei den Potentiometerschreibern ist die Drehrichtung dieses Motors abhängig von der Polarität der Diagonalspannung. Mit dem Motor ist der Abgriff eines oft ringförmig ausgebildeten Potentiometers gekoppelt. Dieses wird solange verstellt, bis die Diagonalspannung null geworden und der Motor zum Stillstand gekommen ist. Die Stellung des Abgriffs ist dann ein Maß für den gemessenen Widerstand.

Meßbrücke mit Stufenwiderständen. Die Meßbrücke mit Stufenwiderständen erlaubt, Widerstände zwischen 1 Ω und 10^6 Ω mit einer Meßunsicherheit von etwa $1 \cdot 10^{-4}$ zu messen. Trotz dieses weiten Meßbereichs ist sie sehr einfach einzustellen und abzulesen (Bild 3.8). Die Widerstände R_1 und R_3 bilden einen Spannungsteiler, dessen Teilerverhältnis in Zehnerpotenzen zwischen 10^3:1 und 1:10^3 einstellbar ist. Der Widerstand R_4 setzt sich aus mehreren Widerstandsdekaden zusammen. Am Spannungsteiler $R_1:R_3$ wird der Meßbereich vorgewählt und der Abgleich wird allein anhand der diskret einstellbaren Widerstandsdekaden R_4 vorgenommen. Der an den Dekaden eingestellte Widerstandswert, multipliziert mit der an $R_1:R_3$ eingestellten Zehnerpotenz, liefert den Wert R_x des gesuchten Widerstandes

$$R_x = R_4 \frac{R_1}{R_3}. \tag{3.18}$$

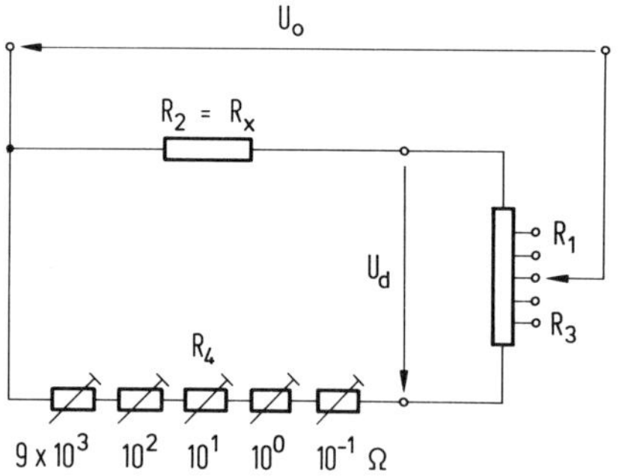

Bild 3.8: Meßbrücke mit Stufenwiderständen

Thomson-Meßbrücke. Um bei der Messung sehr niedriger Widerstände Meßfehler infolge von Übergangswiderständen zu vermeiden, sind diese in der 4-Leiter-Technik anzuschließen. Versucht man nun eine Wheatstone-Brücke mit zwei derartigen Widerständen in einem Brückenzweig aufzubauen (Bild 3.9a), so sind zunächst die Leitungen 1–1 und 1′–1′ völlig gleich. Eine Unterscheidung in eine niederohmige Speise- und eine hochohmige Meßleitung ist nicht möglich.

Um diese Funktionen nun doch eindeutig definieren zu können, verwendet die Thomson-Meßbrücke (Bild 3.9b) zusätzlich den niederohmigen Widerstand R und den hochohmigen Spannungsteiler $R_1:R_2$. Dadurch fließt zwischen den Anschlußpunkten 1–1 ein sehr viel größerer Strom als in der Leitung 1′–1′, die damit eindeutig als Meßleitung festgelegt ist.

Die Wirkungsweise der Thomson-Brücke ist jetzt leicht zu verstehen. In der gezeichneten Schaltung soll der niederohmige Widerstand R_x bestimmt werden. Dieser liegt in Reihe mit einem etwa gleich großen Referenzwiderstand R_r. Durch beide Widerstände fließt der relativ große Strom I_x. Die dabei abfallenden Spannungen werden in einer aus den bekannten, hochohmigen Widerständen R_1 bis R_4 aufgebauten Brücke verglichen. Diese Widerstände sind einstell-

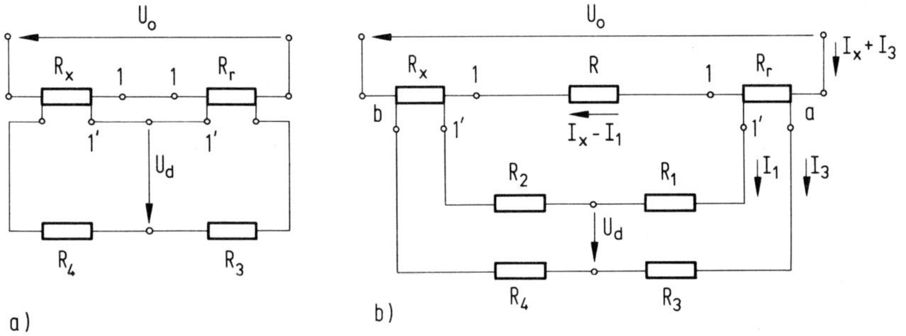

Bild 3.9: Messung niedriger Widerstände in einer Brückenschaltung; R_x, $R_r \ll R_1$, R_2, R_3, R_4; $I_x \gg I_1$, I_2;
a) Versuch, Widerstände in der 4-Leiter-Technik zu einer Wheatstone-Brücke zu verschalten
b) Thomson-Meßbrücke

bar und mechanisch so gekoppelt, daß in beiden Brückenzweigen immer dasselbe Widerstandsverhältnis vorliegt:

$$\frac{R_1}{R_2} = \frac{R_3}{R_4}.$$

Dieses Verhältnis wird nun solange geändert, bis die Diagonalspannung zu null geworden ist. Für diesen Fall teilt sich die zwischen den Punkten a und b liegende Spannung wie folgt auf

$$\frac{I_x R_r + I_1 R_1}{I_1 R_2 + I_x R_x} = \frac{I_3 R_3}{I_3 R_4} = \frac{R_1}{R_2}$$

und der zu bestimmende Widerstand R_x wird

$$R_x = R_r \frac{R_2}{R_1}. \tag{3.19}$$

Mit der Thomson-Brücke lassen sich Widerstände bis zu $10^{-7}\,\Omega$ messen. Infolge der gewählten 4-Leiter-Schaltung gehen die Übergangswiderstände nicht in das Meßergebnis ein. Die Übergangswiderstände an den Stromklemmen werden nicht gemessen und die an den Spannungsklemmen liegen in Reihe mit den größeren Brückenwiderständen R_1 und R_2 bzw. R_3 und R_4 und sind diesen gegenüber zu vernachlässigen.

3.3.2 Ausschlag-Widerstandsmeßbrücke

Wirkungsweise

Bei den bis jetzt besprochenen Meßbrücken ist jeweils eine gewisse Mühe auf den Abgleich zu verwenden. Diese Anstrengungen lassen sich vermeiden, wenn Widerstandsänderungen nur in der Nähe eines Arbeitspunktes gemessen werden sollen. Die Brücke ist in diesen Fällen so ausgelegt, daß sie bei einem bestimmten Wert des interessierenden Widerstandes abgeglichen ist. Bei kleinen Änderungen dieses Widerstandswerts wird dann auf einen erneuten Abgleich verzichtet und die sich einstellende Diagonalspannung wird als Maß für die Widerstandsänderung genommen. Durch diesen Übergang von der Abgleich- auf die Ausschlagsmessung wird eine zeitlich kontinuierliche Widerstandsmessung möglich. Ändert sich der gesuchte Widerstand R_x mit der Zeit, $R_x = R_x(t)$, so ist die Diagonalspannung ebenfalls eine Funktion der Zeit, $U_d = U_d(t)$.

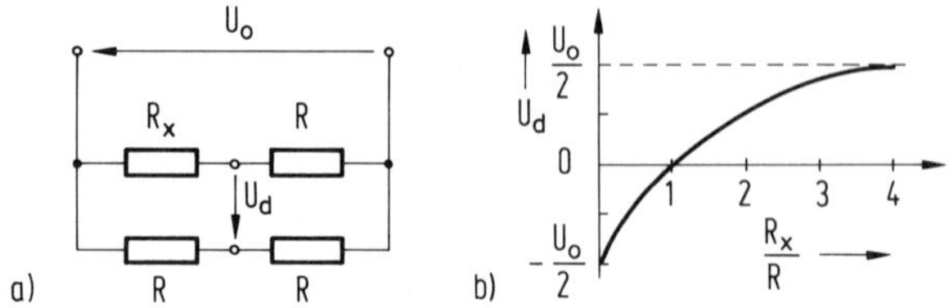

Bild 3.10: Verlauf der Diagonalspannung in Abhängigkeit von R_x
a) Schaltung
b) Kennlinie

Die in Bild 3.10 dargestellte Brücke besteht aus einem variablen Widerstand R_x und drei gleich großen Widerständen R. Zunächst wird überlegt, welche Werte die Diagonalspannung U_d

$$U_d = U_0 \left(\frac{1}{2} - \frac{R}{R + R_x}\right) = \frac{U_0}{2} \frac{R_x - R}{R_x + R} \tag{3.20}$$

in Abhängigkeit von R_x annimmt. Es ergeben sich die folgenden Wertepaare:

$$R_x = 0: \quad U_d = -\frac{U_0}{2}$$

$$R_x = R: \quad U_d = 0$$

$$R_x \to \infty: \quad U_d = +\frac{U_0}{2}.$$

Die Kennlinie verläuft also gekrümmt und die Empfindlichkeit dU_d/dR_x ist auch in der Nähe des Arbeitspunktes $R_x = R$ nicht konstant. Die Höhe der Diagonalspannung kann aber immer als Maß für die Verstimmung der Brücke genommen werden. Sie ist nicht nur von der Größe der Widerstände, sondern auch von ihrer Anordnung abhängig, wie in dem folgenden Abschnitt gezeigt wird.

Brücke, mit einer konstanten Spannung gespeist

Ausgegangen wird von der mit einer konstanten Spannung gespeisten Brücke, die zunächst vier gleiche Widerstände R_0 enthält. Für die in Bild 3.11 gezeichneten Konfigurationen wird dann die Größe der betreffenden Widerstände um ΔR verändert und die sich einstellende Diagonalspannung wird berechnet. Die verschiedenen Anordnungen werden dabei als Viertel-, Halb- oder Vollbrücke bezeichnet, je nachdem, ob 1 Widerstand, ob 2 oder alle 4 Widerstände variabel sind.

		U_0- gespeist	I_0- gespeist
a	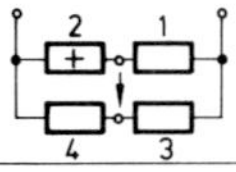	$U_d \approx + \frac{U_0}{4}\frac{\Delta R}{R_0}$	$U_d \approx \frac{I_0}{4}\Delta R$
b	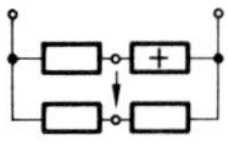	$U_d \approx - \frac{U_0}{4}\frac{\Delta R}{R_0}$	$U_d \approx - \frac{I_0}{4}\Delta R$
c	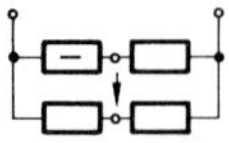	$U_d \approx - \frac{U_0}{4}\frac{\Delta R}{R_0}$	$U_d \approx - \frac{I_0}{4}\Delta R$
d	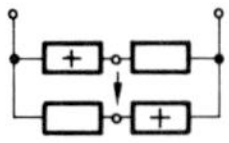	$U_d \approx \frac{U_0}{2}\frac{\Delta R}{R_0}$	$U_d = \frac{I_0}{2}\Delta R$
e	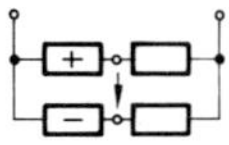	$U_d \approx \frac{U_0}{2}\frac{\Delta R}{R_0}$	$U_d = \frac{I_0}{2}\Delta R$
f	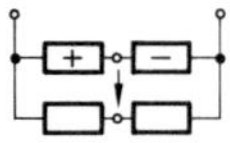	$U_d = \frac{U_0}{2}\frac{\Delta R}{R_0}$	$U_d = \frac{I_0}{2}\Delta R$
g	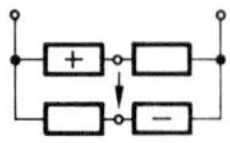	$U_d \approx - \frac{U_0}{4}\left(\frac{\Delta R}{R_0}\right)^2$	$U_d = - \frac{I_0}{4}\frac{\Delta R}{R_0}\Delta R$
h	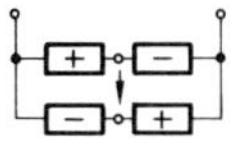	$U_d = U_0 \frac{\Delta R}{R_0}$	$U_d = I_0 \Delta R$

Bild 3.11: Diagonalspannung U_d für verschiedene Brückenanordnungen. Die nicht bezeichneten Widerstände haben den Wert R_0; die mit + gekennzeichneten den Wert $R_0 + \Delta R$ und die mit − markierten den Wert $R_0 - \Delta R$

Für die Brücke von Zeile a mit $R_1 = R_3 = R_4 = R_0$ und $R_2 = R_0 + \Delta R$ ergibt sich aus Gl. (3.14) U_d zu

$$U_d = U_0 \frac{(R_0 + \Delta R) R_0 - R_0 R_0}{(2 R_0 + \Delta R) 2 R_0} = U_0 \frac{\Delta R}{4 R_0 + 2 \Delta R}. \tag{3.21}$$

Hier kann im Nenner bei kleinen Widerstandsänderungen ΔR gegenüber R_0 vernachlässigt werden, womit die Gleichung übergeht in

$$U_d \approx \frac{U_0}{4} \frac{\Delta R}{R_0}. \tag{3.22}$$

Die Diagonalspannung ist also nicht exakt, sondern nur angenähert der auf den Anfangswiderstand R_0 bezogenen Widerstandsänderung ΔR propoertional. (Bei der Anwendung der Brückenschaltungen wird dann diese Nichtlinearität vernachlässigt und die Formel (3.22) wird mit dem Gleichheitszeichen geschrieben.) Auf dieselbe Weise wurden die übrigen in Bild 3.11 zusammengestellten Ergebnisse berechnet. Wird wie im Fall b ein Widerstand auf der rechten Seite um $+\Delta R$ erhöht, so ist die entstehende Diagonalspannung negativ und entspricht der, die sich einstellt, wenn ein Widerstand auf der linken Seite um ΔR verringert wird (Fall c). Werden in einer Brückendiagonalen zwei Widerstände um ΔR erhöht (Fall d), so ist die entstehende Diagonalspannung doppelt so groß wie bei der Viertelbrücke.

Weitere Halbbrücken sind in den Anordnungen e, f und g dargestellt. Wird nur der Zähler der Gl. (3.14) berücksichtigt, so sollten die Schaltungen e und f dasselbe Ergebnis liefern. Die Anordnung nach f ist aber besser. Da hier im Nenner keine Vernachlässigungen notwendig werden, ist die Ausgangsspannung exakt linear proportional zu $\Delta R/R_0$. Entgegengesetzte Widerstandsänderungen in den beiden Brückendiagonalen führen zu einer linearen Abhängigkeit der Diagonalspannung von der Widerstandsänderung. Auf diese Eigenschaft der mit Differentialaufnehmern bestückten Halbbrücke wird in Abschnitt 3.13.3 noch einmal besonders eingegangen.

Die Brücke g ist in beiden Brückenzweigen gleichsinnig verstimmt, so daß in erster Näherung die Diagonalspannung null erwartet wird. Im Zähler der Brückengleichung bleibt aber noch der Term $-(\Delta R)^2$ übrig. Die Diagonalspannung hängt von dem Quadrat der auf R_0 bezogenen Widerstandsänderung ab.

Die Anordnung h zeigt eine aus vier variablen Widerständen aufgebaute Vollbrücke mit der vierfachen Empfindlichkeit einer Viertelbrücke. Die Diagonalspannung steigt exakt mit $\Delta R/R_0$.

Brücke, mit einem konstanten Strom gespeist

Die Brücken werden entweder mit einer konstanten Spannung oder mit einem konstanten Strom gespeist. Im zweiten Fall fließt der Konstantstrom I_0 in die Parallelschaltung von (R_1+R_2) mit (R_3+R_4) (Bild 3.12) und führt zu einem Spannungsabfall $U_0(I_0)$ von

$$U_0 = I_0([(R_1 + R_2)\|(R_3 + R_4)] = I_0 \frac{(R_1 + R_2)(R_3 + R_4)}{R_1 + R_2 + R_3 + R_4}. \tag{3.23}$$

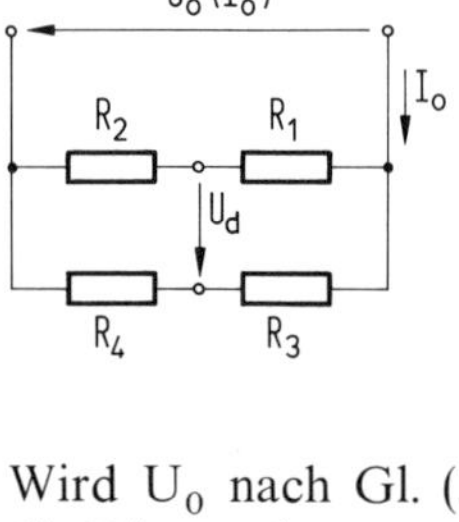

Bild 3.12: Der Speisestrom I_0 führt an der Brücke zu dem Spannungsabfall $U_0(I_0)$

Wird U_0 nach Gl. (3.23) in die Brückengleichung (3.14) eingesetzt, ergibt sich die Diagonalspannung U_d der stromgespeisten Brücke zu

$$U_d = I_0 \frac{(R_1 + R_2)(R_3 + R_4)}{R_1 + R_2 + R_3 + R_4} \frac{R_2 R_3 - R_1 R_4}{(R_1 + R_2)(R_3 + R_4)}$$

$$= I_0 \frac{R_2 R_3 - R_1 R_4}{R_1 + R_2 + R_3 + R_4}. \qquad (3.24)$$

Sie ist proportional dem Speisestrom I_0. Der Zähler der Gl. (3.24) ist derselbe wie bei der spannungsgespeisten Brücke (3.14). Im Nenner steht jetzt aber die Summe der Brückenwiderstände.

Werden nun für die stromgespeisten Brücken nach Bild 3.11 die Diagonalspannungen berechnet, so zeigt sich, daß diese nicht mehr von $\Delta R/R_0$, sondern von ΔR allein abhängen. Das ist in den Fällen ein Vorteil, in denen hochohmige Aufnehmer verwendet werden können. Darüber hinaus sind neben der Anordnung f jetzt auch schon die Schaltungen e und g streng linear.

Ersatzschaltbild für die belastete Brücke

Bei den bisherigen Betrachtungen wurde immer unterstellt, daß die Diagonalspannung ideal, d.h. ohne Stromentnahme gemessen wird. Im folgenden wird nun angenommen, daß über das Meßgerät mit dem endlichen Widerstand R_M der Strom I_M in der Brückendiagonalen fließt (Bild 3.13). Um diesen Strom zu berechnen, wird die Brückenschaltung durch eine Ersatzspannungsquelle mit der Leerlaufspannung U_q und dem Innenwiderstand R_i beschrieben. Die Aufgabe entsteht, diese beiden Größen zu bestimmen.

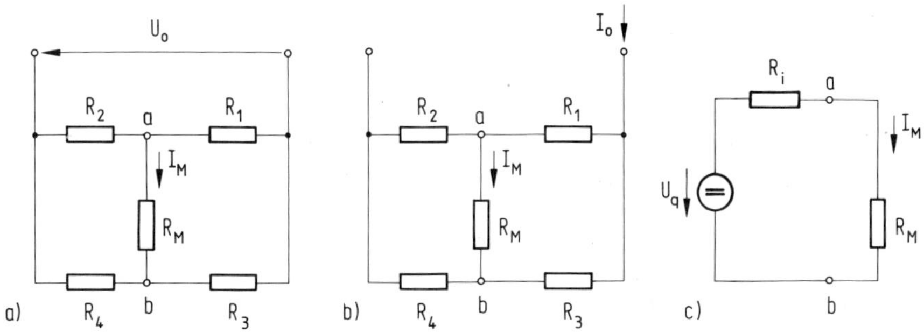

Bild 3.13: Ersatzschaltbild (c) für die spannungsgespeiste (a) und stromgespeiste (b) Brücke bei Belastung

Spannungsgespeiste Brücke. Die Leerlaufspannung der Ersatzspannungsquelle ist gleich der Leerlaufspannung der Brücke, d.h. gleich der schon bekannten Diagonalspannung U_d

$$U_q = U_d = U_0 \frac{R_2 R_3 - R_1 R_4}{(R_1 + R_2)(R_3 + R_4)}. \qquad (3.14)$$

Der Innenwiderstand R_i der Ersatzspannungsquelle wird erhalten, indem bei kurzgeschlossener Konstantspannungsquelle von den Punkten a und b aus der

Widerstand der Schaltung bestimmt wird. Auf diese Weise ergibt sich

$$R_i = (R_1 \| R_2) + (R_3 \| R_4). \tag{3.25}$$

Damit sind die Größen der Ersatzspannungsquelle bestimmt. Der Strom I_M in der Brückendiagonalen errechnet sich zu

$$I_M = \frac{U_d}{R_i + R_M}. \tag{3.26}$$

Infolge des Spannungsabfalls an R_i steht an den Klemmen a und b nicht mehr die gesamte Leerlaufspannung U_d zur Verfügung.

Stromgespeiste Brücke. Die Vorgehensweise ist dieselbe. Die Leerlaufspannung U_q der Ersatzspannungsquelle ist gleich der Brückendiagonalspannung

$$U_q = U_d = I_0 \frac{R_2 R_3 - R_1 R_4}{R_1 + R_2 + R_3 + R_4}. \tag{3.24}$$

Die Berechnung des Innenwiderstandes erfolgt, indem die Stromquelle als unterbrochen angenommen wird. Daraus errechnet sich R_i zu

$$R_i = (R_2 + R_4) \| (R_1 + R_3) \tag{3.27}$$

und der in der Diagonalen fließende Strom I_M läßt sich wieder mit Gl. (3.26) bestimmen.

Kompensation des Zuleitungswiderstandes

In der industriellen Praxis ist häufig ein Widerstandsaufnehmer über mehr oder weniger lange Zuleitungen mit der Brückenschaltung verbunden (Bild 3.14). In diesem Fall beeinflussen die Widerstände R_L der Zuleitungen das Brückengleichgewicht. Hier ist zunächst ein definierter Leitungswiderstand unabhängig von der Länge der Zuleitungen dadurch zu erreichen, daß bei kurzgeschlossenem Aufnehmer R_2 mit Hilfe des Abgleichwiderstandes R_{ab} ein bestimmter Widerstandswert (z.B. 10 oder 20 Ω) im linken oberen Brückenzweig eingestellt wird. Dieser Wert addiert sich zu dem Widerstand des Aufnehmers. Die übrigen Brückenwiderstände werden dann so dimensioniert, daß bei einem bestimmten Wert von R_2 die Brücke abgeglichen ist. Von diesem Arbeitspunkt ausgehend werden Änderungen von R_2 durch Messen der Diagonalspannung erfaßt. Ändert sich nun infolge von Temperaturwechseln der Widerstand R_L der Zuleitungen, so verstimmt sich die Brücke und täuscht eine Änderung des Aufnehmerwiderstands R_2 vor.

Dieser Fehler wird vermieden, wenn wie in Bild 3.14b der Punkt a der Brückendiagonalen an den Ort des Aufnehmers gelegt wird und der Anschluß über drei Zuleitungen erfolgt. Jeder Brückenzweig enthält dann einen eigenen Abgleichwiderstand. Die Leitungswiderstände in den Brückenzweigen ändern sich in derselben Weise und kompensieren sich insoweit, als sie nur noch den

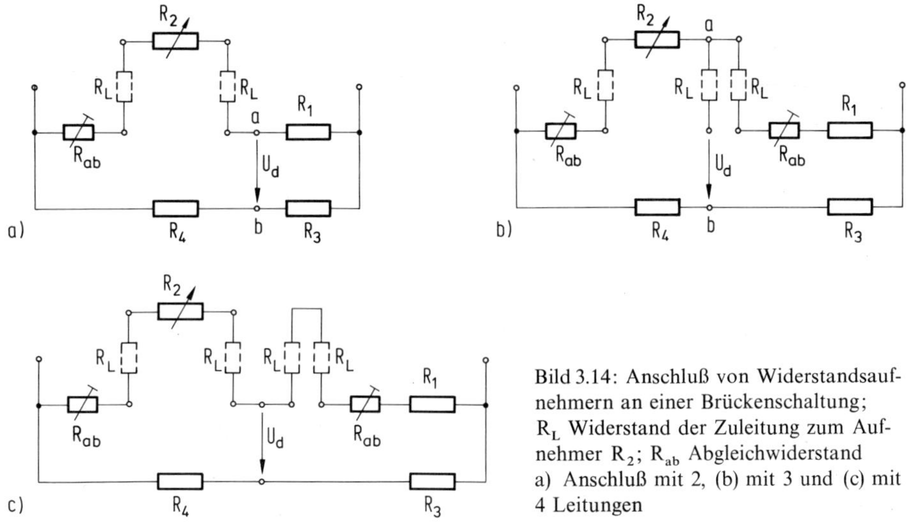

Bild 3.14: Anschluß von Widerstandsaufnehmern an einer Brückenschaltung; R_L Widerstand der Zuleitung zum Aufnehmer R_2; R_{ab} Abgleichwiderstand
a) Anschluß mit 2, (b) mit 3 und (c) mit 4 Leitungen

Nenner von Gl. (3.14) beeinflussen, sich im Zähler aber gegenseitig aufheben. Der Leitungswiderstand in der Brückendiagonalen selbst spielt keine Rolle, solange die Brücke nicht belastet wird.

Trifft diese Voraussetzung nicht zu, so ist die längere Leitung in der Diagonalen zu vermeiden und vier Leitungen sind zu dem Aufnehmer zu führen (Bild 3.14c). Die oberen Brückenzweige sind hinsichtlich der Zuleitungen symmetrisch ausgeführt und Änderungen der Leitungswiderstände bleiben ohne Einfluß.

Meßstellenumschaltung

Häufig werden mehrere Widerstandsaufnehmer für eine Meßaufgabe benötigt und es entsteht die Frage, wie am besten der Aufwand an Meßgeräten minimiert werden kann. Die zunächst naheliegende Lösung, eine einzige Brückenschaltung zu verwenden und die Widerstandsaufnehmer über Schalter nachein-

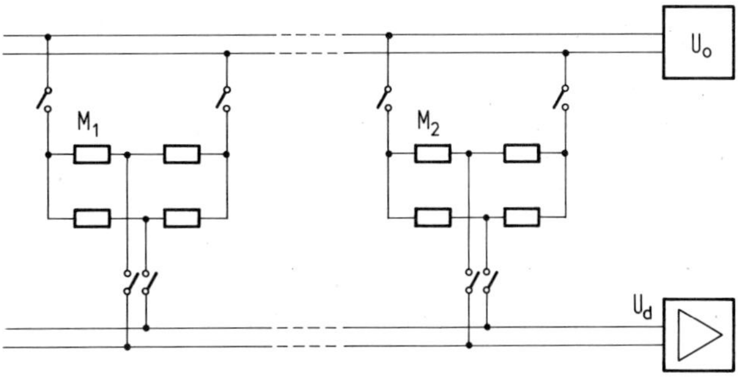

Bild 3.15: Umschaltung des den beiden Brücken gemeinsamen Netzgeräts und des Verstärkers

ander in die Brücke zu legen, ist wegen der nicht reproduzierbaren Übergangswiderstände meistens nicht zulässig. Diese liegen häufig in der gleichen Größenordnung wie die Widerstandsänderungen der Meßaufnehmer. Um die Übergangswiderstände zu vermeiden, sind für die Aufnehmer eigene Brücken aufzubauen. Diese können dann ohne Verringerung der Meßgenauigkeit nacheinander von derselben umschaltbaren Spannungsquelle versorgt werden (Bild 3.15). Im gleichen Takt lassen sich auch die Diagonalspannungen mit einem umschaltbaren Verstärker messen, ohne daß die Kontaktübergangswiderstände in Reihe mit dessen hochohmigen Eingang stören würden.

Nullpunktunterdrückung und Kompensation unerwünschter Einflüsse

Zum Schluß dieses Abschnitts sei noch einmal daran erinnert, daß die Brücke eine Meßeinrichtung mit Parallelstruktur ist. Einflüsse, die auf beiden Seiten der Brücke gleichsinnig wirksam werden, heben sich gegenseitig auf. Diese *Gleichtaktunterdrückung* ist für die Verarbeitung des von einem Widerstandsaufnehmer gelieferten Signals besonders wertvoll. Der Widerstand eines Aufnehmers hat ja bei Beginn des Meßbereichs schon einen bestimmten Wert R_0, der durch den zu messenden Effekt auf $R_0 + \Delta R$ ansteigt (Bild 3.16). Liegt der Aufnehmer in einer Brücke mit Festwiderständen der Größe R_0, so wird der Anfangswiderstand R_0 kompensiert. Die Diagonalspannung U_d ist bei der stromgespeisten Brücke direkt proportional der Widerstandsänderung ΔR, bei der spannungsgespeisten Brücke proportional zur relativen Widerstandsänderung $\Delta R/R_0$.

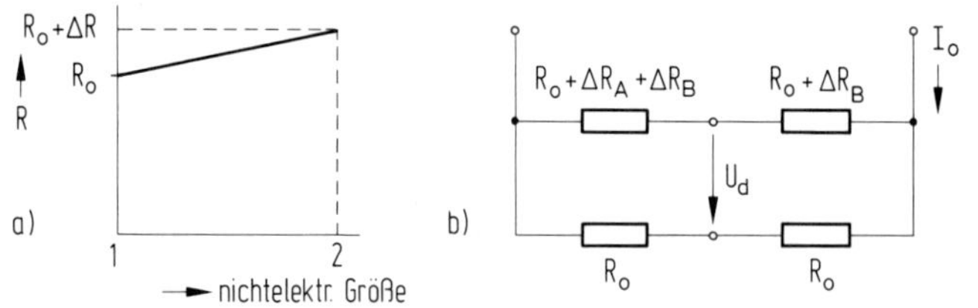

Bild 3.16: Nullpunktsunterdrückung und Kompensation unerwünschter Einflüsse bei der Messung mit Widerstandsaufnehmern
a) Kennlinie mit Beginn des Meßbereichs (1) und Ende des Meßbereichs (2)
b) Brückenschaltung mit den Widerständen $R_1 = R_0 + \Delta R_B$ und $R_2 = R_0 + \Delta R_A + \Delta R_B$

Wie bei der Messung von Widerstandsdifferenzen mit zwei Konstantstromquellen kompensieren sich die Widerstandsänderungen, die auf beiden Seiten einer Brücke erfolgen. Die in Bild 3.16b gezeigte Schaltung enthält die Aufnehmer R_1 und R_2. Der Widerstand von R_2 erhöht sich infolge einer Einflußgröße A um ΔR_A und infolge einer Störgröße B um ΔR_B. Der Aufnehmer R_1 ist nur der Störgröße B ausgesetzt ($R_1 = R_0 + \Delta R_B$). Die stromgespeiste Brücke z.B. liefert die Diagonalspannung U_d

$$U_d = I_0 \frac{R_0(R_0 + \Delta R_A + \Delta R_B) - R_0(R_0 + \Delta R_B)}{4R_0 + 2\Delta R_A + \Delta R_B}$$

$$= I_0 \frac{R_0 \Delta R_A}{4R_0 + \Delta R_A + 2\Delta R_B} \approx \frac{I_0}{4} \Delta R_A. \qquad (3.28)$$

Sie hängt nur von der Einflußgröße A ab, die sich damit spezifisch ohne Störung durch die Einflußgröße B erfassen läßt.

3.4 Verstärker für Brückenschaltungen

3.4.1 Subtrahierer mit invertierendem Verstärker

Die Brückendiagonalspannung U_d entsteht als Differenz der ungefähr gleich großen Teilspannungen U_1 und U_2

$$U_d = U_1 - U_2.$$

Zur Bildung und Verstärkung dieser Differenz bietet sich zunächst der Subtrahierverstärker an (Bild 3.17). Er liefert nach Gl. (2.180) die Ausgangsspannung

$$U_a = -\frac{R_5}{R_4}(U_1 - U_2).$$

Wird dieser Verstärker an die im Bild gezeigte Brücke angeschlossen, so wird die Diagonalspannung um den Faktor R_5/R_4 verstärkt,

$$U_a = -\frac{R_5}{R_4} U_d \approx -\frac{R_5}{R_4}\frac{U_0}{4R_0}\Delta R. \qquad (3.30)$$

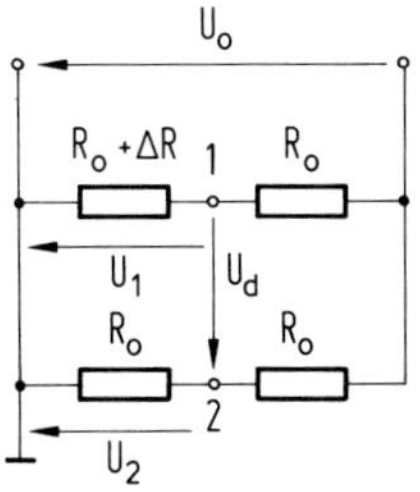

Bild 3.17: Brücke mit der Diagonalspannung $U_d = U_1 - U_2$

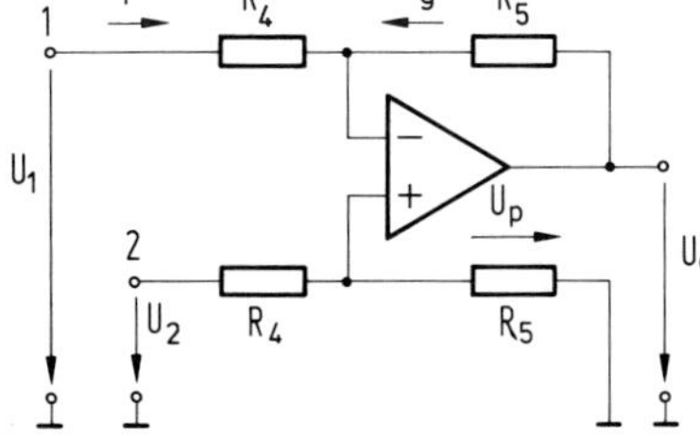

Bild 3.18: Subtrahierer zur Verstärkung der Diagonalspannung

Diese Kombination aus Brücke und invertierendem Verstärker ist nur für niederohmige Aufnehmer geeignet. Die Widerstände R_4 und R_5 verstimmen die Brücke und der in der Brückendiagonalen fließende Strom kann die Nichtlinearität vergrößern. Solange nur eine Nullpunktsunterdrückung um den Wert

R_0 erforderlich ist, könnte der Operationsverstärker von Bild 3.5a benützt werden. Diese Schaltung hätte den Vorteil, nicht soviele eng tolerierte Widerstände zu benötigen wie die von Bild 3.17.

3.4.2 Subtrahierer mit Elektrometerverstärker

Für die Verstärkung der Diagonalspannungen aus hochohmigen Brücken ist die Schaltung nach Bild 3.17 nicht geeignet. Um die Brücke nicht zu verstimmen, müssen die Teilspannungen U_1 und U_2 leistungslos gemessen werden. Dies gelingt mit der in Bild 3.19 gezeigten Schaltung. Die beiden Elektrometerverstärker V1 und V2 verstärken rückwirkungsfrei die Eingangsspannungen auf U_{1a} und U_{2a} und deren Differenz wird dann in dem schon bekannten Subtrahierer V3 gebildet.

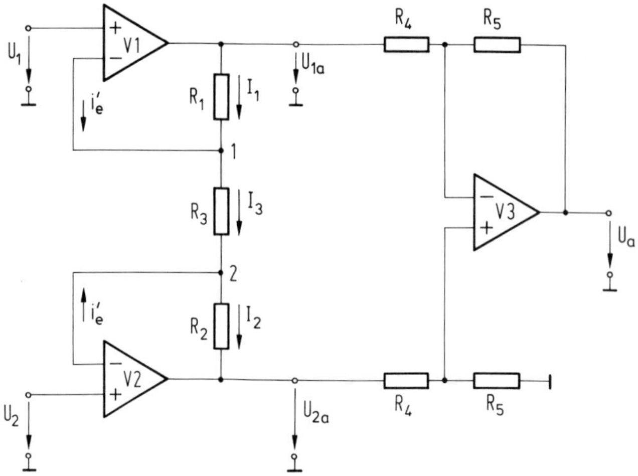

Bild 3.19: Subtrahierer mit Elektrometerverstärkern

Die Verstärker V1 bis V3 werden als ideal mit $u_e' = 0$, $i_e' = 0$ vorausgesetzt. Um zunächst die Ausgangsspannungen U_{1a} und U_{2a} zu ermitteln, werden die folgenden Maschengleichungen aufgestellt und nach den Strömen aufgelöst:

$$-U_1 - I_1 R_1 + U_{1a} = 0 \qquad I_1 = \frac{U_{1a} - U_1}{R_1} \tag{3.37}$$

$$-U_2 + I_2 R_2 + U_{2a} = 0 \qquad I_2 = \frac{U_2 - U_{2a}}{R_2} \tag{3.38}$$

$$-U_1 + I_3 R_3 + U_2 = 0 \qquad I_3 = \frac{U_1 - U_2}{R_3}. \tag{3.39}$$

Die Gleichungen für die Knotenpunkte 1 und 2 liefern

$$I_1 - I_3 = 0; \qquad I_3 - I_2 = 0$$

woraus

$$I_1 = I_2 = I_3 \tag{3.40}$$

folgt. Mit der Kenntnis von (3.40) ergibt sich aus (3.37) und (3.39)

$$U_{1a} = \left(1 + \frac{R_1}{R_3}\right) U_1 - \frac{R_1}{R_3} U_2 \tag{3.41}$$

und aus den Gl. (3.38) und (3.39)

$$U_{2a} = \left(1 + \frac{R_2}{R_3}\right) U_2 - \frac{R_2}{R_3} U_1. \tag{3.42}$$

Für die symmetrisch mit $R_1 = R_2$ aufgebaute Schaltung wird

$$U_{1a} - U_{2a} = \left(1 + \frac{2 R_1}{R_3}\right)(U_1 - U_2). \tag{3.43}$$

Die Widerstände R_1 und R_3 bestimmen also den Verstärkungsfaktor, gehen aber nicht in die Differenz $U_1 - U_2$ ein. Driften diese Widerstände, so ändert sich die Steigung der Kennlinie. Der Nullpunkt bleibt unbeeinflußt. Für $R_3 \to \infty$ arbeitet der Verstärker als Spannungsfolger mit $U_{1a} = U_1$ und $U_{2a} = U_2$.

Die Differenz $U_{1a} - U_{2a}$ wird in dem Subtrahierer V3 verstärkt. Nach Gl. (2.180) ist dessen Ausgangsspannung U_a,

$$U_a = -\frac{R_5}{R_4}(U_{1a} - U_{2a}) = -\frac{R_5}{R_4}\left(1 + \frac{2 R_1}{R_3}\right)(U_1 - U_2). \tag{3.44}$$

Einfluß der Eingangsströme und der Offsetspannungen. Bei Spannungsverstärkern ist die Wirkung der Eingangsströme im allgemeinen gegenüber der Offsetspannung zu vernachlässigen (Abschnitt 2.5.6). Aus diesem Grund sind in Bild 3.20 bei den Elektrometer-Verstärkern die Eingangsströme nicht gezeichnet. Die des Subtrahierers V3 kompensieren sich weitgehend (Gl. (2.206)) und werden deshalb im folgenden auch nicht weiter betrachtet.

Die Offsetspannungen $U_{os\,1}$ und $U_{os\,2}$ an den Elektrometer-Verstärkern werden wie die Nutzspannungen verstärkt und führen zu der Ausgangsspannung

$$U_a(U_{os\,1}, U_{os\,2}) = -\frac{R_5}{R_4}\left(1 + \frac{2 R_1}{R_3}\right)(U_{os\,1} - U_{os\,2}). \tag{3.45}$$

Die Offsetspannung $U_{os\,3}$ des Verstärkers V3 liefert nach Gl. (2.207)

$$U_a(U_{os\,3}) = \left(1 + \frac{R_5}{R_4}\right) U_{os\,3},$$

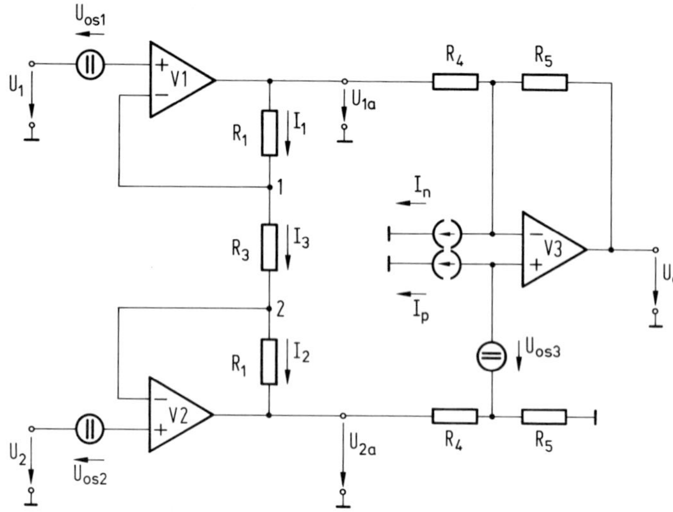

Bild 3.20: Offsetspannungen (U_{os}) und Offsetströme (I_n, I_p) bei dem Subtrahierer mit Elektrometerverstärkern

so daß insgesamt die Ausgangsspannung

$$U_a(U_{os}) = -\frac{R_5}{R_4}\left(1 + \frac{2R_1}{R_3}\right)(U_{os\,1} - U_{os\,2}) + \left(1 + \frac{R_5}{R_4}\right)U_{os\,3} \quad (3.46)$$

entsteht.

Instrumentierungsverstärker. Der Subtrahierer mit Elektrometer-Verstärker ist als integrierter Schaltkreis erhältlich („Instrumentierungsverstärker"). Die drei Verstärker dieses IC sind weitgehend gleich aufgebaut und sind denselben Umgebungs- und Temperaturbedingungen ausgesetzt. Die Offsetgrößen werden sich daher nach dem Abgleich nur gleichsinnig ändern. Die Offsetspannungen der Elektrometer-Verstärker V 1 und V 2 gehen als Differenz in das Gesamtergebnis ein und werden sich so weitgehend kompensieren. Damit kann nur noch die Offsetspannung des Verstärkers V 3 zu einem Fehler führen. Um ihn gering zu halten, ist die Verstärkung von V 3 (R_5/R_4) klein und die der Elektrometer-Verstärker ($1+2R_1/R_3$) möglichst groß zu wählen. Dieses ist durch eine geeignete Dimensionierung der Widerstände leicht möglich.

3.4.3 Trägerfrequenz-Brücke und -Meßverstärker

Das Auflösungsvermögen der bis jetzt besprochenen, mit Gleichspannung oder Gleichstrom versorgten Brückenschaltungen wird durch die Offsetdriften des Meßverstärkers und durch evtl. Thermospannungen, hervorgerufen durch unterschiedliche Materialien und Temperaturen an den Anschlußpunkten, begrenzt. Offset- und Thermospannungen sind Gleichgrößen, die von einem

Wechselspannungsverstärker nicht übertragen werden. Eine Störung durch diese Gleichgrößen kann vermieden und das Auflösungsvermögen kann verbessert werden, wenn auf eine mit einer Wechselspannung gespeiste Brücke und eine Wechselspannungsmessung übergegangen wird.

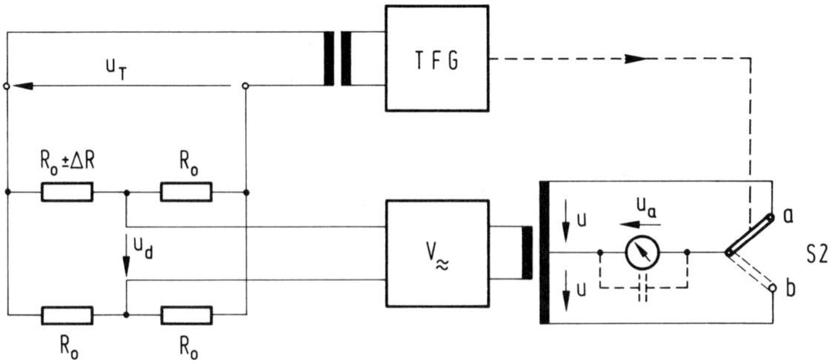

Bild 3.21: Trägerfrequenzmeßbrücke; TFG Trägerfrequenzgenerator, $V_{\approx}$ Wechselspannungsverstärker, S2 gesteuerter Umschalter als Demodulator

Die in Bild 3.21 gezeigte Brückenschaltung enthält vier gleiche Widerstände R_0, von denen einer im Verlauf der Untersuchungen um $\pm \Delta R$ geändert werden soll. An der Brücke liegt die Wechselspannung $u_T = \hat{u}_T \sin \omega_0 t$. Wird die Brücke um $+\Delta R$ verstimmt, so entsteht die Diagonalspannung u_d

$$u_d = \frac{\hat{u}_T \sin \omega_0 t}{4 R_0} \Delta R. \tag{3.47}$$

Die Speisespannung läßt sich als Trägerspannung auffassen, die durch die Widerstandsänderung ΔR moduliert wird. Nimmt der veränderliche Widerstand auf $R_0 - \Delta R$ ab (2. Zeile von Bild 3.22), so wird die Diagonalspannung u_d

$$u_d = \frac{\hat{u}_T}{4} \sin \omega_0 t \, \frac{(-\Delta R)}{R_0} = - \frac{\hat{u}_T \sin \omega_0 t}{4 R_0} \Delta R.$$

Das Minuszeichen im letzten Ausdruck bedeutet eine Phasenverschiebung zwischen der Diagonalspannung und der Trägerspannung um 180°. Immer dann, wenn sich das Vorzeichen der Brückenverstimmung ändert, springt die Phase der Diagonalspannung um π (3. Zeile von Bild 3.22).

Der Wechselspannungsverstärker vervielfacht diese Diagonalspannung. Seine Ausgangsspannung muß gleichgerichtet werden, um die die Brücke verstimmende Widerstandsänderung erkennen zu können. Würde dies mit Hilfe eines Doppelweggleichrichters versucht, so wäre in der gleichgerichteten Verstärkerausgangsspannung die Höhe der Widerstandsänderung, nicht aber das Vorzeichen erkennbar. Damit wäre die Brücke nur für Meßaufgaben verwendbar, bei denen sich ΔR nur in einer Richtung ändern kann.

Die Messung von positiven und negativen Widerstandsänderungen wird durch den im Abschnitt 2.5.7 schon beschriebenen gesteuerten Gleichrichter möglich.

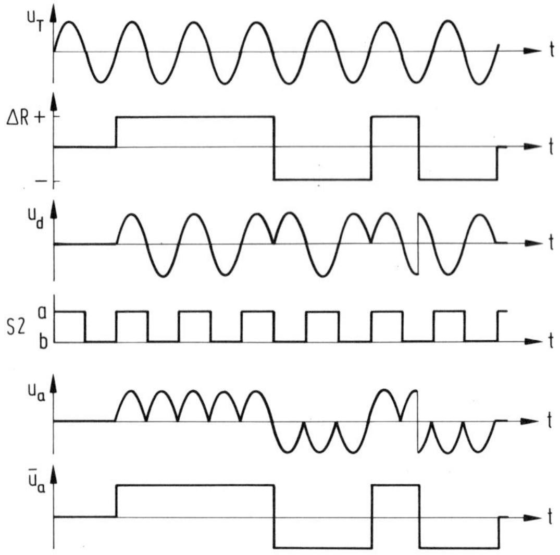

Bild 3.22: Signalverlauf bei der Trägerfrequenzmeßbrücke

Mit dieser phasenrichtigen Gleichrichtung ergibt sich für die Widerstandsänderungen unseres Beispiels die in der letzten Zeile von Bild 3.22 dargestellte Ausgangsspannung. Die Einhüllende dieser geglätteten Spannung ist ein eindeutiges Maß für die Widerstandsänderung ΔR und läßt auch deren Vorzeichen sicher erkennen.

In manchen Anwendungsfällen wie z.B. bei dynamischen Messungen ändert sich der interessierende Widerstand R mit

$$R = R_0 + \Delta R \sin \omega_1 t.$$

In diesem Fall ergibt sich die Diagonalspannung u_d zu

$$u_d = \frac{\hat{u}_T}{4} \frac{\Delta R}{R_0} \sin \omega_0 t \sin \omega_1 t. \tag{3.48}$$

Das in der letzten Gleichung stehende Produkt der beiden trigonometrischen Funktionen läßt sich nach dem Additionstheorem umformen in

$$u_d = \frac{\hat{u}_T}{4} \frac{\Delta R}{R_0} \frac{1}{2} [\cos(\omega_0 - \omega_1)t - \cos(\omega_0 + \omega_1)t]. \tag{3.49}$$

Durch die Amplitudenmodulation der Trägerspannung entstehen die beiden Seitenfrequenzen $\omega_0 - \omega_1$ und $\omega_0 + \omega_1$, die vom Verstärker mitverarbeitet werden müssen. Die Kreisfrequenz ω_0 der Trägerspannung soll dabei mindestens fünfmal so groß sein wie die der Meßspannung ω_1, $\omega_0 \geq 5\,\omega_1$, so daß der Verstärker mindestens ein $\pm 20\,\%$ breites Frequenzband um die Trägerfrequenz verarbeiten muß.

3.5 Widerstandsaufnehmer zur Längen- und Winkelmessung

Widerstandsaufnehmer (Widerstandsferngeber) werden zur Längen- und Winkelmessung verwendet. Sie bestehen jeweils aus einem Potentiometer, dessen Abgriff von der zu messenden Größe verstellt wird. Häufig werden drahtgewickelte Potentiometer verwendet. Deren Draht soll einen über seine Länge gleichbleibenden Widerstand mit einem nur geringen Temperaturkoeffizienten aufweisen, leicht zu verarbeiten und korrosionsbeständig sein. Diese Forderungen werden von einer Nickel-Kupfer-Legierung (Konstantan) und auch von einer Silber-Palladium-Legierung gut erfüllt. Als Schleifkontakt werden häufig Drahtbürsten aus einer Gold-Legierung benutzt. Der Übergangswiderstand zwischen Widerstandsdraht und Abgriff kann schon bei geringen Anpreßkäften niedriger als 0,5 Ω gehalten werden.

Die Ferngeber werden mit unterschiedlichen Widerstandswerten, die etwa zwischen 10^2 und $10^4\,\Omega$ liegen, ausgeführt. Der Zusammenhang zwischen der Stellung des Schleifkontakts und dem abgegriffenen Widerstand kann linear, logarithmisch oder auch nach einer anderen Funktion ausgeführt sein.

Der Endwert des Meßbereichs liegt bei Längenaufnehmern zwischen 1 cm und 200 cm, bei Winkelaufnehmern meistens bei 270° oder 360° und kann bei einem gewendelten Widerstandskörper mit mehreren Umdrehungen auch ein Vielfaches von 360° erreichen.

Der notwendige mechanische Abgriff des Widerstandswertes wirft in einigen Anwendungsfällen Probleme auf. Der Schleifkontakt kann den Widerstandsdraht beschädigen oder zerstören. Bei mechanischen Erschütterungen kann sich der Abgriff völlig vom Draht lösen. Diesen Nachteilen der Widerstandsferngeber steht ihre gute Empfindlichkeit gegenüber. Jede Längen- oder Winkeländerung führt zu einer relativ großen Widerstandsänderung. Da außerdem über den Ferngeber die für ein Anzeigegerät erforderlichen Ströme fließen dürfen, gestaltet sich die Messung des abgegriffenen Widerstandes sehr einfach.

3.6 Widerstands-Temperaturfühler

Häufiger als die im Abschnitt 2 vorgestellten Thermoelemente werden Widerstandsthermometer eingesetzt [2.22–2.24, 3.4]. Diese nutzen die Abhängigkeit des elektrischen Widerstandes von der Temperatur zu deren Messung aus. Temperaturmessungen sind oft erforderlich, da die physikalischen Eigenschaften der Stoffe wie auch die Ablaufgeschwindigkeiten der meisten Prozeßreaktionen temperaturabhängig sind. Darüber hinaus können über eine Messung der Temperatur auch die die Temperatur beeinflussenden Größen erfaßt werden.

3.6.1 Metall-Widerstandsthermometer

Wirkungsweise. In Metallen bilden die frei beweglichen Elektronen der äußersten Atomschale ein Elektronengas. Eine anliegende Spannung treibt die sich ungeordnet bewegenden Elektronen als Strom durch den Leiter. Mit steigender Temperatur stoßen dabei die Elektronen häufiger miteinander und mit den größere Schwingungen ausführenden Metallionen zusammen. Die Bewegung der Elektronen wird behindert; der ohmsche Widerstand des Metalls steigt.

Hat ein metallischer Leiter bei der Temperatur T_0 den Widerstand R_0, so nimmt er bei der Temperatur T den Widerstand R(T) nach der folgenden Beziehung an, in der α in K^{-1} und β in K^{-2} Materialkonstanten sind:

$$R(T) = R_0[1 + \alpha(T - T_0) + \beta(T - T_0)^2]. \tag{3.50}$$

Der Zahlenwert der Konstanten β ist ungefähr drei Zehnerpotenzen kleiner als der von α, so daß bei einem nicht zu großen Temperaturintervall der letzte Term der obigen Gleichung vernachlässigt werden darf. Wird weiterhin die Temperatur ϑ in Grad Celsius gemessen und werden 0 °C als Bezugstemperatur ϑ_0 gewählt, so geht die obige Gleichung über in

$$R(\vartheta) = R_0[1 + \alpha(\vartheta - \vartheta_0)] = R_0(1 + \alpha\,\vartheta). \tag{3.51}$$

Die Empfindlichkeit E des metallischen Leiters ist

$$E = \frac{dR}{d\vartheta} = R_0\alpha \quad \frac{\Omega}{K} \tag{3.52}$$

Aus ihr wird nach Division durch den Widerstand R_0 der Temperaturkoeffizient α erhalten:

$$\alpha = \frac{1}{R_0}\frac{dR}{d\vartheta} \quad K^{-1}. \tag{3.53}$$

Grundwerte. In der Technik werden vorwiegend Nickel- und Platinthermometer benutzt, die sich mit konstanten, reproduzierbaren Widerstandswerten herstellen lassen. Die Widerstandswerte sind genormt und betragen 100 Ω bei 0 °C

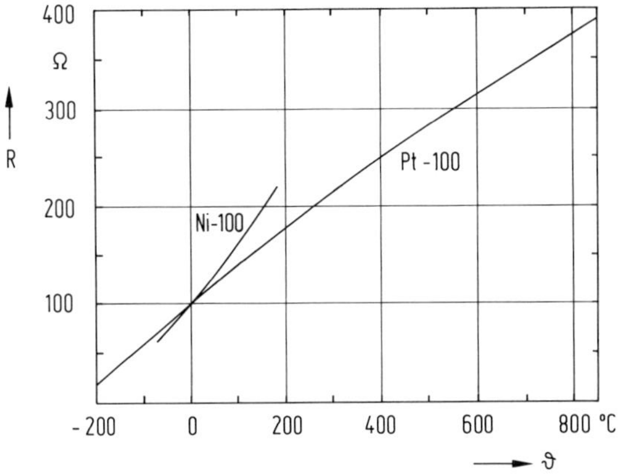

Bild 3.23: Kennlinien von Pt- und Ni-Meßwiderständen

(Bild 3.23, Tabelle 3.1). Nickel kann im Temperaturbereich von −60 °C bis +180 °C, Platin zwischen −200 °C und 850 °C eingesetzt werden. Für die Widerstandswerte in Abhängigkeit von der Temperatur gelten nach DIN 4367 die folgenden Zahlenwertgleichungen, wobei ϑ die Temperatur in °C und $R(\vartheta)$ den Widerstandswert in Ω bei der Temperatur ϑ °C bedeutet:

Für Pt 100 im Temperaturbereich von 0 °C bis 850 °C:

$$R(\vartheta) = 100(1 + 3{,}90802 \cdot 10^{-3}\,\vartheta - 0{,}580195 \cdot 10^{-6}\,\vartheta^2) \quad \Omega.$$

Für Pt 100 im Temperaturbereich von −200 °C bis 0 °C:

$$R(\vartheta) = 100[1 + 3{,}90802 \cdot 10^{-3}\,\vartheta - 0{,}580295 \cdot 10^{-6}\,\vartheta^2 - 4{,}27350 \cdot 10^{-12}(\vartheta - 100)\,\vartheta^3] \quad \Omega.$$

Für Ni 100 im Temperaturbereich von −60 °C bis 180 °C:

$$R(\vartheta) = 100 + 0{,}5485\,\vartheta + 0{,}665 \cdot 10^{-3}\,\vartheta^2 + 2{,}805 \cdot 10^{-9}\,\vartheta^4 \quad \Omega.$$

Für das Pt-Widerstandsthermometer sind zwei Genauigkeitsklassen A und B definiert, für das Ni-Thermometer eine. Die zulässigen Abweichungen sind durch die folgenden Zahlenwertgleichungen festgelegt:

Pt 100, Klasse A: Zulässige Abweichung: $\pm(0{,}15 + 0{,}002\,|\vartheta|)$ °C

Pt 100, Klasse B: Zulässige Abweichung: $\pm(0{,}3 + 0{,}005\,|\vartheta|)$ °C

Ni 100, zwischen 0 und 180 °C: Zulässige Abweichung:
$\pm(0{,}4 + 0{,}007\,|\vartheta|)$ °C

Ni 100, zwischen −60 °C und 0 °C: Zulässige Abweichung:
$\pm(0{,}4 + 0{,}028\,|\vartheta|)$ °C

Tabelle 3.1
Grundwerte der Meßwiderstände für Widerstandsthermometer nach DIN 43760
Mittlerer Temperaturkoeffizient im Bereich zwischen 0 und 100 °C;
Nickel: $\alpha = 0{,}00618\ K^{-1}$, Platin: $\alpha = 0{,}00385\ K^{-1}$

Temperatur in °C	Nickel			Platin
	Grundwert	zulässige Abweichung		Grundwert
	Ω	Ω	K	Ω
−200				18,49
−100				60,25
− 60	69,5	±1,0	±2,1	
0	100,0	±0,2	±0,4	100,00
100	161,8	±0,8	±1,1	138,50
180	223,2	±1,3	±1,5	
200				175,84
300				212,02
400				247,04
500				280,90
600				313,59
700				345,13

Draht-Meßwiderstände. Die Draht-Meßwiderstände werden in Form von dünnen Drähten verarbeitet, die auf einen Glas- oder Keramikkörper gewickelt werden (Bild 3.24a). Bei der Glasausführung erhält der gewickelte Draht eine Glasschutzschicht, in die er eingeschmolzen wird. Meßdraht und Glas bilden dann eine homogene Einheit. Bei den Keramikmeßeinsätzen sind die Platinwendeln in Kapillaren aus hochreinem Aluminiumoxyd spannungsfrei eingebettet und vor Umgebungseinflüssen geschützt. Die Glasausführung kann bis 500 °C, die Keramikausführung bis 850 °C eingesetzt werden. Mit Widerstandsthermometern lassen sich also keine so hohen Temperaturen wie mit Thermoelementen messen. Die Meßwiderstände können entweder direkt, d.h. ohne eine weitere Umhüllung zur Temperaturmessung verwendet oder auch, wie die Thermoelemente, in Tauchhülsen und Schutzrohre eingebaut werden.

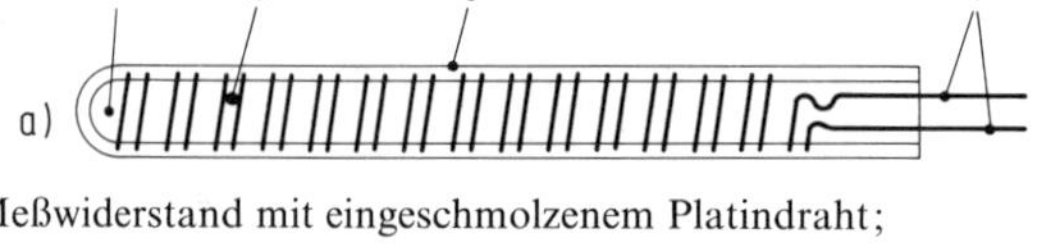

Bild 3.24a: Platin-Meßwiderstand mit eingeschmolzenem Platindraht;

1 Glas- oder Keramikkörper, 2 bifilar gewickelter Platindraht, 3 Glas- oder Keramiküberzug, 4 Anschlußdrähte

Bei einer Temperaturänderung muß zunächst das Schutzrohr die neue Temperatur annehmen, bevor diese auf das Rohr des Meßeinsatzes und dann auf den Träger mit dem Widerstandsdraht übergehen kann. Der Wärmeübergang hängt von der Ausführung der Armatur und von der Art des Mediums ab. Er ist in ruhenden Gasen sehr viel schlechter als in strömenden Flüssigkeiten. Bei Messungen in Wasser wird der neue Wert erst nach einigen zehn Sekunden, in Luft erst nach einigen Minuten erreicht.

Schichtwiderstände. Die Drahtwiderstände sind relativ aufwendig zu fertigen und die entsprechenden Kosten schlagen sich naturgemäß im Preis nieder. Für die Anwendung in Haushaltsgeräten oder Verbrauchsgütern sind sie zu teuer. Trotzdem besteht der Wunsch, die Genauigkeit, Stabilität und Reproduzierbarkeit der Metallwiderstände auch für einfachere Aufgaben nutzbar zu machen. Dies gelingt durch die Dünnschichttechnik. Hier lassen sich die Meßfühler in großen Stückzahlen, automatisiert, gut reproduzierbar und preisgünstig fertigen und erfüllen so die Voraussetzungen, die gemeinhin an „Sensoren" gestellt werden.

Bild 3.24b: Schichtwiderstände (Werkbild Degussa)

Die Platin- und Nickelschichten werden auf einen isolierenden Träger entweder aufgestäubt oder aufgedampft. In die zunächst flächenhafte Schicht wird mit Hilfe eines Laserstrahls eine mäanderförmige Struktur gebrannt. Anschließend ist dann der strukturierte Schichtwiderstand – wieder mit Hilfe eines Laserstrahls – auf den Normwert abzugleichen. Die Platin- und Nickel-Schichten werden noch mit einer Schutzschicht überzogen, um eine Verschmutzung oder eine Zerstörung durch Feuchtigkeit zu verhindern.

Zur praktischen Handhabung sind die Schichtwiderstände in kleine Gehäuse eingebaut, die den Einsatz auf gedruckten Schaltungen oder auch das Eingießen in Schutzhülsen ermöglichen. Generell sind die verwendeten Massen und Abmessungen kleiner als bei den Drahtwiderständen, wodurch ein besseres dynamisches Verhalten erreicht wird.

Meßschaltung. Zur Bestimmung des Draht- oder Schichtwiderstandes werden hauptsächlich

- die Messung mit Hilfe einer Konstantstromquelle,
- die Brückenschaltung mit automatischem Nullabgleich,
- die Ausschlag-Brücke oder auch
- der Relaxationsoszillator

verwendet.

Zur Widerstandsmessung ist immer eine Spannungs- oder Stromquelle erforderlich. Dabei ist darauf zu achten, daß der über den Widerstand fließende Strom diesen nicht erwärmt und den Meßwert verfälscht. In den Fällen, in denen die *Eigenerwärmung* zu groß ist, kann von der kontinuierlichen auf die diskontinuierliche Widerstandsmessung übergegangen werden. Bei diesem „gepulsten Betrieb" wird der Widerstandswert nur in bestimmten Zeitabständen ermittelt, wobei nur während der Dauer der Messung ein Strom über den Widerstand fließt. Damit ist im zeitlichen Mittel die thermische Belastung und die Eigenerwärmung entsprechend geringer.

Linearisierung. Die Gl. (3.50) und Bild 3.23 zeigen den nichtlinearen Zusammenhang zwischen der Temperatur und dem Widerstand. Bei Nickel-Thermometern ist der Koeffizient des quadratischen Gliedes positiv. Die Empfindlichkeit nimmt mit der Temperatur zu. Diese Nichtlinearität läßt sich auf Kosten der Empfindlichkeit verringern, indem dem Nickel-Thermometer ein temperaturunabhängiger Widerstand parallel geschaltet wird.

Beim Platin-Thermometer ist der Koeffizient des quadratischen Terms negativ. Die Empfindlichkeit nimmt mit zunehmender Temperatur ab. Hier sind aktive Schaltungen zur Korrektur der Nichtlinearität gebräuchlich.

Bei einer analogen Signalverarbeitung wird so vorgegangen, daß der über den Pt-Meßwiderstand fließende Strom i_{ges} – sei es bei einer Konstantstrommessung oder auch bei einem Einsatz in einer Brückenschaltung – nicht konstant gehalten, sondern in Abhängigkeit von der Temperatur ϑ vergrößert wird:

$$i_{ges} = I_0 + i(\vartheta).$$

Der temperaturabhängige Term $i(\vartheta)$ wird dann in Abhängigkeit von dem gemessenen Widerstand $R(\vartheta)$ quantitativ so gesteuert, daß der Spannungsabfall $R(\vartheta) \cdot i_{ges}$ eine lineare Funktion der Temperatur wird

$$R(\vartheta) \cdot i_{ges} = k \cdot \vartheta.$$

Bei der Verwendung eines Oszillators kann z.B. die Torzeit, die Zeit während der die Oszillatorschwingungen gezählt werden, in Abhängigkeit von der Frequenz (Temperatur) so geändert werden, daß ein linearer Zusammenhang zwischen Oszillatorfrequenz und Temperatur entsteht.

Immer häufiger wird aber die Meßwertverarbeitung mit Hilfe eines Mikroprozessors durchgeführt. Hier wird die Gl. (3.50) nach der Temperatur aufgelöst und aus dem gemessenen Widerstandswert wird direkt die Temperatur errechnet:

$$\vartheta = -\frac{\alpha}{2\beta} - \left[\left(\frac{\alpha}{2\beta}\right)^2 + \frac{1}{\beta}\frac{R(\vartheta) - R_0}{R_0}\right]^{1/2}.$$

Vergleich eines Widerstandsthermometers mit einem Thermoelement. Der Widerstand eines Nickel-Thermometers nimmt zwischen 0 und 100 °C um 61,8 Ω zu. Fließt über das Thermometer ein Strom von 10 mA, so führt die Widerstandsänderung zu einer Spannungsänderung von 10 mA · 61,8 Ω = 618 mV. Ein (Fe-Konst)-Thermoelement würde bei derselben Temperaturänderung eine Spannung von 5,37 mV liefern. Das Widerstandsthermometer als passiver Aufnehmer (der zu messende Widerstand wird nur gesteuert) ist mehr als hundertmal empfindlicher als der aktive Aufnehmer Thermoelement (die zu messende Spannung wird erzeugt). Als weiterer Vorteil ist die größere Genauigkeit des Widerstandsthermometers zu erwähnen. Bei 20 °C z.B. hat ein Thermoelement Typ K der Klasse 2 eine Unsicherheit von ±2,5 °C, ein Platin-Widerstandsthermometer der Klasse A jedoch nur eine Unsicherheit von ±0,19 °C. Bei 400 °C sind die entsprechenden Werte ±3 °C und ±0,95 °C. Das Widerstandsthermometer ist allerdings meistens erheblich träger als das Thermoelement. In Bereichen mit großen Temperaturgradienten können die beiden Aufnehmer unterschiedliche Werte anzeigen. Das Widerstandsthermometer liefert eine über die Ausdehnung des Meßeinsatzes gemittelte Temperatur, während das Thermoelement praktisch punktförmig mißt.

3.6.2 Heißleiter

Wirkungsweise. Bei Halbleitern sind die Valenzelektronen fester an die Atomkerne gebunden als bei Metallen. Die Zahl der freien Leitungsträger ist zunächst gering, nimmt aber mit steigender Temperatur zu. Es vergrößert sich die Eigenleitfähigkeit. Dadurch erniedrigt sich der elektrische Widerstand der Halbleiter. Dieser Effekt wird in speziellen, aus Oxiden von Schwermetallen oder Seltenen Erden gemischten und bei hohen Temperaturen gesinterten Bauelementen zur Temperaturmessung ausgenützt. Die kugel-, scheiben- oder zylinderförmig hergestellten Sensoren werden als NTC-Widerstände (Widerstände mit einem negativen Temperaturkoeffizienten), Heißleiter, Thermistoren oder Thernewids bezeichnet [3.5–3.7].

Für die Abhängigkeit des elektrischen Widerstandes R in Ω von der Temperatur T in K gilt näherungsweise die folgende Beziehung

$$R = R_0 e^{b\left(\frac{1}{T} - \frac{1}{T_0}\right)}. \tag{3.54}$$

b = Materialkonstante in K

R_0 = Widerstand bei der Temperatur T_0

Mit $K_0 = R_0 \cdot e^{-b/T_0}$ läßt sich (3.54) umformen in

$$R = R_0 e^{b/T} e^{-b/T_0} = K_0 e^{b/T}. \tag{3.55}$$

Daraus ergibt sich die Empfindlichkeit E zu

$$E = \frac{dR}{dT} = K_0 e^{b/T} \cdot \left(-\frac{b}{T^2}\right) = -\frac{b}{T^2} R \quad \frac{\Omega}{K}. \tag{3.56}$$

Mit steigender Temperatur werden die Widerstandsänderungen immer geringer und der Temperaturkoeffizient α ist

$$\alpha = \frac{1}{R}\frac{dR}{dT} = -\frac{b}{T^2} \quad K^{-1}. \tag{3.57}$$

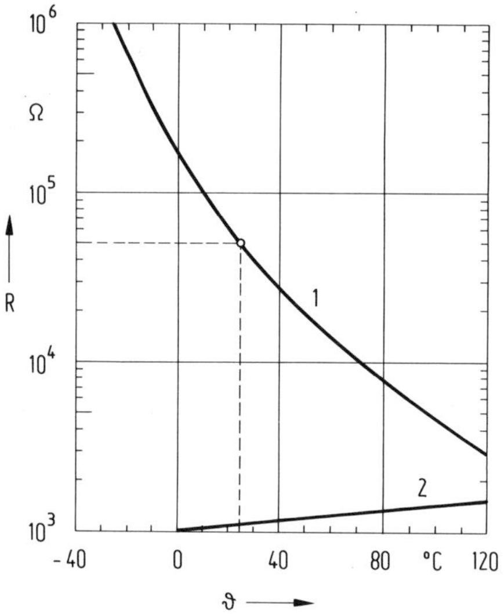

Bild 3.25: Widerstand eines Heißleiters 1 (Nennwiderstand 50 kΩ) und eines Platin-Widerstandsthermometers 2 (Nennwiderstand 1000 Ω) in Abhängigkeit von der Temperatur ϑ

Er hat bei Raumtemperatur den Betrag von etwa $4 \cdot 10^{-2}\,K^{-1}$ und ist damit 10mal größer als der von Platin (Bild 3.25).

In dem polykristallinen Heißleiterkörper laufen auch bei niedrigen Temperaturen Reaktionen ab, die eine Änderung des Widerstands bewirken. Um diese Änderungen, die mit der Zeit abklingen, gering zu halten, werden die Heißleiter künstlich gealtert. Die Langzeitstabilität wird dadurch soweit verbessert, daß bei den Präzisionsheißleitern die sporadischen Widerstandsänderungen innerhalb von 10000 Betriebsstunden weniger als 0,3 % betragen.

U (I)-Kennlinie. Wird durch den Heißleiter ein Strom geschickt und der zugehörige Spannungsabfall gemessen (Bild 3.26), so wird zunächst eine strenge

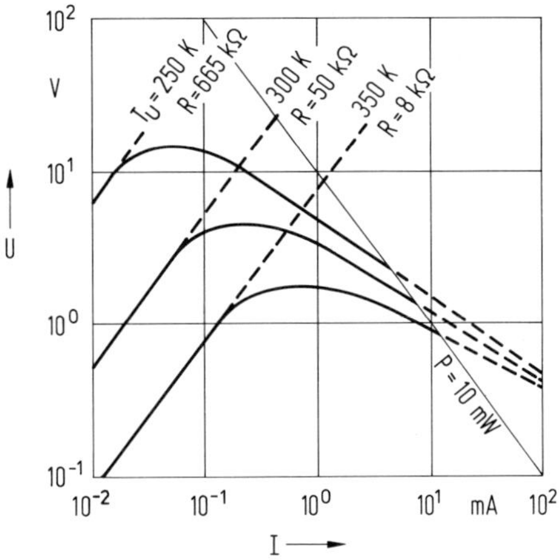

Bild 3.26: Spannungsabfall U an einem Heißleiter in Abhängigkeit vom durchgehenden Strom I; Parameter ist die Umgebungstemperatur T_U

Proportionalität zwischen durchfließendem Strom I und abfallender Spannung U gefunden. Die zugeführte elektrische Leistung ist hier so gering, daß keine Eigenerwärmung auftritt. Der „*Kaltwiderstand*" des Heißleiters wird nur von der Umgebungstemperatur T_U bestimmt. Mit zunehmendem Strom erwärmt sich der Heißleiter, sein Widerstand nimmt ab und die Spannung steigt damit weniger schnell als der zugehörige Strom. In einem kleinen Bereich wird die Stromzunahme durch eine Widerstandsabnahme kompensiert. Die Spannung bleibt ungefähr konstant, bis schließlich die Widerstandsabnahme größer als die Stromzunahme wird und die Spannung wieder fällt. Wird die Kennlinie bei einer höheren Umgebungstemperatur aufgenommen, so ist der Widerstand des Heißleiters niedriger und die Erwärmung beginnt erst bei höheren Strömen.

Temperaturmessungen sind nur in dem ohmschen Bereich der Kennlinie möglich. Nur dort ist der Widerstand des Heißleiters ein Maß für die Umgebungstemperatur.

Zeitkorrektur. Die kleinsten Heißleiterperlen werden mit einem Durchmesser von etwa 0,1 mm gefertigt. Sie haben dank ihrer geringen Masse eine niedrige Zeitkonstante, die in Luft bei 0,4 s liegt. Soll trotzdem der dynamische Fehler korrigiert werden, so sind die folgenden Verfahren anwendbar: Im Fall einer rein analogen Signalverarbeitung kann der NTC-Sensor auf einer konstanten Temperatur gehalten werden, wobei der über den Sensor fließende Strom als Maß für die Temperatur genommen wird. Bei Verwendung einer Rechenschaltung wird aus den abgetasteten und digitalisierten Augenblicks-Meßwerten auf die stationären Temperaturwerte hochgerechnet. Dies ist beim Heißleiter einfacher als beim Metall-Widerstandsthermometer, da sein Zeitverhalten wie das eines Thermoelements durch eine Differentialgleichung 1. Ordnung beschrieben werden kann.

Vergleich eines Heißleiters mit einem Metallwiderstands-Thermometer. Von einem Metallwiderstands-Thermometer unterscheidet sich der Heißleiter insbesondere in den folgenden Punkten:

- der Temperaturkoeffizient ist negativ
- der Temperaturkoeffizient und die Empfindlichkeit sind 10-mal höher als beim Platin-Meßeinsatz
- die Kennlinie ist stärker gekrümmt; die Nichtlinearität ist größer
- der Widerstand des Heißleiters ist im allgemeinen so groß, daß der Widerstand der Zuleitungen vernachlässigt werden kann
- die Heißleiter werden als kleine Perlen gefertigt; ihre Zeitkonstante ist kleiner als die von Metall-Meßeinsätzen. Punktförmige Messungen können durchgeführt werden
- die Herstellungstoleranzen sind größer, so daß unter Umständen ein Abgleich oder eine Selektion erforderlich werden kann.

3.6.3 Kaltleiter

Wirkungsweise. Kaltleiter oder PTC-Widerstände bestehen aus einem halbleitenden und *ferroelektrischen* Material wie z.B. Bariumtitanat. Im kalten Zustand ist der Widerstand relativ niedrig und zeigt den negativen Temperaturkoeffizienten der Heißleiter. Oberhalb einer von der Stoffzusammensetzung abhängenden Temperatur, der Curie-Temperatur, löst sich die vorher einheitliche Ausrichtung der einzelnen Kristallite auf. Dies führt in einem schmalen Temperaturbereich zu einem exponentiellen Anstieg des Widerstandes, zu einem hohen positiven Temperaturkoeffizienten (Bild 3.27).

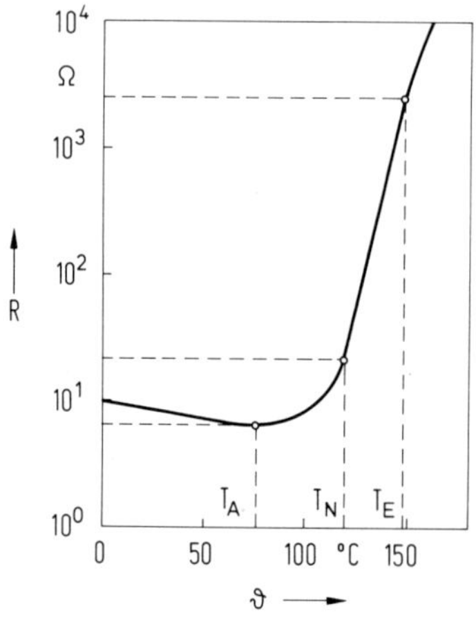

Bild 3.27: Widerstand eines Kaltleiters in Abhängigkeit von der Temperatur
T_A = Temperatur, bei der der Temperaturkoeffizient positiv wird
T_N = Nenntemperatur, Beginn des steilen Widerstandsanstiegs
T_E = Endtemperatur, Ende des steilen Widerstandsanstiegs

In dem Gebiet des steilen Widerstandsanstiegs hängt der Widerstand von der Temperatur gemäß der folgenden Beziehung ab:

$$R = R_0 e^{b(T-T_0)}. \tag{3.58}$$

b = Materialkonstante in K^{-1}
R_0 = Widerstand bei der Nenntemperatur T_0 in Ω.

Die Empfindlichkeit E ist

$$E = \frac{dR}{dT} = b R_0 e^{b(T-T_0)} = b R \quad \frac{\Omega}{K} \tag{3.59}$$

und der Temperaturkoeffizient α wird unabhängig von der Temperatur und ist gleich der Materialkonstanten b:

$$\alpha = \frac{1}{R}\frac{dR}{dT} = b \quad K^{-1}. \tag{3.60}$$

Der Betrag des Temperaturkoeffizienten α ist mit ungefähr 0,25 K^{-1} fünfmal größer als der von Heißleitern. Damit sind die Kaltleiter sehr empfindliche Temperaturfühler. Nachteilig ist jedoch die große Streuung in den Materialkonstanten und die noch nicht befriedigende Meßdauerhaftigkeit. Aus diesen Gründen werden Kaltleiter hauptsächlich für einfache, keine besondere Präzision erfordernde Überwachungsaufgaben eingesetzt.

I(U)-Kennlinie. Wird an den Kaltleiter eine niedrige Gleichspannung gelegt (Bild 3.28), so steigt der durch den Fühler fließende Strom zunächst mit der anliegenden Spannung an. Der durch den Kaltleiter fließende Strom erwärmt schließlich den Fühler, dessen Widerstand nimmt zu und wirkt so einem weiteren Stromanstieg entgegen. Bei noch weiter steigender Spannung werden Temperatur und Widerstand des Kaltleiters so groß, daß der Strom nach einem Maximum schließlich wieder abnimmt. Die Kennlinie läuft hyperbolisch aus (UI = konstant). Wird die Kennlinie bei einer höheren Umgebungstemperatur aufgenommen, so führt schon ein niedrigerer Strom zur Widerstandserhöhung des Kaltleiters und die Kennlinie liegt dann entsprechend tiefer.

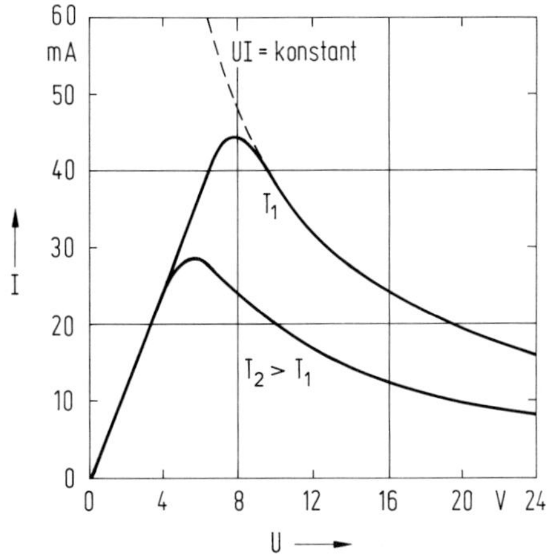

Bild 3.28: Höhe des durch einen Kaltleiter fließenden Stroms in Abhängigkeit von der angelegten Spannung bei verschiedenen Umgebungstemperaturen

Anwendung zur Füllstandsüberwachung. Die Kennlinien verlaufen ähnlich, wenn sich nicht die Umgebungstemperatur, sondern die Wärmeableitung vom Kaltleiter ändert. Dann gehört die Kennlinie mit dem geringeren Strom zu dem Aufnehmer, der die höhere Temperatur aufweist, zu dem, der weniger gekühlt wird.

Dieses Verhalten erlaubt, eine einfache Füllstandsüberwachung wie z.B. eine Überfüllsicherung an einem Heizöltank zu realisieren. Dazu wird der Kaltleiter mit einem Vorwiderstand an eine Gleichspannung von etwa 24 V gelegt (Bild 3.29). Gemessen und überwacht wird der in dem Kreis fließende Strom. Ist der Tank leer, so liegt der Temperaturfühler in Luft und die durch den Strom erzeugte Wärme wird nur schlecht abgeführt. Temperatur und Widerstand des Fühlers sind hoch. In dem Kreis stellt sich der Strom I_1 ein, der sich aus dem Schnittpunkt der Kaltleiter-Kennlinie mit der Widerstandsgeraden ergibt. Steigt der Füllstand im Tank so weit, daß der Fühler ins Öl eintaucht, so wird er besser gekühlt und sein Widerstand nimmt ab. Durch den Kreis fließt jetzt der größere Strom I_2, der einen vorher festgelegten Grenzwert übersteigt und damit die Füllung des Behälters signalisiert. Die Widerstandsänderung bei Kaltleitern ist so groß, daß auf Brückenschaltungen verzichtet werden kann.

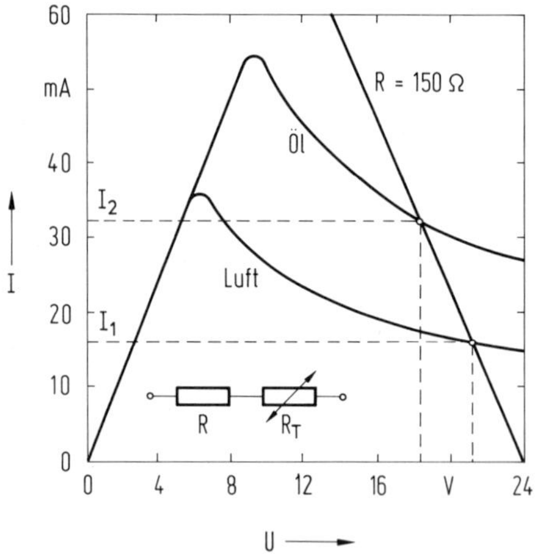

Bild 3.29: Strom durch einen Kaltleiter bei verschiedenen Umgebungsbedingungen; umgeben von Luft (I_1) oder eingetaucht in Öl (I_2) [3.8]

3.6.4 Silizium-Widerstandstemperatursensor

Bei dem Silizium-Temperatursensor (spreading resistance sensor) wird der Ausbreitungswiderstand eines Silizium-Einkristalls gemessen. In einem Temperaturbereich von −50 bis +150 °C sind bei einer bestimmten Dotierung alle Störstellen des Kristalls ionisiert. In diesem Störstellen-Erschöpfungsbereich führt eine Erhöhung der Temperatur nicht zu einer größeren Zahl von freien Ladungsträgern, wohl aber zu einer Verminderung deren Beweglichkeit. Der

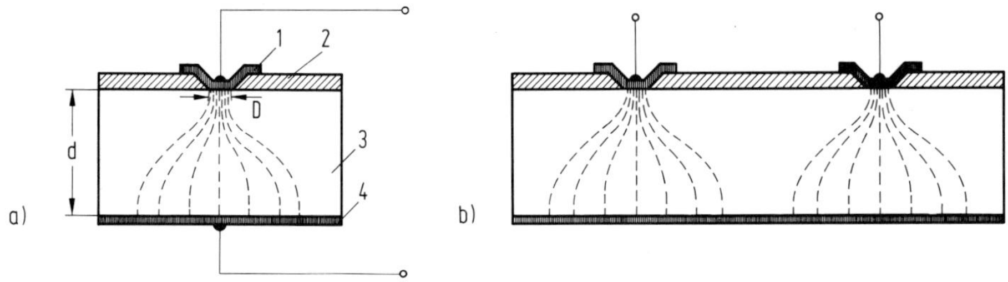

Bild 3.30: Silizium-Temperatursensor (spreading-resistance-sensor)
a) Ausführung mit einem Spitzenkontakt b) symmetrische Ausführung
1, 4 Kontakt, 2 Passivierung mit Nitrid und Oxyd, 3 Substrat

Widerstand des Silizium-Kristalls nimmt so mit der Temperatur zu. Der Si-Widerstandstemperatursensor enthält im Unterschied zu den Si-Dioden und -Transistoren keinen pn-Übergang.

Der Widerstand eines Siliziumsubstrats wird zwischen einem spitzen Kontakt und der Rückseite der Substratfläche gemessen (Bild 3.30). Solange der Durchmesser D der Meßspitze klein ist gegenüber der Dicke d und der Fläche des Substrats, hängt der Widerstand R des Substrats nur von dem spezifischen Widerstand ϱ und dem Durchmesser D der Meßspitze ab:

$$R = \frac{\varrho}{2D}. \qquad (3.61)$$

Dieser Widerstand nimmt mit der Temperatur gemäß der in Bild 3.31 gezeigten schwach gekrümmten Kennlinie zu. Der lineare Temperaturkoeffizient beträgt

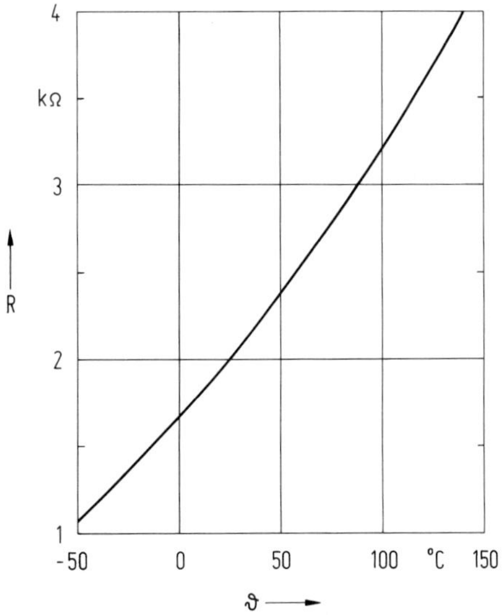

Bild 3.31: Widerstand eines Silizium-Temperatursensors in Abhängigkeit von der Temperatur [3.9]

bei Raumtemperatur ungefähr $8 \cdot 10^{-3}\ K^{-1}$. Er ist positiv wie bei Metallen und fast doppelt so groß wie der von Platin. Die Kennlinie läßt sich empirisch als ein Stück einer Parabel darstellen. Bedeutet ϑ die Temperatur in °C, $R(\vartheta)$ der Widerstand des Siliziumsensors bei der Temperatur ϑ und R_{25} der Widerstand des Sensors bei der Temperatur $\vartheta = 25$ °C, so gilt z.B. für einen bestimmten Typ die folgende Kennlinie:

$$R(\vartheta) = R_{25}[1 + \alpha(\vartheta - 25) + \beta(\vartheta - 25)^2]\ \Omega \tag{3.62}$$

mit $\alpha = 7{,}8 \cdot 10^{-3}\ K^{-1}$; $\beta = 18{,}4 \cdot 10^{-6}\ K^{-2}$.

Der Koeffizient β ist bei Silizium größer als bei Platin, womit die Kennlinie des Si-Sensors stärker gekrümmt ist als die des Pt-Widerstandsthermometers. Bei Temperaturen höher als 150 °C werden Ladungsträgerpaare thermisch gebildet und der Eigenleitungsbereich wird erreicht. Dadurch geht der spezifische Widerstand nach einem Maximalwert wieder zurück.

Grundwiderstand und Temperaturkoeffizient des Silizium-Temperatursensors lassen sich eng toleriert und gut reproduzierbar fertigen, so daß die einzelnen Fühler gegeneinander austauschbar sind. Die kleinen Silizium-Chips können in Transistorgehäusen untergebracht werden. Sie erreichen eine kurze Ansprechzeit. Die Langzeitstabilität soll an die Werte von Metall-Widerstandsthermometern heranreichen. Die Widerstandswerte liegen im Bereich von kΩ, womit wie bei den Heißleitern die Widerstände der Zuleitungen vernachlässigt werden dürfen.

3.6.5 Fehlermöglichkeiten bei der Anwendung von elektrischen Berührungsthermometern

Bei dem Einsatz von elektrischen Berührungsthermometern, deren Anwendungsbereiche in Bild 3.32 zusammengestellt sind, ist besonders auf die Vermeidung systematischer Fehler zu achten. Der unsachgemäße Einbau eines Fühlers führt zu einem Meßfehler, der im allgemeinen die Unsicherheiten und Ungenauigkeiten der Meßgeräte übersteigt. Ausführliche Einbauhinweise werden in [3.10] gegeben, so daß hier nur auf zwei grundsätzliche Fehlermöglichkeiten hingewiesen wird, die in

- der falschen Wahl des Meßorts und
- der Störung des Temperaturfelds durch Wärmeableitung und Wärmeabstrahlung

liegen.

Größere Räume wie z.B. Öfen, Kessel, Behälter oder auch Zimmer haben nicht an allen Punkten die gleiche Temperatur. Hier besteht die Aufgabe, einen repräsentativen Meßort zu finden. Für eine Messung der Raumtemperatur z.B. ist der Temperaturfühler so anzuordnen und gegebenenfalls auch von der Wand zu isolieren, daß er die Luft- und nicht die Wandtemperatur erfaßt. In einem Ofen soll das Thermometer weder in der direkten Flamme noch in

Aufnehmer	Anwendungsbereich -200 0 200 400 600 800 °C 1200	Empfindlichkeit bei 25 °C in mV/K	TK bei 25 °C in K^{-1}	Kennlinie
(NiCr—Ni)-Thermoelement		0,04		≈linear
Si-Sensor mit pn-Übergang		1		linear
Ni-Widerstand			+0,006	≈linear
Pt-Widerstand			+0,004	≈linear
NTC-Widerstand			−0,040	exponentiell
PTC-Widerstand			+0,250	exponentiell
Si-Ausbreitungswiderstand			+0,008	fast linear
Quarz-Thermometer		$1{,}5\,\frac{kHz}{K}$	0,00009	≈linear

Bild 3.32: Anwendungsbereiche von elektrischen Berührungsthermometern

einem toten Winkel sitzen. In Behältern ist das gasförmige oder flüssige Medium eventuell umzuwälzen, um Temperaturschichtungen zu vermeiden und um die aktuellen Temperaturen zu messen.

Das Thermometer kann auch das Temperaturfeld des Meßobjekts empfindlich stören. Längs des eingebauten Fühlers kann Wärme von dem auf einer höheren Temperatur befindlichen Meßobjekt auf die kühlere Umgebung abgeleitet oder abgestrahlt werden. Der Temperaturfühler sieht in diesem Fall eine reduzierte Temperatur und kann die eigentliche interessierende, ohne ihn vorhandene nicht anzeigen. Die Messung erfolgt in diesen Fällen nicht rückwirkungsfrei. Hier ist auf eine ausreichende Einbautiefe und auf einen guten Wärmeübergang zwischen Meßobjekt und Temperaturfühler zu achten. Bei höheren Temperaturen ist unter Umständen ein Strahlungsschutz zwischen Fühler und Umgebung zu verwenden.

Generell zeigt das Thermometer immer seine Temperatur und nicht unbedingt die interessierende des Mediums an.

3.7 Indirekte Anwendung der Widerstandsthermometer für Konzentrationsmessungen

Nachdem in den vorausgegangenen Abschnitten verschiedene Widerstands-Temperaturfühler besprochen worden sind, wird jetzt auf einige spezielle Anwendungen dieser Temperaturfühler eingegangen, bei denen nicht die Temperatur selbst, sondern eine andere, mit der Temperatur eindeutig korrelierte Meßgröße die primär interessierende ist. Als erstes Beispiel wird der LiCl-Geber vorgestellt, mit dem die Feuchte in Luft oder anderen Gasen gemessen werden kann [3.11].

3.7.1 LiCl-Feuchtegeber

Wirkungsweise. Feuchte Luft ist ein Gemisch aus trockener Luft und Wasserdampf. Unterschieden werden die absolute und die relative Feuchte. Die absolute Feuchte f_a ist gleich der Masse des Wasserdampfs m_W, bezogen auf das Volumen V_L, in dem sich diese befindet:

$$f_a = \frac{m_W}{V_L} \quad \frac{g}{m^3}. \tag{3.63}$$

Ihre Kenntnis ist notwendig, um Trockenvorgänge zu steuern und Wärmebilanzen durchführen zu können.

Die relative Feuchte f_r ist das Verhältnis aus der absoluten Feuchte f_a und der maximal möglichen Feuchte $f_{a,\,max}$; sie ist eine dimensionslose Zahl:

$$f_r = \frac{f_a}{f_{a,\,max}}. \tag{3.64}$$

Sie ist von Bedeutung, wenn Stoffe gelagert oder verarbeitet werden, die mit der umgebenden Luft im Feuchteausgleich stehen.

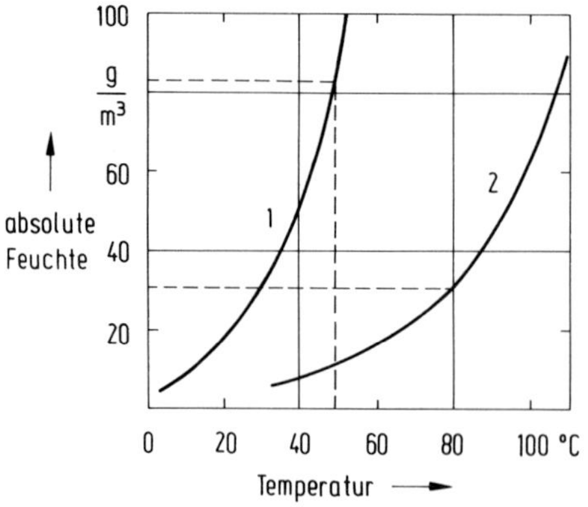

Bild 3.33: Zusammenhang zwischen der Sättigungsfeuchte von Luft und der Umwandlungstemperatur von LiCl [3.11]. Die Kurve 1 (Sättigungsfeuchte) kennzeichnet die maximale Wasserdampfmenge, die Luft einer bestimmten Temperatur aufnehmen kann. Die Kurve 2 gibt die Temperatur an (Umwandlungstemperatur), die eine geheizte LiCl-Lösung in Abhängigkeit von der absoluten Feuchte der umgebenden Luft annimmt.

Die Luft kann bei einer bestimmten Temperatur nur eine gewisse Menge Wasserdampf aufnehmen. Die Abhängigkeit dieser größtmöglichen Feuchte oder Sättigungsfeuchte von der Temperatur ist im Bild 3.33 als Kurve 1 dargestellt. Enthält die Luft mehr Wasserdampf als es dieser Kurve entspricht, so wird der Taupunkt unterschritten und ein Teil des Wasserdampfes kondensiert.

Die Temperatur, bei der die Luft mit Wasserdampf gesättigt ist, wird Taupunkt-Temperatur genannt. Bei 50 °C z.B. können in 1 m^3 Luft maximal 83 g Wasserdampf enthalten sein. Ist bei dieser Temperatur der tatsächliche Wasserdampfgehalt 50 g/m^3, so hat die Luft eine relative Feuchte von 50/83 = 0,60.

Eine LiCl-Lösung hilft nun bei der Bestimmung der Feuchte dadurch, daß sie hygroskopisch ist und Wassermoleküle anzieht. Bei einer gesättigten Lösung von LiCl stellt sich ein Gleichgewicht zwischen dem Dampfdruck des Wassers in der Luft und dem in der Lösung ein. Fließt ein elektrischer Strom durch die Lösung, so erwärmt sie sich und Wasser wird bis zur Sättigungskonzentration verdampft. Dabei heizt sich die Lithiumchlorid-Lösung selbsttätig bis zur *Umwandlungstemperatur* auf, bei der die den elektrischen Strom leitende Lösung in ein nichtleitendes Salz übergeht. Die Umwandlungstemperatur des LiCl ist streng mit dem Wasserdampfgehalt in der Luft gekoppelt (Kurve 2 von Bild 3.33) und um die absolute Feuchte zu bestimmen, ist nur die LiCl-Temperatur zu messen. Wird diese z. B. zu 80 °C ermittelt, so ist die absolute Feuchte 30 g/m^3 und die zugehörige Taupunkttemperatur beträgt 28 °C.

Aufbau und Schaltung. Bei dem LiCl-Feuchtegeber (Bild 3.34) ist ein Gewebe aus Glasseide mit der LiCl-Lösung getränkt. In dem Gewebe liegen Elektroden, über die der zur Heizung des Lithiumchlorid nötige Wechselstrom fließt.

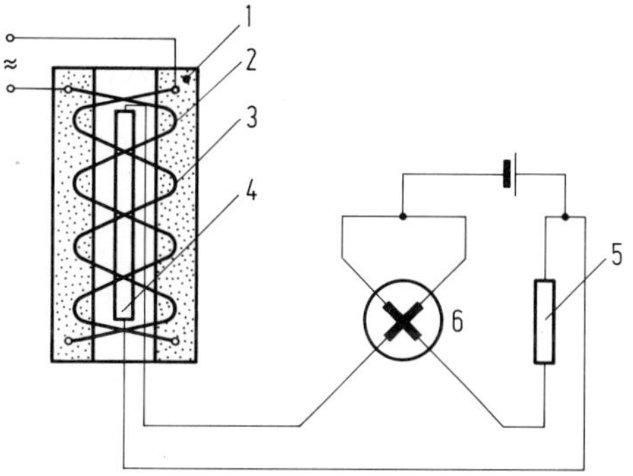

Bild 3.34: Messung der absoluten Feuchte mit einem LiCl-Feuchtgeber
1 LiCl-getränktes Glasgewebe
2, 3 Elektroden
4 Widerstandsthermometer zur Messung der LiCl-Temperatur
5 Festwiderstand
6 Quotientenmesser
Wird die Schaltung um ein Widerstandsthermometer zur Messung der Lufttemperatur ergänzt und wird dieses anstelle des Festwiderstandes 5 an den Quotientenmesser angeschlossen, so wird die relative Feuchte angezeigt

Die Temperatur des LiCl wird mit einem Widerstandsthermometer erfaßt und z.B. auf einem Meßgerät mit Quotientenmeßwerk angezeigt. Dessen Skala kann direkt in Einheiten der absoluten Feuchte (g Wasserdampf/m^3 Luft) ausgeführt werden. Wird ein zweites Widerstandsthermometer zur Messung der Lufttemperatur verwendet, so kann dieses Widerstandsthermometer anstelle des Festwiderstandes 5 in den zweiten Strompfad des Quotientenmessers gelegt werden. Dessen Anzeige hängt dann von dem Verhältnis aus der LiCl- und der Lufttemperatur ab, aus dem sich die relative Feuchte errechnen läßt.

3.7.2 Gasanalyse nach dem Wärmeleitverfahren

Gasanalysen werden durchgeführt, um verfahrenstechnische Prozesse wie z.B. in der Energieerzeugung, Chemie, Stahlindustrie und Kraftfahrzeugtechnik zu überwachen, und um die Umwelt vor schädigenden Einwirkungen zu schützen. Aufgabe der Analyse ist, die Konzentration einer oder mehrerer Gaskomponenten in einem Gasgemisch zu bestimmen. Die Konzentration wird dabei häufig dimensionslos als das Verhältnis zweier Volumina angegeben:

$$\text{Konzentration der Meßkomponente} = \frac{\text{Volumen der Meßkomponente}}{\text{Gesamtvolumen}} \tag{3.65}$$

Der Gasanalysator nach dem Wärmeleitverfahren nutzt die unterschiedliche Wärmeleitfähigkeit der Gase aus. Er besteht aus vier Kammern, in denen jeweils ein auf etwa 100 °C aufgeheizter Widerstandsdraht liegt (Bild 3.35). Zwei Kammern werden von dem zu untersuchenden Gas durchströmt, zwei Kammern enthalten ein ruhendes oder strömendes Vergleichsgas. Die Kammern und die Durchflußmengen sind so dimensioniert, daß der heiße Widerstandsdraht hauptsächlich über die Wärmeleitfähigkeit des umgebenden Gases seine Wärme an die Kammerwand abgibt. Entsprechend der unterschiedlichen Wärmeleitfähigkeit zwischen dem Meß- und Vergleichsgas nehmen die Widerstandsdrähte in der Meß- und Vergleichskammer unterschiedliche Temperaturen und Widerstände an. Die Drähte sind in einer Brücke verschaltet. Die gemessene Diagonalspannung hängt von der Widerstandsdifferenz ab, aus der auf die Temperatur der Drähte und auf die Leitfähigkeit des umgebenden Gases und damit auf die Konzentration einer gesuchten Komponente zurückgerechnet werden kann.

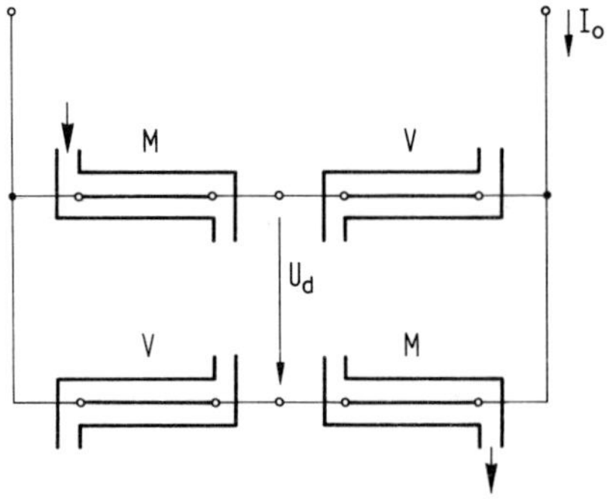

Bild 3.35: Grundschaltung eines Gasanalysators nach dem Wärmeleitfähigkeitsverfahren
M Kammer mit Meßgas
V Kammer mit Vergleichsgas

Durch die Verwendung von Meß- und Vergleichskammern werden Gleichtaktstörungen eliminiert. Ändert sich z.B. der Heizstrom oder die Umgebungstemperatur, so kompensieren sich die Auswirkungen.

Tabelle 3.2 Wärmeleitfähigkeit λ und kleinste handelsübliche Meßbereiche der Wärmeleitfähigkeitsanalysatoren

Gas	Wärmeleitfähigkeit λ $10^{-3}\frac{W}{K\cdot m}$	kleinster handelsüblicher Meßbereich (Vol-%)
H_2	175,0	0–0,5
He	143,6	0–50
N_2	23,9	0–20
O_2	24,6	0–1
Luft	24,1	0–5
Cl_2	8,0	
Ar	16,7	0–20
CO	23,0	0–5
CO_2	14,3	0–1
SO_2	8,4	0–2
H_2S	12,6	0–2
CH_4	30,1	0–2
NH_3	22,0	0–1

Das Wärmeleitverfahren wird häufig verwendet. Bei der Messung von CO_2 in Luft liegt das Auflösungsvermögen bei ungefähr 0,25% CO_2. Ist die Vergleichskammer mit Luft gefüllt, so ist bei dieser Konzentration der Draht in der Meßkammer um 0,07 °C heißer als der in der Vergleichskammer. Dieser Temperaturdifferenz entspricht bei einem Grundwiderstand der Drähte von 12 Ω eine Widerstandsdifferenz von 0,003 Ω.

3.7.3 Gasanalyse nach dem Wärmetönungsverfahren

Der Gasanalysator nach dem Wärmetönungsverfahren wird für den Nachweis oxidierbarer Gase wie z.B. CO oder H_2 benutzt. Er ist ähnlich aufgebaut wie der Wärmeleitanalysator. Verwendet werden wieder Meßkammern mit z.B. Pt-Widerstandsdrähten. Diese sind jetzt aber auf eine Temperatur von etwa 500 °C aufgeheizt. An ihnen verbrennt mit Hilfe des Platin als Katalysator CO zu CO_2 und H_2 zu H_2O. Die dabei freiwerdende Wärme erhöht die Temperatur der Meßdrähte. Aus einer Widerstandsmessung wird dann auf die Temperatur der Drähte und aus dieser auf die Konzentration der verbrannten Komponente geschlossen.

Pellistor. Beim Pellistor ist der Platin-Draht in Form einer Wendel in eine Keramikpille (Pellet) eingesintert. Deren Oberfläche ist katalytisch aktiviert. Oxidierbare Gase verbrennen an der geheizten Pille, geben ihre Reaktionswärme an die Pille ab und führen zu einer Temperaturerhöhung, die als Maß für die Gaskonzentration genommen werden kann. Mit Pellistoren lassen sich sehr kleine Wärmetönungsmesser fertigen.

3.7.4 Thermomagnetische Sauerstoffanalyse

Der Gasanalysator nach dem Wärmeleitverfahren kann nur verwendet werden, wenn das zu analysierende Gas nicht aus zu vielen, in wechselnden Zusammensetzungen vorliegenden Komponenten besteht. Wie die Tabelle 3.2 zeigt, haben mehrere Gase ähnliche Leitfähigkeiten und können deswegen nicht voneinander unterschieden werden. Der Wärmeleitmesser ist wenig selektiv und hat eine große Querempfindlichkeit.

In dieser Situation hilft es, daß das technisch bedeutsame Gas O_2 auf eine andere Weise, nämlich aufgrund seines von der Temperatur abhängenden paramagnetischen Verhaltens nachgewiesen werden kann. Nur wenige andere Gase (z.B. NO) sind ähnlich stark paramagnetisch wie der Sauerstoff.

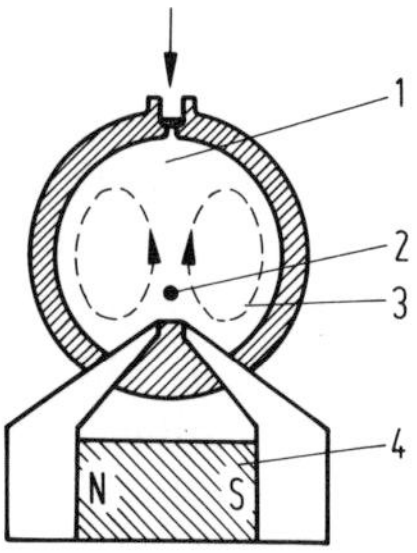

Bild 3.36: Meßkammer eines thermomagnetischen Sauerstoffanalysators
1 Meßkammer
2 Heiz-Widerstandsdraht
3 Sauerstoffströmung, magnetischer Wind
4 Dauermagnet

Bild 3.36 zeigt die Meßkammer eines O_2-Messers. Sie enthält einen Magneten, von dessen Feld der Sauerstoff angezogen wird. Im Magnetfeld liegt ein beheizter Widerstandsdraht. In seiner Nachbarschaft erwärmt sich der Sauerstoff und verliert dabei seine paramagnetische Eigenschaft. Der heiße Sauerstoff kann von dem nachdrängenden kälteren aus dem Magnetfeld entfernt werden. Eine Sauerstoffströmung entsteht, ein *magnetischer Wind*, der den Hitzdraht abkühlt. Die entsprechende Temperaturänderung wird wieder gemessen.

In der industriellen Praxis werden vier Meßkammern benutzt, von denen zwei ein Magnetfeld enthalten (Bild 3.37). Das Meßgas durchströmt alle vier Kammern. In jeder Kammer befindet sich ein beheizter Widerstandsdraht. Die vier Drähte sind wie beim Wärmleitanalysator in einer Brücke verschaltet. Gleichtaktstörungen kompensieren sich und die Diagonalspannung ist ein Maß für den Sauerstoffgehalt. Der Endwert des kleinsten ausführbaren Meßbereichs liegt bei 1 Vol.-% O_2. Die Meßunsicherheit ist geringer als 3 % vom Endwert.

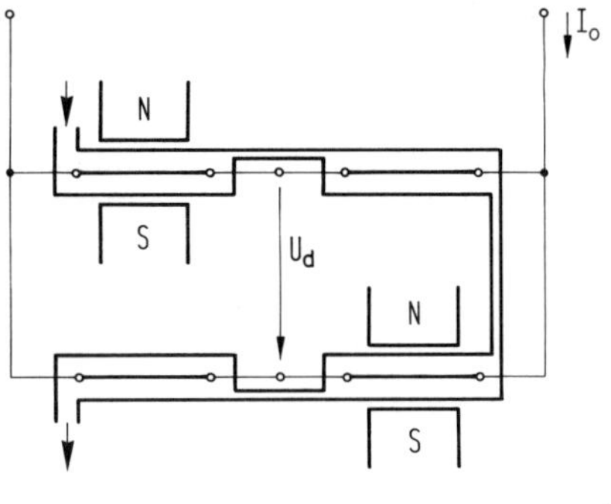

Bild 3.37: Grundschaltung eines thermomagnetischen Sauerstoffanalysators
N Nordpol
S Südpol

3.7.5 Gasaufbereitung

Voraussetzung für eine richtige Messung der Gaskonzentration ist eine repräsentative Probeentnahme und eine mehr oder weniger umfangreiche Aufbereitung des entnommenen Gases. Dieses Gas kann sehr heiß, mit Wasser gesättigt, voller Staub und außerdem noch korrosiv sein. Aus diesen Gründen muß es vor einer Messung z. B. gekühlt, gefiltert und getrocknet werden (Bild 3.38) [0.5, 0.16, 0.17].

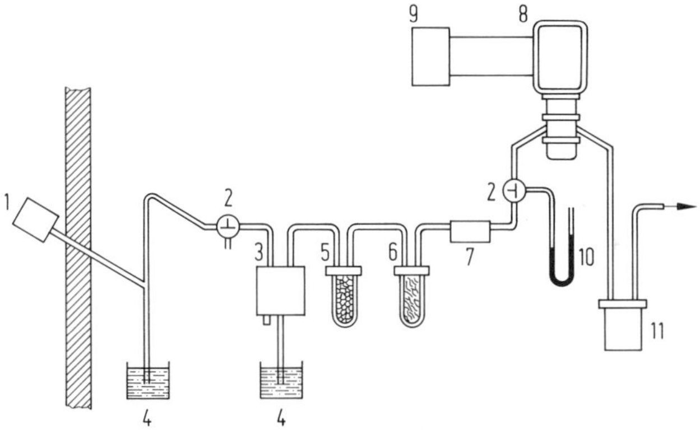

Bild 3.38: Schema einer Gasaufbereitungsanlage [0.17].

1 Gasentnahmegerät, 2 Dreiwegehahn, 3 Gaskühler, 4 Kondenswassertopf, 5 H_2S-Filter (Luxmassefüllung), 6 H_2SO_4-Filter (Glaswollefüllung), 7 Membranfilter, 8 Gasanalysegerät, 9 Netzgerät, 10 U-Rohr für Dichtheitsprüfung, 11 Saugpumpe

3.8 Metalloxid-Widerstands-Gassensor

Zwischen einem Metalloxid und der umgebenden Luft finden chemische Reaktionen statt, die den Widerstand des Metalloxids verändern. Dieser Effekt wird hauptsächlich bei ZnO und SnO_2 zur Messung von Gaskonzentrationen ausgenutzt [3.21–3.23].

In den Metalloxiden ist gewöhnlich nicht alles Metall oxidiert. Es fehlen Sauerstoffatome. Die entsprechenden Leerstellen wirken wie Donatoren, d.h. sie geben ein oder zwei Elektronen an das Leitungsband ab. Bei erhöhter Temperatur und unter gewissen Bedingungen stellt sich zwischen der Sauerstoffkonzentration im Oxid und dem Sauerstoffpartialdruck in der umgebenden Atmosphäre ein Gleichgewicht ein. Die Zahl der Elektronen im Leitungsband, und damit die Leitfähigkeit ist abhängig vom Sauerstoffpartialdruck und die Metalloxide lassen sich somit als Sauerstoffsensoren verwenden.

Nun kommt ein neuer Effekt zum Tragen. Der Sauerstoff in dem Metalloxid ist nur lose gebunden. Sind reduzierende Gase in der Umgebung des Metalloxids vorhanden, so reagieren diese mit dem Sauerstoff und führen damit zu einer Erhöhung der freien Elektronen. Kann das Reaktionsprodukt das Metalloxid verlassen, so ist bei einem konstanten Sauerstoffpartialdruck die Zahl der Sauerstoffleerstellen proportional dem Partialdruck des reduzierenden Gases. Damit läßt sich dessen Konzentration aus einer Widerstandsmessung ermitteln.

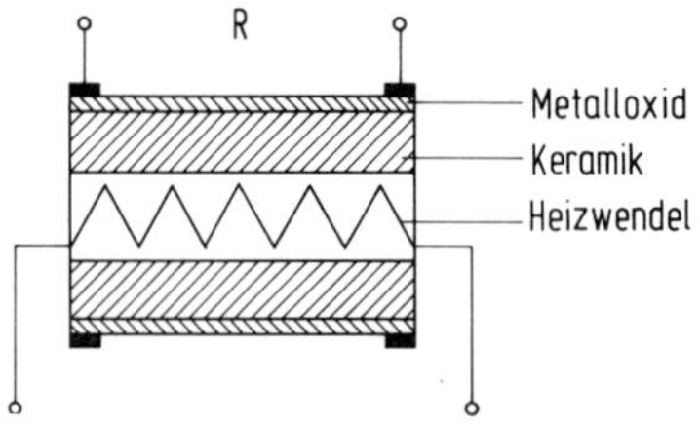

Bild 3.39: Zylinderförmig aufgebauter Metalloxid-Gassensor

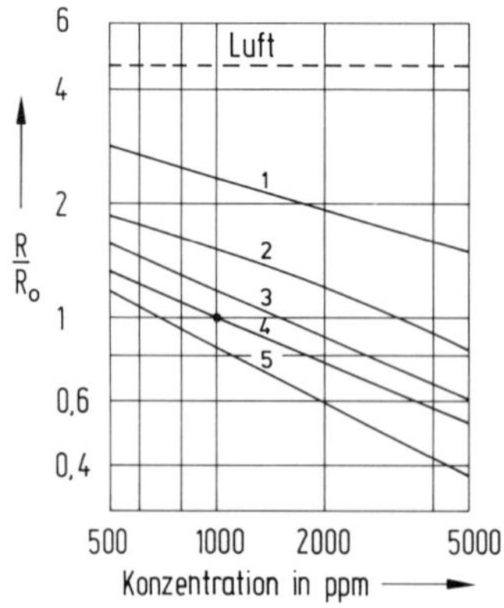

Bild 3.40: Ansprechempfindlichkeit des Taguchi-Gassensors TGS 815 D für verschiedene Gase (Figaro Inc. Osaka). Der Widerstand in Luft beträgt 4 kΩ [0.20]. 1 Kohlenmonoxid, 2 Ethanol, 3 Wasserstoff, 4 Methan, 5 Isobutan

Metalloxid-Gassensoren bestehen z.B. aus einem geheizten, isolierenden Röhrchen, das eine dünne Schicht des Metalloxids mit Elektroden an den Enden trägt (Bild 3.39). Zu messen ist der Widerstand zwischen den Elektroden. Um aus einem Gasgemisch eine Komponente möglichst selektiv messen zu können, sind dem Metalloxid noch unterschiedliche Zusätze beigemischt. Verwendet werden die Metalloxide als billige Sensoren zur Überwachung des Arbeitsplatzes auf Schadstoffkonzentrationen, zum Nachweis von Alkohol in der ausgeatmeten Luft, und auch als Gaswarngeräte bei der Überwachung der Gasleitungen in den Haushalten (Bild 3.40). Probleme bereiten noch die Temperaturabhängigkeit und mangelnde Selektivität (Querempfindlichkeit).

3.9 Lichtempfindlicher Widerstand

Bei Benutzung eines lichtempfindlichen Widerstandes (Photowiderstand) lassen sich auch Licht- oder Helligkeitsmessungen auf die Bestimmung eines elektrischen Widerstandes zurückführen. Photowiderstände sind sperrschichtfreie Halbleiter. Durch die bei einer Beleuchtung den Photowiderstand treffenden Photonen werden Valenzelektronen freigesetzt, die zu einer Vergrößerung der Eigenleitfähigkeit, also zu einer Widerstandsabnahme führen (*innerer lichtelektrischer Effekt*). Der elektrische Widerstand nimmt nahezu linear mit der Beleuchtungsstärke ab (Bild 3.41).

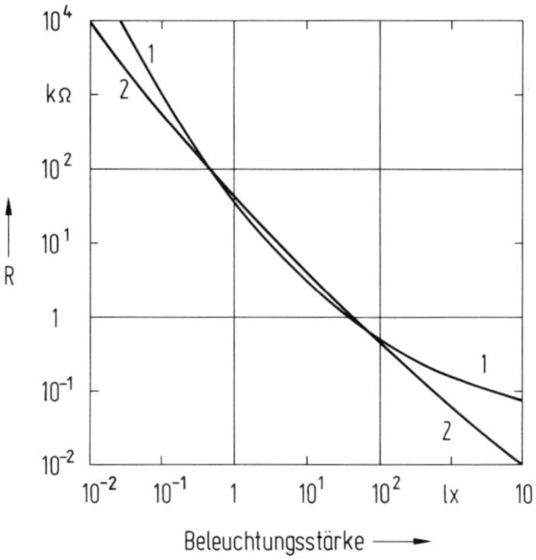

Bild 3.41: Widerstand R eines CdS-Photowiderstands in Abhängigkeit von der Beleuchtungsstärke
1 Normalausführung
2 nahezu lineare Kennlinie

Ein Photowiderstand besteht aus einer auf einem Träger aufgebrachten dünnen lichtempfindlichen Schicht, in der die kammartig angeordneten Elektroden liegen (Bild 3.42). Auf diese Weise wird eine große lichtempfindliche Fläche mit einem geringen Elektrodenabstand kombiniert. Damit können die freigesetzten Elektronen vor einer Rekombination mit positiven Ladungsträgern zu den Elektroden abfließen. Die dadurch erreichte hohe Empfindlichkeit ist bei Cadmiumsulfid (CdS) und Cadmiumselenid (CdSe) auch im sichtbaren Teil des Spektrums gegeben (Bild 2.141).

Photowiderstände verhalten sich wie ohmsche Widerstände. Die Polarität der angelegten Spannung ist ohne Bedeutung. Da mit zunehmender Beleuch-

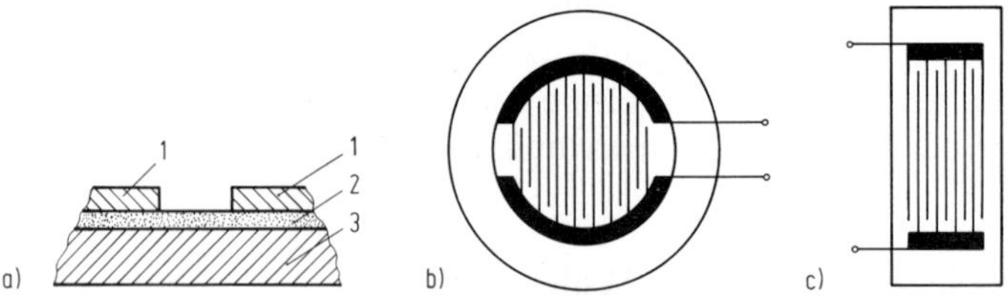

Bild 3.42: Photowiderstand
a) Schnitt mit Elektroden 1, lichtempfindlicher Halbleiterschicht 2 und Glasplatte 3
b) und c) Draufsicht

tungsstärke der Widerstand sinkt, der Strom zunimmt und die im Widerstand umgesetzte Leistung steigt, ist darauf zu achten, daß der Photowiderstand nicht durch Überlastung thermisch zerstört wird.

Die Photowiderstände arbeiten nicht verzögerungslos oder trägheitsfrei. Die Anzeigegeschwindigkeit nimmt mit der Beleuchtungsstärke zu, so daß bei 10^3 lux noch Wechsellicht mit einer Frequenz von etwa 100 Hz verfolgt werden kann. Nachteilig sind neben der großen Trägheit weiterhin die hohe Temperaturabhängigkeit und starke Alterung.

3.10 Magnetisch steuerbarer Widerstand

Der Widerstand eines elektrischen Leiters erhöht sich in einem Magnetfeld (*Thomson- bzw. Gauß-Effekt, magnetoresistiver Effekt*). So wurde z. B. früher die Widerstandsänderung einer Spirale aus Wismut zur Messung hoher magnetischer Feldstärken benutzt. Deutlicher als in Metallen ist der Effekt in halbleitenden Materialien mit einer hohen Elektronenbeweglichkeit ausgeprägt. Heute werden vornehmlich III-V-Verbindungen, z. B. Indiumantimonid (InSb) oder Indiumarsenid (InAs) verwendet (Bild 3.43). Liegt ein derartiges Plättchen senkrecht zu den Feldlinien in einem Magnetfeld, so nimmt sein Widerstand ungefähr quadratisch gemäß der im Bild 3.44 gezeigten Kennlinie mit der magnetischen Induktion zu. R_0 ist dabei der Grundwiderstand des Materials bei $B = 0$. Die Widerstandsänderung ist unabhängig von der Richtung des Magnetfelds. In diesem Punkt unterscheidet sich der Widerstandseffekt von dem Hall-Effekt.

Magnetisch steuerbare Widerstände (magnetoresistive Sensoren) werden auch als Feldplatten bezeichnet. Sie bestehen meistens aus kleinen, auf einem Träger aufgebrachten InSb-Plättchen mit eingebetteten Nadeln aus Nickelantimonid. Die Plättchen werden in verschiedenen geometrischen Formen hergestellt, wodurch sich Empfindlichkeit und Grundwiderstand in bestimmten Grenzen einstellen lassen.

Die Richtung eines Magnetfelds kann zunächst durch eine Messung mit einer Feldplatte nicht festgestellt werden. Ist dieses erforderlich, so ist die Feldplatte

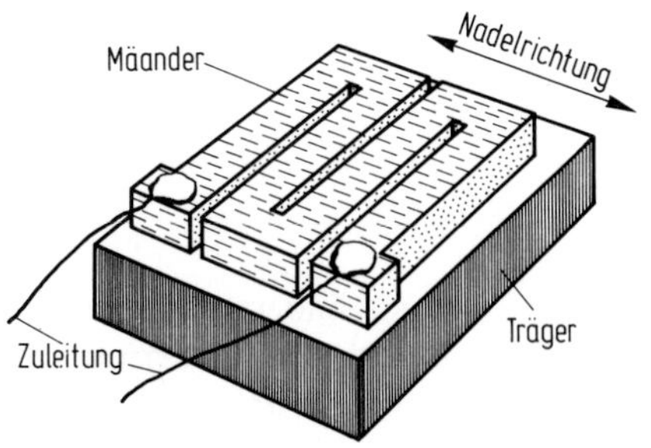

Bild 3.43: Schematische Darstellung einer Feldplatte

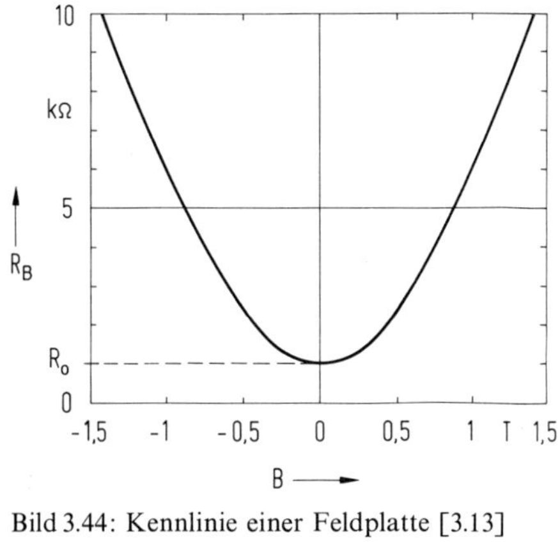

Bild 3.44: Kennlinie einer Feldplatte [3.13]

durch einen Dauermagneten magnetisch vorzuspannen. Das zu messende äußere Magnetfeld überlagert sich dem des Dauermagneten, führt zu einer Widerstandszu- oder -abnahme und wird so in seiner Richtung erkennbar.

Neben der direkten Bestimmung von Magnetfeldern werden Feldplatten hauptsächlich als Endlagenschalter und zur kontakt- und berührungslosen Weg- und Winkelmessung eingesetzt. Dies ist möglich, indem eine Feldplatte und ein Dauermagnet relativ zueinander bewegt werden. Dabei ist es vorteilhaft, die Feldplatte durch einen Mittelabgriff in zwei etwa gleich große Widerstände zu teilen und Feldplatte und Dauermagneten in den Abmessungen aufeinander abzustimmen. Bei einer Bewegung relativ zum Magnetfeld ändern sich jetzt die Widerstände der Feldplattenhälften gegensinnig (Differential-Feldplatte, kontaktloses Potentiometer; Bild 3.45). Werden die beiden Widerstandshälften in den sich gegenüberliegenden Diagonalen einer Brücke verschaltet, so wird nicht nur eine besonders gute Empfindlichkeit, sondern auch eine Temperaturkompensation erreicht.

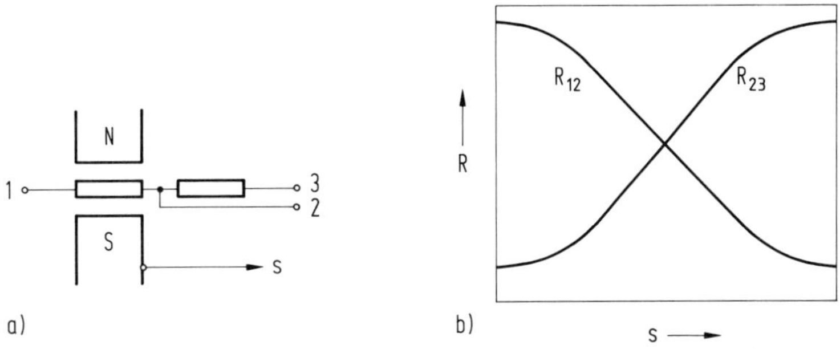

Bild 3.45: Widerstand einer Differential-Feldplatte in Abhängigkeit von ihrer Position im Magnetfeld
a) Anordnung b) Kennlinie

3.11 Dehnungsmeßstreifen

3.11.1 Prinzip

Der Widerstand R eines elektrischen Leiters hängt von seiner Länge l seinem Querschnitt q und seinem spezifischen Widerstand ϱ ab:

$$R = \frac{l}{q} \varrho. \tag{3.70}$$

Wird der Leiter gestreckt oder gestaucht (Bild 3.46), so ändern sich Länge, Querschnitt und spezifischer Widerstand. Daraus resultiert eine Änderung des Widerstandes R, so daß über den Widerstand die Formänderung und die die Formänderung verursachende Größe erfaßt werden kann [3.15–3.19].

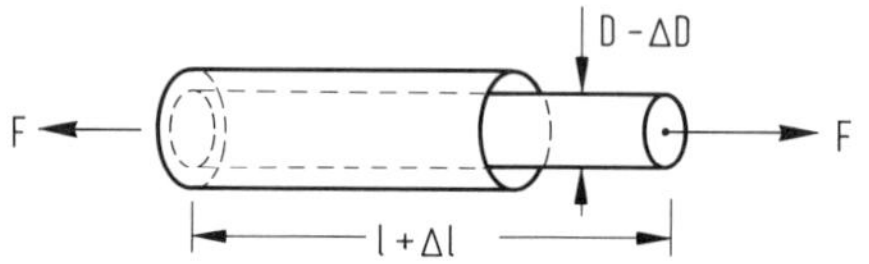

Bild 3.46: Formänderung eines gestreckten Drahtes mit der Länge l und dem Durchmesser D

Um im einzelnen zu sehen, wie sich der Widerstand R mit den auf der rechten Seite von (3.70) stehenden Größen ändert, wird mit der aus der Fehlerrechnung bekannten Gl. (1.15) die relative Widerstandsänderung ΔR/R bestimmt:

$$\frac{\Delta R}{R} = \frac{\Delta l}{l} - \frac{\Delta q}{q} + \frac{\Delta \varrho}{\varrho}. \tag{3.71}$$

Wird anstelle des Querschnitts q der Durchmesser D eingeführt, so geht (3.71) über in

$$\frac{\Delta R}{R} = \frac{\Delta l}{l} - 2\frac{\Delta D}{D} + \frac{\Delta \varrho}{\varrho}. \tag{3.72}$$

Die letzte Gleichung wird weiter umgeformt, indem sie durch die relative Längenänderung Δl/l oder Dehnung $\varepsilon = \Delta l/l$ dividiert wird:

$$\frac{\frac{\Delta R}{R}}{\frac{\Delta l}{l}} = 1 - 2\frac{\frac{\Delta D}{D}}{\frac{\Delta l}{l}} + \frac{\frac{\Delta \varrho}{\varrho}}{\frac{\Delta l}{l}}. \tag{3.74}$$

Links steht jetzt das Verhältnis aus der relativen Widerstandsänderung und der Dehnung, das allgemein als „K-Faktor" bezeichnet wird,

$$K = \frac{\Delta R/R}{\Delta l/l}. \tag{3.75}$$

Der zweite Term auf der rechten Seite beinhaltet die Poissonsche Zahl μ, das Verhältnis der relativen Querkontraktion zur relativen Längenänderung

$$\mu = -\frac{\Delta D/D}{\Delta l/l}. \tag{3.76}$$

Damit geht (3.74) über in

$$K = \frac{\Delta R/R}{\Delta l/l} = 1 + 2\mu + \frac{\Delta \varrho/\varrho}{\Delta l/l}. \tag{3.77}$$

3.11.2 Metall-Dehnungsmeßstreifen

Bei einer elastischen Verformung von Metallen ändert sich der spezifische Widerstand ϱ nur sehr wenig. Der letzte Term von Gl. (3.77) darf vernachlässigt werden. Die Poissonsche Zahl μ liegt für die üblichen Materialien zwischen 0,2 und 0,5. Damit nimmt der K-Faktor höchstens den Wert 2 an:

$$K = 1 + 2\mu \approx 1 + 2 \cdot 0{,}5 = 2. \tag{3.78}$$

Die relative Widerstandsänderung ist also höchstens doppelt so groß wie die zugehörige Dehnung:

$$\frac{\Delta R}{R} = K\varepsilon \approx 2\varepsilon. \tag{3.79}$$

Die zu messenden Dehnungen liegen zwischen 10^{-6} und 10^{-3} und dementsprechend niedrig sind dann auch die zu verarbeitenden Widerstandsänderungen.

Wird die Widerstandsänderung ΔR nicht auf den jeweiligen Widerstand R, sondern auf den festen Anfangswiderstand R_0 bezogen (für den z.B. eine Brücke ausgelegt ist), so wächst der Term $\Delta R/R_0$ nur näherungsweise mit $K\varepsilon$. Mit dem linearisierenden Ansatz $R = R_0 + \Delta R$ folgt aus der letzten Gleichung

$$\frac{\Delta R}{R_0 + \Delta R} = K\varepsilon; \quad \frac{\Delta R}{R_0} = \frac{K\varepsilon}{1 - K\varepsilon}.$$

Die Differenz zwischen dieser Näherung und dem exakten Ansatz ist

$$\frac{\Delta R}{R_0} - \frac{\Delta R}{R} = \frac{K\varepsilon}{1 - K\varepsilon} - K\varepsilon = \frac{(K\varepsilon)^2}{1 - K\varepsilon} \approx (K\varepsilon)^2. \tag{3.80}$$

Bei einem K-Faktor von 2 und einer Dehnung von 10^{-3} ist der Unterschied also ungefähr $4 \cdot 10^{-6}$. Er kann in den meisten Anwendungsfällen vernachlässigt werden und es ist erlaubt zu schreiben

$$\frac{\Delta R}{R} = \frac{\Delta R}{R_0} = K\varepsilon. \tag{3.81}$$

Geklebte Streifen. Dehnungsmeßstreifen (DMS) mit metallischen Leitern werden als Draht- oder Folienmeßstreifen gefertigt (Bild 3.47). Bei den *Draht-Meßstreifen*

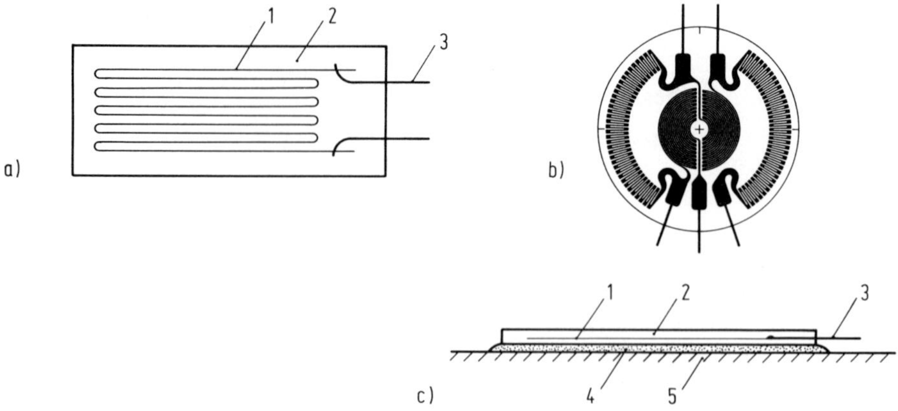

Bild 3.47: Dehnungsmeßstreifen
a) Drahtmeßstreifen
b) Folienmeßstreifen als Membranrosette (Hottinger Baldwin Meßtechnik)
c) Querschnitt durch einen aufgeklebten Meßstreifen; 1 Meßgitter, 2 Abdeckung, 3 Streifenanschluß, 4 Kleber, 5 zu untersuchendes Werkstück

ist ein mäanderförmig gelegter oder um einen dünnen Träger gewickelter Draht zwischen zwei elektrisch isolierenden Trägerfolien geklebt. Die Herstellung ist relativ aufwendig und die Draht-Meßstreifen sind praktisch durch die *Folien-Meßstreifen* abgelöst worden. Diese enthalten anstelle des Drahtes ein auf einem Träger sitzendes Meßgitter, das aus einer dünn ausgewalzten Metallfolie herausgeätzt ist. Mit dieser Technologie können auch komplexere Formen rationell hergestellt werden. Um den Anschluß zu erleichtern, ist in den Streifen schon von den dünnen Drähten oder Gittern auf dickere, mechanisch widerstandsfähigere Anschlußdrähte übergegangen. Zur Messung sind dann die Streifen mit großer Sorgfalt auf das zu untersuchende Werkstück zu kleben [3.19].

Meßfedern mit Dünnfilm-DMS. Die bei dem Kleben der Streifen auftretenden Probleme sind bei den Meßfedern mit Dünnfilm-DMS vermieden. Hier werden für häufig auftretende spezielle Anwendungen die Biegefedern und die Widerstände als komplette Einheiten gefertigt. Auf den metallischen Federkörper aus

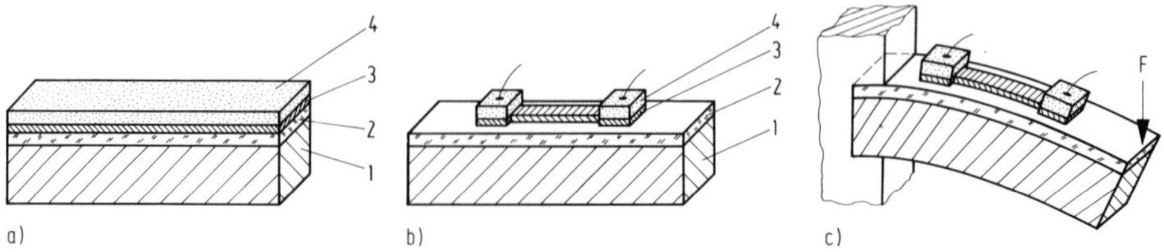

Bild 3.48: Biegebalken-Kraft-Meßaufnehmer mit Dünnfilm-DMS [3.18]
a) nach einseitig-vollflächiger Beschichtung; 1 Federkörper aus Bronze oder Stahl, 2 Isolierschicht, 3 dehnungsempfindliche Widerstandsschicht, 4 niederohmige Leiterschicht
b) nach photolithographischer Strukturierung
c) Aufnehmer unter Belastung

Bronze oder Stahl wird im Vakuum zunächst eine anorganische Isolierschicht, dann eine dehnungsempfindliche Widerstandsschicht und schließlich eine niederohmige Leiterschicht zur Kontaktierung und zur Darstellung temperaturabhängiger Kompensationswiderstände aufgebracht (Bild 3.48). Nach der vollflächigen Beschichtung erfolgt die Konturierung der diskreten Widerstände durch Photoätzen der beiden oben liegenden Metallfilme [3.18].

3.11.3 Halbleiter-Dehnungsmeßstreifen

Bei der Ableitung des K-Faktors für die Metall-Dehnungsmeßstreifen konnte in Gl. (3.77) der Term mit der Änderung des spezifischen Widerstandes vernachlässigt werden. Dies ist bei den Meßelementen aus Germanium oder Silizium nicht mehr zulässig. Hier wird im Gegenteil die Änderung des spezifischen Widerstands zum bestimmenden Faktor (*piezoresistiver Effekt*). Bei der Dehnung ändern sich Bandabstände und Dichte der Ladungsträger. Der K-Faktor bei p-Silizium kann Werte bis zu $+120$, bei n-Silizium bis zu -100 annehmen.

Ein Halbleiter-Dehnungsmeßstreifen besteht z.B. aus Folien, zwischen denen ein dünnes Plättchen aus p-Silizium und ein anderes aus n-Silizium geklebt ist (Bild 3.49). Wird diese Anordnung auf Zug beansprucht, so nimmt der Widerstand des p-leitenden Siliziums zu, der des n-leitenden ab. Werden die beiden Plättchen in den sich gegenüberliegenden Diagonalen einer Brücke verschaltet, so addieren sich die Beträge der K-Faktoren und die relative Widerstandsänderung ist 220mal so groß wie die Dehnung.

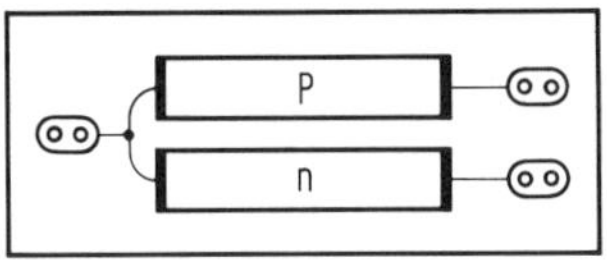

Bild 3.49: Halbleiter-Dehnungsmeßstreifen mit p- und n-leitendem Kristall

In zunehmendem Maße werden auch die Halbleiterwiderstände zusammen mit den Membranen, deren Dehnung sie messen, monolithisch integriert als komplette Meßzellen gefertigt (Bild 7.8).

3.11.4 Störgrößen

Mit zunehmender *Temperatur* ändert sich zum einen der elektrische Widerstand des Meßgitters, zum anderen dehnen sich Meßobjekt und Meßstreifen unter Umständen unterschiedlich aus. Um diese Effekte gering zu halten oder zu vermeiden, werden häufig die Streifen aus Konstantan gefertigt. Der Widerstand dieser Kupfer-Nickel-Legierung ist in einem weiten Bereich unabhängig von der Temperatur und der Ausdehnungskoeffizient läßt sich in bestimmten Grenzen einstellen. Dadurch kann bei Baustahl und Beton, bei Kupfer und rostfreiem Stahl, bei Aluminium und auch bei Porzellan der Ausdehnungskoeffizient des Streifens an den des Meßobjekts angepaßt werden. Relativbewegungen zwischen Meßobjekt und Streifen, die zu nicht gewünschten Dehnungen führen würden, kommen so nicht zustande.

In den Fällen, in denen keine derartigen *temperaturkompensierten* oder *selbstkompensierenden Streifen* verfügbar sind, ist die Dehnungsmessung mit mehreren Streifen durchzuführen. Die Struktur der Meßsignalverarbeitung ist dann so zu wählen, daß die zu messenden Dehnungen, nicht aber die unerwünschten Temperatureffekte in das Meßergebnis eingehen. Dies ist insbesondere bei den Halbleiter-Dehnungsmeßstreifen notwendig. Eine weitere Möglichkeit ist, die Temperatur getrennt zu erfassen und das Ergebnis der Dehnungsmessung entsprechend zu korrigieren.

Ausschlaggebend für die Genauigkeit der Messung ist die Verbindung zwischen Werkstück und DMS. Werden die Streifen geklebt, so sind die sorgfältige Reinigung der Oberflächen, die Verwendung geeigneter Materialien und nicht zuletzt eine gewisse Erfahrung erforderlich. Fehler entstehen, wenn ein belasteter Streifen infolge einer nachgebenden Verbindung wieder in seine Ausgangslage zurück*kriecht*. Die Klebung muß gewährleisten, daß die Bauteildehnungen kriech- und hysteresefrei auf das Meßgitter des Streifens übertragen werden.

Die montierten DMS sind gegen *Feuchtigkeit* zu schützen. Bei einer Wasseraufnehme quellen Kleber und Streifen. Der Isolationswiderstand der Folie nimmt ab. Dadurch ändert sich der Widerstand des Streifens und täuscht eine Dehnung vor.

3.11.5 Anwendung der DMS zur Spannungsanalyse

Messung einer Normalspannung. Eine Normalspannung σ entsteht an einer Komponente, wenn zwei gleich große, aber entgegengesetzt gerichtete Zug- oder Druckkräfte angreifen. Sie ergibt sich aus dem Verhältnis von angreifender Kraft F und Angriffsfläche A:

$$\sigma = \frac{F}{A}. \tag{3.82}$$

Spannung und Dehnung sind einander proportional. Der Proportionalitätsfaktor E wird als Elastizitätsmodul bezeichnet (Hookesches Gesetz):

$$\sigma = E\varepsilon. \tag{3.83}$$

Im Bild 3.50a ist ein durch Zug beanspruchter Stab dargestellt, dessen Normalspannung mit dem Dehnungsmeßstreifen 1 gemessen werden soll. Der Widerstand ändere sich durch die Dehnung ΔR_s und durch die Temperatur um ΔR_T. Wird der DMS in einer Viertelbrücke verschaltet, so ergibt sich die

Diagonalspannung U_d,

$$U_d = \frac{U_0}{4}\left(\frac{\Delta R_s}{R_0} + \frac{\Delta R_T}{R_0}\right). \tag{3.84}$$

Temperaturänderungen verstimmen in der gleichen Weise wie Dehnungsänderungen die Brücke.

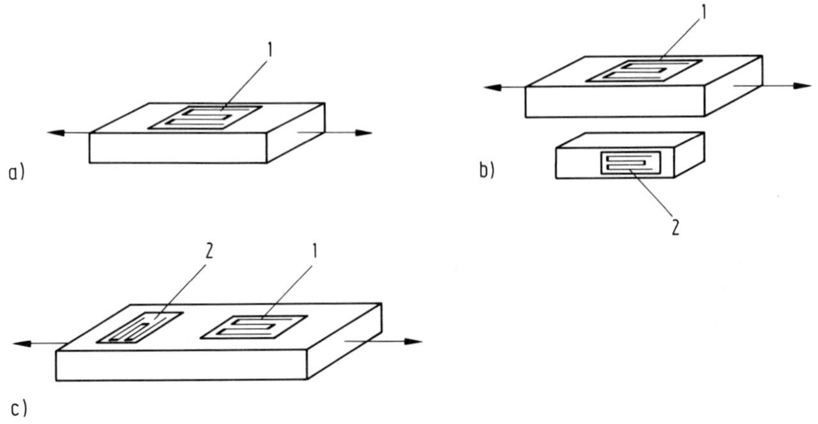

Bild 3.50: Messen einer Normalspannung
a) Messung mit einem Streifen 1
b) Verwendung eines zweiten nicht belasteten Streifens 2 zur Temperaturkompensation
c) Streifen 2 ist senkrecht zur Richtung des Streifens 1 geklebt

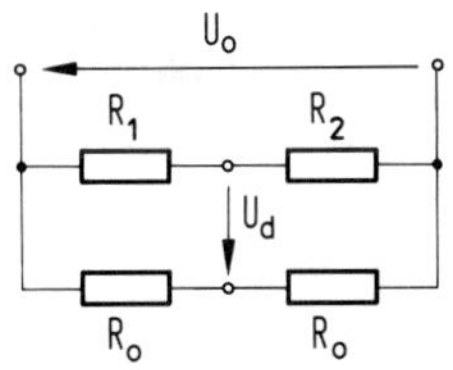

Bild 3.51: Dehnungsmeßstreifen in einer Halbbrücke zur Temperaturkorrektur

Um die Dehnung für sich allein zu messen, ist die Temperatur zu kompensieren. Dies gelingt durch die Verwendung eines zweiten Meßstreifens 2 (Bild 3.50b), der mechanisch nicht belastet wird, sonst aber wegen seiner Nähe zum Streifen 1 dessen Temperatur annehmen soll. Liegen der inaktive Streifen 2 und der aktive Streifen 1 in unterschiedlichen Brückendiagonalen (Bild 3.49), so wird die Diagonalspannung unabhängig von der Temperatur:

$$U_d = \frac{U_0}{4}\left(\frac{\Delta R_s}{R_0} + \frac{\Delta R_T}{R_0} - \frac{\Delta R_T}{R_0}\right) = \frac{U}{4}\frac{\Delta R_s}{R_0}. \tag{3.85}$$

Noch vorteilhafter ist, den Streifen 2 quer zur Richtung des Streifens 1 zu kleben (Bild 3.50c). In diesem Fall wird durch die angreifende Kraft der Streifen 1 z.B. gestreckt, der Streifen 2 gestaucht. Die Temperaturbeanspruchung ist für beide Streifen gleich. Die Diagonalspannung der Brücke 3.51 ist nicht nur unabhängig von der Temperatur, sondern auch größer als im Fall b. Ist μ die Poissonzahl des beanspruchten Stabs, so ist die Widerstandsänderung des quer geklebten, gestauchten Streifens μ-mal so groß wie die des Streifens 1:

$$U_d = \frac{U_0}{4}\left[\left(\frac{\Delta R_s}{R_0}+\frac{\Delta R_T}{R_0}\right) - \left(-\frac{\mu\Delta R_s}{R_0}+\frac{\Delta R_T}{R_0}\right)\right] = (1+\mu)\frac{U_0}{4}\frac{\Delta R_s}{R_0}. \tag{3.86}$$

Beispiel: An einem 70 cm langen Stab aus Gußstahl mit einem Querschnitt von 10 cm² soll eine Kraft von 100 kN angreifen. Die zugehörige Normalspannung σ ist

$$\sigma = \frac{F}{A} = \frac{10^5\,\text{N}}{10^{-3}\,\text{m}^2} = 10^8\,\frac{\text{N}}{\text{m}^2}.$$

Der Elastizitätsmodul E für Gußstahl ist $2 \cdot 10^{11}$ N/m², so daß sich eine Dehnung ergibt von

$$\varepsilon = \frac{\sigma}{E} = \frac{10^8\,\text{N/m}^2}{2 \cdot 10^{11}\,\text{N/m}^2} = 5 \cdot 10^{-4}.$$

Durch die Dehnung wird der Stab um Δl länger,

$$\Delta l = \varepsilon\, l = 5 \cdot 10^{-4} \cdot 70\,\text{cm} = 0{,}35\,\text{mm}.$$

Liegt der Meßstreifen mit einem K-Faktor von 2 in einer mit 5 V gespeisten Viertelbrücke, so ist die Diagonalspannung

$$U_d = \frac{U_0}{4}\frac{\Delta R}{R} = \frac{U_0}{4} K\varepsilon = \frac{5\,\text{V}}{4} \cdot 2 \cdot 5 \cdot 10^{-4} = 1{,}25\,\text{mV}.$$

Messung einer Biegespannung. Ein einseitig eingespannter Stab wird durch eine an seinem freien Ende senkrecht zum Stab angreifende Kraft gebogen (Bild 3.52). Dabei werden die oberen Schichten des Stabes gestreckt, die in der Mitte liegende neutrale Faser ändert ihre Länge nicht und die unteren Schichten werden verkürzt. Daraus resultieren Spannungen, die mit Dehnungsmeßstreifen gemessen werden können. Zweckmäßig werden zur Bestimmung der Biegespannung Meßstreifen an der Ober- und Unterseite des Stabs angebracht. Der obere Streifen wird gedehnt, der untere wird in denselbem Maße gestaucht. Werden die beiden gegensinnig in einer Halbbrücke verschaltet, so

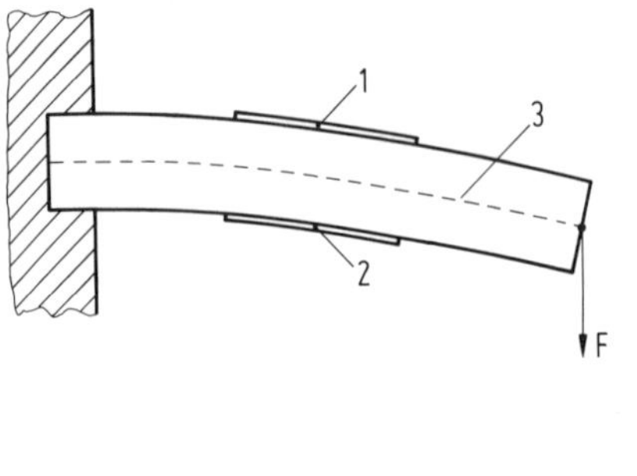

Bild 3.52: Messen einer Biegespannung
1 gedehnter Meßstreifen
2 gestauchter Meßstreifen
3 neutrale Faser

liegen ähnliche Verhältnisse wie in Gl. (3.86) vor. Der Meßeffekt ist doppelt so hoch wie bei der Anwendung eines Streifens. Gleichzeitig ist die Temperaturkompensation erreicht. Die Empfindlichkeit läßt sich nochmals verdoppeln, wenn auf der Ober- und Unterseite des Stabes jeweils zwei Streifen geklebt und in einer Vollbrücke ausgewertet werden.

Messung einer Scher-, Schub- oder Torsionsspannung. Schubspannungen entstehhen, wenn Kräfte tangential zu der Ebene gerichtet sind, in der sie angreifen (Bild 3.53). Sie sind z.B. infolge der angreifenden Drehmomente an Wellen vorhanden, die Antriebsmaschinen mit Arbeitsmaschinen verbinden. Die Scherung führt dazu, daß ein auf der Wellenoberfläche gedachtes Quadrat zu einem Parallelogramm verändert wird. Die größte Dehnung tritt dabei unter einem Winkel von 45° zur Wellenachse auf. So ist es zweckmäßig, die DMS unter 45° zur Wellenachse zu kleben. Die sich dabei ergebende Brückendiagonalspannung ist unabhängig von der Temperatur und proportional der aus der Schubspannung resultierenden Widerstandsänderung ΔR_τ, bzw. dem angreifenden Drehmoment M_D

$$U_d = U_0 \frac{\Delta R_\tau}{R} = K M_D \tag{3.87}$$

mit dem Proportionalitätsfaktor K in $\frac{V}{N\,m}$.

a) b)

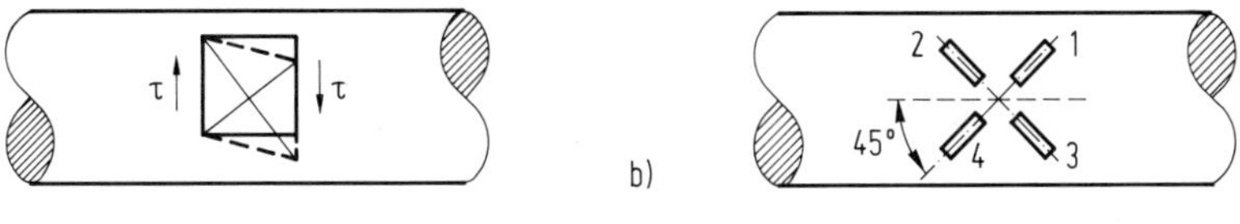

c)

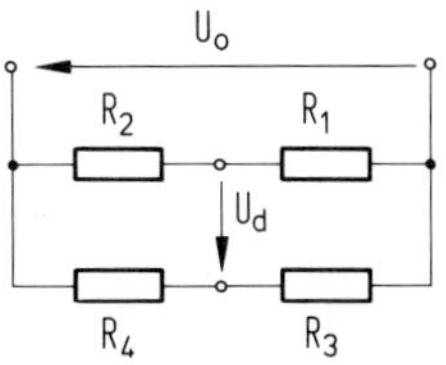

Bild 3.53: Messen einer Torsionsspannung
a) die angreifenden Drehmomente verändern das Quadrat auf der Wellenoberfläche zu einem Parallelogramm
b) Anordnung der Meßstreifen auf der Welle
c) Anordnung in der Vollbrücke

Aus einer Messung der Torsionsspannung kann die Wellenleistung P als das Produkt aus Drehmoment M_D und Winkelgeschwindigkeit ω bestimmt werden. Die Winkelgeschwindigkeit selbst wird aus einer Messung der Drehzahl n erhalten:

$$P = M_D \omega = 2\pi M_D n. \tag{3.88}$$

Bei der Drehmomentmessung müssen die mit der Welle umlaufenden DMS mit den anderen stationär angeordneten Teilen der Meßeinrichtung verbunden werden. Dieser Anschluß ist im Prinzip über 4 Schleifringe möglich. Wird die Brücke mit einer Wechselspannung gespeist, so entsteht in der Diagonalen ebenfalls eine Wechselspannung (Trägerfrequenz-Meßbrücke). In diesem Fall kann über Transformatoren, deren Primärspule unbeweglich ist und deren Sekundärspule sich dreht, berührungslos die Speisespannung ein- und das Meßsignal ausgekoppelt werden.

Kraftmeßdose. Eine spezielle Anwendung haben DMS in *Kraftmeßdosen* gefunden. Diese bestehen aus einem elastischen, zylindrischen Körper, der durch angreifende Kräfte gestreckt oder gestaucht wird. Der Körper ist mit Dehnungsmeßstreifen beklebt, welche die auftretenden Normalspannungen erfassen (Bild 3.54). Diese Kraftmeßdosen werden als Meßelemente in elektromechanischen Waagen verwendet. Die Waagen werden für Druck- und Zugbelastungen hergestellt. Ihr Meßbereich geht von 50 N bis ungefähr $5 \cdot 10^9$ N. Die Meßunsicherheit liegt bei etwa 0,5‰. Die Kraftmeßdosen finden sich in normalen Handelswaagen, in Behälter- und Bunkerwaagen, in Fahrzeugwaagen, Plattform- und Gleiswaagen, in Bandwaagen und nicht zuletzt in Kranwaagen, die ein direktes Wiegen der Lasten während des Transports ermöglichen.

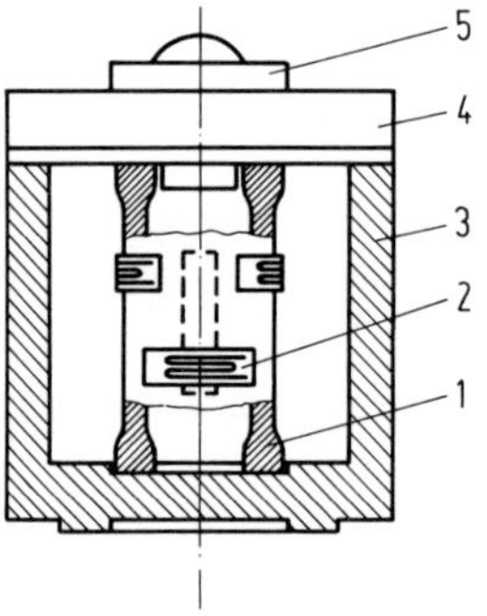

Bild 3.54: Kraftmeßdose schematischer Aufbau
1 Hohlzylinder
2 Dehnungsmeßstreifen
3 Gehäuse
4 Deckel
5 Druckstück

3.12 Linearisieren der Widerstandsaufnehmer-Kennlinien

Die Widerstandsaufnehmer haben mehr oder weniger gekrümmte Kennlinien. Ein linearer Zusammenhang zwischen der interessierenden nichtelektrischen und der erfaßten elektrischen Größe ist jedoch für die Anzeige und Weiterverarbeitung zweckmäßig. Aus diesem Grunde werden die Kennlinien oft linearisiert, d.h. sie werden so gestaltet, daß in einem gewissen Bereich die erfaßte elektrische Größe von der zu messenden nichtelektrischen Größe linear abhängt. Dafür sind z.B. die folgenden Verfahren geeignet.

3.12.1 Linearisieren durch einen Vor- und/oder Parallelwiderstand

Wird der Widerstand des Aufnehmers mit einem definierten Vor- oder Parallelwiderstand kombiniert, so ergibt sich eine Kennlinie, die innerhalb des Meßbereichs durch eine Gerade angenähert werden kann. Erkauft wird diese Linearisierung allerdings mit einem Verlust an Empfindlichkeit. Die Kennlinie der Widerstandskombination verläuft flacher als die des Aufnehmerwiderstands allein.

Die Vorgehensweise soll anhand eines Heißleiters erläutert werden. Der Heißleiterwiderstand (Gl. (3.55))

$$R_T = K_0 e^{\frac{b}{T}}$$

kann wie im Bild 3.55 gezeigt mit Festwiderständen kombiniert werden. Die Kennlinie verläuft zwischen den Widerstandswerten, die sich bei sehr tiefen oder sehr hohen Temperaturen einstellen.

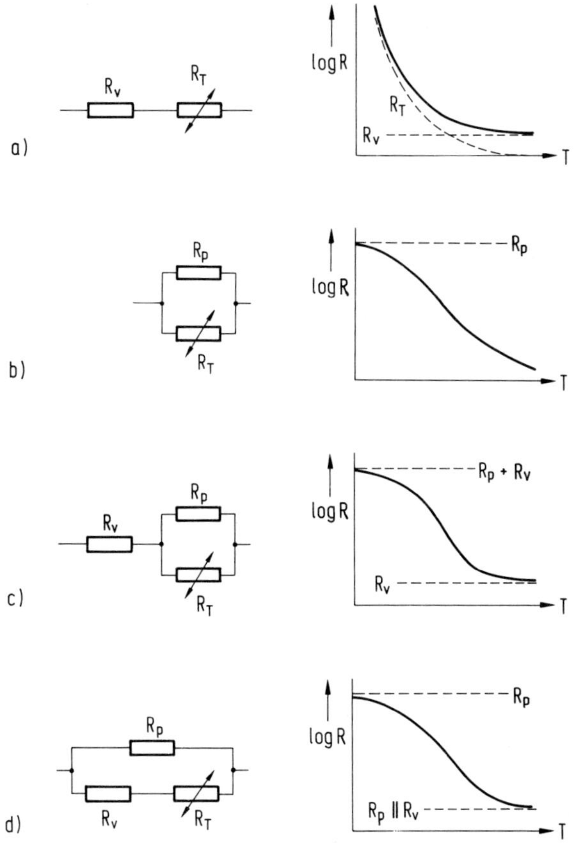

Bild 3.55: Möglichkeiten für die Linearisierung einer Heißleiter-Kennlinie

Der Gesamtwiderstand R_g der Reihenschaltung a wird bei tiefen Temperaturen durch den Widerstand des Heißleiters ($R_T \to \infty$) und bei hohen Temperaturen ($R_T \to 0$) durch den Vorwiderstand R_v bestimmt. Der Gesamtwiderstand ist mindestens so groß wie R_v. Die Kennlinie der Kombination verläuft flacher als die des Heißleiters allein; sie hat keinen Wendepunkt.

Diesen erhalten wir bei der Parallelschaltung b. Die Widerstandskombination nimmt bei tiefen Temperaturen ihren höchsten Wert an ($R_g = R_p$) und geht bei höheren Temperaturen in den des Heißleiters über.

Etwas flacher liegen die Kennlinien der gemischten Serien-Parallelschaltung c. Die Kennlinie der Kombination verläuft zwischen $R_p + R_v$ bei tiefen Temperaturen und R_v bei hohen Temperaturen, während in der Schaltung d bei tiefen Temperaturen der Parallelwiderstand R_p und bei hohen Temperaturen die Parallelschaltung aus Vor- und Parallelwiderstand wirksam wird.

Die Kennlinien b, c, d haben einen Wendepunkt und sind so für eine Annäherung durch eine Gerade besonders geeignet. In der Praxis besteht dann die Aufgabe, die Widerstände R_v und R_p so zu dimensionieren, daß die Kennlinie der Kombination mit einer bestimmten Steigung durch einen bestimmten Punkt geht. Vorgegeben werden also jeweils der Widerstandswert bei einer bestimmten Temperatur und der Temperaturkoeffizient der Kombination.

Der Gesamtwiderstand der Schaltung von Bild 3.55c

$$R_g = R_v + \frac{R_T R_p}{R_T + R_p} \tag{3.90}$$

nimmt bei der Temperatur T_1 mit $R_{T1} = K_0 e^{b/T_1}$ den Wert $R_g(T_1)$ an:

$$R_g(T_1) = R_v + \frac{R_{T1} R_p}{R_{T1} + R_p}. \tag{3.91}$$

Der Temperaturkoeffizient α_g ist mit der Steigung von R_g verknüpft:

$$\frac{dR_g}{dT} = \alpha_g R_g. \tag{3.92}$$

Mit $\alpha = -b/T^2$ folgt aus (3.90)

$$\frac{dR_g}{dT} = \frac{(-b/T^2) R_T R_p (R_T + R_p) - (-b/T^2) R_T R_T R_p}{(R_T + R_p)^2}$$

$$= \frac{\alpha R_T R_p^2}{(R_T + R_p)^2}, \tag{3.93}$$

und die Zusammenfassung von (3.92) und (3.93) ergibt bei der Temperatur T_1

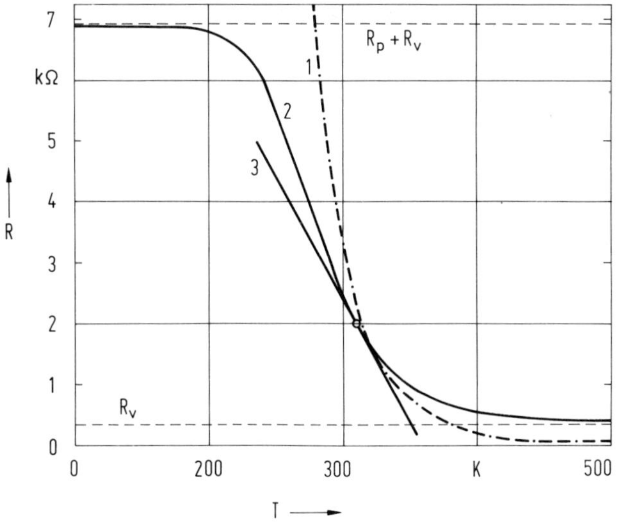

Bild 3.56: Linearisierung einer Heißleiter-Kennlinie nach Schaltung Bild 3.55c
1 Kennlinie des Heißleiters
2 Kennlinie des linearisierten Heißleiters
3 Tangente an die Kennlinie des linearisierten Heißleiters

$$\alpha_g R_g(T_1) = \frac{\alpha R_{T1} R_p^2}{(R_{T1} + R_p)^2}. \tag{3.94}$$

Damit sind für die beiden Unbekannten R_v und R_p zwei unabhängige Gleichungen (3.91) und (3.94) gefunden, aus denen sich die gesuchten Werte berechnen lassen.

Soll dann noch die Kennlinie der Widerstandskombination in der Nähe des Arbeitspunktes T_1 durch eine Gerade R_g^* angenähert werden (Bild 3.56), so lautet mit Gl. (3.92) ihre Gleichung:

$$\begin{aligned} R_g^*(T_1 + \Delta T) &= R_g(T_1) + \Delta T \cdot R_g'(T_1) \\ &= R_g(T_1) + \Delta T \cdot \alpha_g R_g(T_1) \\ &= R_g(T_1)(1 + \alpha_g \Delta T). \end{aligned} \tag{3.95}$$

Beispiel: Ein Heißleiter mit $K_0 = 0{,}1\,\Omega$ und $b = 3100\,K$ soll nach Schaltung Bild 3.55c so abgeglichen werden, daß bei der Temperatur $T_1 = 310\,K$ der Gesamtwiderstand $R_g = 2\,k\Omega$ und der Temperaturkoeffizient $\alpha_g = -0{,}02\,K^{-1}$ wird. Die gesuchten Widerstände ergeben sich aus (3.91) und (3.94) zu $R_p = 6603\,\Omega$ und $R_v = 349\,\Omega$. Die Gleichung der Geraden durch den Punkt (T_1, R_1) lautet:

$$R_g^* = 2000(1 - 0{,}02\,\Delta T)\,\Omega.$$

Bild 3.56 und Tabelle 3.3 zeigen, daß die Linearisierung des Heißleiters nur in einem relativ schmalen Temperaturbereich wirksam ist.

Durch eine Beschaltung des Heißleiters mit Vor- und Parallelwiderständen lassen sich herstellungsbedingte Unterschiede im Nennwiderstand und im

Tabelle 3.3 Widerstandswerte des linearisierten Heißleiter-Temperaturfühlers von Bild 3.56

T in K	250	300	310	320	350
R_T in Ω	24280	3074	2203	1611	702
R_g in Ω	5548	2446	2000	1643	982
R_g^* in Ω	4400	2400	2000	1600	400
$\frac{R_g^* - R_g}{R_g}$	-20,7%	-1,9%	0	-2,6%	-59,3%

Temperaturkoeffizienten ausgleichen. Damit werden die Meßfühler untereinander austauschbar und die Anzeigegeräte können mit standardisierten Meßbereichen und Skalen ausgeführt werden.

3.12.2 Messung des Spannungsabfalls an Differential-Widerstandsaufnehmern

Differentialaufnehmer bestehen aus zwei symmetrischen Einheiten, die durch die Verschiebung eines gemeinsamen Elements gegensinnig beeinflußt werden.

Dieses Konstruktionsprinzip ist gut geeignet, um lineare Kennlinien zu erhalten und soll anhand der Differentialfeldplatte erläutert werden (Bild 3.57).

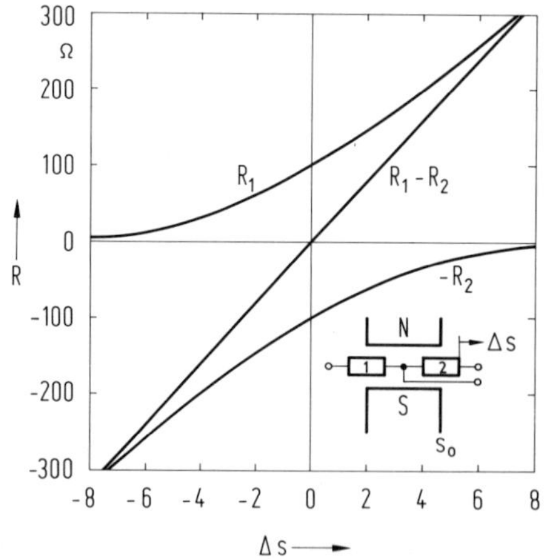

Bild 3.57: Kennlinie einer Differential-Feldplatte

R_1 Widerstand der Feldplattenhälfte 1 in Abhängigkeit von ihrer Stellung im Magnetfeld

R_2 Widerstand der Feldplattenhälfte 2 in Abhängigkeit von ihrer Stellung im Magnetfeld

$R_1 - R_2$ Differenz der beiden Feldplattenwiderstände

Bei einer Verschiebung im Magnetfeld um Δs nimmt der Widerstand R_1 der einen Feldplattenhälfte zu, der Widerstand R_2 der anderen Feldplattenhälfte ab:

$$R_1 = R_0 + k(s_0 + \Delta s)^2;$$

$$R_2 = R_0 + k(s_0 - \Delta s)^2. \qquad (3.96)$$

Werden die beiden Feldplattenhälften gemäß der Schaltung von Bild 3.3c von entgegengesetzt gerichteten, gleich großen Strömen durchflossen, so ist die Spannungsdifferenz U_{12} linear von der Verschiebung Δs abhängig:

$$\begin{aligned} U_{12} &= I_0(R_1 - R_2) \\ &= I_0[R_0 + k(s_0 + \Delta s)^2 - R_0 - k(s_0 - \Delta s)^2] \\ &= I_0 4 k s_0 \Delta s. \end{aligned} \tag{3.97}$$

Nicht bei allen Kennlinien läßt sich wie in diesem Beispiel eine exakte Linearisierung erreichen. Durch die Verwendung von Differentialaufnehmern kann aber immer eine Verbesserung erzielt werden, da durch die Differenzbildung $R_1 - R_2$ mindestens eine Kennlinie mit einem Wendepunkt entsteht und diese dann besser als die Kennlinie eines einfachen Gebers durch eine Gerade angenähert werden kann.

3.12.3 Differential-Widerstandsaufnehmer in einer Halbbrücke

Eine weitere, oft benutzte Möglichkeit der Signalverarbeitung liegt in der Anwendung einer Halbbrücke. Deren Diagonalspannung hängt oft linear von der zu messenden, den Differential-Aufnehmer steuernden nichtelektrischen Größe ab. Für einen ohmschen Aufnehmer mit linearen Widerstandsänderungen zeigt die Halbbrücke von Bild 3.11f schon dieses Verhalten. Weitere Anwendungsfälle werden später am Beispiel von Blindwiderständen in den Gl. (4.34), (4.35), (4.46) und (4.59) noch sichtbar.

4 Messung von Blind- und Scheinwiderständen; induktive und kapazitive Aufnehmer

Ideale induktive und kapazitive Widerstände sind technisch nicht zu realisieren. Spulen und Kondensatoren haben immer auch eine ohmsche Komponente, die bei Stromdurchgang zu Energieverlusten führt. Der Phasenwinkel φ zwischen Spannung und Strom beträgt nicht 90°, sondern ist um den Verlustwinkel δ geringer:

$$\delta = 90° - \varphi. \tag{4.1}$$

Bei einer Spule tragen der ohmsche Widerstand der Wicklung, die Wirbelströme im Eisen und die Ummagnetisierung des Eisens zu den Verlusten bei. Bei einem Kondensator sind es die begrenzte Isolation der Elektroden und des Dielektrikums.

Das Verhalten von Spule und Kondensator wird durch eine Ersatzschaltung beschrieben, in der die Wirkkomponente durch einen ohmschen Widerstand in Reihe oder parallel zum Blindwiderstand berücksichtigt wird (Bild 4.1). Der Tangens des Verlustwinkels δ wird Verlustfaktor genannt. Er hängt von der Frequenz und der Temperatur ab.

Ersatzschaltung	Zeigerdiagramm	tan δ
Reihe L, R_r		$\dfrac{U_R}{U_L}$; $\dfrac{R_r}{\omega L}$
Reihe C, R_r		$\dfrac{U_R}{U_C}$; $R_r \omega C$
Parallel L, R_p		$\dfrac{I_R}{I_L}$; $\dfrac{\omega L}{R_p}$
Parallel C, R_p		$\dfrac{I_R}{I_C}$; $\dfrac{1}{R_p \omega C}$

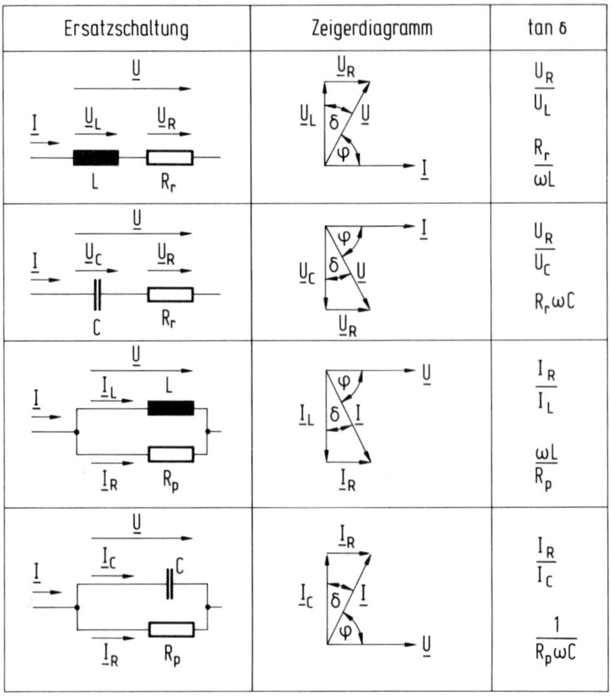

Bild 4.1: Reihen- und Parallel-Ersatzschaltung für verlustbehaftete induktive und kapazitive Widerstände

Bei der Messung eines Scheinwiderstandes ist die Blind- und Wirkkomponente gesondert zu erfassen. Bei den induktiven und kapazitiven Aufnehmern wird allerdings in der Regel nur der Blindwiderstand als Maß für die nichtelektrische Größe genommen. Diese Messung ist zeitlich kontinuierlich durchzuführen, wobei oft noch eine Nullpunktsunterdrückung erforderlich ist.

4.1 Strom- und Spannungsmessung

Für die Messung von Blindwiderständen ist eine Wechselspannungsquelle bekannter und konstanter Frequenz erforderlich. Da die Blindwiderstände frequenzabhängig sind, soll die benutzte Spannung nur geringe Oberschwingungen enthalten.

4.1.1 Messung der Effektivwerte

Die Messung ist entsprechend Bild 3.1 möglich. Bezeichnen U und I die gemessenen Effektivwerte, so ergibt sich aus ihrem Verhältnis der Betrag Z des Scheinwiderstandes:

$$Z = \frac{U}{I}. \tag{4.2}$$

Der Scheinwiderstand $\underline{Z}$ enthält die Wirkkomponente R und die Blindkomponente X, wobei je nach der Art des Blindelements entweder $X = \omega L$ oder $X = -1/\omega C$ zu setzen ist:

$$\underline{Z} = R + jX; \qquad Z^2 = R^2 + X^2.$$

Ist der Wirkwiderstand R zu vernachlässigen, so ergibt sich aus der Strom- und Spannungsmessung der Blindwiderstand:

$$\omega L = \frac{U}{I} \quad \text{bzw.} \quad \frac{1}{\omega C} = \frac{U}{I}. \tag{4.3}$$

Um aus den Meßwerten die Induktivität L oder die Kapazität C des Bauteils zu erhalten, muß die Frequenz der Meßspannung bekannt sein.

Bei einer *Luftspule* können der Wirk- und der Scheinwiderstand getrennt gemessen werden. Aus einer Messung mit Gleichspannung ergibt sich der Wirkwiderstand R

$$R = \left(\frac{U}{I}\right)_-$$

und aus einer Messung mit Wechselspannung der Scheinwiderstand Z (Gl. (4.2))

$$Z = \left(\frac{U}{I}\right)_\sim.$$

Aus der Kombination der beiden letzten Ergebnisse folgt für den Blindwiderstand

$$\omega^2 L^2 = Z^2 - R^2 = \left(\frac{U}{I}\right)^2_{\sim} - \left(\frac{U}{I}\right)^2_{-}. \tag{4.4}$$

4.1.2 Vergleich mit Referenzelement

Steht ein Referenzelement zur Verfügung, so kann der gesuchte Blindwiderstand bei gegebener Spannung aus einer Strommessung und bei gegebenem Strom aus einer Spannungsmessung ermittelt werden (Bild 4.2). Die Eingangsgröße und ihre Frequenz gehen dabei nicht in das Ergebnis ein. Für einen Kondensator als Beispiel folgt für den Fall a mit $U = U_x = U_r$:

$$\frac{I_x}{\omega C_x} = \frac{I_r}{\omega C_r}; \qquad C_x = C_r \frac{I_x}{I_r} \tag{4.5}$$

und für den Fall b mit $I = I_x = I_r$:

$$\omega C_x U_x = \omega C_r U_r; \qquad C_x = C_r \frac{U_r}{U_x}. \tag{4.6}$$

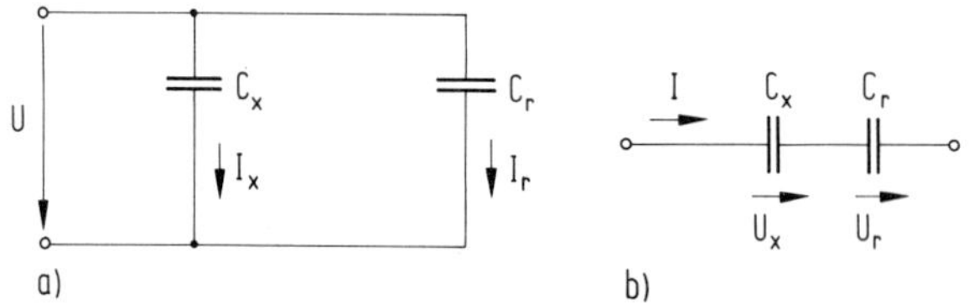

Bild 4.2: Bestimmung einer Kapazität C_x mit Hilfe einer Vergleichskapazität C_r durch Strommessungen (a) und Spannungsmessungen (b)

Die Schaltung 4.3 mißt *kontinuierlich* die Differenz zwischen einem Scheinwiderstand $\underline{Z}_1$ und einem bekannten Scheinwiderstand $\underline{Z}_0$. Der Transformator enthält zwei sehr genau ausgeführte Sekundärwicklungen, die zwei gleiche Sekundärspannungen $\underline{U}_0$ liefern. Die erste Spannung liegt an dem zu messenden Scheinwiderstand $\underline{Z}_1$, die zweite an dem bekannten Scheinwiderstand $\underline{Z}_0$. Gemessen wird der Strom $\underline{I}_3$ in der gemeinsamen Leitung. Die Maschengleichungen liefern

$$\underline{U}_0 - \underline{I}_1 \underline{Z}_1 = 0 \qquad \underline{I}_1 = \frac{\underline{U}_0}{\underline{Z}_1},$$

$$\underline{U}_0 - \underline{I}_0 \underline{Z}_0 = 0 \qquad \underline{I}_0 = \frac{\underline{U}_0}{\underline{Z}_0},$$

und der gesuchte Strom $\underline{I}_3$ ergibt sich aus der Knotenpunktgleichung zu

$$\underline{I}_3 = \underline{I}_1 - \underline{I}_0.$$

Für einen Kondensator als Beispiel mit $Z_1 = 1/\omega C_1$ und $Z_0 = 1/\omega C_0$ ist I_3 ein Maß für die Kapazitätsdifferenz:

$$I_3 = \omega U_0 (C_1 - C_0). \tag{4.7}$$

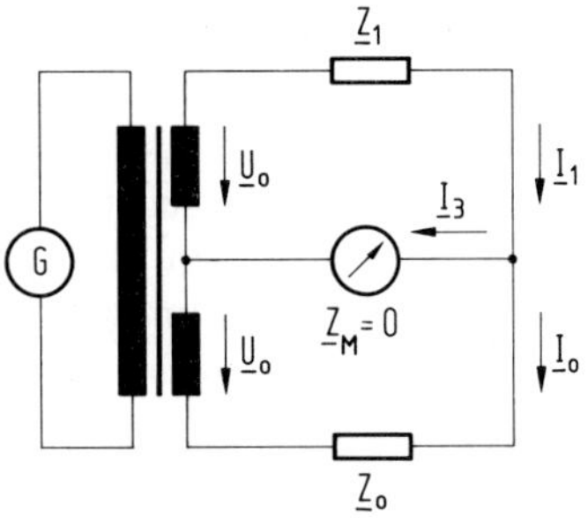

Bild 4.3: Kontinuierliche Messung von Impedanzunterschieden; Transformatorbrücke

Die Schaltung wird in Verbindung mit kapazitiven Aufnehmern bei der Messung nichtelektrischer Größen verwendet. Hat der verwendete Aufnehmer bei einem Arbeitspunkt die Kapazität C_0 und ändert sich diese auf $C_1 = C_0 + \Delta C$, so ist der kontinuierlich meßbare Strom I_3 ein Maß für die Kapazitätsänderung ΔC,

$$I_3 = \omega U_0 \Delta C. \tag{4.8}$$

Wie bei einer Ausschlagsbrücke wird der Gleichtaktanteil unterdrückt. Die besprochene Differenzschaltung wird häufig auch als Transformator- oder Übertragerbrücke bezeichnet. In den Fällen, in denen schnelle Kapazitätsänderungen erfaßt werden müssen, kann die Frequenz der Speisespannung von normalerweise 50 Hz bis auf 5 MHz erhöht werden.

4.1.3 Getrennte Ermittlung des Blind- und Wirkwiderstands

Wirk- und Blindwiderstände lassen sich auch mit den Methoden der Leistungsmessung bestimmen. In der Schaltung von Bild 4.4 ist der Scheinwiderstand durch seine Parallelersatzschaltung dargestellt. Die anliegende Spannung u_0

$$u_0 = \hat{u}_0 \sin \omega t$$

führt zu dem Strom i mit einer Blind- und Wirkkomponente. Für eine verlustbehaftete Kapazität z.B. ist

$$i = i_X + i_R = \hat{u}_0 \omega C \cos \omega t + \frac{\hat{u}_0}{R} \sin \omega t. \tag{4.9}$$

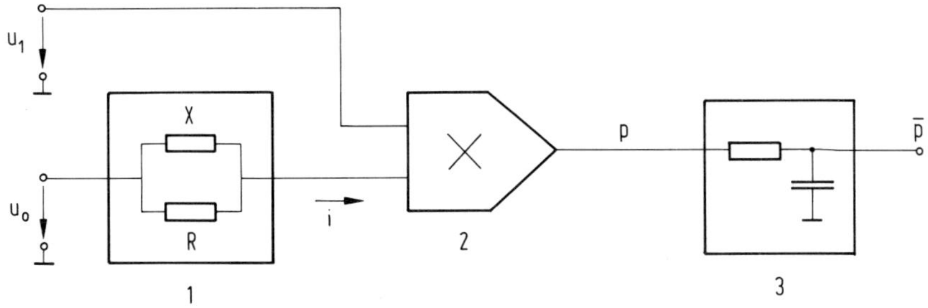

Bild 4.4: Bestimmung des Blindwiderstands X und des Wirkwiderstands R aus einer Leistungsmessung
1 Parallel-Ersatzschaltung für einen Scheinwiderstand
2 Multiplizierer
3 Tiefpaß zur Mittelwertbildung

Der Strom wird mit einer Spannung u_1 multipliziert und in einem Tiefpaß wird der lineare Mittelwert des Ausgangssignals p gebildet. Die Phasenverschiebung zwischen den Spannungen u_0 und u_1 ist wählbar und kann entweder zu 0° oder 90° vorgegeben werden. Im ersten Fall ergibt sich die Wirkleistung $\bar{p}_W$ als Maß für den Wirkwiderstand R, im zweiten Fall die Blindleistung $\bar{p}_B$ als Maß für den Blindwiderstand X. Als Beispiel sollen die Kapazität und der Wirkwiderstand eines Kondensators ermittelt werden.

Bestimmung des Blindwiderstandes. Die Steuerspannung u_1 ist gegen u_0 um 90° phasenverschoben, $u_1 = \hat{u}_1 \cos \omega t$. Mit ihr wird der Strom Gl. (4.9) multipliziert und erhalten wird das Ausgangssignal p_B:

$$p_B = i \cdot u_1 = \omega C \hat{u}_0 \hat{u}_1 \cos^2 \omega t + \frac{\hat{u}_0 \hat{u}_1}{R} \sin \omega t \cos \omega t$$

$$= \frac{1}{2} \left(\omega C \hat{u}_0 \hat{u}_1 + \omega C \hat{u}_0 \hat{u}_1 \cos 2 \omega t + \frac{\hat{u}_0 \hat{u}_1}{R} \sin 2 \omega t \right).$$

Der zeitliche Mittelwert der beiden letzten Terme ist null. Damit ergibt sich dann das gemittelte Signal $\bar{p}_B$, die Blindleistung, zu

$$\bar{p}_B = \frac{1}{2} \omega C \hat{u}_0 \hat{u}_1. \qquad (4.10)$$

Die in der obigen Gleichung stehenden Größen $\bar{p}_B$, ω, $\hat{u}_0$, $\hat{u}_1$ sind bekannt, so daß sich die Kapazität berechnen läßt.

Bestimmung des Wirkwiderstandes. Um die Wirkleistung zu bestimmen, wird die Steuerspannung u_1 mit derselben Phasenlage wie die Spannung u_0 gewählt, $u_1 = \hat{u}_1 \sin \omega t$. Damit ergibt sich hinter dem Multiplizierer das Signal p_W,

$$p_W = i \cdot u_1 = \omega C \hat{u}_0 \hat{u}_1 \sin \omega t \cos \omega t + \frac{\hat{u}_0 \hat{u}_1}{R} \sin^2 \omega t$$

$$= \frac{1}{2} \left(\frac{\hat{u}_0 \hat{u}_1}{R} - \frac{\hat{u}_0 \hat{u}_1}{R} \cos 2 \omega t + \omega C \hat{u}_0 \hat{u}_1 \sin 2 \omega t \right)$$

mit dem Mittelwert $\bar{p}_W$

$$\bar{p}_W = \frac{\hat{u}_0 \hat{u}_1}{2 R}, \qquad (4.11)$$

aus dem der gesuchte Wirkwiderstand R erhalten wird.

4.1.4 Messung eines Phasenwinkels

Prinzip. Wird ein aus einem Blind- und einem Wirkwiderstand bestehender Spannungsteiler an eine Spannung gelegt, so ist der durch die Widerstände fließende Strom gegenüber der angelegten Spannung phasenverschoben. Denselben Phasenwinkel φ hat die am Wirkwiderstand abfallende Spannung. Aus dem Phasenwinkel läßt sich bei bekanntem R mit

$$\cos\varphi = \frac{R}{\sqrt{R^2 + X^2}} \tag{4.12}$$

der Blindwiderstand X berechnen. Die Phasenverschiebung selbst wird entweder aus der gemittelten Spannung eines gesteuerten Gleichrichters bestimmt oder direkt digital gemessen (Abschnitt 6.1.3).

Bestimmung des Phasenwinkels aus einer Spannungsmessung. An dem in Bild 4.5 gezeichneten Spannungsteiler, bestehend aus der zu ermittelnden Induktivität L und dem bekannten Widerstand R, liegt die Spannung $u_0 = \hat{u}_0 \sin\omega t$. Dieselbe Spannung steuert den Gleichrichter.

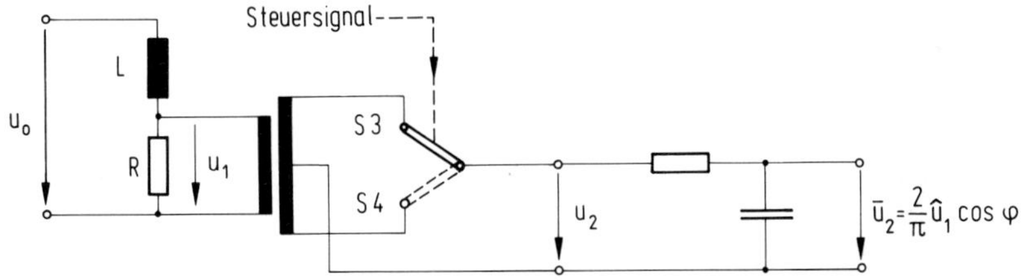

Bild 4.5: Messungen an einem induktiven-ohmschen Spannungsteiler

Über den Teiler fließt der Strom $i = \hat{i}\sin(\omega t + \varphi)$ und am Wirkwiderstand fällt die Spannung u_1

$$u_1 = \hat{u}_1 \sin(\omega t + \varphi) \tag{4.13}$$

ab. Die Spannung u_1 wird mit dem gesteuerten Gleichrichter in die Spannung u_2 umgeformt und in dem Tiefpaß gemittelt. Mit Gl. (2.212) ergibt sich

$$\bar{u}_2 = \frac{2}{\pi}\hat{u}_1 \cos\varphi .$$

Indem in diese Gleichung die Beziehungen

$$\hat{u}_1 = \hat{u}_0 \frac{R}{\sqrt{R^2 + \omega^2 L^2}}; \qquad \cos\varphi = \frac{R}{\sqrt{R^2 + \omega^2 L^2}}$$

eingeführt werden, entsteht

$$\bar{u}_2 = \frac{2\hat{u}_0}{\pi}\,\frac{R^2}{R^2 + \omega^2 L^2}. \tag{4.14}$$

Hier sind die Größen $\hat{u}_0$, R und ω bekannt, so daß aus der gemessenen Spannung $\bar{u}_2$ die Induktivität L berechnet werden kann.

Empfindlichkeit. Mit der besprochenen Schaltung werden die von induktiven Aufnehmern gelieferten Signale ausgewertet. In diesen Fällen interessiert der Zusammenhang zwischen der gemessenen Spannung $\bar{u}_2$ und der Induktivität des Aufnehmers L. Die gesuchte Empfindlichkeit E ist mit

$$E = \frac{d\,\bar{u}_2}{d\,L} = \frac{2\,\hat{u}_0\,R^2}{\pi}\,\frac{(-2\,\omega^2\,L)}{(R^2 + \omega^2\,L^2)^2} \tag{4.15}$$

noch von der Induktivität L abhängig. Um das Maximum der Empfindlichkeit zu finden, wird der Differentialquotient $d\,E/d\,L$ null gesetzt, $d\,E/d\,L = 0$. Aus dieser Bedingung folgt

$$R^2 + \omega^2\,L^2 = 4\,\omega^2\,L^2; \qquad R = \sqrt{3}\,\omega\,L.$$

Die Induktivität L und der ohmsche Widerstand R sind so aufeinander abzustimmen und auszulegen, daß die Phasenverschiebung zwischen den beiden Spannungen 30° ist:

$$\tan\varphi = \frac{\omega\,L}{R} = \frac{1}{\sqrt{3}} = 0{,}5; \qquad \varphi = 30°. \tag{4.16}$$

4.1.5 Strommessung in einem fremderregten Schwingkreis

Wird ein Reihenschwingkreis, bestehend aus dem ohmschen Widerstand R, der Induktivität L und der Kapazität C von einem Generator G angeregt (Bild 4.6), und wird in *Abhängigkeit von der Frequenz* des Generators der im Schwingkreis fließende Strom oder die am Widerstand R abfallende Spannung u_R aufgezeichnet, so ergibt sich die im Bild 4.6b dargestellte Resonanzkurve. Der Scheinwiderstand $\underline{Z}$

$$\underline{Z} = R + j\,X = R + j\left(\omega\,L - \frac{1}{\omega\,C}\right) \tag{4.17}$$

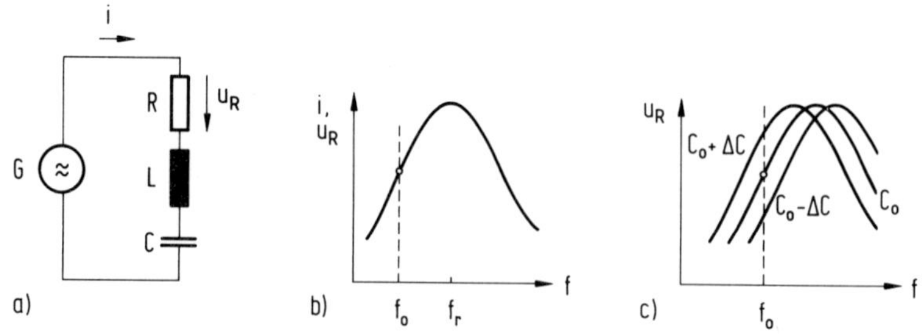

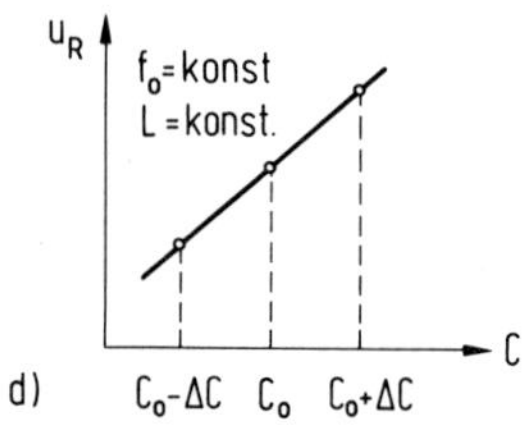

Bild 4.6: Bestimmung von L oder C durch eine Strommessung in einem Reihenschwingkreis
a) Schwingkreis mit dem Generator G, dem Widerstand R, der Induktivität L und der Kapazität C
b) Resonanzkurve
c) Wahl des Arbeitspunktes und der Betriebsfrequenz f_0
d) u_R in Abhängigkeit von C bei festgehaltener Betriebsfrequenz f_0

ist an der Stelle der Resonanz reell. Daraus folgt für die Resonanzkreisfrequenz ω_r

$$\omega_r L = \frac{1}{\omega_r C}, \quad \text{bzw.} \quad f_r = \frac{1}{2\pi} \frac{1}{\sqrt{LC}}. \tag{4.18}$$

Die Resonanzfrequenz wird nur durch L und C bestimmt. Vergrößert sich z.B. die Kapazität vom Wert C_0 auf den Wert $C_0 + \Delta C$, so tritt die Resonanz schon bei niedrigeren Frequenzen auf und umgekehrt.

Dieses Verhalten läßt sich ausnutzen, um bei bekanntem L Änderungen von C oder bei bekanntem C Änderungen von L zu messen. Der aus L und C bestehende Schwingkreis wird mit einer Frequenz f_0 so angeregt, daß der Arbeitspunkt ungefähr in der Mitte des aufsteigenden Astes der Resonanzkurve zu liegen kommt (Bild 4.6c). Gemessen wird die am Widerstand R abfallende Spannung u_R, die bei festgehaltenem L mit der Kapazität C zu- oder abnimmt und damit als kontinuierliches Abbild für letztere genommen werden kann.

Diese „*Messung bei der halben Resonanzkurve*", bei der ein Schwingkreis zu einer erzwungenen Schwingung der konstanten Frequenz f_0 angeregt und eine *Spannung* gemessen wird, ist zu unterscheiden von den in den Abschnitten 6.4 und 6.5 erwähnten Meßmethoden. Dort sind die Induktivitäten und Kapazitäten die frequenzbestimmenden Parameter frei schwingender Kreise und werden über eine *Frequenz*messung ermittelt.

4.2 Wechselstrom-Abgleichbrücke

4.2.1 Prinzip

Die Arbeitsweise einer mit der Wechselspannung $\underline{U}_0$ gespeisten, die vier Scheinwiderstände $\underline{Z}_1$ bis $\underline{Z}_4$ enthaltenden Brücke (Bild 4.7) ist ähnlich der im Abschnitt 3.2 besprochenen Brücke mit ohmschen Widerständen. Die Bedingung für den Brückenabgleich, bei dem die Diagonalspannung $\underline{U}_d$ zu null wird, ist

$$\underline{Z}_2 \underline{Z}_3 = \underline{Z}_1 \underline{Z}_4. \tag{4.20}$$

Die Scheinwiderstände können in der Komponenten- oder Polarform dargestellt werden. Für den ersten Fall geht (4.20) über in

$$(R_2 + jX_2)(R_3 + jX_3) = (R_1 + jX_1)(R_4 + jX_4).$$

Um diese Gleichung zu erfüllen, müssen auf jeder Seite Real- und Imaginärteil gleich sein:

$$R_2 R_3 - X_2 X_3 = R_1 R_4 - X_1 X_4 \tag{4.21}$$

$$X_2 R_3 + R_2 X_3 = X_1 R_4 + R_1 X_4. \tag{4.22}$$

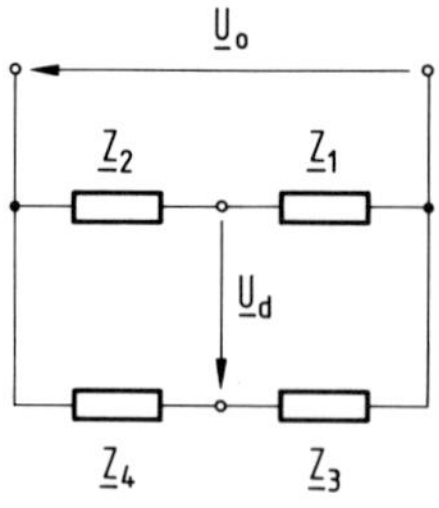

Bild 4.7: Wechselstrombrücke mit vier Scheinwiderständen

In Polarform lautet die Abgleichbedingung (4.20)

$$Z_2 Z_3 e^{j(\varphi_2 + \varphi_3)} = Z_1 Z_4 e^{j(\varphi_1 + \varphi_4)}.$$

Dafür müssen das Produkt der Beträge und die Summe der Winkel gleich sein:

$$Z_2 Z_3 = Z_1 Z_4 \tag{4.23}$$

$$\varphi_2 + \varphi_3 = \varphi_1 + \varphi_4 . \tag{4.24}$$

Bei dem Abgleich einer Wechselstrombrücke sind also zwei Bedingungen zu erfüllen. Die Brücke braucht dementsprechend mindestens zwei unabhängige Eingriffsmöglichkeiten, zwei einstellbare Komponenten. Diese sind in der Regel abwechselnd zu betätigen. Der Abgleich wird oft anhand eines Oszilloskops als Nullinstrument verfolgt [4.1].

Nicht jede mögliche Zusammenschaltung von insgesamt vier Widerständen, Spulen oder Kondensatoren führt zu einer abgleichbaren Brücke. Eine Kontrolle läßt sich schnell anhand der Phasenbeziehungen vornehmen. So kann z.B. die Schaltung Bild 4.8 nicht abgestimmt werden. Die Winkel φ_1 und φ_2 haben ein entgegengesetztes Vorzeichen, die Winkel φ_3 und φ_4 sind null, so daß die Gl. (4.24) nicht zu erfüllen ist.

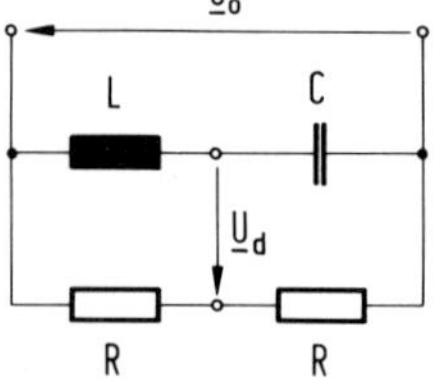

Bild 4.8: Beispiel einer nicht abgleichbaren Brückenschaltung

4.2.2 Kapazitätsmeßbrücke nach Wien

Mit der in Bild 4.9 dargestellten Brücke können verlustbehaftete Kondensatoren vermessen werden. Gesucht sind z.B. der Blindwiderstand C_2 und der Wirkwiderstand R_2 eines Kondensators, der in seiner Parallelersatzschaltung dargestellt ist. Einstellbar sind die Kapazität C_1 und der (oft auch in Reihe zu C_1 angeordnete) Widerstand R_1. Die Brücke ist abgeglichen für

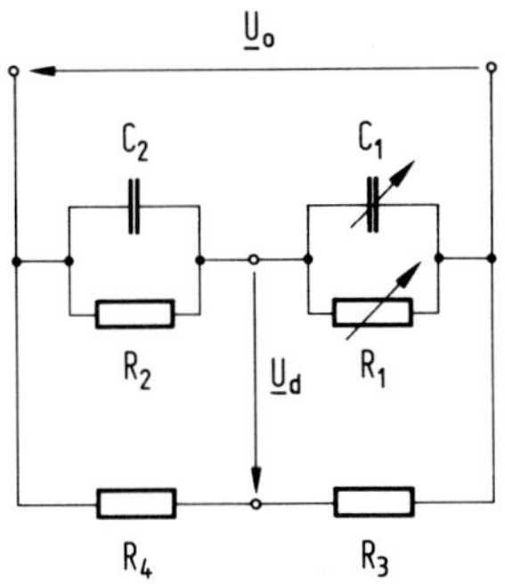

Bild 4.9: Kapazitäts-Meßbrücke nach Wien

$$\frac{\frac{R_2}{j\omega C_2}}{R_2 + \frac{1}{j\omega C_2}} R_3 = \frac{\frac{R_1}{j\omega C_1}}{R_1 + \frac{1}{j\omega C_1}} R_4$$

$$R_2 R_3 + j\omega R_1 R_2 R_3 C_1 = R_1 R_4 + j\omega R_1 R_2 R_4 C_2 .$$

Die Gleichsetzung des Realteils liefert die Bedinguung

$$R_2 = \frac{R_4}{R_3} R_1, \tag{4.25}$$

die durch eine Verstellung des Widerstands R_1 zu erfüllen ist. Der aus dem Imaginärteil entstehenden Forderung

$$C_2 = \frac{R_3}{R_4} C_1 \tag{4.26}$$

kann durch eine Änderung der Kapazität C_1 entsprochen werden.

Der Verlustfaktor tan δ der beiden Kondensatoren ist gleich und beträgt

$$\tan\delta_1 = \frac{1}{\omega C_1 R_1} = \frac{1}{\omega C_2 R_2} = \tan\delta_2 . \tag{4.27}$$

Wird eine aus zwei Widerstandsaufnehmern und zwei konstanten ohmschen Widerständen aufgebaute Brücke an eine Wechselspannung gelegt (Trägerfrequenzmeßbrücke), so sind bei den Widerstandsaufnehmern in der Regel Erdungs- und Leitungskapazitäten vorhanden. Die Widerstandsaufnehmer (R_1, R_2) haben also eine Blindkomponente (C_1, C_2) und können durch eine Parallelersatzschaltung beschrieben werden. Dieses Vorgehen führt zu der in Bild 4.9 dargestellten Brücke. Daraus ist ersichtlich, daß die Trägerfrequenzmeßbrücke auch bei ohmschen Widerständen hinsichtlich des Wirk- und des Blindwiderstandes abzugleichen ist.

4.2.3 Induktivitätsmeßbrücke nach Maxwell

Verlustbehaftete Induktivitäten können mit der Brücke nach Maxwell gemessen werden (Bild 4.10). In unserem Beispiel seien L_2 und R_2 die gesuchten Größen. L_1 ist eine bekannte Vergleichsinduktivität und R_1 und R_3 sind bekannte, einstellbare Widerstände. Die Brücke ist abgeglichen für

$$(R_2 + j\omega L_2) R_3 = (R_1 + j\omega L_1) R_4.$$

Daraus folgen für den Real- und Imaginärteil die Bedingungen

$$R_2 = \frac{R_4}{R_3} R_1; \qquad L_2 = \frac{L_1 R_4}{R_3}$$

denen durch die Verstellung der Widerstände R_1 und R_3 zu genügen ist.

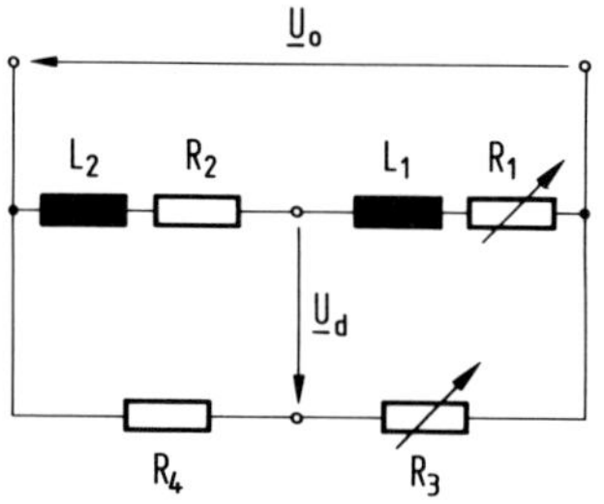

Bild 4.10: Induktivitäts-Meßbrücke nach Maxwell

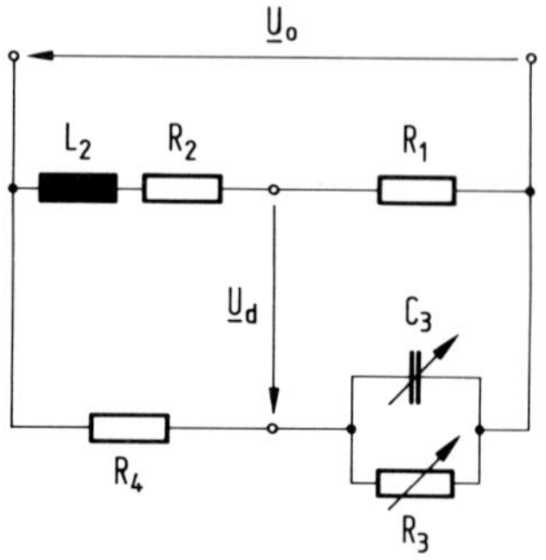

Bild 4.11: Induktivitäts-Meßbrücke nach Maxwell-Wien

4.2.4 Induktivitätsmeßbrücke nach Maxwell-Wien

Die in Bild 4.11 gezeigte Brücke ist eine Kombination der beiden zuletzt erläuterten Schaltungen. Sie ermöglicht die Bestimmung einer unbekannten, verlustbehafteten Induktivität (in unserem Beispiel L_2 und R_2) mit Hilfe eines Kapazitätsnormals (C_3, R_3), das leichter als eine Referenzinduktivität herzustellen ist. Aus der Abgleichbedingung

$$(R_2 + j\omega L_2) \left(\frac{\frac{R_3}{j\omega C_3}}{R_3 + \frac{1}{j\omega C_3}} \right) = R_1 R_4$$

folgen für den Real- und Imaginärteil die beiden Gleichungen

$$L_2 = R_1 R_4 C_3; \qquad R_2 = \frac{R_1 R_4}{R_3}$$

die durch die einstellbare Kapazität C_3 und den einstellbaren Widerstand R_3 zu erfüllen sind.

4.2.5 Phasenschieberbrücke

Neben den hier vorgestellten Brücken gibt es noch viele andere, so daß in Abhängigkeit von dem Wertebereich der zu messenden Größe die jeweils am besten geeignete Schaltung ausgewählt werden kann [4.1]. Des weiteren gibt es Brücken, die nur für eine bestimmte Frequenz (früher oft zur Frequenzmessung benutzt) oder überhaupt nicht abgleichbar sind. Als Beispiel für die letzte Gruppe wird die Phasenschieberbrücke Bild 4.12 besprochen, die aus einer Kapazität C, einem verstellbaren Widerstand R und zwei festen Widerständen R_0 besteht.

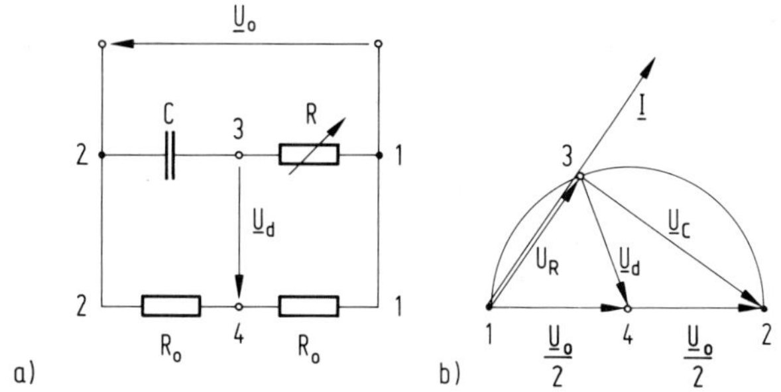

Bild 4.12: Phasenschieberbrücke mit Schaltung (a) und Zeigerdiagramm (b)

Die Brücke wird mit der Wechselspannung $\underline{U}_0$ versorgt, die an dem $(R_0 : R_0)$-Spannungsteiler im Verhältnis 1:1 geteilt wird. Zwischen den Punkten 1–4 und 4–2 liegt jeweils die Spannung $\underline{U}_0/2$. Im Brückenzweig mit dem Kondensator führt die angelegte Spannung zu einem der Spannung voreilenden Strom $\underline{I}$. Die am einstellbaren Widerstand R abfallende Spannung $\underline{U}_R$ hat die Richtung dieses Stromes (Punkte 1–3). Dagegen ist die Spannung $\underline{U}_C$ am Kondensator gegenüber dem Strom um 90° phasenverschoben (Punkte 3–2) und bildet mit $\underline{U}_R$ immer einen rechten Winkel. Wird der Widerstand R geändert, so ändert sich die Größe der Spannungen $\underline{U}_R$ und $\underline{U}_C$, ihr Phasenwinkel bleibt aber konstant und der Anschlußpunkt 3 verschiebt sich längs eines über $\underline{U}_0$ geschlagenen Halbkreises. Damit liegt in der Brückendiagonalen (Punkt 3–4) immer die Spannung $\underline{U}_0/2$. Der Phasenwinkel zwischen $\underline{U}_d$ und $\underline{U}_0$ ist am Widerstand R einstellbar und die Brücke wird benutzt, um die Phase einer Spannung verändern zu können.

4.3 Wechselstrom-Ausschlagbrücke

Die Impedanzänderungen der induktiven und kapazitiven Aufnehmer werden oft in Ausschlagbrücken gemessen. Dabei werden die Wirkwiderstände der Aufnehmer als konstant angesehen und vernachlässigt, und nur die Blindwiderstände werden untersucht. Entsprechend Gl. 3.14 entsteht in der Brücke von Bild 4.13 die Diagonalspannung $\underline{U}_d$

$$\underline{U}_d = \underline{U}_0 \frac{j(X_2 - X_1)}{j(X_2 + X_1)} \frac{R_0}{2 R_0} = \frac{\underline{U}_0}{2} \frac{(X_2 - X_1)}{(X_2 + X_1)}. \tag{4.32}$$

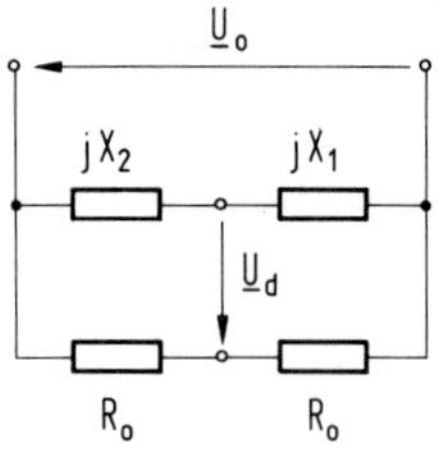

Bild 4.13: Brücke mit den Blindwiderständen X_1, X_2 und den Wirkwiderständen R_0

Daraus folgt für die *Viertelbrücke* mit $X_1 = X_0$ und $X_2 = X_0 + \Delta X$

$$\underline{U}_d = \frac{\underline{U}_0}{2} \frac{\Delta X}{2X_0 + \Delta X} \approx \frac{\underline{U}_0}{4X_0} \Delta X. \tag{4.33}$$

Die Diagonalspannung steigt ungefähr proportional mit ΔX.

In den Fällen, in denen die Änderungen ΔX nicht das Vorzeichen wechseln, wird entweder der Gleichrichtwert $\overline{|u_d|}$ oder der Effektivwert U_d gemessen:

$$U_d \approx \frac{U_0}{4} \frac{\Delta X}{X_0}. \tag{4.33a}$$

Können in der Brückendiagonalen aber positive und negative Spannungen auftreten, so sind diese phasenselektiv gleichzurichten und anzuzeigen ist deren geglätteter Wert (Trägerfrequenzmeßbrücke Bild 3.21).

*Differential*aufnehmer werden vorzugsweise in einer *Halbbrücke* verschaltet. Bei einem induktiven Differentialaufnehmer mit $X_1 = \omega(L_0 - \Delta L)$ und $X_2 = \omega(L_0 + \Delta L)$ ist nach (4.32) die Diagonalspannung linear proportional zur Induktivitätsänderung ΔL:

$$\underline{U}_d = \frac{\underline{U}_0}{2} \frac{\omega(L_0 + \Delta L - L_0 + \Delta L)}{\omega(L_0 + \Delta L + L_0 - \Delta L)} = \frac{\underline{U}_0}{2L_0} \Delta L. \tag{4.34}$$

Bei kapazitiven Aufnehmern ergibt sich mit $X_i = -1/\omega C_i$ aus (4.32) zunächst die Beziehung

$$\underline{U}_d = \frac{\underline{U}_0}{2} \frac{-1/\omega C_2 + 1/\omega C_1}{-1/\omega C_2 - 1/\omega C_1} = \frac{\underline{U}_0}{2} \frac{C_1 - C_2}{C_1 + C_2},$$

die für Differential-Kondensatoren mit $C_1 = C_0 - \Delta C$ und $C_2 = C_0 + \Delta C$ übergeht in

$$\underline{U}_d = \frac{\underline{U}_0}{2} \frac{C_0 - \Delta C - C_0 - \Delta C}{C_0 - \Delta C + C_0 + \Delta C} = -\frac{\underline{U}_0}{2C_0} \Delta C. \tag{4.35}$$

Auch hier ist die $U_d(\Delta C)$-Kennlinie eine Gerade.

4.4 Induktive Aufnehmer

In derselben Weise, wie verschiedene nichtelektrische Größen den ohmschen Widerstand von Meßwertgebern beeinflussen und dadurch meßbar werden, können auch Induktivitäten durch nichtelektrische Größen gesteuert werden. Bei diesen induktiven Aufnehmern ist die Induktivität L einer Spule die zu messende elektrische Größe. Sie hängt von dem Quadrat der Windungszahl N und dem magnetischen Widerstand R_m der Spule ab

$$L = \frac{N^2}{R_m}. \tag{4.36}$$

In den magnetischen Widerstand einer von Eisen umschlossenen Spule gehen die Weglänge s der Feldlinien, die von diesen durchsetzte Fläche A, die magnetische Feldkonstante μ_0 und die Permeabilitätszahl μ_r ein:

$$R_m = \frac{s}{\mu_0 \mu_r A}. \tag{4.37}$$

Die Größen, die bei den induktiven Aufnehmern beeinflußt werden, sind die Weglänge s oder die relative Permeabilitätszahl μ_r.

4.4.1 Tauchanker-Aufnehmer zur Längen- und Winkelmessung

Aufbau und Kennlinie. In seiner einfachsten Form besteht ein induktiver Längenaufnehmer aus einer Spule, in die ein verschiebbarer Eisenkern eintaucht (Bild 4.14). Die magnetischen Feldlinien laufen in drei verschiedenen Bereichen, nämlich im Eisen (s_{Fe}, A_{Fe}), in Luft innerhalb der Spule (s, A) und schließlich auf ihrem Rückweg in Luft außerhalb der Spule (s_a, A_a). Der magnetische Widerstand der Tauchkernspule ist

$$R_m = \frac{s_{Fe}}{\mu_0 \mu_r A_{Fe}} + \frac{s}{\mu_0 A} + \frac{s_a}{\mu_0 A_a}. \tag{4.38}$$

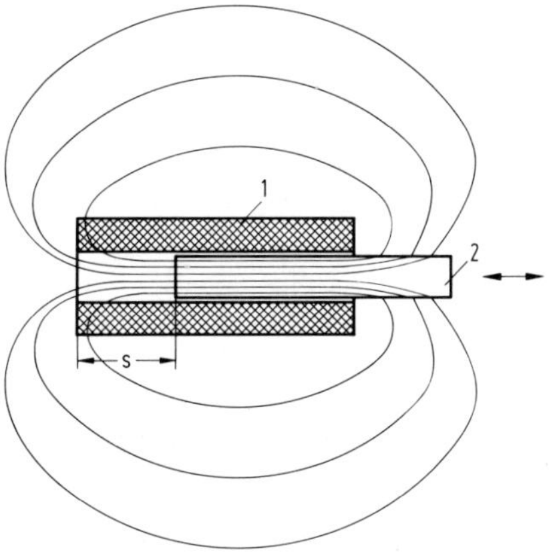

Bild 4.14: Spule 1 mit verschiebbarem Weicheisenkern 2

Der erste Term auf der rechten Seite dieser Gleichung ist wegen der im Nenner stehenden Permeabilitätszahl μ_r des Eisens mit einem Zahlenwert von 10^3–10^4 sehr viel kleiner als der zweite und kann so vernachlässigt werden. Auch der dritte Term spielt keine Rolle, da die für den Rückweg zur Verfügung stehende Querschnittsfläche A_a sehr viel größer als die Fläche A im Innern der Spule ist. Gegebenenfalls könnte auch ein Mantel aus Weicheisen um die Spule gelegt werden, in dem die Feldlinien praktisch widerstandsfrei verlaufen würden. Damit ist für den magnetischen Widerstand nur die eisenfreie Strecke s im Innern der Spule bestimmend

$$R_m = \frac{s}{\mu_0 A} \tag{4.39}$$

und die Induktivität

$$L = \frac{\mu_0 A N^2}{s} = \frac{k}{s} \quad \text{mit } k = \mu_0 A N^2 \tag{4.40}$$

ist um so größer, je weiter der Eisenkern in die Spule eintaucht. Sie hängt von der im Nenner stehenden eisenfreien Strecke s ab, wodurch sich ein hyperbelförmiger Verlauf der Kennlinie ergibt (Bild 4.15). Die Empfindlichkeit

$$E = \frac{dL}{ds} = -\frac{\mu_0 A N^2}{s^2} = -\frac{L}{s} \tag{4.41}$$

nimmt ebenfalls zu mit abnehmendem s. Die relative Induktivitätsänderung und die relative Wegänderung sind einander mit umgekehrten Vorzeichen gleich, wie aus einer Umstellung der letzten Gleichung zu sehen ist:

$$\frac{dL}{L} = -\frac{ds}{s}. \tag{4.42}$$

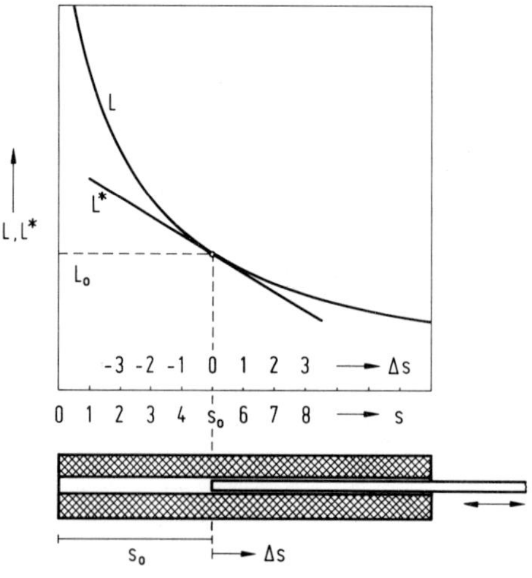

Bild 4.15: Induktivität L eines Tauchankergebers in Abhängigkeit von der Verschiebung Δs des Tauchankers. Im Arbeitspunkt s_0, L_0 ist die Tangente L* an die Kennlinie gelegt.

Um die Krümmung der Kennlinie zu verdeutlichen, ist in Bild 4.15 in dem Punkt (s_0, L_0) die Tangente L^* eingezeichnet. Ihre Gleichung lautet:

$$L^*(s_0 + \Delta s) = L(s_0) + \Delta s \cdot L'(s_0) = L_0 - L_0 \frac{\Delta s}{s_0}. \tag{4.43}$$

Sie weicht an der Stelle $s_0 + \Delta s$ mit

$$L^* - L = \frac{k}{s_0} - \frac{k}{s_0}\frac{\Delta s}{s_0} - \frac{k}{s_0 + \Delta s} = -\frac{k}{s_0 + \Delta s}\left(\frac{\Delta s}{s_0}\right)^2 \tag{4.44}$$

von der Kennlinie ab.

Bei einer Verschiebung des Tauchankers von der Stellung s_0 um Δs nach außen nimmt die Induktivität der Spule von $L_0 = k/s_0$ auf $L = k/(s_0 + \Delta s)$ ab. Wird die Induktivität L in einer Viertelbrücke gemessen, so liefert diese mit

$$X_2 = \omega L = \frac{\omega k}{s_0 + \Delta s}; \qquad X_1 = \frac{\omega k}{s_0}$$

nach Gl. (4.32) die Diagonalspannung $\underline{U}_d$

$$\underline{U}_d = \frac{\underline{U}_0}{2} \frac{\dfrac{\omega k}{s_0 + \Delta s} - \dfrac{\omega k}{s_0}}{\dfrac{\omega k}{s_0 + \Delta s} + \dfrac{\omega k}{s_0}} = -\frac{\underline{U}_0}{2}\frac{\Delta s}{2 s_0 + \Delta s} \approx -\frac{\underline{U}_0}{4 s_0}\Delta s. \tag{4.45}$$

Sie ist nur ungefähr proportional der Verschiebung Δs.

Differential-Tauchankergeber. Der Differential-Tauchankergeber besteht aus zwei getrennten Spulen mit einem gemeinsamen beweglichen Eisenkern (Bild 4.16). Dieser taucht in seiner Mittelstellung gleich tief in beide Spulen ein. Wird er verschoben, so wird die Induktivität der einen Spule erhöht und die der anderen vermindert. Mit einem axialsymmetrisch aufgebauten Differential-

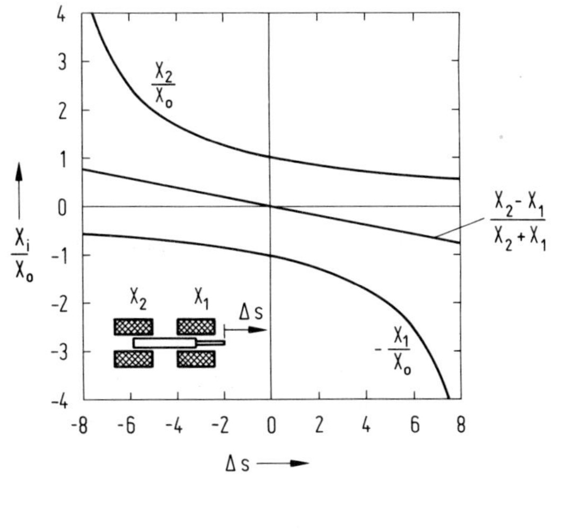

Bild 4.16: Kennlinien eines Differential-Tauchankergebers. Die Diagonalspannung einer Halbbrücke ist proportional dem Quotienten $(X_2 - X_1)/(X_1 + X_2)$.

Tauchankergeber werden Wege, mit einem ringförmig und drehbar ausgeführten werden Winkel gemessen.

Um die Wegänderung des Tauchkerns zu messen, werden die beiden Spulen des Aufnehmers zweckmäßig zu einer Halbbrücke verschaltet. Diese liefert mit

$$X_1 = \omega L_1 = \frac{\omega k}{s_0 - \Delta s}; \qquad X_2 = \omega L_2 = \frac{\omega k}{s_0 + \Delta s}$$

nach Gl. (4.32) die Diagonalspannung $\underline{U}_d$, die jetzt exakt proportional zur Verschiebung Δs ist:

$$\underline{U}_d = \frac{\underline{U}_0}{2} \frac{\dfrac{\omega k}{s_0 + \Delta s} - \dfrac{\omega k}{s_0 - \Delta s}}{\dfrac{\omega k}{s_0 + \Delta s} + \dfrac{\omega k}{s_0 - \Delta s}} = -\frac{\underline{U}_0}{2 s_0} \Delta s. \tag{4.46}$$

Die Kennlinie der Meßeinrichtung ist eine Gerade und die Empfindlichkeit E eine Konstante:

$$E = \frac{d\underline{U}_d}{d\Delta s} = -\frac{\underline{U}_0}{2 s_0}. \tag{4.47}$$

4.4.2 Queranker-Aufnehmer zur Längen- und Winkelmessung

Für die Messung kleiner Wegstrecken werden vorwiegend Queranker-Aufnehmer benutzt (Bild 4.17). Hier befindet sich die Spule auf dem Schenkel eines u-förmigen Kerns. Der magnetische Kreis wird durch einen Queranker geschlossen, der vom Kern den Abstand s einnimmt. Die magnetischen Feldlinien

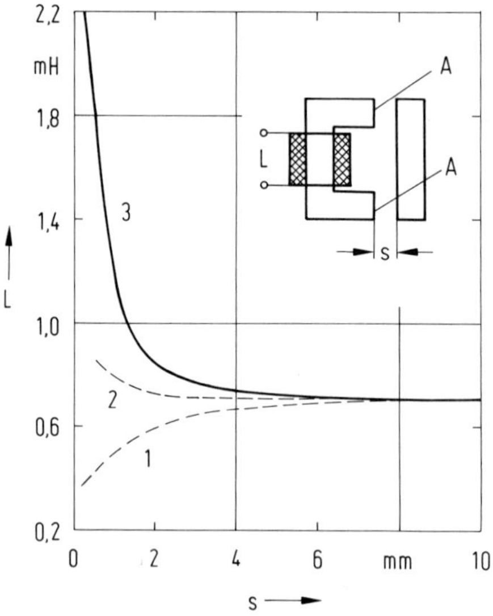

Bild 4.17: Induktivität eines Querankergebers in Abhängigkeit vom Weg s für Queranker aus Messing 1, Weicheisen 2 und Ferrit 3 [4.2]

durchlaufen zweimal den Luftspalt s und sind sonst weitgehend durch das Eisen geführt. Mit A als Querschnitt des Kerns ist der magnetische Widerstand R_m dieser Spule gegeben durch

$$R_m = \frac{2s}{\mu_0 A} + \frac{s_{Fe}}{\mu_0 \mu_r A}. \tag{4.48}$$

Der letzte Term darf wieder wegen der großen Permeabilitätszahl μ_r des Eisens vernachlässigt werden. Die Induktivität $L = N^2/R_m$ dieser Spule mit Queranker

$$L = \frac{\mu_0 A N^2}{2s} \tag{4.49}$$

ist umgekehrt proportional zur Breite des Luftspalts s.

Wegen unvermeidlicher Streuungen im Luftspalt verläuft die *L(s)-Kennlinie* nur ungefähr nach Gl. (4.49). Sie hängt sehr von dem Material des Querankers ab. Besteht dieser aus einem elektrisch leitenden, aber nicht ferromagnetischen Material wie z.B. Messing oder Kupfer, so entstehen in ihm Wirbelströme, deren Gegenfeld den magnetischen Fluß der Spule schwächt. Die Induktivität nimmt mit kleiner werdendem Luftspalt ab. Beim Eisen heben sich der feldverstärkende Einfluß der hohen Permeabilität und der feldschwächende Einfluß der Wirbelströme teilweise auf. Dagegen führt die geringe Leitfähigkeit und hohe Permeabilität der Ferrite zu einem starken Anstieg der Induktivität bei abnehmendem Luftspaltabstand.

Auch in der Queranker-Bauform sind *Differentialaufnehmer* verfügbar. Hier haben zwei sich gegenüberliegende Spulen ein gemeinsames Joch, das bei seiner Bewegung den einen Luftspalt vergrößert und den anderen entsprechend verringert (Bild 4.18). In der rotationssymmetrischen Ausführungsform mit Topfkern sind die Spulen praktisch vollständig vom Eisen umschlossen. Dadurch wird zum einen der Streufluß minimiert und zum anderen der Nutzfluß vor äußeren störenden Magnetfeldern abgeschirmt.

Die Blindwiderstände der Queranker-Aufnehmer werden vornehmlich mit Ausschlagbrücken gemessen. Die bei den Tauchankergebern diskutierten Ergebnis-

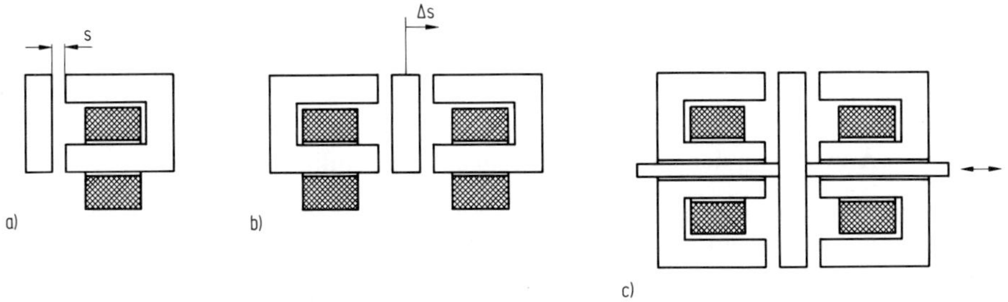

Bild 4.18: Querankeraufnehmer; einfache Ausführung (a), Differential-Querankeraufnehmer (b) und Differential-Querankeraufnehmer mit Topfkern (c)

se sind voll auf die Querankergeber zu übertragen. Die Diagonalspannung einer beide Spulen des Differential-Querankergebers enthaltenden Halbbrücke ändert sich streng linear mit der Verschiebung des gemeinsamen Jochs. Die Differenzbildung in der Halbbrücke hat weiterhin den Vorteil, daß eventuell von außen auf beide Spulen gleich einwirkende Störungen weitgehend eliminiert werden.

4.4.3 Kurzschlußring-Sensor

Die Schwächung eines magnetischen Feldes durch Wirbelströme wird in dem auch bei ungünstigen Umgebungsbedingungen zuverlässig arbeitenden Kurzschlußring-Sensor zur Längen- und Winkelmessung ausgenutzt. Dieser besteht aus einem w-förmigen Kern, dessen Mittelschenkel die Spule und den beweglich angeordneten Kurzschlußring trägt (Bild 4.19).

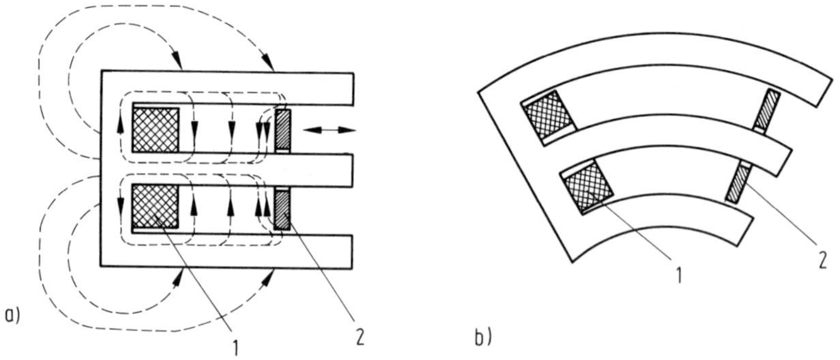

Bild 4.19: Kurzschlußring-Sensor zur Wegmessung (a) und Winkelmessung (b); Spule 1, beweglicher Kurzschlußring 2 [4.3]

Bei einem magnetischen Wechselfeld entstehen in dem Kurzschlußring Wirbelströme. Diese erzeugen ein magnetisches Gegenfeld, das nur unbedeutend schwächer als das anregende Feld ist. Der den Kurzschlußring durchsetzende magnetische Fluß wird praktisch null und das magnetische Feld der Spule wird auf den Raum zwischen Spule und Kurzschlußring begrenzt. Die Induktivität der Erregerspule ist proportional dem Abstand zwischen Spule und Ring, der damit meßbar ist.

4.4.4 Anwendung der induktiven Längen- und Winkelgeber

Die in den vorausgegangenen Abschnitten besprochenen induktiven Aufnehmer werden zur berührungslosen Messung von Wegen und Winkeln und indirekt auch zur Messung all der Größen benutzt, die sich als Wege oder Winkel darstellen lassen. Der Meßbereich kann vielen Erfordernissen angepaßt werden und geht von etwa 1 µm (Auflösung 0,01 µm) bis zu ungefähr 1 m.

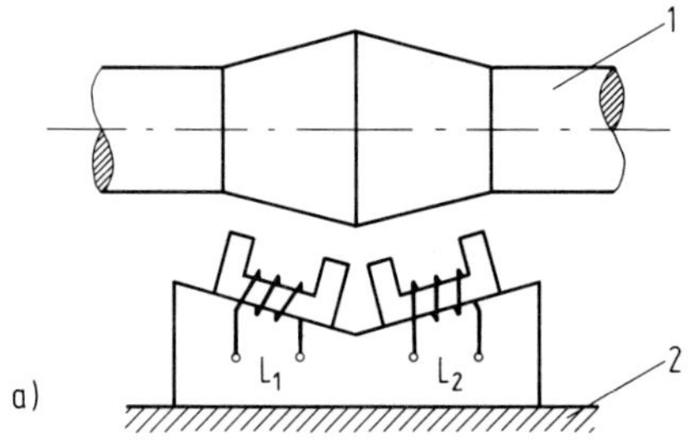

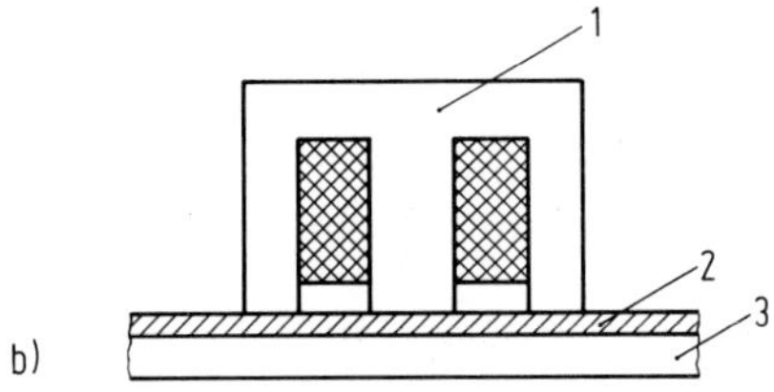

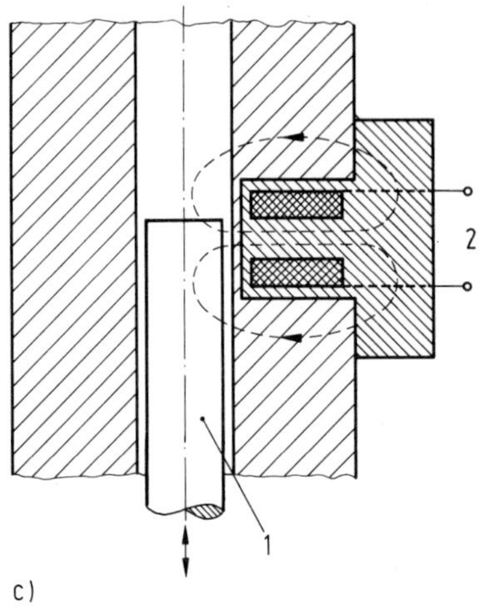

Bild 4.20: Anwendung von induktiven Aufnehmern
a) Messung der Relativdehnung zwischen Turbinenwelle 1 und Gehäuse 2 [0.17]
b) Messung der Dicke von nichtmagnetischen Schichten; 1 Drossel, 2 nichtmagnetische Komponente (Folie, Lackschicht), 3 Eisenkern
c) Messung der Ventilstellung in einer Hochdruck-Dampfleitung [4.4]; 1 Ventilstange, 2 Anschlüsse der Spule

Bild 4.20 zeigt als Beispiel die induktive Messung der axialen Verschiebung einer Welle und die Bestimmung der Dicke einer nichtmagnetischen Schicht auf einer magnetischen Unterlage. Ein induktiver Drehzahlgeber ist in Bild 6.38 dargestellt.

Bei Messungen in unter Druck stehenden Räumen kann der bewegliche Tauch- oder Queranker durch ein druckfestes nichtmagnetisches Rohr von der umgebenden Spule getrennt werden. Damit lassen sich, wie z.B. bei der Messung der Ventilstellung in einer Hochdruck-Dampfleitung, Längen- und Winkeländerungen aus einem druckführenden Raum ohne mechanische Durchführungen nach außen übertragen (Bild 4.20c).

Der komplette Aufnehmer, bestehend aus Eisenkern und Spule, kann auch in den druckführenden Raum eingebaut werden. In diesem Fall sind die Spulenanschlüsse über besondere Durchführungen (z.B. in Glas eingeschmolzene Stifte) aus dem unter Druck stehenden Raum nach außen zu führen, womit die zu bestimmende Induktivität zugänglich wird.

4.4.5 Induktiver Schleifendetektor zur Erfassung von Fahrzeugen

In ihrer einfachsten Form besteht eine Spule aus einer Leiterschleife. Liegt diese in der Straßendecke (Bild 4.21), so kann sie als Fahrzeug-Detektor Verwendung finden. Überfährt ein Fahrzeug die Schleife, so wird durch das ferromagnetische oder leitfähige Material des Fahrzeugs das magnetische Feld verformt und die Induktivität wird für die Dauer der Überfahrt verändert. Aus ihrer Messung (z. B. in der Anordnung nach Bild 4.5) lassen sich die Zahl und Art der Fahrzeuge und gegebenenfalls auch ihre Geschwindigkeit erkennen. Diese Daten werden zur Steuerung der Verkehrssignale benutzt. Die induktiven Detektoren sind praktisch keinem Verschleiß unterworfen, arbeiten auch bei den unterschiedlichen Witterungsbedingungen zuverlässig und sind leicht zu installieren. Hierzu ist nur ein schmaler Schlitz in die Fahrbahndecke zu fräsen, in den die Leiterschleife gelegt und vergossen wird.

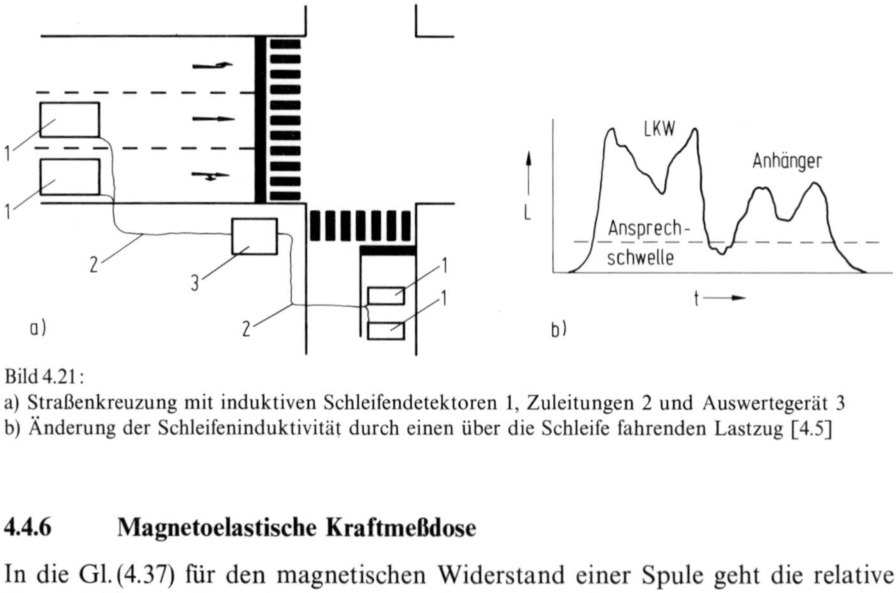

Bild 4.21:
a) Straßenkreuzung mit induktiven Schleifendetektoren 1, Zuleitungen 2 und Auswertegerät 3
b) Änderung der Schleifeninduktivität durch einen über die Schleife fahrenden Lastzug [4.5]

4.4.6 Magnetoelastische Kraftmeßdose

In die Gl. (4.37) für den magnetischen Widerstand einer Spule geht die relative Permeabilitätszahl μ_r des benutzten Eisens ein. Diese hängt bei bestimmten Nickel-Eisen-Legierungen von der Normalspannung ab. Bei einer Beanspruchung auf Zug nimmt die Permeabilität zu, bei einer Druckbelastung entsprechend ab. Dieser magnetoelastische Effekt, der bei einer dynamischen Belastung Spannungen in der Spule induziert (Abschnitt 2.6.6), führt bei einer statischen Beanspruchung zu einer Änderung der Spuleninduktivität. Über deren Messung sind damit die im Eisen herrschenden Spannungen erkennbar. Der Effekt wird in der magnetoelastischen Kraftmeßdose, die eine eisengeschlossene Induktivität darstellt, zur weglosen Messung von Kräften ausgenutzt (Bild 4.22). Die Verformung $\Delta l/l$ liegt zwischen 10^{-5} und 10^{-6} und der Meßbereich geht von 10^3 N bis 10^6 N.

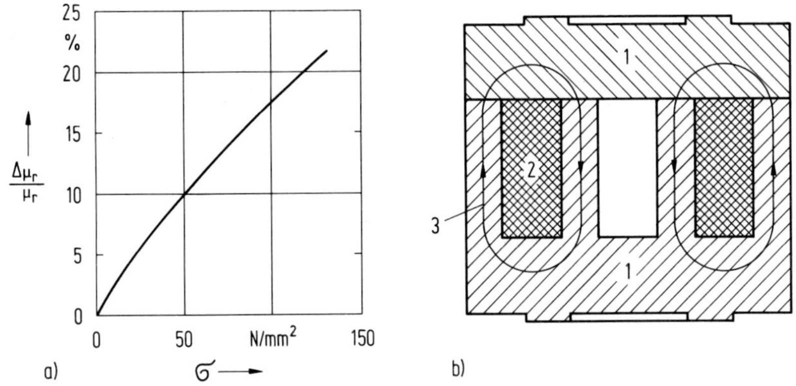

Bild 4.22: Magnetoelastische Kraftmeßdose
a) Änderung der Permeabilität einer Nickel-Eisen-Legierung in Abhängigkeit von der Normalspannung σ
b) Schnitt mit Druckkörper 1 aus Nickel-Eisen, Spule 2 und magnetischer Feldlinie 3

4.5 Kapazitive Aufnehmer

Die Kapazität eines Plattenkondensators hängt von der elektrischen Feldkonstanten ε_0, der Dielektrizitätszahl ε_r, der Plattenfläche A und dem Plattenabstand a ab:

$$C = \frac{\varepsilon_0 \varepsilon_r A}{a}. \tag{4.55}$$

Eine Änderung des Plattenabstands, der Plattenfläche oder der Dielektrizitätszahl führt zu einer Änderung der Kapazität. Damit lassen sich über eine Kapazitätsmessung alle die Effekte überwachen, die eine oder mehrere der drei genannten Größen beeinflussen.

4.5.1 Änderung des Plattenabstands

Die Kapazität eines Kondensators ist umgekehrt proportional zum Plattenabstand. Wird er verkleinert, so wird die Kapazität vergrößert und umgekehrt. Die entsprechende Empfindlichkeit E eines Kondensators ist

$$E = \frac{dC}{da} = -\frac{\varepsilon_0 \varepsilon_r A}{a^2} = -\frac{C}{a}. \tag{4.56}$$

Sie ist also besonders groß bei kleinen Plattenabständen. Aus einer Umstellung der letzten Gleichung folgt:

$$\frac{dC}{C} = -\frac{da}{a}. \tag{4.57}$$

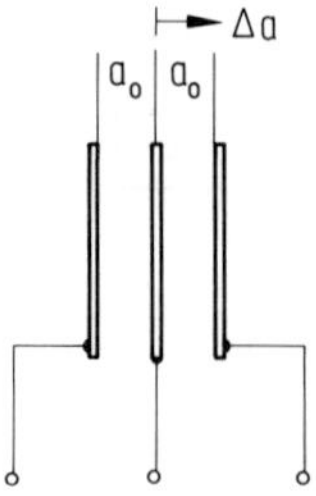

Bild 4.23: Differential-Kondensator. Die mittlere Platte ist verstellbar.

Ähnlich Gl. (4.42) ist jetzt die relative Kapazitätsänderung proportional der relativen Abstandsänderung.

Die Kapazität eines Kondensators nimmt bei einer Vergrößerung des Plattenabstands um Δa von $C_0 = \varepsilon_0 \varepsilon_r A/a_0$ auf $C = \varepsilon_0 \varepsilon_r A/(a_0 + \Delta a)$ ab. Wird sie in einer Viertelbrücke mit

$$X_2 = \frac{-1}{\omega C} = \frac{-(a_0 + \Delta a)}{\omega \varepsilon_0 \varepsilon_r A}; \qquad X_1 = \frac{-1}{\omega C_0} = \frac{-a_0}{\omega \varepsilon_0 \varepsilon_r A}$$

bestimmt, so ist nach Gl. (4.32) die Diagonalspannung $\underline{U}_d$ nur ungefähr der Änderung des Plattenabstands proportional,

$$\underline{U}_d = \frac{\underline{U}_0}{2} \frac{\Delta a}{2a_0 + \Delta a} \approx \frac{\underline{U}_0}{4a_0} \Delta a. \tag{4.58}$$

Diese Nichtlinearität verschwindet beim Differential-Kondensator, der zwei Kondensatoren mit einer gemeinsamen, beweglichen Mittelplatte darstellt (Bild 4.23). Wird diese Mittelplatte von a_0 ausgehend um Δa verschoben, so vergrößert sich der Abstand des einen Plattenpaares, der des anderen nimmt ab:

$$X_1 = \frac{-1}{\omega C_1} = \frac{-(a_0 - \Delta a)}{\omega \varepsilon_0 \varepsilon_r A}; \qquad X_2 = \frac{-1}{\omega C_2} = \frac{-(a_0 + \Delta a)}{\omega \varepsilon_0 \varepsilon_r A}.$$

Werden die beiden Hälften des Differential-Kondensators in die diagonalen Zweige einer Brücke gelegt, so ist nach (4.32) die Diagonalspannung $\underline{U}_d$ streng proportional zur Änderung des Plattenabstands Δa:

$$\underline{U}_d = \frac{\underline{U}_0}{2a_0} \Delta a. \tag{4.59}$$

Kondensatoren mit verschiebbaren Elektroden werden ähnlich wie induktive Geber zu Weg- und Winkelmessungen benutzt. Nach dem gleichen Prinzip arbeiten die Kondensatormikrophone, die Schallschwingungen in elektrische Signale umformen [4.6].

4.5.2 Änderung der Plattenfläche

Neben dem Plattenabstand läßt sich besonders einfach die Überdeckung, d.h. die wirksame Fläche der Kondensatorplatten, ändern (Bild 4.24). Befinden sich Platten mit der Breite b_0 und der Länge l_0 im Abstand a_0 einander gegenüber,

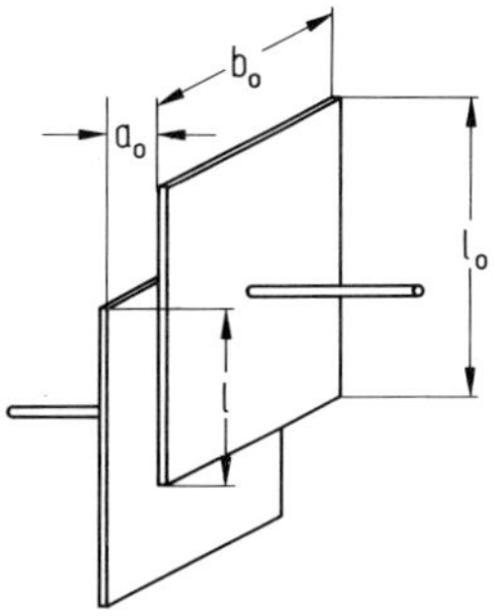

Bild 4.24: Parallelverschiebung der Kondensatorplatten

so hat dieser Kondensator eine maximale Kapazität C_0 von

$$C_0 = \frac{\varepsilon_0 b_0 l_0}{a_0}. \tag{4.60}$$

Wird nun die eine Kondensatorplatte so an der anderen vorbeigeschoben, daß beide sich nur noch teilweise mit der Länge l überdecken, so nimmt die Kapazität von C_0 auf C ab:

$$C = \frac{\varepsilon_0 b_0}{a_0} l = \frac{C_0}{l_0} l. \tag{4.61}$$

Sie ist der Länge l proportional. Damit ist auch dieser Kondensator für Wegmessungen geeignet.

Die Kondensatorplatten müssen bei ihrer Bewegung exakt geführt werden, um ihren Abstand genau einzuhalten. Anderenfalls würden Kapazitätsänderungen aufgrund von Abstandsänderungen das Meßergebnis verfälschen. Weniger empfindlich gegen diesen störenden Einfluß sind die Bauformen, die eine bewegliche Mittelelektrode enthalten (Bild 4.25).

Die Abhängigkeit der Kapazität von der Plattenoberfläche wird z.B. bei den bekannten Drehkondensatoren ausgenutzt. In der Verfahrenstechnik wird auf-

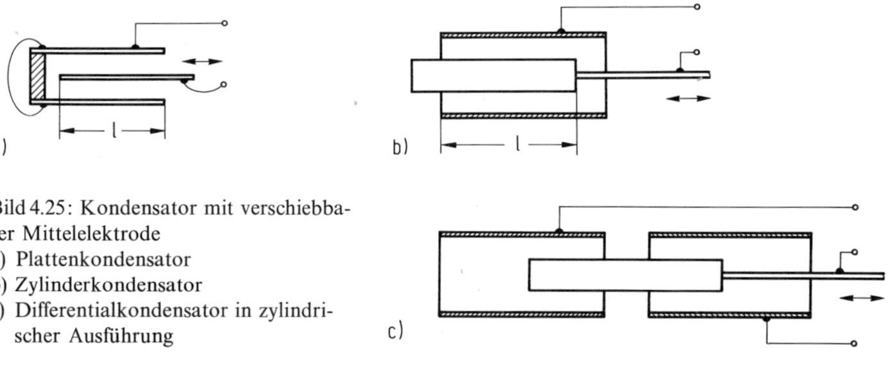

Bild 4.25: Kondensator mit verschiebbarer Mittelelektrode
a) Plattenkondensator
b) Zylinderkondensator
c) Differentialkondensator in zylindrischer Ausführung

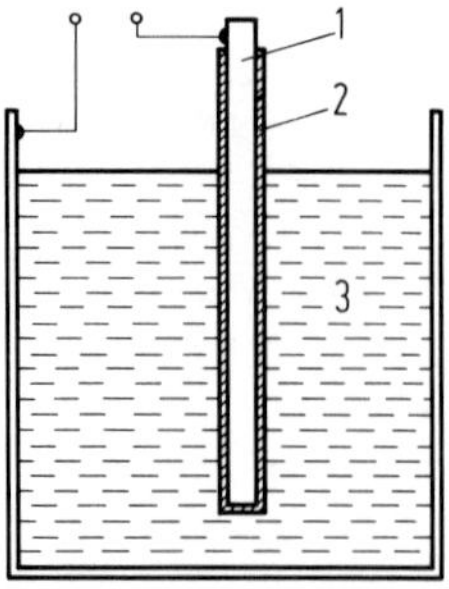

Bild 4.26: Kapazitive Füllstandsmessung einer leitenden Flüssigkeit mit isolierter Elektrode; 1 Elektrode, 2 Isolation, 3 Flüssigkeit

grund dieses Effekts der Füllstand von elektrisch leitenden Flüssigkeiten gemessen. In die Flüssigkeit wird eine Elektrode mit einem isolierenden Überzug eingetaucht (Bild 4.26). Die Elektrode und die umgebende elektrisch leitende Flüssigkeit stellen einen Kondensator mit der Isolationsschicht als Dielektrikum dar. Die Kondensatorfläche und damit die Kapazität der Anordnung ist um so größer, je höher der Behälterfüllstand ist.

4.5.3 Geometrische Änderung des Dielektrikums

Geschichtete Dielektrika. Der in Bild 4.27a dargestellte Kondensator enthält zwei verschiedene Dielektrika mit den Dielektrizitätszahlen ε_{r1} und ε_{r2} und den Dicken a_1 und a_2. Beide Dielektrika füllen den Raum zwischen den Kondensatorplatten völlig aus, $a_1 + a_2 = a_0$. Die Anordnung kann als eine Hintereinanderschaltung von zwei Kapazitäten C_1 und C_2 aufgefaßt werden, deren Gesamtkapazität C zu bestimmen ist. Für die vorliegende Serienschaltung gilt:

$$\frac{1}{C} = \frac{1}{C_1} + \frac{1}{C_2} = \frac{1}{\varepsilon_0 A}\left(\frac{a_1}{\varepsilon_{r1}} + \frac{a_2}{\varepsilon_{r2}}\right);$$

$$C = \frac{\varepsilon_0 A}{a_1/\varepsilon_{r1} + a_2/\varepsilon_{r2}} \tag{4.62}$$

Ist die Dielektrizitätszahl des ersten Dielektrikums gleich der der Luft ($\varepsilon_{r1} = 1$), so ist die gesuchte Gesamtkapazität C

$$C = \frac{\varepsilon_0 A}{a_1 + a_2/\varepsilon_{r2}} = \frac{\varepsilon_0 A}{a_0 - a_2 + a_2/\varepsilon_{r2}} \tag{4.63}$$

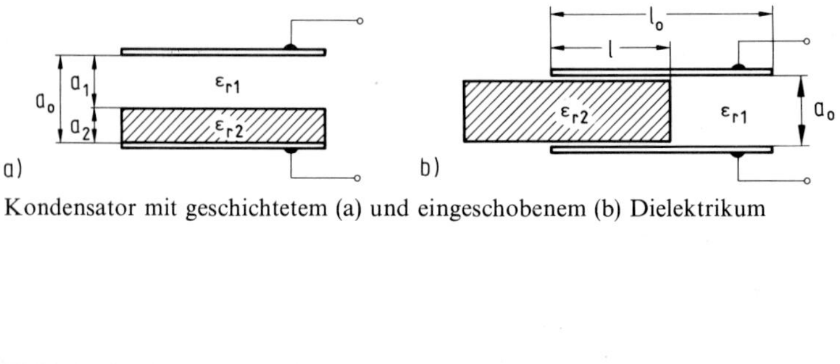

Bild 4.27: Kondensator mit geschichtetem (a) und eingeschobenem (b) Dielektrikum

abhängig von der Dielektrizitätszahl ε_{r2} und der Dicke a_2 des zweiten Dielektrikums. Ist eine dieser Größen bekannt, so kann die andere aus einer Messung der Kapazität ermittelt werden.

Diese Methode wird zur berührungslosen Schichtdickenmessung angewendet. Papier- und Kunststoff-Folien, synthetische Fasern und Fäden, deren Dicke zu bestimmen ist, werden zwischen zwei Kondensatorplatten hindurchgezogen. Die Dielektrizitätszahl der untersuchten Stoffe ist bekannt, so daß aus der gemessenen Kapazität die Dicke des Materials bestimmt werden kann.

Dielektrika mit variablen Eintauchtiefen. Anders als in den vorausgegangenen Überlegungen wird jetzt angenommen, daß das Dielektrikum 2 unterschiedlich tief in den Kondensator eintaucht. Dies führt zu der im Bild 4.27b gezeigten Anordnung, die sich als eine Parallelschaltung von Kondensatoren verstehen läßt. Die Gesamtkapazität setzt sich aus den Teilkapazitäten C_1 (Dielektrizitätszahl ε_{r1}, Plattenfläche $b_0(l_0 - l)$) und C_2 (Dielektrizitätszahl ε_{r2}, Plattenfläche $b_0\,l$) zusammen:

$$C = C_1 + C_2 = \frac{\varepsilon_0 \varepsilon_{r1} b_0 (l_0 - l)}{a_0} + \frac{\varepsilon_0 \varepsilon_{r2} b_0 l}{a_0}$$

$$= \frac{\varepsilon_0 b_0}{a_0} [\varepsilon_{r1}(l_0 - l) + \varepsilon_{r2} l]. \tag{4.64}$$

Die letzte Gleichung wird etwas übersichtlicher, wenn als Dielektrikum 1 wieder Luft unterstellt ($\varepsilon_{r1} = 1$) und die Kapazität C_0 des leeren, luftgefüllten Kondensators (Gl. (4.60)) eingeführt wird. Die durch den Eintritt des Dielektrikums 2 verursachte relative Kapazitätsänderung $\Delta C/C_0$ wächst proportional zur Eindringtiefe l:

$$\frac{\Delta C}{C_0} = \frac{C - C_0}{C_0} = \frac{l_0 - l}{l_0} + \frac{\varepsilon_{r2} l}{l_0} - 1 = \frac{\varepsilon_{r2} - 1}{l_0} l. \tag{4.65}$$

Dieses Prinzip wird zur Füllstandsmessung bei elektrisch nichtleitenden Flüssigkeiten und Schüttgütern angewendet. In das zu kontrollierende Medium werden zwei Kondensatorplatten eingeführt (Bild 4.28), die mit zunehmender Füllung mehr und mehr überdeckt werden. Die gemessene Kapazität ist dann nach Gl. (4.65) ein Maß für die gesuchte Füllhöhe l.

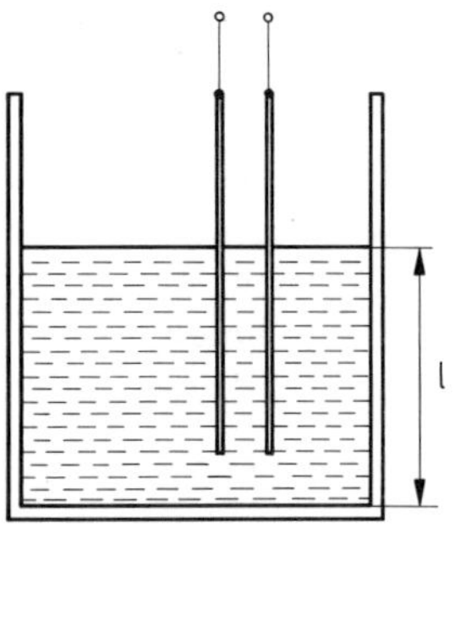

Bild 4.28: Kapazitive Füllstandsmessung bei nichtleitenden Flüssigkeiten oder Schüttgütern

4.5.4 Änderung der Dielektrizitätszahl durch Feuchtigkeit oder Temperatur

Die Dielektrizitätszahl von Wasser ist mit $\varepsilon_r = 81$ sehr viel größer als die anderer Stoffe. Die Dielektrizitätszahl eines Isolierstoffes nimmt aus diesem Grunde stark mit dem Wassergehalt zu. Diese Tatsache ermöglicht eine Wassergehalts- oder Feuchtemessung.

Ist die Feuchte von festen, nichtleitenden Stoffen wie z.B. Getreide, Textilien, Holz oder Kohle festzustellen, so werden diese Stoffe durch die Platten eines Kondensators geführt. Aus der gemessenen Kapazität wird dann auf den in diesen Stoffen enthaltenen Wassergehalt geschlossen.

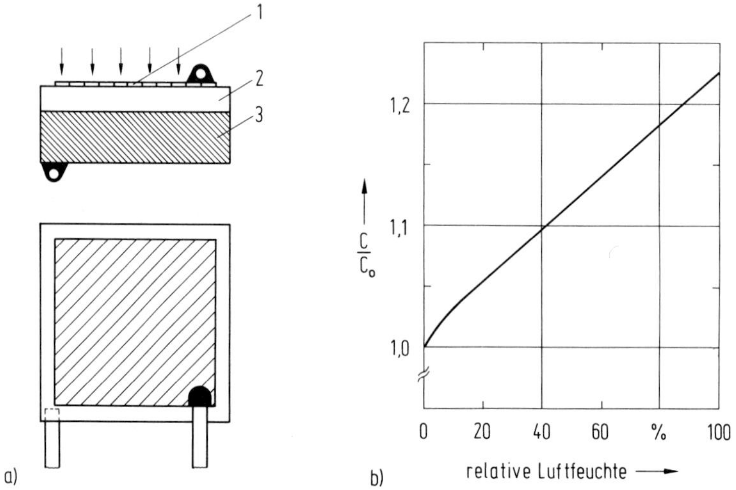

Bild 4.29: Kapazitive Messung der relativen Luftfeuchte

a) Aufbau des Fühlerelements mit wasserdurchlässiger Goldelektrode 1, feuchtempfindlichem Dielektrikum 2, Grundelektrode 3

b) Zusammenhang zwischen der Kapazität des Fühlerelements und der relativen Luftfeuchte ($C_0 \approx 300$ pF) [4.7]

Des weiteren besteht ein eindeutiger Zusammenhang zwischen der relativen Feuchte in Luft und dem von speziellen Kunststoffen molekular aufgenommenen Wasser. Wird ein derartiger Kunststoff als Dielektrikum eines Kondensators genommen, so läßt sich aus der gemessenen Kapazität die relative Feuchte der umgebenden Luft bestimmen (Bild 4.29).

Einige Dielektrika sind temperaturabhängig. Entsprechende Kondensatoren werden als Geber für Brand-Warnanlagen benutzt.

4.6 Vergleich der induktiven und der kapazitiven Längenaufnehmer

Randbedingungen. Induktive und kapazitive Längenaufnehmer sind sich insofern ähnlich, als sie im Unterschied zu den potentiometrischen Aufnehmern kontaktlos und verschleißfrei arbeiten. Bezüglich dieser Eigenschaft sind sie für die Meßaufgaben gleich gut geeignet. Um zu sehen, ob sich die induktiven und kapazitiven Aufnehmer in anderen Punkte unterscheiden und damit eigene, spezifische Anwendungsgebiete haben, werden ein Queranker-Aufnehmer und ein Plattenkondensator verglichen (Bild 4.30). Die Luftspaltbreite a des Queranker-Aufnehmers und der Plattenabstand a des Kondensators werden gleich groß angenommen. Dagegen soll die Kondensatorfläche A_C das Zehnfache der Querschnittsfläche A_L der Polschuhe betragen, womit auch das Volumen des elektrischen Feldes V_C zehnmal so groß wie das des magnetischen Feldes V_L ist, $A_C = 10\ A_L$.

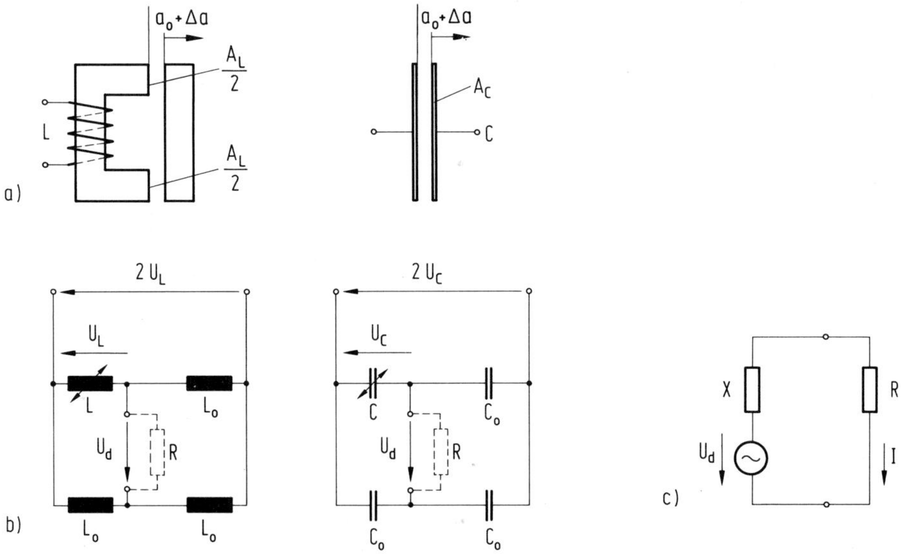

Bild 4.30: Vergleich eines induktiven Querankeraufnehmers mit einem kapazitiven Aufnehmer
a) Aufnehmer
b) Brückenschaltung
c) Ersatzspannungsquelle

Wird jeder Aufnehmer in einer mit der Spannung U_0 versorgten Brücke verschaltet und werden in der Brückendiagonalen die *Leerlauf*spannungen gemessen, so hängen diese entsprechend den Gln. (4.45) und (4.58) in gleicher Weise von Δa ab. Die Meßaufnehmer haben in dieser Schaltung die gleiche Empfindlichkeit.

Es ist nun unzweckmäßig, die induktive und die kapazitive Brücke an die gleiche Spannung U_0 zu legen. Besser ist, die Brücken auf die Erfordernisse der Aufnehmer abzustimmen und mit unterschiedlichen Spannungen so zu versorgen, daß die Aufnehmer gute, aber noch ohne allzu großen Aufwand erzielbare Empfindlichkeiten erreichen. Eine derartige Auslegung führt z. B. bei dem induktiven Aufnehmer zu einer magnetischen Flußdichte $B = 0{,}1\ \mathrm{Vs/m^2}$, bei dem kapazitiven Aufnehmer zu einer elektrischen Feldstärke $E = 10^5\ \mathrm{V/m}$, bei der Spannungsüberschläge noch nicht zu befürchten sind [4.9]. Um diese Größen zu erreichen, sind unterschiedliche Speisespannungen U_0 erforderlich, die im folgenden als

$$U_{0L} = 2\,U_L \quad \text{und} \quad U_{0C} = 2\,U_C$$

unterschieden werden. Dabei ist U_L die am induktiven, U_C die am kapazitiven Aufnehmer liegende Spannung.

Aufgrund dieser Annahmen kann jetzt der wesentliche Unterschied zwischen beiden Aufnehmern herausgestellt werden. Er liegt darin, daß im magnetischen Feld der Drossel eine sehr viel größere Energie als im elektrischen Feld des Kondensators gespeichert ist.

4.6.1 Energie des magnetischen und des elektrischen Feldes

In der Gleichung für die Energie W_m des magnetischen Feldes,

$$W_m = \frac{1}{2}\,L\,I^2, \tag{4.70}$$

kann der Strom durch die Spannung ersetzt werden, $I = U_L/\omega L$, womit sie übergeht in

$$W_m = \frac{1}{2\,\omega^2}\,\frac{U_L^2}{L}. \tag{4.71}$$

Außerdem kann die im Magnetfeld gespeicherte Energie durch die Kenngrößen der Drossel gemäß der folgenden Beziehung ausgedrückt werden:

$$W_m = \frac{a\,A_L\,B^2}{2\,\mu_0}. \tag{4.72}$$

Die Energie W_e des elektrischen Feldes,

$$W_e = \frac{1}{2}\,C\,U^2, \tag{4.73}$$

läßt sich mit $C = \varepsilon_0 A_C/a$ und unter Einbeziehung der elektrischen Feldstärke $E = U/a$ überführen in

$$W_e = \frac{1}{2}\,\varepsilon_0\,a\,A_C\,E^2. \tag{4.74}$$

Damit sind jetzt die Vorbereitungen getroffen, um das Verhältnis der in den beiden Feldern gespeicherten Energien bestimmen zu können. Dieses ergibt sich mit den getroffenen Annahmen aus (4.74) und (4.72) zu

$$\frac{W_m}{W_e} = \frac{2\,a\,A_L\,B^2}{2\,\mu_0\,\varepsilon_0\,a\,A_C\,E^2}$$

$$= \frac{1}{1{,}25\cdot 10^{-6}}\,\frac{1}{8{,}85\cdot 10^{-12}}\,\frac{1}{10}\,\frac{10^{-2}}{10^{10}}\,\frac{\mathrm{Am}}{\mathrm{Vs}}\,\frac{\mathrm{Vm}}{\mathrm{As}}\,\frac{\mathrm{V^2\,s^2}}{\mathrm{m^4}}\,\frac{\mathrm{m^2}}{\mathrm{V^2}}$$

$$= 9\cdot 10^3. \tag{4.75}$$

Die Energie des magnetischen Feldes ist um Zehnerpotenzen größer als die des elektrischen. Dieser Sachverhalt ist für die Anwendungsfälle bedeutsam, in denen die Diagonalspannung der verwendeten Brückenschaltung nicht im Leerlauf, sondern mit einer bestimmten Stromentnahme gemessen wird, für die Fälle also, in denen die Brücke belastet wird.

4.6.2 Größte der Brückenschaltung entnehmbare Leistung

Um die den Induktivitäts- und Kapazitätsmeßbrücken entnehmbaren Leistungen zu finden, werden die Brücken durch ihre Ersatzschaltungen dargestellt. Die Leerlaufspannung der Ersatzspannungsquelle ist dabei jeweils die Diagonalspannung U_d. Ihr Innenwiderstand X wird zu ωL bzw. $1/\omega C$ angenommen. Der Verbraucher mit dem Widerstand R sei an den Innenwiderstand X der Spannungsquelle angepaßt mit $R = X$.

In diesem Fall fließt über den Verbraucher der Strom I

$$I = \frac{U_d}{\sqrt{X^2 + R^2}} = \frac{1}{\sqrt{2}}\,\frac{U_d}{R} \tag{4.76}$$

und die im Verbraucher umgesetzte Leistung P ist

$$P = \frac{U_d}{\sqrt{2}}\,I = \frac{U_d^2}{2\,R} = \frac{U_d^2}{2\,X}. \tag{4.77}$$

Indem in die letzte Gleichung die von der induktiven Brücke gelieferte Leerlaufspannung $U_{d,L} = 2\,U_L\,\Delta a/4a_0$ eingeführt wird, ergibt sich die der induktiven Brücke maximal entnehmbare Leistung P_L zu

$$P_L = \frac{1}{8\,\omega}\,\frac{U_L^2}{L}\left(\frac{\Delta a}{a_0}\right)^2. \tag{4.78}$$

Der Quotient U_L^2/L läßt sich mit Gl. (4.71) durch die magnetische Feldenergie W_m ausdrücken und die letzte Gleichung geht damit über in

$$P_L = \frac{1}{4}\,\omega\,W_m\left(\frac{\Delta a}{a_0}\right)^2. \tag{4.79}$$

Bei der kapazitiven Brücke ergibt sich aufgrund entsprechender Überlegungen für die maximal entnehmbare Leistung P_C der Ausdruck

$$P_C = \frac{1}{8}\,\omega\, C\, U_C^2 \left(\frac{\Delta a}{a_0}\right)^2,$$

der mit Gl. (4.73) umgeformt werden kann in

$$P_C = \frac{1}{4}\,\omega\, W_e \left(\frac{\Delta a}{a_0}\right)^2. \tag{4.80}$$

Damit können jetzt die von den Brücken gelieferten Leistungen miteinander verglichen werden. Das Verhältnis

$$\frac{P_L}{P_C} = \frac{\frac{1}{4}\,\omega\, W_m \left(\frac{\Delta a}{a_0}\right)^2}{\frac{1}{4}\,\omega\, W_e \left(\frac{\Delta a}{a_0}\right)^2} = \frac{W_m}{W_e} = 9 \cdot 10^3 \tag{4.81}$$

ist also ebenso groß wie das der in den Feldern gespeicherten Energien.

Der induktiven Brücke ist also eine wesentlich größere Leisung als der kapazitiven zu entnehmen. Die induktiven Aufnehmer liefern damit die leistungsstärkeren Signale. Diese werden weniger durch Einstreuungen und durch Rauschen gestört und sind sicherer zu verarbeiten. Bei der induktiven Brücke kann in vielen Fällen auf Meßverstärker verzichtet werden. Anzeige- und Registriergeräte lassen sich direkt anschließen. Dieser Vorteil überwiegt die Nachteile der induktiven Aufnehmer wie die schwierigere Herstellung, die Temperaturabhängigkeit des Wicklungswiderstandes und die schlechtere Linearität, so daß induktive Geber zur Zeit häufiger als kapazitive eingesetzt werden.

4.6.3 Steuerleistung zum Verstellen der Aufnehmer

Die den Brücken entnehmbare Leistung stammt aus den Quellen, die die Brücken speisen und nicht aus den magnetischen oder elektrischen Feldern der Aufnehmer. Die Induktivitäten und Kapazitäten bestimmen lediglich die verfügbare Leistung. Ihre Steuerung geschieht nicht leistungslos. Hierfür ist eine Arbeit erforderlich, die von dem Aufnehmer bzw. von der den Aufnehmer führenden Komponente erbracht werden muß. Es zeigt sich, daß zur Verstellung des induktiven Aufnehmers größere Kräfte als beim kapazitiven aufgewendet werden müssen.

Wird durch eine Bewegung des Querankers um Δa das Volumen des magnetischen Feldes geändert, so ist hierfür nach Gl. (4.72) die Arbeit ΔW_m aufzuwenden mit

$$\Delta W_m = \frac{1}{2\mu_0}\, A_L\, B^2\, \Delta a. \tag{4.82}$$

Entsprechend (4.74) ist für eine Änderung des elektrischen Feldes die Energie ΔW_e

$$\Delta W_e = \frac{1}{2}\,\varepsilon_0\, A_C\, E^2\, \Delta a \tag{4.83}$$

erforderlich. Das Verhältnis der aufzuwendenden Energien nimmt mit

$$\frac{\Delta W_m}{\Delta W_e} = \frac{2\,A_L\,B^2}{2\varepsilon_0\,\mu_0\,A_C\,E^2} = \frac{W_m}{W_e} = 9 \cdot 10^3 \tag{4.84}$$

den schon bekannten Wert an. Um den induktiven Aufnehmer zu verstellen oder auch nur in seiner Lage zu halten, sind - unabhängig von der Belastung der Brücke - höhere Energien und nach der Beziehung

$$\Delta W = F\,\Delta a \tag{4.85}$$

auch größere Kräfte F als beim kapazitiven erforderlich. Die Messung der interessierenden Wege und Winkel soll aber selbstverständlich rückwirkungsfrei erfolgen. Induktive Aufnehmer dürfen daher nur bei solchen Komponenten verwendet werden, bei denen die zur Verstellung notwendigen Kräfte ohne Beeinträchtigung des Meßobjekts zur Verfügung stehen. Ist diese Forderung wie z.B. bei einigen Geräten der Feinmechanik nicht zu erfüllen, so können nicht induktive, sondern nur kapazitive Aufnehmer eingesetzt werden.

Für den induktiven Aufnehmer ergibt sich bei einer Polschuhfläche $A_L = 1\,\text{cm}^2$ und einer Flußdichte $B = 0{,}1\,\text{Vs/m}^2$ aus einem Vergleich von (4.85) und (4.82) die zur Verstellung oder zum Halten des Ankers erforderliche Kraft F_L zu

$$F_L = \frac{1}{2\mu_0}\,A_L\,B^2 = \frac{1}{2}\,\frac{1}{1{,}25 \cdot 10^{-6}} \cdot 10^{-4} \cdot 10^{-2}\,\frac{\text{Am}}{\text{Vs}}\,\text{m}^2\,\frac{\text{V}^2\,\text{s}^2}{\text{m}^4}$$

$$= 0{,}4\,\frac{\text{AVs}}{\text{m}} = 0{,}4\,\text{N}.$$

Dagegen lassen sich die Platten des der Betrachtung zugrundegelegten Kondensators mit einer Kraft F_C von $4{,}4 \cdot 10^{-5}\,\text{N}$ in ihrer Position halten. Wird jedoch anstelle eines einfachen induktiven Querankergebers ein Differentialgeber verwendet, so kompensieren sich weitgehend die von den beiden Magnetfeldern auf die gemeinsame Mittelplatte ausgeübten Kräfte, so daß auch dieser Geber praktisch rückwirkungsfrei betrieben werden kann.

5 Digitale Meßtechnik; kodierte und inkrementale Meßwertgeber

Das Kennzeichen der digitalen Meßtechnik ist die Verarbeitung wertdiskreter Signale. Die notwendige Quantisierung der Meßsignale kann dabei am Anfang, innerhalb oder am Ende einer Meßkette erfolgen. Nur wenige Meßwertgeber wie z.B. die codierten und inkrementalen Längenaufnehmer liefern schon diskrete Signale. Hier kann die gesamte Meßeinrichtung digital aufgebaut werden. In den meisten Fällen jedoch liegen zunächst analoge Signale vor, die in diskrete umzusetzen sind. Oft wird auch die gesamte Signalverarbeitung noch analog durchgeführt, und nur der Meßwert wird am Ende der Meßkette als Zahl dargestellt und ausgegeben. Die Digitaltechnik läßt sich so nicht nur für die Messung einiger spezieller Größen, sondern allgemein einsetzen. Besonders geeignet ist sie für Meßaufgaben, bei denen die Tätigkeit des Zählens erforderlich ist oder angewendet werden kann.

Die Digitaltechnik beinhaltet die wiederholte Anwendung einiger weniger Grundschaltungen [0.19, 0.24, 0.26, 5.1–5.6]. Diese werden im folgenden so weit erklärt, daß Arbeitsweise und Einsatzmöglichkeiten der digitalen Meßgeräte verständlich werden.

5.1 Binäre Signale und ihre logischen Verknüpfungen

5.1.1 Binäre Signale

Im einfachsten Fall ist ein diskretes Signal binär. Dieses kann nur zwei Werte annehmen, und zwei Zeichen wie z.B. 0 und 1 genügen zu seiner vollständigen Beschreibung.

Auf binäre Signale wird in der Technik deshalb zurückgegangen, da sie sich durch einfache und zuverlässige, nur zwei klar unterscheidbare Betriebszustände annehmende Komponenten darstellen lassen. Geeignet sind z.B. offene und geschlossene Kontakte, oder auch stromführende und sperrende Transistoren. Bei Betätigung dieser Komponenten wechselt die an den Signalleitungen liegende, zur Kennzeichnung des Signalzustandes dienende Spannung. Die Zuordnung wird im Sinn der „positiven Logik“ getroffen, d.h., die höhere Spannung H (high) kennzeichnet den Zustand 1, die niedrige L (low) den Zustand 0. Die Spannungen sind dabei nicht eng toleriert, sondern dürfen in einem gewissen Bereich schwanken.

5.1.2 Logische Verknüpfungen binärer Signale

Um die Operationen mit binären Signalen beschreiben zu können, werden sie wie zweiwertige, logische Variablen behandelt. Die dafür nötigen Regeln liefert die Boolesche Algebra, die ursprünglich von G. Boole (1815–1864) zur Behandlung philosophischer Fragen entwickelt worden ist. Diese Algebra baut auf den drei grundlegenden Operationen *Konjunktion, Disjunktion* und *Negation* auf.

Als Rechenzeichen für die Konjunktion (UND-Verknüpfung) dient der Multiplikationspunkt ($\cdot$) der Algebra. Die Disjunktion (ODER-Verknüpfung) wird durch das normale Pluszeichen ($+$) beschrieben, während die Negation durch einen Querstrich über der zu negierenden Variablen gekennzeichnet wird. Gebräuchlich ist auch das Zeichen $\vee$ für die Disjunktion (stilisiertes v von vel $=$oder) und das Zeichen $\wedge$ für die Konjunktion (stilisiertes et$=$&$=$und).

Im folgenden werden einige Verknüpfungen für zwei Eingangssignale x_1, x_2 und ein Ausgangssignal y definiert. Dabei sind jeweils die logische Operation, das früher gebräuchliche Schaltzeichen mit runden Symbolen, das zur Zeit genormte eckige Schaltzeichen [5.4] und die Wertetabelle angegeben.

NICHT-Verknüpfung, Negation. Die NICHT- oder Umkehr-Verknüpfung liefert als Ausgangssignal jeweils das umgekehrte, negierte Eingangssignal:

$$y = \bar{x} \qquad (5.1)$$

x	y
0	1
1	0

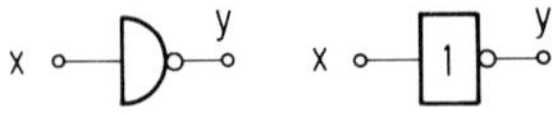

Die NICHT-Verknüpfung ist nur bei zweiwertigen, binären Signalen möglich. Bei Variablen, die mehr als zwei Werte annehmen können, existiert der Begriff der Negation nicht.

UND-Verknüpfung, Konjunktion. Das Ausgangssignal der UND-Verknüpfung hat nur dann den Wert 1, wenn alle Eingänge mit 1 belegt sind.

$$y = x_1 \cdot x_2 \qquad (5.2)$$

x_1	x_2	y
0	0	0
0	1	0
1	0	0
1	1	1

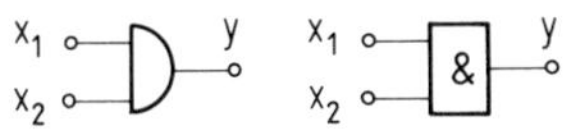

NAND-Verknüpfung. Die NAND-Verknüpfung ist die negierte UND-Verknüpfung:

$$y = \overline{x_1 \cdot x_2} \qquad (5.3)$$

x_1	x_2	y
0	0	1
0	1	1
1	0	1
1	1	0

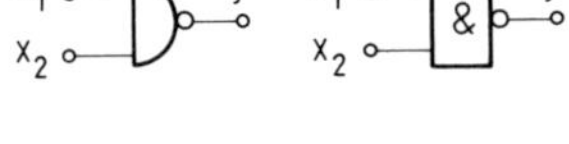

ODER-Verknüpfung, Disjunktion. Das Ausgangssignal der ODER-Verknüpfung hat den Wert 1, wenn mindestens ein Eingangssignal mit 1 belegt ist:

$$y = x_1 + x_2 \tag{5.4}$$

x_1	x_2	y
0	0	0
0	1	1
1	0	1
1	1	1

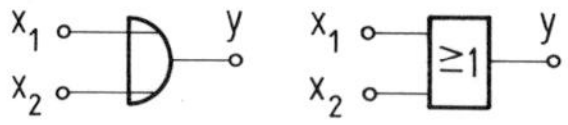

NOR-Verknüpfung. Die NOR-Verknüpfung ist die negierte ODER-Verknüpfung:

$$y = \overline{x_1 + x_2} \tag{5.5}$$

x_1	x_2	y
0	0	1
0	1	0
1	0	0
1	1	0

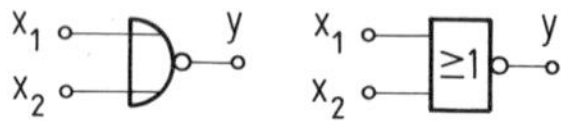

Exklusiv-ODER-Verknüpfung, Antivalenz. Das Ausgangssignal der Exklusiv-ODER-Verknüpfung hat dann den Wert 1, wenn genau ein Eingang mit 1 belegt ist:

$$y = \bar{x}_1 \cdot x_2 + x_1 \cdot \bar{x}_2 \tag{5.6}$$

x_1	x_2	y
0	0	0
0	1	1
1	0	1
1	1	0

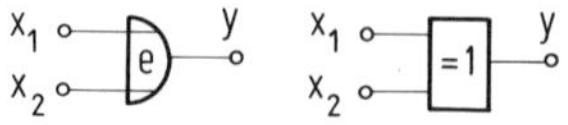

Äquivalenz. Das Ausgangssignal der Äquivalenzverknüpfung hat den Wert 1, wenn die Eingangssignale gleich, die Eingänge entweder mit 0 oder mit 1 belegt sind. Die Äquivalenz ist die negierte Antivalenz und umgekehrt.

$$y = \bar{x}_1 \cdot \bar{x}_2 + x_1 \cdot x_2 \tag{5.7}$$

x_1	x_2	y
0	0	1
0	1	0
1	0	0
1	1	1

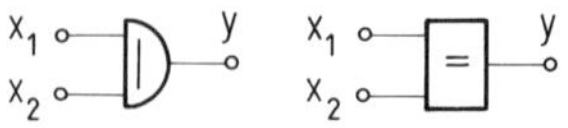

Bild 5.1 zeigt, wie sich die Antivalenz- und Äquivalenzoperation entsprechend den Definitionsgleichungen aus der Negation, Konjunktion und Disjunktion zusammensetzen.

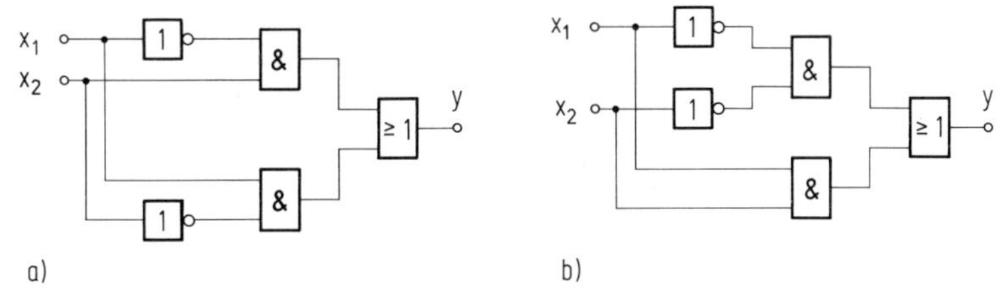

Bild 5.1: Antivalenz-Verknüpfung (a) und Äquivalenz-Verknüpfung (b)

Gesetze der Booleschen Algebra. Für die Verknüpfung von logischen Variablen gelten generell die in der Tabelle 5.1 zusammengestellten Theoreme. Mit ihrer Hilfe lassen sich die Ausgangssignale umfangreicherer logischer Verknüpfungen berechnen und die entsprechenden Schaltungen unter Umständen vereinfachen. Die Mehrzahl der aufgeführten Regeln ist aus der Zahlenalgebra schon bekannt. Die Gesetze (5.10) und (5.16) jedoch können ebenso wie die auf der

Tabelle 5.1 Gesetze der Schaltalgebra

Operationen mit 0 und 1:		
$x_1 + 1 = 1$	$x_1 \cdot 1 = x_1$	(5.8)
$x_1 + 0 = x_1$	$x_1 \cdot 0 = 0$	(5.9)
Tautologie		
$x_1 + x_1 = x_1$	$x_1 \cdot x_1 = x_1$	(5.10)
Operationen mit der negierten Variablen:		
$x_1 + \bar{x}_1 = 1$	$x_1 \cdot \bar{x}_1 = 0$	(5.11)
Kommutatives Gesetz:		
$x_1 + x_2 = x_2 + x_1$	$x_1 \cdot x_2 = x_2 \cdot x_1$	(5.12)
Assoziatives Gesetz:		
$x_1 + (x_2 + x_3) = (x_1 + x_2) + x_3$	$x_1 \cdot (x_2 \cdot x_3) = (x_1 \cdot x_2) \cdot x_3$	(5.13)
Distributives Gesetz:		
$x_1 + x_2 \cdot x_3 = (x_1 + x_2) \cdot (x_1 + x_3)$	$x_1 \cdot (x_2 + x_3) = x_1 \cdot x_2 + x_1 \cdot x_3$	(5.14)
De Morgans Gesetz:		
$\overline{x_1 + x_2} = \bar{x}_1 \cdot \bar{x}_2$	$\overline{x_1 \cdot x_2} = \bar{x}_1 + \bar{x}_2$	(5.15)
$x_1 + x_2 = \overline{\bar{x}_1 \cdot \bar{x}_2}$	$x_1 \cdot x_2 = \overline{\bar{x}_1 + \bar{x}_2}$	
Absorptionsgesetz:		
$x_1 + x_1 \cdot x_2 = x_1$	$x_1 \cdot (x_1 + x_2) = x_1$	(5.16)
$x_1 + \bar{x}_1 \cdot x_2 = x_1 + x_2$	$x_1 \cdot (\bar{x}_1 + x_2) = x_1 \cdot x_2$	(5.17)
$x_1 \cdot x_2 + x_1 \cdot \bar{x}_2 = x_1$	$(x_1 + x_2)(x_1 + \bar{x}_2) = x_1$	(5.18)

linken Seite von (5.8) und (5.14) stehenden Gleichungen nur auf logische Variable angewendet werden. Ausdrücke wie Nx oder x^N mit $N>1$ kommen wegen der Tautologie in der Schaltalgebra nicht vor. Die *Gesetze von de Morgan* werden benötigt, wenn mit den NOR- und NAND-Operationen gearbeitet wird.

5.1.3 Gatter

Die vorstehend definierten logischen Operationen werden in den sogenannten Verknüpfungsgliedern oder Gattern ausgeführt. Die Gatter bilden entsprechend ihrer Innenschaltung und der zur Herstellung benutzten Technologie verschiedene Schaltkreisfamilien, von denen hier beispielhaft die Dioden-Transistor-Logik (DTL) erklärt werden soll.

UND-Gatter. Bei dem in Bild 5.2a gezeigten UND-Gatter liegen die Anoden der beiden parallelen Dioden über den Widerstand R an der positiven Versorgungsspannung $+U_v$. Die Kathoden der Dioden bilden die Eingänge x_1 und x_2 des Gatters. Sie sind entweder mit dem Potential der Masse (Signal 0) oder dem der Versorgungsspannung (Signal 1) beschaltet. Ist mindestens ein Eingang geerdet, so fließt über die entsprechende Diode ein Strom, und am Ausgang y steht die Durchlaßspannung der Diode von etwa 0,6 V an. Diese Spannung wird noch als 0-Signal interpretiert. Das 1-Signal an y kann nur auftreten, wenn alle Dioden sperren (UND-Bedingung), d.h., wenn ihre Kathoden mit der Versorgungsspannung $+U_v$ verbunden sind. Nicht beschaltete Eingänge, oder Eingänge, deren Anschlußleitung fehlerhaft unterbrochen ist, wirken wie mit einem 1-Signal belegt.

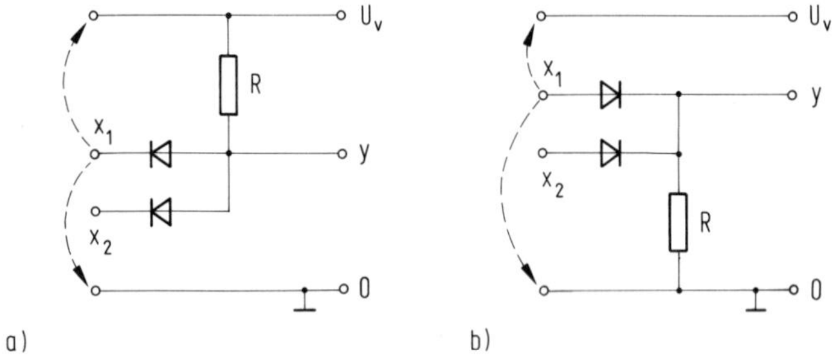

Bild 5.2: UND-Gatter (a) und ODER-Gatter (b) in der DTL-Logik

ODER-Gatter. In der Schaltung von Bild 5.2b liegen die Kathoden der Eingangsdioden über einen Widerstand an Masse. Sind ein oder beide Eingänge mit der Versorgungsspannung $+U_v$ verbunden (ODER-Bedingung), so ist die entsprechende Diode leitend und am Ausgang y steht die um die Diodendurchlaßspannung verminderte Versorgungsspannung an, die noch als 1-Signal interpretiert wird. Dieses verschwindet, wenn keiner der Eingänge die Versorgungsspannung führt. Ein nicht beschalteter Eingang oder ein Eingang, dessen Anschlußleitung fehlerhaft unterbrochen ist, wirkt wie mit dem Signal 0 belegt.

Umkehr-Gatter. Die Umkehr- oder NICHT-Verknüpfung wird in einer im Schaltbetrieb arbeitenden Transistorstufe realisiert (Bild 5.3a). Das Eingangssignal x_1 liegt über zwei in Reihe geschalteten Dioden an der Basis des Transistors. Dieser ist gesperrt, solange die Basis-Emitter-Spannung null, solange die Eingangsspannung U_e kleiner als die Durchlaßspannung der beiden Dioden vor der Basis-Emitterstrecke ist. Am nichtbelasteten Augang y steht dann die Versorgungsspannung $U_a = U_v$ an. Diese verschwindet bis auf eine Restspannung von ungefähr 0,1 V, wenn der volle Kollektorstrom fließt. Dafür sind Eingangsspannungen U_e ab 2 V ausreichend.

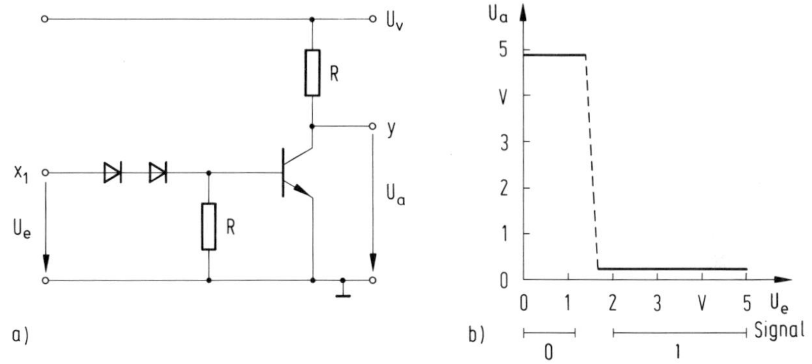

Bild 5.3: Aufbau (a) und Kennlinie (b) eines Umkehr-Gatters

Die entsprechende Kennlinie zeigt Bild 5.3b. Der Transistor ist stromführend bei Eingangsspannungen zwischen 2 und 5 V. Dies ist der Spannungsbereich, der den Signalzustand 1 kennzeichnet. Umgekehrt ist bei Eingangsspannungen zwischen 0 und 1,2 V, bei dem Signalzustand 0, der Transistor zuverlässig gesperrt. Die Eingangsspannungen müssen also keine eng tolerierten Werte annehmen, sondern dürfen in den angegebenen Grenzen schwanken. Dem Spannungsbereich zwischen 1,2 und 2 V kann kein eindeutiges Signal zugeordnet werden.

Werden zwei Umkehrstufen hintereinandergeschaltet, so wird die Invertierung des Eingangssignals wieder aufgehoben. Übrig bleibt eine Regenerierung der Spannungen, die die Signale 0 und 1 wieder deutlich unterscheidbar machen. Lag z.B. die Eingangsspannung der ersten Stufe mit 2 V an der unteren Grenze des Bereichs für das 1-Signal, so hat die Ausgangsspannung der zweiten Stufe ungefähr den Wert der Versorgungsspannung, d.h., den oberen Wert des 1-Signals angenommen. In derselben Weise wird ein „schlechtes" 0-Signal von 1 V am Eingang in das „gute" 0-Signal von 0,1 V am Ausgang überführt.

An dieser Stelle werden zwei Vorteile der binären Signalverarbeitung sichtbar. Die Spannungswerte dürfen sich in gewissen Grenzen verändern und sind leicht wieder zu regenerieren. Während bei analogen Signalen die Information in der Amplitude steckt, die durch Verluste oder durch Einstreuungen leicht verfälscht werden kann, sind binäre Signale unempfindlicher gegen derartige Störungen. Sie lassen sich ohne Einbuße an Genauigkeit verarbeiten und übertragen.

NAND- und NOR-Gatter. Wird einer Umkehrstufe ein UND- oder ein ODER-Gatter vorgeschaltet, so wird die NAND- oder die NOR-Funktion realisiert (Bild 5.4a). Die NAND- und NOR-Gatter sind universell verwendbare Bausteine. Ein Typ genügt zur Durchführung aller logischen Funktionen. So ist z.B. in Bild 5.4b die UND-Verknüpfung und in Bild 5.4c die ODER-Verknüpfung mit NAND-Gattern realisiert.

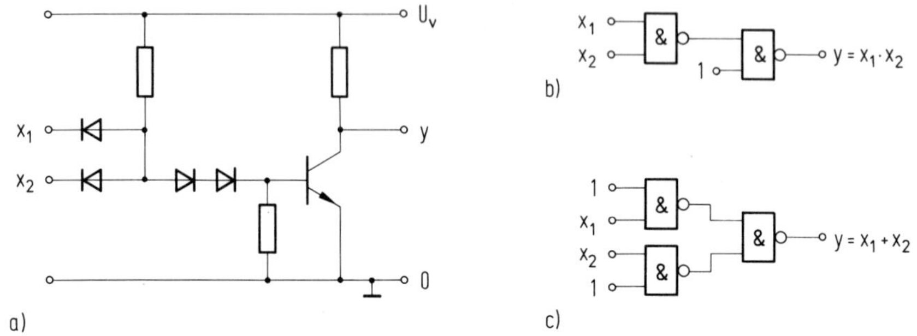

Bild 5.4: NAND-Gatter; a) Aufbau, b) UND-Verknüpfung, c) ODER-Verknüpfung

Die in den Zeichnungen gewählte Beschränkung auf zwei Eingangssignale ist nicht notwendig. Tatsächlich werden die UND-, ODER, NAND- und NOR-Gatter für mehrere Eingangssignale ausgeführt. Die Gatter selbst werden fast ausschließlich in Form von monolithisch integrierten Schaltungen mit bipolaren oder Feldeffekt-Transistoren gefertigt. Bei mittlerer Packungsdichte sind auf einem Siliziumchip etwa 100 logische Funktionen realisiert.

5.2 Darstellung, Anzeige und Ausgabe numerischer Meßwerte

5.2.1 Duales Zahlensystem

Die Zahlen (Meßwerte), die sich mit binären Signalen bilden lassen, sind zunächst Dualzahlen. Jede Zahl Z wird als eine Summe von Potenzen zur Basis 2 angegeben:

$$Z = a_n \cdot 2^n + a_{n-1} \cdot 2^{n-1} + \dots + a_1 \cdot 2^1 + a_0 \cdot 2^0.$$

Die Koeffizienten a_i dieser Dualzahlen sind binäre Variable; sie haben entweder den Wert 0 oder 1. Die Dezimalzahl 237 z.B. setzt sich wie folgt aus Zweierpotenzen zusammen:

$$2 \cdot 10^2 + 3 \cdot 10^1 + 7 \cdot 10^0 = 1 \cdot 2^7 + 1 \cdot 2^6 + 1 \cdot 2^5 + 0 \cdot 2^4 + 1 \cdot 2^3 + 1 \cdot 2^2 + 0 \cdot 2^1 + 1 \cdot 2^0.$$

In der gleichen Weise, wie im dezimalen Zahlensystem die Zehnerpotenzen nicht eigens geschrieben werden, werden auch im dualen Zahlensystem die Zweierpotenzen weggelassen, und lediglich die Koeffizienten mit ihren Werten 0 oder 1 werden angegeben. Der Dezimalzahl 237 unseres Beispiels entspricht die Dualzahl 11101101.

Ein binäres Zeichen wird auch als Bit bezeichnet, und mehrere Bit bilden ein Wort. Das Wort 11101101 hat die Länge von 8 Bit = 1 Byte. Das erste Bit des obigen Worts stellt den Koeffizienten der höchsten Zweierpotenz, das letzte den der Einerstelle dar. Dementsprechend ist das erste Zeichen das Bit mit der höchsten Wertigkeit (msb = most significant bit), das letzte das mit der geringsten Wertigkeit (lsb = least significant bit).

Parallele und serielle Zahlendarstellung. Die einzelnen Zeichen eines Wortes können gleichzeitig, parallel oder nacheinander, seriell übertragen und angezeigt werden. Bei der parallelen Darstellung sind so viele Leitungen erforderlich, wie das Wort Stellen hat. Die Anschlußpunkte führen entweder das Signal 1 oder 0. Für die serielle Darstellung ist eine Leitung ausreichend. Die einzelnen Bit eines Worts erscheinen hier als eine Folge von Impulsen, wobei die Information im Tastverhältnis oder in der Impulsamplitude liegen kann.

5.2.2 Binärcodes für Dezimalzahlen

Mit 4 binären Stellen können die Dezimalzahlen 0 bis 15, mit n Stellen die Zahlen 0 bis $2^n - 1$ gebildet werden. Größere Zahlen benötigen im dualen System schnell viele Stellen. Sie sind unübersichtlich und schlecht zu erfassen. So entstand der Wunsch, trotz der Verarbeitung binärer Signale das dezimale Zahlensystem nicht ganz zu verlassen. Dies gelingt, indem der dezimale Zahlenaufbau beibehalten und jede Ziffer einer Dezimalzahl durch binäre Signale dargestellt wird. Um die Ziffern 0 bis 9 auszudrücken, sind mindestens vier binäre Zeichen erforderlich. Mit diesen vier Bit können insgesamt 16 verschiedene Zeichen gebildet werden (Hexadezimalziffer). Davon werden aber für die Ziffern des Dezimalsystems nur zehn benötigt und sechs sind somit überflüssig. Damit ergeben sich verschiedene Möglichkeiten, verschiedene Codes, um vierstellige Dualzahlen in Dezimalziffern umzurechnen (Tabelle 5.2).

Die Bit der *BCD-Zahlen* (binary coded decimals) haben wie die der Dualzahlen eine Wertigkeit von 8 – 4 – 2 – 1. Der Code ist aus dem Dualsystem entstanden, indem auf die letzten sechs Kombinationsmöglichkeiten verzichtet wird. Die Dezimalzahl 237 wird zur BCD-Zahl 0010 0011 0111.

Im *Aiken-Code* sind die mittleren Zeilen des Dualcodes weggelassen. Dies führt zu einer Wertigkeit der Binärstellen von 2 – 4 – 2 – 1. Der Code ist symmetrisch. Werden in einem Wort die Bit negiert, so wird die Ergänzung dieser Zahlen zu neun erhalten. Da sich weiterhin in diesem Code die Dualüberträge mit den Dezimalüberträgen decken, eignet er sich besonders für Rechenoperationen. Die Dezimalzahl 237 lautet im Aiken-Code 0010 0011 1101.

Tabelle 5.2 Zahlendarstellung mit binären Zeichen

Stellen-wertigkeit	Dualzahl 8 4 2 1	BCD 8 4 2 1	Aiken-Code 2 4 2 1	Gray-Code keine Zuordnung	hexadezi-male Ziffer
Dezimalzahl					
0	0 0 0 0	0 0 0 0	0 0 0 0	0 0 0 0	0
1	0 0 0 1	0 0 0 1	0 0 0 1	0 0 0 1	1
2	0 0 1 0	0 0 1 0	0 0 1 0	0 0 1 1	2
3	0 0 1 1	0 0 1 1	0 0 1 1	0 0 1 0	3
4	0 1 0 0	0 1 0 0	0 1 0 0	0 1 1 0	4
5	0 1 0 1	0 1 0 1	1 0 1 1	0 1 1 1	5
6	0 1 1 0	0 1 1 0	1 1 0 0	0 1 0 1	6
7	0 1 1 1	0 1 1 1	1 1 0 1	0 1 0 0	7
8	1 0 0 0	1 0 0 0	1 1 1 0	1 1 0 0	8
9	1 0 0 1	1 0 0 1	1 1 1 1	1 1 0 1	9
10	1 0 1 0			1 1 1 1	A
11	1 0 1 1			1 1 1 0	B
12	1 1 0 0			1 0 1 0	C
13	1 1 0 1			1 0 1 1	D
14	1 1 1 0			1 0 0 1	E
15	1 1 1 1			1 0 0 0	F

Die einzelnen Stellen des *einschrittigen Gray-Codes* haben keine feste Wertigkeit. Das Kennzeichen dieses Codes ist, daß aufeinanderfolgende Gray-Zahlen sich nur in einem Bit unterscheiden. Derartige Codes können für Längen- und Winkelaufnehmer vorteilhaft eingesetzt werden (Abschnitt 5.8.2).

Fehlererkennung und Fehlerkorrektur. Wird in einer aus binären Zeichen gebildeten Zahl ein Bit falsch gesetzt, so wird je nach Wertigkeit des fehlerhaften Bit unter Umständen die Zahl erheblich verfälscht. Ein derartiger Einzelfehler wird erkennbar, wenn eine weitere fünfte Binärstelle zur Zifferndarstellung verwendet wird. Bei noch größerem Aufwand lassen sich die Fehler nicht nur erkennen, sondern auch lokalisieren und beheben. Ein fehlerkorrigierender Code benötigt dann mindestens 8 Bit für die Ziffern 0 bis 9.

Die Tabelle 5.3 zeigt zwei Beispiele für fehlererkennende Codes. Bei dem (2 aus 5)-Code haben die Bit keine feste Stellenwertigkeit. Das Kriterium für den fehlerfreien Zustand ist, daß in jedem Wort genau zweimal die 1 vorkommt. Der Code ist auf die Darstellung der Ziffern 0 bis 9 beschränkt. Universell und bei beliebiger Stellenzahl anwendbar ist die Paritätskontrolle. Hier wird die BCD-Zahl um ein Prüfbit ergänzt und dieses entweder auf 0 oder 1 gesetzt, so daß die Zahl der 1-Signale ungerade ist.

Tabelle 5.3 Fehlererkennende Codes

Stellenwertigkeit	(2 aus 5)-Code keine Zuordnung	BCD mit Prüfbit 8 4 2 1 Prüfbit
Dezimalzahl		
0	1 1 0 0 0	0 0 0 0 1
1	0 0 0 1 1	0 0 0 1 0
2	0 0 1 0 1	0 0 1 0 0
3	0 0 1 1 0	0 0 1 1 1
4	0 1 0 0 1	0 1 0 0 0
5	0 1 0 1 0	0 1 0 1 1
6	0 1 1 0 0	0 1 1 0 1
7	1 0 0 0 1	0 1 1 1 0
8	1 0 0 1 0	1 0 0 0 0
9	1 0 1 0 0	1 0 0 1 1

5.2.3 Code-Umsetzer

Code-Umsetzer oder Dekodierer sind erforderlich, um eine Zahl von einem in einen anderen Code zu übersetzen. Um diese Aufgabe möglichst zuverlässig zu lösen, werden die mit 0 belegten Bit einer Dualzahl invertiert. Die Dezimalzahl

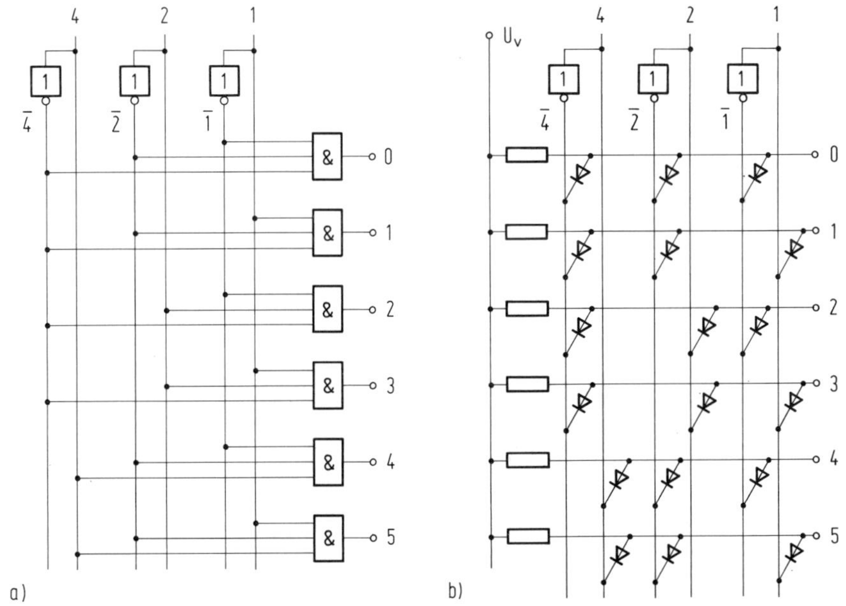

Bild 5.5: Dekodierer für die Umsetzung von Dualzahlen in Dezimalzahlen;
a) Logische Verknüpfungen,
b) Aufbau mit Dioden-Gattern

5 z.B. liegt vor, wenn in der Dualzahl 0101 die Bit mit der Wertigkeit 8 und 2 nicht gesetzt, die mit der Wertigkeit 4 und 1 gesetzt sind. Den nicht gesetzten Bit sind Spannungswerte von etwa 0 Volt zugeordnet, die nicht so aussagekräftig wie die höhere Spannungen führenden 1-Signale sind. Aus diesem Grunde werden die 0-Signale invertiert und in 1-Signale übergeführt. Die Codeumsetzung erfolgt dann über ein UND-Gatter. Dessen Eingänge sind so mit den negierten oder nicht negierten Bit einer Dualzahl belegt, daß der UND-Bedingung nur bei einer bestimmten Zahl entsprochen wird. Die Dezimalzahl 5 z.B. wird angezeigt, wenn die logische Gleichung

$$5 = \overline{8} \cdot 4 \cdot \overline{2} \cdot 1$$

erfüllt ist. Die zu den Ziffern 0 bis 5 führenden logischen Operationen sind in Bild 5.5 dargestellt. Eine Ziffer wird dann gemeldet, wenn an ihrem Anschlußpunkt ein 1-Signal, d.h., die Spannung U_v, ansteht. Dies ist nur dann der Fall, wenn alle angeschlossenen Dioden sperren. Dazu muß an ihren Kathoden ebenfalls die Spannung U_v entsprechend der logischen 1 liegen.

5.2.4 Ziffernanzeige

Eine einfache Möglichkeit, eine aus binären Signalen gebildete Ziffer sichtbar zu machen [5.7, 5.8], liegt darin, an die Ausgänge des Dual/Dezimal-Code-Umsetzers entsprechend beschriftete Glühlampen anzuschließen. Dann leuchtet jeweils die Glühlampe, für deren Ziffer die UND-Bedingung erfüllt ist. Mehrstellige Zahlen lassen sich so aber nur schlecht ablesen.

Geeigneter ist die Gasentladungsröhre Bild 5.6a, die eine Anode und zehn als Ziffern 0 bis 9 geformte Kathoden enthält. Wird zwischen Anode und einer der Kathoden eine Spannung von etwa 200 Volt gelegt, so entsteht in der Nähe der Kathode eine Glimmentladung, und die Ziffer wird mit relativ großer Leuchtstärke sichtbar. Umständlich und störend aber ist, daß für die Röhre eine deutlich höhere Versorgungsspannung als für die elektronische Schaltung erforderlich ist.

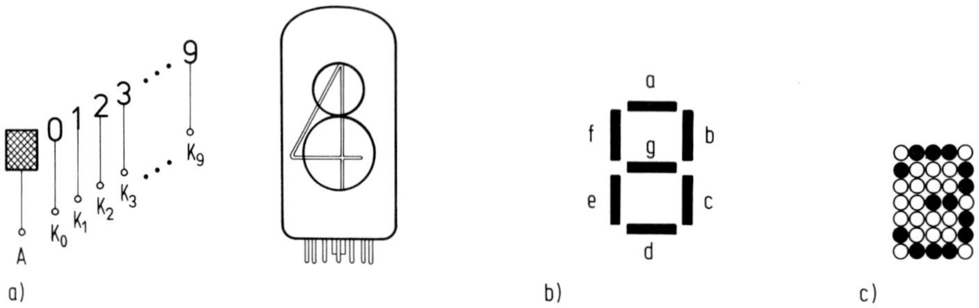

Bild 5.6: Anzeige dezimaler Ziffern;
a) Gasentladungsröhre, b) Sieben-Segment-Anzeige,
c) (5 × 7)-Matrix-Element

Tabelle 5.4 Funktionstafel für die Aussteuerung einer 7-Segment-Ziffernanzeige

Dualzahl 8 4 2 1	Segment a b c d e f g	Dezimalzahl
0 0 0 0	1 1 1 1 1 1 0	0
0 0 0 1	0 1 1 0 0 0 0	1
0 0 1 0	1 1 0 1 1 0 1	2
0 0 1 1	1 1 1 1 0 0 1	3
0 1 0 0	0 1 1 0 0 1 1	4
0 1 0 1	1 0 1 1 0 1 1	5
0 1 1 0	0 0 1 1 1 1 1	6
0 1 1 1	1 1 1 0 0 0 0	7
1 0 0 0	1 1 1 1 1 1 1	8
1 0 0 1	1 1 1 0 0 1 1	9

Diesen Nachteil vermeidet die 7-Segment-Anzeige (Bild 5.6b), bei der die Streifen a bis g aus lichtemittierenden Dioden (LED) oder Flüssigkristallzellen (LCD) bestehen. Die selbstleuchtenden LED-Anzeigen benötigen relativ hohe Ströme. Die nur bei Fremdlicht ablesbaren Flüssigkristallelemente hingegen werden über elektrische Felder gesteuert, belasten praktisch nicht die Versorgungsspannung und sind so besonders für batteriebetriebene, transportable Geräte (Uhren) geeignet.

Aus den Punkten des (5 × 7)-Matrixelements (Bild 5.6c) lassen sich Zeichen bilden, die der gewohnten Zahl- und Buchstabendarstellung mehr entsprechen. Die Ansteuerung der 35 Matrixpunkte ist natürlich aufwendiger als die der 7-Segment-Anzeige (Tabelle 5.4).

5.2.5 Vergleich der Ziffern- mit der Skalenanzeige

Der Meßwert eines analog arbeitenden Meßgeräts wird in der Regel als Ausschlag eines Zeigers (Skalenanzeige), der eines digitalen Meßgeräts als Zahl ausgegeben. Die Ziffernanzeige stellt nur diskrete Werte der Meßgröße dar, während auf der Skala eines Analoginstruments auch Zwischenwerte abgebildet werden. Darüber hinaus unterscheiden sich die Skalen- und die Ziffernanzeige noch in weiteren, für die praktische Meßtechnik wichtigen Eigenschaften, wobei jede Methode ihre eigenen Vorteile hat.

Bei der Skalenanzeige

- ist das Auflösungsvermögen begrenzt,
- ändert sich die Genauigkeit bei Störungen (z.B. infolge von Verschmutzung oder Reibung) nur wenig,
- ist auch bei stark schwankenden Meßwerten der ungefähre Mittelwert gut zu erkennen,
- ist die zeitliche Veränderung einer Meßgröße (Trend) und die signifikante Abweichung einer Meßgröße von anderen (Ausreißer) verhältnismäßig leicht festzustellen.

Die Ziffernanzeige demgegenüber

- ist im allgemeinen fehlerfrei abzulesen,
- bietet die bessere Auflösung,
- liefert aber bei Störungen unter Umständen einen völlig falschen Meßwert (z.B. dann, wenn das Bit mit der höchsten Wertigkeit gestört ist),
- ist für die Anzeige schwankender oder sich zeitlich sehr schnell ändernder Meßwerte nicht geeignet.

5.2.6 Umsetzung eines digitalen Signals in eine Spannung; Digital/Analog-Umsetzer

Des öfteren müssen digitale Signale in Meßgeräten weiterverarbeitet werden, die eine Spannung oder einen Strom als Eingangssignal benötigen. Dies ist z.B. erforderlich, wenn die Vorteile einer Skalenanzeige ausgenutzt oder wenn analoge mit digitalen Signalen verglichen werden soll. In diesen Fällen ist der mit binären Zeichen dargestellte, digital verschlüsselte Meßwert in eine Spannung oder in einen Strom umzusetzen. Diese Aufgabe erledigen die Digital/Analog-Umsetzer (DAU), die als digital einstellbare Spannungsquellen aufgefaßt werden können.

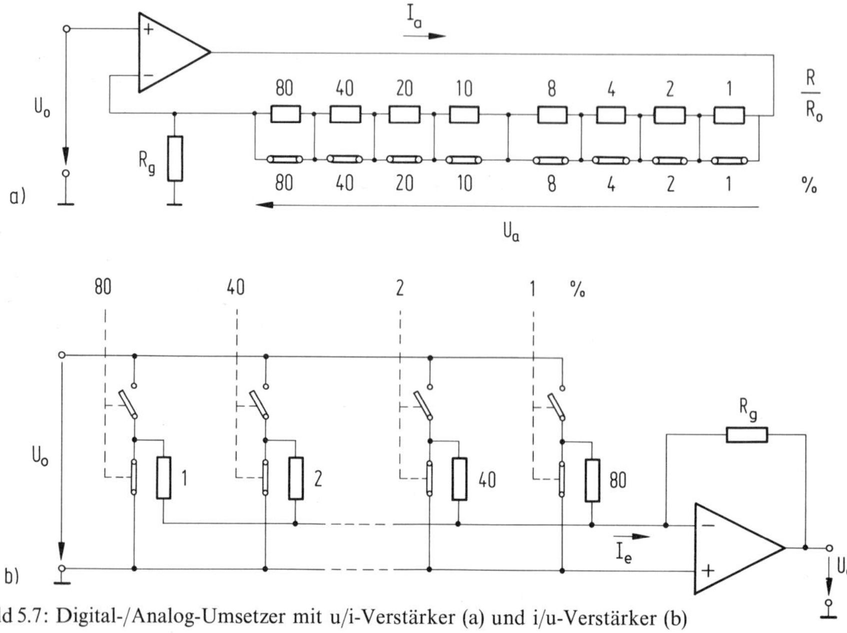

Bild 5.7: Digital-/Analog-Umsetzer mit u/i-Verstärker (a) und i/u-Verstärker (b)

Der im Bild 5.7a dargestellte DAU enthält einen u/i-Meßverstärker, der bei der konstanten Eingangsspannung U_0 den konstanten, eingeprägten Ausgangsstrom $I_a = U_0/R_g$ liefert. Dieser Strom fließt über entsprechend dem verwendeten Code abgestufte Widerstände, die zunächst durch parallelliegende Kontakte überbrückt sind. Die Kontakte werden von der umzusetzenden digitalen Größe so gesteuert, daß das 1-Signal den Kontakt öffnet, das 0-Signal den Kontakt geschlossen hält. Die an den stromdurchflossenen Teilwiderständen R_i abfallende Spannung U_a ist dann ein Maß für die umgesetzte digitale Größe,

$$U_a = I_a \sum R_i \tag{5.20}$$

In einer anderen, in Bild 5.7b gezeigten Schaltung wird ein invertierender i/u-Verstärker verwendet mit der Ausgangsspannung $U_a = -R_g I_e$. Hier bestimmen überbrückbare Widerstände die Höhe des Eingangsstroms. Für jeden Widerstand sind zwei Kontakte vorgesehen, die wechselweise öffnen und schließen. Bei einem mit 1 belegten Bit wird der obere Kontakt geschlossen und der untere geöffnet. Damit fließt über den Widerstand R_i der Teilstrom U_0/R_i. Diese Teilströme addieren sich zu dem gesamten Eingangsstrom I_e. Die Ausgangsspannung U_a dieses Verstärkers ist damit proportional der umgesetzten Digitalgröße,

$$U_a = -R_g \sum \frac{U_0}{R_i} \tag{5.21}$$

Damit ein eventueller Leckstrom über die oberen, offenen Kontakte sich nicht zum Eingangsstrom addiert und diesen verfälscht, wird er durch die unteren, im Bild geschlossen gezeichneten Kontakte nach Masse abgeleitet.

Das Ausgangssignal eines DAU ist eine Spannung, die aber nicht analog im eigentlichen Sinn des Wortes ist. Da ja der Informationsgehalt des Ausgangssignals nicht größer als der des Eingangssignals sein kann, kann sich auch die Ausgangsspannung nur in diskreten Stufen ändern.

5.3 Bistabile Kippstufen

Das Ausgangssignal der Gatter hängt von der Belegung der Eingänge und nur von dieser Belegung ab (kombinatorische Schaltwerke). Im Gegensatz dazu haben die jetzt zu besprechenden bistabilen Kippstufen, Speicherglieder oder Flipflops eine *Gedächtnis- und Speicherwirkung*. Ihr Ausgangssignal wird sowohl von den Eingangssignalen als auch von der Vorgeschichte bestimmt. Der Schaltzustand richtet sich nach der Reihenfolge der Signale, weshalb die Kippstufen auch als sequentielle Schaltwerke bezeichnet werden.

5.3.1 Asynchrones RS-Speicherglied

Das asynchrone RS-Speicherglied (Bild 5.8) hat den Setzeingang S, den Rücksetzeingang R und die beiden Ausgänge Q und $\overline{Q}$. Das Flipflop ist entweder gesetzt ($Q = 1$, $\overline{Q} = 0$) oder rückgesetzt ($Q = 0$, $\overline{Q} = 1$). Es kann wie in Bild 5.8a durch zwei NOR-Gatter realisiert werden, wenn der Ausgang des einen Gat-

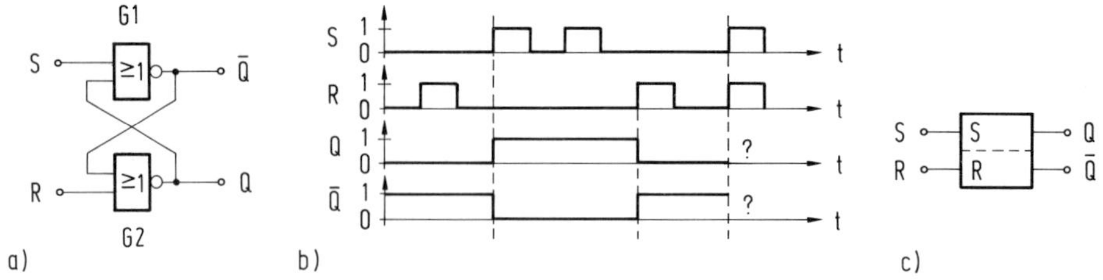

Bild 5.8: Asynchrones RS-Speicherglied
a) Aufbau aus NOR-Gattern,
b) Ablaufdiagramm, c) Schaltzeichen

ters an den Eingang des anderen gelegt wird. Durch diese Rückführung kommt die erwähnte Speicherwirkung zustande.

Die Funktion soll anhand des Ablaufdiagrammes Bild 5.8b erläutert werden. Ausgegangen wird vom rückgesetzten Flipflop mit $Q=0$, $\overline{Q}=1$. Der Setz- und der Rücksetzeingang sind zunächst nicht beschaltet. Das 1-Signal des ersten NOR-Gatters liegt am Eingang des zweiten, woraus an dessen Ausgang das 0-Signal resultiert. Wird jetzt an den Rücksetzeingang R ein 1-Signal gegeben, so bleibt dies ohne Wirkung. Die Kippstufe war mit $Q=0$ und $\overline{Q}=1$ schon rückgesetzt und bleibt natürlich auch bei weiteren Rücksetzsignalen in dieser Stellung. Wird nun aber an den Setzeingang S das 1-Signal gelegt, so geht der Ausgang $\overline{Q}$ auf 0. Dieses 0-Signal führt zu einem 1-Signal am Ausgang Q. Das Flipflop ist mit $Q=1$ und $\overline{Q}=0$ gesetzt und bleibt in dieser Stellung, auch wenn das Setzsignal verschwindet oder wiederholt gegeben wird. Erst durch ein 1-Signal am Rücksetzeingang kippt das Flipflop um und wird zurückgesetzt (Tabelle 5.5).

Tabelle 5.5 Arbeitsweise eines asynchronen RS-Flipflops

	S	R	Q	$\overline{Q}$	
Ausgangszustand	0	0	0	1	rückgesetzt
Schritt 1	0	1/0	0	1	bleibt rückgesetzt
Schritt 2	1	0	1	0	gesetzt
Schritt 3	0/1/0	0	1	0	bleibt gesetzt
Schritt 4	0	1	0	1	rückgesetzt

Die Eingangssignale $S=0$ und $R=0$ sind möglich. Verboten ist jedoch die sich widersprechende Kombination $S=1$ und $R=1$. Die Kippstufe kann ja nicht gleichzeitig gesetzt und rückgesetzt sein. Hier wird manchmal durch zusätzliche Schaltungsmaßnahmen dafür gesorgt, daß diese nicht vereinbarte Eingangsbelegung durch die Signale $Q=0$ und $\overline{Q}=0$ am Ausgang erkennbar wird.

Das Schaltzeichen eines RS-Flipflops ist das in Bild 5.8c gezeigte unterteilte Rechteck mit den Eingängen S und R und den Ausgängen Q und $\overline{Q}$. Im Gegensatz zur tatsächlichen Schaltung sind entsprechend der logischen Funktion einerseits die Signale S und Q, andererseits R und $\overline{Q}$ einander zugeordnet.

5.3.2 Taktgesteuertes RS-Speicherglied

Taktgesteuerte Speicherglieder haben zusätzlich zu dem R- und S-Eingang noch den Takteingang, der von Rechteckimpulsen beaufschlagt wird. Ein Signal am R- oder S-Eingang bereitet das Flipflop zur Betätigung vor. Ausgeführt wird diese aber erst bei einer bestimmten Phase des Eingangstakts. Unterschieden werden

- taktzustandsgesteuerte Speicherglieder, schaltend bei dem 0- oder 1-Signal des Eingangstakts und
- taktflankengesteuerte Speicherglieder, schaltend bei einer steigenden (Übergang von 0 auf 1) oder fallenden Taktflanke (Übergang von 1 auf 0).

Werden mehrere Speicherglieder von demselben Taktsignal angesteuert, so schalten diese zum gleichen Zeitpunkt. Sie arbeiten synchron. Dadurch wird eine hohe Arbeitsgeschwindigkeit erreicht. Gleichzeitig sind die synchronen Speicherglieder unempfindlicher gegen kurzzeitige fehlerhafte Signale an den R- oder S-Eingängen, da diese ja nur dann wirksam werden, wenn sie zum Schaltzeitpunkt anstehen.

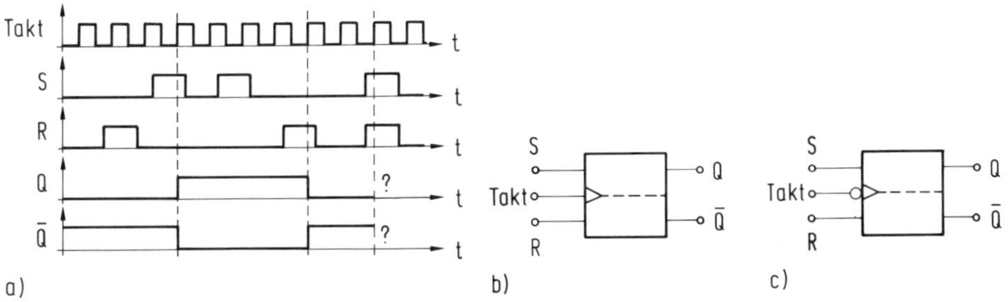

Bild 5.9: Taktflankengesteuertes RS-Speicherglied;
(a) Ablaufdiagramm, (b) Speicherglied schaltend bei der ansteigenden Taktflanke, (c) Speicherglied schaltend bei der fallenden Taktflanke

Die Arbeitsweise eines von der ansteigenden Taktflanke gesteuerten RS-Speicherglieds wird durch das Ablaufdiagramm von Bild 5.9 verdeutlicht. Im Ausgangszustand ist das Flipflop rückgesetzt. Das 1-Signal am S-Eingang bereitet das Flipflop vor, das aber erst zum Zeitpunkt der nächsten ansteigenden Taktflanke kippt und gesetzt wird. Ähnlich ist die Reihenfolge bei dem Rücksetzen, das von dem R-Signal freigegeben und zum Zeitpunkt der nächsten steigenden Taktflanke ausgeführt wird (Tabelle 5.6).

Tabelle 5.6 Arbeitsweise eines taktflankengesteuerten RS-Flipflops (S_n, R_n, Q_n Signal zum Zeitpunkt des n-ten Takts; Q_{n+1} Signal zum Zeitpunkt des (n+1)-ten Takts)

S_n	R_n	Q_{n+1}	
0	0	Q_n	keine Änderung des Ausgangssignals
1	0	1	Speicher wird oder bleibt gesetzt
0	1	0	Speicher wird oder bleibt rückgesetzt
1	1	?	Ausgangssignal muß durch zusätzliche Maßnahmen definiert werden

5.3.3 Taktflankengesteuertes D-Speicherglied

Die Schwierigkeiten, die beim RS-Flipflop durch ein gleichzeitiges Setz- und Rücksetzsignal auftreten, lassen sich leicht vermeiden. Dazu ist z.B. nur das negierte Setzsignal an den Rücksetzeingang zu führen (Bild 5.10). Die Umkehrstufe erzwingt eine eindeutige Eingangsbelegung. Das so entstandene Speicherglied wird als D-Speicherglied bezeichnet. Sein Ausgang Q übernimmt jeweils mit der nächsten Taktflanke das am D-Eingang anstehende Signal:

$$D(t_n) = 0; \qquad Q(t_{n+1}) = 0$$
$$D(t_n) = 1; \qquad Q(t_{n+1}) = 1.$$

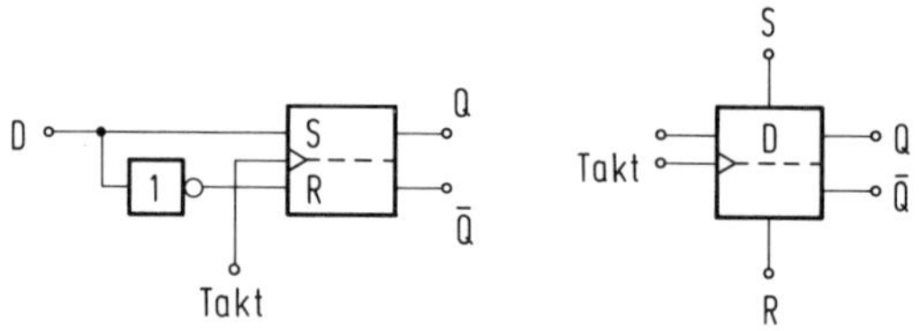

Bild 5.10: Aufbau und Schaltzeichen eines taktflankengesteuerten D-Speicherglieds

Das D-Flipflop hat zusätzlich zu dem D-Eingang noch getrennte taktflankenunabhängige Setz- und Rücksetzeingänge. Mit ihnen läßt sich eine gespeicherte Information löschen, so daß bei der Inbetriebnahme einer Schaltung ein eindeutiger Ausgangszustand erreicht wird.

5.3.4 Taktflankengesteuertes JK-Speicherglied

Das JK-Speicherglied ist universell einsetzbar und läßt verschiedene Betriebsweisen zu. Es kann z.B. wie in Bild 5.11 aufgebaut sein, in dem die Ausgänge eines RS-Flipflops kreuzweise über UND-Gatter an die Eingänge zurückgeführt sind. Das obere UND-Gatter hat den J-Eingang, das untere den K-Eingang als freien Anschluß. Diese UND-Gatter bestimmen die Arbeitsrichtung des taktflankengesteuerten Flipflops, das bei einer fallenden Flanke, bei einem Wechsel des Signalzustandes von 1 auf 0, schaltet.

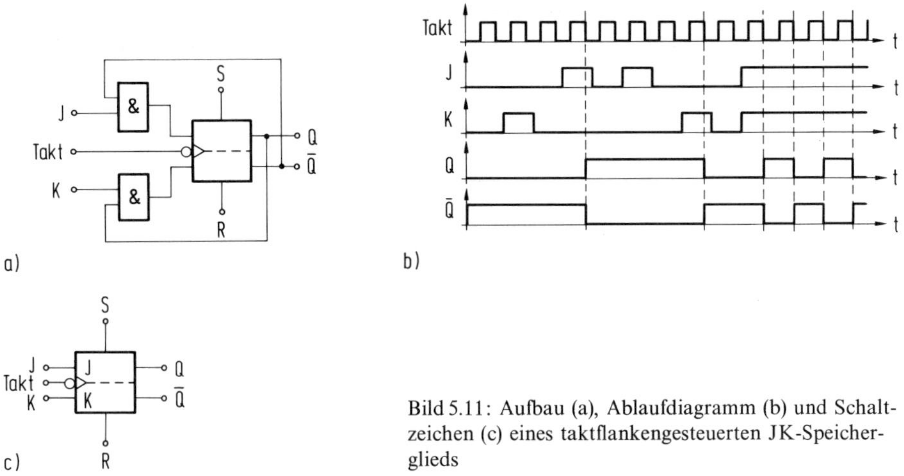

Bild 5.11: Aufbau (a), Ablaufdiagramm (b) und Schaltzeichen (c) eines taktflankengesteuerten JK-Speicherglieds

Der Ausgangszustand des Ablaufdiagramms Bild 5.11b ist das rückgesetzte Speicherglied mit Q=0. Dieses Signal sperrt das UND-Gatter mit dem K-Eingang. Auch bei einem 1-Signal am K-Eingang bleibt der Ausgang des UND-Gatters auf 0. Umgekehrt ist durch das 1-Signal am Ausgang $\overline{Q}$ das UND-Gatter am J-Eingang vorbereitet. Ein 1-Signal am J-Eingang erfüllt die UND-Bedingung, so daß mit der nächsten fallenden Taktflanke das Flipflop gesetzt wird. In diesem Zustand bleibt das Speicherglied auch dann, wenn das 1-Signal am J-Eingang verschwindet.

Bei dem gesetzten Flipflop führt der Q-Ausgang ein 1-Signal, das gleichzeitig an dem UND-Gatter mit dem K-Eingang liegt. Erhält dieser ein 1-Signal so ist dessen UND-Bedingung erfüllt, und das Flipflop wird rückgesetzt. In dem bis jetzt besprochenen Umfang arbeitet das JK-Speicherglied wie ein RS-Speicherglied.

5.3.5 Taktflankengesteuertes T-Speicherglied

Bei dem JK-Flipflop dürfen die Eingänge J und K zu einem gemeinsamen T-Eingang verbunden und mit den gleichen Signalen beaufschlagt werden. Diese Betriebsweise ist hier eindeutig, da über die UND-Gatter die Schaltrichtung schon vorgegeben ist. Liegt kein Signal am T-Eingang, so wird sich auch der Zustand des Speicherglieds nicht ändern. Ein 1-Signal am T-Eingang führt aber dazu, daß das Flipflop mit der nächsten Taktflanke kippt und den negierten Ausgangszustand einnimmt. Bei einem stationären 1-Signal am T-Eingang liefert das Flipflop an seinem Ausgang rechteckförmige Impulse mit der doppelten Periode des Taktsignals. Die Frequenz des Eingangstakts wird im Verhältnis 1:2 untersetzt (Bild 5.12, Tabelle 5.7). Damit wird das T-Flipflop zu einem wichtigen Baustein der im nächsten Abschnitt zu besprechenden Ereigniszähler.

Tabelle 5.7 Arbeitsweise eines taktflankengesteuerten JK-Flipflops (J_n, K_n, Q_n Signal zum Zeitpunkt des n-ten Takts; Q_{n+1} Signal zum Zeitpunkt des (n+1)-ten Takts)

J_n	K_n	Q_{n+1}		
0	0	Q_n	keine Änderung	RS-, T-Flipflop
1	0	1	gesetzt	RS-Flipflop
0	1	0	rückgesetzt	RS-Flipflop
1	1	$\overline{Q}_n$	Umkehrung des Ausgangssignals	T-Flipflop

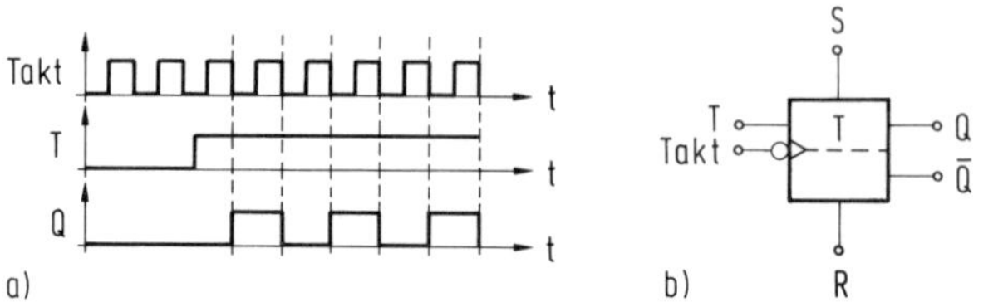

Bild 5.12: Ablaufdiagramm (a) und Schaltzeichen (b) eines T-Speicherglieds

Auch die JK- und T-Flipflops enthalten getrennte Setz- und Rücksetzeingänge, die jeweils einen definierten Anfangszustand ermöglichen.

5.4 Zähler

Zähler sind aus T- oder D-Flipflops aufgebaut. Die Kippstufen der asynchronen Zähler arbeiten nacheinander, die der synchronen schalten gleichzeitig im Takt eines gemeinsamen Signals. Außerdem unterscheiden sich die Zähler in der Art der Zahlendarstellung. So kann das Zählergebnis im Dual- oder im BCD-Code ausgegeben werden.

5.4.1 Asynchroner Vorwärts-Dualzähler

Der im Bild 5.13 dargestellte asynchrone Dual-Zähler enthält die vier hintereinandergeschalteten, von der abfallenden Taktflanke gesteuerten T-Flipflops F_0 bis F_3. Alle T-Eingänge sind mit einer 1 beschaltet. Die zu zählenden Rechteckimpulse werden an den Takteingang des ersten Flipflops F_0 geführt. Die Takteingänge der übrigen Kippstufen sind mit den Q-Ausgängen der vorausgehenden Flipflops verbunden.

Die Arbeitsweise wird anhand des Ablaufdiagramms Bild 5.13b erläutert. Im Ausgangszustand sind alle Kippstufen zurückgesetzt ($Q_i = 0$, $\overline{Q}_i = 1$). Das Flipflop F_0 ändert mit jeder abfallenden Flanke des Eingangstakts seinen Zustand. Die Kippstufen F_1, F_2 und F_3 schalten, wenn das Q-Signal des Vorgängers von 1 auf 0 wechselt. Jedes Flipflop untersetzt so die Frequenz des vorausgehenden im Verhältnis 1:2.

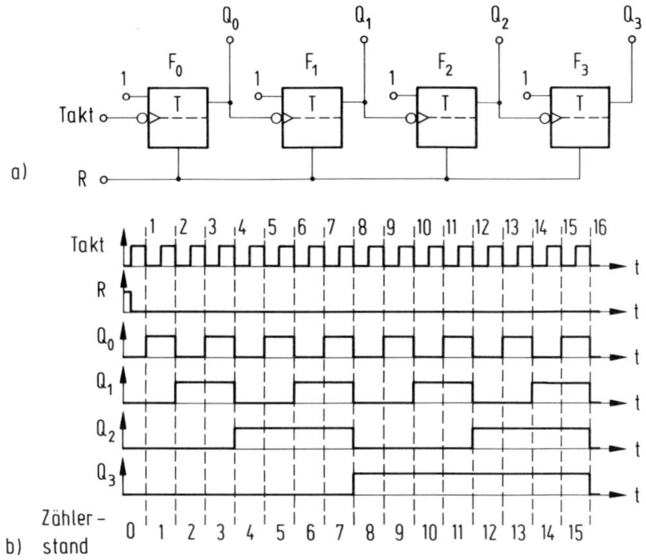

Bild 5.13: Aufbau (a) und Ablaufdiagramm (b) eines asynchronen Vorwärts-Dualzählers

Um die Summe der am Flipflop F_0 angekommenen Taktimpulse zu erhalten, ist aus den Signalen der Q-Ausgänge eine Dualzahl zu bilden. Dabei stellt das Flipflop F_0 das Bit mit der niedrigsten Wertigkeit (2^0), das Flipflop F_3 das mit der höchsten Wertigkeit (2^3) dar. Nach der 14. negativen Flanke ist z.B. die Kippstufe F_0 rückgesetzt, die Flipflops F_1, F_2 und F_3 sind gesetzt. Dargestelllt ist die Dualzahl 1110, die der Dezimalzahl $8+4+2+0=14$ entspricht. Mit vier Flipflops läßt sich bis $2^4-1=15$ zählen. Eine Erweiterung auf mehr Stellen ist ohne Schwierigkeiten möglich.

Die Signale der $\overline{Q}$-Ausgänge bilden eine Dualzahl, die sich von 1111 ausgehend mit jedem Taktimpuls um eins erniedrigt. Die einlaufenden Taktimpulse werden vom Ausgangszustand abgezogen, sie werden *rückwärts* gezählt.

5.4.2 Asynchroner Rückwärts-Dualzähler

Eine andere Ausführungsform eines dualen Rückwärts-Zählers ergibt sich, wenn die Takteingänge der dem ersten folgenden Flipflops jeweils an die $\overline{Q}$-Ausgänge der vorausgehenden Flipflops angeschlossen werden (Bild 5.14). Bei diesem Zähler wechselt nach der ersten Taktflanke der Q-Ausgang der Kippstufe F_0 von 0 auf 1, der Ausgang $\overline{Q}$ entsprechend von 1 auf 0. Diese Flanke setzt das Flipflop F_1, dessen Zustandsänderung das Flipflop F_2, und nacheinander kippen auch die restlichen Flipflops F_3 und F_4. Nach dem ersten Impuls steht so an den Q-Ausgängen der Flipflops die Dualzahl 1111 entsprechend der Dezimalzahl $16-1=15$ an. Die einlaufenden Taktimpulse werden in der Kippstufe F_0 im Verhältnis 1:2 untersetzt. Mit jeder ansteigenden Flanke an einem Q-Ausgang, entsprechend einer fallenden Flanke am $\overline{Q}$-Ausgang, wech-

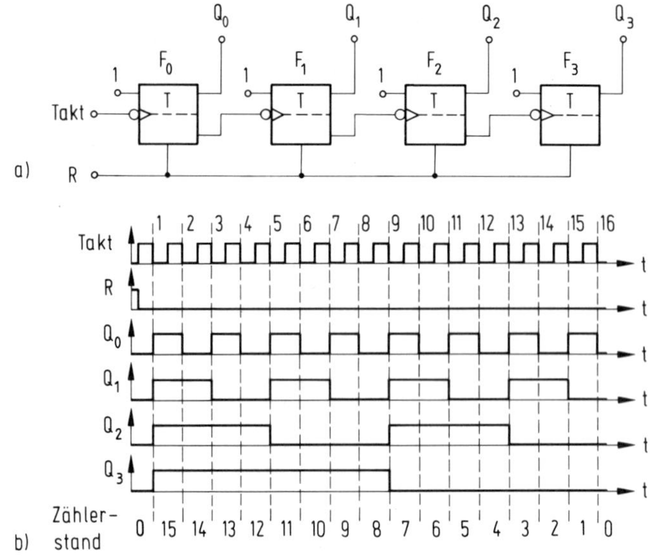

Bild 5.14: Aufbau (a) und Ablaufdiagramm (b) eines asychronen Rückwärts-Dualzählers

selt auch das nachfolgende Flipflop seinen Zustand. Nach der 12. fallenden Flanke des Eingangstakts z.B. steht an den Q-Ausgängen die Dualzahl 0100 an, d.h., von 16 ausgehend ist in 12 Schritten rückwärts bis 4 gezählt.

5.4.3 Umschaltung der Zählrichtung

In der Meßtechnik sind Zähler erforderlich, die vorwärts und rückwärts zählen, die in ihrer Zählrichtung also umschaltbar sind. Die Lösung dieser Aufgabe wird durch einen Vergleich der beiden Bilder 5.13a und 5.14a nahegelegt. Zur Änderung der Zählrichtung genügt ein Schalter, der die Takteingänge der Kippstufen F_1, F_2 und F_3 bei der Zählrichtung vorwärts mit den Q-Ausgängen

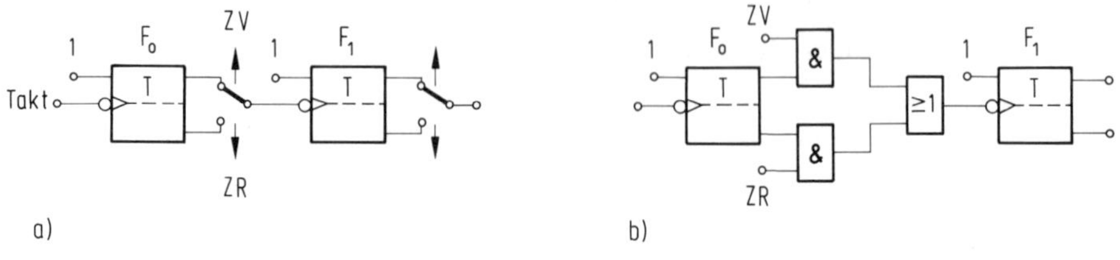

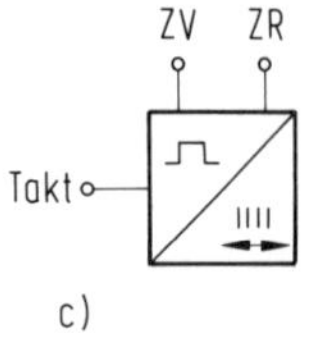

Bild 5.15: Umschaltung der Zählrichtung mit mechanischen Kontakten (a) und mit elektronischen Gattern (b); Schaltzeichen eines Zählers mit umschaltbarer Zählrichtung (c), ZV Zählrichtung vorwärts, ZR Zählrichtung rückwärts

und bei der Zählrichtung rückwärts mit den $\overline{Q}$-Ausgängen der vorausgehenden Flipflops verbindet. Die Umschaltung läßt sich mit mechanischen Kontakten oder kontaktlos mit Hilfe von UND- und ODER-Gattern realisieren (Bild 5.15). Von den beiden UND-Gattern des elektronischen Schalters ist nur das wirksam, das durch ein 1-Signal an seinen die Zählrichtung bestimmenden Eingang vorbereitet ist.

Beim Umschalten der Zählrichtung kann an dem Takteingang des nachfolgenden Flipflops ein Impuls entstehen, der nicht gezählt werden darf. Um dieses Signal zu unterdrücken, wird für die Dauer der Umschaltung an die T-Eingänge der Kippstufen ein 0-Signal gelegt.

5.4.4 Synchroner Vorwärts-Dualzähler

Die Kippstufen der asynchronen Zähler schalten nacheinander. Erst nach den Schaltzeiten aller Flipflops wird das richtige Zählergebnis angezeigt. Der zeitliche Abstand der zu zählenden Impulse muß also größer sein als die Summe der Schaltzeiten. Schneller als die asynchronen sind die synchronen Zähler. Hier steuert der zu zählende Taktimpuls parallel alle Kippstufen an, die somit gleichzeitig bei derselben Flanke schalten. Bei dem in Bild 5.16 dargestellten vierstufigen Zähler ist dies der 1 auf 0-Übergang des Taktsignals, wobei oft anstelle der einfachen T-Flipflops die hier nicht erklärten Flipflops mit Zwischenspeicher verwendet werden. Damit nun die Zahl der eingelaufenen Impulse den Signalen des T-Flipflops entnommen werden kann, sind einige Bedingungen einzuhalten. Diese sind für den Dualzähler z.B. aus dem Ablaufdiagramm Bild 5.13b ersichtlich. Danach darf das Flipflop F_1 nur dann den Zustand ändern, wenn zuvor an Q_0 das Signal 1 angestanden ist. Diese Forderung läßt sich erfüllen, indem der Q_0-Ausgang mit dem T-Eingang der Kippstufe F_1 verbunden wird (Bild 5.16). Das Flipflop F_2 darf nur dann kippen, wenn zuvor Q_0 und Q_1 das 1-Signal hatten, und die Kippstufe F_3 schließlich darf nur dann schalten, wenn zuvor die Flipflops Q_0 und Q_1 und Q_2 gesetzt waren. Diese Bedingungen lassen sich durch UND-Gatter realisie-

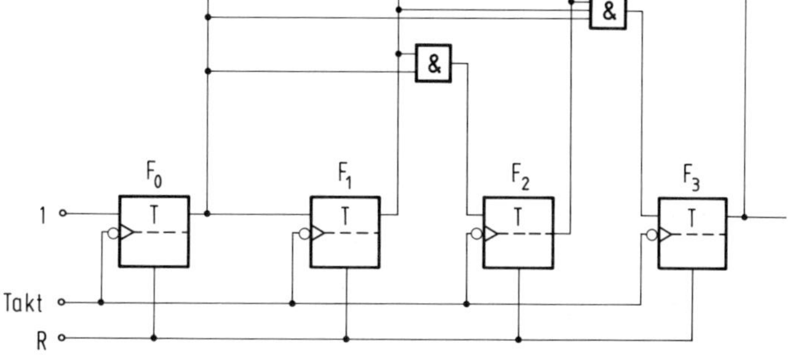

Bild 5.16:
Synchroner Vorwärts-Dualzähler

ren, deren Ausgangssignale die T-Eingänge der entsprechenden Flipflops ansteuern. Nur wenn an diesen T-Eingängen ein 1-Signal liegt, wechseln die Flipflops ihren Zustand. Der synchrone Dualzähler hat also dasselbe Ablaufdiagramm wie der asynchrone, erlaubt aber eine höhere Zählgeschwindigkeit.

5.4.5 Synchroner Vorwärts-BCD-Zähler

BCD-Zähler zählen zunächst dual, ermöglichen aber einen dekadischen Übertrag. Der BCD-Code benötigt vier Flipflops, um die Ziffern 0 bis 9 darzustellen. Durch geeignete Rückkopplung ist dabei zu gewährleisten, daß nach der zehnten Taktflanke die Nullstellung der Zähldekade wieder erreicht wird (Bild 5.17).

Die Bedingungen für diese Rückstellung ergeben sich aus einem Vergleich der Ablaufdiagramme des Dualzählers (Bild 5.13b) und des BCD-Zählers (Bild 5.17b). Das des BCD-Zählers unterscheidet sich an zwei Stellen von dem des Dualzählers:

- Die Kippstufe F_1 darf nach der 10. Taktflanke nicht mehr gesetzt werden und
- die Kippstufe F_3 muß nach der 10. Taktflanke wieder zurückgesetzt werden.

Die erste Bedingung wird erfüllt, indem das Signal $\overline{Q}_3$ mit dem Signal Q_0 über eine UND-Verknüpfung an den T-Eingang des Flipflops F_1 gelegt wird. Nach

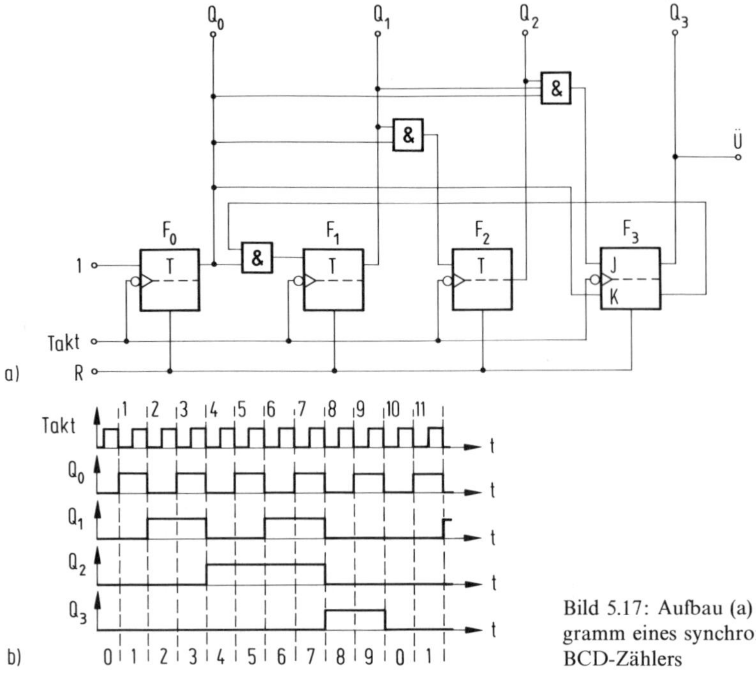

Bild 5.17: Aufbau (a) und Ablaufdiagramm eines synchronen Vorwärts-BCD-Zählers

der 8. Taktflanke wechselt das Signal am Ausgang $\overline{Q}_3$ auf 0. Die UND-Bedingung ist ab diesem Zeitpunkt nicht mehr erfüllt, das UND-Gatter liefert jetzt das Ausgangssignal 0 und die Kippstufe F_1 bleibt nach der 10. Flanke in ihrem alten, rückgesetzten Zustand.

Die Kippstufe F_3 muß nach der 10. Flanke rückgesetzt werden. Um dies zu erreichen, ist sie als JK-Flipflop ausgeführt. Der J-Eingang ist wie beim Dualzähler beschaltet, der K-Eingang ist mit Q_0 verbunden. Vor der 10. Flanke liegt so am Eingang K das Signal 1, am Eingang J das Signal 0. Dementsprechend wird mit der 10. Flanke das Flipflop F_3 zurückgesetzt. Am Ausgang Q_3 entsteht ein 1 auf 0-Übergang, der als Übertrag Ü und als Eingangssignal für die nächste Zähldekade dient.

Mehrere Zähldekaden lassen sich hintereinanderschalten und bilden so einen mehrstufigen dekadischen Zähler. Für jede Zähldekade ist dabei noch ein Code-Umsetzer erforderlich, der dann die Anzeige der Ziffern 1 bis 9 ermöglicht (Bild 5.18).

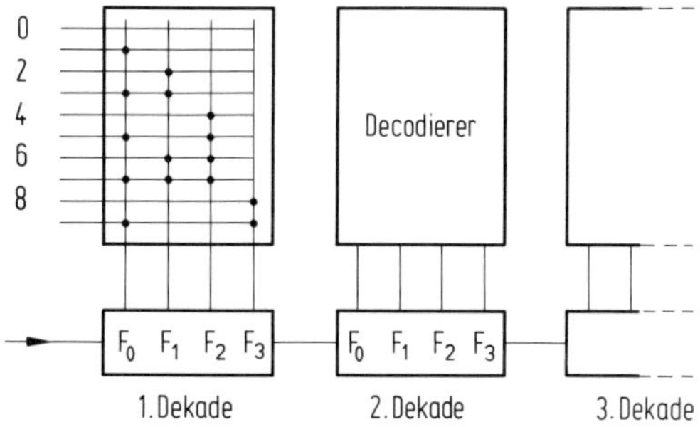

Bild 5.18: Aufbau eines mehrstufigen BCD-Zählers

5.4.6 Synchroner Ringzähler

Die Ringzähler verwenden nicht den Dual-Code. Sie bilden jede der Ziffern 0 bis 9 mit einem eigenen Flipflop und vermeiden damit spezielle Dekodierer. Die im Bild 5.19 gezeigte Zähldekade enthält die mit der ansteigenden Taktflanke synchron gesteuerten, hintereinandergeschaltenen D-Flipflops F_0 bis F_9 und eine weitere Kippstufe $F_ü$ zur Bildung des Übertrags.

Die Arbeitsweise wird anhand des Ablaufdiagramms erklärt. Im Ausgangszustand ist die Kippstufe F_0 gesetzt, alle anderen sind rückgesetzt. Damit liegt am D-Eingang von F_1 das 1-Signal, und mit der ersten ansteigenden Taktflanke wird das Flipflop F_1 gesetzt. Alle anderen Kippstufen hatten jeweils ein 0-Signal an ihrem Eingang und änderten ihren Zustand nicht. Nach der ersten Taktflanke liegt somit das 1-Signal am D-Eingang von F_2, sodaß dieses Flipflop nach der zweiten Flanke seinen Zustand wechselt. Auf diese Weise wird das 1-Signal von Kippstufe zu Kippstufe weitergeschoben, bis es schließlich nach der 9. Flanke an Q_9 und damit an den Eingängen von F_0 und $F_ü$

Tabelle 5.8 Zustandstabelle eines synchronen Ringzählers

	Q_0	Q_1	Q_2	Q_3	Q_4	Q_5	Q_6	Q_7	Q_8	Q_9	$Q_ü$
Ausgangszustand	1	0	0	0	0	0	0	0	0	0	0
nach 1. Flanke	0	1	0	0	0	0	0	0	0	0	0
nach 2. Flanke	0	0	1	0	0	0	0	0	0	0	0
nach 3. Flanke	0	0	0	1	0	0	0	0	0	0	0
nach 4. Flanke	0	0	0	0	1	0	0	0	0	0	0
nach 5. Flanke	0	0	0	0	0	1	0	0	0	0	0
nach 6. Flanke	0	0	0	0	0	0	1	0	0	0	0
nach 7. Flanke	0	0	0	0	0	0	0	1	0	0	0
nach 8. Flanke	0	0	0	0	0	0	0	0	1	0	0
nach 9. Flanke	0	0	0	0	0	0	0	0	0	1	0
nach 10. Flanke	1	0	0	0	0	0	0	0	0	0	1

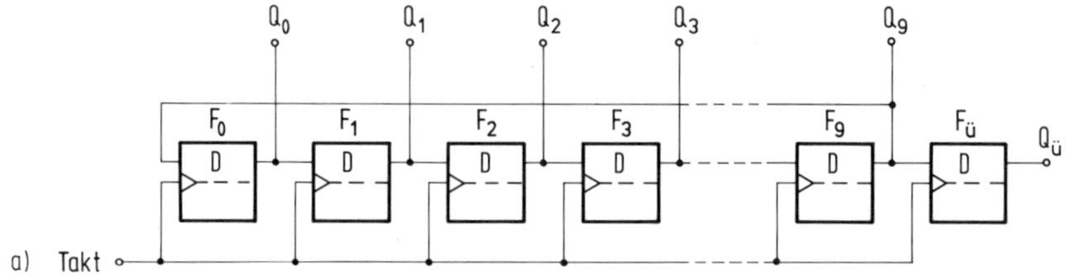

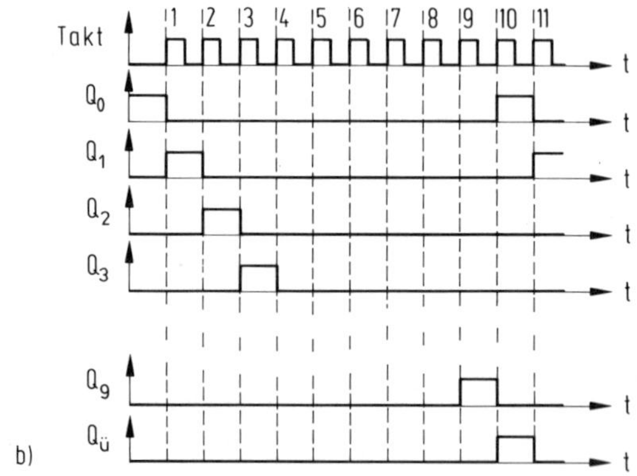

Bild 5.19: Aufbau (a) und Ablaufdiagramm (b) eines synchronen Ringzählers

ansteht. Mit der 10. Flanke werden diese Kippstufen gesetzt. Der Ring ist geschlossen, und der Ausgangszustand der Zähldekade ist wieder erreicht (Tabelle 5.8).

5.4.7 Anzeige einer Zählgröße

Die Information über die gezählten Ereignisse liegt zunächst in Form paralleler binärer Signale vor. Der Zählerstand kann entweder optisch als Zahl angezeigt oder mit D/A-Umsetzern in eine Spannung umgewandelt werden.

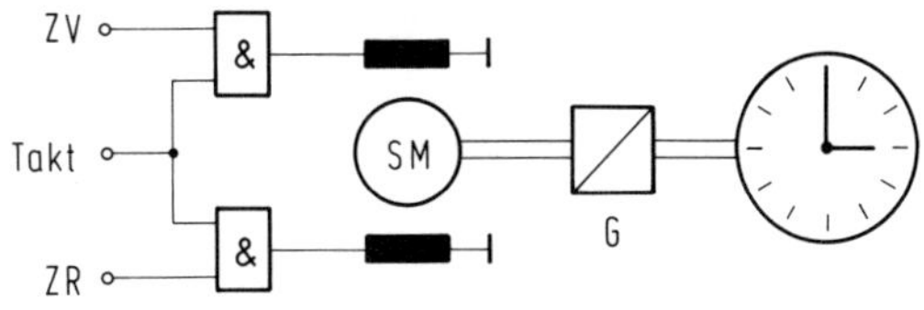

Bild 5.20: Skalenanzeige einer Zählgröße mit Schrittmotor SM und Getriebe G

Manchmal erweist es sich als zweckmäßig, die Summe der eingelaufenen Impulse auf einer Skalenanzeige darzustellen. Dies ist mittels des in Bild 5.20 skizzierten Schrittmotors leicht möglich. Jeder Impuls führt zu einer Motordrehung von einigen Winkelgraden, die über ein Getriebe auf die Zeiger einer Anzeigeeinheit (Uhr) übertragen werden. Enthält der Schrittmotor zwei Arbeitswicklungen, so ist er für den Vorwärts- und Rückwärtsbetrieb geeignet.

5.5 Register

Im Rahmen der digitalen Meßtechnik sind nicht nur Ereignisse oder Elemente zu zählen, sondern noch weitere Operationen durchzuführen. So sind z.B. Signale zu verzögern, zu speichern, umzusetzen oder umzurechnen. Hierfür werden die Register benötigt, die ebenso wie die Zähler aus Gattern und Kippstufen aufgebaut sind.

5.5.1 Parallelregister

Mit Parallelregistern können parallel vorliegende Informationen übernommen und gespeichert werden. Das beispielhaft in Bild 5.21 gezeigte Register enthält die vier RS-Flipflops F_0 bis F_3 mit UND-Gattern vor den Setz- und Rücksetzeingängen.

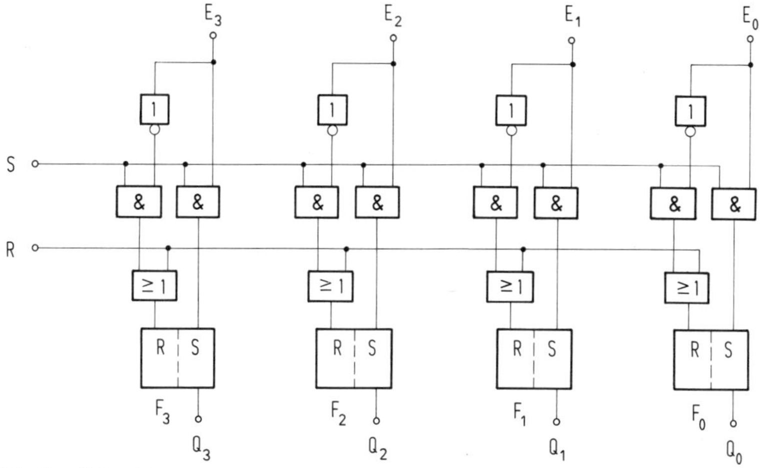

Bild 5.21: Parallelregister

Das zu übernehmende Wort wird an die Eingänge E_0 bis E_3 gelegt. Seine mit 1 belegten Bit bereiten die UND-Gatter vor den Setzeingängen vor und sperren umgekehrt über die Umkehrstufen die Rücksetzeingänge. Entgegengesetzt wirken die auf 0 gesetzten Bit. Sie sperren die UND-Gatter vor den Setzeingängen und legen über die Umkehrstufen ein 1-Signal an die Gatter vor den Rücksetzeingängen. Mit einem Setzsignal S kann die an E_0 bis E_3 anliegende Information in die Ausgänge Q_0 bis Q_3 übernommen werden. Sie bleibt dort auch dann noch gespeichert, wenn die Eingangssignale E_0 bis E_3 wieder verschwunden sind. Die Kippstufen können dann bei einem erneuten Signal S eine neue Information übernehmen oder durch ein Signal an R rückgesetzt werden.

5.5.2 Schieberegister zur Parallel/Serien-Umsetzung

Das Schieberegister zur Parallel/Serien-Umsetzung läßt sich als eine Erweiterung des Ringzählers auffassen. Während im Ringzähler ein Bit weitergereicht wurde, ist es im Schieberegister ein ganzes Wort.

Die Arbeitsweise des in Bild 5.22 dargestellten, aus taktflankengesteuerten D-Flipflops aufgebauten Registers soll anhand des Ablaufdiagramms besprochen

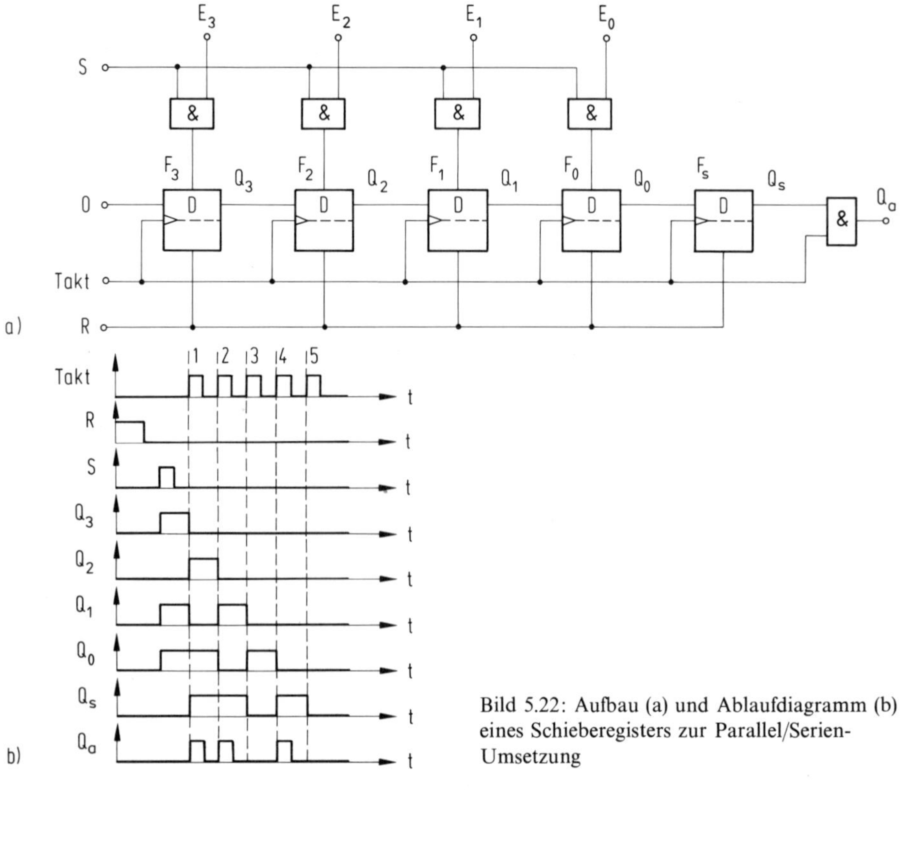

Bild 5.22: Aufbau (a) und Ablaufdiagramm (b) eines Schieberegisters zur Parallel/Serien-Umsetzung

Tabelle 5.9 Zustandstabelle des Schieberegisters zur Parallel/Serien-Umsetzung

	Q_3	Q_2	Q_1	Q_0	Q_s
Rücksetzen	0	0	0	0	0
Information übernehmen	E_3	E_2	E_1	E_0	0
1. Schiebetakt	0	E_3	E_2	E_1	E_0 (lsb)
2. Schiebetakt	0	0	E_3	E_2	E_1
3. Schiebetakt	0	0	0	E_3	E_2
4. Schiebtakt	0	0	0	0	E_3 (msb)
5. Schiebetakt	0	0	0	0	0

werden. Um einen definierten Anfangszustand zu bekommen, werden zunächst alle D-Flipflops zurückgesetzt. Die in paralleler Form an den Eingängen E_0 bis E_3 liegende Information (im Beispiel 1011) wird durch das Setzsignal S in die Ausgänge Q_0 bis Q_3 der Flipflops F_0 bis F_3 übernommen. Diese Kippstufen sind so miteinander verschaltet, daß der Q-Ausgang des vorausgehenden an den D-Eingang des nachfolgenden angeschlossen ist. Mit der ersten ansteigenden Taktflanke übertragen die Flipflops das an ihrem Eingang liegende Signal auf den Ausgang, übernehmen also jeweils das Signal des vorausgehenden. Das eingelesene Wort ist jetzt um eine Stelle weiter nach rechts geschoben und steht in den Flipflops F_s bis F_2. Mit der nächsten Taktflanke rückt die Information eine weitere Stelle nach rechts, wobei jetzt nur noch drei Bit gespeichert sind, und nach dem 5. Schiebetakt schließlich ist das Register wieder leer.

Dabei sind die zunächst parallel an den Eingängen E_0 bis E_3 angelegten Bit nacheinander, seriell am Ausgang Q_s aufgetreten. Das Bit mit der niedrigsten Wertigkeit ist zuerst und das mit der höchsten Wertigkeit zuletzt erschienen. Um diese Folge von 0- und 1-Zuständen in eine Folge von Impulsen zu überführen, wurde sie in Bild 5.22 in einem UND-Gatter mit dem Schiebetakt verknüpft. Am Ausgang des UND-Gatters erscheint ein Impuls, wenn Q_s ein 1-Signal führt, und der Impuls fehlt bei $Q_s = 0$. Die Impulsfolge trägt dieselbe Information wie das zu Beginn übernommene Wort. Das Schieberegister ist also geeignet, eine Information parallel einzulesen und seriell auszugeben (Tabelle 5.9).

5.5.3 Schieberegister zur Serien/Parallel-Umsetzung

Auch die umgekehrte Operation, die Serien/Parallel-Umsetzung, ist in einigen Fällen notwendig. Sie läßt sich mit dem Register von Bild 5.23 durchführen, wobei das Beispiel für die Impulsfolge 1 (lsb), 1, 0, 1 (msb) gezeichnet ist. Die Impulse werden in der Baugruppe SY mit dem steuernden Taktsignal synchronisiert und für die Dauer eines Takts gespeichert. Der Ausgang Q_s übernimmt also die am Eingang S impulsförmig angebotene Information. Damit liegt nach dem ersten Takt am Eingang von F_3 das Signal Q_s, das mit dem zweiten Takt

Tabelle 5.10 Zustandstabelle des Schieberegisters zur Serien/Parallel-Umsetzung

	Q_S	Q_3	Q_2	Q_1	Q_0
Rücksetzen	0	0	0	0	0
1. Takt	lsb	0	0	0	0
2. Takt	2. Bit	lsb	0	0	0
3. Takt	3. Bit	2. Bit	lsb	0	0
4. Takt	msb	3. Bit	2. Bit	lsb	0
5. Takt	0	msb	3. Bit	2. Bit	lsb

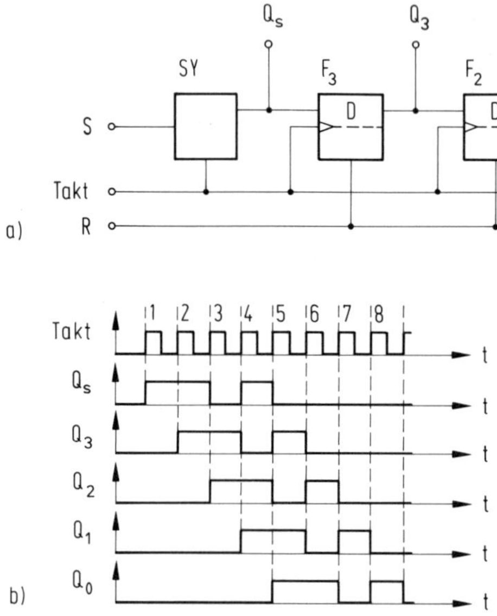

Bild 5.23: Aufbau (a) und Ablaufdiagramm (b) eines Schieberegisters zur Serien/Parallel-Umsetzung

nach Q_3 übertragen wird. Mit jedem Takt wird dann diese Information von Flipflop zu Flipflop weitergeschoben. Dabei wird jeweils ein neues Bit am Eingang übernommen, so daß schließlich mit dem 5. Takt vier Bit eingelesen sind und an den Ausgängen Q_0 bis Q_3 zur Verfügung stehen. Damit ist die Serien/Parallel-Umsetzung beendet (Tabelle 5.10).

Das Serien/Parallel-Register von Bild 5.23 läßt sich um das Flipflop F_s und das UND-Gatter des Parallel/Serien-Registers von Bild 5.22 erweitern. In diesem Fall wird bei fortlaufenden Schiebebefehlen die in den Kippstufen F_0 bis F_3 stehende Information nacheinander am UND-Gatter wieder ausgegeben. Das Schieberegister dient in dieser Betriebsweise zur *Verzögerung* von Meßsignalen, wobei die Verzögerungszeit proportional der Länge des Schieberegisters ist.

5.6 Umschalter

Umschalter oder Multiplexer werden benötigt, um mehrere Signale nacheinander an einen bestimmten Anschlußpunkt zu legen. Die hier zu besprechenden Schalter werden nicht von Hand betätigt, sondern von einem Adressenzähler gesteuert. Schwieriger als binäre Signale sind analoge umzuschalten. Bei diesen darf durch den Schalter die Amplitude der anliegenden Spannung nicht verändert werden. Diese Forderung ist insbesondere bei niedrigen Eingangsspannungen schwer zu erfüllen [5.9–5.11].

5.6.1 Multiplexer für binäre Signale

Der in Bild 5.24 gezeigte Multiplexer für binäre Signale ist aus Gattern aufgebaut. Er enthält die Signaleingänge E_1 bis E_4, den Ausgang A und die Adresseneingänge $x_i x_j$. Um vier Signale adressieren zu können, ist ein zweistelliger Dualzähler erforderlich. Dieser zählt kontinuierlich von 00 bis 11 und belegt die Adressenleitungen jeweils mit 0 oder 1. In den vier UND-Gattern sind die Adressen mit den vier Eingangssignalen so verknüpft, daß nacheinander immer nur eine UND-Bedingung erfüllt sein kann:

$$A = \bar{x}_1 \cdot \bar{x}_0 \cdot E_1 + \bar{x}_1 \cdot x_0 \cdot E_2 + x_1 \cdot \bar{x}_0 \cdot E_3 + x_1 \cdot x_0 \cdot E_4$$

Die Eingangssignale werden so seriell abgefragt und an den Ausgang A gelegt.

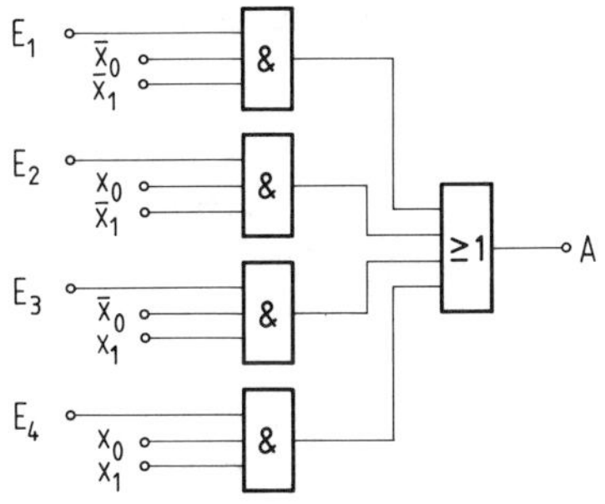

Bild 5.24: Multiplexer für binäre Signale

Der gezeigte Multiplexer ist auch zur Parallel/Serien-Umsetzung eines an den Eingängen E_1 bis E_4 liegenden Wortes geeignet und kann das Schieberegister von Bild 5.22 ersetzen.

5.6.2 Umschalter mit Relaiskontakten für analoge Signale

Der Meßstellen-Umschalter mit Relaiskontakten von Bild 5.25 schaltet die zu messenden Spannungen u_1 bis u_4 zweipolig. Für jedes Meßsignal ist ein Relais mit 2 Schließkontakten erforderlich. Die Relaisspulen werden über ein UND-Gatter adressiert, so daß nacheinander die Eingangssignale u_i an den nur einmal vorhandenen Spannungsverstärker gelegt werden. Dessen Eingangswi-

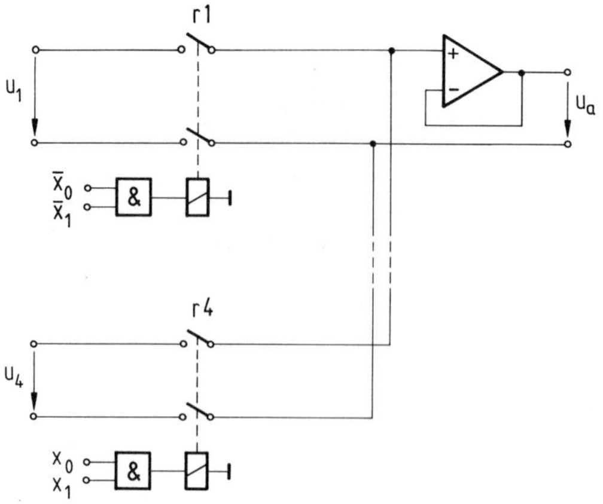

Bild 5.25: Umschalter mit Relaiskontakten für analoge Signale

derstand ist sehr hoch. Die Spannungsquellen u_i werden nicht belastet. Dementsprechend kann sich an den sehr niedrigen Übergangswiderständen der Relaiskontakte, der bei quecksilberbenetzten Relais ungefähr 10^{-3} Ohm beträgt, kein merklicher Spannungsabfall aufbauen, und die Ausgangsspannung u_a des Verstärkers ist so groß wie die zu messende Spannung u_i.

Die besonderen Vorteile des Relais-Meßstellenumschalters liegen

- in der galvanischen Trennung von Steuer- und Meßkreis und
- in dem geringen Übergangswiderstand zwischen den Kontakten [5.6].

Nachteilig sind

- die Größe der Relais
- die begrenzte Schaltgeschwindigkeit ($<100\,s^{-1}$) und Lebensdauer (zwischen 10^7 und 10^{10} Schaltungen),
- eventuelle Fehler durch Thermospannungen.

Die Relais sind also nicht für alle Aufgabenstellungen gleich gut geeignet, und so liegt der Gedanke nah, auf Halbleiterschalter überzugehen.

5.6.3 Umschalter mit Feldeffekttransistoren für analoge Signale

Ein als Schalter betriebener MOS-Feldeffekttransistor kann einen mechanischen Kontakt ersetzen. Der MOS-FET wird dabei durch die zwischen den Elektroden Gate und Source liegende Spannung u_{GS} gesteuert (Bild 5.26). Die Metalloxidschicht mit einem Widerstand von etwa 10^{12} Ohm zwischen der Gate-Elektrode und der Drain-Source-Strecke trennt den Steuerkreis vom Meßkreis. Der Widerstand R_{DS} der Drain-Source-Strecke des selbstsperrenden MOS-FET beträgt bei einem Anschluß des Gate an Masse ungefähr 10^9 Ohm (Kontakt geöffnet), bei einem Anschluß an die positive Versorgungsspannung nur ungefähr 50 Ohm (Kontakt geschlossen). Die $i_D(u_{DS})$-Kennlinie geht exakt

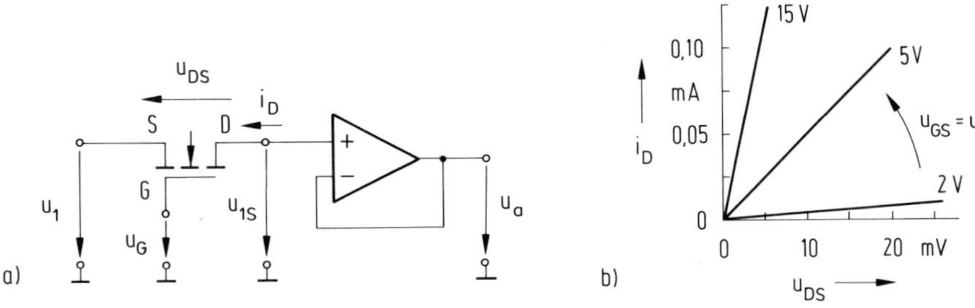

Bild 5.26: Umschalter mit Feldeffekttransistor
a) Aufbau,
b) Kennlinie des selbstsperrenden MOS-FET

durch den Nullpunkt. Damit werden die geschalteten Signale nicht durch irgendwelche Restspannungen verfälscht, $u_{1s} = u_1 + u_{DS} = u_1$.

Der Widerstand des leitenden Transistors in Höhe von etwa 50 Ohm erscheint hoch, wenn er mit dem viel niedrigeren eines geschlossenen Relaiskontakts verglichen wird. Da jedoch die Spannungen hochohmig gemessen werden, fließt in dem Meßkreis ein so geringer Strom, daß der Spannungsabfall an R_{DS} zu vernachlässigen ist.

5.6.4 Abtast- und Haltekreis

Wird ein Meßstellenschalter um einen Kondensator erweitert, so entsteht ein Abtast- und Haltekreis (sample and hold circuit). In der Abtastphase der Schaltung von Bild 5.27 sind die Kontakte r1 des ersten Relais geschlossen und die Kontakte r2 des zweiten geöffnet. Der Kondensator lädt sich auf die Spannung u_1 des Meßwertgebers auf. In der Meßphase öffnen die Kontakte r1; die Kontakte r2 schließen und legen die Kondensatorspannung u_C an den Meßverstärker, der die Ausgangsspannung $u_a = u_C = u_1$ liefert. Infolge des hohen Verstärker-Eingangswiderstandes kann sich der Kondensator während der Messung nicht entladen. Die Spannung wird „gehalten“. Der Vorteil der gezeichneten zweipoligen Umschaltung liegt darin, daß bei der Messung der Verstärkerkreis keine galvanische Verbindung zum eigentlichen Meßwertgeber (u_1) hat, unabhängig vom Meßwertgeber geerdet werden kann und nicht durch elektromagnetische Einstreuungen auf der Seite des Meßwertgebers gestört wird.

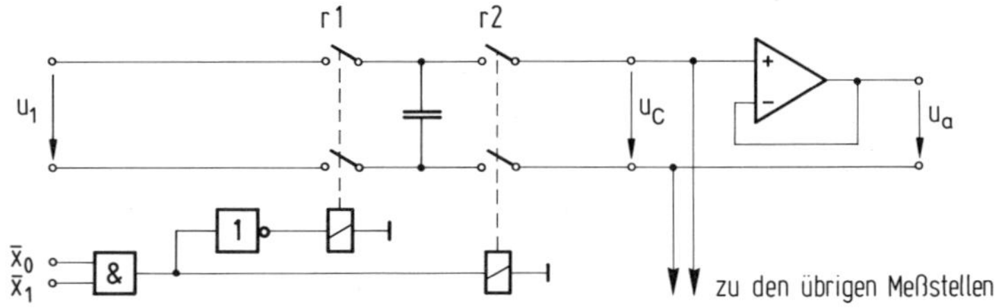

Bild 5.27: Abtast- und Haltekreis mit Relaiskontakten

Sollen die Spannungen mehrerer Meßwertgeber über je einen eigenen Abtast- und Haltekreis nacheinander auf einen Meßverstärker geschaltet werden, so werden die Relaisspulen wieder über einen Adressenzähler angesteuert. Normalerweise sind die Kontakte zum Meßwertgeber geschlossen, und der Kondensator ist mit diesem verbunden. Nur zum Zeitpunkt der Messung wird er vom Meßwertgeber getrennt und an den Verstärker gelegt.

In Bild 5.28 ersetzen vier MOS-FET die Schließkontakte der Relais. In der Abtastphase sind die Transistoren T1 und T2 leitend, die Transistoren T3 und T4 sind gesperrt. In der Meßphase ist es umgekehrt. Unter Umständen sind noch Pegelumsetzer erforderlich, da die MOS-FET mit anderen Spannungen als die DTL-Schaltkreise angesteuert werden.

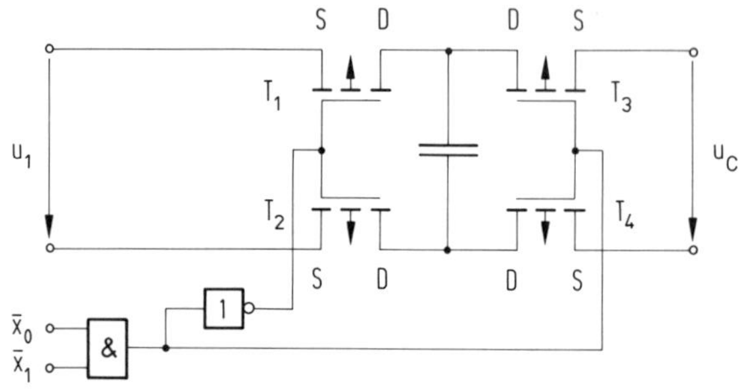

Bild 5.28: Abtast- und Haltekreis mit MOS-Feldeffekttransistoren

Bei der Verwendung von Meßstellenumschaltern und Abtast-Haltegliedern ist auf die maximale Änderungsgeschwindigkeit der Meßgröße zu achten. Die Abtastrate ist so hoch zu wählen, daß sich das Signal während eines Abtastintervalls nur um einen noch zulässigen Wert ändern kann.

5.7 Direktvergleichende A/D-Umsetzer für elektrische Spannungen

Die Eingangssignale der Analog-Digital-Umsetzer (ADU) sind amplitudenanalog, die Ausgangssignale sind digital. Die A/D-Umsetzer bilden analoge Signale in digitale ab und erlauben, analoge Größen numerisch darzustellen. Unter den Umsetzern für Spannung und Strom werden die zwei großen Gruppen der direktvergleichenden und der Umsetzer mit einem Zeitintervall oder einer Frequenz als Zwischengröße (Abschnitt 6.3) unterschieden. In diesem Abschnitt werden die Umsetzer der ersten Gruppe behandelt, welche die zu messende Spannung mit bekannten, abgestuften Referenzspannungen vergleichen.

5.7.1 Komparator

Im einfachsten Fall ist der Wert einer zu messenden Spannung als binäres Signal auszugeben, d.h., es ist zu entscheiden, ob die Spannung größer oder

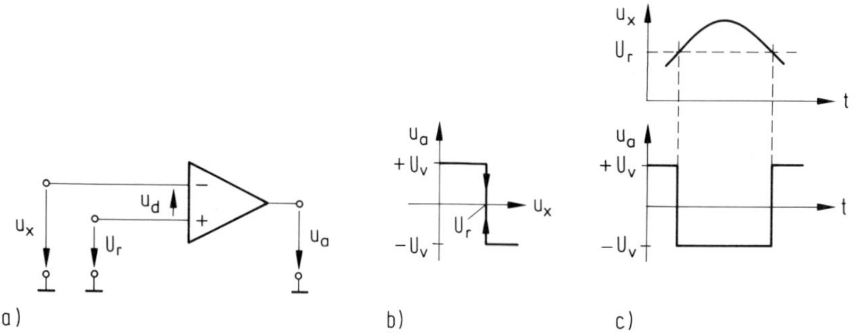

Bild 5.29: Komparator ohne Hysterese
a) Schaltung,
b) Kennlinie,
c) Ein- und Ausgangssignal in Abhängigkeit von der Zeit

kleiner als eine Vergleichsspannung ist. Diese Aufgabe läßt sich mit einem nichtgegengekoppelten Differenzverstärker großer Empfindlichkeit als Komparator erfüllen (Bild 5.29). An seinem negativen Eingang liegt die unbekannte Spannung u_x, am positiven die Vergleichspannung U_r. Verstärkt wird die Spannungsdifferenz u_d

$$u_d = U_r - u_x.$$

Die maximalen Ausgangsspannungen des Verstärkers $\pm U_{a,max}$ sind ungefähr so groß wie die Versorgungsspannungen $\pm U_v$. Ist k' die Empfindlichkeit des offenen Verstärkers, so wird er ausgesteuert bei einer Differenzspannung von $u_d = u_{a,max}/k'$. Mit $k' = 10^5$ führt schon eine Differenzspannung von 0,1 mV zu einer Ausgangsspannung von 10 V. Die Kennlinie verläuft also außerordentlich steil. Der Verstärker schaltet praktisch beim Nulldurchgang, so daß für seine Ausgangsspannung $u_a = k' \cdot u_d$ gilt:

$$u_a = +U_v \quad \text{für } u_x < U_r,$$

$$u_a = -U_v \quad \text{für } u_x > U_r.$$

Wird die Eingangsbelegung des Komparators vertauscht in dem u_x mit dem p- und U_r mit dem n-Eingang verbunden wird, so verläuft die Kennlinie umgekehrt mit $u_a = -U_v$ für $u_x < U_r$ und $u_a = +U_v$ für $u_x > U_r$.

5.7.2 Komparator mit Hysterese

Der zu vergleichenden Eingangsspannung u_x sind oft Oberwellen oder stochastische Einstreuungen überlagert. Bei ungefähr gleich großen Spannungen u_x und U_r wird infolge dieser überlagerten Störungen die Schaltschwelle des Komparators abwechselnd über- und unterschritten. Dadurch werden auch die vom Komparatorsignal angesteuerten Stellglieder oder Steuerkreise entspre-

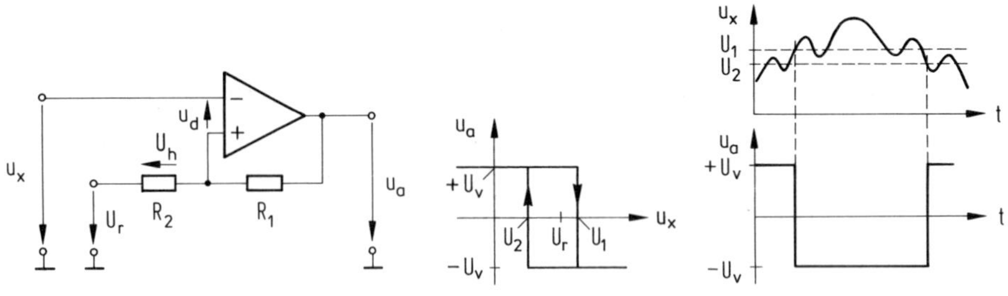

a) b) c)

Bild 5.30: Komparator mit Hysterese
a) Aufbau,
b) Kennlinie,
c) Ein- und Ausgangssignal in Abhängigkeit von der Zeit

chend häufig betätigt. Dies ist unerwünscht und kann durch einen mit einer Hysterese behafteten Komparator vermieden werden.

Bei dem Verstärker von Bild 5.30 ist ein Teil der Ausgangsspannung an den p-Eingang zurückgeführt. Der Verstärker ist mitgekoppelt. Mit U_h als rückgeführte Spannung ergibt sich die Differenzspannung u_d zu

$$u_d = U_r + U_h - u_x.$$

Zur Vergleichsspannung U_r wird also jetzt die rückgeführte Spannung U_h addiert mit

$$U_h = \frac{R_2}{R_1 + R_2}(u_a - U_r).$$

Dieser Term ist positiv, wenn die Kennlinie von links nach rechts, also in Richtung zunehmender Spannungen u_x durchlaufen wird. Für diesen Fall ist u_a zunächst gleich der positiven Versorgungsspannung $+U_v$, und der Verstärker kippt erst bei der Schwellspannung U_1, die größer ist als die Vergleichsspannung U_r:

$$U_1 = U_r + \frac{R_2}{R_1 + R_2}(U_v - U_r).$$

Hat der Komparator umgeschaltet, so ist seine Ausgangsspannung $u_a = -U_v$. Die mitgekoppelte Spannung U_h ist jetzt negativ und verringert die Vergleichsspannung U_r. Bei abnehmendem u_x schaltet der Komparator bei der Schwelle U_2, die niedriger liegt als U_r und U_1:

$$U_2 = U_r + \frac{R_2}{R_1 + R_2}(-U_v - U_r).$$

Die Differenz $U_1 - U_2$ der beiden Schaltpunkte, die *Schalthysterese*, beträgt

$$U_1 - U_2 = 2\frac{R_2}{R_1 + R_2}U_v.$$

Sie verhindert bei überlagerten Störungen einen allzu häufigen Wechsel des Komparatorsignals.

Komparatoren werden oft zusammen mit Baugruppen der Digitaltechnik verwendet. Im Falle einer positiven Logik wird dann die positive Komparatorausgangsspannung als 1-Signal und die negative Ausgangsspannung als 0-Signal gewertet.

Komparatoren werden auch Grenzwerteinheiten, Schwellwertkomparatoren oder Diskriminatoren genannt. Liegt die Referenzspannung bei 0 V, so wird auch von Schaltverstärkern gesprochen, und ein Schaltverstärker mit Hysterese schließlich wird als Schmitt-Trigger bezeichnet.

5.7.3 A/D-Umsetzer mit parallelen Komparatoren

Bei Verwendung mehrerer Komparatoren kann die zu messende Spannung mit verschiedenen Referenzwerten verglichen und verschiedenen Spannungsbereichen zugeordnet werden. Bei dem in Bild 5.31 dargestellten A/D-Umsetzer liegt die zu messende Spannung u_x an den parallel geschalteten p-Eingängen der Komparatoren (Parallelumsetzer). Deren Vergleichsspannungen sind aus einer gemeinsamen Spannungsquelle U_0 mit Hilfe eines Spannungsteilers gebildet worden. Je nach der Höhe der zu messenden Spannung u_x ist keiner der Schwellwerte, sind mehrere oder alle überschritten (Tabelle 5.11). Mit n einzelnen Komparatoren können n+1 unterschiedliche Spannungsbereiche definiert werden.

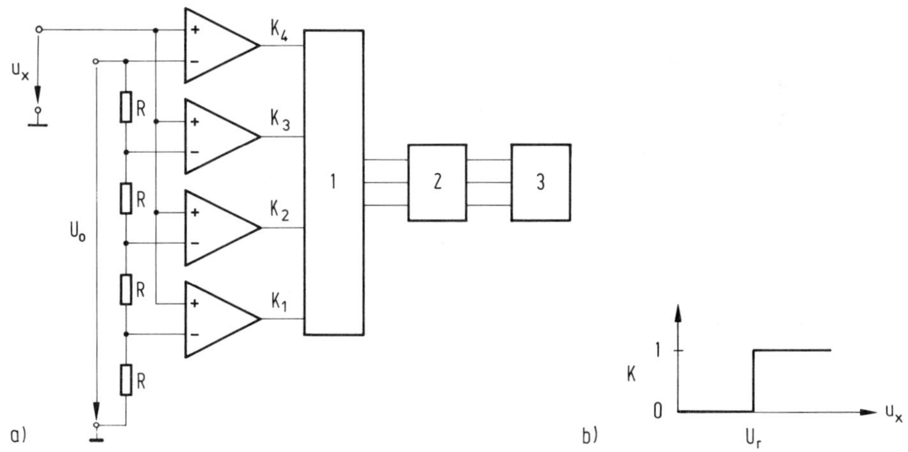

Bild 5.31:
a) A/D-Umsetzer mit parallelen Komparatoren
1 Logische Schaltung zur Bildung einer Gray-Zahl aus den Komparatorsignalen,
2 Speicher
3 Dekodierer vom Gray-Code in den Dual- oder BCD-Code
b) Kennlinie der verwendeten Komparatoren

Tabelle 5.11 Zusammenhang der Variablen in A/D-Umsetzer mit parallelen Komparatoren

Spannungsbereich	Komparatorsignal K_4	K_3	K_2	K_1	Gray-Zahl G_3	G_2	G_1	angezeigter Wert u_x/U_0
$0 \leq u_x < \frac{1}{4}U_0$	0	0	0	0	0	0	0	0
$\frac{1}{4}U_0 \leq u_x < \frac{2}{4}U_0$	0	0	0	1	0	0	1	0,25
$\frac{2}{4}U_0 \leq u_x < \frac{3}{4}U_0$	0	0	1	1	0	1	1	0,5
$\frac{3}{4}U_0 \leq u_x < \frac{4}{4}U_0$	0	1	1	1	0	1	0	0,75
$U_0 \leq u_x$	1	1	1	1	1	1	0	1

Um aus den Komparatorsignalen eine Zahl zur Anzeige der Spannung zu bilden, werden diese durch UND- und ODER-Verknüpfungen zunächst in einen einschrittigen Code wie z.B. den Gray-Code überführt. Die einzelnen Bit des Gray-Codes werden gespeichert, in eine Dual- oder Dezimalzahl umcodiert und angezeigt.

Würde von den Komparatorsignalen sofort auf den Dual-Code übergegangen, so müßten bei bestimmten Änderungen der Eingangsspannung mehrere Bit gleichzeitig wechseln. Um zu verhindern, daß z.B. bei dem Übergang von 011 auf 100 nicht der völlig falsche Zustand 111 auftritt, abgespeichert und auch fälschlich ausgegeben wird, müßten die zur Auswertung der Komparatorsignale benötigten UND- und ODER-Gatter exakt gleichzeitig schalten. Dies ist infolge unterschiedlicher Gatterlaufzeiten nicht gewährleistet, und so ist der einschrittige Code zwischengeschaltet, um auch bei einer sich ändernden Eingangsspannung den Meßwert richtig anzugeben.

Die industriell gefertigten A/D-Umsetzer enthalten mehr als die vier im Bild gezeigten Komparatoren. Der Verbesserung der Auflösung sind aber durch den rasch steigenden Aufwand Grenzen gesetzt. Letzten Endes wird die Genauigkeit durch die Toleranzen beim Abgleich des Spannungsteilers und die Driften der Komparatoren begrenzt. Die prinzipielle Stärke des parallelen A/D-Umsetzers liegt in seinem einfachen Aufbau und in seiner hohen Umsetzrate (Simultanumsetzer). Diese wird durch die Einstellzeit der Komparatoren und die Schaltzeit der Gatter bestimmt. Schon einfache Ausführungen können 10^7 Meßwerte in der Sekunde umsetzen.

5.7.4 Inkrementaler A/D-Stufenumsetzer

Ein besseres Auflösungsvermögen als die Parallelumsetzer haben die Stufenumsetzer. Diese vergleichen die zu messende Spannung mit diskreten, einstellbaren Vergleichsspannungen, die von Digital/Analog-Umsetzern geliefert werden (Abschnitt 5.2.6). Beim inkrementalen Stufenumsetzer wird die Referenzspannung durch einen Zähler so gesteuert, daß sie sich von null ausgehend mit jedem Takt um einen konstanten Wert erhöht.

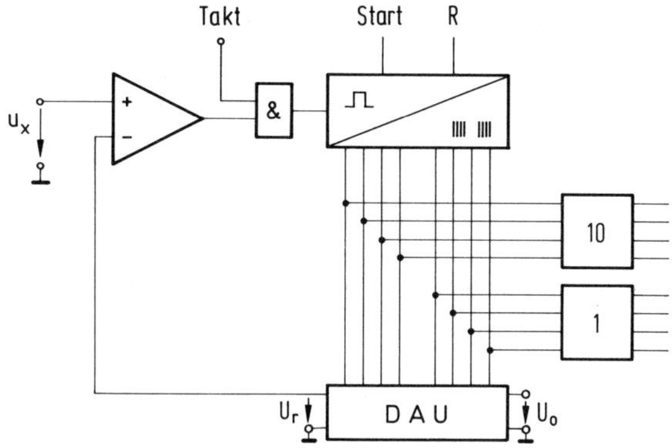

a)

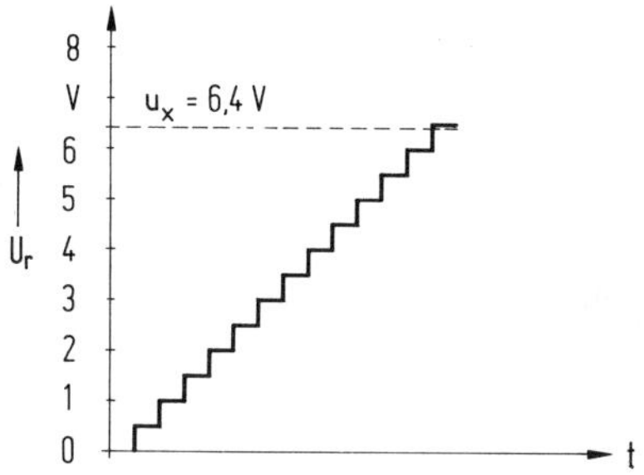

b)

Bild 5.32: Inkrementaler Stufenumsetzer
a) Schaltung,
b) die Vergleichspannung nimmt im Takt des Zählers zu

Bei dem Umsetzer von Bild 5.32 liegt die zu messende Spannung und die aus der Konstantspannung U_0 gebildete einstellbare Vergleichspannung U_r an den Eingängen des Komparators. Solange die zu messende Spannung größer als die Referenzspannung ist, liefert der Komparator sein 1-Signal, und die Impulse des Taktgebers laufen über das UND-Gatter in den Zähler und in die einstellbare Spannungsquelle. Die Vergleichsspannung erhöht sich stufenförmig, bis sie schließlich größer als die zu messende Spannung wird. Der Komparator schaltet, sein 0-Signal sperrt das Tor und stoppt den Zähler. Der Zählerstand ist dann ein Maß für die Summe der zurückgelegten Stufen, ein Maß für die Höhe der Vergleichsspannung und auch für die der zu messenden Spannung u_x, die sich von der Vergleichsspannung um weniger als eine Spannungsstufe unterscheidet.

5.7.5 Inkrementaler A/D-Nachlaufumsetzer

Der inkrementale Stufenumsetzer benötigt unter Umständen eine relativ große Meßzeit, da die Vergleichsspannung in vielen kleinen Schritten an den Wert der zu messenden Spannung herangeführt wird. Erheblich schneller ist der inkrementale Nachlaufumsetzer (Bild 5.33). Dieser schaltet bei einer neuen Messung die Vergleichsspannung nicht auf null zurück, sondern startet mit dem im vorausgegangenen Abgleich festgestellten Meßwert. Er enthält einen Vor- und Rückwärtszähler und kann so nicht nur steigenden, sondern auch fallenden

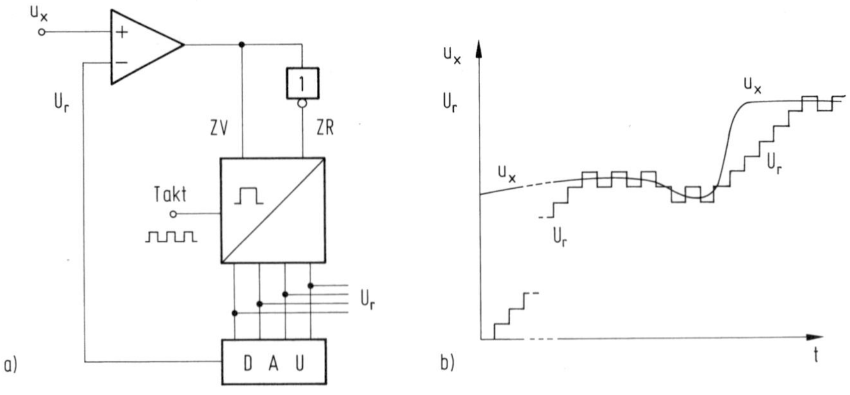

Bild 5.33: Inkrementaler Nachlaufumsetzer

a) Schaltung; für $u_x > U_r$ zählt der Zähler vorwärts, für $u_x < U_r$ zählt der Zähler rückwärts.

b) Die Referenzspannung U_r folgt der analogen Eingangsspannung u_x

Meßwerten folgen. Bei konstanten Meßwerten wird die Vergleichsspannung abwechselnd um eine Stufe erhöht und erniedrigt.

5.7.6 A/D-Umsetzer mit sukzessiver Annäherung an den Meßwert

Bei dem Stufenumsetzer mit sukzessiver Annäherung an den Meßwert wird die Referenzspannung nicht in gleichen, sondern in unterschiedlich großen Stufen geändert. Seine Arbeitsweise gleicht der einer Balkenwaage, bei der nicht viele kleine, sondern wenige, gestaffelte Gewichtsstücke verwendet werden. Aus diesem Grunde ist auch die Bezeichnung *Wäge-Umsetzer* gebräuchlich.

Die einzelnen Teilvergleichspannungen werden aus einer konstanten Hilfsspannung U_0 gebildet. Sie sind oft im Dual- oder BCD-Code gestuft (Digital-Analog-Umsetzer). Im BCD-Code sind 4k unterschiedliche Teilspannungen notwendig, um einen Spannungswert dezimal mit k Stellen angeben zu können.

Der Wägeumsetzer enthält einen Komparator, der die unbekannte Spannung u_x mit der Referenzspannung U_r vergleicht (Bild 5.34). Die Messung beginnt, indem die höchste Teilspannung $U_r = U_0/2$ eingestellt und mit der zu messenden Spannung u_x verglichen wird. Ist $u_x > U_r$, so bleibt $U_0/2$ eingeschaltet, die nächste Teilspannung $U_0/4$ wird zu $U_0/2$ hinzuaddiert, und der Vergleich wird von neuem durchgeführt. Solange die zu messende Spannung größer als die Referenzspannung ist, bleibt der hinzugekommene Teilbetrag erhalten. Ansonsten wird er abgeschaltet, und der Abgleich wird mit der Addition der nächstniedrigen Teilspannung versucht. Am Ende der Messung hat sich die Referenzspannung sukzessiv der zu messenden Spannung genähert und weicht von dieser höchstens um die kleinste Spannungsstufe ab. Der Wert der gesuchten Spannung u_x wird von den Stellungen der Schalter in der Referenzspannungsquelle als Dual- oder BCD-Zahl abgelesen. Ist die betreffende Teilspannung

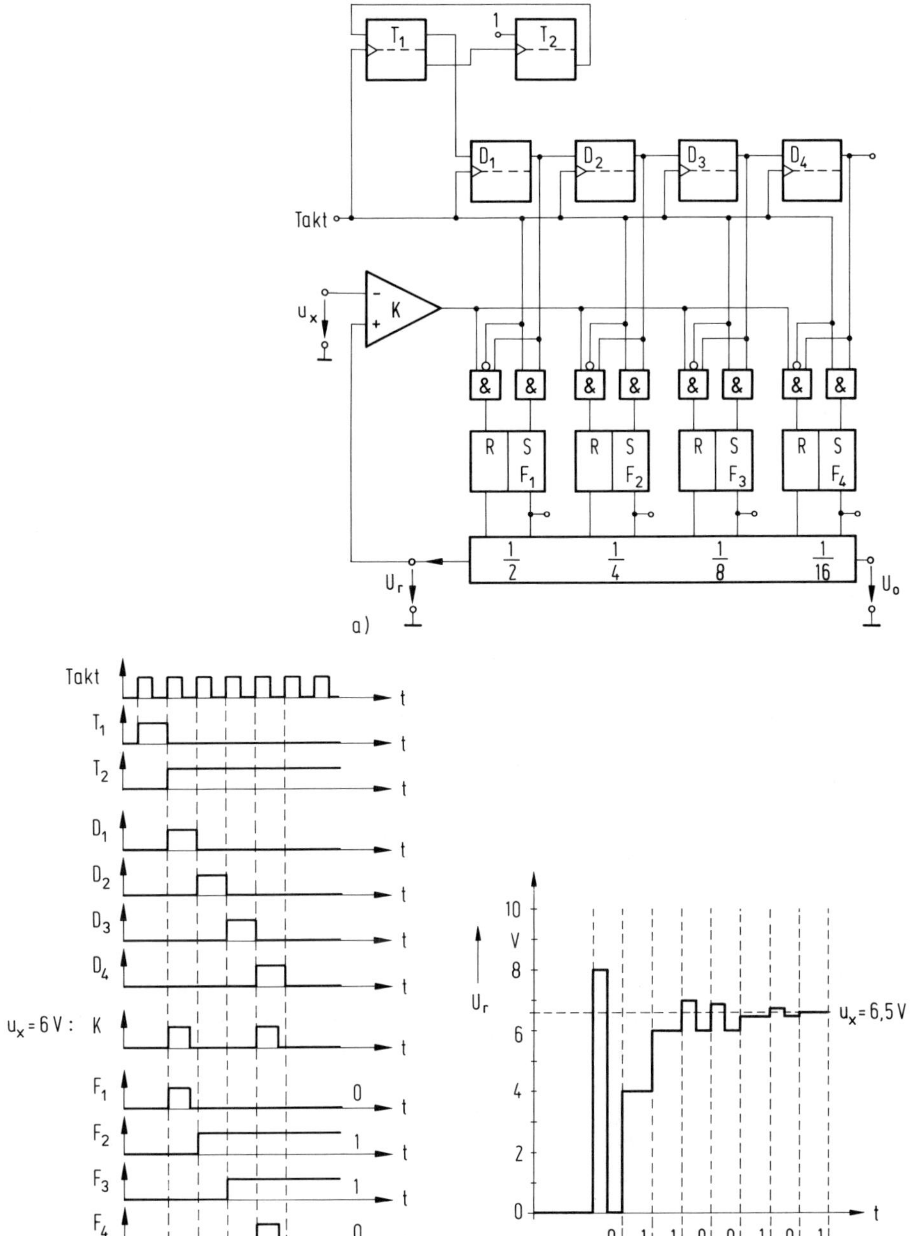

Bild 5.34: A/D-Stufenumsetzer mit sukzessiver Annäherung an den Meßwert
a) Schaltung,
b) Ablaufdiagramm,
c) Abgleichvorgang

noch zugeschaltet, so wird für das entsprechende Bit eine 1, andernfalls eine 0 gesetzt. Das Ablaufdiagramm von Bild 5.34c gilt für eine zu messende Spannung $u_x = 6{,}5\,V$ und für eine Konstantspannung $U_0 = 16\,V$, die in insgesamt $2 \cdot 4$ Stufen von 8, 4, 2, 1 und 0,8, 0,4, 0,2, 0,1 V unterteilt ist. Als Ergebnis des Abgleichs wird die BCD-Zahl 0110 0101 erhalten.

Nach dieser Beschreibung des Prinzips soll noch einmal auf die für den Abgleichvorgang notwendigen Baugruppen zurückgekommen werden, die in Bild 5.34 für einen 4 Bit-Abgleich gezeichnet sind. Im Ausgangszustand sind alle Kippstufen zurückgesetzt. Der steuernde Eingangstakt setzt zunächst für genau eine Taktperiode das T-Flipflop T_1. Dessen Q-Signal wird dann von dem Ringzähler übernommen und durch die D-Flipflops geschoben. Diese liefern so nacheinander für jeweils eine Taktperiode an ihrem Q-Ausgang ein 1-Signal. Während dieser Zeit kann über die UND-Verknüpfung mit dem Zustand des Eingangstakts das dem D-Flipflop zugeordnete RS-Flipflop gesetzt werden. Damit wird in der digital steuerbaren Referenzspannungsquelle die entsprechende Teilspannung zugeschaltet. Der Komparator vergleicht die zu messende Spannung u_x mit der aktuellen Referenzspannung U_r. Ist die Referenzspannung zu groß, liefert der Komparator ein 1-Signal an das UND-Gatter vor den Rücksetzeingängen. Das RS-Flipflop, das in der gerade laufenden Taktperiode zugeschaltet wurde, wird dadurch wieder rückgesetzt, und die Teilspannung wird wieder abgeschaltet. Auf diese Weise werden alle Teilspannungen abgefragt. Am Ende des Abgleichs liefert der Zustand der RS-Flipflops den Meßwert in dem Code, der der digital steuerbaren Vergleichsspannung zugrunde gelegen hat. Der Meßwert wird zwischengespeichert, alle Kippstufen werden zurückgesetzt, und ein neuer Abgleichvorgang kann beginnen.

Bei einem Auflösungsvermögen von 14 Bit können Wägeumsetzer 10^5 Meßwerte in der Sekunde umsetzen. Bei geringeren Ansprüchen an das Auflösungsvermögen werden höhere Umsetzgeschwindigkeiten erreicht. Die Genauigkeit der Messung hängt von der Stabilität der Referenzspannung, von dem Restwiderstand und dem Leckstrom der in der digital steuerbaren Spannungsquelle benutzten Schalter und von der Nullpunktsdrift des Komparators ab. Die Geschwindigkeit der Umsetzung wird insbesondere bestimmt durch die Einstellzeit des Komparators und der Vergleichsspannung.

5.7.7 Digitalmultimeter

Das Digitalmultimeter mit Ziffernanzeige (Bild 5.35) ist ähnlich universell zu verwenden wie das klassische umschaltbare Drehspulinstrument mit seiner Skalenanzeige. Ein breit gefächertes Angebot ist verfügbar, das vom handlichen Tascheninstrument bis zum komfortablen, busgesteuerten System-Multimeter großer Empfindlichkeit und großer Auflösung reicht. Die wesentliche Funktionseinheit eines Digitalmultimeters ist der A/D-Umsetzer (Tabelle 6.2). Die teureren Geräte enthalten dabei noch weitere Baugruppen, die z.B. den Ein-

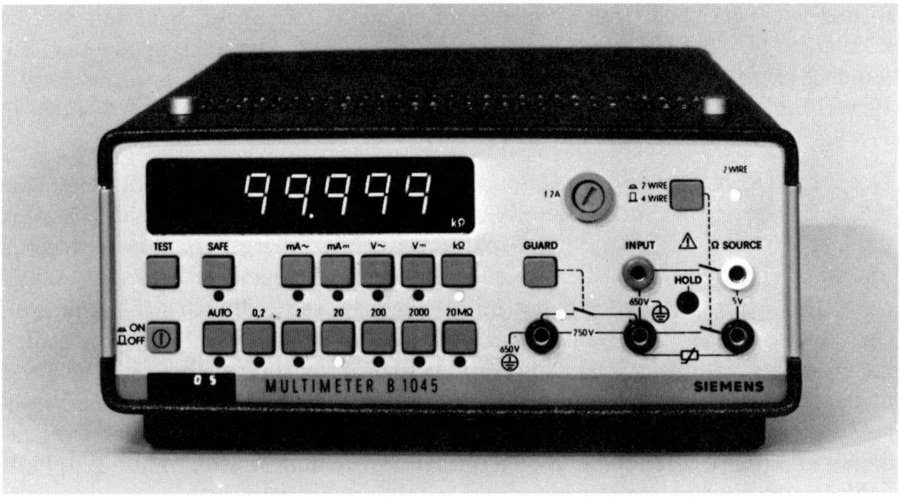

Bild 5.35: Digitalmultimeter

gang vor Überspannungen und Störspannungen schützen oder das Eingangssignal bandbegrenzen. Damit wird erreicht, daß bei der vorgegebenen Abtastrate das Signal noch eindeutig umgesetzt wird.

Die Digitalmultimeter verwenden Verstärker. Sie messen Spannungen mit großem und Ströme mit niedrigem Eingangswiderstand. Das große Auflösungsvermögen der Geräte mit mehreren Ziffern darf dabei nicht darüber hinwegtäuschen, daß nur bei bestimmungsgemäßer Anwendung und Vermeidung systematischer Fehler der angezeigte Werte mit dem tatsächlichen Wert der Meßgröße übereinstimmt. Sind einem Gleichspannungs-Meßsignal periodische oder stochastische Störungen überlagert, so verfälschen diese nicht die Anzeige eines elektromechanischen Instruments. Infolge der Trägheit des Instruments wird über die Störungen gemittelt. Das Digitalmultimeter hingegen erfaßt auch diese Störungen falls es Augenblickswerte mißt und nicht wie die integrierenden Umsetzer von Abschn. (6.3) die Mittelwerte bewertet.

5.7.8 Digital-Oszilloskop

Bei den Elektronenstrahl-Oszilloskopen werden in zunehmendem Maße nur noch periodische Signale sehr hoher Frequenzen oder sehr kurze einmalige Impulse in der analogen Technik verarbeitet. Für die anderen Anwendungsfälle setzt sich immer mehr die digitale Verarbeitung durch. Die Eingangssignale werden abgetastet, ins digitale Datenformat umgesetzt und können über Digital-/Analog-Umsetzer praktisch in Echtzeit auf dem Schirm angezeigt werden. Die Vorteile der digitalen Verarbeitung kommen insbesondere dann zum Tragen, wenn eine Speicherung der Signale erforderlich ist. Diese ist im digitalen Datenformat leicht möglich (*Digital-Speicheroszilloskop*). Die abgespeicherten Signale können zu beliebigen Zeitpunkten ohne Aufbereitung oder auch nach einer weiteren Verarbeitung (Addition, Subtraktion, Multiplikation, Interpolation, Bewertung der Signalform) auf dem Schirm des Oszilloskops in x/t- oder in x/y-Betrieb zur Anzeige gebracht werden.

Der für die Verarbeitung der Daten benötigte Rechner kann entweder Bestandteil des Oszilloskops oder von diesem getrennt sein. Im letzten Fall werden die Daten vom Oszilloskop dem separaten Rechner übergeben, dort verarbeitet und das Ergebnis wird wieder ans Oszilloskop zurückgemeldet und dort dargestellt. Der externe Rechner bietet im allgemeinen die größeren Möglichkeiten; der eingebaute hat den Vorteil der einfacheren Benutzung. In beiden Fällen lassen sich die zunächst elektronisch abgespeicherten Signale auf eine Diskette überspielen, wo sie beliebig lang zur Verfügung stehen. Desweiteren ist es möglich, die verarbeiteten Signale auch auf Papier auszuplotten. Bei den komfortableren Geräten werden dabei die benutzten Einstellungen wie z.B. die Empfindlichkeit und die Abtastrate gleichzeitig mit dokumentiert.

Im **Transientenspeicher** oder **Transienten-Recorder** werden ein oder mehrere analoge Signale abgetastet, umgesetzt und abgespeichert. Das geht zunächst so lange, bis der Speicher voll beschrieben ist. Von diesem Zeitpunkt an wird jeweils der älteste Meßwert gelöscht, um Platz für den neu angekommenen zu haben. Abhängig von der Wortlänge der digitalen Signale, der Abtastrate, der Zahl der analogen Kanäle und der Speichertiefe können die analogen Signale für Sekunden bis Stunden zwischengespeichert werden.

Im Transientenrecorder werden die eingelaufenen analogen Signale auf gewisse Kenngrößen hin überwacht. Wird im Fall einer gewollten oder ungewollten Transiente (Störung) der normale Betriebszustand verlassen, so wird das Signal noch eine gewisse Zeit aufgezeichnet und anschließend wird die Messung unterbrochen. Es stehen nun die Meßwerte vor und nach dem Zeitpunkt der Störung im Speicher. Sie werden ausgegeben und analysiert. Da zu sehen ist, wie sich die Störung entwickelt hat, lassen sich ihre Ursachen besser ergründen als in den Fällen, in denen die Vorgeschichte nicht aufgezeichnet ist.

5.8 A/D-Umsetzer für mechanische Größen; kodierte und inkrementale Längen- und Winkelgeber

Auch nichtelektrische Größen lassen sich digital messen, ohne daß in allen Fällen zunächst ein analoges elektrisches Signal gebildet und dieses dann umgesetzt werden müßte. Aufnehmer stehen zur Verfügung, die schon ein diskretes Signal liefern. Von diesen Aufnehmern haben zur Zeit allerdings nur die Längen- und Winkelfühler eine breitere technische Anwendung gefunden. Wir werden uns deshalb auf die Besprechung dieser Meßwertgeber beschränken. Dabei werden kodierte und inkrementale Aufnehmer unterschieden. Die kodierten Geber liefern einen verschlüsselten Meßwert, die inkrementalen Geber ändern ihr Ausgangssignal in äquidistanten Schritten. Hier entspricht der Meßwert der Summe der ausgegebenen Schritte, d.h., die Schritte sind zu zählen.

5.8.1 Endlagenschalter

Die einfachste Messung ist wieder die, bei der eine Ja/Nein-Entscheidung zu treffen ist. Als Beispiel dient der Endschalter von Bild 5.36, der die Stellung einer Ventilspindel überwacht. Ist das Ventil geschlossen, so wird der Stift des Endschalters nach innen gedrückt, sein Kontakt schließt, und am Ausgang A liegt die Versorgungsspannung U_v, entsprechend dem logischen Signal 1. Umgekehrt ist in der Nicht-geschlossenen-Stellung, – die nicht identisch ist mit der Offen-Stellung – der Kontakt geöffnet, und der Ausgang A ist spannungslos, er führt das Signal 0. Die Stellung des Ventils wird also wie folgt in ein binäres Signal übersetzt:

Ventil geschlossen $A = 1$

Ventil nicht geschlossen $A = 0$

Diese Auslegung läßt sich verbessern, indem im Endschalter anstelle des einfachen Schließkontakts ein Wechselkontakt verwendet wird (Bild 5.35b). Damit steht das negierte Signal $\bar{A}$ zur Verfügung und es gilt:

Ventil geschlossen: $A = 1;\ \bar{A} = 0$

Ventil nicht geschlossen: $A = 0;\ \bar{A} = 1$

Besonders für den Betrieb automatisierter Meß- und Steuersysteme ist wichtig zu wissen, ob die von den in der Anlage räumlich verteilten Komponenten in der zentralen Steuerwarte angekommenen Signale richtig oder falsch sind. Im Falle des Endschalters mit Wechselkontakt hilft das antivalente Signalpaar A und $\bar{A}$, diese Frage zu entscheiden. Ausfälle am Endschalter können auftreten infolge einer Unterbrechung U, eines Masseschlusses M oder eines Kurzschlus-

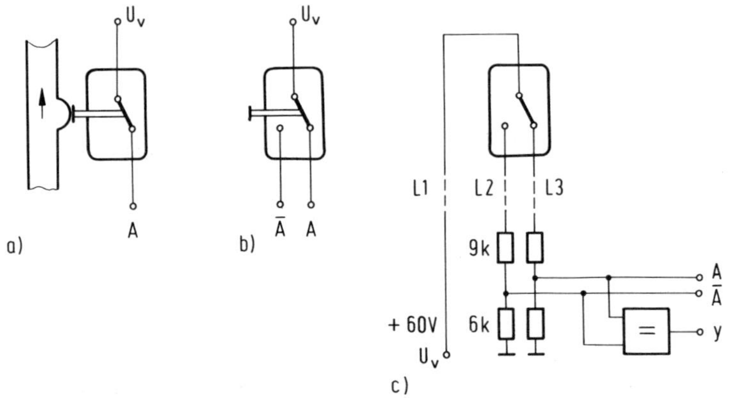

Bild 5.36: Endlagenschalter mit Schließkontakt (a), Wechselkontakt (b) und Signalaufbereitung (c)

Tabelle 5.12 Signale an den Ausgängen eines Endschalters mit Wechselkontakt bei verschiedenen Fehlermöglichkeiten.
U_i = Unterbrechung der Leitung i; M_i = Verbindung der Leitung i mit Masse; K_{ij} = Kurzschluß zwischen den Leitungen i und j

	richtig	Fehler								
		U_1	U_2	U_3	M_1	M_2	M_3	K_{12}	K_{13}	K_{23}
Ausgang A	1	0	1	0	0	1	0	1	1	1
Ausgang $\bar{A}$	0	0	0	0	0	0	0	1	0	1
Ausgang y Äquivalenzgatter	0	1	0	1	1	0	1	1	0	1

ses K der Anschlußleitungen L 1, L 2, L 3 oder der Kontakte. Diese Fehlermöglichkeiten sind in der Tabelle 5.12 zusammengestellt. Während bei einem funktionsfähigen Schalter an den Ausgängen A und $\bar{A}$ immer die antivalenten Signale 1 (24 V) und 0 (0 V) vorliegen, führen die Fehler in sechs von den neun betrachteten Fällen zu einer 00- oder 11-Signalkombination, die durch ein einfaches Äquivalenzgatter erkannt und gemeldet werden kann. Die restlichen drei Fehler, die das richtige Signal nicht verfälschen, werden in dem Moment entdeckt, in dem der Schalter betätigt wird.

Bei der in Bild 5.36c gezeigten Schaltung liegt an den Kontakten eine Spannung von 60 V, während an den nicht dargestellten elektronischen Steuerkreis 0 und 24 V-Signale gegeben werden. Gleichzeitig fließt über die Kontakte ein Strom von 4 mA. Diese erhöhte Belastung der Kontakte ist eingeführt, damit auch bei verschmutzten oder korrodierten Oberflächen die Spannungen sicher geschaltet werden [5.13].

5.8.2 Kodierte Längen- und Winkelgeber

Mit dem kodierten Längen- und Winkelgeber können Weg- und Winkeländerungen von einem festen Bezugspunkt aus digital gemessen werden. Das bewegte Teil ist zu diesem Zweck mit einem Raster oder Codelineal verbunden, dessen Position von einem feststehenden Punkt aus mechanisch oder optisch abgetastet wird. Im Fall der mechanischen Abtastung ist der Code durch spannungsführende Leiterbahnen, die auf einem isolierenden Träger sitzen, festgelegt. Die Lage der spannungsführenden Stücke wird von direkt aufliegenden Schleifkontakten erfaßt. Bei der optischen Abtastung sind eine Lichtquelle und ein lichtempfindlicher Aufnehmer notwendig. Die Messung kann im durchgehenden oder reflektierten Licht erfolgen.

Das Raster von Bild 5.37a ist im Dual-Code ausgeführt. Es enthält fünf Bahnen, so daß insgesamt $2^5 = 32$ Längen- oder Winkelpositionen unterschieden und absolut angegeben werden können. Die schraffierten Segmente des Bildes kennzeichnen im Fall einer mechanischen Abtastung die spannungführenden

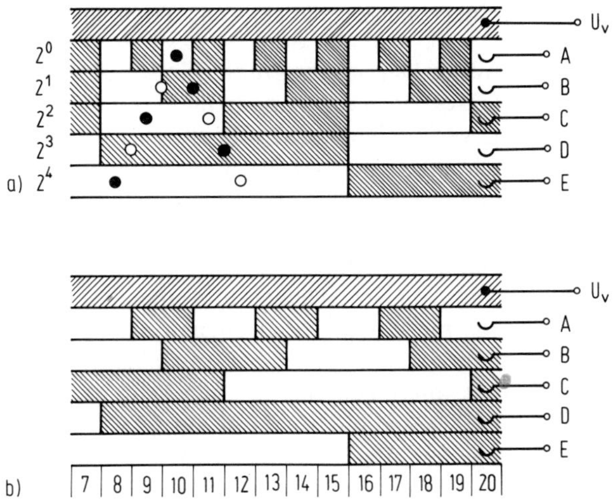

Bild 5.37: Codescheibe eines Längengebers
a) Dualcode; eingezeichnet ist die V-Abtastung bei der Position 01010
b) Gray-Code

Teile der einzelnen Bahnen. Jeder Bahn ist einer der Schleifkontakte A bis E zugeordnet, die bei vorhandener Spannung ein 1-Signal liefern.

Bei der Abtastung besteht nun die Gefahr, daß die einzelnen Schleifkontakte infolge ihrer nicht zu vernachlässigenden Abmessungen oder auch infolge von Erschütterungen oder Wärmedehnungen nicht exakt übereinander stehen und in einer Linie abtasten. Dies kann an den Stellen, an denen sich mehrere Bit ändern, zu völlig falschen Angaben führen. Ist z.B. bei einem Übergang von 01111 nach 10000 der Schleifkontakt D etwas nach rechts justiert, wird zeitweilig der unsinnige Wert 00111 ausgegeben.

Diese Schwierigkeit vermeidet die sogenannte V-Abtastung. Dabei wird die Bahn mit der niedrigsten Wertigkeit mit einem Schleifkontakt, alle anderen mit zwei gegeneinander um etwa eine halbe Segmentlänge versetzte Bürsten detektiert. Bei einem 1-Signal in einer Spur wird dann in der Bahn mit der nächsthöheren Wertigkeit die linke Ablesestelle, ansonsten die rechte bewertet. Dadurch werden nur direkt aufeinanderfolgende Positionen angezeigt. Dieses Vorgehen ist in Bild 5.37a dadurch angedeutet, daß die maßgebenden Schleifkontakte als Kreisflächen, die nicht ausgewerteten als Kreisringe gezeichnet sind.

Das geschilderte, schon bei den Umsetzern mit parallelen Komparatoren aufgetretene Problem läßt sich noch einfacher, nämlich durch die Verwendung eines einschrittigen Codes lösen (Bild 5.37b). Bei einem deratigen Code ändert sich bei dem Übergang von einer auf eine andere Position jeweils nur ein Bit, so daß die Abtastung jetzt unempfindlich gegen geringfügig dejustierte Schleifkontakte ist. In diesem Fall wird die neue Position zwar etwas zu früh oder zu spät angezeigt, der Fehler bleibt aber in jedem Fall kleiner als das Auflösungsvermögen von einem Bit.

5.8.3 Inkrementale Längen- und Winkelgeber

Wirkungsweise. Der inkrementale Geber unterscheidet sich durch sein gleichmäßig geteiltes Raster von dem kodierten. Das Raster ist mit dem bewegten Werkstück verbunden, dessen Position zu ermitteln ist. Es kann mechanisch oder optisch abgetastet werden. Bei der optischen Abtastung von Bild 5.38 liegt im Strahlengang zwischen der Lichtquelle und dem Photodetektor das Raster mit seinen lichtdurchlässigen und lichtundurchlässigen Segmenten. Die Ausgangsspannung des Detektors ändert sich bei einer Bewegung des Rasters in Abhängigkeit von der Beleuchtung ungefähr dreieckförmig. Sie wird in einem Komparator mit einem vorgegebenen Schwellwert verglichen und in ein binäres Signal umgesetzt. Die dabei entstehende Folge von rechteckförmigen Impulsen wird auf einen Zähler gegeben, der z.B. die ansteigenden Flanken erfaßt. Der Zählerstand ist dann ein Maß für die Strecke, die das Werkstück zurückgelegt hat. Durch Nullstellen des Zählers kann der Anfangspunkt der Messung beliebig innerhalb des Meßbereichs verschoben werden.

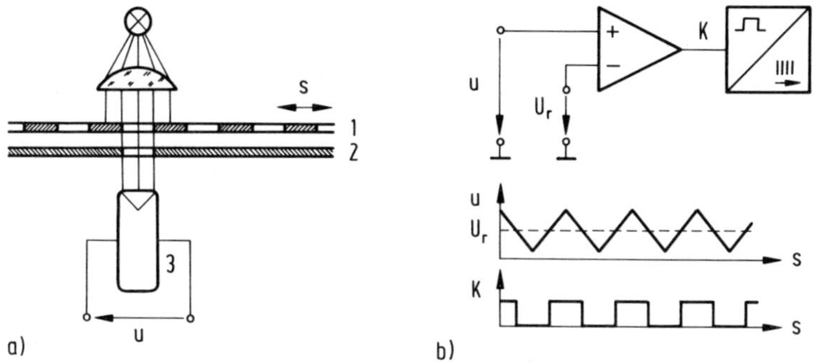

Bild 5.38: Optischer inkrementaler Längengeber
a) Schema, Raster 1, Blende 2, spannungsliefernder Photodetektor 3;
b) Signale

Richtungsabhängige Anzeige. Die bis jetzt besprochene Ausführung zählt jeden Hell-Dunkel-Übergang, unabhängig davon, ob sich das Raster nach rechts oder links bewegt. Sie läßt sich noch dahingehend verbessern, daß auch bei beliebiger Bewegung des Rasters der Zählerstand die eingenommene Position richtig wiedergibt. Dies gelingt durch die Verwendung von zwei Photodetektoren, die um ein Viertel des Rasterabstands versetzt angeordnet werden (Bild 5.39). Die Ausgangsspannungen dieser Detektoren werden wieder in binäre Signale umgesetzt und auf ein D-Flipflop gegeben. Das Signal des Empfängers 1 liegt am D-Eingang, das des Empfängers 2 steuert den Takteingang.

Wird das Raster nach rechts, vorwärts bewegt, so liefert der Empfänger 1 das schon vom vorherigen Bild bekannte Signal. Der Empfänger 2, der direkt an einer Hell-Dunkel-Grenze steht, wird jetzt für eine halbe Rasterlänge beleuchtet und liefert für diese Strecke sein 1-Signal. Entsprechend dem räumlichen

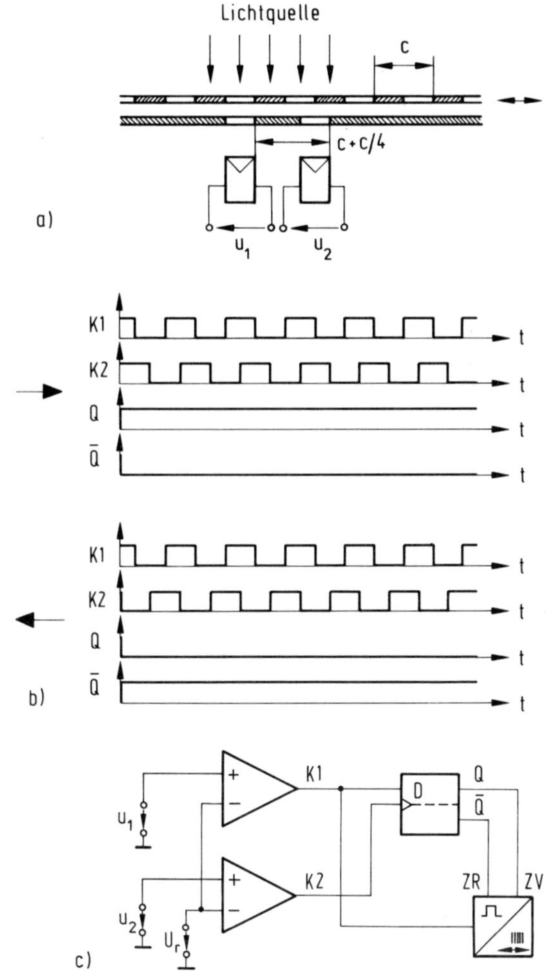

Bild 5.39: Richtungsabhängige Anzeige eines inkrementalen Längengebers
a) Anordnung
b) Signale
c) Schaltung

Abstand der Detektoren sind also auch ihre Signale verschoben. Das angeschlossene D-Flipflop schaltet bei der ansteigenden Flanke des zweiten Signals. Zu diesem Zeitpunkt ist das am D-Eingang liegende Signal des ersten Empfängers immer im Zustand 1. Damit ist bei einer Rasterbewegung nach rechts das D-Flipflop immer gesetzt mit $Q=1$, $\bar{Q}=0$.

Bei einer Verschiebung des Rasters nach links, rückwärts, ändert sich das Signal des ersten Empfängers nicht; das des zweiten ist zuerst 0 (das Raster schiebt sich in den Strahlengang des Empfängers 2) und dann 1. Damit ist zum Zeitpunkt der ansteigenden Flanke der D-Eingang immer mit einer 0 belegt. Das Flipflop bleibt immer rückgesetzt mit $Q=0$, $\bar{Q}=1$.

Die Ausgangssignale Q und $\bar{Q}$ des D-Flipflops hängen von der Bewegungsrichtung ab. Sie werden benutzt, um die Zählrichtung eines Vorwärts-Rückwärts-zählers umzuschalten. Dessen Zählerstand ist dann ein Maß für die Position des Rasters.

Auflösungsvermögen. Die feinsten zur inkrementalen Wegmessung benutzten Strichgitter haben einen Rasterabstand von etwa 10 μm und ermöglichen Messungen mit noch höherer Auflösung. Hier ist es nicht mehr sinnvoll, die Abmessungen der Lichtquelle und des Detektors kleiner als den Strichabstand zu wählen. Das Meßsignal wäre für eine sichere Auswertung zu schwach. In diesem Fall wird die lichtempfindliche Fläche einige Strichabschnitte breit ausgeführt, und vor den Detektor wird ein zweites, feststehendes Raster mit derselben Teilung wie das bewegliche angeordnet (Bild 5.40a). Der Detektor wird jetzt von dem durch mehrere lichtdurchlässige Abschnitte gehenden Licht getroffen und liefert ein Signal, das zu einer sicheren Unterscheidung des Hell-Dunkel-Übergangs ausreicht.

Bild 5.40:
a) Die lichtempfindliche Fläche des Detektors ist größer als der Rasterabstand
b) Moiré-Streifen bei schräggestellten Rastern

Um die Bewegungsrichtung des Rasters zu erkennen, sind nun versetzt angeordnete Detektoren und entsprechend breite dunkle und helle Abschnitte erforderlich. Diese ergeben sich, indem die beiden Gitter etwas schräg zueinander angeordnet werden. In diesem Fall entstehen die mehrere Strichabstände breiten Moiré-Streifen, die bei einer Relativbewegung der beiden Raster nach oben oder unten laufen und damit die Bewegungsrichtung erkennen lassen (Bild 5.40b). Darüber hinaus ist es auch bei den feinsten Strichgittern möglich, die vor den Detektoren befindlichen feststehenden Raster um genau ein Viertel des Teilungsmaßes zu versetzen und damit wie in Bild 5.39 die Bewegungsrichtung zu erkennen.

Interferometer. Eine nochmals um den Faktor 10 bessere Auflösung liefert das Interferometer nach Bild 5.41. Der Strahl einer Laserlichtquelle wird aufgeweitet, geteilt und in einem feststehenden und einem beweglichen Prisma reflektiert. Die reflektierten Lichtbündel überlagern sich, und senkrecht zur Zeichenebene entstehen Interferenzringe, die von zwei gegeneinander versetzten Photodetektoren erfaßt werden. Wird das bewegliche Prisma verschoben, so laufen die Ringe nach innen oder außen. Die Detektoren zählen die Hell-Dunkel-Übergänge und bewerten zusätzlich die Richtung. Die Verschiebung s des beweglichen Prismas ergibt sich aus der Zahl der Nulldurchgänge m und der Wellenlänge λ zu

$$s = m \frac{\lambda}{2}.$$

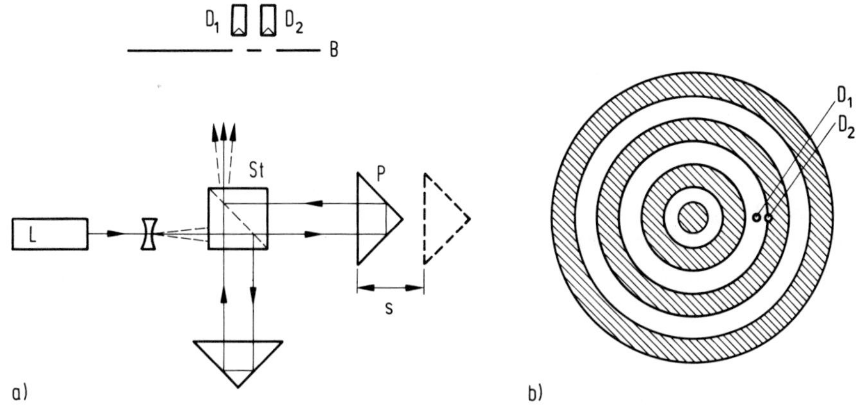

Bild 5.41:
a) Interferometer mit Lichtquelle L, Strahlteiler St, beweglichem Prisma P, Blende B und zwei Photodetektoren D_1 und D_2;
b) Interferenzmuster in der zum Meßtisch senkrechten Ebene

Das Auflösungsvermögen ist bei diesem inkrementalen Zählverfahren halb so groß wie die Wellenlänge des benutzten Lichts. Wird noch die Phasenverschiebung der beiden Lichtsignale ausgewertet, so können Verschiebungen von etwa 0,02 λ aufgelöst werden. Auch kodierfähige Streifenmuster sind möglich [5.14].

5.8.4 Vergleich der kodierten und inkrementalen Längengeber

Die kodierten und inkrementalen Längengeber werden zwar für dieselben Meßaufgaben verwendet, haben aber ihre spezifischen Vor- und Nachteile.

Der kodierte Geber, der eine V-Abtastung verwendet oder einschrittig ist,

- ist aufwendiger,
- mißt die Länge von einem definierten Ausgangspunkt aus,
- liefert direkt das Ergebnis in einer verschlüsselten Form,
- zeigt nach einem Spannungsausfall wieder das richtige Ergebnis und
- ist unempfindlich gegen irgendwelche Störimpulse.

Der inkrementale Geber hingegen

- erreicht die bessere Auflösung,
- läßt eine Nullpunktverschiebung innerhalb des Meßbereichs zu,
- zählt eventuell auch Störimpulse,
- verliert bei Ausfall der Versorgungsspannung den Meßwert.

Trotz dieser Bedenken werden inkrementale Geber häufiger als kodierte eingesetzt. Sie sollten aber nur dort verwendet werden, wo der Nullpunkt jederzeit kontrolliert und die Messung - falls notwendig - wiederholt werden kann.

6 Zeit- und Frequenzmessung; frequenzanaloge Meßwertgeber und Wandler

Zeitintervalle und Frequenzen lassen sich nicht nur mit einer außerordentlich hohen Genauigkeit messen, sie sind auch „digitalfreundliche“ Größen. Über eine Impulszählung können die Meßsignale leicht als Zahl dargestellt und mit den Methoden und Hilfsmitteln der Digitaltechnik weiterverarbeitet werden. So werden in zunehmendem Maße Zeit- und Frequenzsignale als die die Meßinformation tragenden Parameter benutzt, wobei sich die Vorteile der analogen und digitalen Signalverarbeitung miteinander kombinieren lassen.

Die Frequenzsignale

- sind unempfindlich gegen Änderungen der Leitungsparameter,
- werden weniger als analoge Signale durch elektromagnetische Einstreuungen gestört,
- lassen sich leicht galvanisch entkoppeln,
- können ohne Verlust an Genauigkeit verstärkt werden und
- lassen sich mit einfachen Hilfsmitteln verarbeiten wie z.B. addieren, subtrahieren, multiplizieren, dividieren, integrieren.

Zeit- und Frequenzmessungen sind einander sehr ähnlich. Eine Impulsfolge der Frequenz f läuft jeweils während eines Zeitintervalls T in einen Zähler ein und führt dort zu dem Zählerstand N mit

$$N = fT. \qquad (6.1)$$

Bei der Zeitmessung ist die Frequenz bekannt, und der Zählerstand ist ein Maß für die gesuchte Zeit T, während bei der Frequenzmessung die Meßzeit konstant gehalten und aus dem Zählerstand die Frequenz f ermittelt wird.

6.1 Digitale Zeitmessung

6.1.1 Messung eines Zeitintervalls

Zur Messung eines Zeitintervalls ist ein Taktgeber notwendig, der eine Impulsfolge der bekannten Frequenz f liefert (Bild 6.1). Als Taktgeber und damit als Normal für die Zeitmessung dient ein mit einer sehr konstanten Frequenz schwingender Oszillator wie z.B. der Schwingquarz von Abschnitt 6.6.1. Seine Impulse werden gezählt, solange das als Tor vor dem Zähler liegende UND-Gatter geöffnet ist. Dazu muß über einen Startimpuls das RS-Flipflop gesetzt und der entsprechende Eingang des UND-Gatters mit einer 1 belegt werden. Das Tor schließt, sobald durch einen Stoppimpuls das Flipflop rückgesetzt wird. Bei der bekannten Frequenz f ergibt sich die zwischen dem Start- und

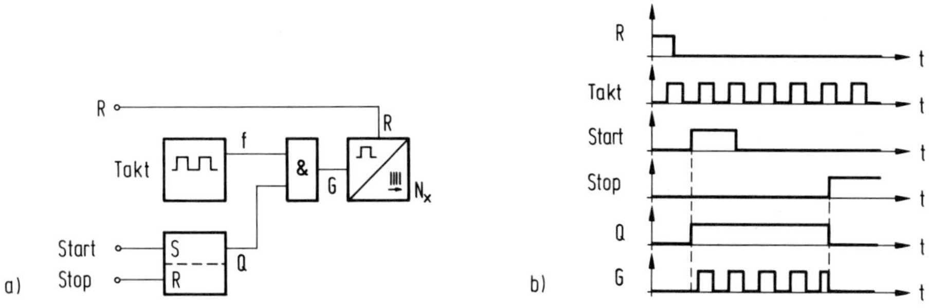

Bild 6.1: Aufbau (a) und Ablaufdiagramm (b) einer Zeitintervallmessung

Stoppimpuls vergangene Zeit T_x als Zählerstand N_x zu

$$N_x = f T_x. \tag{6.2}$$

Sobald das Ergebnis abgelesen oder zwischengespeichert ist, wird der Zähler wieder zurückgesetzt, und die Anordnung ist bereit für eine neue Messung.

Quantisierungsfehler. In dem gezeichneten Beispiel hat der Zähler fünf ansteigende Flanken des Taktsignals registriert. Der Startimpuls ist nicht mit dem Taktsignal synchronisiert und hätte auch bei einer anderen Phasenlage, z.B. eine halbe Taktperiode später, kommen können. In diesem Fall wären bei gleichem Zeitintervall zwischen Start- und Stoppimpuls nur vier ansteigende Flanken gezählt worden. Das Ergebnis ist also um ein Ereignis unsicher. Diese Unsicherheit wird als Quantisierungsfehler bezeichnet, und der Zählerstand wird mit $N_x \pm 1$ angegeben.

6.1.2 Messung einer Periodendauer

Für die Periodendauermessung ist zunächst das analoge Signal in ein binäres Rechtecksignal umzuformen. Dies geschieht in dem Komparator von Bild 6.2. Nach dem - nicht gezeichneten - Rücksetzen der Kippstufen und des Zählers wird von der ersten ansteigenden Flanke des Komparatorsignals das Flipflop T_1 gesetzt, mit der zweiten Flanke wieder rückgesetzt. Der damit verbundene 0 auf 1-Übergang an $\overline{Q}_1$ führt zum Setzen der Kippstufe T_2. Das 1-Signal am T-Eingang von Flipflop T_1 verschwindet, so daß dieses ab diesem Zeitpunkt in dem rückgesetzten Zustand bleibt. Die Impulse des Taktgenerators gelangen für genau eine Periode durch das UND-Gatter in den Zähler. Bei bekannter Frequenz f ist dann der Zählerstand N_x ein Maß für die Periodendauer T_x

$$N_x = f T_x.$$

Das Flipflop T_1 kann durch einen Rückwärtszähler ähnlich Bild 5.14, bestehend aus N T-Flipflops, ersetzt werden. Wenn dann der Q-Ausgang des N-ten T-Flipflops das UND-Gatter steuert, bleibt dieses für 2^{N-1} Perioden geöffnet, und der Zähler läuft während dieser Zeit. Wird das Zählergebnis durch 2^{N-1}

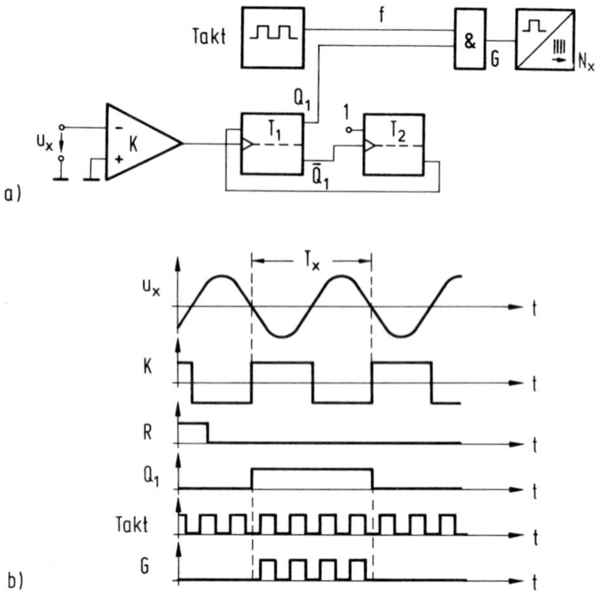

Bild 6.2: Aufbau (a) und Ablaufdiagramm (b) einer Periodendauermessung

dividiert, ergibt sich die mittlere Dauer einer Periode mit einer geringeren Unsicherheit als bei einer Einzelmessung.

6.1.3 Messung des Phasenwinkels

Um den Phasenwinkel der beiden Spannungen

$$u_1(t) = \hat{u} \sin \omega t \quad \text{und}$$

$$u_2(t) = \hat{u} \sin(\omega t + \varphi) = \hat{u} \sin(\omega t + \omega t_x)$$

zu bestimmen, ist die Meßanordnung von Bild 6.2 um einen zweiten Komparator zur Umformung von $u_2(t)$ in ein binäres Signal und um das zusätzliche UND-Gatter G_1 zu erweitern (Bild 6.3). Dieses verknüpft das Signal von Komparator 2 mit dem negierten Signal von Komparator 1. Die UND-Bedingung ist jeweils für die Zeitintervalle t_x erfüllt, die durch die ansteigenden Nulldurchgänge der beiden Spannungen u_1 und u_2 gebildet werden. Das Flipflop T_1 bereitet das Tor G_2 für eine Periode zum Öffnen vor und gewährleistet, daß die Impulse des Taktgebers nur während eines einzigen Intervalls t_x zum Zähler gelangen. Mit f als Frequenz des Taktgebers und N_x als Zählerstand ergibt sich der Phasenwinkel φ zu

$$\varphi = \omega t_x = \omega \frac{N_x}{f}. \tag{6.3}$$

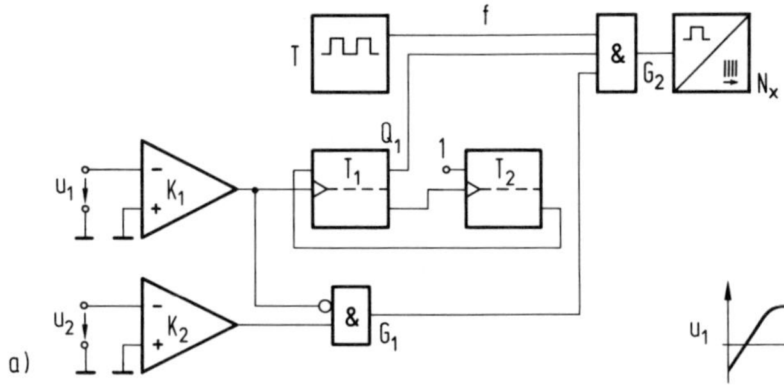

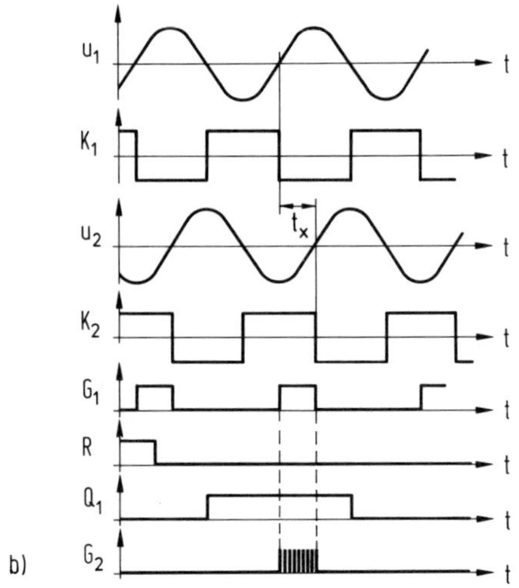

Bild 6.3: Aufbau (a) und Ablaufdiagramm (b) einer Meßanordnung zur Bestimmung eines Phasenwinkels

6.1.4 Normalfrequenz- und Zeitzeichensender

In diesem Abschnitt über die Zeitintervallmessung soll noch kurz auf die Festlegung der absoluten Zeit eingegangen werden. Die Physikalisch-Technische Bundesanstalt in Braunschweig hat für das Gebiet der Bundesrepublik Deutschland diese Aufgabe übernommen und stimmt die eigenen Messungen mit dem Bureau International de l'Heure in Paris ab. Das Ergebnis dieser Zusammenarbeit wird von dem Normalfrequenz- und Zeitzeichensender DCF 77 in Mainflingen ausgestrahlt. Dieser Sender überträgt jede Minute in einer BCD-codierten Form die für die nächste Minute geltenden Daten von Uhrzeit, Wochentag und Datum.

Dazu wird die Amplitude einer frequenzstabilisierten 77,5-kHz-Trägerschwingung zu Beginn einer jeden Sekunde bei einer zu übertragenden logischen 0 für 0,1 s und bei einer logischen 1 für 0,2 s auf 25 % des normalen Wertes abgesenkt. Die Sekunden innerhalb einer Minute sind über diese Amplitudenänderungen inkremental zu zählen. Das Fehlen der 59. Sekundenmarke weist auf den Beginn der folgenden Minute hin. Bild 6.4 gibt ein Beispiel eines derartigen Telegramms, wobei die in den ersten 19 Sekunden übertragenen, die UTC (coordinated universal time) betreffenden Informationen nicht dargestellt sind. Die drei erwähnten Prüfbits P dienen der Störerkennung.

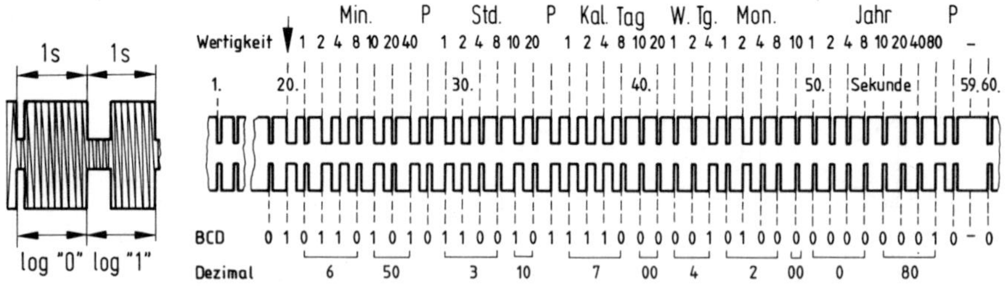

Bild 6.4: Beispiel eines Telegramms des Normalfrequenz- und Zeitzeichensenders DCF 77; das gezeichnete Beispiel gilt für Donnerstag (4), den 7.2.80, 13.56 Uhr

6.2 Digitale Frequenzmessung

6.2.1 Messung einer Frequenz- oder Impulsrate

Die Signale, deren Frequenzen f_x oder Impulsraten n_x zu bestimmen sind, sind zunächst in einem Komparator in eine Folge von Rechteckimpulsen umzuformen. Die Rechteckimpulse laufen dann während der vorgegebenen Meßzeit T in einen Zähler und führen dort zum Zählerstand N_x. Dieser dient als Maß der gesuchten Frequenz f_x oder Impulsrate n_x mit

$$f_x = \frac{N_x}{T}; \qquad n_x = \frac{N_x}{T}. \tag{6.5}$$

Um die Meßzeit möglichst genau einzuhalten, wird sie von der bekannten, konstanten Frequenz f_0 eines Taktgenerators abgeleitet (Bild 6.5). Mit einem Startimpuls wird das RS-Flipflop gesetzt. Der Q-Ausgang öffnet die vor den beiden Zählern als Tore liegenden UND-Gatter. Der obere Zähler zählt die Impulse der bekannten Frequenz f_0, der untere die der gesuchten Frequenz oder Impulsrate. Der obere Zähler ist auf den Wert N_0 voreingestellt. Bei Erreichen dieses Wertes wird ein Impuls geliefert, der das RS-Flipflop zurück-

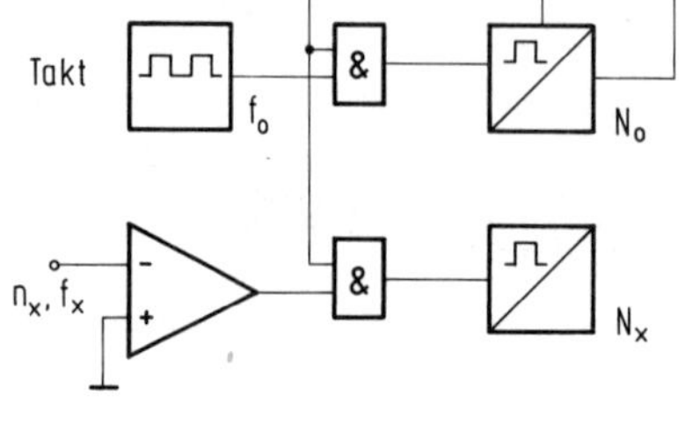

Bild 6.5: Anordnung zur Messung einer Frequenz f_x oder Impulsrate n_x

setzt und damit die Meßzeit T beendet. Mit $T = N_0/f_0$ wird die gesuchte Frequenz f_x

$$f_x = \frac{N_x}{T} = \frac{f_0}{N_0} N_x. \tag{6.6}$$

Wird der Startimpuls von einem Taktgenerator bezogen, so läßt sich die Messung zyklisch wiederholen. Das Zählergebnis N_x ist dann für eine Taktperiode zwischenzuspeichern, da der Startimpuls bei Beginn einer neuen Messung die Zähler jeweils auf null zurücksetzt.

6.2.2 Messung des Verhältnisses zweier Frequenzen oder Drehzahlen

Die Meßanordnung Bild 6.6 ist ebenfalls zur Messung des Verhältnisses zweier Frequenzen f_1 und f_2 geeignet. Mit $f_0 = f_1$, $f_x = f_2$ und $N_0 = N_1$, $N_x = N_2$ läßt sich Gl. (6.6) in der folgenden Form schreiben:

$$\frac{f_2}{f_1} = \frac{N_2}{N_1}. \tag{6.7}$$

Die Frequenzen verhalten sich wie die Zählergebnisse. Die Messung des Verhältnisses ist möglich, ohne daß die einzelnen Frequenzen bekannt sind.

6.2.3 Universalzähler

Die erwähnten Aufgaben der Zeit- und Frequenzmessung lassen sich mit Hilfe eines Universalzählers erledigen (Bild 6.6). Dieses Meßgerät enthält im allgemeinen als Zeitbasis einen Quarzoszillator mit Untersetzer sowie zwei kom-

Bild 6.6: Ansicht eines Universalzählers (PHILIPS)

plette Zählkanäle mit je einem Eingangsverstärker, Komparator, Tor und Zähler. Die verschiedenen Betriebsweisen können über Schalter angewählt und eingestellt werden.

Triggerung. Die im Komparator durchgeführte Umsetzung des analogen Signals in eine Folge von Rechteckimpulsen, deren steigende oder fallende Flanken gezählt werden, wird als Triggerung bezeichnet. Die Einstellung der Komparatorschwelle kann bei modulierten, gestörten oder Oberwellen enthaltenden Signalen zu Fehlern führen (Bild 6.7b). Um Fehlmessungen zu vermeiden, empfiehlt es sich in diesen Fällen, das Signal und den Trigger-Einsatzpunkt auf einem Oszilloskop zu überprüfen.

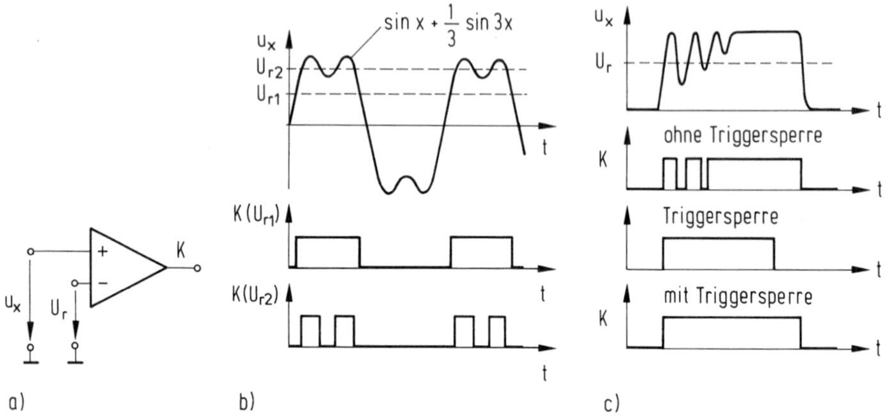

Bild 6.7: Die Vergleichsspannung U_r des Komparators (a) ist so zu wählen, daß die Frequenz der Grundwelle erfaßt wird (b). Die Triggersperre (c) schützt vor Fehlmessungen bei prellenden Kontakten

Triggersperre. Mechanische Kontakte können prellen und die schnellen elektronischen Schaltungen interpretieren die Schwingungen der Kontaktzungen als echte Schaltvorgänge. Wird von einem derartigen Kontakt eine Zeitmessung gestartet, so kann zunächst nur das kurzzeitige Schließen des Kontaktes, nicht aber der eingeschaltete Vorgang gemessen werden. Dieses Problem löst die einstellbare Triggersperre oder Hold-off-Schaltung, die den Zähler nach dem Start für eine Mindestzeit offenhält (Bild 6.7c).

Überlaufbereich. Bei dem Meßergebnis ist der Quantisierungsfehler zu berücksichtigen. Dieser fällt umso weniger ins Gewicht, je höher der Zählerstand N_x ist. Für genaue Messungen kann der Zähler im Überlauf betrieben werden. In diesem Bereich springt der Zähler am Ende seines Meßbereichs auf null zurück und zählt ohne Unterbrechung von dort weiter. Die höherwertigen Dezimalstellen werden nicht mehr angezeigt, sind aber natürlich im Zählergebnis zu berücksichtigen. Der Quantisierungsfehler wird dadurch soweit vermindert, daß die Genauigkeit der Frequenzmessung praktisch nur noch von der Genauigkeit der Zeitbasis abhängt (Tabelle 6.1).

Tabelle 6.1 Messung einer Frequenz von ≈ 100 kHz mit einem 4-stelligen Zähler unter Ausnutzung des Überlaufbereichs

Torzeit	Zählerstand N_x	Ergebnis f_x in Hz	Quantisierungs-fehler in Hz
1 ms	0100	100000	1000
10 ms	1003	100300	100
100 ms	0031	100310	10
1 s	0314	100314	1
10 s	3143	100314,3	0,1
100 s	1434	100314,34	0,01

6.2.4 Messung der Differenz zweier Frequenzen oder Drehzahlen

Um z.B. den Schlupf von Asynchronmotoren oder die Streckung eines Bandes beim Walzen zu ermitteln, ist jeweils die Differenz der Drehzahlen $n_2 - n_1$ zweier Wellen zu messen. Auch diese Aufgabe läßt sich mit dem Universalzähler oder mit der Meßanordnung von Bild 6.5 lösen. Die niedrigere Drehzahl n_1 geht auf den ersten Zähler, der auf seinen maximalen Wert N_0, z.B. 999, voreingestellt ist. Die höhere Drehzahl n_2 wird in dem zweiten Zähler gemessen. Die vor den Zählern liegenden Tore bleiben solange geöffnet, bis der Überlaufimpuls des ersten Zählers das Flipflop zurücksetzt und die beiden Zähler sperrt. Der zweite, „übergelaufene" Zähler zeigt die Drehzahldifferenz an, die sich bei dem gewählten Wert $N_0 = 999$ direkt als relative Drehzahldifferenz $(n_2 - n_1)/n_1$ in Promille ergibt.

6.3 Spannung/Zeit- und Spannung/Frequenz-Umsetzer

Zeitintervalle und Frequenzen lassen sich mit einfachen Mitteln digital messen. So ist es kein Umweg, eine analoge Größe wie z.B. eine Spannung zunächst in ein Zeitintervall oder in eine Frequenz umzuformen und dann den Wert dieser Zwischengröße über eine Impulszählung zu erfassen. Im Endeffekt ist damit eine Analog/Digitalumsetzung erreicht. Der Vergleich der analogen Größe mit der Referenzgröße erfolgt dann nicht wie bei den direktvergleichenden Umsetzern von Abschnitt 5.7 in der Größenart Spannung, sondern in der Größenart Zeit. Die Meßunsicherheit kann dabei aufgrund der großen Genauigkeit des Zeitnormals sehr gering gehalten werden.

6.3.1 u/t-Impulsbreiten-Umsetzer

Das Blockschaltbild eines Impulsbreitenumsetzers, der auch Sägezahn-Umsetzer, Spannung-Zeit-Umsetzer, Einrampen-Umsetzer oder single slope converter genannt wird, ist in Bild 6.8 dargestellt. Die zu messende Spannung u_x wird in

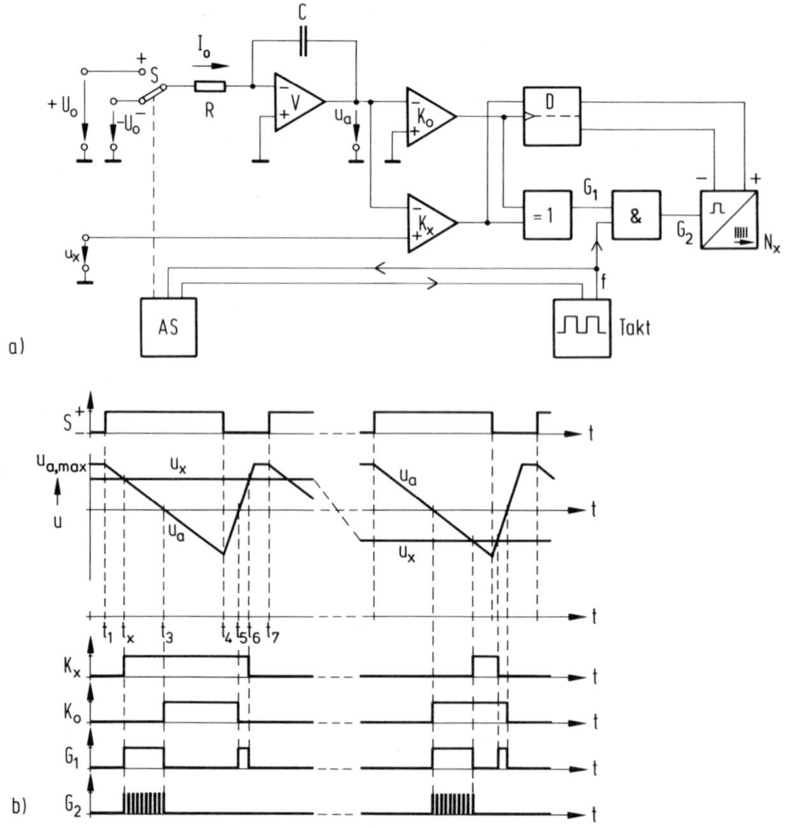

Bild 6.8: u/t-Impulsbreiten-Umsetzer;
a) Blockschaltbild;
b) Signale

ein Zeitintervall abgebildet. Dazu wird sie in dem Komparator K_x mit einer linear mit der Zeit sich ändernden Spannung u_a (Sägezahnspannung) verglichen. Diese wird von dem Operationsverstärker V geliefert, der den konstanten Eingangsstrom $I_0 = U_0/R$ integriert. Der Komparator K_0 stellt den Nulldurchgang dieser Integratorausgangsspannung u_a fest. Die Komparatorsignale gehen auf das Exklusiv-ODER-Gatter, das über die UND-Verknüpfung die vom Taktgenerator gelieferten Impulse sperrt oder auf den Zähler gelangen läßt.

Der Umsetzer wird von den aus dem Taktgenerator kommenden, in der Ablaufsteuerung AS verarbeiteten Impulsen gesteuert. Der Schalter S kann entweder eine negative oder positive konstante Spannung an den Integrationsverstärker legen. In dem in Bild 6.8b gezeichneten Anfangszustand floß zunächst ein negativer Eingangsstrom, so daß der Integrationsverstärker seine positive Sättigungsspannung $u_{a,max}$ erreicht hat. Zum Zeitpunkt t_1 wird der Schalter S mit der positiven Spannung U_0 verbunden. Der positive Eingangsstrom führt zu einer Abnahme der Integratorausgangsspannung u_a. Zum Zeitpunkt t_x hat diese den Wert von u_x erreicht. Der Komparator K_x schaltet. Zum Zeitpunkt t_3 wird die Integratorausgangsspannung u_a negativ und der Komparator K_0 ändert sein Ausgangssignal. Die Abintegration wird solange weitergeführt, bis die Ausgangsspannung des Integrationsverstärkers zur Zeit t_4 mit Sicherheit ihren negativen Sättigungswert erreicht hat. Dann wird der Schalter S wieder an die negative Spannung $-U_0$ gelegt. Es fließt ein negativer Eingangsstrom. Die Integratorausgangsspannung nimmt zu, und zum Zeitpunkt t_7 ist der Umsetzer bereit für eine neue Messung.

Das die zu messende Spannung u_x abbildende Zeitintervall ergibt sich als Differenz der beiden Komparatorschaltpunkte. Für diese Zeit $t_3 - t_x$ führt der Ausgang des Exklusiv-ODER-Gatters das Signal 1, das UND-Gatter ist geöffnet, und die Impulse des Taktgebers werden im Zähler erfaßt. Der Zählerstand N_x ist ein Maß für die Höhe der umgesetzten Spannung. Durch zusätzliche Maßnahmen ist dafür gesorgt, daß während der Rücklaufzeit der Integratorausgangsspannung der Zähler gesperrt, das Zeitintervall $t_6 - t_5$ also nicht ausgewertet wird.

Ist eine negative Spannung u_x zu messen, so wird zunächst der Nullkomparator K_0 und dann der Meßkomparator K_x schalten. Das entsprechende Zeitintervall ist wieder proportional der umzusetzenden Spannung.

Um die Polarität der Eingangsspannung angeben zu können, gehen die Komparatorsignale auf das D-Flipflop. Dieses schaltet bei der ansteigenden Flanke des K_0-Signals. Im Falle einer positiven Eingangsspannung u_x liegt zu diesem Zeitpunkt am D-Eingang ein 1-Signal, bei einer negativen Spannung ein 0-Signal. Die unterschiedlichen Eingangssignale führen zu unterschiedlichen Ausgangssignalen. Damit kann das Vorzeichen der gemessenen Spannung an den Zähler gemeldet und dort angezeigt werden (Polaritätslogik).

Nach dieser allgemeinen Erklärung soll nun der quantitative Zusammenhang zwischen der zu messenden Spannung u_x und dem Zählerstand N_x abgeleitet werden. Zum Zeitpunkt t_1 hat die Integratorausgangsspannung u_a ihren positiven Sättigungswert $u_{a,max}$. Für die Zeit $t_1 \leqq t \leqq t_4$ gilt mit $t_1 = 0$

$$u_a(t) = u_{a,max} - \frac{1}{RC} \int_0^t U_0 \, dt = u_{a,max} - \frac{U_0 t}{RC}. \qquad (6.11)$$

Zum Zeitpunkt t_3 ist $u_a(t_3) = 0$. Daraus folgt

$$u_{a,max} = \frac{U_0 t_3}{RC}. \qquad (6.13)$$

Zum Zeitpunkt t_x sind die Integratorausgangsspannung u_a und die zu messende Spannung u_x gleich,

$$u_a(t_x) = u_x = u_{a,max} - \frac{U_0 t_x}{RC} = \frac{U_0}{RC}(t_3 - t_x). \qquad (6.14)$$

Das Zeitintervall $t_3 - t_x$ ist also proportional der zu messenden Spannung u_x. Ist f die Frequenz des Taktgenerators, so werden in dem Zeitintervall insgesamt N_x Impulse gezählt mit $N_x = (t_3 - t_x)\,f$. Wird diese Beziehung in (6.14) eingeführt, ergibt sich

$$N_x = \frac{f\,R\,C}{U_0}\,u_x. \tag{6.16}$$

Die bekannten Größen f, R, C und U_0 lassen sich zu der Konstanten K $= f\,RC/U_0$ zusammenfassen, so daß als Ergebnis schließlich

$$N_x = K\,u_x \tag{6.17}$$

erhalten wird. Der Zählerstand N_x ist also ein Maß für den Augenblickswert der zu messenden Spannung u_x. Ändern sich die in der Konstanten zusammengefaßten Größen, so kommen damit Unsicherheiten und Fehler in das Meßergebnis.

Soll die größte zu messende Spannung auf drei Stellen genau angegeben werden, so ist der Meßbereich in 999 Schritte einzuteilen. Die das Meßsignal kennzeichnende duale Zahl benötigt also 10 Stellen ($2^{10} = 1024$). Bei einer Frequenz f des Taktgenerators von 1 MHz sind 1000 Impulse nach

$$t_3 - t_x = \frac{N_x}{f} = \frac{1000}{10^6\,s^{-1}} = 10^{-3}\,s$$

gezählt. Die eigentliche Meßzeit beträgt also 1 ms, wobei noch die Zeiten für die Rücksetzung des Integrators und für die Steuerung hinzukommen. Bei der angegebenen Frequenz des Taktgenerators lassen sich also pro Sekunde ungefähr 500 Meßwerte als 10 Bit Dualzahlen darstellen.

6.3.2 u/t-Zweirampen-Umsetzer

Die für den Zweirampen-A/D-Umsetzer (integrierender Zweirampen-Umsetzer, dual slope converter) benötigten Komponenten sind in Bild 6.9 dargestellt. Zu erkennen ist der Integrationsverstärker, der wechselweise einen der zu messenden Spannung u_x oder einen einer konstanten Spannung U_0 proportionalen Strom verarbeitet. Weiter sind der Komparator K_0 und die für eine Zeitmessung nötigen Komponenten wie Taktgeber, Tor und Zähler vorhanden. Die Ablaufsteuerung AS ist angedeutet.

Die Impulse des Taktgebers steuern über AS den Schalter S. Während der vorgegebenen Zeit t_1 bis t_2 wird der der zu messenden Spannung u_x proportionale Strom $i_x = u_x/R$ integriert. Die negative Ausgangsspannung des Integrators wächst proportional mit der Zeit. Zum Zeitpunkt t_2 wird u_x vom Integrator getrennt und die konstante Spannung $-U_0$ wird angeschlossen. Der jetzt fließende negative Eingangsstrom $I_0 = -U_0/R$ führt zu einem Ansteigen der

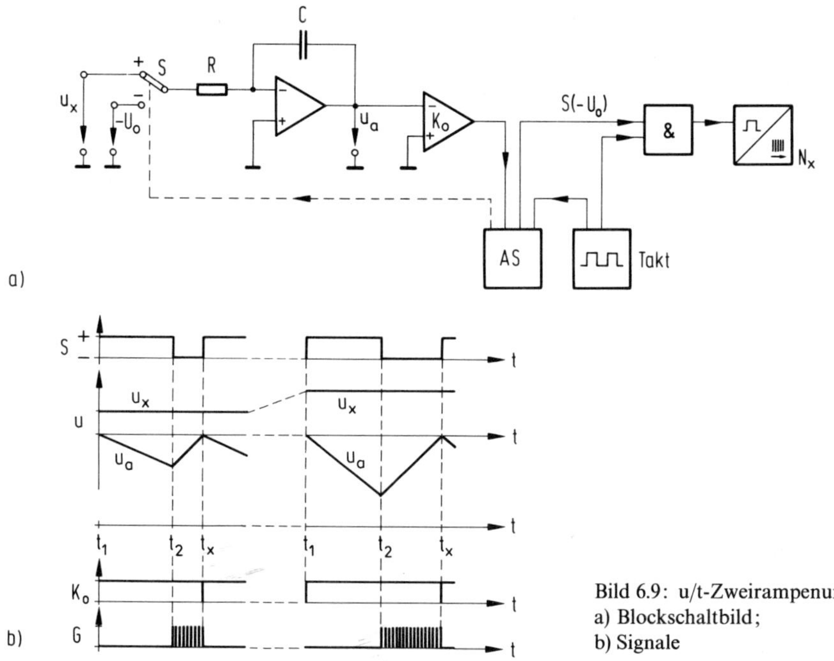

Bild 6.9: u/t-Zweirampenumsetzer;
a) Blockschaltbild;
b) Signale

Integratorenausgangsspannung. Hat sie zum Zeitpunkt t_x den Wert $u_a = 0$ erreicht, schaltet der Komparator K_0, und eine neue Messung kann beginnen.

Die für die Aufintegration notwendige Zeit $t_x - t_2$ ist proportional zur Höhe der zu messenden Spannung. Für diese Zeit steht der Schalter S in der Stellung $-U_0$. Das zugehörige Signal $S(-U_0)$ öffnet das zum Zähler führende Tor, die Impulse des Taktgebers werden gezählt, und der Zählerstand N_x ist ein Maß für die zu messende Spannung.

Quantitativ hängen die zu messende Spannung und der Zählerstand wie folgt zusammen: Zu Beginn der Messung, zum Zeitpunkt t_1, war die Ausgangsspannung u_a des Integrators 0. Am Ende der Abintegration (abnehmende Integratorausgangsspannung u_a), zum Zeitpunkt t_2, hat sie den Wert

$$u_a(t_2) = -\frac{1}{RC}\int_{t_1}^{t_2} u_x \, dt \qquad (6.18)$$

erreicht. Das Integral über die zu messende Spannung u_x bedeutet, daß nicht ein Augenblickswert, sondern der über die Zeit $t_2 - t_1$ gemittelte Wert $\bar{u}_x$ gemessen wird. Indem dieser Mittelwert

$$\bar{u}_x = \frac{1}{t_2 - t_1}\int_{t_1}^{t_2} u_x \, dt \qquad (6.19)$$

in Gl. (6.18) eingeführt wird, geht sie über in

$$u_a(t_2) = -\frac{1}{RC}\bar{u}_x(t_2 - t_1).$$

Während der Aufintegration, für Zeiten $t_2 \leqq t \leqq t_x$, beträgt die Ausgangsspannung

$$u_a(t) = u_a(t_2) - \frac{1}{RC}\int_{t_2}^{t} - U_0\, d\tau$$

$$= -\frac{1}{RC}\bar{u}_x(t_2 - t_1) + \frac{1}{RC}U_0(t - t_2). \qquad (6.20)$$

Sie wird bei $t = t_x$ zu null, so daß gilt

$$\frac{1}{RC}\bar{u}_x(t_2 - t_1) = \frac{1}{RC}U_0(t_x - t_2). \qquad (6.21)$$

Die vorgegebene Abintegrationszeit $t_2 - t_1$ wird gebildet, indem N_a Impulse des Taktgebers gezählt werden. Derselbe Taktgeber wird zur Messung der Aufintegrationszeit $t_x - t_2$ benutzt, die zu dem Zählerstand N_x führt. Mit f als Frequenz des Taktgebers lassen sich die Zeitintervalle schreiben

$$t_2 - t_1 = \frac{N_a}{f}; \qquad t_x - t_2 = \frac{N_x}{f}.$$

Mit diesen Beziehungen geht (6.21) über in

$$\bar{u}_x \frac{N_a}{f} = U_0 \frac{N_x}{f} \qquad (6.22)$$

und mit $K = N_a/U_0$ entsteht das Endergebnis

$$N_x = K\bar{u}_x. \qquad (6.23)$$

Der Zählerstand N_x ist also ein Maß für den Mittelwert $\bar{u}_x$ der zu messenden Spannung. Die Konstante K kann nur noch durch eventuelle Änderungen der Hilfsspannung $-U_0$ verfälscht werden. In (6.21) konnten die Größen R und C und in (6.22) konnte die Taktfrequenz f weggekürzt werden. Das bedeutet, daß diese Parameter nicht das Meßergebnis beeinflussen, daß dieses also auch unabhängig von Änderungen dieser Größen ist. Damit werden jetzt die Vorteile des Zweirampenumsetzers gegenüber dem Sägezahnumsetzer deutlich. Der Zweirampenumsetzer

- ist unabhängig von Änderungen der Größen R und C,
- ist unabhängig von Änderungen der Taktfrequenz f,
- mißt keinen Augenblickswert, sondern den über die Abintegrationszeit gemittelten Meßwert.

Liegen periodische Einstreuungen vor und ist die Abintegrationszeit gleich einer oder mehrerer Perioden dieser Störungen, so ist deren linearer Mittelwert null und die Einstreuungen verfälschen nicht das Meßergebnis. Erkauft werden diese Vorteile durch eine größere Umsetzzeit, da jetzt zweimal integriert werden muß.

Der Einfachheit halber wurde in Bild 6.9 die Arbeitsweise nur für eine Polarität der Eingangsspannung erklärt. Diese Beschränkung ist nicht notwendig. Indem eine zweite, positive Hilfsspannung und eine die Polarität erkennende Logikschaltung benutzt wird, ist die Messung positiver und negativer Eingangsspannungen ohne Schwierigkeiten möglich.

6.3.3 u/f-Sägezahn-Umsetzer

Der Spannung-Frequenz-Umsetzer (u/f-Umsetzer) hat als Eingangsgröße die zu messende Spannung oder den zu messenden Strom und liefert eine Folge von Rechteckimpulsen. Die Frequenz dieser Impulse ist der Höhe der anliegenden Spannung proportional.

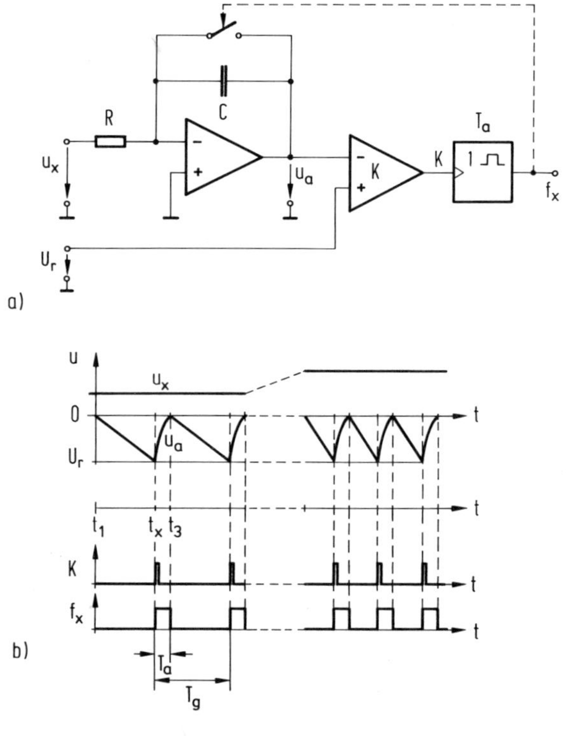

Bild 6.10: Schaltung (a) und Signale (b) des u/f-Sägezahnumsetzers

Im einfachsten Fall (Bild 6.10) besteht der u/f-Umsetzer aus einem Integrationsverstärker, einem Komparator und einer monostabilen Kippstufe. Zu Beginn der Messung, zum Zeitpunkt t_1, sei die Ausgangsspannung u_a des Integrators null. Der Strom $i_x = u_x/R$ führt für $t_1 \leqq t \leqq t_x$ zur Ausgangsspannung

$$u_a(t) = -\frac{1}{C}\int_{t_1}^{t} i_x \, d\tau. \tag{6.26}$$

Zum Zeitpunkt t_x hat die Ausgangsspannung gerade den Wert der Referenzspannung U_r erreicht. Das Ausgangssignal des Komparators wechselt von 0 auf 1. Diese Flanke stößt die monostabile Kippstufe für die Dauer T_a an. Der Schalter S wird geschlossen, und zum Zeitpunkt $t_3 = t_x + T_a$ ist der Kondensator C entladen und die Ausgangsspannung u_a ist wieder null.

Die Entladezeit T_a ist jeweils konstant, während die Integrationszeit $t_x - t_1$ von der Höhe der zu messenden Spannung abhängt. Die Kippstufe liefert eine Folge von Rechteckimpulsen, deren Frequenz ein Maß für die umgesetzte Spannung ist.

Aus der Periodendauer T_g

$$T_g = (t_x - t_1) + T_a \tag{6.27}$$

ergibt sich die Frequenz f_x zu

$$f_x = \frac{1}{(t_x - t_1) + T_a}. \tag{6.28}$$

Wird in (6.26) das Integral durch den Mittelwert und der Strom durch die Spannung ausgedrückt, so gilt für den Zeitpunkt t_x

$$U_r = u_a = -\frac{1}{RC}\int_{t_1}^{t_x} u_x \, dt = -\frac{1}{RC}\bar{u}_x(t_x - t_1). \tag{6.29}$$

Mit diesem Ergebnis geht dann (6.28) über in

$$f_x = \frac{\bar{u}_x}{-U_r RC + T_a \bar{u}_x}. \tag{6.30}$$

Der u/f-Umsetzer ist ein integrierender Umsetzer. Die Frequenz f_x hängt vom Mittelwert $\bar{u}_x$ der zu messenden Spannung ab. Leider ist aber wegen des zweiten Terms im Nenner die Kennlinie nicht linear. Diesen Nachteil vermeidet der u/f-Umsetzer nach dem Ladungsbilanzverfahren.

6.3.4 u/f-Umsetzer nach dem Ladungsbilanzverfahren

Der u/f-Umsetzer nach dem Ladungsbilanzverfahren (Bild 6.11) besteht zunächst aus denselben Komponenten wie der u/f-Sägezahnumsetzer, enthält aber zusätzlich noch eine Stromquelle, die den konstanten Strom I_0 liefert [6.1,

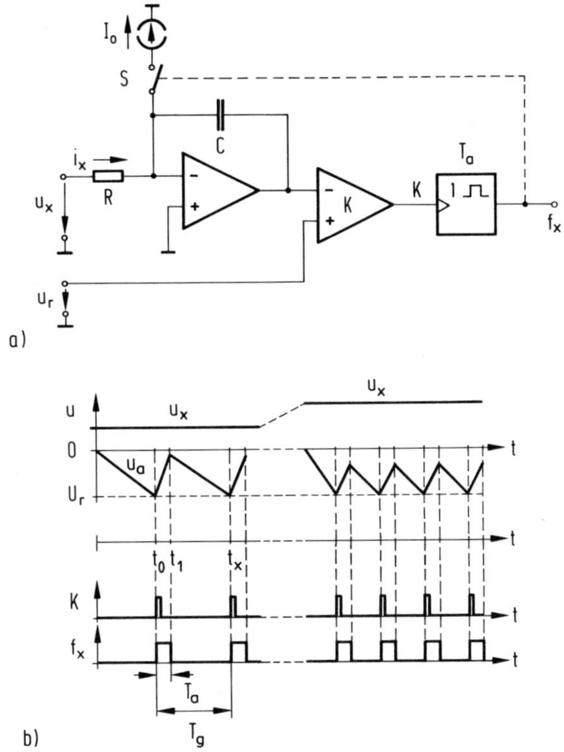

Bild 6.11: Schaltung (a) und Signale (b) des u/f-Umsetzers nach dem Ladungsbilanzverfahren

6.2]. Diese Stromquelle wird benutzt, um über den von der monostabilen Kippstufe gesteuerten Schalter S den Integrationskondensator zu entladen.

Zum Zeitpunkt t_0 ist die Integratorausgangsspannung u_a gerade so groß wie die Referenzspannung U_r des Komparators, $u_a(t_0) = U_r$.

Das Komparatorsignal stößt die monostabile Kippstufe an, die für die Haltezeit T_a den Schalter S zur Konstantstromquelle schließt. Während dieser Zeit fließen der zu messende Strom $i_x = u_x/R$ und der konstante Strom $-I_0$. Die Integratorausgangsspannung ist zur Zeit $t_1 = t_0 + T_a$

$$u_a(t_1) = U_r - \frac{1}{C}\int_{t_0}^{t_1} (i_x - I_0)\,dt = U_r + \frac{1}{C}(I_0 - \bar{i}_x)(t_1 - t_0)$$

$$\text{mit } \bar{i}_x = \frac{1}{t_1 - t_0}\int_{t_0}^{t_1} i_x\,dt. \tag{6.31}$$

Anschließend wird die Konstantstromquelle abgetrennt und nur der zu messende Strom i_x wird integriert, bis zur Zeit t_x die Integratorausgangsspannung wieder den Wert der Referenzspannung erreicht hat:

$$u_a(t_x) = U_r = u_a(t_1) - \frac{1}{C}\int_{t_1}^{t_x} i_x\,dt$$
$$= u_a(t_1) - \frac{1}{C}\,\bar{i}_x(t_x - t_1). \qquad (6.32)$$

Die Integratorausgangsspannung u_a ist zur Zeit t_0 ebenso groß wie zur Zeit t_x, nämlich so hoch wie die Referenzspannung U_r: $u_a(t_0) = u_a(t_x) = U_r$. Indem (6.31) in (6.32) eingeführt wird, entsteht

$$U_r = U_r + \frac{1}{C}(I_0 - \bar{i}_x)(t_1 - t_0) - \frac{1}{C}\,\bar{i}_x(t_x - t_1),$$
$$(I_0 - \bar{i}_x)(t_1 - t_0) = \bar{i}_x(t_x - t_1). \qquad (6.33)$$

Auf der linken Seite der letzten Gleichung steht die während der Zeit $t_1 - t_0$ vom Kondensator abgeführte, auf der rechten Seite die während der Zeit $t_x - t_1$ dem Kondensator zugeführte Ladung. Die Bilanz ist ausgeglichen (charge balancing). Die Gleichung läßt sich noch weiter vereinfachen zu

$$I_0(t_1 - t_0) = \bar{i}_x(t_x - t_0). \qquad (6.34)$$

Das Intervall $t_x - t_0$ ist die geamte, für eine Umsetzung benötigte Zeit T_g

$$T_g = t_g - t_0 = \frac{I_0(t_1 - t_0)}{\bar{i}_x} = \frac{I_0 T_a}{\bar{i}_x} \qquad (6.35)$$

und die Frequenz $f_x = 1/T_g$ wird

$$f_x = \frac{1}{t_x - t_0} = \frac{\bar{i}_x}{I_0 T_a} = \frac{\bar{u}_x}{R I_0 T_a}. \qquad (6.36)$$

Sie ist direkt proportional dem Mittelwert der gemessenen Spannung $\bar{u}_x$. Anders als in (6.30) ist die u/f-Kennlinie jetzt eine Gerade.

Eine eventuelle Offsetspannung des Komparators addiert sich zur Vergleichsspannung U_r und verändert die Schaltschwelle. Dies bleibt jedoch ohne Wirkung, da das Verhältnis von Lade- zu Entladezeit gleich bleibt. Die Vergleichsspannung U_r ist ja aus Gl. (6.33) herausgefallen. Offsetströme des Integrationsverstärkers hingegen verringern die Meßgenauigkeit.

6.3.5 Synchroner u/f-Umsetzer nach dem Ladungsbilanzverfahren

Der synchrone Ladungsbilanzumsetzer entsteht dadurch, daß die Entladezeit T_a des Kondensators und die für die Frequenzmessung notwendige Torzeit T_0 von der Frequenz f_r eines Taktgebers abgeleitet werden. Mit $N_x = f_x T_0$,

$$T_a = \frac{N_a}{f_r} \quad \text{und} \quad T_0 = \frac{N_0}{f_r} \qquad (6.37)$$

und $K = N_0/R I_0 N_a$ entsteht aus (6.36)

$$N_x = \frac{\bar{u}_x T_0}{R I_0 T_a} = \frac{\bar{u}_x}{R I_0} \frac{N_0}{N_a} = K \bar{u}_x. \tag{6.38}$$

Der Zählerstand N_x ist unabhängig von der Taktfrequenz f_r, unabhängig von der Kapazität C und proportional dem Mittelwert $\bar{u}_x$ der zu messenden Spannung. Dieser synchrone u/f-Umsetzer ist damit ähnlich unempfindlich gegenüber Änderungen der Bauelementparameter wie der u/t-Zweirampen-Umsetzer von Gl. (6.23).

Bild 6.12 zeigt, wie sich die Abintegrationszeit T_a aus einer Taktfrequenz f_r bilden läßt. Die monostabile Kippstufe von Bild 6.16 ist durch ein taktflankengesteuertes D-Flipflop ersetzt. Nur wenn der am D-Eingang liegende Komparatorausgang ein 1-Signal liefert, kann mit der nächsten ansteigenden Flanke dieses 1-Signal am Q-Ausgang erscheinen und den Schalter S betätigen. Dann wird der Integrationskondensator durch $-I_0$ entladen, die Integratorausgangsspannung sinkt unter den Wert der Referenzspannung U_r, das Komparatorsi-

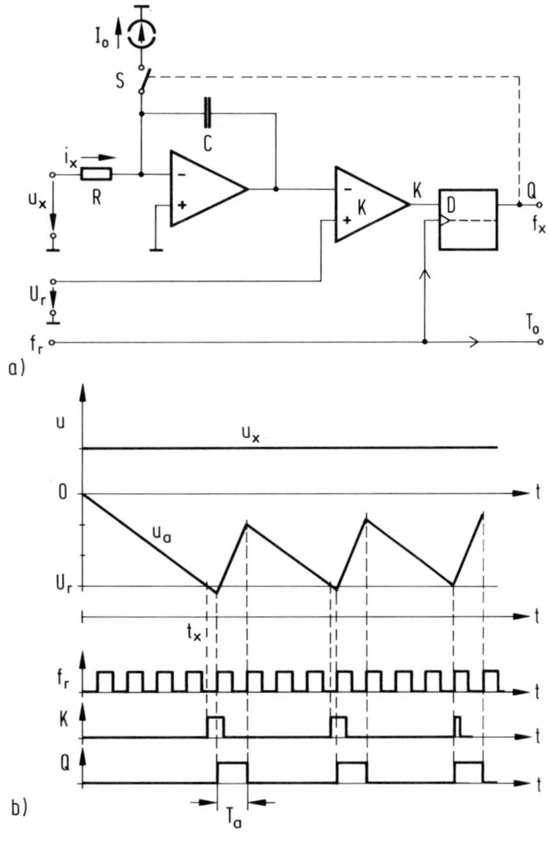

Bild 6.12: Schaltung (a) und Signale (b) des synchronen u/f-Umsetzers nach dem Ladungsbilanzverfahren

gnal geht auf 0 zurück, dieses 0-Signal liegt am D-Eingang des Flipflops und dieses wird mit der nächsten ansteigenden Flanke des Steuertakts wieder zurückgesetzt. Der während der Zeit $T_a = 1/f_r$ geschlossene Schalter S wird wieder geöffnet und ein neuer Meßzyklus kann beginnen.

Infolge der Synchronisierung beginnt die Entladung des Kondensators nicht immer exakt zum Zeitpunkt t_x, sondern eventuell auch später, zum Zeitpunkt der nächsten ansteigenden Taktflanke. Der dadurch entstehende Fehler – f_x ist etwas zu klein – ist bei einer genügend großen Taktfrequenz f_r jedoch zu vernachlässigen.

6.3.6 Vergleich der verschiedenen Umsetzverfahren

Die Umsetzverfahren wurden hier in die direktvergleichenden (Abschn. 5.7) und in die indirekten (dieses Kapitel 6.3) eingeteilt. Diese Prinzipien sollen noch durch einige technische Daten veranschaulicht werden. Wichtig bei der Umsetzung sind z.B. die benötigte Zeit und die erreichbare Genauigkeit. Die Tabelle 6.2 zeigt, daß die direktvergleichenden Umsetzer mit parallelen Komparatoren die kürzesten Umsetzzeiten im Bereich von ns erreichen. Das Auflösungsvermögen ist begrenzt. Für eine 8-bit-Umsetzung sind schon 255 einzelne Komparatoren und 255 einzelne genau abgeglichene Widerstände notwendig. Auch die Umsetzer nach dem Verfahren der sukzessiven Approximation sind sehr schnell. Die indirekten, integrierenden Verfahren wie die dual-slope-conversion oder die Ladungsbilanzumsetzung benötigen etwa die 1000fache Umsetzzeit, bieten aber die höhere Auflösung und Genauigkeit.

Die Genauigkeit wird zunächst wie bei analogen Geräten durch die Nullpunkt- und Verstärkungsfehler begrenzt. Die Datenblätter schreiben vor, wie bei der Inbetriebnahme der Nullpunkt und die Verstärkung abzugleichen sind. Ist dieses richtig erfolgt, so bleibt eine Ungenauigkeit oder „integrierte Nichtlinearität“

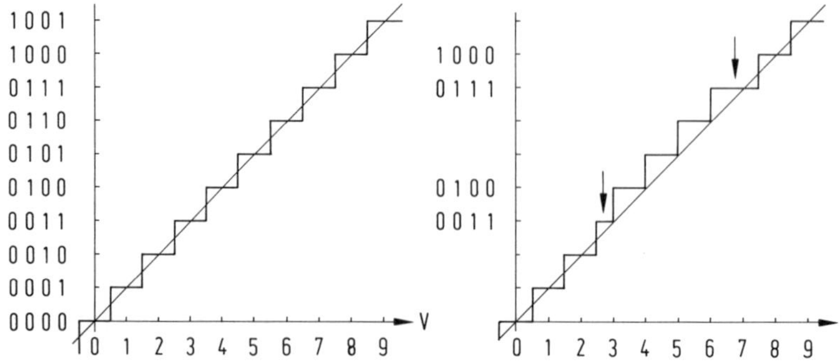

a) b)

Bild 6.13: Kennlinie eines Analog-/Digital-Umsetzers

a) fehlerfrei

b) das fehlerhafte bit mit der Wertigkeit 2^2 führt zu einer differentiellen Nichtlinearität

Tabelle 6.2 Technische Daten einiger Analog-/Digital-Umsetzer

Prinzip		Voll-aus-schlag in V	Zahl der Stufen	Wert einer Stufe in mV	Umsetz-zeit	Null-punkts-drift in µV/K	Verstär-kungs-drift in µV/K
parellele	[1])	1,5	256	5,859	10 ns		
Komparatoren	[2])	2	1024	1,953	50 ns		
sukzessive	[3])	10	4096	2,441	1,5 µs	±100	±300
Approxi-	[4])	10	4096	2,441	3 µs	±200	±300
mation	[5])	10	4096	2,441	10 µs	±150	±300
u/t-	[6])	2	20000	0,100	100 ms	± 2	± 10
Zweirampen-Umsetzung	[7])	10	65536	0,152	4 ms	± 6	±100
u/f-	[8])	10	20000	0,500	2000 ms	± 30	±750
Umsetzung	[9])	10	3000	3,333	33 ms	± 5	±500
u/f-Ladungs-bilanz-Umsetzung	[10])	10	20000	0,500	20 ms	± 30	±250

Typen: [1]) SDA 8010; [2]) TDC 1020; [3]) ADC 803; [4]) AD 578; [5]) ADC 84;
[6]) ICL 7135; [7]) MP 8037; [8]) AD 650; [9] VFC 320; [10]) AD 651

von der Größe eines halben oder ganzen least significant bit (lsb) übrig. Bei Temperaturänderungen driften Nullpunkt und Verstärkung, ohne daß für einen individuellen Umsetzer das Vorzeichen dieser Drift im Datenblatt angegeben werden könnte.

Ungleichmäßige Quantisierungsstufen führen zu einer „differentiellen Nichtlinearität". Bild 6.13a zeigt eine fehlerfreie Kennlinie. Jedem digitalen Wort entspricht ein Spannungsintervall von 1 V. Spannungen zwischen 3,5 und 4,5 V z.B. führen zu dem Code 0100. Ist die Gewichtung der bits untereinander nun fehlerhaft, so entstehen differentielle Nichtlinearitäten. Bei der Kennlinie von Bild 6.13b hat z.B. das bit mit der Wertigkeit 4 einen um 0,5 V (1/2 lsb) zu geringen Wert. Damit ist die Stufe zwischen den Codes 0011 und 0100 nur halb so breit und die zwischen 0111 und 1000 1,5mal so groß wie im fehlerfreien Fall. Ist der Fehler eines höherwertigen bit größer als 1 lsb, so treten bei der Umsetzung gewisse Worte überhaupt nicht mehr auf, Codes gehen verloren. Würde in unserem Beispiel das bit 0100 schon bei 2,5 V gesetzt, so würde bei der sukzessiven Approximation der Wert 0011 nicht mehr angezeigt. Um dies zu vermeiden, muß die Ungenauigkeit der höherwertigen bit kleiner als 1 lsb bleiben. Differentielle Nichtlinearitäten sind bei den direktvergleichenden Umsetzern eher zu erwarten, als bei den indirekten, bei denen nur Zeitintervalle monoton auszuzählen sind.

Bedeutender als die hier erwähnten statischen Fehler sind im allgemeinen die im Abschn. 1.6 angesprochenen dynamischen.

6.4 Analoge Messung eines Zeitintervalls oder einer Frequenz

Nicht immer ist das digitale Datenformat notwendig oder ausreichend. Immer dann, wenn die Automatisierungseinrichtungen analoge Anzeige-, Registrier-, Steuer- und Regelgeräte enthalten, sind die Zeitintervalle oder Frequenzen als analoge Spannungssignale anzubieten. Dies wäre im Prinzip durch eine Digital-/Analog-Umsetzung eines Zählerstandes möglich. Einfacher ist jedoch, das Zeitintervall oder die Frequenz direkt in eine Spannung umzuformen.

6.4.1 Messung eines Zeitintervalls; t/u-Umformung

Angenommen wird, daß die Information über die gemessene Größe in der Dauer t_x eines Impulses steckt und in einem bekannten Takt T gewonnen wird. Werden diese Impulse mit dem Scheitelwert U_0 und dem Tastverhältnis t_x/T an den Eingang eines RC-Tiefpasses gelegt, so hat dessen Ausgangsspannung u_2 den in Bild 6.13 gezeigten Verlauf. Sie pendelt zwischen einem maximalen und minimalen Wert hin und her. Die Extremwerte liegen umso weiter auseinander, je kleiner die Zeitkonstante RC des Tiefpasses ist. Im eingeschwungenen Zustand ist die gemittelte Ausgangsspannung $\bar{u}_2$ so groß wie die gemittelte Eingangsspannung $\bar{u}_1$. Beide sind proportional zu t_x,

$$\bar{u}_2 = \bar{u}_1 = \frac{U_0}{T} t_x, \tag{6.40}$$

und die gemittelte Ausgangsspannung $\bar{u}_2$ kann als Maß für die gesuchte Größe t_x genommen werden.

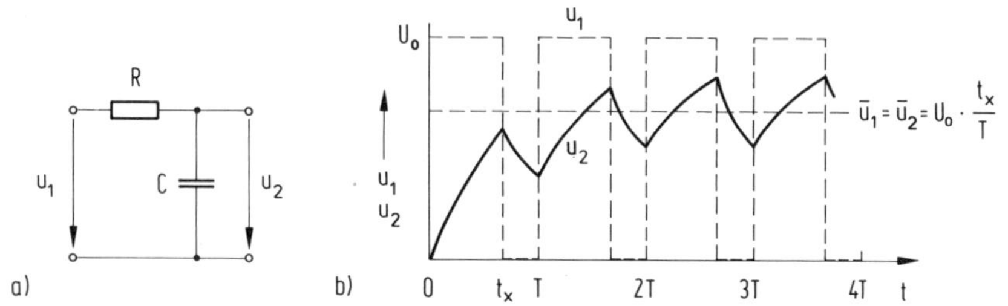

Bild 6.13: Schaltung (a) und Signale (b) eines RC-Tiefpasses zur Umformung einer Impulsbreite t_x in die Spannung $\bar{u}_2$

6.4.2 Messung einer Frequenz oder Impulsrate; f/u-Umformung

Die Informationsparameter Frequenz und Impulsrate sind als Spannungssignale anzubieten, wenn analoge Anzeige-, Registrier-, Steuer- oder Regelgeräte verwendet werden. Dies gelingt, indem das Eingangssignal zunächst in eine Folge von Rechteckimpulsen gleicher Höhe und Dauer übergeführt wird. Die Normierung auf gleiche Höhe erfolgt in einem Komparator, die Umwandlung in Impulse gleicher Breite in einer monostabilen Kippstufe.

Monostabile Kippstufe. Die monostabile Kippstufe (Monoflop, Univibrator) hat im Gegensatz zur bistabilen nur einen stabilen Ausgangszustand. Wird sie von einem Eingangssignal angeregt, so fällt sie nach einer definierten Zeit T_0 wieder in diesen stabilen Zustand zurück. Ein Monoflop wird benutzt, um auf eine Eingangsflanke hin einen rechteckförmigen Impuls der definierten Länge T_0 zu liefern.

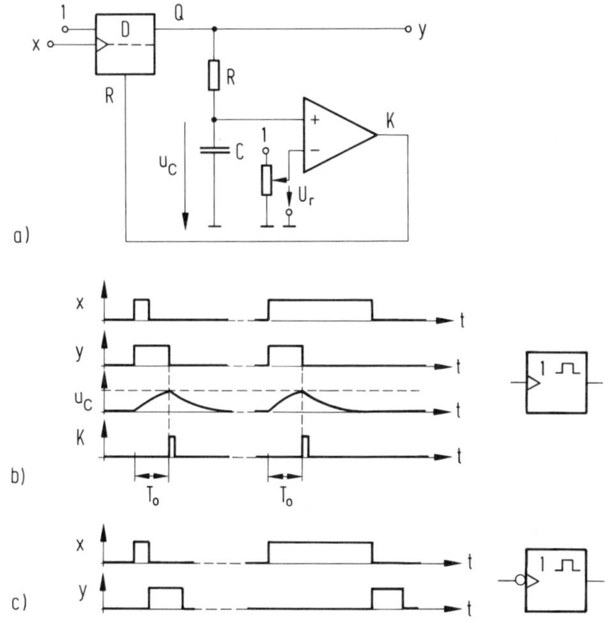

Bild 6.14: Monostabile Kippstufe bestehend aus RC-Glied und Komparator
a) Schaltung,
b) Ablaufdiagramm und Schaltzeichen eines mit der steigenden Impulsflanke schaltenden Monoflops,
c) Ablaufdiagramm und Schaltzeichen eines mit der fallenden Impulsflanke schaltenden Monoflops

Eine mögliche Schaltung eines Monoflops zeigt Bild 6.14. Sie besteht aus einem D-Flipflop, einem über den Widerstand R aufladbaren Kondensator C und einem Komparator, der die Kondensatorspannung in ein binäres Signal umformt. Die ansteigende Flanke des zu normierenden Signals x setzt das D-Flipflop. Mit Q = 1 beginnt sich der Kondensator aufzuladen. Hat seine Spannung den Wert der am Komparator liegenden Vergleichsspannung U_r erreicht, so schaltet der Komparator und setzt das Flipflop zurück, Q = 0. Der Kondensator entlädt sich, und das Monoflop steht zur Umformung eines neuen Impulses bereit. Der Q-Ausgang des D-Flipflops liefert also das gleichzeitig mit dem x-Signal erscheinende, der Höhe und Breite nach normierte Ausgangssignal y.

Wird das D-Flipflop von der fallenden Flanke des Eingangssignals x angesteuert, so entsteht das normierte Ausgangssignal y nicht zu Beginn, sondern am Ende des Eingangssignals.

Mittelwertbildung am RC-Tiefpaß. Die monostabile Kippstufe ist Bestandteil des Zählratenmessers Bild 6.15. Sie liefert Impulse gleicher Höhe und Breite. Diese lassen sich wie schon beim t/u-Umformer an einem RC-Tiefpaß mitteln. Ist n die Zahl der Impulse in der Sekunde, U_0 ihre Höhe und T_0 ihre Dauer, so nehmen die gemittelten Spannungen mit der Impulsrate n zu:

$$\bar{u}_1 = U_0 T_0 n = \bar{u}_2. \tag{6.41}$$

Die gemittelte Ausgangsspannung $\bar{u}_2$ eines derartigen Impulsraten- oder Zählratenmessers steigt also proportional zur Impulsrate n.

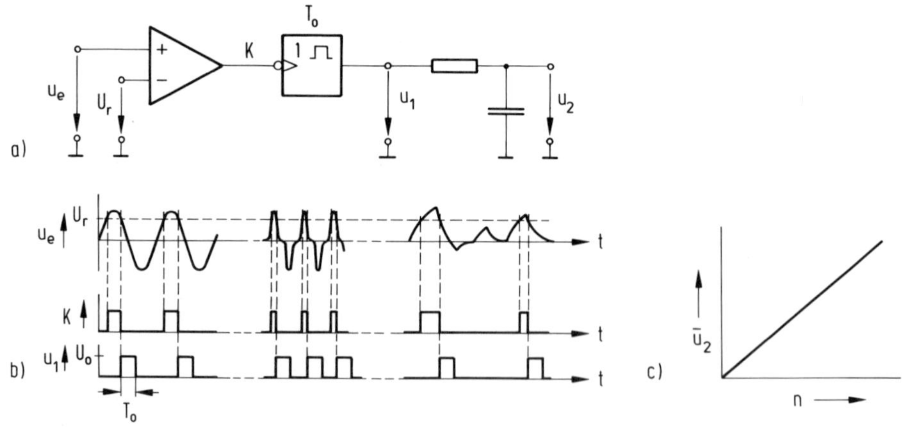

Bild 6.15: Zählratenmesser
a) Schaltung;
b) Umformung verschiedener Eingangsspannungen u_e in Impulse der Höhe U_0 und der Dauer T_0;
c) Kennlinie; die gemittelte Ausgangsspannung $\bar{u}_2$ ist proportional der Impulsrate n

Die Welligkeit der Ausgangsspannung u_2 ist bei kleinen Zeitkonstanten RC des Tiefpasses besonders ausgeprägt. Die Zeitkonstante kann aber nicht beliebig vergrößert werden, da sonst bei einer Änderung der Zählrate der neue Mittelwert zu spät erreicht werden würde. Hier ist ein Kompromiß zwischen dem Auflösungsvermögen und der notwendigen Anzeigegeschwindigkeit zu schließen. Schnelle Ansprechzeiten sind nur mit kleinen Zeitkonstanten und entsprechend großen Welligkeiten zu erreichen (Bild 6.16).

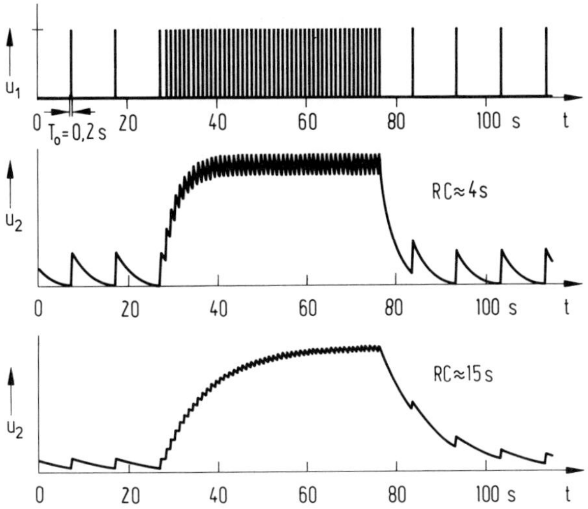

Bild 6.16: Die Anzeigegeschwindigkeit des Zählratenmessers und die Welligkeit der Ausgangsspannung hängen von der Zeitkonstante RC des Tiefpasses ab

6.4.3 Impulsbreiten-Multiplizierer

Der Impulsbreiten-Multiplizierer (Sägezahn-Multiplizierer, Time-Division-Multiplizierer) formt wie die u/t-Umsetzer eine Spannung zunächst in ein Zeitintervall um. Dessen Dauer wird jedoch nicht digital gemessen, sondern in einer anschließenden t/u-Umformung wieder als Spannungssignal dargestellt. Auf diese Weise lassen sich dann zwei Spannungen miteinander multiplizieren.

Der Integrationsverstärker V (Bild 6.17) liefert eine linear mit der Zeit ansteigende Spannung u_a. Sobald u_a zur Zeit t_2 ihren maximalen Wert erreicht, wird sie von der Ablaufsteuerung AS auf null zurückgesetzt, und ein neuer Anstieg beginnt. Diese sägezahnartig verlaufende Spannung u_a wird zu einer Spannung u_1 addiert, und die Summe der beiden Spannungen $u_a + u_1$ wird in dem Komparator mit der Referenzspannung U_r verglichen. Ist die Schwelle zur Zeit t_1 erreicht, schaltet der Komparator und liefert sein 1-Signal, bis er am Ende eines Taktes zur Zeit t_2 wieder in den Ausgangszustand zurückgeht. Am Komparatorausgang entsteht eine Folge von Impulsen mit dem Tastverhältnis $(t_2 - t_1)/(t_2 - t_0)$, das mit $U_r = U_{a,\,max}$ gleich ist dem Verhältnis der Spannungen u_1/U_r:

$$\frac{t_2 - t_1}{t_2 - t_0} = \frac{u_1}{U_r}. \tag{6.42}$$

In diesem Verhältnis $(t_2 - t_1)/(t_2 - t_0)$ wird nun ein Schalter S ein- und ausgeschaltet, der eine zweite Spannung u_2 an einen RC-Tiefpaß legt. Nach Gl. (6.4) ist dessen gemittelte Ausgangsspannung $\bar{u}_3$ so groß wie die gemittelte Eingangsspannung $\bar{u}_2$ und mit Gl. (6.24) entsteht:

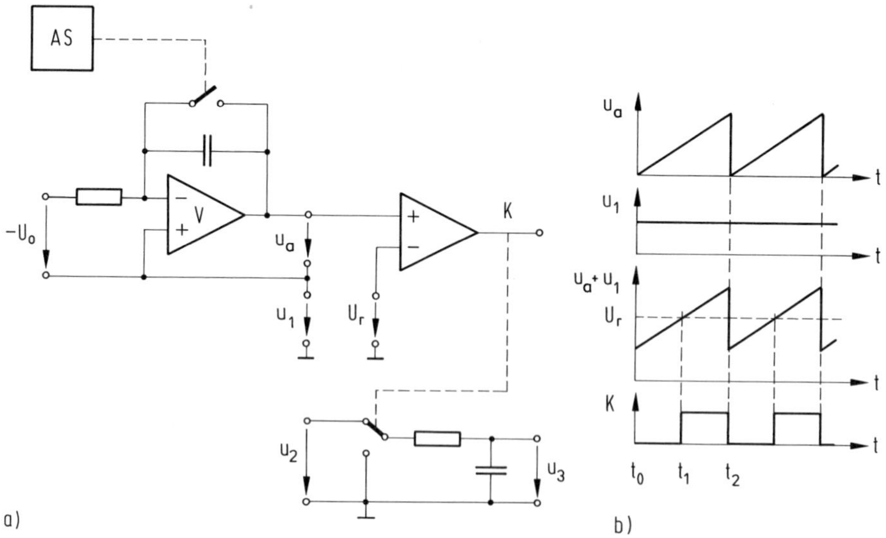

Bild 6.17: Schaltung (a) und Signale (b) des Impulsbreiten-Multiplizierers

$$\bar{u}_3 = \bar{u}_2 = u_2 \frac{t_2 - t_1}{t_2 - t_0} = \frac{u_1 u_2}{U_r}. \tag{6.43}$$

Wir haben also einen analogen Multiplizierer, dessen gemittelte Ausgangsspannung $\bar{u}_3$ proportional dem Produkt der Eingangsspannungen u_1 und u_2 ist.

6.5 Astabile Kippschaltungen als Frequenzumsetzer

Die bistabilen Kippstufen haben zwei stabile Ausgangszustände, die monostabilen einen und die *astabilen* schließlich keinen. Sie wechseln dauernd ihr binäres Ausgangssignal, indem zyklisch ein Speicher gefüllt und geleert wird. Die astabilen Kippschaltungen (Multivibratoren, Relaxationsoszillatoren) liefern also eine Folge von rechteckförmigen Impulsen. Die frequenzbestimmenden Bauteile eines derartigen Oszillators sind ein Widerstand, eine Kapazität oder eine Spannung. Werden zwei dieser Größen konstant gehalten, so läßt sich die dritte als digital meßbare Frequenz oder Periodendauer darstellen. Die astabilen Kippschaltungen werden so nicht nur als Taktgeneratoren, sondern auch als – nicht von einem externen Takt gesteuerte – Frequenzumsetzer verwendet.

6.5.1 Astabile Kippschaltung aus RC-Glied und Komparator

Zum Zeitpunkt t_0 des Einschaltens der in Bild 6.18 gezeigten Kippschaltung ist die Spannung u_C am Kondensator null. Der Komparator K liefert seine positive Ausgangsspannung U_0. Diese Spannung lädt über den Widerstand R

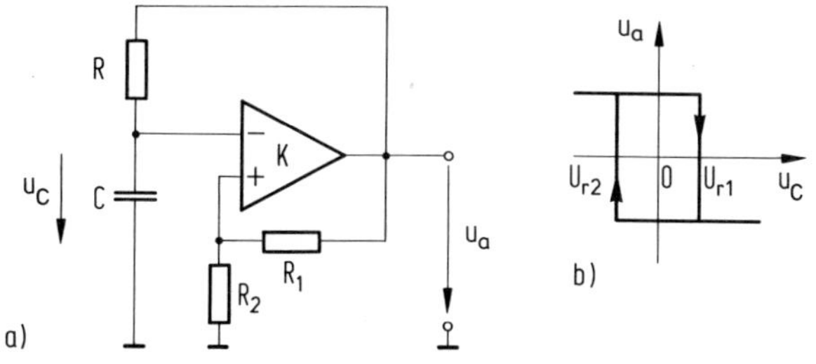

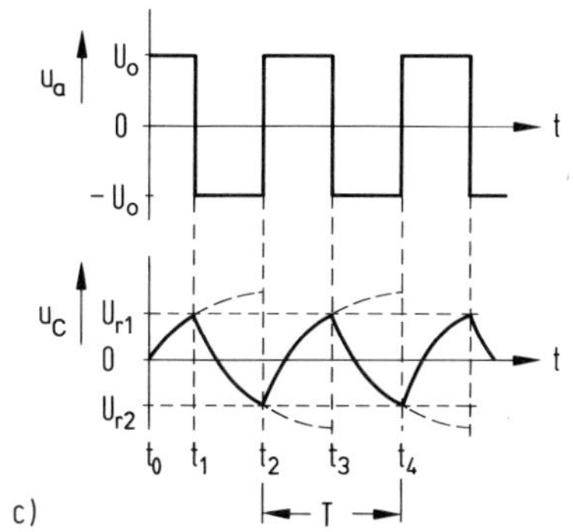

Bild 6.18: Astabile Kippschaltung aus RC-Glied und Komparator
a) Schaltung
b) Kennlinie des Komparators
c) Signale

die Kapazität C auf. Zum Zeitpunkt t_1 erreicht die Kondensatorspannung die Schaltschwelle U_{r1}

$$U_{r1} = \frac{R_2}{R_1 + R_2} U_0 = a U_0 \quad \text{mit } a = \frac{R_2}{R_1 + R_2}.$$

Der Komparator kippt und liefert die Ausgangsspannung $-U_0$. Der Ladestrom des Kondensators fließt jetzt in umgekehrter Richtung, bis zum Zeitpunkt t_2 die negative Schwellspannung U_{r2}

$$U_{r2} = -\frac{R_2}{R_1 + R_2} U_0 = -a U_0 = -U_{r1}$$

erreicht ist. Die Ausgangsspannung des Komparators wechselt wieder die Polarität, und eine neue Ladephase beginnt. Am Komparatorausgang entsteht eine rechteckförmige Impulsfolge mit der Periodendauer T.

Für die Aufladung des Kondensators durch die Spannung $(1+a)\,U_0$ während der Zeit $t_2 \leqq t \leqq t_3$ gilt:

$$u_C(t) = (1 + a)\,U_0\left(1 - e^{-\frac{t - t_2}{RC}}\right) - U_{r1},$$

$$u_C(t_2) = -U_{r1},$$

$$u_C(t_3) = (1 + a)\,U_0\left(1 - e^{-\frac{t_3 - t_2}{RC}}\right) - aU_0 = aU_0.$$

Aus der letzten Gleichung folgt

$$e^{-\frac{t_3 - t_2}{RC}} = \frac{1 - a}{1 + a}.$$

Daraus ergibt sich die Ladezeit $t_3 - t_2$ zu

$$t_3 - t_2 = RC \ln \frac{1+a}{1-a} = RC \ln \left(1 + \frac{2R_2}{R_1}\right).$$

Während der Zeit $t_3 \leqq t \leqq t_4$ liegt am Ladewiderstand R die negative Spannung $(1+a)(-U_0)$ und die Kondensatorspannung u_C ist für $t = t_4$

$$u_C(t) = (1+a)(-U_0)\left(1 - e^{-\frac{t-t_3}{RC}}\right) + U_{r1}.$$

Wie oben bestimmt sich dann $t_4 - t_3$ zu

$$t_4 - t_3 = RC \ln \left(1 + \frac{2R_2}{R_1}\right). \tag{6.45}$$

und die Periodendauer T der astabilen Kippschaltung wird

$$T = t_4 - t_3 + t_3 - t_2 = t_4 - t_2$$
$$= 2RC \ln \left(1 + \frac{2R_2}{R_1}\right) = 2\,RC \ln 3 \approx 2{,}2\,RC \qquad \text{für } R_1 = R_2. \tag{6.46}$$

6.5.2 Astabile Kippschaltung mit Integrationsverstärker und Komparator

Der Relaxationsoszillator von Bild 6.19 unterscheidet sich von dem vorausgegangenen zunächst dadurch, daß die das Zeitverhalten bestimmende Kapazität C jetzt im Gegenkopplungszweig des Integrationsverstärkers V_1 liegt. Damit steigt die Spannung u_1 linear mit der Zeit an. Die Komparatorschwelle wird steiler angefahren und dann genauer detektiert werden. Aufgabe des invertierenden Verstärkers V_2 ist lediglich, die im Integrationsverstärker verursachte Phasendrehung um 180° wieder aufzuheben. Eingangsspannung u_1 und Ausgangsspannung u_2 sind einander mit $u_2 = -u_1 \cdot R_4/R_3$ proportional.

Während der Abintegrationszeit $t_0 \leqq t \leqq t_1$ berechnet sich die Spannung u_1 zu

$$u_1(t) = -\frac{1}{RC}\int_{t_0}^{t} U_0\,d\tau = -\frac{1}{RC}U_0(t - t_0)$$

$$u_1(t_1) = -\frac{1}{RC}U_0(t_1 - t_0). \tag{6.48}$$

Die Spannung u_2 ist zum Zeitpunkt t_1 genauso groß wie die Vergleichsspannung U_{r1} des Komparators:

$$u_2(t_1) = \frac{R_4}{R_3}\frac{1}{RC}U_0(t_1 - t_0) = U_{r1} = \frac{R_2}{R_1 + R_2}U_0. \tag{6.49}$$

Aus dieser Gleichung bestimmt sich $t_1 - t_0$ zu

$$t_1 - t_0 = \frac{R_2}{R_1 + R_2}\frac{R_3}{R_4}RC. \tag{6.50}$$

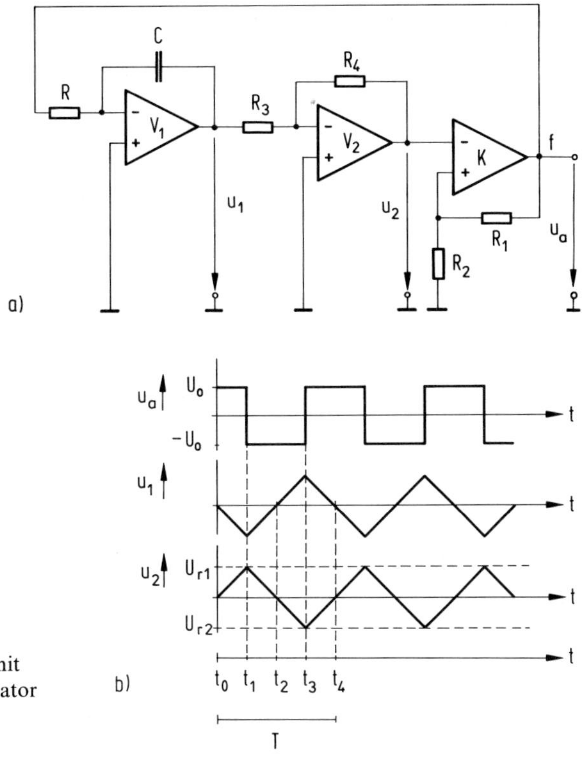

Bild 6.19: Astabile Kippschaltung mit Integrationsverstärker und Komparator
a) Schaltung
b) Signale

Die gesamte Periodendauer T der im Komparator enstehenden Rechteckschwingung setzt sich aus vier gleichen Zeitabschnitten zusammen und ist viermal so groß wie das Intervall $t_1 - t_0$:

$$T = 4 \frac{R_2}{R_1 + R_2} \frac{R_3}{R_4} RC \tag{6.51}$$

$$f = \frac{1}{T} = \frac{1}{4} \frac{R_1 + R_2}{R_2} \frac{R_4}{R_3} \frac{1}{RC}. \tag{6.52}$$

Wird bei einer Widerstands-Frequenz-Umsetzung eine Frequenz proportional zu R_x benötigt, so kann z.B. der Widerstand R_4 als das frequenzbestimmende Bauteil R_x genommen werden. Ist umgekehrt eine Kennlinie $f = k_1/R_x$ gewünscht, so könnte einer der Widerstände R_2, R_3 oder R umgesetzt werden. Werden schließlich die Widerstände konstant gehalten und wird die Kapazität C variiert, so ergibt sich der Zusammenhang $f = k_2/C$.

Generell hat natürlich der Anwender noch zu entscheiden, ob die Periodendauermessung evtl. der Frequenzmessung vorzuziehen ist. In diesem Fall würde dann die Kippschaltung nicht als Frequenz-, sondern als Zeitumsetzer benutzt.

Diskussion der die Frequenzgenauigkeit beeinflussenden Größen

Ändern sich die Werte der auf der rechten Seite von Gl. (6.52) stehenden Größen, so ändert sich selbstverständlich auch die Frequenz f. Darüber hinaus fällt auf, daß in Gl. (6.49) sich die Beträge der Komparatorausgangsspannung weggekürzt haben. Das bedeutet, daß Änderungen der Komparatorausgangsspannung nicht ins Ergebnis eingehen, solange die positive und negative Sättigungsspannung gleich groß sind.

Des weiteren ist, wie im folgenden gezeigt wird, die Frequenz der Kippschaltung weitgehend unabhängig von den Offsetgrößen der Verstärker (Bild 6.20).

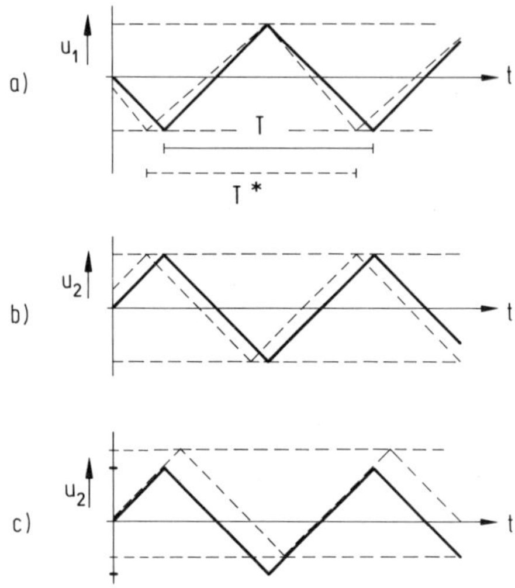

Bild 6.20: Signale der Kippschaltung von Bild 6.19 ohne (——) und mit (- - -) Offsetgrößen
a) Offsetstrom am Eingang des Integrationsverstärkers V_1
b) Offsetspannung am Eingang des Invertierers V_2
c) Offsetspannung am Eingang des Komparators K

Beim *Integrationsverstärker* V_1 führt ein Offsetstrom I_{os} zu einem steileren oder schwächeren Anstieg der Integratorausgangsspannung u_1. Dadurch ändern sich die Zeitintervalle für die Auf- und Abintegration gegensinnig. Ohne Offsetstrom und bei fehlerfreiem Umkehrverstärker mit $R_3 = R_4$ ist bei der Abintegration mit dem Strom $I_0 = U_0/R$ die Schwelle U_{r1} nach der Zeit $t_1 - t_0 = T/4$ erreicht. Addiert sich zu dem Strom I_0 der Offsetstrom I_{os}, so ist der Gesamtstrom I*

$$I^* = I_0 \left(1 + \frac{I_{os}}{I_0}\right)$$

und die Zeit zur Abintegration sinkt auf

$$t_1^* - t_0 = \frac{1}{1 + I_{os}/I_0} \frac{T}{4}.$$

Während der Aufintegrationszeit $t_1 \leqq t \leqq t_2$ fließt jetzt der kleinere Strom

$$- I^* = - I_0 \left(1 - \frac{I_{os}}{I_0}\right)$$

und der Komparator (Schwelle U_{r2}) kippt erst zu dem späteren Zeitpunkt t_2^*:

$$t_2^* - t_1^* = \frac{1}{1 - I_{os}/I_0} \frac{T}{4}.$$

Die Zeit für eine halbe Taktperiode

$$\begin{aligned} t_2^* - t_0 &= t_2^* - t_1^* + t_1^* - t_0 \\ &= \left(\frac{1}{1 + I_{os}/I_0} + \frac{1}{1 - I_{os}/I_0}\right) \frac{T}{4} \\ &= \frac{2}{1 - (I_{os}/I_0)^2} \frac{T}{4} \approx \frac{T}{2} \quad \text{für } I_{os} \ll I_0 \end{aligned}$$

ändert sich durch den Offsetstrom in erster Näherung nicht. Damit ist die Frequenz der Kippschaltung unabhängig von dem Offsetstrom des Integrationsverstärkers.

Als nächste Fehlermöglichkeit wird eine Offsetspannung am *Umkehrverstärker* V_2 betrachtet. Überlagert sich hier eine Offsetspannung der vom Integrator gelieferten dreieckförmigen Spannung u_1, so ist die Ausgangsspannung u_2 zeitlich verschoben. Das bedeutet, daß die beiden Schwellwerte U_{r1} und U_{r2} bei einer positiven Offsetspannung früher, bei einer negativen später erreicht werden. Die Periodendauer T wird aber nicht geändert und dementsprechend bleibt auch die Ausgangsfrequenz des Komparators dieselbe.

Als letztes bleibt schließlich noch die Wirkung einer Offsetspannung U_{os} am Eingang des *Komparators* K zu untersuchen. Diese verschiebt die Schaltpunkte auf die Werte U_{r1}^* und U_{r2}^* mit

$$U_{r1}^* = U_{r1} + U_{os}$$
$$U_{r2}^* = U_{r2} + U_{os}.$$

Der Abstand der Schaltpunkte

$$U_{r1}^* - U_{r2}^* = U_{r1} + U_{os} - (U_{r2} + U_{os}) = U_{r1} - U_{r2}$$

ändert sich also nicht und die Ausgangsfrequenz ist unabhängig von der Offsetspannung des Komparators.

Zusammenfassend ist festzustellen, daß Offsetgrößen die Frequenzgenauigkeit der Kippschaltung von Bild 6.19 nicht beeinflussen. Damit bietet sich der Relaxationsoszillator auch als Alternative für die Meßaufgaben an, bei denen sonst auf einen Zerhacker- oder Trägerfrequenzverstärker hätte zurückgegriffen werden müssen.

6.5.3 Kippschaltung mit Widerstandsmeßbrücke

In der Kippschaltung von Bild 6.21 ist lediglich der Umkehrverstärker von Bild 6.19 durch eine Brückenschaltung und den die Verstärker V_2, V_3 und V_4

umfassenden „Instrumentenverstärker" ersetzt. Ist u_1 wieder die dreieckförmige Ausgangsspannung des Integrators, u_2 die um den Faktor k verstärkte, im Komparator verglichene Diagonalspannung, so besteht zwischen den Spannungen u_1 und u_2 der folgende Zusammenhang:

$$u_2 = -k \frac{R_3 R_5 - R_4 R_6}{(R_3 + R_4)(R_5 + R_6)} u_1. \tag{6.53}$$

Für den Fall von vier gleich großen Widerständen $R_3 = R_4 = R_5 = R_6$, von denen sich R_3 um ΔR_3 ändert, geht die Beziehung über in

$$u_2 = -k \frac{u_1}{4} \frac{\Delta R_3}{R_3}. \tag{6.54}$$

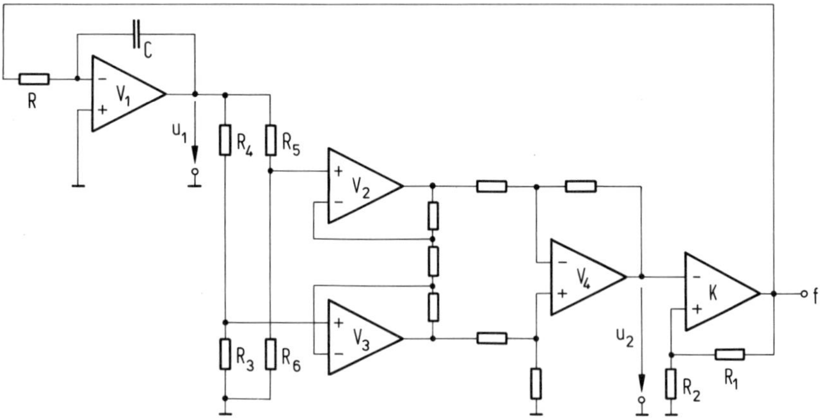

Bild 6.21: Kippschaltung mit Widerstandsmeßbrücke

Während der invertierende Verstärker von Bild 6.19 den Verstärkungsfaktor $u_2/u_1 = -R_4/R_3$ hat, ist jetzt bei der Brückenschaltung mit Verstärker $u_2/u_1 = -k\Delta R_3/4R_3$. Wird dieses Ergebnis in (6.52) berücksichtigt, so zeigt sich die Frequenz f direkt proportional zur Widerstandsänderung ΔR_3. Die im letzten Abschnitt diskutierte Unempfindlichkeit gegen sich langsam ändernde Offsetspannungen und Offsetströme bleibt auch bei dieser Schaltung erhalten.

6.5.4 Kippschaltung mit stabilisierten Hilfsspannungen

In der vorausgegangenen Diskussion waren die Sättigungsspannungen des Komparators als hinreichend gleich angenommen worden. Ist diese Voraussetzung nicht erfüllt, so sind für die benötigten Spannungen $\pm U_0$ zwei besonders stabilisierte Spannungsquellen zur Verfügung zu stellen. Diese können dann wechselweise über einen vom Komparator gesteuerten Schalter an den Ladewiderstand R gelegt werden (Bild 6.22). Sie sind so gepolt, daß der invertierende Verstärker V_2 von Bild 6.19 überflüssig wird.

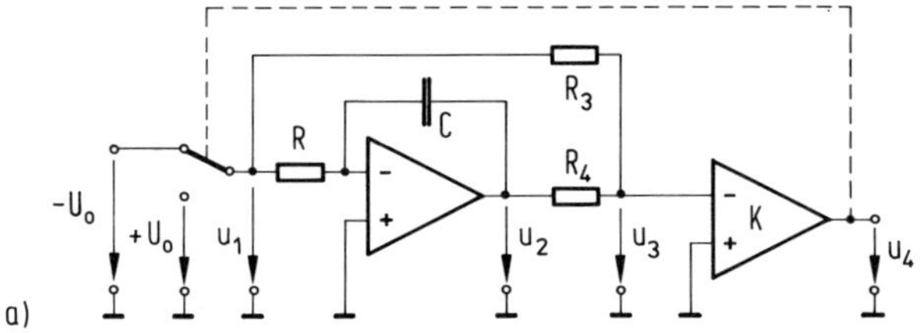

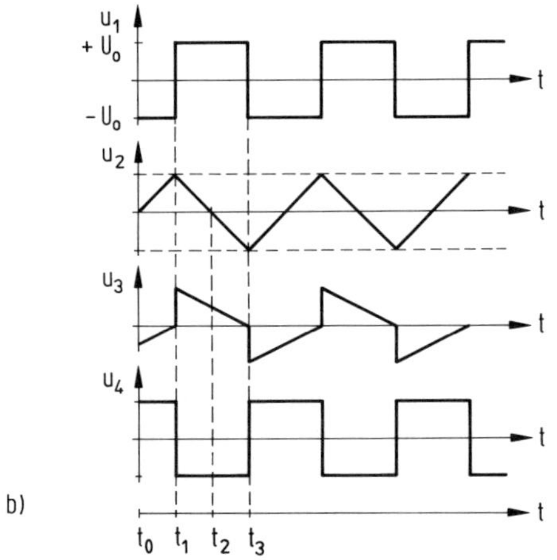

Bild 6.22: Kippschaltung mit stabilisierten Hilfsspannungen
a) Aufbau
b) Signale

Des weiteren ist der Komparator jetzt anders geschaltet. Der p-Eingang liegt auf Masse, die Vergleichsspannung beträgt 0 V und die Kennlinie enthält keine Hystereseschleife. Der Komparator prüft, ob die zwischen den Widerständen R_3 und R_4 abgegriffene, von u_1 und u_2 abhängende Teilspannung u_3 positiv oder negativ ist. Sie berechnet sich zu

$$u_3 = \frac{R_4}{R_3 + R_4}(u_1 - u_2) + u_2$$

$$= \frac{R_4}{R_3 + R_4} u_1 + \frac{R_3}{R_3 + R_4} u_2. \tag{6.56}$$

Der Komparator schaltet bei $u_3 = 0$, also bei der Integratorausgangsspannung u_2

$$u_2 = \frac{R_4}{R_3} U_0 \qquad \text{für } u_1 = -U_0, \tag{6.57}$$

$$u_2 = -\frac{R_4}{R_3} U_0 \qquad \text{für } u_1 = +U_0. \tag{6.58}$$

In der Zeit $t_0 \leqq t \leqq t_1$ steigt die Integratorausgangsspannung u_2

$$u_2(t) = -\frac{1}{RC}(-U_0)(t - t_0) \tag{6.59}$$

von $u_2(t_0) = 0$ auf den Wert

$$u_2(t_1) = \frac{1}{RC} U_0(t_1 - t_0) = \frac{R_4}{R_3} U_0$$

an. Daraus bestimmt sich $t_1 - t_0$ zu $t_1 - t_0 = RC \cdot R_4/R_3$. Die gesamte Periode T ist viermal so groß und wird

$$T = 4 \frac{R_4}{R_3} RC. \tag{6.60}$$

6.5.5 u/f-Umsetzer für kleine Signale

Der u/t-Zweirampen-Umsetzer und der synchrone Ladungsbilanz-u/f-Umsetzer sind unempfindlich gegen Änderungen der Bauelementparameter. Offsetspannungen und -ströme führen jedoch besonders dann zu Fehlern, wenn niedrige Signale zu erfassen sind. Derartige Nullpunktsfehler vermeidet die astabile Kippschaltung von Bild 6.23, die für Messungen im mV-Bereich geeignet ist.

Ähnlich wie beim u/t-Sägezahnumsetzer wird zunächst ein konstanter Hilfsstrom integriert und die Integratorausgangsspannung wird mit der zu messenden, in unserem Beispiel k-fach verstärkten Spannung u_x verglichen. Der Meßzyklus beginnt mit der Integration des negativen Hilfsstroms $-U_0/R$. Zum Zeitpunkt t_1 erreicht die Integratorausgangsspannung die Vergleichsspannung $k u_x$. Der Komparator wechselt sein Ausgangssignal und die Eingangssignale werden umgeschaltet.

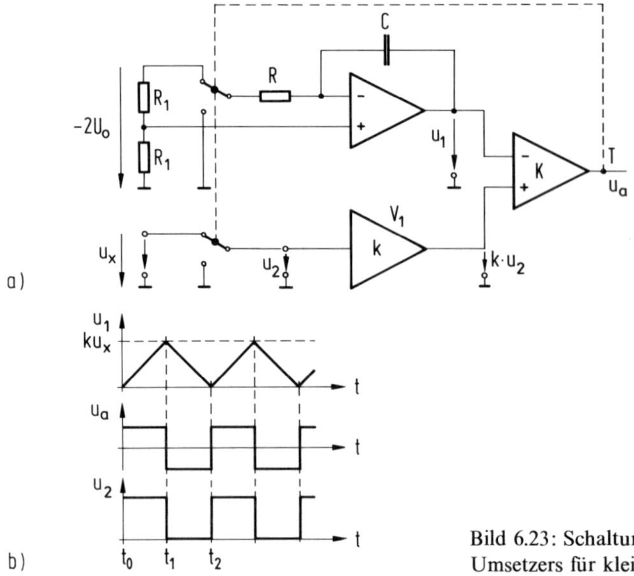

Bild 6.23: Schaltung (a) und Signale (b) des u/f-Umsetzers für kleine Signale

Integriert wird jetzt der positive Strom U_0/R, wodurch die Spannung u_1 linear mit der Zeit abnimmt. Der Eingang des Verstärkers V_1 ist auf Masse gelegt, so daß die Abintegration bis zum Wert $u_1=0$ fortgeführt wird. Dieser ist zum Zeitpunkt t_2 erreicht, der Komparator schaltet und ein neuer Meßzyklus beginnt.

Zum Zeitpunkt t_1 beträgt die Integratorausgangsspannung

$$u_1(t_1) = -\frac{1}{C}\left(-\frac{U_0}{R}\right)(t_1 - t_0) = k\,u_x. \tag{6.61}$$

Daraus berechnet sich t_1-t_0 zu

$$t_1 - t_0 = k\frac{u_x}{U_0}RC.$$

Die gesamte Periodendauer T_x einer Schwingung ist zweimal so groß und ergibt mit $K=2k\,RC/U_0$

$$T_x = k\frac{u_x}{U_0}2RC = K\,u_x. \tag{6.62}$$

Die Besonderheit dieser Schaltung liegt - wie schon erwähnt - in ihrer Unempfindlichkeit gegen Offsetspannungen, solange sich diese nur langsam ändern. Nach den im Abschnitt 6.4.2 angestellten Überlegungen bleiben wegen der seriellen Auf- und Abintegration die Offsetspannung am Integrationsverstärker und wegen der Umschaltung der Schaltpunkte auch die Driften des Komparators ohne Einfluß auf die Genauigkeit.

Eine Offsetspannung am Verstärker V_1 wirkt wie eine Offsetspannung des Komparators, d.h. sie verschiebt den Arbeitsbereich, nicht aber den Abstand der Schaltschwellen. Damit hängt die Genauigkeit der Umsetzung nur von der Konstanz des durch eine Gegenkopplung leicht zu stabilisierenden Verstärkungsgrades k, von den Bauelementen R und C und der Konstantspannung U_0 ab.

6.6 Harmonische Oszillatoren als Frequenzumsetzer

Bei harmonischen Schwingungen ist die Rückstellkraft linear proportional zur Auslenkung und stets zur Gleichgewichtslage gerichtet. Da das u(t)-Diagramm eine Sinuskurve ergibt, werden harmonische Schwingungen auch als Sinusschwingungen bezeichnet und harmonische Oszillatoren werden verwendet, um sinusförmige Spannungen wechselnder Frequenz zu erzeugen.

Die frequenzbestimmenden Bauteile sind Widerstände, Induktivitäten oder Kapazitäten. Wie die Relaxationsoszillatoren können auch die harmonischen Oszillatoren zur Umsetzung dieser Größen in Frequenzen oder Periodendauern benutzt werden. Die harmonischen Oszillatoren sind dabei aufwendiger, haben eine gekrümmte Kennlinie (z.B. $f = 1/2\pi\sqrt{LC}$), liefern aber unter Umständen eine genauere Frequenz, da diese nur von passiven Bauelementen und nicht von aktiven Schaltungen wie z.B. Komparatoren abhängt. Als Spannung/Frequenz-Umsetzer sind die harmonischen Oszillatoren nicht geeignet.

6.6.1 Erzeugung ungedämpfter Schwingungen

Das Prinzip eines harmonischen Oszillators wird von Bild 6.24 ausgehend erklärt. Die Variablen sind als komplexe Größen geschrieben, da die Beträge und die Phasenbeziehungen wichtig sind. Die Eingangsspannung $\underline{u}_e$ wird in dem Verstärker V mit der Empfindlichkeit $\underline{k}_1$ auf den Wert $\underline{u}_a$ vervielfacht:

$$\underline{u}_a = \underline{k}_1 \underline{u}_e. \tag{6.70}$$

In dem Rückführungsnetzwerk R wird die Teilspannung $\underline{u}_r$ gebildet und an den Eingang zurückgeführt:

$$\underline{u}_r = \underline{k}_2 \underline{u}_a. \tag{6.71}$$

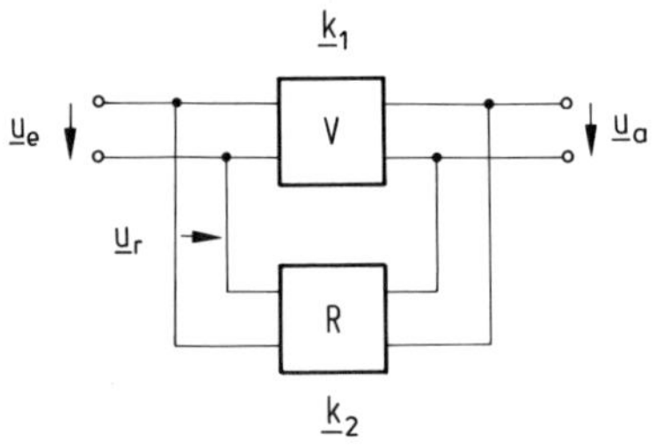

Bild 6.24: Prinzip eines Oszillators

Stimmt die rückgeführte Spannung in Betrag und Phase mit der Eingangsspannung überein, so kann sie diese ersetzen. Nach dem Anstoßen des Oszillators ist die Eingangsspannung $\underline{u}_e$ nicht mehr notwendig. Der Schwingkreis liefert die Ausgangsspannung $\underline{u}_a$ mit einem konstanten Scheitelwert und einer konstanten Frequenz.

Die Bedingung für das Zustandekommen einer ungedämpften Schwingung also ist

$$\underline{u}_r = \underline{u}_e,$$

$$\underline{k}_2 \underline{u}_a = \underline{k}_2 \underline{k}_1 \underline{u}_e = \underline{u}_e,$$

$$\underline{k}_1 \underline{k}_2 = k_1 e^{j\alpha_1} \cdot k_2 e^{j\alpha_2} = 1. \tag{6.72}$$

Die letzte Gleichung ist für die Amplituden

$$k_1 k_2 = 1 \tag{6.73}$$

– der Verstärker hebt die Abschwächung und die Verluste im Rückführnetzwerk auf – und für die Phasen

$$\alpha_1 + \alpha_2 = 0, 2\pi, \ldots, 2N\pi \tag{6.74}$$

zu erfüllen. Die Phasenbeziehung zwischen Ausgangsspannung $\underline{u}_a$ und Eingangsspannung $\underline{u}_e$ muß 0 oder ein ganzzahliges Vielfaches von 2π sein.

6.6.2 LC-Oszillator

Resonanzkreis. Um den LC-Oszillator einzuführen, wird von dem Parallel-Resonanzkreis Bild 6.25 ausgegangen. Dieser enthält die Kapazität C, die Induktivität L und den ohmschen Widerstand R, der auch als Wirkwiderstand der Spule aufgefaßt werden kann. Der Scheinwiderstand $\underline{Z}$ dieser Anordnung mit dem Wirkwiderstand R_Z und dem Blindwiderstand X ist

$$\underline{Z} = \frac{\frac{1}{j\omega C}(R + j\omega L)}{\frac{1}{j\omega C} + R + j\omega L} = \mathrm{Re}(\underline{Z}) + \mathrm{Im}(\underline{Z}) = R_z + jX, \tag{6.75}$$

mit

$$R_z = \frac{R}{(1-\omega^2 LC)^2 + \omega^2 C^2 R^2}; \tag{6.75a}$$

$$jX = j\frac{\omega L - \omega C R^2 - \omega^3 L^2 C}{(1-\omega^2 LC)^2 + \omega^2 C^2 R^2}. \tag{6.75b}$$

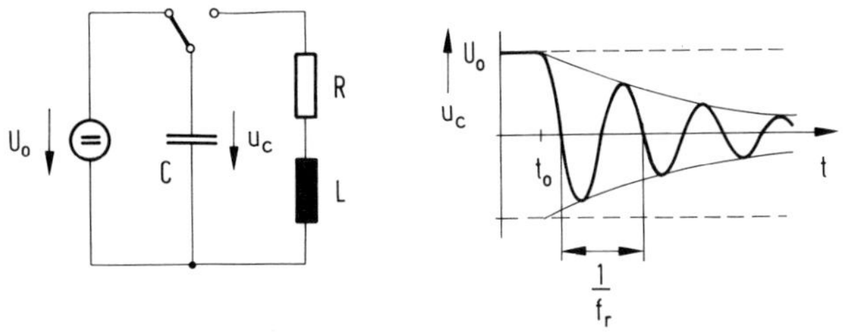

Bild 6.25:
LC-Resonanzkreis

Im Zustand der Resonanz ist $\underline{Z}$ reell. Der Imaginärteil ist null und die Resonanzkreisfrequenz ω_0 errechnet sich für $X=0$ aus (6.75b) zu

$$\omega_0^2 = \frac{1}{LC} - \frac{R^2}{L^2}. \tag{6.76}$$

Wird der Resonanzkreis zur Zeit t_0 von seiner Versorgungsspannung getrennt, so schwingt er mit gedämpften Schwingungen der Kreisfrequenz ω_0 aus.

Gl. (6.76) läßt sich noch umformen und als

$$C = \frac{L}{R^2 + (\omega_0 L)^2} \tag{6.77}$$

schreiben, wodurch sich später die Rechnung vereinfacht.

Oszillator. Um von der gedämpften Schwingung des Resonanzkreises zur ungedämpften des Oszillators zu kommen, sind die entstehenden Energieverluste kontinuierlich auszugleichen. Dazu wird in Bild 6.26a ein Verstärker verwendet, dessen Ausgangsspannung $\underline{u}_a$ über dem Widerstand R_1 an dem Parallel-Resonanzkreis liegt. Die Empfindlichkeit k_1 des Spannungsverstärkers

$$\underline{k}_1 = \frac{\underline{u}_a}{\underline{u}_r} = 1 + \frac{R_3}{R_4} = k_1 \tag{6.78}$$

ist reell. Dementsprechend darf dann auch, um die Phasenbedingung nicht zu verletzen, der Übertragungsfaktor k_2

$$\underline{k}_2 = \frac{\underline{u}_r}{\underline{u}_a} = \frac{R_z + jX}{R_1 + R_z + jX}$$

$$= \frac{R_1 R_z + R_z^2 + X^2}{(R_1 + R_z)^2 + X^2} + j\,\frac{R_1 X}{(R_1 + R_z)^2 + X^2} \tag{6.79}$$

keinen Imaginärteil haben. Der Zähler des Imaginärteils ist tatsächlich bis auf den konstanten Faktor R_1 gleich dem des Resonanzkreises Gl. (6.75), wird also auch bei der Resonanzfrequenz nach (6.76) null. Der Übertragungsfaktor ist somit bei der Resonanzkreisfrequenz reell und nimmt für $X=0$ bei ω_0 den Wert

$$\underline{k}_2(\omega_0) = k_2 = \frac{R_z(\omega_0)}{R_1 + R_z(\omega_0)} \tag{6.80}$$

an. $R_z(\omega_0)$ errechnet sich aus (6.75a) und (6.77) zu

$$R_z(\omega_0) = \frac{R^2 + (\omega_0 L)^2}{R}. \tag{6.81}$$

Aus den gegebenen Werten für R, L, C und aus der bekannten Resonanzfrequenz ω_0 läßt sich zunächst k_2 bestimmen. Der Verstärkungsfaktor k_1 wird anschließend aus $k_1 = 1/k_2$ berechnet.

Differentialgleichung des LC-Oszillators. Die Formeln für ω_0 und k_2 sollen nun noch einmal aus der Differentialgleichung abgeleitet werden. Um diese aufzustellen, wird die Serienschaltung von R und L im Bild 6.26a in die elektrisch gleichwertige Parallelschaltung von Bild 6.26b mit den Hilfsgrößen R^* und L^* umgeformt. Ausgehend vom Leitwert der Serienschaltung

$$\frac{1}{R + j\omega L} = \frac{R}{R^2 + (\omega L)^2} - \frac{j\omega L}{R^2 + (\omega L)^2} = \frac{1}{R^*} + \frac{1}{j\omega L^*} \tag{6.82}$$

errechnen sich die Ersatzgrößen R^* und L^* aus der letzten Gleichung zu

$$R^* = \frac{R^2 + (\omega L)^2}{R}, \tag{6.82a}$$

$$L^* = \frac{R^2 + (\omega L)^2}{\omega^2 L}. \tag{6.82b}$$

Bei der Eigenkreisfrequenz ω_0 ist R^* also identisch mit dem Realteil von Z, $R^* = R_Z$.

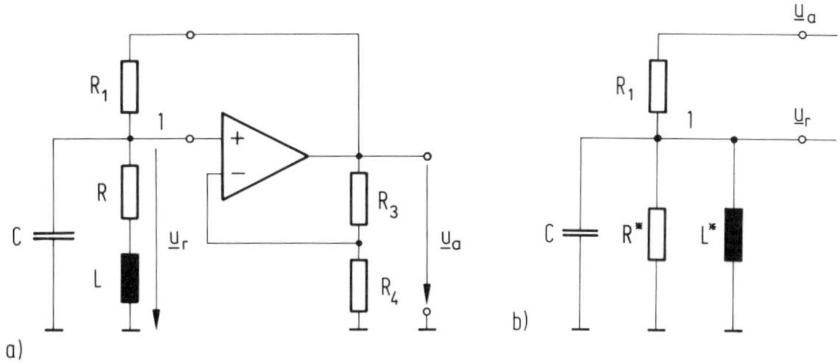

Bild 6.26: LC-Oszillator

a) Serienschaltung

b) gleichwertige Parallelschaltung mit den Ersatzgrößen R* und L*

Nach dieser vorbereitenden Überlegung werden die Ströme

$$i_1 = \frac{u_a - u_r}{R_1}, \qquad i_C = C\,\dot{u}_r,$$

$$i_{R*} = \frac{u_r}{R*}, \qquad i_{L*} = \frac{1}{L*}\int u_r\,dt$$

im Knotenpunkt 1 addiert:

$$\frac{u_a - u_r}{R_1} - C\,\dot{u}_r - \frac{u_r}{R*} - \frac{1}{L*}\int u_r\,dt = 0. \tag{6.83}$$

Dann wird die rückgeführte Spannung u_r durch die Ausgangsspannung u_a ausgedrückt, $u_r = k_2\,u_a$. Anschließend wird differenziert und noch mit $-L*/k_2$ multipliziert. Es ergeben sich

$$\frac{u_a}{R_1} - \frac{k_2\,u_a}{R_1} - k_2 C\,\dot{u}_a - \frac{k_2}{R*}\,u_a - \frac{k_2}{L*}\int u_a\,dt = 0;$$

$$\left(\frac{1}{R_1} - \frac{k_2}{R_1} - \frac{k_2}{R*}\right)\dot{u}_a - k_2 C\,\ddot{u}_a - \frac{k_2}{L*}\,u_a = 0$$

$$u_a + \left(\frac{L*}{R_1} + \frac{L*}{R*} - \frac{L*}{k_2\,R_1}\right)\dot{u}_a + L*C\,\ddot{u}_a = 0. \tag{6.84}$$

Damit ist die gesuchte Differentialgleichung erhalten. Nach den Ausführungen von Abschnitt 1.5.2 liefert der Koeffizient von $\ddot{u}_a$ die Eigenkreisfrequenz,

$$\omega_0^2 = \frac{1}{L*C}.$$

Indem hier L* durch (6.82b) ausgedrückt wird, ergibt sich das von Gl. (6.76) schon bekannte Ergebnis.

Der Koeffizient von $\dot{u}_a$ muß für einen Oszillator null sein:

$$\frac{1}{R_1} + \frac{1}{R^*} - \frac{1}{k_2 R_1} = 0! \qquad (6.85)$$

Dieser Ansatz liefert

$$k_2 = \frac{R^*}{R_1 + R^*},$$

womit unter Berücksichtigung von $R^* = R_Z$ dieselbe Auslegungsvorschrift wie in (6.80) erhalten ist.

6.6.3 RC-Oszillator

Ein RC-Netzwerk ist im Gegensatz zu einer LC-Kombination nicht zu Eigenschwingungen fähig, kann aber trotzdem zusammen mit einem aktiven Element einen Oszillator bilden.

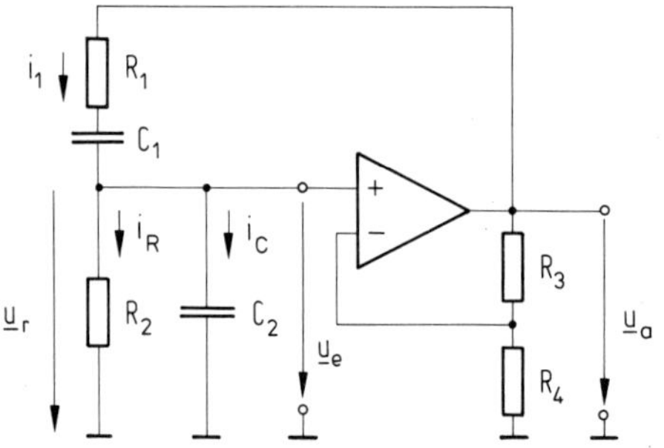

Bild 6.27: RC-Oscillator

Bei dem in Bild 6.27 als Beispiel gezeigten Wien-Robinson-Oszillator wird die Verstärkerausgangsspannung $\underline{u}_a = \underline{k}_1 \underline{u}_e$ an das RC-Netzwerk gelegt. Die Teilspannung $\underline{u}_r$ wird abgegriffen und dem Verstärkereingang zugeführt:

$$\underline{u}_r = \underline{k}_2 \underline{u}_a = \frac{\underline{Z}_2}{\underline{Z}_1 + \underline{Z}_2} \underline{u}_a \qquad (6.87)$$

mit $\quad \underline{Z}_1 = R_1 + \frac{1}{j\omega C_1}; \qquad \underline{Z}_2 = \frac{\frac{R_2}{j\omega C_2}}{R_2 + \frac{1}{j\omega C_2}}.$

Eine ungedämpfte, selbsttätige Schwingung kommt für $\underline{u}_r = \underline{u}_e$ zustande.

Der Operationsverstärker wird wieder unterhalb seiner Grenzfrequenz betrieben. Der Übertragungsfaktor $\underline{k}_1$ ist daher reell und unabhängig von der Frequenz,

$$\underline{k}_1 = k_1 = 1 + \frac{R_3}{R_4}.$$

Um die Schwingbedingung

$$k_1 \underline{k}_2 = 1$$

zu erfüllen, muß auch $\underline{k}_2$

$$\underline{k}_2 = \frac{\underline{Z}_2}{\underline{Z}_1 + \underline{Z}_2} = \frac{1}{1 + \underline{Z}_1/\underline{Z}_2}$$

$$= \frac{1}{1 + \frac{R_1}{R_2} + \frac{C_2}{C_1} + j\,\omega\, R_1 C_2 + \frac{1}{j\,\omega\, R_2 C_1}} \tag{6.88}$$

für die Resonanzfrequenz ω_0 reell und frequenzunabhängig sein. Dazu ist notwendig, daß der imaginäre Anteil im Nenner von (6.88) verschwindet. Daraus bestimmt sich die Resonanzfrequenz ω_0 zu

$$\omega_0^2 = \frac{1}{R_1 R_2 C_1 C_2} \tag{6.89}$$

und geht für $R_1 = R_2 = R$ und $C_1 = C_2 = C$ über in

$$\omega_0 = \frac{1}{RC}. \tag{6.90}$$

Mit den angenommenen Werten wird der Übertragungsfaktor k_2

$$k_2 = \frac{1}{1 + 1 + 1} = \frac{1}{3}.$$

Die Amplitudenbedingung $k_1 k_2 = 1$ fordert für k_1 den Wert

$$k_1 = 1 + \frac{R_3}{R_4} = 3,$$

der mit $R_3 = 2R_4$ erreicht wird.

Amplitudenregelung. Während die LC-Schwingkreise im allgemeinen eine so ausgeprägte Resonanzfrequenz haben, daß die Amplitudenbedingung automatisch erfüllt wird, benötigen RC-Oszillatoren eine spezielle Amplitudenregelung. Diese ist in der im Bild 6.28 gezeigten Schaltung über eine selbsttätige Verstellung des Widerstands R_4 realisiert. Der Widerstand wird durch die Source-Drain-Strecke eines Feldeffekttransistors gebildet und durch die zwischen Gate und Source liegende Spannung verändert.

Die Spannung wird aus der Ausgangsspannung u_a gewonnen, indem ein Teil des Spitzenwertes $\hat{u}_a$ zur Aussteuerung des FET genommen wird. Ist z.B. die Ausgangsspannung zu hoch, so führt die dann erhöhte Gate-Source-Spannung zu einem vergrößerten Widerstand R_4, dieser verkleinert die Empfindlichkeit k_1, womit die Ausgangsspannung u_a wieder auf ihren Sollwert zurückgeführt wird.

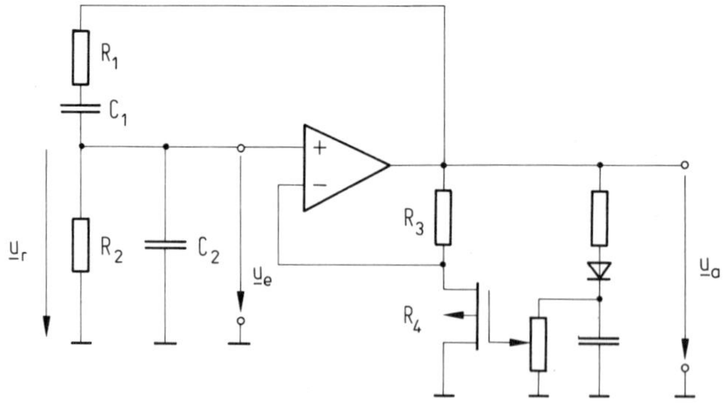

Bild 6.28: Amplitudenregelung des RC-Oszillators

Differentialgleichung eines RC-Oszillators. Auch für den RC-Oszillator soll die Differentialgleichung abgeleitet werden. Dazu werden die Ströme i_R, i_C und i_1 eingeführt (Bild 6.27) mit

$$i_R = \frac{u_e}{R_2}; \qquad i_C = C_2 \frac{du_e}{dt}; \qquad i_1 = i_R + i_C. \tag{6.91}$$

Die Maschengleichung vom Ausgang zum Eingang liefert den Ansatz

$$- u_a + i_1 R_1 + \frac{1}{C_1} \int i_1 \, dt + u_e = 0,$$

in dem i_1 eliminiert und nach (6.90) durch u_e ausgedrückt wird:

$$- u_a + \frac{u_e}{R_2} R_1 + R_1 C_2 \frac{du_e}{dt} + \frac{1}{C_1} \int \frac{u_e}{R_2} dt + \frac{C_2}{C_1} u_e + u_e = 0.$$

Um die Gleichung etwas übersichtlicher zu bekommen, wird nun $R_1 = R_2 = R$ und $C_1 = C_2 = C$ angenommen,

$$-u_a + u_e + RC\dot{u}_e + \frac{1}{RC} \int u_e \, dt + u_e + u_e = 0. \tag{6.92}$$

Hier wird nun mit

$$u_e = \frac{R_4}{R_3 + R_4} u_a = \frac{u_a}{k_1}; \qquad k_1 = \frac{R_3 + R_4}{R_4} \tag{6.93}$$

anstelle der Eingangsspannung die Ausgangsspannung eingeführt. Anschließend ist das Ergebnis zu differenzieren und mit $k_1 RC$ zu multiplizieren, womit die gesuchte Differentialgleichung gefunden ist:

$$u_a + RC(3 - k_1)\,\dot{u}_a + R^2 C^2 \ddot{u}_a = 0 \tag{6.94}$$

Der Koeffizient von $\ddot{u}_a$ liefert die Oszillatorfrequenz (Vergleich mit Gl. 1.89)

$$\omega_0 = \frac{1}{RC},$$

und die Bedingung für die Erzeugung ungedämpfter Schwingungen (der Koeffizient von $\dot{u}_a$ muß null sein), führt mit

$$3 - k_1 = 0, \qquad k_1 = 3$$

zu der schon bekannten Dimensionierung des Verstärkers (Gl. (6.93)) von $R_3 = 2R_4$.

6.7 Frequenz- oder impulsratenliefernde Aufnehmer

Für eine größere Zahl nichtelektrischer Größen sind Aufnehmer verfügbar, die direkt, d.h. ohne Zwischenschaltung eines u/f-Umsetzers, ein frequenz- oder impulsratenanaloges Signal liefern. Zu diesen Aufnehmern zählen die elektromechanischen Oszillatoren wie z.B. der Quarzoszillator, die schwingende Saite und die Stimmgabel, aber auch die weit verbreiteten Drehzahlgeber und die Aufnehmer, die stochastische Ereignisse detektieren [6.3–6.5].

6.7.1 Schwingquarz als Frequenznormal

Wirkungsweise. Quarzoszillatoren enthalten als Resonatoren Plättchen oder Scheiben, die aus einem Quarzkristall in einer bestimmten Kristallrichtung herausgeschnitten sind. Ausgenutzt wird der inverse piezoelektrische Effekt. Unter dem Einfluß einer anliegenden Spannung wird das Quarzplättchen deformiert. Durch eine Wechselspannung wird es periodisch verformt und kann zu Schwin-

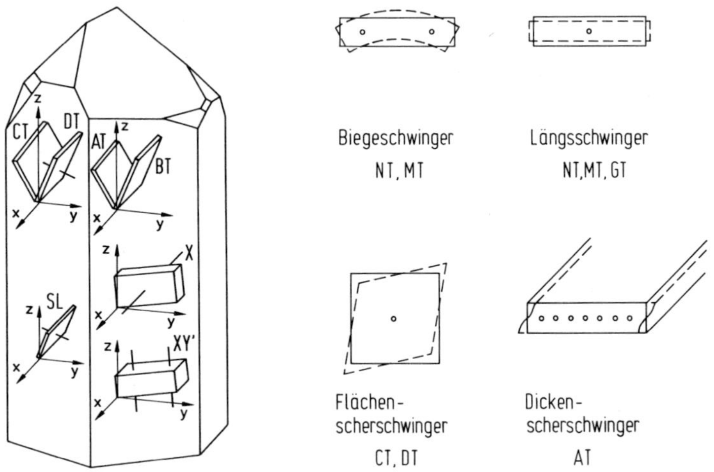

Bild 6.29: Schwingungsformen des Quarzes; die Buchstabenkombinationen kennzeichnen die Orientierung des herausgeschnittenen Plättchens zu den Kristallachsen.

Tabelle 6.3 Daten von Schwingquarzen

	f_0	R	C	L
Biegeschwinger	1- 50 kHz	5 - 50 kΩ	0,01 pF	10^4-10^5 H
Längsschwinger	50-200 kHz	2 - 5 kΩ	0,10 pF	10 -100 H
Flächenscherschwinger	150-800 kHz	0,5 - 10 kΩ	0,02 pF	1 - 10 H
Dickenscherschwinger	0,5- 20 MHz	2 -2000 Ω	0,01 pF	10 -100 mH

gungen angeregt werden. Die Art der Schwingung (Bild 6.29) und die Resonanzfrequenz hängen vom Schnittwinkel des Quarzes ab (Tabelle 6.3) [6.6].

Ersatzschaltbild und Resonanzfrequenz. Das elektrische Verhalten des Quarzes wird durch die Ersatzschaltung vom Bild 6.30 beschrieben. L und C legen die dynamischen Eigenschaften des Quarzes fest, R ist sein Verlustwiderstand, und C_0 ist die Kapazität der auf dem Quarzplättchen angebrachten Elektroden und ihrer Zuleitungen.

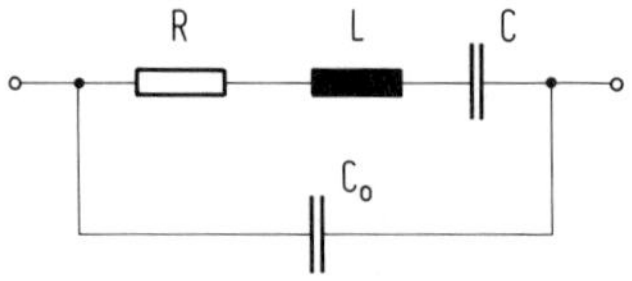

Bild 6.30: Ersatzschaltbild eines Schwingquarzes

Der komplexe Widerstand $\underline{Z}$ dieser Schaltung ist

$$\underline{Z} = \frac{\left(R + j\omega L + \dfrac{1}{j\omega C}\right)\dfrac{1}{j\omega C_0}}{R + j\omega L + \dfrac{1}{j\omega C} + \dfrac{1}{j\omega C_0}} =$$

$$= \frac{R + j\left(\omega L - \dfrac{1}{\omega C}\right)}{1 + \dfrac{C_0}{C} - \omega^2 L C_0 + j\omega R C_0}. \tag{6.95}$$

Indem die normierte Frequenz $\Omega = \omega/\omega_0$ eingeführt wird, die auf die Resonanzfrequenz $\omega_0 = 1/\sqrt{LC}$ bezogen ist, geht (6.95) unter Berücksichtigung von $\omega_0 L = 1/\omega_0 C$ über in

$$\underline{Z} = R\,\frac{1 + j\dfrac{\omega_0 L}{R}\left(\Omega - \dfrac{1}{\Omega}\right)}{1 + \dfrac{C_0}{C}(1 - \Omega^2) + j\dfrac{C_0}{C}\dfrac{R}{\omega_0 L}\Omega} \tag{6.96}$$

mit dem Realteil

$$\mathrm{Re}(\underline{Z}) = \frac{R}{\left[1 + \frac{C_0}{C}(1 - \Omega^2)\right]^2 + \left(\frac{C_0}{C}\frac{R}{\omega_0 L}\Omega\right)^2} \tag{6.97}$$

und dem Imaginärteil

$$\mathrm{Im}(\underline{Z}) = -\,\mathrm{j}R\frac{C_0}{C}\frac{\omega_0 L}{R\Omega}\cdot\frac{\Omega^4 - \left[2 + \frac{C}{C_0} - \left(\frac{R}{\omega_0 L}\right)^2\right]\Omega^2 + 1 + \frac{C}{C_0}}{\left[1 + \frac{C_0}{C}(1 - \Omega^2)\right]^2 + \left(\frac{C_0}{C}\frac{R}{\omega_0 L}\Omega\right)^2}. \tag{6.98}$$

Beispiel; Für einen konkreten Uhrenquarz mit $C = 3{,}24\cdot 10^{-15}$ F, $L = 7281$ H, $R = 30\,\mathrm{k\Omega}$ und $C_0 = 3{,}24\cdot 10^{-12}$ F ergeben sich ω_0 und f_0 zu

$$\omega_0 = \frac{1}{\sqrt{LC}} = \frac{1}{\sqrt{7281\cdot 3{,}24\cdot 10^{-15}}}\,\mathrm{s}^{-1} = 205\,888\,\mathrm{s}^{-1}$$

$$f_0 = \omega_0/2\pi = 32\,768\,\mathrm{s}^{-1}.$$

Das Verhältnis C_0/C aus Zuleitungskapazität und Quarzkapazität ist 1000, und das Verhältnis aus Blindwiderstand und Wirkwiderstand, das die Güte eines Oszillators beschreibt, berechnet sich zu

$$\omega_0 L/R = 49969.$$

Im folgenden soll nun die *Resonanzfrequenz* Ω_r des Quarzes berechnet werden. Bei der Resonanzfrequenz ist $\underline{Z}$ reell, der Imaginärteil verschwindet, so daß (6.98) die Bestimmungsgleichung für Ω_r liefert:

$$\Omega^4 - \left[2 + \frac{C}{C_0} - \left(\frac{R}{\omega_0 L}\right)^2\right]\Omega^2 + 1 + \frac{C}{C_0} = 0. \tag{6.99}$$

Wenn nun der Term $(R/\omega_0 L)^2$ gegenüber C/C_0 vernachlässigt wird, ergeben sich als Lösung die beiden Frequenzen Ω_s und Ω_p, beziehungsweise ω_s und ω_p,

$$\Omega_s^2 = 1; \quad \Omega_s = 1; \quad \omega_s = \omega_0. \tag{6.100}$$

$$\Omega_p^2 = 1 + \frac{C}{C_0}; \quad \Omega_p \approx 1 + \frac{C}{2C_0}; \quad \omega_p \approx \left(1 + \frac{C}{2C_0}\right)\omega_0. \tag{6.101}$$

Die Frequenz, bei der $\mathrm{Re}(\underline{Z})$ den geringeren Wert annimmt, ist die Serienresonanzfrequenz ω_s, die mit dem höheren Widerstandswert die Parallelresonanzfrequenz ω_p. Die Serienresonanzfrequenz

$$\omega_s = \omega_0 = \frac{1}{\sqrt{LC}} \tag{6.102}$$

hängt nur von den gut definierten Größen L und C ab, während für die Parallelresonanzfrequenz

$$\omega_p = \sqrt{\frac{1 + \frac{C}{C_0}}{LC}} = \frac{1}{\sqrt{L\frac{CC_0}{C + C_0}}} \tag{6.103}$$

die Hintereinanderschaltung von C und der weniger gut definierten Anschlußkapazität C_0 maßgebend ist.

Ortskurve. Bei Gleichspannung ($\omega = 0$) hat der Quarz einen geringeren Scheinwiderstand und einen gegen $-\infty$ gehenden kapazitiven Blindwiderstand (Bild 6.31). Die Ortskurve steigt mit zunehmender Frequenz rasch an. In Bild 6.31 ist sie für kleine Wirkwiderstände nicht maßstabsgerecht wiedergegeben. In Wirklichkeit fällt sie im Rahmen der Zeichengenauigkeit zunächst mit der negativen imaginären Achse zusammen und beschreibt dann einen Kreis, dessen Durchmesser der Wirkwiderstand des Quarzes bei seiner Parallelresonanzfrequenz bildet.

Werden die Koordinaten für die Serienresonanzfrequenz $\Omega = 1$ aus (6.96) ermittelt, so wird der Fehler deutlich, der durch die Vernachlässigung von $(R/\omega_0 L)^2$ in (6.99) entstanden ist. Für $\underline{Z}(\Omega = 1)$ ergibt sich ein Wert, der nicht rein reell ist, sondern noch einen geringen Blindwiderstand enthält:

$$\underline{Z}(\Omega = 1) = \frac{R}{1 + j\dfrac{C_0}{C}\dfrac{R}{\omega_0 L}} = \frac{R}{1 + j\,0{,}02} = 29988 - j\,600{,}1\,\Omega.$$

Der entsprechende Punkt in der Ortskurve liegt also dicht unterhalb der reellen Achse.

Um zu sehen, wie steil sich die Ortskurve in der Nähe der Serienresonanzfrequenz ändert, werden ihre Werte für die nur unwesentlich kleineren Frequenzen $\Omega = 1 - 10^{-5}$ und $\Omega = 1 + 10^{-5}$ untersucht. Für die kleinere Frequenz folgt aus (6.96)

$$\underline{Z}(\Omega = 1 - 10^{-5}) = R\,\frac{1 + j\,49969\left(1 - 10^{-5} - \dfrac{1}{1 - 10^{-5}}\right)}{1 + 1000[1 - (1 - 10^{-5})^2] + j\,\dfrac{1000}{49969}(1 - 10^{-5})}$$

$$= 28824{,}0 - j\,30103{,}1\,\Omega.$$

Der Imaginärteil des Widerstands ist jetzt fast so groß wie sein Realteil. Der Blindwiderstand ist kapazitiv.

Der Scheinwiderstand für $\Omega = 1 + 10^{-5}$ ergibt sich zu

$$\underline{Z}(\Omega = 1 + 10^{-5}) = 31244{,}0 + j\,30423{,}5\,\Omega.$$

Der Blindwiderstand ist jetzt induktiv.

Die geringe Frequenzänderung von $\Delta\Omega/\Omega = 1 \cdot 10^{-5}$ führte also schnell zu einer Vergrößerung der Blindwiderstände. Damit ist eine starke Änderung des Phasenwinkels zwischen Strom und Spannung verbunden. Liegt der Quarz in der Rückführungsleitung eines Oszillators und ist die Phasenbedingung für $\Omega = 1$ eingehalten, so führen schon sehr geringe Frequenzabweichungen zu starken Phasenverschiebungen, die über die Rückführung ausgeregelt werden. Der Quarz kann so nur bei seiner sehr scharf ausgeprägten Resonanzfrequenz schwingen.

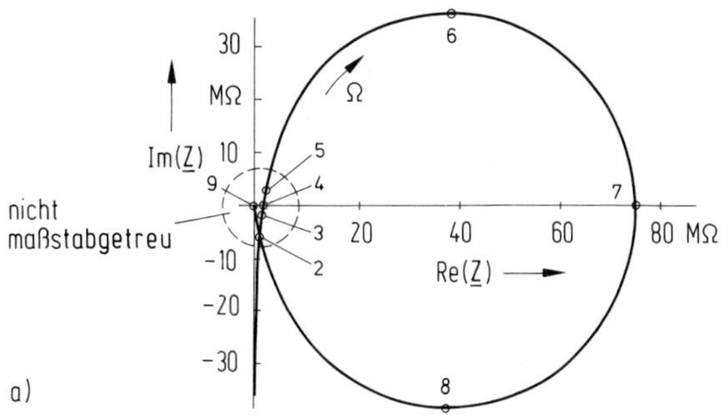

a)

b)

Ort	Ω	Re(Z) in Ohm	Im(Z) in Ohm
1	0	0,03	$-\infty$
2	0,99999	28824	−30103
3	1,0000000	29988	−600
4	1,0000002	30012	0
5	1,00001	31224	30423
6	1,00049	$37{,}91 \cdot 10^6$	$36{,}67 \cdot 10^6$
7	1,0004997	$74{,}80 \cdot 10^6$	0
8	1,00051	$36{,}97 \cdot 10^6$	$-38{,}17 \cdot 10^6$
9	∞	0	0

Bild 6.31:
Ortskurve eines Schwingquarzes

Mit steigender Frequenz nimmt dann der Realteil von $\underline{Z}$ stärker zu als der Imaginärteil. Die Ortskurve beschreibt einen Kreisbogen und schneidet bei der Parallelresonanzfrequenz $\Omega_p = 1{,}000499$ wieder die reelle Achse. Der Wirkwiderstand beträgt ungefähr 75 MΩ. Obwohl sich die Widerstände bei den beiden Resonanzfrequenzen Ω_s und Ω_p um einen Faktor 2500 unterscheiden, liegen die Resonanzfrequenzen nur um 0,05 % auseinander.

Im weiteren Verlauf schließt die Ortskurve den Kreisbogen, schneidet sich selbst und läuft bei sehr hohen Frequenzen unter 90° in den Koordinatennullpunkt ein.

Feineinstellung der Resonanzfrequenz. Zur Feineinstellung der Resonanzfrequenz wird die Zieh- oder Lastkapazität C_z in Reihe oder parallel zum Schwingquarz geschaltet (Bild 6.32), je nachdem, ob dieser bei seiner Serien- oder Parallelresonanzfrequenz betrieben wird. Um den Einfluß der Ziehkapazität auf die Serienresonanzfrequenz zu berechnen, wird der Wirkwiderstand des Quarzes in Gl. (6.95) vernachlässigt (R = 0), so daß sich für die Reihenschaltung aus Quarz und Ziehkapazität der folgende Scheinwiderstand $\underline{Z}^*$ ergibt:

$$\underline{Z}^* = \frac{j(\omega L - 1/\omega C)}{1 + C_0/C - \omega^2 L C_0} + \frac{1}{j \omega C_z} =$$

$$= \frac{1}{j \omega C_z} \frac{C + C_0 + C_z - \omega^2 L C (C_0 + C_z)}{C_0 + C - \omega^2 L C C_0}. \qquad (6.104)$$

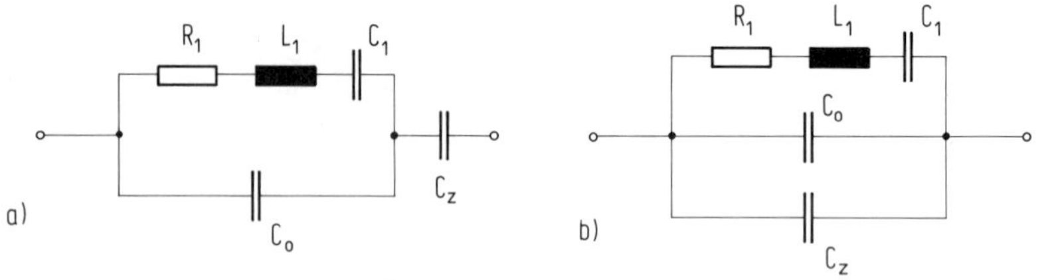

Bild 6.32: Feineinstellung der Resonanzfrequenz durch die Ziehkapazität C_z in Reihe (a) oder parallel (b) zum Quarz

Die neue Serienresonanzfrequenz ω_s^* wird durch Nullsetzen des Zählers gefunden zu

$$\omega_s^* = \frac{1}{\sqrt{LC}} \sqrt{1 + \frac{C}{C_0 + C_z}}. \tag{6.105}$$

Hier darf für $C/(C_0 + C_z) \ll 1$ die Wurzel durch das erste Glied ihrer Reihenentwicklung angenähert werden,

$$\omega_s^* \approx \frac{1}{\sqrt{LC}} \left(1 + \frac{C}{2(C_0 + C_z)}\right). \tag{6.106}$$

Bei Verwendung einer Ziehkapazität wird die Frequenz um $\Delta f_s/f_s$ erhöht mit

$$\frac{\Delta f_s}{f_s} = \frac{\Delta \omega_s}{\omega_s} = \frac{\omega_s^* - \omega_s}{\omega_s} = \frac{C}{2(C_0 + C_z)}. \tag{6.107}$$

In der Praxis gehen die relativen Frequenzänderungen bis zu $1 \cdot 10^{-4}$, wobei dann die Ziehkapazität entsprechend größer als die Quarzkapazität ist.

Stabilität der Quarzfrequenz. Die Frequenz der industriell verfügbaren Schwingquarze hängt von verschiedenen Einflüssen ab. Hier ist zunächst die Abgleichtoleranz als die zugelassene, fertigungsbedingte Abweichung von der Nennfrequenz zu beachten. Sie wird als relativer Wert für eine festgelegte Temperatur angegeben und liegt z.B. zwischen $0{,}5 \cdot 10^{-5}$ und $2 \cdot 10^{-5}$.

Darüber hinaus ändert sich mit der Temperatur auch die Resonanzfrequenz. Diese Änderung ist für die einzelnen Schnittwinkel und Schwingungsmoden unterschiedlich.

Der Zusammenhang zwischen Temperatur und Frequenz wird im allgemeinen Fall durch die folgende Gleichung wiedergegeben, in der α den linearen, β den quadratischen und γ den kubischen Temperaturkoeffizienten bedeutet:

$$f = f_0[1 + \alpha(T - T_0) + \beta(T - T_0)^2 + \gamma(T - T_0)^3]. \tag{6.108}$$

f_0 ist dabei die Frequenz, die sich bei der Bezugstemperatur T_0 (z.B. 22 °C) einstellt.

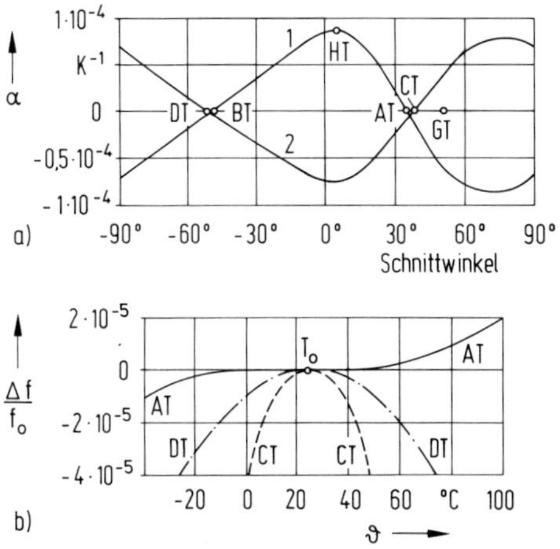

Bild 6.33: Temperaturabhängigkeit des Schwingquarzes [0.24].

a) Linearer Temperaturkoeffizient α in Abhängigkeit vom Schnittwinkel bei einer Temperatur von 25 °C;
1 Dickenscherschwinger, 2 Flächenscherschwinger

b) Änderung der Quarz-Resonanzfrequenz in Abhängigkeit von der Temperatur

Bei bestimmten Schnittwinkeln verschwindet der lineare Temperaturkoeffizient α (Bild 6.33a). Der kubische Temperaturkoeffizient ist etwa drei Zehnerpotenzen kleiner als der quadratische. Daher bleibt bei nicht zu großen Temperaturbereichen von Gl. (6.108) nur der quadratische Term übrig. Das Temperaturverhalten hat die Form einer Parabel mit dem Scheitelpunkt bei der Bezugstemperatur T_0 (Bild 6.33b). Der Temperatureinfluß ist daher sehr gering und läßt sich bei einem Einbau des Quarzes in ein temperaturstabilisiertes Gehäuse nochmals um etwa drei Zehnerpotenzen verringern.

Schließlich altert der Quarz mit zunehmender Lebensdauer. Seine Resonanzfrequenz wird immer größer. Die Drift verläuft asymptotisch ungefähr nach einer e-Funktion. Nach einigen Wochen wird ein Wert von $\Delta f/f \approx 10^{-9}$ pro Tag erreicht.

Über die genannten Effekte hinaus können auch *Staub* und *Feuchtigkeit* die Eigenfrequenz des Quarzes ändern. Durch Einbau in ein dichtes Gehäuse wird er vor diesen Einflüssen geschützt.

Oszillatorschaltungen. Der Quarz wird in Oszillatorschaltungen als frequenzbestimmendes Bauteil benutzt. Die Schaltung von Bild 6.34a ist aus der des harmonischen LC-Oszillators entwickelt. In der Rückführungsleitung sitzt der Quarz mit der Impedanz $\underline{Z}$. Nur für seine Resonanzfrequenz ist die Phasenbedingung erfüllt, und nur für diese Frequenz ist $\underline{Z}$ betragsmäßig so gering, daß eine ungedämpfte Schwingung zustandekommt.

Das RLC-Netzwerk erleichtert das Anschwingen, ist aber nicht unbedingt erforderlich. Einfacher ist die Schaltung 6.34b, bei der der Quarz und der

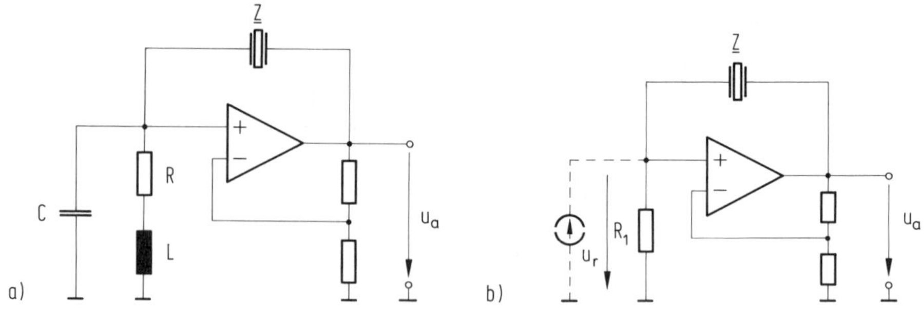

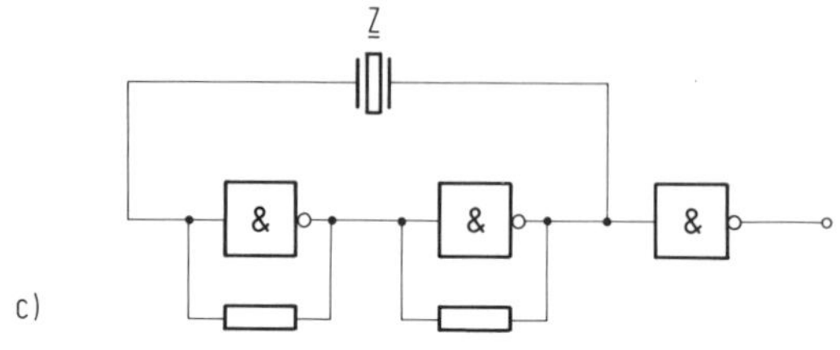

Bild 6.34: Quarz-Oszillatorschaltungen
a) Oszillator mit RLC-Netzwerk,
b) Oszillator ohne RLC-Netzwerk,
c) Oszillator mit NAND-Gliedern

Widerstand R_1 einen Spannungsteiler bilden. Dem Verstärker wird die Spannung $\underline{u}_r = \underline{k}_2 \underline{u}_a$ zugeführt. Wird im Ersatzschaltbild des Quarzes (Bild 6.30) die Kapazität C_0 vernachlässigt, so errechnet sich der Übertragungsfaktor $\underline{k}_2$ zu

$$\underline{k}_2 = \frac{\underline{u}_r}{\underline{u}_a} = \frac{R_1}{R_1 + R + j\left(\omega L - \dfrac{1}{\omega C}\right)}.$$

Bei der Resonanzkreisfrequenz $\omega_0^2 = 1/LC$ ist $\underline{k}_2$ reell, $\underline{k}_2(\omega_0) = R_1/(R_1 + R)$, und k_1 ist dementsprechend zu $k_1 = 1/k_2$ auszulegen.

Die gestrichelt gezeichnete Stromquelle ist nur zum Einschalten erforderlich und kann entfallen, sobald der Oszillator schwingt.

Besonders preiswert und geeignet in Verbindung mit anderen integrierten Schaltkreisen ist die Schaltung nach Bild 6.33c, in der der Verstärker durch zwei NAND-Gatter ersetzt ist. Die an und für sich sehr steile Kennlinie dieser Gatter ist durch die zwischen ihren Ein- und Ausgängen sitzenden Widerstände soweit abgeflacht, daß ein genügend linear proportionaler Zusammenhang zwischen der Ein- und Ausgangsspannung entsteht. Jedes für sich rückgekoppelte NAND-Gatter arbeitet wie ein invertierender Verstärker. Die Phase wird zweimal um 180° gedreht, und nur bei der Resonanzfrequenz des Quarzes kommt vom Ausgang des zweiten Gatters ein genügend großes Signal an den Eingang des ersten. Das dritte Gatter wird benutzt, um die Amplitude der Ausgangsspannung zu normieren und um eine Folge von Rechteckimpulsen mit der Resonanzfrequenz des Quarzes zu erhalten.

6.7.2 Schwingquarz als Temperaturfühler

Kennlinie. Die Temperaturabhängigkeit des Quarzes muß nicht immer stören. Sie kann z. B. bewußt zur Temperaturmessung genutzt werden. In diesem Fall ist der Quarz ein genauer, stabiler, frequenzanaloger Temperatursensor. Für diesen Verwendungszweck ist ein Kristallschnitt vorteilhaft, bei dem der lineare Temperaturkoeffizient möglichst groß ist. Dies ist z. B. bei dem HT-Dickenscherschwinger von Bild 6.33a der Fall. Für diesen Quarz gilt die Gl. (6.108) mit den Koeffizienten [6.7]

$$\alpha = 90 \cdot 10^{-6}\,\mathrm{K}^{-1}$$

$$\beta = 60 \cdot 10^{-9}\,\mathrm{K}^{-2}$$

$$\gamma = 30 \cdot 10^{-12}\,\mathrm{K}^{-3}.$$

Liefert der Quarz z. B. bei 0 °C die Frequenz $f_0 = 16$ MHz, so ist sie bei 100 °C infolge des linearen Temperaturkoeffizienten um 144 kHz und infolge des quadratischen Temperaturkoeffizienten um weitere 9,6 kHz angestiegen. Die relative Frequenzänderung

$$\frac{\Delta f}{f_0} = \frac{0{,}1536}{16} = 9{,}6 \cdot 10^{-3}$$

macht zwar nur weniger als 1% aus. Da sich aber Frequenzen genau messen lassen, ist der Quarz durchaus als Temperatursensor und sogar als Temperatursensor mit großer Auflösung geeignet. Das Verhältnis α/β der Temperaturkoeffizienten zeigt, daß die Linearität des Quarzes etwas schlechter als die des Pt-Widerstandsthermometers ist.

Die Temperaturkoeffizienten des Quarzes hängen vom Schnittwinkel ab. Wegen der waagrechten Tangente im Arbeitspunkt des HT-Quarzes ist die Abhängigkeit jedoch gering. Hinzu kommt, daß sich auch in der Serienfertigung der Schnittwinkel auf besser als 5 Winkelminuten einhalten läßt. Das führt dazu, daß die Quarztemperatursensoren mit einer einheitlichen Empfindlichkeit gefertigt werden können. Die Exemplarstreuungen sind um einen Faktor 5 geringer als bei Pt-Meßwiderständen.

Signalverarbeitung. Wie der Uhrenquarz wird auch der Temperaturquarz als frequenzbestimmende Komponente eines Oszillators benutzt. Aus einer Frequenz- oder Periodendauermessung wird dann die Temperatur ermittelt.

Die Resonanzfrequenz des Dickenscherschwingers hängt von der Dicke des Quarzplättchens ab. Die als Serienprodukte hergestellten Quarze sollen nun gegeneinander austauschbar sein und dieselbe Resonanzfrequenz liefern. Die daraus entstehende Forderung nach einer gleichen Dicke der Quarzplättchen läßt sich mit der gewünschten Genauigkeit nicht realisieren. Dieses Problem wurde von einem Hersteller z. B. dadurch gelöst, daß die Meßköpfe der Quarzthermometer jeweils einen Temperaturquarz mit zugehörigem integrierten Schaltkreis enthalten. Mit Hilfe dieses Schaltkreises werden die einzelnen individuellen, unterschiedlichen Resonanzfrequenzen auf einen einheitlichen Wert abgeglichen. Die Temperaturunsicherheit des Abgleichs ist dabei kleiner als 50 mK.

6.7.3 Schwingsaiten-Frequenzumsetzer

Prinzip. Die Eigenfrequenz f_0 einer gespannten Saite hängt ab von der spannenden Kraft F, der Länge l und der Masse m:

$$f_0 = \frac{1}{2}\sqrt{\frac{F}{m\,l}}. \tag{6.110}$$

In diese, aus der Musik bekannten Beziehung, können nun die Dichte ϱ, der Querschnitt A, der Elastizitätsmodul E, die Spannung σ und die Dehnung ε der Saite eingeführt werden. Mit

$$\varrho = \frac{m}{V} = \frac{m}{l\,A}; \qquad \sigma = \frac{F}{A} = \varepsilon\,E$$

geht (6.110) über in

$$f_0 = \frac{1}{2l}\sqrt{\frac{\sigma}{\varrho}} = \frac{1}{2l}\sqrt{\frac{\varepsilon\,E}{\varrho}}. \tag{6.111}$$

Die Eigenfrequenz f_0 ist also proportional der Spannung σ bzw. der Dehnung ε. Die schwingende Saite wird so zu einem frequenzanalogen Aufnehmer, mit dem mechanische Größen wie z.B. Massen, Kräfte, Drücke, Drehmomente, Wege, Winkel, Dehnungen oder Temperaturen gemessen werden können (Bild 6.35) [6.8–6.10].

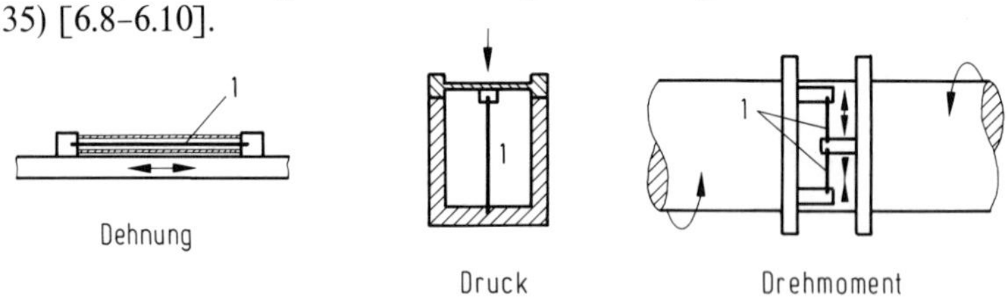

Bild 6.35: Die schwingende Saite ist ein Basisinstrument für die Messung mechanischer Größen; 1 Meßsaite

Intermittierend, gedämpft schwingende Meßsaite. Die einfachere Betriebsweise ist die, daß die Saite in vorgegebenen Intervallen elektromagnetisch zu Schwingungen angeregt wird (Bild 6.36a). Ein Stromimpuls durch den Elektromagneten lenkt die vormagnetisierte Saite aus, die anschließend frei und gedämpft ausschwingt. Während dieser Zeit wird in der Spule die Spannung u(t) induziert, die in Form einer gedämpften Schwingung abklingt:

$$u(t) = \hat{u}\,e^{-bt}\sin 2\pi f_d \qquad \text{mit } 2\pi f_d = \sqrt{(2\pi f_0)^2 - b^2}. \tag{6.112}$$

Die Frequenz f_d ist infolge der Dämpfung etwas kleiner als die Resonanzfrequenz f_0, trotzdem aber als Maß für die zu bestimmende nichtelektrische Größe geeignet.

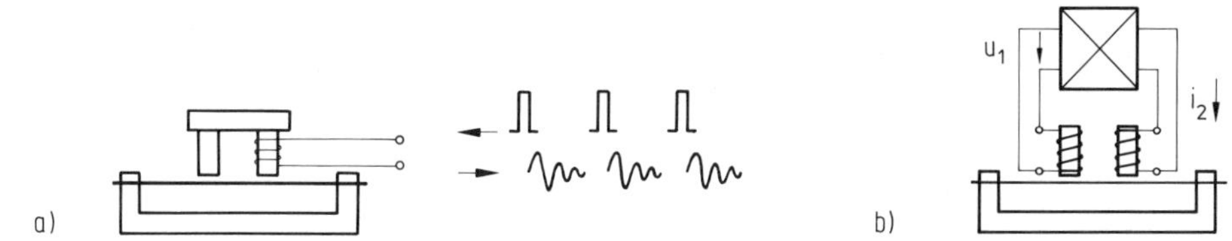

Bild 6.36: Intermittierende (a) und kontinuierliche (b) Anregung einer Meßsaite

Kontinuierlich, ungedämpft schwingende Meßsaite. Für die Erzeugung kontinuierlicher, ungedämpfter Schwingungen ist ein aktiver Kreis mit einer Amplituden- und Phasenregelung erforderlich, der die hauptsächlich durch die Reibung in Luft verursachten Energieverluste ausgleicht. Die Saite kann dabei elektromagnetisch oder elektrodynamisch beeinflußt werden. Bei der ersten Methode sind zwei getrennte Elektromagnete, der eine zur Anregung der vormagnetisierten Saite und der andere zur Aufnahme der induzierten Spannung, erforderlich (Bild 6.36b). Die induzierte Spannung u_1 ist Eingangssignal des Regelkreises, der den Strom i_2 des Anregemagneten so einstellt, daß eine ungedämpfte Schwingung zustandekommt.

Die kontinuierlich angeregte Saite schwingt mit ihrer Eigenfrequenz f_0. Die Kennlinie zwischen der zu bestimmenden nichtelektrischen Größe und der gemessenen Frequenz ist im allgemeinen gekrümmt, so daß besondere Maßnahmen zur Linearisierung erforderlich werden. Diese sind bei der Anwendung eines Differentialaufnehmers überflüssig. Bei Waagen z.B. werden zwei vorgespannte Saiten benutzt. Die Kraft wird so eingeleitet, daß die eine Saite gespannt und die andere entspannt wird. Beide Saiten werden zu ungedämpften Schwingungen angeregt, und die Differenz der Eigenfrequenzen wird gemessen. Die dabei entstehende Kennlinie hat am Nullpunkt einen Wendepunkt und kann so besonders gut durch eine Gerade angenähert werden.

6.7.4 Stimmgabel-Frequenzumsetzer

Prinzip. U-Rohr- und Stimmgabel-Resonatoren werden hauptsächlich zur Dichtemessung von Gasen oder Flüssigkeiten benutzt (Bild 6.37). Die Eigenfrequenz f_0 eines derartigen Resonators ist über einen Proportionalitätsfaktor k mit den schwingenden Massen des Resonators m_r und des mitbewegten Meßguts m_g verknüpft:

$$f_0 = k \frac{1}{\sqrt{m_r + m_g}}. \qquad (6.113)$$

Der u-förmige Resonator ist hohl und wird mit dem zu untersuchenden Fluid gefüllt bzw. von diesem durchströmt. Dabei nimmt ein genau definiertes Volumen des Meßgutes an der Schwingung teil und verändert entsprechend seiner Masse und, da das Volumen festliegt, auch entsprechend seiner Dichte die Eigenfrequenz des Resonators [6.11].

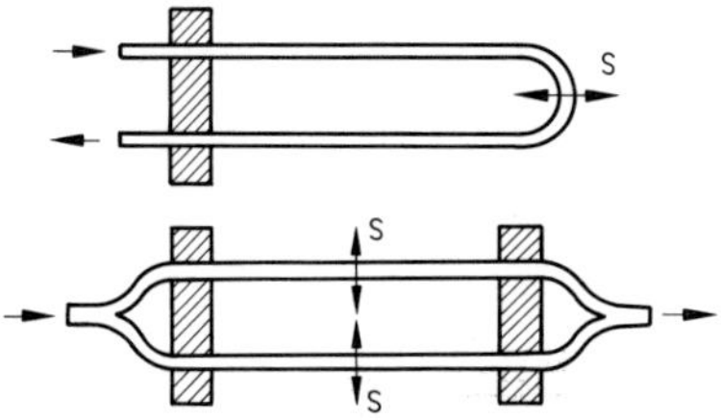

Bild 6.37: Dichtemessung über die Biegeschwingungen von Rohren

Die Stimmgabeln sind im allgemeinen nicht durchströmt, sondern schwingen mit aufgesetzten Halbschalen in dem zu untersuchenden Gas. Die Masse des mechanischen Schwingers wird um die des mitschwingenden Gases vergrößert, die wiederum von dessen Dichte abhängt.

Schaltung. Stimmgabeln, die aus einem ferromagnetischen Werkstoff bestehen, lassen sich elektromagnetisch zu Schwingungen anregen. Bild 6.38 zeigt eine Ausführung, bei der eine einzige Spule nacheinander zur Auslenkung und zur Frequenzmessung benutzt wird. Während jeder Schwingungsperiode wird der Stimmgabel durch einen kurzen Stromimpuls die durch Dämpfung verlorene Energie wieder zugeführt. Dies geschieht jeweils beim Nulldurchgang der Amplitude, so daß sich die Eigenfrequenz der Stimmgabel nicht ändert.

Die mit der Frequenz f schwingende Stimmgabel wird jeweils um die Strecke x aus ihrer Ruhelage ausgelenkt:

$$x = \hat{x} \sin 2\pi f t. \tag{6.114}$$

Proportional zu Geschwindigkeit dx/dt wird in der Spule die Spannung u_1 erzeugt:

$$u_1 = k_1 \frac{dx}{dt} = k_1 \hat{x} 2\pi f \cos 2\pi f t = \hat{u} \cos 2\pi f t. \tag{6.115}$$

Die induzierte Spannung u_1, die gegebenenfalls noch verstärkt werden kann, ist um $-90°$ gegenüber der Ortskoordinate phasenverschoben. Eine weitere Phasenverschiebung um denselben Wert wird in einem Tiefpaß erzielt, so daß dessen Signal u_2 jeweils zur gleichen Zeit wie die Elongation x zu null wird. Die Nulldurchgänge werden in dem Komparator K detektiert, und dessen abfallende Flanke steuert die monostabile Kippstufe. Diese schließt für die vorgewählte Zeit T_a den Schalter S. Dadurch fließt exakt beim Nulldurchgang der Stimmgabel ein kurzer, der Spannung u_4 proportionaler Stromimpuls so durch die Spule, daß die Amplitude der Stimmgabelschwingung verstärkt wird.

Während die *Phase* des rückgeführten Signals u_4 wie besprochen durch den Komparator K gesteuert wird, bestimmt der Verstärker V dessen Amplitude. Er verstärkt die Differenz zwischen der konstanten Spannung U_0 und dem Spitzenwert $\hat{u}_1$ der induzierten Spannung. Seine Ausgangsspannung u_4,

$$u_4 = k(U_0 - \hat{u}_1), \tag{6.116}$$

wird bei abnehmenden $\hat{u}_1$ größer, bei steigenden kleiner. Sie wird über den

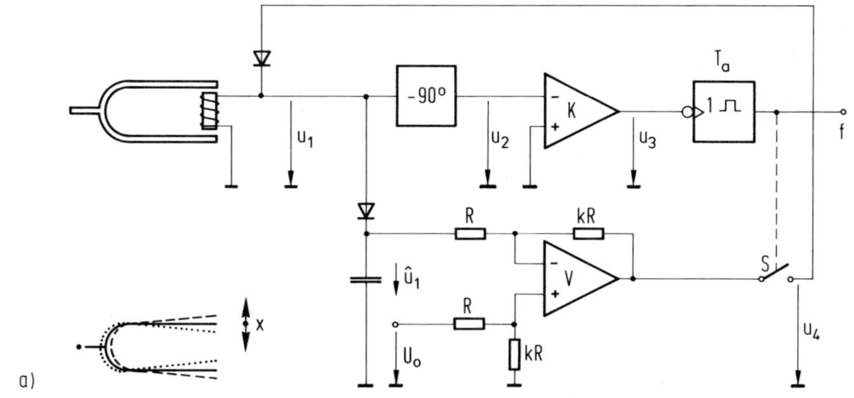

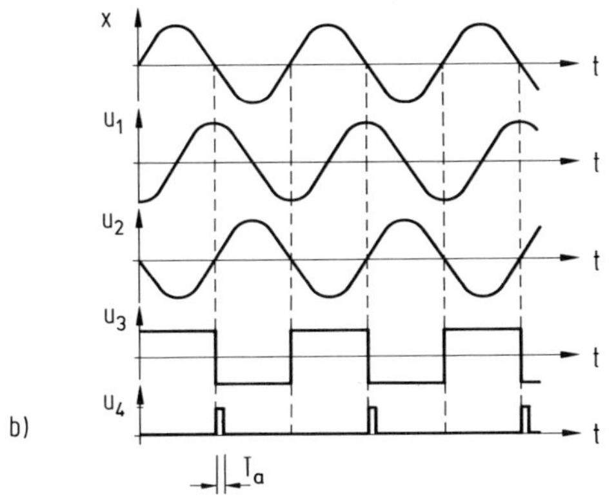

Bild 6.38: Erzeugung von ungedämpften Stimmgabelschwingungen
a) Schaltung,
b) Signale

vom Komparator gesteuerten Schalter an die Spule gelegt und führt dort zu einem Stromimpuls. Dieser gleicht die Reibungsverluste aus, und die Stimmgabel schwingt ungedämpft mit konstanter Amplitude.

6.7.5 Drehzahlaufnehmer

Die Drehzahlaufnehmer sind wohl die bekanntesten Geräte, die eine Frequenz als Meßsignal liefern (Bild 6.39). Sie bestehen aus mindestens einer auf der umlaufenden Welle sitzenden Marke und einem feststehenden Geräteteil, das die Bewegung der umlaufenden Marke detektiert. Die Frequenz f des gelieferten Signals hängt dabei von der Drehzahl n und der Zahl k der auf den Umfang verteilten Marken ab:

$$f = kn. \tag{6.117}$$

Der *Induktions-Drehzahlaufnehmer* enthält einen mit der Welle umlaufenden Dauermagneten, der in einer feststehenden Spule infolge der Flußänderung $d\Phi/dt$ Spannungsimpulse induziert. Die Höhe der Impulse ist proportional der

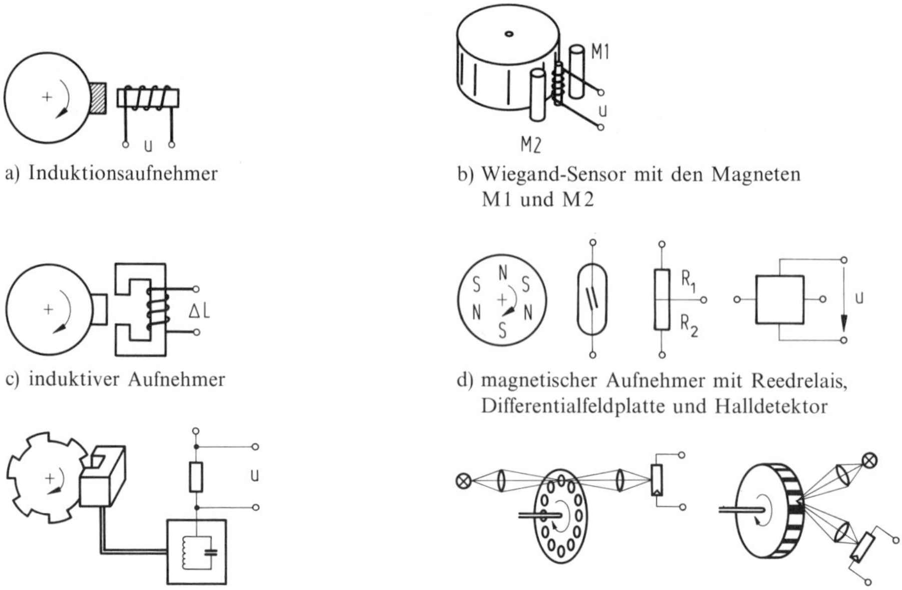

a) Induktionsaufnehmer

b) Wiegand-Sensor mit den Magneten M1 und M2

c) induktiver Aufnehmer

d) magnetischer Aufnehmer mit Reedrelais, Differentialfeldplatte und Halldetektor

e) Hochfrequenz-Meßkopf

f) Photoelektrische Abtastung im durchgehenden und reflektierten Licht

Bild 6.39: Drehzahlaufnehmer

Winkelgeschwindigkeit, d.h. proportional der Drehzahl. Damit ist der Induktionsgeber für niedrige Drehzahlen nicht geeignet und – wegen der starken Anziehung zwischen Magnet und Eisenkern der Spule – auch nicht für Wellen mit geringem Drehmoment. Der *Wiegand-Sensor* hingegen, dessen Kern sprungartig den Magnetisierungszustand ändert, kann auch bei langsam laufenden Wellen eingesetzt werden.

Der *induktive Drehzahlaufnehmer* benutzt als feststehende Komponente eine Drossel mit Eisenkern, deren magnetischer Widerstand durch ein mit der Welle umlaufendes Zahnrad geändert wird. Gemessen werden die daraus resultierenden Induktivitätsänderungen. Diese führen in einer Brückenschaltung zu Spannungsimpulsen, deren Höhe unabhängig von der Drehzahl ist.

Andere magnetische Abgriffe sind ausgeführt, bei denen mit der Welle umlaufende Dauermagnete entweder direkt die Kontakte eines *Reedrelais* schalten, den Widerstand einer Differential-*Feldplatte* ändern oder in einem *Halldetektor* Spannungsimpulse induzieren. Von diesen Empfängern liefert der aktive Halldetektor das schwächere Signal, bietet aber die höhere Grenzfrequenz.

Sollen Dauermagnete am Meßort vermieden werden, so kann auf den *Hochfrequenz-Meßkopf* übergegangen werden. Dieser besteht aus zwei magnetisch gekoppelten, einen Schwingkreis bildenden Spulen, durch deren Luftspalt sich eine mit der Welle umlaufende Schlitzscheibe bewegt. Taucht eine Metallfahne dieser Scheibe in den Luftspalt ein, so wird infolge der auftretenden Wirbelströme die Kopplung verringert, und die Schwingung reißt ab. Dies führt zu einem Spannungsimpuls im Speisestromkreis. Die Rückwirkung zwischen Welle und Meßkopf ist sehr gering. Die angreifende Kraft beträgt nur etwa $5 \cdot 10^{-8}$ N.

Schließlich ist noch die *photoelektrische Abtastung* im durchgehenden oder reflektierten Licht zu erwähnen, bei der völlig rückwirkungsfreie inkrementale photoelektrische Winkelgeber eingesetzt werden.

7 Messung mechanischer Größen

Die vorausgegangenen Kapitel sind nach der zu messenden elektrischen Größe geordnet. Mechanische Größen wie z.B. Wege, Winkel, Dehnungen, Kräfte, Drücke, Durchflüsse und Drehzahlen wurden beispielhaft in den Fällen schon angesprochen, bei denen das Prinzip der mechanisch-elektrischen Signalumformung zu erläutern war. Dabei wurden die Aufnehmer ausgespart, bei denen die Diskussion der konstruktiven mechanischen Details die Behandlung der elektrischen Verfahren unterbrochen hätte. Dieses soll hier an ausgewählten Beispielen nachgeholt werden. Darüberhinaus läßt sich zeigen, wie ganz unterschiedliche elektrische Verfahren zur Lösung einer Aufgabe – wie z.B. zur Messung der Verformung einer Membran – geeignet sind.

7.1 Druck- und Differenzdruckmessung mit Federmeßwerken

Einheiten. Der Druck ist erklärt als Kraft pro Fläche mit der Einheit 1 N/m² = 1 Pa (Pascal). Die weitere Druckeinheit

$$1\ \text{bar} = 1 \cdot 10^5\ \text{N/m}^2 = 1 \cdot 10^5\ \text{Pa}$$

entspricht besser den in der industriellen Technik vorkommenden Drücken. Das bar stimmt mit

$$1\ \text{bar} = 1{,}02\ \text{kp/cm}^2$$

bis auf 2% mit der nicht mehr zu verwendenden Einheit kp/cm² überein.

Als Nullpunkt einer Druckskala wird entweder der Druck des absoluten Vakuums oder der Atmosphärendruck gewählt (Bild 7.1). Dementsprechend werden unterschieden:

Absolutdruck:	Bezugspunkt ist der Druck des Vakuums.
Überdruck:	Bezugspunkt ist der Atmosphärendruck; 5 bar Überdruck entsprechen also einem Absolutdruck von etwa 6 bar.

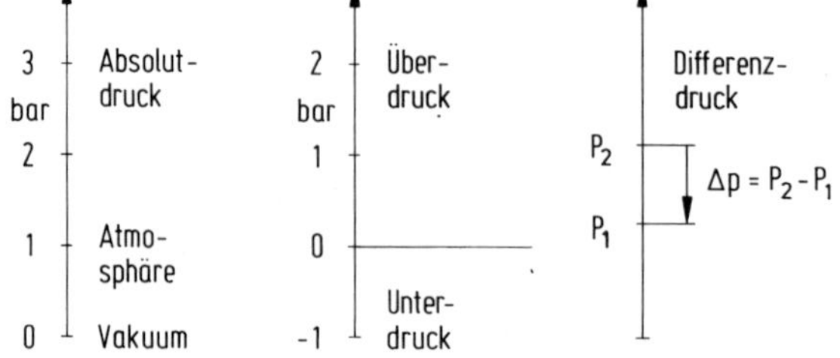

Bild 7.1: Druckskalen

Unterdruck:	Bezugspunkt ist der Atmosphärendruck; 300 mbar Unterdruck entsprechen einem Absolutdruck von etwa 700 mbar.
Differenzdruck:	Angegeben wird die Differenz zwischen zwei in demselben Bezugssystem gemessenen Drücken.

7.1.1 Direktanzeigende Manometer

In den meisten Fällen werden die Drücke mit Hilfe elastischer Membranen oder elastischer Federrohre gemessen. Der Grad der Verformung, die Auslenkung ist dann ein Maß für den Druck. Die drei wichtigsten Federmeßwerke sind in Bild 7.2 dargestellt. Sie sind für die Über- und Unterdruckmessung verwendbar. Die Meßbereichsendwerte des Rohrfeder-Manometers liegen zwischen 1,6 und 1600 bar, die des Plattenfeder-Manometers zwischen 0,25 und 25 bar und die des Kapselfeder-Meßwerks zwischen 0,016 und 0,6 bar.

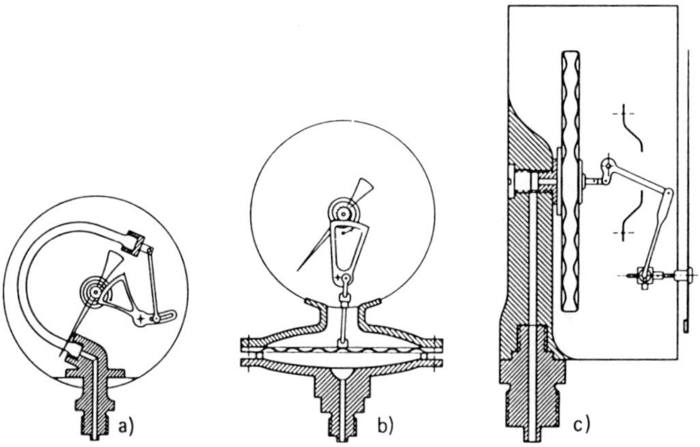

Bild 7.2: Federdruckmesser [0.17]
a) Rohrfedermeßwerk, b) Plattenfedermeßwerk, c) Kapselfedermeßwerk

7.1.2 Federmeßwerke mit elektrischem Abgriff

Weg- oder winkelmessender Abgriff. Die Manometer bieten nur eine örtliche Anzeige. In der industriellen Technik sind aber die Druckmeßwerte als elektrische Signale darzustellen, um sie leichter übertragen und verarbeiten zu können. Dies gelingt, indem die Verformung der den Druck messenden Feder über einen Weg- oder Winkelgeber in eine elektrische Größe umgewandelt wird. Dazu werden praktisch alle sich bietenden Möglichkeiten eingesetzt, wie z.B.

- der Differentialtransformator
- der Potentiometerabgriff
- der Abgriff mit Dehnungsmeßstreifen
- der Feldplatten-Abgriff
- der induktive Abgriff
- der kapazitive Abgriff
- die optische Wegmessung und
- die Wegmessung mit Hilfe der schwingenden Saite.

Bild 7.3 zeigt als Beispiele die Anwendung eines Differentialtransformators und die eines Tauchkondensators. Auf den DMS-Abgriff soll im folgenden etwas näher eingegangen werden.

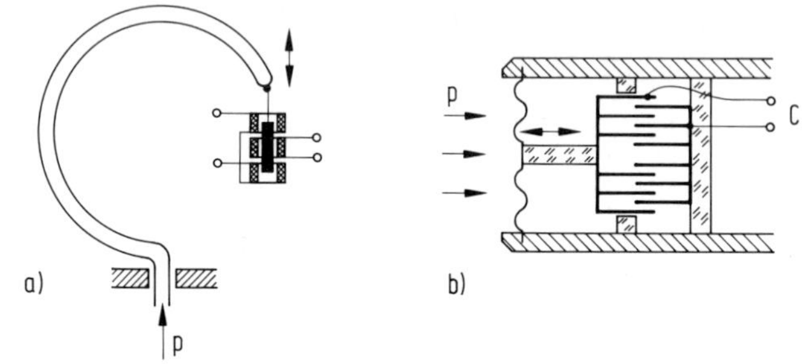

Bild 7.3: Federmeßwerke mit elektrischem Abgriff
a) Differentialtransformator, b) Tauchkondensator

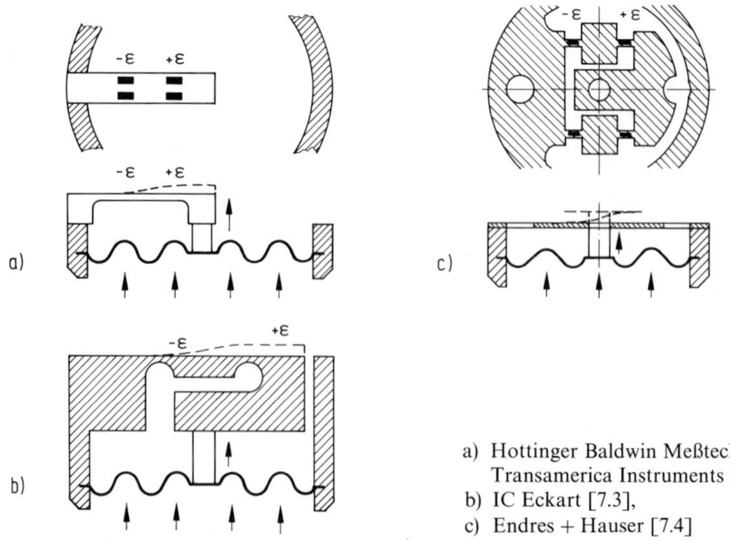

a) Hottinger Baldwin Meßtechnik [7.1], Transamerica Instruments [7.2],
b) IC Eckart [7.3],
c) Endres + Hauser [7.4]

Bild 7.4: Unterschiedliche Ausführung des mit DMS bestückten Biegebalkens zur Erfassung der Auslenkung der Druckmembran

Piezoresistiver Abgriff mit Dehnungsmeßstreifen.

Die DMS können dabei auf der durch den Druck verformten Membran selbst oder auf einer besonderen Biegefeder sitzen. Bild 7.4 zeigt Beispiele für die letztgenannte Konstruktion. Die Biegefedern sind so ausgewählt, daß an ihrer Oberfläche Zonen mit positiven und negativen Dehnungen entstehen. Die dort häufig in der Dünnschichttechnik aufgedampften oder aufgestäubten DMS werden dann zu einer empfindlichen und temperaturunabhängigen Vollbrücke verschaltet. Die Verformung der druckmessenden Membran wird dabei mit Hilfe eines Stößels auf die sich s-förmig biegende DMS-Feder übertragen. Die Trennung der beiden Funktionen Druckmessung (Membran) und mechanisch-elektrische Umformung (DMS) hat den Vorteil, daß die Meßmembranen im Hinblick auf den gewünschten Druckmeßbereich ausgelegt werden, während die DMS-Biegefedern meßbereichsunabhängig, d.h. in größeren Stückzahlen gefertigt werden können.

In den Fällen, in denen die druckmessende Membran direkt mit dem DMS bestückt wird, sollte sie eine ebene Oberfläche haben. Bild 7.5 zeigt als Beispiele eine Kreis- und eine Ringmembran mit Dehnungen unterschiedlichen Vorzeichens auf der Oberfläche. Um die DMS auf Stauchung und Dehnung zu beanspruchen, werden sie paarweise in der Mitte und am Rand der Kreismembran plaziert. Es ist auch möglich, nur die Randzonen auszunutzen. In diesem Fall messen zwei DMS die tangentiale (ε_t) und zwei die davon verschiedene radiale Dehnung (ε_r) der Membran.

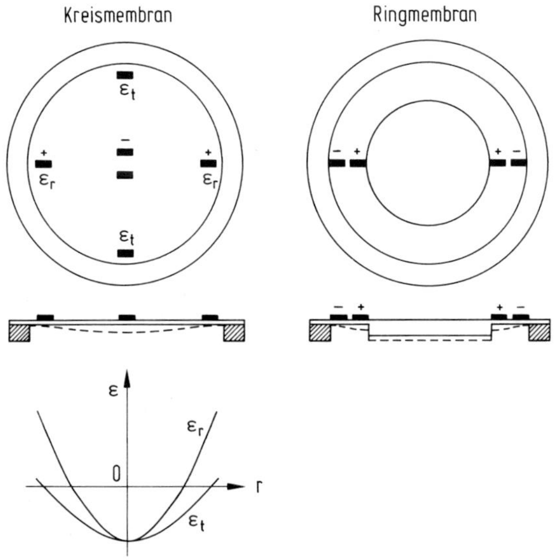

Bild 7.5: Anordnung der Dehnungsmeßstreifen auf einer Kreis- und Ringmembran.

Die gezeichneten Kurven für die radiale Dehnung ε_r und die tangentiale Dehnung ε_t hängen insbesondere von der Dicke und dem Durchmesser der Membran ab [7.5]

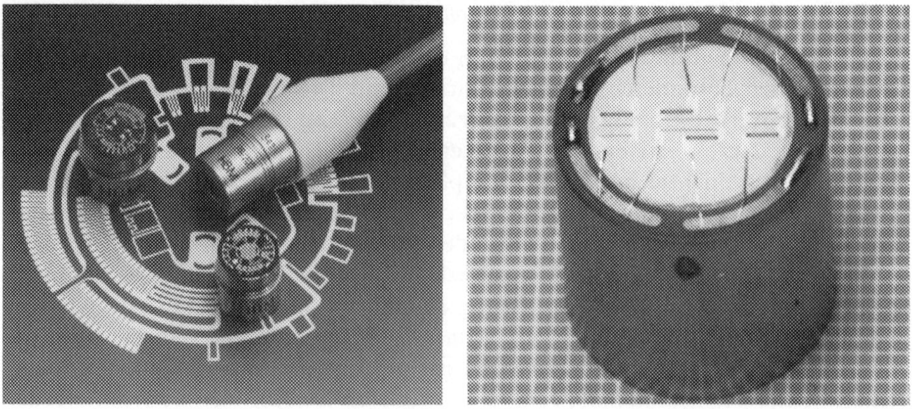

Bild 7.6: Druckmembranen mit Dehnungsmeßstreifen (Werkfoto Hottinger Baldwin Meßtechnik GmbH)

a) Die Dehnungsmeßstreifen sind zusammen mit Widerständen für die Temperaturkompensation und den Brückenabgleich aus einer Metallfolie herausgeätzt und aufgeklebt;
b) Die Dehnungsmeßstreifen sind aufgedampft.

Die DMS selbst lassen sich in der

Folientechnik, Dickschichttechnik oder Dünnschichttechnik

herstellen (Bild 7.6). So kann z.B. eine komplette Brücke mit vier DMS und weiteren Widerständen zur Temperaturkompensation und zum Brückenabgleich aus einer dünngewalzten Metallfolie herausgeätzt, in Phenolharz eingebettet und mit einem Kleber auf einer metallischen Kreismembran befestigt werden. Bei der Dickschichttechnik besteht die druckmessende Membran oft aus Glas oder aus einem keramischen Material. Die DMS und Isolierschichten werden aufgedruckt und anschließend eingebrannt. Die Dünnfilm-DMS ihrerseits werden auf die druckmessende Membran, deren Oberfläche nur eine geringe Rauhigkeit aufweisen darf, zusammen mit den Isolierschichten aufgedampft oder aufgestäubt.

Der Drucksensor von Bild 7.7 benutzt als Federelement ein 3-Lagen-Blech. Aus dem oberen Blech ist mittels der Foto-Ätztechnik ein Mittelteil abgetrennt, das lediglich über zwei schmale Stege mit dem äußeren Rand verbunden ist. Die untere geschlossene Metallfolie dient als Trennmembran zum druckführenden Raum. Die zwischen den beiden CuBe-Blechen liegende Edelmetallfolie aus AgPd wird benötigt, um die untere Trennmembran vor dem Angriff des Ätzmittels zu schützen. Unter der Wirkung eines Druckes verformt sich das Federelement. Die größten Dehnungen treten in den beiden freigeätzten Stegen der oberen Metallschicht auf. Diese wirken wie Biegebalken. Darauf sind in der Dünnschichttechnik Widerstände aus Germanium und Silizium aufgedampft, die eine elektrische Messung des Druckes ermöglichen.

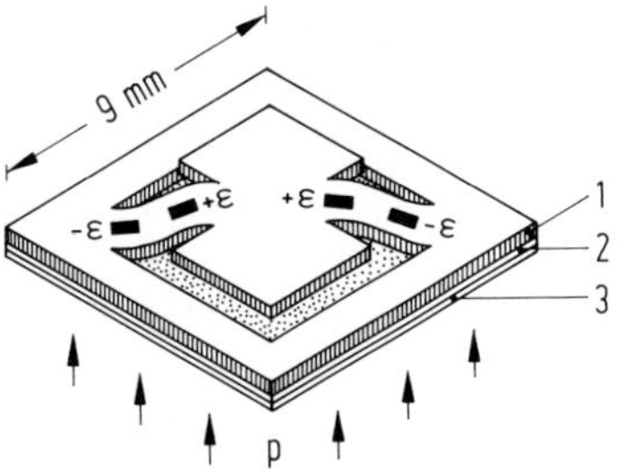

Bild 7.7: Aufbau eines Federkörpers aus einem 3-Lagen-Blech mit aufgestäubtem Dehnungsmeßstreifen [7.7]
1 geätztes Blech 0,3 mm CuBe, 2 nicht geätzte Folie 0,01 mm AgPd, 3 durchgehendes Blech 0,03 mm CuBe

Monolithisch integrierter piezoresistiver Drucksensor. Bei dem Sensor von Bild 7.7 war eine metallische Feder mit Halbleiter-Dehnungsmeßstreifen kombiniert. Es ist nun möglich, auch die druckmessende Membran schon aus Silizium zu fertigen, so daß der ganze Drucksensor in einer einheitlichen Technologie gefertigt werden kann. Die Meßzelle des *monolithisch integrierten* piezoresistiven Drucksensors besteht aus einem Silizium-Plättchen, aus dem durch elektrolytisches Ätzen eine einige μm dicke Membran gewonnen ist. Die Membran wirkt wie eine eingespannte Platte. Bei ihrer Durchbiegung treten auf der Oberfläche Dehnungen und Stauchungen auf. An diesen Stellen sind durch Diffusion oder Ionenimplantation Widerstände eindotiert, die entsprechend gedehnt oder gestaucht werden (Bild 7.8). Zusätzlich sind noch auf demselben Silizium Widerstände zur Temperaturkompensation vorhanden, die mit denen zur Dehnungs-

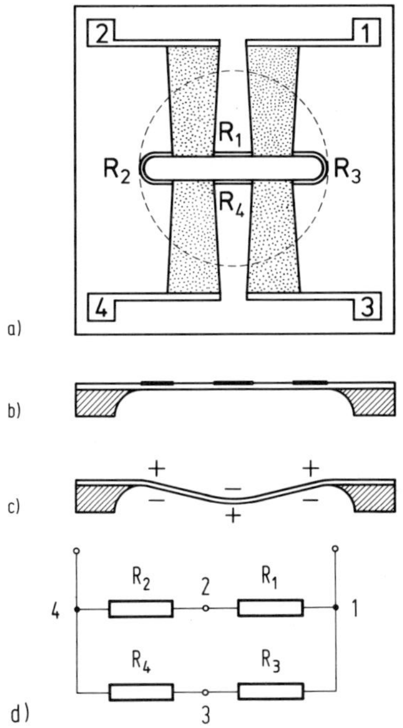

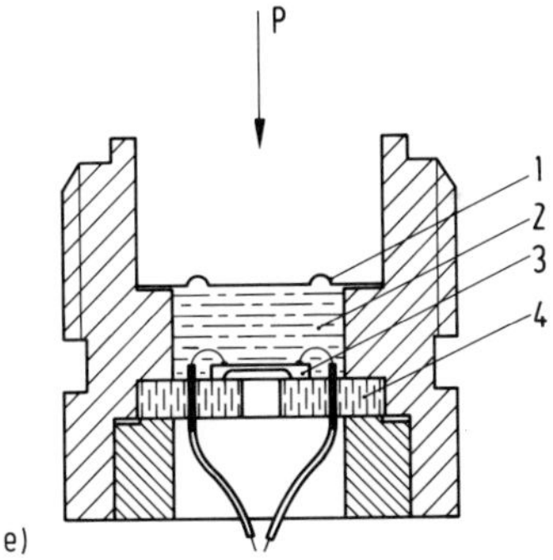

Bild 7.8: Meßzelle eines piezoresistiven Druckaufnehmers

a) Siliziumchip mit den eindotierten Widerständen R_1 bis R_4
b) Schnitt durch den unbelasteten Chip
c) Schnitt durch den belasteten Chip mit gedehnten (+) und gestauchten (−) Bereichen
d) Schaltung der eindotierten Widerstände
e) Schnitt durch den Aufnehmer; 1 Stahlmembran, 2 Ölvorlage, 3 Siliziumchip, 4 druckdichte Durchführung der elektrischen Anschlüsse

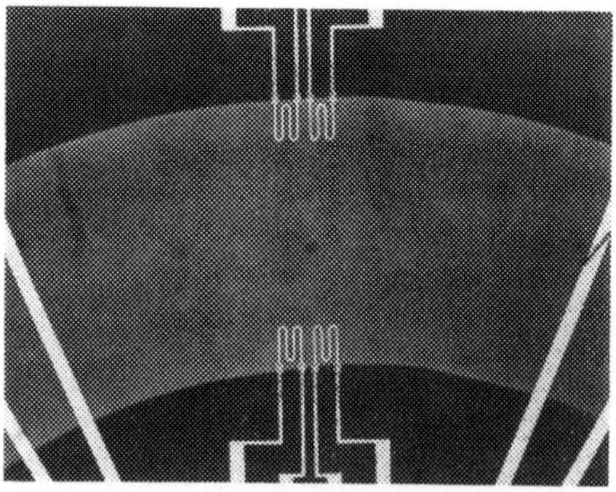

Bild 7.9: Unterhalb 20 kPa lassen sich mit herkömmlichen kreisförmigen Membranen in Drucksensoren nur noch Ausgangssignale von höchstens 5 mV/V erreichen, wenn der Linearitätsfehler 0,2 Prozent nicht übersteigen soll. Um die Empfindlichkeit zu steigern wurden ringförmige Membranen entwickelt, die von 2 bis 10 kPa die Ausgangssignale verdoppeln bis verdreifachen. Die Ringmembran (oben Ausschnitt, im Durchlicht photographiert) wird aus dem quadratischen Siliziumchip mit 8 mm Kantenlänge und 400 µm Dicke herausgeätzt. Das Silizium im Bereich der Ringmembran ist 10 µm dick. (Siemens AG [7.10])

messung als Vollbrücke verschaltet sind [7.8, 7.9]. In einigen Ausführungsformen ist noch ein Operationsverstärker integriert, so daß die Diagonalspannung schon als verstärktes Signal zur Verfügung steht.

In dem kompletten, zum Anschluß an Rohrleitungen und Behältern geeigneten Aufnehmer, ist der Silizium-Sensor in eine Ölvorlage eingebaut. Der zu messende Druck wird über eine elastische Trennmembran in den Innenraum übertragen, so daß die Meßstelle verspannungsfrei beaufschlagt wird. Derartige piezoresistive Aufnehmer sind für Druck- und Differenzdruckmessungen verfügbar. Die Meßbereiche gehen von einigen mbar bis zu einigen 100 bar. Die niedrigeren Meßbereiche verwenden dabei nicht die Kreis-, sondern wegen des geringeren Linearitätsfehlers die Ringmembran (Bild 7.9).

7.1.3 Differenzdruck-Meßumformer mit innenliegendem elektrischen Abgriff

Prinzip. Der prinzipielle Aufbau eines Druckmeßumformers wird anhand der Membran-Meßzelle von Bild 7.10 erläutert. Die beiden Drücke p_1 und p_2, deren Differenz zu messen ist, werden in getrennten Druckmeßkammern mit Membranfedern erfaßt. Diese sind über eine Stange miteinander verbunden. Das zwischen ihnen eingeschlossene Volumen ist mit inkompressiblem Öl gefüllt. Ist A die Fläche der beiden gleich großen Membranen, so wirkt bei einem Differenzdruck $p_1 - p_2$ die Kraft

$$F_{12} = A(p_1 - p_2).$$

Sie verschiebt die beiden Membranen gegen die den Meßbereich festlegenden Federn. Hier entsteht die Aufgabe, diese Verschiebung als Maß für den Differenzdruck aus dem abgeschlossenen, ölgefüllten, unter Druck stehenden Raum nach außen zu übertragen. Diese ist bei der gezeigten Zelle mit Hilfe eines induktiven Abgriffs gelöst (Differential-Querankeraufnehmer). Bei einer Verschiebung der Mittelachse nimmt die Induktivität der einen Spule zu, die der anderen ab. Die 2 mal 2 Spulenanschlüsse werden über elektrische Durchführungen druckdicht nach außen geführt, wo die Induktivitätsänderungen entsprechend ausgewertet werden.

Ähnliche Lösungen unter Verwendung von Differential-Kondensatoren sind in Bild 7.11 gezeigt. Darüberhinaus werden bei Differenzdruck-Meßumformern auch Dehnungsmeßstreifen [7.3] und monolithisch integrierte Silizium-Differenzdrucksensoren verwendet [7.16].

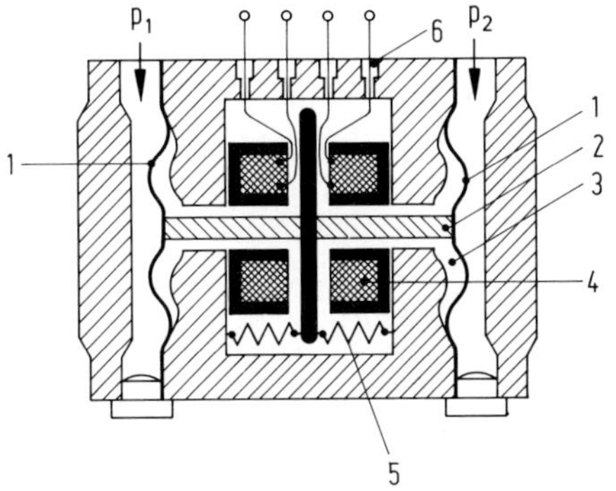

Bild 7.10: Membranmeßzelle mit internem induktivem Abgriff [7.12]

1 Meß- und Trennmembran, 2 Mittelachse, 3 Ölfüllung, 4 induktiver Differential-Querankergeber, 5 Federn zur Meßbereichseinstellung, 6 Glasdurchführungen

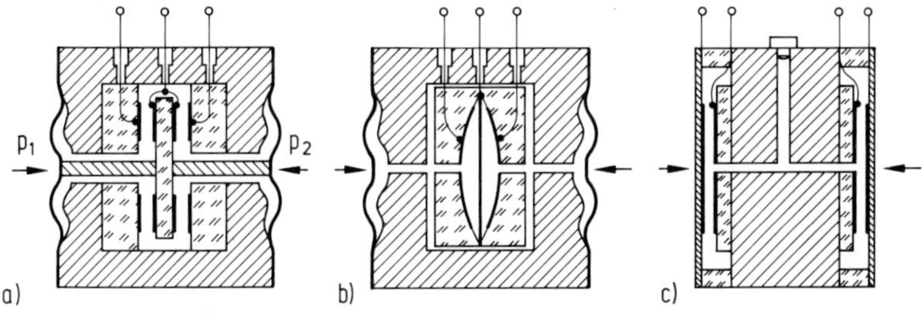

Bild 7.11: Verschiedene Ausführungen eines internen kapazitiven Abgriffs in Differenzdruckmeßumformern; das durch die Druckmembranen eingeschlossene Volumen ist jeweils ölgefüllt.

a) Die zwischen den Druckmembranen eingespannte Mittelachse bewegt die Mittelelektrode des Differentialkondensators [7.13].
b) Die äußeren Platten des Differentialkondensators werden durch geschliffene, mit aufgedampften Elektroden versehenen Glasblöcke gebildet. Dazwischen ist als Mittelelektrode die „Meßmembran" eingespannt [7.14].
c) Gesinterte Al_2O_3-Keramiken bilden das Mittelteil und die elastischen, planen Druckmembranen. In der Dickschichttechnik sind die Glaszwischenschichten und die notwendigen metallischen Elektroden aufgebracht [7.15].

Meßbereiche. Bei den Differenzdruck-Meßumformern sind die mit dem zu messenden Medium in Berührung kommenden Flächen im Hinblick auf die auftretenden Belastungen (Korrrosion) auszulegen. Bei der Messung sind die Temperatur und der statische Druck Störgrößen. Ihr Einfluß wird durch konstruktive Maßnahmen in Grenzen gehalten. In der Regel sind die Differenzdruck-Meßumformer überdrucksicher bis zum vollen statischen Druck. Eine Zelle, die z.B. für die statischen Drücke p_1, $p_2 \approx 400$ bar und für einen Differenzdruck-Vollausschlag $p_1 - p_2 = 40$ mbar ausgelegt ist, wird auch durch einen eventuell bei der Inbetriebnahme fälschlich auftretenden Differenzdruck von 400000 mbar nicht zerstört. Dies wird dadurch erreicht, daß die Membranen bei Überschreiten des Meßbereichs sich entweder an ein feststehendes Konstruktionsteil anlehnen oder durch das nicht kompressible, abgesperrte Öl vor einer weiteren zu großen Dehnung geschützt werden.

Die Meßbereiche für den Differenzdruck liegen zwischen 1 mbar und mehreren 1000 mbar. Die statischen Drücke gehen bis zu 400 bar. Die Meßunsicherheit beträgt 0,25% des Differenzdruck-Endwerts, bei einigen Meßbereichen sogar nur 0,1%. Werden zwei statische Drücke von etwa 100 bar bei einem Differenzdruckmeßbereich von 1 mbar mit einer Unsicherheit von 0,25% verglichen, so werden Druckunterschiede von 0,0025 mbar angezeigt. Auf den statischen Druck bezogen gibt das die außerordentlich hohe Auflösung von 0,0025/100000 $= 2{,}5 \cdot 10^{-7}$. Die analoge elektrische Aufgabe, die Differenz zweier etwa 100 V hoher Spannungen mit einer Auflösung von 0,0025 mV anzuzeigen, läßt sich nur mit erheblichem Aufwand realisieren.

7.1.4 Anwendung der Druck- und Differenzdruck-Meßgeräte zur Füllstandsmessung

In einem nicht unter Druck stehenden Behälter erzeugt eine Flüssigkeit der Dichte ϱ und der Höhe h bei der Erdbeschleunigung g den Bodendruck p_h

$$p_h = \varrho\, g\, h.$$

Damit läßt sich der Behälterfüllstand über eine Druckmessung erfassen. Eine 10 m hohe Wassersäule der Dichte $\varrho = 1000\ \mathrm{kg/m^3}$ führt z.B. zu dem Bodendruck

$$p_h = 1000\,\frac{\mathrm{kg}}{\mathrm{m}^3} \cdot 9{,}81\,\frac{\mathrm{m}}{\mathrm{s}^2} \cdot 10\ \mathrm{m}$$

$$\approx 10^5\,\frac{\mathrm{kgm}}{\mathrm{s}^2} \cdot \frac{1}{\mathrm{m}^2} = 10^5\ \mathrm{Pa} = 1\ \mathrm{bar}.$$

Die früher gebräuchliche Druckeinheit „Wassersäule“ WS,

$$10\ \mathrm{m\ WS} \approx 1\ \mathrm{bar}; \qquad 10\ \mathrm{mm\ WS} \approx 1\ \mathrm{mbar}$$

ist keine SI-Einheit und soll nicht mehr verwendet werden.

Bei Behältern, die unter dem Druck p_0 stehen, ist ein Differenzdruck-Meßumformer für die Füllstandsmessung erforderlich. Die eine Seite mißt den Druck p_h

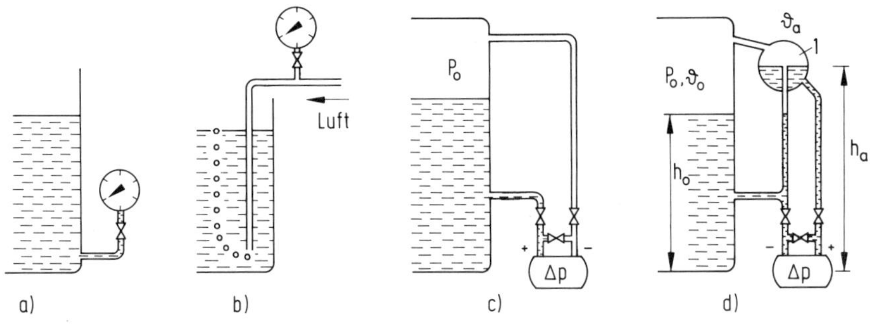

Bild 7.12: Füllstandsmessung mit Druck- und Differenzdruckmeßgeräten

a) Behälter ohne Druck
b) Einperlmethode; bei aggressiven, verschmutzten oder klebrigen Medien wird Luft in den drucklosen Behälter geblasen. Der Druck in der Luftleitung ist ein Maß für den Füllstand. Das Druckmeßgerät kommt nicht mit dem zu messenden Medium in Berührung und bleibt vor Verschmutzung geschützt.
c) Differenzdruckmessung bei einem unter dem Druck p_0 stehenden Behälter.
d) Füllstandsmessung bei kondensierbaren Medien; im Inneren des Behälters herrschen der Druck p_0 und die Temperatur ϑ_0. Die Temperatur ϑ_a des außen angeordneten Kondensatgefäßes 1 ist niedriger als die Temperatur ϑ_0. Das Medium kondensiert und führt zu der konstanten Vergleichssäule h_a. Der Druckmeßumformer mißt die Höhendifferenz $h_a - h_0$.

$+p_0$, die andere nur p_0. Angezeigt wird dann die dem Füllstand proportionale Druckdifferenz p_h (Bild 7.12).

Unabhängig davon, ob ein Füllstand oder ein Druck die interessierende Meßgröße ist, sollten die Druckmeßumformer über Manometer-Prüf- und Absperr-Ventile DIN 16271 oder DIN 16272 an den jeweiligen Stutzen angeschlossen werden. In diesen Fällen läßt sich mit Hilfe eines anschließbaren Referenz-Druckaufnehmers die Meßgenauigkeit der eingesetzten Geräte überprüfen, ohne daß diese ausgebaut werden müssen. Differenzdruck-Meßumformer benötigen mindestens drei Absperrventile; zwei für die beiden Druckanschlüsse und ein drittes, um die beiden Anschlüsse kurzzuschließen und den Nullpunkt prüfen zu können.

7.2 Durchflußmessung

Einführung. Bei der Durchflußmessung sind

der Volumendurchfluß $Q_V = \dfrac{V}{t}$ in $\dfrac{m^3}{s}$ und (7.10)

der Massendurchfluß $Q_m = \dfrac{m}{t}$ in $\dfrac{kg}{s}$ (7.11)

zu unterscheiden. Sie lassen sich ineinander umrechnen, falls die Dichte ϱ des Mediums bekannt ist,

$$Q_m = Q_V \cdot \varrho. \tag{7.12}$$

Von besonderem Interesse, aber auch schwieriger zu messen, ist dabei der Massendurchfluß. So ist bei den Stoffumwandlungen der Chemie und Verfahrenstechnik, aber auch für Verrechnungszwecke, jeweils die Kenntnis der Massenströme erwünscht. Generell spielt die Durchflußmessung eine große Rolle. Wertmäßig ist ihr Umfang so groß wie der der Temperatur-, Druck- und Füllstandsmessung zusammen.

Im Abschn. 2.6 wurde bei den spannungliefernden Aufnehmern schon auf die Induktions-Durchflußmessung eingegangen. Nachfolgend werden weitere Verfahren vorgestellt. Begonnen wird mit der Durchflußmessung nach dem Wirkdruckverfahren, die im industriellen Bereich mit Abstand am häufigsten eingesetzt wird.

7.2.1 Durchflußmessung mit Drosselmeßgeräten

Prinzip. In einer durchströmten Rohrleitung gelten die Prinzipien der Kontinuität und der Erhaltung der Energie. Ist eine Rohrleitung an einer Stelle verengt (Bild 7.13), so sind trotzdem an jeder Stelle der Rohrleitung die Volumen- und Massenströme gleich. Mit den Bezeichnungen

A_1	Querschnitt vor der Drosselstelle
A_2	Querschnitt in der Drosselstelle
v_1	Geschwindigkeit vor der Drosselstelle
v_2	Geschwindigkeit in der Drosselstelle
p_1	Statischer Druck vor der Drosselstelle
p_2	Statischer Druck in der Drosselstelle

ergeben sich die Kontinuitätsgleichung

$$A_1 v_1 \varrho = A_2 v_2 \varrho \tag{7.13}$$

und die Gleichung von Bernoulli

$$p_1 + \frac{\varrho}{2} v_1^2 = p_2 + \frac{\varrho}{2} v_2^2 = \text{konst.} \tag{7.14}$$

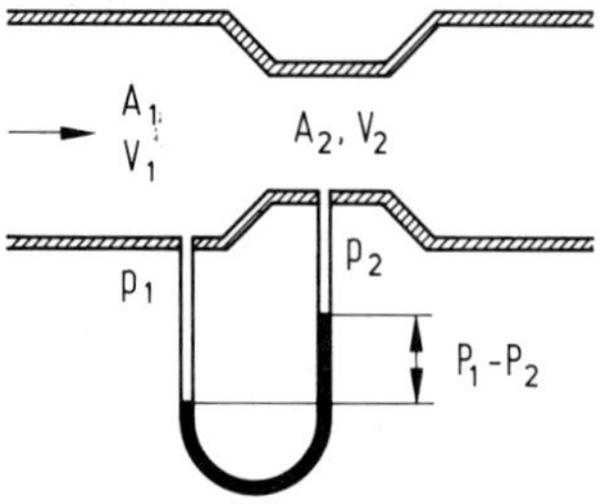

Bild 7.13: Drosselstelle in einer Rohrleitung; im verengten Querschnitt ist $v_2 > v_1$ und $p_2 < p_1$.

Die Summe aus dem statischen Druck p_i und dem dynamischen Druck $0{,}5 \cdot \varrho \cdot v_i^2$ ist konstant. Die Differenz der statischen Drücke liefert den Wirkdruck Δp,

$$\Delta p = p_1 - p_2 = \frac{\varrho}{2}(v_2^2 - v_1^2). \tag{7.15}$$

Diese Gleichung wird nun nach v_2 aufgelöst und v_1 wird mit Hilfe von (7.13) durch v_2 ausgedrückt:

$$v_2^2 = \frac{2}{\varrho}(p_1 - p_2) + v_1^2 = \frac{2}{\varrho}(p_1 - p_2) + \left(\frac{A_2}{A_1}\right)^2 v_2^2.$$

Mit dem Öffnungsverhältnis $m = A_2/A_1$ und der Durchflußzahl α,

$$\alpha = \frac{1}{\sqrt{1 - m^2}} \tag{7.16}$$

geht die letzte Gleichung über in

$$v_2^2 = \frac{1}{1 - m^2}\,\frac{2}{\varrho}(p_1 - p_2),$$

$$v_2 = \alpha\sqrt{\frac{2}{\varrho}}\sqrt{p_1 - p_2}. \tag{7.17}$$

Daraus ergeben sich der Volumen- und der Massendurchfluß zu

$$Q_V = A_2\, v_2 = \alpha\, A_2 \sqrt{\frac{2}{\varrho}}\sqrt{p_1 - p_2} \tag{7.18}$$

$$Q_m = A_2\, v_2\, \varrho = \alpha\, A_2 \sqrt{2\varrho}\sqrt{p_1 - p_2}. \tag{7.19}$$

Der Durchfluß ist bei konstanter Dichte also proportional der Wurzel aus dem Wirkdruck. Dieser wird mit einem Differenzdruck-Meßumformer gemessen, radiziert und in eine Durchflußmenge umgerechnet. Der vielfältige Einsatz der Drosselgeräte zieht also eine ebenso weite Anwendung der Differenzdruck-Meßumformer nach sich.

Genormte Drosselmeßgeräte. Als Drosselgeräte werden hauptsächlich die in DIN 1952 genormten

Normblenden, Normdüsen und Norm-Venturidüsen

verwendet (Bild 7.14). Gesichtspunkte bei der Auswahl dieser Drosselgeräte sind die Eigenschaften des zu messenden Mediums, die Einbaumöglichkeit, der Preis und der bleibende Druckverlust. Am Auslauf aus der Drosselstrecke bilden sich energieverzehrende Wirbel. Diese führen dazu, daß hinter der Einschnürung nicht mehr der statische Druck der ungestörten Strömung erreicht wird. Die Differenz ist der bleibende Druckverlust, der naturgemäß niedrig bleiben soll (Bild 7.15).

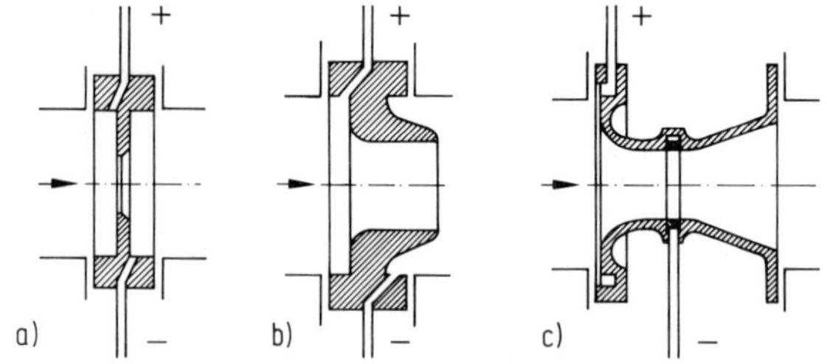

Bild 7.14: Genormte Drosselgeräte

a) Normblende, b) Normdüse, c) Norm-Venturidüse kurzer Bauart; bei der Norm-Venturidüse langer Bauart ist der Auslauftrichter verlängert, so daß er den Durchmesser der nachfolgenden Rohrleitung erreicht.

Die *Normblende* ist eine flache Scheibe mit zylindrischer Bohrung und scharfen Kanten. Sie ist das preiswerteste Drosselgerät, hat den größten Druckverlust und verliert an Genauigkeit, falls die scharfen Kanten durch Abrieb oder Verschmutzung beschädigt werden.

Die *Normdüsen* sind im Einlauf abgerundet. Sie sind damit weniger empfindlich gegenüber einer mechanischen Beschädigung, aber schwieriger herzustellen und damit teurer als die Normblenden.

Die *Venturidüsen* haben einen trichterförmigen Auslauf, um die Wirbelbildung zu verringern. Der Druckverlust ist kleiner, der Preis höher als bei den Normdüsen.

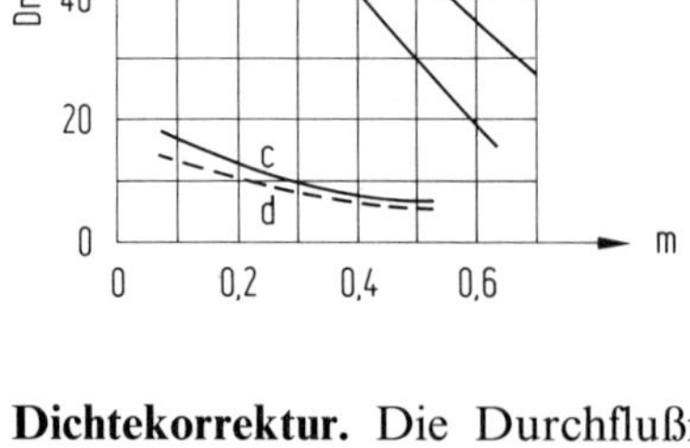

Bild 7.15: Bleibender Druckverlust in Prozent des Wirkdrucks in Abhängigkeit vom Öffnungsverhältnis m

a) Normblende, b) Normdüse,
c) Norm-Venturidüse kurzer Bauart,
d) Norm-Venturidüse langer Bauart

Dichtekorrektur. Die Durchflußmessung ist von der Dichte ϱ des Mediums abhängig. Da diese in industriellen Prozessen nur in seltenen Fällen konstant bleibt, ist sie jeweils zu erfassen und zu berücksichtigen. In einer analogen oder digitalen Rechenschaltung ist dann aus der Dichte- und der Wirkdruckmessung der jeweilige Durchfluß zu ermitteln.

Die Dichte der *Flüssigkeiten* hängt von der Temperatur ab. Hier genügt zur Dichtekorrektur eine Temperaturmessung.

Bei *Sattdampf* bewegen sich die Zustandsgrößen Druck und Temperatur auf der Sattdampfkurve. Sie sind miteinander gekoppelt. Eine der beiden Größen genügt zur Korrektur. Wegen der schnelleren Ansprechzeit und der unter Umständen besseren Genauigkeit und auch wegen der Möglichkeit, die Genauigkeit der Messung leichter prozeßgekoppelt überprüfen zu können, wird in der Praxis die Dichtekorrektur oft anhand der Druckmessung durchgeführt.

Die Dichte des *überhitzten Dampfes* ist von der Temperatur und vom Druck abhängig. Hier werden beide Größen für die Korrektur benötigt.

Gase liegen oft als ein Gemisch verschiedener Komponenten vor. Hier ist zunächst eine Dichtemessung notwendig, um die Zusammensetzung des Gases zu erfassen. Darüberhinaus ist die Dichte auch vom Druck und von der Temperatur abhängig. Diese Größen sind zu messen und die Normdichte ist für 0 °C und Atmosphärendruck zu bestimmen. Der Durchfluß wird dann für diese Normdichte angegeben.

Genauigkeit und Meßspanne. Werden der Querschnitt des Drosselgeräts und die Dichte des Mediums als konstant angenommen und in dem Übertragungsfaktor k zusammengefaßt, so reduziert sich die Durchflußgleichung auf

$$Q = k\,\alpha\sqrt{p_1 - p_2}. \qquad (7.20)$$

Die Durchflußzahl α gilt ab einer bestimmten Reynoldszahl und ist dann unabhängig von ihr. In Erweiterung von Gl. (7.16) ist in den Zahlenwerten von α zusätzlich zu den mechanischen Parametern (Öffnungsverhältnis, Ort der Wirkdruckentnahme) auch der Einfluß von Rohrrauhigkeit und Zähigkeit des fließenden Mediums berücksichtigt. Zahlenwerte sind in [7.18] angegeben. Diese Einflußgrößen sind nicht immer bekannt und nicht immer konstant, so daß die Durchflußzahl α mit der Unsicherheit G_α behaftet ist. Im folgenden wird mit $G_\alpha = 1\%$ vom Meßbereichsendwert gerechnet.

Die zweite Größe, deren Unsicherheit die Genauigkeit der Durchflußmessung beeinflußt, ist der Wirkdruck $p_1 - p_2$. Die quadratische Abhängigkeit des Wirkdrucks vom Durchfluß führt dazu, daß bei einem Durchfluß von 50% des Meßbereichendwerts der Wirkdruck schon auf 25% seines Meßbereichendwerts gefallen ist, bei 30% Durchfluß auf 9% (Bild 7.16a). Geringe Wirkdrücke sind jedoch nur mit großen relativen Fehlern zu messen. Bei 25% Wirkdruck ist die relative Unsicherheit schon 4 mal, bei 9% Wirkdruck 11 mal so groß wie am Ende des Meßbereichs. Die Unsicherheit der Wirkdruckmessung geht dann zwar nur mit dem Exponenten 0,5 in die Fehlerrechnung ein; an dem prinzipiell quadratischen Anstieg des relativen Fehlers ändert sich jedoch nichts. Im folgenden wird mit der Unsicherheit $G_{\Delta p} = 0{,}5\%$ vom Meßbereichsendwert gerechnet.

Bild 7.16b zeigt in Abhängigkeit vom Durchfluß die relativen Fehler für die Durchflußzahl α und für den Wirkdruck. Entsprechend (1.42) berechnet sich

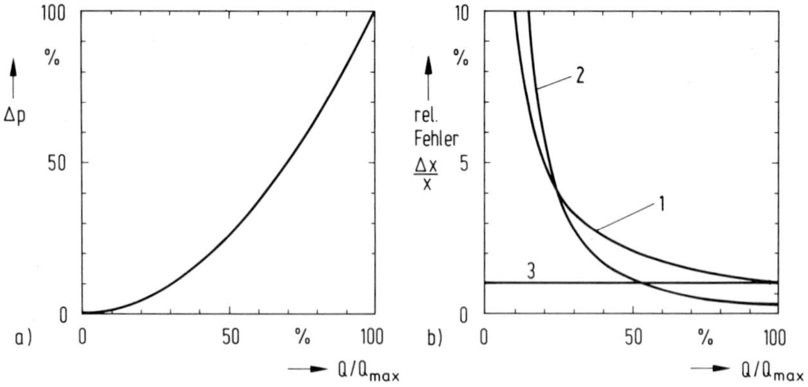

Bild 7.16: Fehler bei der Durchflußmessung mit Drosselgeräten

a) Zusammenhang zwischen der Durchflußmenge Q und dem Wirkdruck Δp

b) relative Fehler der Durchflußzahl und des Wirkdrucks in Abhängigkeit vom Durchfluß Q/Q_{max}. Die Unsicherheit G_α der Durchflußzahl beträgt 1% vom Meßbereichswert, $G_\alpha = 1\%$, die der Wirkdruckmessung 0.5% vom Meßbereichsendwert, $G_{\Delta p} = 0.5\%$.

Kurve 1, lineare Abhängigkeit: $\frac{\Delta x}{x} = \left(\frac{Q_{max}}{Q}\right)^1 \cdot 1 \cdot G_\alpha$

Kurve 2, Wurzel-Abhängigkeit: $\frac{\Delta x}{x} = \left(\frac{Q_{max}}{Q}\right)^2 \cdot \frac{1}{2} \cdot G_{\Delta p}$

Bei linearer Addition der beiden Terme ergibt sich der maximale, bei geometrischer Addition der wahrscheinliche Fehler.

Kurve 3: Der relative Fehler eines Geräts, der im Meßbereich konstant bleibt und in % vom Meßwert angegeben werden kann.

für 30% Durchfluß die maximal mögliche Unsicherheit des Durchflusses aus der Summe der Beträge

$$\frac{\Delta Q^*}{Q}(30\,\%) = \left|\left(\frac{1}{0{,}3}\right)^1 \cdot 1 \cdot G_\alpha\right| + \left|\left(\frac{1}{0{,}3}\right)^2 \cdot \frac{1}{2} \cdot G_{\Delta p}\right|$$
$$= \frac{1}{0{,}3} \cdot 1 \cdot 1\,\% + \frac{1}{0{,}09} \cdot \frac{1}{2} \cdot 0{,}5\,\%$$
$$= 3{,}33\,\% + 2{,}78\,\% = 6{,}11\,\%. \quad (7.21)$$

Realistischer ist es jedoch, die Einzelfehler entsprechend (1.45) quadratisch zu addieren,

$$\frac{\Delta Q^{**}}{Q}(30\,\%) = \sqrt{(3{,}33)^2 + (2.78)^2}\,\% = 4{,}34\,\%. \quad (7.22)$$

Bild 7.16b zeigt, daß die relativen Fehler am Ende des Meßbereichs niedrig sind, bei geringen Durchflußmengen aber stark anwachsen. Es ist also nicht sinnvoll, die Messung auf kleinere Durchflußwerte auszudehnen. Der nutzbare

Meßumfang geht etwa von 30% bis 100%. Er ist damit kleiner als bei den Meßverfahren, bei denen die relativen Fehler innerhalb des Meßbereichs konstant bleiben.

7.2.2 Wirbelfrequenz-Durchflußmesser

Der Wirbelfrequenz-Durchflußmesser nutzt den von Strouhal und Karmann näher untersuchten Effekt der Wirbelbildung hinter einem von einer Flüssigkeit umströmten Störkörper aus [7.36–7.41]. Er ist ein Beispiel dafür, wie die mittlere Frequenz eines Zufallsprozesses als Maß für eine nichtelektrische Größe genommen werden kann.

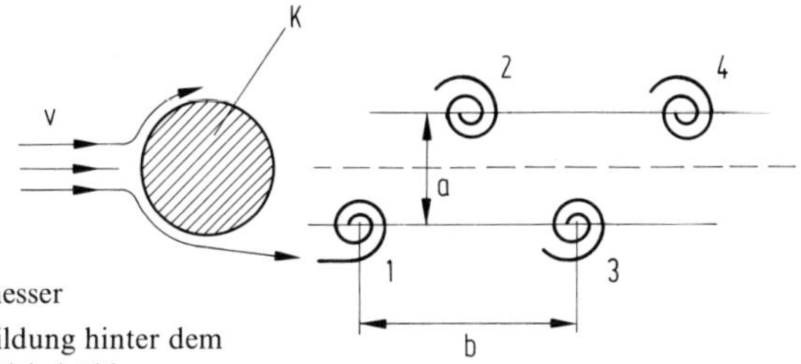

Bild 7.17: Wirbelfrequenz-Durchflußmesser
Schematische Darstellung der Wirbelbildung hinter dem Störkörper K und Fehlerkurve eines Wirbelzählers DN 100 [6.41]

In die Rohrleitung, deren Durchsatz bestimmt werden soll, ist ein Störkörper mit kreisförmigem oder eckigem Querschnitt eingebaut (Bild 7.17). An seinen Kanten lösen sich wechselseitig Wirbel ab. Deren Frequenz f ist direkt proportional der mittleren Anströmgeschwindigkeit v und umgekehrt proportional der Breite a der Wirbelstraße. Der Proportionalitätsfaktor S wird als Strouhal-Zahl bezeichnet. Er ist in einem weiten Bereich unabhängig von der Reynolds-Zahl:

$$f = \frac{S}{a} v. \tag{7.24}$$

Die Wirbelfrequenz f wird über die in der Flüssigkeit auftretenden Druck- und Geschwindigkeitsschwankungen erfaßt. Dazu sind verschiedene Verfahren gebräuchlich. Geheizte Thermistoren werden verwendet, die entweder an der Frontseite des Störkörpers oder in seiner Mitte oder auch im Nachlauf der Strömung sitzen und deren Abkühlung sich mit der Strömungsrichtung ändert. Andere Ausführungsformen messen die Druckschwankungen mit Dehnungsmeßstreifen, tasten die Position einer im Störkörper von den Druckschwankungen hin- und herbewegten hohlen Nickelkugel induktiv ab oder detektieren die Wirbel völlig berührungslos mittels einer Ultraschallschranke.

Der Wirbelfrequenz-Durchflußmesser ist ein preiswertes, zuverlässiges Betriebsmeßgerät. Er enthält keine bewegten Teile. Die Wirbelfrequenz ist unabhängig von einer Verschmutzung oder auch leichten Beschädigung des Störkörpers. Seine Kennlinie ist linear und ändert sich nicht mit der Betriebszeit. Die Meßun-

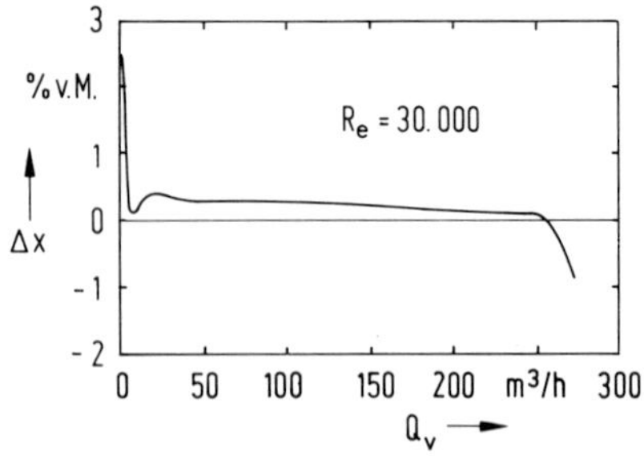

Bild 7.18: Meßunsicherheit eines Wirbelfrequenz-Durchflußmessers DN 100 [7.41]

sicherheit ist gering (Bild 7.18). Die zu messende Durchflußmenge darf zwischen 3 und 100% des Meßbereichs schwanken. Schließlich trägt zu der steigenden Anwendung des Wirbelfrequenz-Durchflußmessers auch bei, daß sein Signal, wie das aller frequenzanaloger Aufnehmer, durch Verwendung eines Zählers leicht digital dargestellt werden kann.

7.2.3 Thermischer Massenstrommesser

Prinzip. Beim thermischen Massenstrommesser wird entweder ein beheizter Widerstandsdraht („Hitzdraht-Anemometer") oder ein beheizter Dünnschicht-Widerstand („Dünnschicht-Anemometer") einer Gasströmung ausgesetzt und von dieser abgekühlt [7.23–7.27]. Die vom Gas abgeführte Wärme hängt von seiner Reynoldszahl Re ab und damit von dem Produkt aus der Geschwindigkeit v des Gases und seiner Dichte ϱ,

$$\mathrm{Re} = k\,\varrho\,v\,. \tag{7.25}$$

Die abgeführte Wärme ist also proportional der Massenstromdichte ($\mathrm{kg\,m^{-2}\,s^{-1}}$), aus der nach Multiplikation mit dem Rohrquerschnitt der gesamte Massenstrom in $\mathrm{kg\,s^{-1}}$ folgt. Der Massendurchfluß wird also ohne eine zusätzliche Dichtemessung erfaßt. Die Messung selbst kann entweder bei konstantem Heizstrom oder bei konstanter Temperatur des Heizdrahts durchgeführt werden.

Messung bei konstantem Heizstrom. Der Hitzdraht liegt in einer Brücke, die mit einem konstanten Strom gespeist wird (Bild 7.19a). Die von dem durchfließenden Strom im Hitzdraht erzeugte Wärme wird von dem vorbeistreichenden Gas teilweise abgeführt. Die Wärmeabgabe hängt im einzelnen von der Geschwindigkeit v des Gases, von der Temperaturdifferenz zwischen Draht und Gas, von der Wärmeleitfähigkeit, der spezifischen Wärmekapazität und der Dichte des Gases ab. Gemessen wird die Diagonalspannung in der Brücke, aus der auf den Widerstand und die Temperatur des Drahtes und auf die Geschwindigkeit des Gases zurückgerechnet werden kann. Dabei wird vorausgesetzt, daß die physikalischen Daten des Gases während der Messung konstant bleiben.

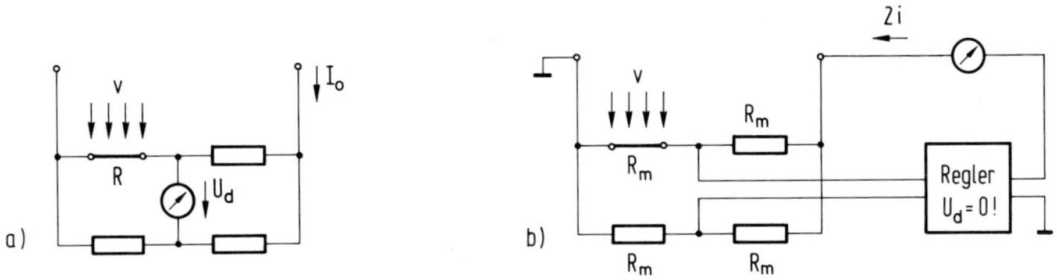

Bild 7.19: Grundschaltung eines Hitzdraht-Anemometers
a) Die Brücke wird mit dem konstanten Strom I_0 versorgt; die Temperatur und der Widerstand R des Hitzdrahts ändern sich mit der Strömungsgeschwindigkeit v; gemessen wird die Diagonalspannung U_d, die ein Maß für die Strömungsgeschwindigkeit v ist.
b) Der über den Hitzdraht fließende Strom i wird so geregelt, daß der Hitzdraht die konstante Temperatur T_m und den konstanten Widerstand R_m annimmt; gemessen wird der Reglerausgangsstrom, der ein Maß für die Strömungsgeschwindigkeit ist.

Messung bei konstanter Hitzdrahttemperatur. Der Hitzdraht liegt wieder wie zuvor in einer Brücke (Bild 7.19b). Diese ist so ausgelegt, daß bei der maximalen Strömungsgeschwindigkeit des Gases der Hitzdraht die Temperatur T_m und damit den Widerstand R_m annimmt. Bei diesem Betriebspunkt ist die Brücke abgeglichen und die Diagonalspannung ist null. Sie ist Eingangssignal für einen Regler. Dieser steuert den Brückenstrom jeweils so, daß die Diagonalspannung null bleibt und der Hitzdraht die konstante Temperatur T_m behält. Sinkt z.B. die Strömungsgeschwindigkeit des Gases, so würde sich zunächst der Hitzdraht weniger abkühlen, sein Widerstand würde zunehmen und die Brücke würde verstimmt. Der Regler steuert dieser Verstimmung entgegen, indem er den Brükkenstrom und damit die Heizung des Drahtes solange zurücknimmt, bis dieser wieder die Auslegungstemperatur T_m angenommen hat. Gemessen wird bei dieser Betriebsart der Ausgangsstrom des Reglers. Die Temperaturdifferenz zwischen Hitzdraht und Gas bleibt konstant. Damit läßt sich der Zusammenhang zwischen dem über den Draht fließenden Strom und dem Massenstrom Q_m des Gases mit guter Näherung durch die Gleichung

$$i^2 = a + b\sqrt{Q_m} \qquad (7.26)$$

wiedergegeben. Die strömungsunabhängige Konstante a resultiert aus der Wärmeabgabe an die Umgebung durch freie Konvektion, Wärmestrahlung und Wärmeableitung über die Halterung. Der Faktor b hängt von geometrischen Größen und den Eigenschaften des Fluids (Wärmeleitfähigkeit, Viskosität, spezifische Wärme) ab. Bild 7.20 vergleicht Meßwerte mit der Kurve nach Gl. (7.26). Die Kennlinie hat die entgegengesetzte Charakteristik zum Drosselgerät. Bei kleinen Durchflüssen reagiert die Meßgröße besonders empfindlich auf die Durchflußmenge. Das führt dazu, daß bei den Anemometern der Fehler in Prozent vom Meßwert (nicht vom Meßbereichsendwert) angegeben werden kann. Er bleibt praktisch über den gesamten Meßumfang konstant, so daß Durchflüsse zwischen 3 und 100% des Endwerts gemessen werden können.

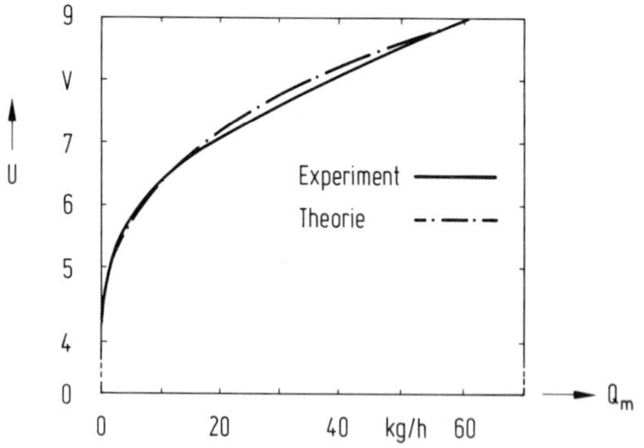

Bild 7.20: Kennlinie des thermischen Massenstrommessers
a) Kennlinie nach Gl. (7.26),
b) gemessene Kurve [7.24]

Ein weiterer bedeutsamer Vorteil ist, daß sich durch diese Betriebsart die dynamischen Eigenschaften der Messung verbessern (Bild 7.21). Indem die Temperatur des Hitzdrahtes konstant gehalten wird, entfallen die Zeiten, die sonst zur Einstellung der jeweiligen Drahtendtemperatur erforderlich sind. Damit können schnelle Durchflußänderungen, die z. B. bei pulsierenden Strömungen auftreten, noch gemessen werden.

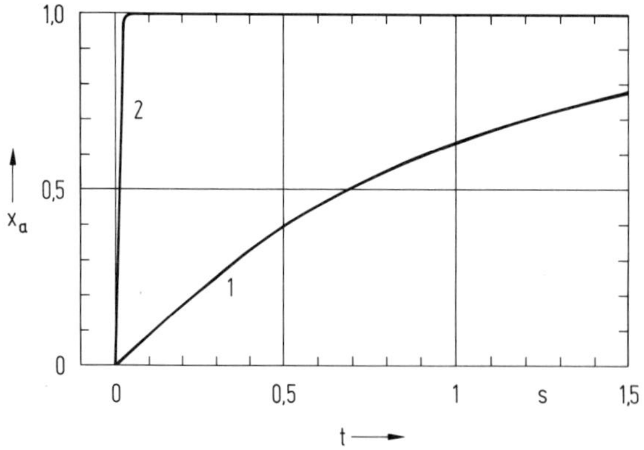

Bild 7.21: Sprungantwort einer Brückenschaltung mit Widerstands-Anemometer
1 Betrieb mit konstantem Strom
2 Betrieb mit konstanter Temperatur

Kompensation der Gastemperatur. Bisher wurde die Temperatur des zu messenden Gases als konstant vorausgesetzt. Sie beeinflußt natürlich die Messung. So ist es zweckmäßig, sie durch einen zweiten, nicht geheizten Temperaturfühler zu erfassen. Hat dieser Temperaturfühler etwa den 100-fachen Widerstand des Hitzdrahtes, so kann er mit diesem in einer Brücke – aber im gegenüberliegenden Zweig – verschaltet werden. Die Brücke besteht dann aus einer niederohmigen und einer hochohmigen Hälfte. Der Speisestrom fließt praktisch nur über den Hitzdraht; der Regler sorgt wieder dafür, daß eine konstante Temperaturdifferenz zwischen Hitzdraht und Gas auch bei einer sich ändernden Gastemperatur erhalten bleibt.

Differential-Hitzdrahtanemometer. Das Differential-Hitzdrahtanemometer erweitert den Meßbereich in Richtung kleinerer Strömungsgeschwindigkeiten. Volumenströme der Größenordnung von 10^{-4} mm^3 s^{-1} können noch erfaßt werden.

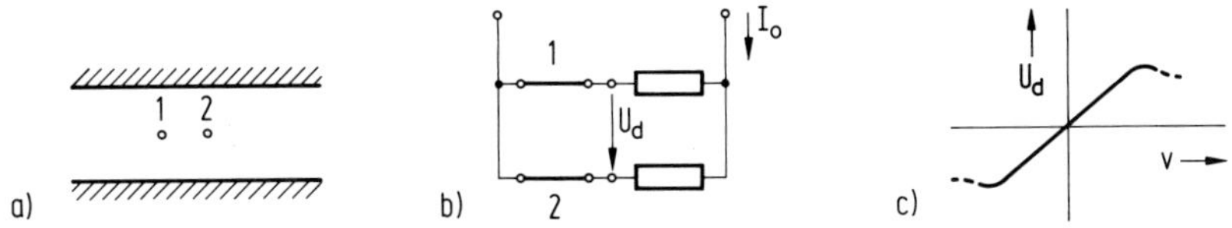

Bild 7.22: Differential-Hitzdraht-Anemometer
a) In einem Strömungskanal sind die beiden Sonden 1 und 2 hintereinandergeschaltet
b) Brückenschaltung
c) Kennlinie

Das Anemometer besteht aus zwei dünnen, in der Strömung hintereinanderliegenden Platindrähten (Bild 7.22). Beide Drähte sind beheizt. Sie sind thermisch gekoppelt, so daß bei einer Gasströmung das von dem ersten Draht erwärmte Gas zu dem zweiten Draht gelangt. Durch die Strömung wird der erste Draht abgekühlt, der zweite wird erwärmt. Beide sind in einer Brücke verschaltet. Deren Diagonalspannung hängt für kleine Volumenströme linear von der Durchflußgeschwindigkeit v ab.

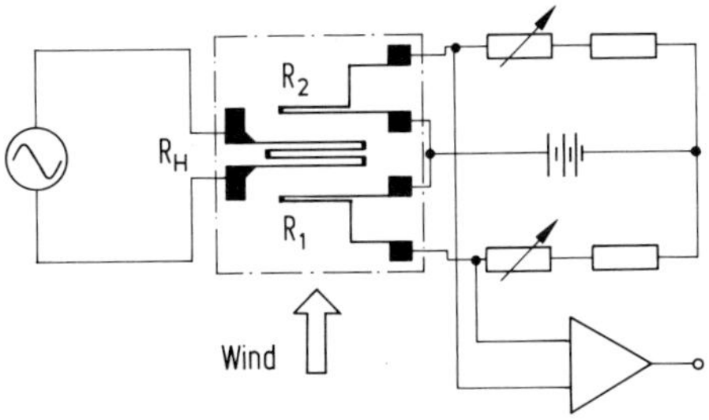

Bild 7.23: Differential-Anemometer mit den beiden Dünnschicht-Widerständen R_1 und R_2 und dem Heizwiderstand R_H [7.27]

Eine andere Ausführung eines Differential-Anemometers zeigt Bild 7.23. Die beiden Dünnschichtwiderstände R_1 und R_2 bilden zusammen mit dem Heizwiderstand R_H den eigentlichen Sensor. Die Widerstände R_1 und R_2 sind in einer Brücke verschaltet. Bei ruhendem Gas werden sie durch die Heizung gleichmäßig erwärmt. Die Brücke ist abgeglichen. Bei strömendem Gas wird der vordere Fühler gekühlt, der hintere erwärmt. Die Brücke wird verstimmt und die Diagonalspannung kann wieder als Maß für den Durchfluß genommen werden.

7.2.4 Coriolis-Massenstrommesser

Prinzip. Die Coriolis-Kraft ist eine Trägheitskraft. Sie wird gewöhnlich am Beispiel einer mit der Winkelgeschwindigkeit ω sich drehenden Scheibe erläutert. Auf dieser Scheibe steht ein Beobachter, der einen Gegenstand radial nach außen wirft. Der Gegenstand fliegt nicht gradlinig weg, sondern bleibt gegenüber der Drehrichtung zurück. Dies läßt sich als die Wirkung der Coriolis-Kraft F erklären, die proportional der Masse m des sich mit der Geschwindigkeit v bewegenden Gegenstands und der Winkelgeschwindigkeit ω der drehenden Scheibe ist,

$$F = m\,v\,\omega. \tag{7.30}$$

Die Richtung der Coriolis-Kraft ist senkrecht zur Drehachse des Bezugssystems und senkrecht zur Bewegungsrichtung des Gegenstands. Dabei ist zur Erzeugung der Kraft keine gleichbleibende Winkelgeschwindigkeit notwendig. Gl. (7.30) gilt allgemein und ist auch bei oszillierenden Bezugssystemen mit sich ändernden Winkelgeschwindigkeiten anzuwenden.

Ausführung. Technisch läßt sich die Coriolis-Kraft zur direkten Massen-Durchflußmessung nutzen, indem das zu messende Medium durch eine Rohrschleife geführt wird (Bild 7.24). Das beim Flüssigkeitsein- und -austritt eingespannte Meßrohr wird mit Hilfe eines Elektromagneten zu Schwingungen um die Achse 1 – 1 bei seiner Eigenfrequenz (etwa 80 Hz) angeregt. Damit erfährt die in horizontale Richtung strömende Flüssigkeit durch die Corioliskraft eine Vertikalbeschleunigung. Sie führt mit dem Schleifenradius r zu dem Moment M um die Achse 2 – 2,

$$M = r\,F.$$

Dieses Moment tritt mit entgegengesetztem Vorzeichen einmal im Einlauf und einmal im Auslauf auf. Daraus resultiert eine Verdrehung (Torsion, Bild 7.25) des schwingenden Meßrohrs um den Winkel α solange, bis das der Federkonstanten c proportionale mechanische Moment M_{mech}

$$M_{mech} = c\,\alpha$$

gleich dem oben definierten Moment M ist. Aus $M = M_{mech}$ berechnet sich der Torsionswinkel α zu

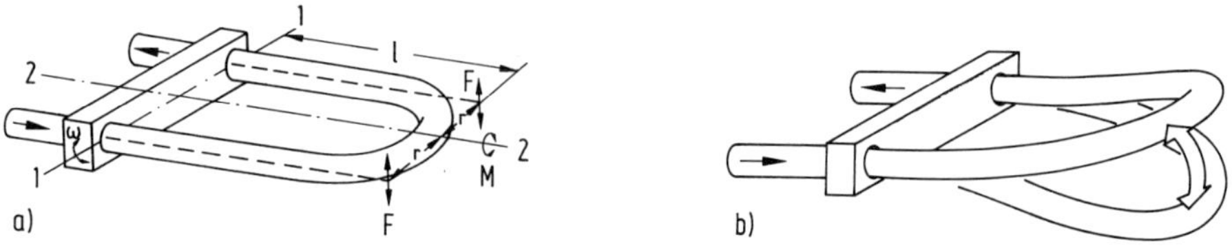

Bild 7.24: Rohrschleife des Coriolis-Massenstrommessens
a) Bezeichnungen
b) Oszillation ohne durchfließendem Medium (v = 0) [7.30]

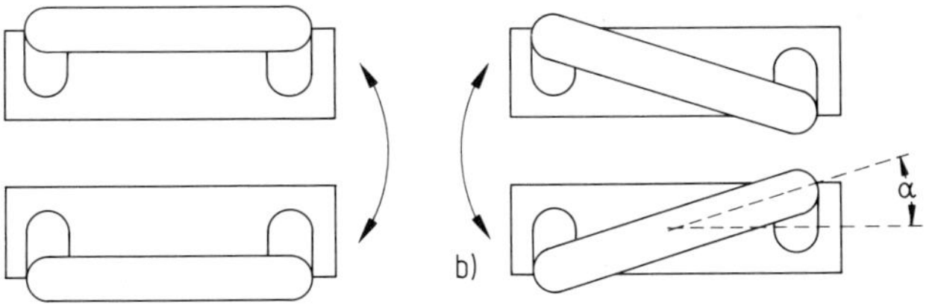

Bild 7.25: Verwindung des Meßrohrs infolge des Durchflusses;
a) ohne Durchfluß, b) mit Durchfluß

$$\alpha = \frac{M}{c} = \frac{r\,F}{c} = \frac{r\,v\,\omega}{c}\,m\,.$$

Wird nun in dieser Gleichung die Geschwindigkeit v durch die Länge l der Rohrschleife und durch die zum Durchströmen benötigte Zeit t ausgedrückt,

$$v = \frac{l}{t},$$

so zeigt sich, daß der Torsionswinkel α mit dem Faktor k proportional zum Massendurchfluß $Q_m = m/t$ ist,

$$\alpha = \frac{r\,l\,\omega}{c}\,\frac{m}{t} = k\,Q_m\,. \tag{7.31}$$

Dabei sind in dem Proportionalitätsfaktor k die Federkonstante, die Abmessungen der Rohrschleife und ihre Winkelgeschwindigkeit enthalten.

Gemessen wird entweder direkt der Torsionswinkel α oder die sich ergebende Phasenverschiebung in der Bewegung des Meßrohres. Im Einlauf hinkt es der Anregung hinterher, im Auslauf eilt es ihr voraus.

Meßumfang und Genauigkeit

Das gewonnene Signal hängt linear vom Massenstrom ab. Die bestehende Meßunsicherheit läßt sich auf den jeweiligen Meßwert (nicht Meßbereichsendwert) beziehen. Sie ist bemerkenswert niedrig. Bild 7.26 zeigt als Beispiel Fehler-

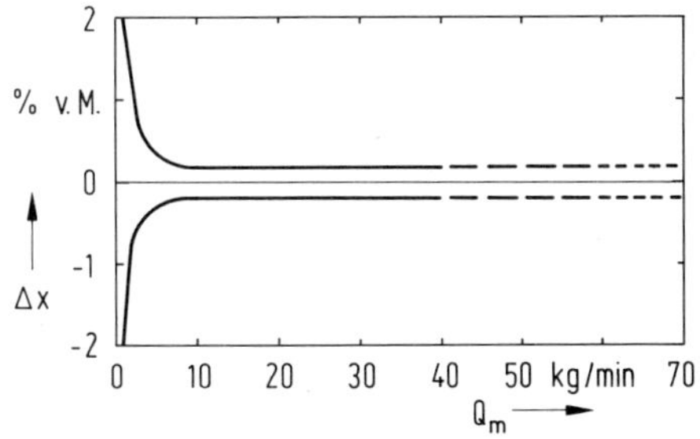

Bild 7.26: Meßunsicherheit Δx in % vom Meßwert eines Coriolis-Massedurchflußmessers [7.29]

grenzen, die bei einem Durchfluß zwischen 20 und 100% des Meßbereichs kleiner als 0,2% vom angezeigten Wert bleiben und zudem noch unterschiedliche Betriebstemperaturen und -drücke tolerieren. Meßspannen zwischen 1% und 100% Durchfluß sind möglich.

Dichtemessung. Das schwingende Meßrohr des Coriolis-Massenstrommessers entspricht dem u-förmigen, von der Flüssigkeit durchströmten Resonator von Bild 6.37. Dessen Eigenfrequenz ist abhängig von der Dichte des Mediums. Da auch der Coriolis-Durchflußmesser bei seiner Eigenfrequenz schwingt, bereitet es keine Schwierigkeiten, diese auszuwerten und die Dichte zu ermitteln. Damit wird dann nicht nur der Massenstrom, sondern gleichzeitig auch die Dichte des durchfließenden Mediums erfaßt.

7.2.5 Ultraschall-Durchflußmessung

Piezoelektrische Schallwandler. Die Frequenzen des Ultraschalls liegen oberhalb des Hörbereichs. Technisch ausgenutzt wird der Bereich zwischen 20 kHz und 10 MHz. Die Frequenz f, die Wellenlänge λ und die Ausbreitungsgeschwindigkeit (Schallgeschwindigkeit) c_0 sind durch die Beziehung

$$c_0 = f \cdot \lambda \tag{7.35}$$

verknüpft. Die Schallgeschwindigkeit ist von den Eigenschaften des Mediums und insbesondere von seiner Temperatur abhängig. Sie beträgt bei Raumtemperatur in Luft 344 m/s, in Wasser 1483 m/s. Daraus folgt für einen 100 kHz-Schall in Wasser die Wellenlänge λ zu $\lambda = 15$ mm.

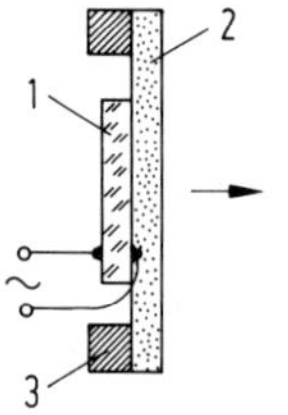

Bild 7.27: Prinzipieller Aufbau eines piezoelektrischen Ultraschallwandlers

1 metallisierte piezoelektrische Scheibe,
2 Material zur akustischen Anpassung,
3 ringförmige Halterung;

die Abstrahlung erfolgt in Form einer Keule senkrecht zur Oberfläche des Elements.

Ultraschallwellen werden mit Hilfe piezoelektrischer Materialien erzeugt. In der Betriebsweise „Sender" wird elektrische Energie in mechanische umgewandelt. Bei Anlegen einer entsprechenden Wechselspannung schwingen die piezoelektrischen Scheiben bei ihrer Eigenfrequenz und strahlen die entsprechenden Schallwellen senkrecht zur Oberfläche ab (Bild 7.27). Bei speziellen Ausführungen lassen sich auch schräglaufende Wellenfronten erreichen.

Als Empfänger für den Ultraschall werden wieder dieselben Elemente benutzt. Jetzt wird die mechanische in die elektrische Energie umgeformt. Die ankommende Schallwelle regt die piezoelektrische Scheibe zu Schwingungen an. Über den reziproken piezoelektrischen Effekt entsteht die zum Nachweis der Schallwelle dienende elektrische Spannung. In der Praxis wird oft dasselbe Bauteil abwechselnd als Sender und Empfänger benutzt.

Messung der Laufzeitdifferenz. Zur Durchflußmessung werden die Schallwandler entsprechend Bild 7.28 im Abstand L in die Rohrleitung eingebaut [7.32–7.35]. Das Rohr wird von einem Fluid mit der mittleren Strömungsgeschwindigkeit v durchströmt. Sendet der Wandler 1 und empfängt der Wandler 2, so nimmt die Ausbreitungsgeschwindigkeit c_0 infolge der Fließgeschwindigkeit um den Term $v \cos \alpha$ zu, im umgekehrten Fall um denselben Betrag ab. Die Ultraschallmessung ermittelt die mittlere Strömungsgeschwindigkeit v, aus der nach Multiplikation mit dem Rohrquerschnitt der Volumendurchfluß folgt.

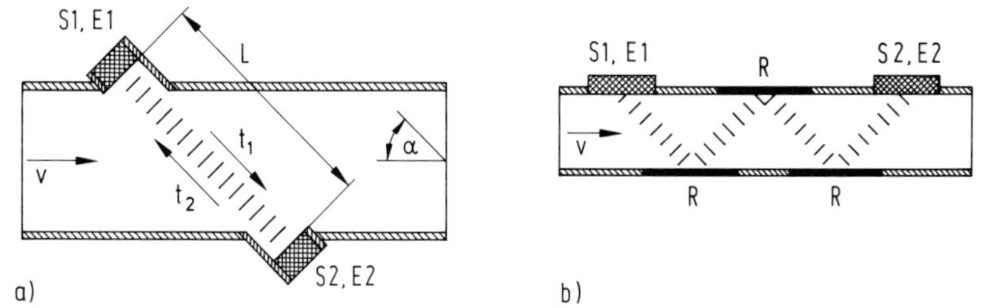

Bild 7.28: Aufbau von Ultraschall-Durchfluß-Meßstrecken

a) schräger Einbau der Ultraschall-Wandler mit einer Abstrahlung senkrecht zu ihrer Oberfläche;
b) formschlüssiger Einbau von schräg abstrahlenden Ultraschall-Wandlern; bei kleinen Nennweiten läßt sich die Meßlänge L mit Hilfe von Reflektoren R vergrößern.

Ist t_1 die Laufzeit vom Sender 1 zum Empfänger 2 und ist t_2 die vom Sender 2 zum Empfänger 1,

$$t_1 = \frac{L}{c_0 + v \cos \alpha}, \qquad t_2 = \frac{L}{c_0 - v \cos \alpha}, \tag{7.36}$$

so ergibt sich die Laufzeitdifferenz $t_2 - t_1$ zu

$$t_2 - t_1 = 2\,L \frac{v \cos \alpha}{c_0^2 - v^2 \cos^2 \alpha}. \tag{7.37}$$

Die zu messenden Strömungsgeschwindigkeiten sind in Flüssigkeiten von der Größenordnung m/s. So kann in Flüssigkeiten der Term $v \cos \alpha$ gegenüber c_0 im Nenner der obigen Gleichung vernachlässigt werden. Damit ergibt sich die gesuchte mittlere Strömungsgeschwindigkeit v zu:

$$v \approx \frac{c_0^2}{2\,L \cos \alpha}(t_2 - t_1). \tag{7.38}$$

Das Meßergebnis hängt also noch von der Schallgeschwindigkeit c_0 ab. Schwankungen der Schallgeschwindigkeit gehen voll ins Meßergebnis ein. Um unabhängig von c_0 zu werden, können die Laufzeiten t_1 und t_2 getrennt gemessen und miteinander multipliziert werden,

$$t_1\, t_2 = \frac{L^2}{c_0^2 - v^2 \cos^2 \alpha}. \tag{7.39}$$

Indem nun dieser Ausdruck in (7.37) eingesetzt wird, wird die Schallgeschwindigkeit eliminiert und die Gleichung geht über in

$$t_2 - t_1 = 2\,L\,\frac{v \cos\alpha}{L^2}\,t_1\,t_2. \tag{7.40}$$

Daraus folgt die mittlere Strömungsgeschwindigkeit v ohne jede Vernachlässigung zu

$$v = \frac{L}{2\cos\alpha}\,\frac{t_2 - t_1}{t_1\,t_2}. \tag{7.41}$$

Um die Laufzeiten gut messen zu können, werden schnell anschwingende Ultraschallwandler benötigt. Sie sollen die Impulse mit steilen Flanken liefern (leading-edge-Verfahren). Die sich einander gegenüberliegenden Wandler senden dabei die Ultraschallknalle zur gleichen Zeit. Sie arbeiten zunächst als Sender, um dann als Empfänger das gesendete Signal des gegenüberliegenden Partners zu erfassen. Die Strömungsgeschwindigkeit läßt sich nach diesem Verfahren sehr schnell messen.

Messen der Frequenzdifferenz. Die piezoelektrischen Wandler sind wieder wie in Bild 7.28 angeordnet. Sie werden jetzt aber anders betrieben. Der Sender 1 schickt einen Impuls zum Empfänger 2, der die Ankunft des Impulses an den Sender 1 zurückmeldet und dort einen neuen Impuls auslöst. Gemessen wird die Frequenz f_1 der Impulse des Senders 1. Anschließend strahlt der Sender 2 Impulse aus und die entsprechende Frequenz f_2 wird ermittelt (sing-around-Verfahren). Die Frequenzen ergeben sich zu

$$f_1 = \frac{1}{t_1} = \frac{c_0 + v\cos\alpha}{L}, \qquad f_2 = \frac{1}{t_2} = \frac{c_0 - v\cos\alpha}{L}. \tag{7.42}$$

Aus ihrer Differenz

$$f_1 - f_2 = \frac{2\,v\cos\alpha}{L} \tag{7.43}$$

folgt die mittlere Strömungsgeschwindigkeit v unabhängig von der Schallgeschwindigkeit c_0 zu

$$v = \frac{L}{2\cos\alpha}\,(f_1 - f_2). \tag{7.44}$$

Das ist wegen

$$\frac{t_2 - t_1}{t_1\,t_2} = \frac{1}{t_1} - \frac{1}{t_2} = f_1 - f_2 \tag{7.45}$$

dasselbe Ergebnis wie in Gl. (7.41). Die Frequenzen sind jedoch aus einer Folge von Ultraschallsignalen ermittelt. Dementsprechend dauert die Messung länger. Sie kann durch reflektierte Ultraschallechos (Gasblasen, mitgeführte Feststoffe) leichter gestört werden als bei der Ermittlung der Laufzeitdifferenz.

Regelung auf konstante Wellenlänge (Phasenregelung). Die Ausbreitungsgeschwindigkeit des Schalls, seine Frequenz und seine Wellenlänge hängen nach (7.35) zusammen. Ändert sich die Ausbreitungsgeschwindigkeit, so muß sich

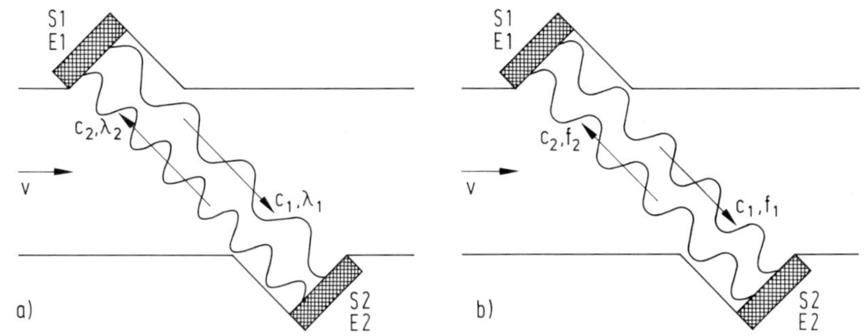

Bild 7.29: Unterschiedliche Betriebsarten einer Ultraschall-Durchfluß-Meßstrecke

a) bei konstant gehaltener Frequenz f_0 ändert sich die Wellenlänge mit der Ausbreitungsgeschwindigkeit

b) wird die Frequenz geregelt, so bleibt trotz unterschiedlicher Ausbreitungsgeschwindigkeiten die Wellenlänge λ_0 konstant.

bei festgehaltener Frequenz die Wellenlänge ändern. Bild 7.29 veranschaulicht diesen Zusammenhang. Die Frequenz f_0 des Ultraschalls wird nun so gewählt, daß bei der Strömungsgeschwindigkeit $v=0$ zwischen den Wandlern genau n Wellenlängen λ_0 Platz finden, $L = n\,\lambda_0$. Bei einer Geschwindigkeit des Mediums $v \neq 0$ nimmt die Ausbreitungsgeschwindigkeit eines von 1 nach 2 abgestrahlten Schallimpulses auf $c_1 = c_0 + v \cos\alpha$ zu, in der anderen Richtung auf $c_2 = c_0 - v \cos\alpha$ ab. Bei festgehaltener Frequenz würden sich damit die Wellenlängen λ_1 und λ_2 ergeben,

$$\lambda_1 = \frac{c_1}{f_0}, \qquad \lambda_2 = \frac{c_2}{f_0}. \tag{7.46}$$

Durch eine Phasenregelung (Lambda-locked-loop) wird nun über eine Änderung der Schallfrequenz dafür gesorgt, daß für alle Strömungsgeschwindigkeiten immer genau n Wellenzüge zwischen den Wandlern Platz finden. Die Wellenlänge wird auf dem konstanten Wert λ_0 gehalten, wodurch sich in den beiden Strahlrichtungen die beiden Frequenzen f_1 und f_2 einstellen,

$$f_1 = \frac{c_1}{\lambda_0}; \qquad f_2 = \frac{c_2}{\lambda_0}. \tag{7.47}$$

Aus der Frequenzdifferenz

$$f_1 - f_2 = \frac{1}{\lambda_0}\left[(c_0 + v\cos\alpha) - (c_0 - v\cos\alpha)\right] = \frac{2\,v\cos\alpha}{\lambda_0} \tag{7.48}$$

ergibt sich die mittlere Strömungsgeschwindigkeit v wieder unabhängig von der Schallgeschwindigkeit zu

$$v = \frac{\lambda_0}{2\cos\alpha}(f_1 - f_2). \tag{7.49}$$

Dieses Verfahren bietet die größte Genauigkeit.

Tabelle 7.1 Vergleich der Durchfluß-Meßverfahren (ϱ Dichte, m Masse, v mittlere Strömungsgeschwindigkeit des Mediums)

	Drosselgerät mit Wirkdruckmessung	Wirbelzähler	Induktionsdurchflußmesser	thermischer Massenstrommesser	Coriolis-Massenstrommesser	Ultraschall-Durchflußmesser
die gemessene Größe hängt ab von	ϱ, v	v	v	ϱ · v	m	v
angezeigte Größe	Volumenstrom	Volumenstrom	Volumenstrom	Massenstrom	Massenstrom	Volumenstrom
Medium	Flüssigkeiten, Gase, Dämpfe	Flüssigkeiten Gase, Dämpfe	Flüssigkeiten Leitfähigkeit > 0,1 μS/cm	Flüssigkeiten, Gase	Flüssigkeiten	Flüssigkeiten, Gase
Skala	nichtlinear	linear	linear	sehr nichtlinear	linear	linear
Meßunsicherheit v. E. vom Endwert v. M. vom Meßwert	1% v. E.	1% v. M.	1% v. M.	2% v. M.	0,5% v. M.	0,5% v. E. +0,5% v. M.
Meßspanne	1 : 3	1 : 30	1 : 30	1 : 50	1 : 50	1 : 20
bleibender Druckverlust	merklich	klein	nicht vorhanden	zu vernachlässigen	zu beachten	nicht vorhanden
Ein- und Auslaufstrecken	notwendig	notwendig	kaum notwendig	nicht notwendig	kaum notwendig	notwendig
geschätzter relativer Marktanteil [7.21]	64%	6%	25%	1%	2%	2%
Bemerkungen	empfindlich gegen Verschmutzung und Korrosion; breites Einsatzgebiet; günstig bei großen Nennweiten	preiswertes und vielseitig einsetzbares Verfahren	einsetzbar bei stark verschmutzten und chemisch aggressiven Flüssigkeiten; teures Verfahren für Problemfälle	schnelles Meßverfahren	einsetzbar bis DN 50; Verfahren mit der größten Genauigkeit, aufwendig	einsetzbar bei chemisch aggressiven Medien; günstig bei großen Nennweiten

Generelle Gesichtspunkte. Ein Vorteil der Ultraschalldurchflußmesser liegt darin, daß der Rohrleitungsquerschnitt weder verengt noch durch Einbauten gestört wird. Um einen ausreichenden Meßeffekt zu erzielen, darf die Meßstrecke L eine Mindestlänge nicht unterschreiten. Ohne Reflektoren ist eine Durchflußmessung bei Rohrleitungsdurchmessern zwischen 100 und 3000 mm möglich. Gemessen wird jeweils die über die Meßstrecke gemittelte Strömungsgeschwindigkeit. Um von ihr auf den gesamten Durchfluß schließen zu können, sollte die gemessene mittlere Strömungsgeschwindigkeit mit der tatsächlichen mittleren Strömungsgeschwindigkeit identisch sein. Um diese Forderung möglichst gut zu erfüllen, wird oft mit zwei oder mehreren über den Rohrquerschnitt verteilten Ultraschallstrahlen gemessen. Werden die in DIN 1952 vorgeschriebenen geraden Ein- und Ausbaustrecken eingehalten, so liegt die Unsicherheit der Laufzeitdifferenz-Messung bei etwa ±(0,5% vom Endwert +0,5% vom Meßwert).

Zum Abschluß dieses Abschnitts über die Durchflußmessung sind in Tabelle 7.1 die behandelten Verfahren einander gegenüber gestellt.

7.3 Schwingungsmessung

Schwingung und Schall. Die mechanischen Schwingungen elastischer Medien werden häufig anhand ihrer Frequenz unterschieden. Bei Frequenzen unterhalb des Hörbereichs werden sie Infraschall genannt, im Bereich von 16 Hz bis 20 kHz Schall und darüber hinaus Ultraschall.

Wichtiger als die Frequenz ist jedoch das Ausbreitungsmedium. Dementsprechend wird in Luftschall, Flüssigkeitsschall und Körperschall unterschieden. In Gasen und Flüssigkeiten breiten sich Schwingungen nach denselben Gesetzmäßigkeiten aus. Die Teilchen schwingen nur in der Ausbreitungsrichtung. Nur longitudinale Wellen können sich ausbreiten. In festen Körpern hingegen, die Schubspannungen aufnehmen, sind auch Schwingungen quer zur Ausbreitungsrichtung, Transversalschwingungen möglich. Insgesamt können viele unterschiedliche Schwingungsformen auftreten, die von den Abmessungen des Körpers abhängen. So ist die Analyse des Körperschalls unter Umständen recht kompliziert und erfordert einen großen mathematischen Aufwand.

Charakteristische Größen. Bei den Schwingungen interessieren neben der Frequenz

- der Schwingweg oder die Auslenkung x
- die Schwinggeschwindigkeit oder Schnelle $\mathrm{d}x/\mathrm{d}t$
- die Schwingbeschleunigung $\mathrm{d}^2x/\mathrm{d}t^2$.

Die einzelnen Schwingungsaufnehmer arbeiten nach unterschiedlichen Prinzipien. Der seismische Aufnehmer mit Längenabgriff zeigt den Schwingweg, der elektrodynamische Schwingungsgeber die Schwinggeschwindigkeit an. Über eine Signalumformung lassen sich immer aus der direkt gemessenen Größe die beiden anderen ableiten. Ist z. B. beim elektrodynamischen Schwingungsgeber die gelieferte Spannung proportional der Schnelle, so kann der Schwingweg durch Integrieren und die Beschleunigung durch Differenzieren gewonnen werden.

7.3.1 Relative Schwingungsmessung

Bezugspunkt. Bild 7.30 zeigt ein schwingungsfähiges System mit seinen Grundelementen. Es besteht aus der an der Feder 3 aufgehängten trägen Masse 4, deren Bewegung durch den Kolben 5 gedämpft wird. Die erregende Kraft greift direkt an der Masse an. Das Gehäuse 2 bleibt während der Schwingungen des Körpers 4 in Ruhe. Damit kann das Gehäuse als Bezugspunkt gewählt werden. Die Auslenkung x_a des Schwingkörpers wird relativ zum Gehäuse gemessen.

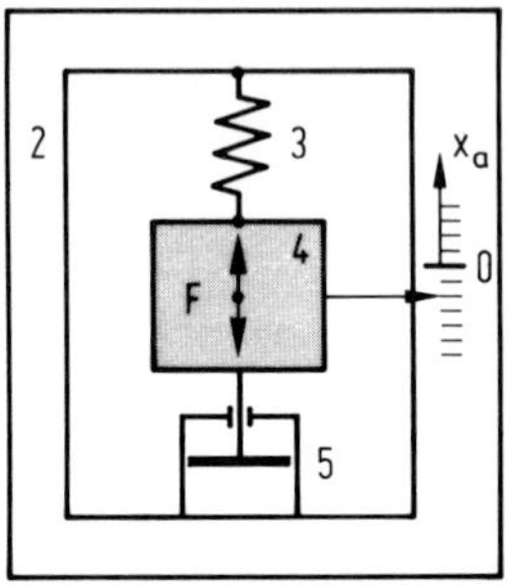

Bild 7.30: Aufbau eines Gebers zur relativen Schwingungsmessung; die Kraft greift an der Masse 4 an und lenkt diese um die Länge x_a relativ zum Gehäuse 2 aus; 3 Feder, 5 Dämpfung

Differentialgleichung. Bei einer *freien Schwingung* der einmal angestoßenen Masse wirken die folgenden Kräfte:

- die der Auslenkung der Feder proportionale Federkraft $c\,x_a$
- die der Geschwindigkeit proportionale Dämpfungskraft $w\,\dot{x}_a$
- die der Beschleunigung proportionale Trägheitskraft $m\,\ddot{x}_a$.

Diese drei Kräfte stehen im Gleichgewicht, so daß der angestoßene Körper gemäß der folgenden Differentialgleichung frei schwingt:

$$c\,x_a + w\,\dot{x}_a + m\,\ddot{x}_a = 0. \tag{7.50}$$

Hier wird zunächst durch c dividiert,

$$x_a + \frac{w}{c}\,\dot{x}_a + \frac{m}{c}\,\ddot{x}_a = 0 \tag{7.51}$$

und dann werden anstelle der konstruktiven Parameter m, w und c die charakteristischen Kenngrößen Zeitkonstante T, Eigenkreisfrequenz ω_0 und Dämpfungskonstante D eingeführt. Entsprechend (1.85) liefert der Koeffizient von $\ddot{x}_a$ Zeitkonstante und Eigenfrequenz des ungedämpften Systems,

$$\frac{m}{c} = T^2 = \frac{1}{\omega_g^2} = \frac{1}{\omega_0^2} \tag{7.52}$$

und im Koeffizienten von $\dot{x}_a$ ist nach (1.86) der Dämpfungsfaktor D enthalten,

$$\frac{w}{c} = 2DT. \tag{7.53}$$

Mit den obigen Bezeichnungen ist Gl. (7.51) identisch mit (1.89) und hat die dort angegebenen Lösungen.

Im Falle einer *erzwungenen Schwingung* greift am Schwingkörper 4 die periodische Kraft $F = \hat{F} \sin \omega t$ an, die zur periodischen Auslenkung $x_a = \hat{x}_a \sin(\omega t + \varphi)$ führt. Die Differentialgleichung (7.50) ist entsprechend zu erweitern,

$$c x_a + w \dot{x}_a + m \ddot{x}_a + F = 0 \tag{7.54}$$

und läßt sich mit D, T und $k = -1/c$ in die allgemeine Form

$$x_a + 2DT \dot{x}_a + T^2 x_a = k F \tag{7.55}$$

überführen. Hier bedeutet F die anregende Kraft und die Auslenkung x_a ist die entsprechende Antwort.

Frequenzgang. Mit dem Ansatz

$$\underline{F} = \hat{F} e^{j\omega t} \tag{7.56}$$

$$\underline{x}_a = \hat{x}_a e^{j(\omega t + \varphi)} \tag{7.57}$$

liefert (7.55) den Amplitudengang von Gl. (1.134) und Bild 1.18, wobei jetzt als Ordinate das Verhältnis aus Auslenkung und anregender Kraft $\hat{x}_a/\hat{F}$ zu nehmen ist,

$$|G(j\omega)| = \frac{\hat{x}_a}{\hat{F}}. \tag{7.58}$$

Über einen weiten Bereich ist die Amplitude des Schwingungsgebers proportional der angreifenden Kraft, bis dann schließlich die Eigenfrequenz des Schwinggebers angeregt und damit seine Empfindlichkeit geändert wird.

Nach diesen mehr grundsätzlichen Überlegungen sollen nun drei nach verschiedenen Prinzipien arbeitende Schwingungsaufnehmer vorgestellt werden.

Elektrodynamischer Schwingungsgeber

Beim Tauchspulmikrophon von Bild 7.31 bildet die Spule 4 den schwingenden Körper mit der Masse m. Sie ist mit der Membranfeder 3 starr gekoppelt und taucht in das Feld des Dauermagneten 2 ein. Die Bewegung der Spule wird durch Wirbelströme gedämpft, die in dem Kupferzylinder 5 erzeugt werden.

Wird die Membran durch den Schalldruck ausgelenkt, so bewegt sich die Spule mit der Geschwindigkeit $d x_a/d t$ durch das Magnetfeld der Flußdichte B. Die Spannung u

$$u = k B \frac{d x_a}{d t} \tag{7.59}$$

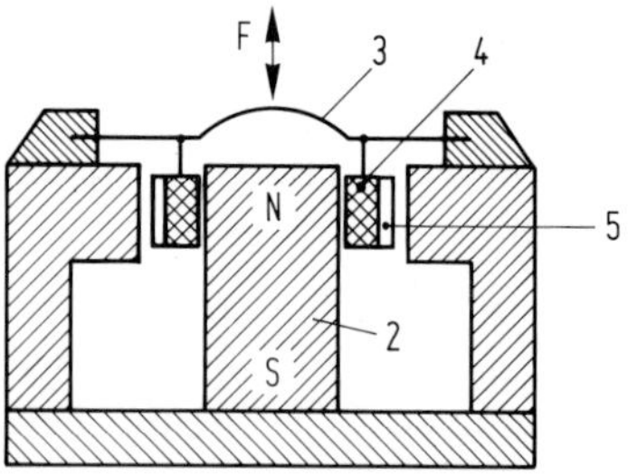

Bild 7.31: Elektrodynamischer Schwingungsgeber mit einer Tauchspule als schwingende Masse 4, Dauermagnet 2, Feder 3 und Kupferzylinder 5 zur Wirbelstromdämpfung

wird induziert. Sie ist ein Maß für die Schwinggeschwindigkeit. Interessiert die Amplitude der Schwingung, so ist über die induzierte Spannung zu integrieren. Wird umgekehrt die induzierte Spannung differenziert, so ist du/dt ein Maß für die Beschleunigung.

Elektromagnetischer Schwingungsgeber

Bei dem elektromagnetischen Schwingungsgeber wird durch die schwingende Komponente der Fluß Φ eines magnetischen Kreises beeinflußt. In der Anordnung von Bild 7.32 bewegt das schwingende Teil einen Weicheisenanker, der den Luftspalt und damit den Fluß eines einen Dauermagneten enthaltenden Kreises ändert. Der Fluß ist umso kleiner, je größer der Luftspalt ist. Bezeichnet Φ_0 den Fluß bei der Breite s_0 des Luftspalts, so kann für kleine Auslenkungen angesetzt werden

$$\Phi = \Phi_0 \frac{s_0}{s} . \tag{7.60}$$

Auf einen Schenkel des Magneten ist nun eine Spule mit der Windungszahl N gewickelt. Bei einer Flußänderung wird in ihr die Spannung u induziert

$$u = -N \frac{d\Phi}{dt} = -N \frac{d\Phi}{ds} \frac{ds}{dt} = N \frac{\Phi}{s} \frac{ds}{dt} , \tag{7.61}$$

die wieder ein Maß für die Schnelle ds/dt der Schwingung ist.

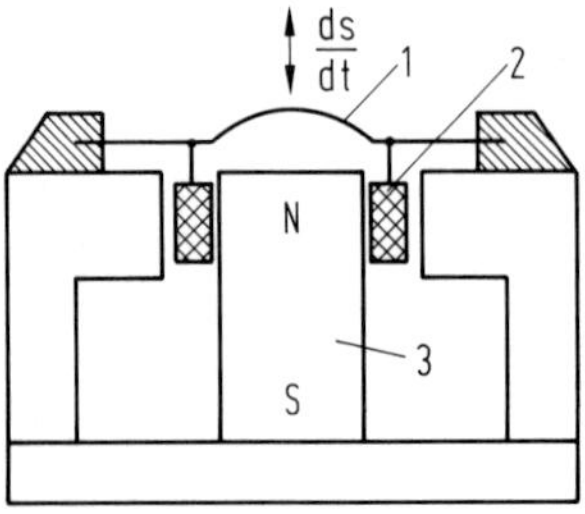

Bild 7.32: Elektromagnetischer Schwingungsgeber
1 Dauermagnet
2 beweglicher Weicheisenanker
3 Spule

Magnetostriktiver Schwingungsgeber

Die Richtungsänderung der Elementarmagnete bei der Aufmagnetisierung eines ferromagnetischen Stoffes führt zu einer Änderung seiner äußeren Abmessungen (*Magnetostriktion*). Die relative Längenänderung $\Delta l/l$ liegt bei Sättigungsmagnetisierung etwa zwischen 10^{-6} und 10^{-5}. In einem magnetischen Wechselfeld entstehen dabei periodische Formänderungen und mechanische Schwingungen. Bekannt ist dieser Effekt von dem Brummgeräusch der Transformatoren, und ausgenutzt wird er z.B. bei den magnetostriktiven Wandlern für die Erzeugung von Ultraschall.

Die Umkehrung der Magnetostriktion ist der *magnetoelastische Effekt*. Bei einer Beanspruchung durch Zug oder Druck ändert sich die Magnetisierung ferromagnetischer Stoffe. Dieser Effekt wird zu Konstruktion magnetostriktiver bzw. magnetoelastischer Schwingungsaufnehmer ausgenutzt. Um den Kern eines derartigen Detektors, der aus einem Ferrit oder aus einem Paket lamellierter, ferromagnetischer Bleche besteht, ist eine Spule gewickelt. Bei einem auf den Kern einwirkenden, zeitlich wechselnden Druck ändert sich die Flußdichte, und in der umgebenden Spule wird eine Wechselspannung induziert.

Bild 7.33: Magnetostriktiver Schallaufnehmer
1 Kern
2 (mineralisolierte) Spule
3 Schutzrohr

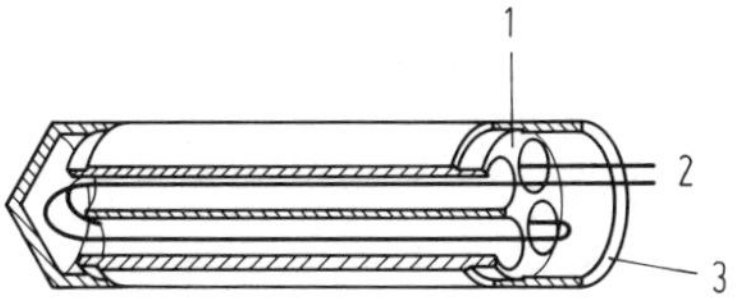

Auf diese Weise werden z.B. Schall- und Ultraschalldrücke in Flüssigkeiten gemessen. Die Empfindlichkeit eines derartigen Gebers ist von der Frequenz abhängig. Sie liegt bei Schwingungen von 1 kHz etwa bei 1 µV/Pa. Der einfach aufgebaute Geber läßt sich für hohe Betriebstemperaturen auslegen, so daß in etwa 1000 °C heißen Medien noch gemessen werden kann (Bild 7.33 [2.17]).

Sind nicht dynamische, sondern statische Druck- oder Zugbelastungen zu erfassen, so versagt der Nachweis der induzierten Spannung. In diesem Fall kann die Induktivität der Spule zur Messung herangezogen werden (magnetoelastische Kraftmeßdose, Abschnitt 4.4.6).

7.3.2 Absolute Schwingungsmessung

Bezugspunkt. Bei Messungen in industriellen Anlagen, in bewegten Fahrzeugen, oder auch bei der Messung der Bewegung der Erdoberfläche ist zunächst kein in Ruhe bleibender Bezugspunkt vorhanden. Er ist in Form einer trägen Masse eigens zu schaffen. Dies führt zur Konstruktion eines absoluten Schwingungsgebers gemäß Bild 7.34. Auf der schwingenden Unterlage 1 ist das Gehäuse 2 des Gebers starr befestigt. Der Geber enthält die an der Feder 3 aufgehängte träge Masse 4, deren Bewegung durch den Kolben 5 gedämpft ist. Das von

x_e angeregte System liefert die Antwort x_a. Die Auslenkung x_a wird mit einem Längengeber gemessen, also z.B. mit einem Differential-Transformator, mit einem potentiometrischen, induktiven, kapazitiven oder optischen Längenaufnehmer, oder mit einem piezoelektrischen Kristall.

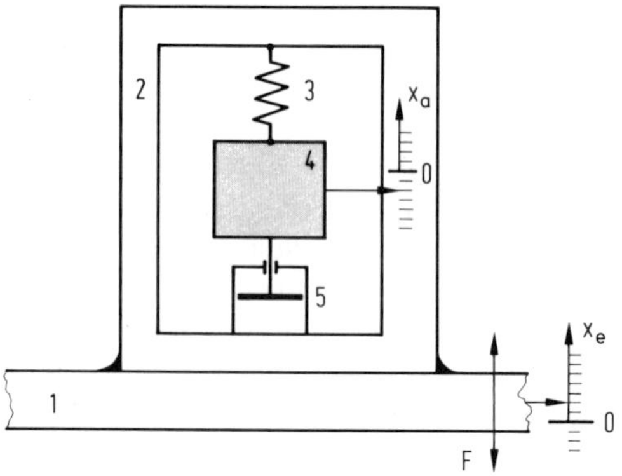

Bild 7.34: Aufbau eines Gebers zur absoluten Schwingungsmessung; die Kraft greift am Gehäuse an;

1 schwingende Unterlage (Rohrleitung, Behälter, Fundament), 2 Gehäuse, 3 Feder, 4 träge Masse, 5 Dämpfungseinrichtung; x_e Bewegung der Unterlage gegenüber einem gedachten Bezugssystem; x_a Bewegung der trägen Masse relativ zum Gehäuse

Differentialgleichung. Im Unterschied zur relativen Schwingungsmessung von Bild 7.30 greift die Kraft jetzt nicht an der trägen Masse direkt, sondern am Gehäuse an. Die Federkraft $c\,x_a$ und die Dämpfungskraft $w\,\dot{x}_a$ bleiben dieselben. Die Trägheitskraft ändert sich jedoch, da die träge Masse jetzt um insgesamt $x_e + x_a$ ausgelenkt wird. Dabei ist x_e die Bewegung des Gehäuses im Raum und x_a ist die Auslenkung der seismischen Masse relativ zum Gehäuse. Mit der Trägheitskraft $m(\ddot{x}_e + \ddot{x}_a)$ resultiert die Differentialgleichung

$$c\,x_a + w\,\dot{x}_a + m\,\ddot{x}_a = -\,m\,\ddot{x}_e, \tag{7.65}$$

bei der zwei Spezialfälle eine technische Bedeutung erlangt haben.

a) Große Masse m, kleine Federkonstante c und kleine Dämpfungskonstante w. In der Dgl. können die Terme mit c und w gegenüber dem Glied mit m vernachlässigt werden. Die Gleichung reduziert sich auf

$$m\,\ddot{x}_a = -\,m\,\ddot{x}_e \tag{7.66}$$

$$x_a = -\,x_e \tag{7.67}$$

Die träge Masse macht die Bewegung nicht mit. Der Geber zeigt die Auslenkung x_e der Unterlage gegenüber dem gedachten Bezugssystem an. Er arbeitet als „Absolutweggeber“. Das System ist wegempfindlich.

b) Sehr steife Feder; große Federkonstante und gleichzeitig kleine Masse und kleine Dämpfungskonstante. Die Dgl. vereinfacht sich auf

$$x_a = -\frac{m}{c}\ddot{x}_e. \tag{7.68}$$

Die Auslenkung x_a ist proportional der Beschleunigung. Das System ist beschleunigungsempfindlich.

Frequenzgang. Dieselben Ergebnisse werden erhalten, wenn das System nicht im Zeit-, sondern im Frequenzbereich untersucht wird. Dazu wird zunächst die Dgl. (7.65) durch c dividiert und mit dem Dämpfungsfaktor D und der Zeitkonstante T in die Standardform überführt

$$x_a + 2DT\dot{x}_a + T^2\ddot{x}_a = -T^2\ddot{x}_e. \tag{7.69}$$

Mit dem komplex angesetzten Ein- und Ausgangssignal und der bezogenen Frequenz $\Omega = \omega/\omega_0$ folgt daraus der Frequenzgang $G(j\,\omega)$ zu

$$G(j\,\Omega) = \frac{\underline{x}_a}{\underline{x}_e} = \frac{\Omega^2}{1-\Omega^2 + j\,2D\Omega}. \tag{7.70}$$

Die zweite Ableitung $\ddot{x}_e$ des anregenden Signals in Gl. (7.65) führt zu dem Term ω^2 im Zähler des Frequenzgangs. Dadurch unterscheidet sich der des absoluten Schwingungsgebers von dem des relativen. Der Amplitudengang

$$|G(j\,\Omega)| = \frac{\hat{x}_a}{\hat{x}_e} = \frac{\Omega^2}{\sqrt{(1-\Omega^2)^2 + 4D^2\Omega^2}} \tag{7.71}$$

ist im Bild 7.35 dargestellt. Für $D=1$ reduziert er sich auf die übersichtlichere Form

$$|G(j\,\Omega)| = \frac{\Omega^2}{1+\Omega^2}. \tag{7.72}$$

Er enthält die schon diskutierten Spezialfälle:

a) Zu einer großen Masse gehört eine niedrige Eigenfrequenz. Für Frequenzen, die groß gegenüber dieser Eigenfrequenz sind, $\omega \gg \omega_0$, $\Omega \gg 1$ folgt aus (7.72)

$$|G(j\,\omega)| = \frac{\hat{x}_a}{\hat{x}_e} = 1; \qquad \hat{x}_a = \hat{x}_e. \tag{7.73}$$

Das System ist wegempfindlich. Um diese Arbeitsweise zu erreichen, ist also eine niedrige Eigenfrequenz des Gebers wünschenswert. Der Geber ist tief abgestimmt.

b) Eine kleine Masse und eine große Federkonstante führen zu einer hohen Eigenfrequenz. Für Frequenzen, die klein sind gegenüber dieser Eigenfrequenz, $\omega \ll \omega_0$, $\Omega \ll 1$, kann Ω^2 im Nenner von (7.72) vernachlässigt werden und es wird

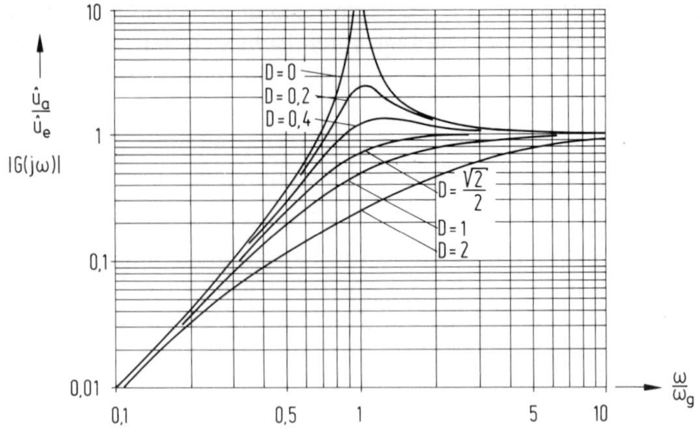

Bild 7.35: Amplitudengang des seismischen Gebers

$$|G(j\,\omega)| = \frac{\hat{x}_a}{\hat{x}_e} = \Omega^2. \tag{7.74}$$

Der Amplitudengang steigt mit ω^2. Das System arbeitet als Beschleunigungsgeber. Für diese Arbeitsweise ist eine hohe Eigenfrequenz wünschenswert. Der Geber ist hoch abgestimmt.

Im folgenden soll nun auf einige Anwendungen des absoluten Schwingungsgebers eingegangen werden.

Seismischer Geber mit wegabhängigem Abgriff, tief abgestimmt

Die Bezeichnung „seismischer Geber" (DIN 45661: „Inertialsystem") kommt von den Erdbebenschreibern, Seismographen, die als erste Geräte nach diesem Prinzip arbeiteten. Inzwischen werden die Aufnehmer in vielen industriellen Anlagen zur Betriebskontrolle eingesetzt.

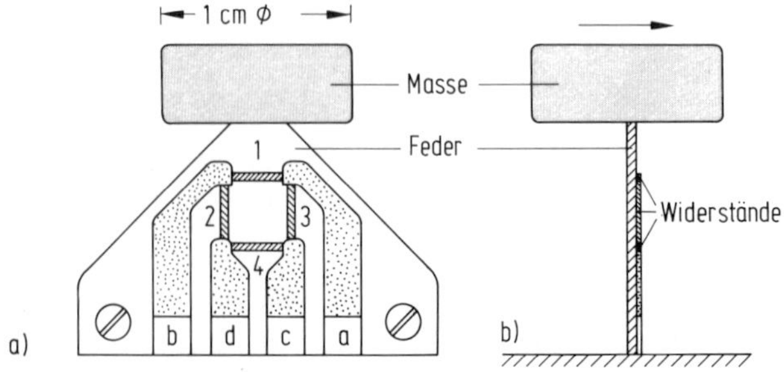

Bild 7.36: Beschleunigungssensor für Airbag und Gurtstraffer [7.42] mit den Dünnschichtwiderständen 1, 2, 3, 4 und den Anschlußpunkten a bis d; der Pfeil bezeichnet die Fahrtrichtung.

Eine Anwendung im Kraftfahrzeug zeigt Bild 7.36. Aufgabe dieses Beschleunigungssensors ist, bei einem Aufprall entweder das Airbag- oder das Gurtstraffersystem auszulösen. Der Sensor besteht aus einer dreiecksförmigen Biegefeder mit vier in Form einer Vollbrücke aufgedampften Dehnungsmeßstreifen. Die seismische Masse ist als zylinderförmige Scheibe an der Spitze der Feder befestigt. Die Dämpfung wird durch eine Ölfüllung des Gehäuses erreicht. Bei einem Aufprall des Fahrzeugs dehnt sich die Biegefeder mit den aufgedampften Widerständen. Aus der Verstimmung der Brücke werden die Geschwindigkeit und die Beschleunigung des Fahrzeugs ermittelt. Bei Überschreiten einer vorher eingestellten Grenze werden die Gurte gestrafft, bevor der Körper nach vorne fallen kann. Der Airbag ist etwa 30 ms nach dem Aufprall aufgeblasen und fällt etwa 0,1 s später wieder in sich zusammen. Das Treibgas entweicht durch seitliche Schlitze, um die Sicht nicht zu behindern [7.42].

Seismischer Geber mit geschwindigkeitsabhängigem Abgriff, tief abgestimmt

Einen seismischen Geber mit einer Tauchspule als geschwindigkeitsabhängigen Abgriff zeigt Bild 7.37. Im Vergleich mit Bild 7.31 hat sich nur der Angriffspunkt der Kraft geändert. Jetzt schwingt das Gehäuse mit dem Dauermagneten. Die Tauchspule bildet die seismische Masse. Sie liefert eine Spannung, die nach (7.59) proportional der Schwinggeschwindigkeit ist.

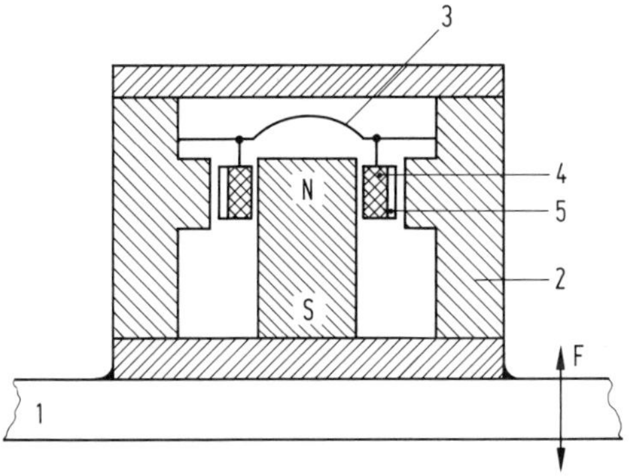

Bild 7.37: Seismischer Geber mit Tauchspule als geschwindigkeitsabhängigen Abgriff

1 schwingende Unterlage, 2 Gehäuse mit Dauermagnet, 3 Feder, 4 Tauchspule als träge Masse, 5 Kupferzylinder zur Wirbelstromdämpfung

Der Geber ist mit großer Masse, kleiner Feder- und kleiner Dämpfungskonstante konstruiert, so daß der Spezialfall von Gl. (7.66) erreicht ist. Die abgegriffene Spannung u ist proportional der Schwinggeschwindigkeit

$$u = k\,\dot{x}_a = -\,k\,\dot{x}_e. \tag{7.75}$$

Im Frequenzgang liegt der Betriebsbereich rechts von der Eigenfrequenz ω_0, bei Frequenzen $\omega > \omega_0$. Der Amplitudengang hat die Einheit $mV/mm\,s^{-1}$ und zeigt wegen

$$|G(j\,\omega)| = \frac{|u|}{|k\,\dot{x}_e|} = \frac{k\,\dot{x}_a}{k\,\dot{x}_e} = \frac{\omega\,\hat{x}_a}{\omega\,\hat{x}_e} = \frac{\hat{x}_a}{\hat{x}_e} \tag{7.76}$$

den gleichen Verlauf wie der Geber mit wegabhängigem Abgriff Gl. (7.73).

Seismischer Geber mit wegabhängigem Abgriff, hoch abgestimmt

Schwingungsaufnehmer mit einem piezoelektrischen Material zur Umformung der mechanischen Größe in eine elektrische sind aus relativ wenigen Teilen aufgebaut. In Bild 7.38a werden die piezoelektrischen Scheiben Q und die seismische Masse 4 von der Membranfeder 3 gegen das Gehäuse 2 gedrückt. Das piezoelektrische Material wird in Längsrichtung beansprucht. Die freigesetzte Ladung ist proportional der wirkenden Kraft, proportional den durch die Kraft verursachten Spannungen, d.h. proportional der Verformung x_a, wobei x_a die Relativbewegung zwischen dem Gehäuse 2 und der Masse 4 ausdrückt,

$$Q = k\,x_a. \tag{7.77}$$

Der Geber ist mit kleiner Masse, kleiner Dämpfung, aber steifer Feder so konstruiert, daß der Spezialfall b) erreicht wird und Gl. (7.68) gilt. Die abgegebene Ladung Q ist dann proportional der Beschleunigung $\ddot{x}_e$ der schwingenden Unterlage 1.

$$Q = k\,x_a = -\frac{k}{c}\,m\,\ddot{x}_e. \tag{7.78}$$

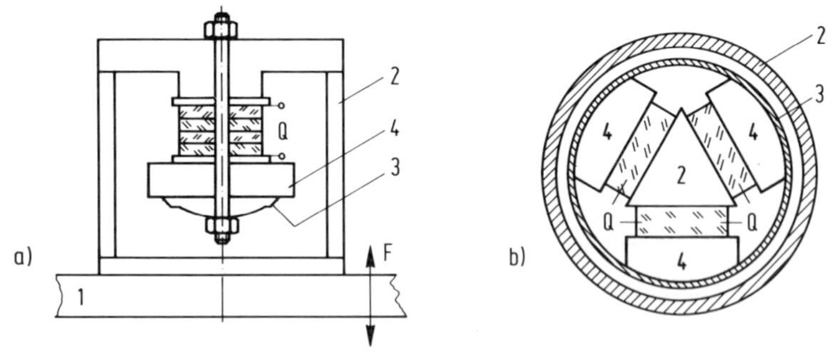

Bild 7.38: Unterschiedliche Konstruktionen seismischer Geber mit wegabhängigem, piezoelektrischen Abgriff

a) Die Quarzscheiben Q werden in Längsrichtung beansprucht; die Tellerfeder 3 drückt die geringe Masse 4 und die Quarzscheiben gegen das Gehäuse 2.
b) Querschnitt eines anderen Gebers; die drei Quarzscheiben Q werden auf Scherung beansprucht. Die Ringfeder 3 drückt die Massen 4 und die Quarzscheiben auf den Mittelbolzen 2. Die Kraft wirkt senkrecht zur Bildebene.

Im Frequenzgang liegt der Betriebsbereich links von der Eigenfrequenz ω_0, bei Frequenzen $\omega < \omega_0$. Wird der Amplitudengang als Verhältnis $\hat{x}_a/\hat{x}_e$ aufgetragen, so steigt er gemäß (7.74) mit ω^2.

In die Differentialgleichung (7.65) läßt sich auch die erregende Kraft F

$$F = m\,\ddot{x}_e \tag{7.79}$$

direkt einführen. Damit geht die Gleichung über in

$$c\,x_a + w\,\dot{x}_a + m\,\ddot{x}_a = -\,F. \tag{7.80}$$

Die neu entstandene Differentialgleichung ist von der gleichen Art wie die Differentialgleichung (1.82). Die dort entwickelten Lösungen können übernommen werden. Der Amplitudengang hat jetzt die Einheit As/N

$$|G(j\,\omega)| = \frac{\hat{x}_a}{\hat{F}} = \frac{\hat{Q}}{k\,\hat{F}} \tag{7.81}$$

und zeigt den Verlauf von Gl. (1.134) bzw. von Bild 1.18. Der Betriebsbereich liegt wieder links von der Grenzfrequenz bei $\omega < \omega_0$.

In der Konstruktion von Bild 7.38 b werden die piezoelektrischen Platten Q zusammen mit den Massen 4 durch den Federring 3 auf den dreieckförmigen, mit der Grundplatte starr verbundenen Mittelbolzen gedrückt. Die Schwingung wirkt senkrecht zur Bildebene. Das piezoelektrische Material wird auf Scherung beansprucht. Die Temperaturempfindlichkeit ist hier geringer; die freigesetzten Ladungen sind wieder proportional der Verformung.

Literaturverzeichnis:

[0.1] Grave, H.F.: Grundlagen der Elektrotechnik I und II. Frankfurt/M., Akademische Verlagsgesellschaft 1971.
[0.2] Arnolds, F.: Elektronische Meßtechnik. Stuttgart, Verlag Berliner Union 1976.
[0.3] Bergmann, K.: Elektrische Meßtechnik. Braunschweig, Vieweg 1981.
[0.4] Grave, H.F.: Elektrische Messung nichtelektrischer Größen. Frankfurt/M., Akademische Verlagsgesellschaft 1965.
[0.5] Hartmann & Braun: Meßtechnik; Einführung, Anwendung, L 3350. Frankfurt/Main.
[0.6] Jüttemann, H.: Grundlagen des elektrischen Messens nichtelektrischer Größen. Düsseldorf, VDI-Verlag 1974.
[0.7] Heywang, W.: Sensorik. Berlin, Springer-Verlag 1983.
[0.8] Hofmann, D.: Dynamische Temperaturmessungen. Berlin VEB Verlag Technik 1976.
Hofmann, D.: Handbuch der Meßtechnik und Qualitätssicherung. Berlin VEB Verlag Technik 1986.
[0.9] Kronmüller, H.: Methoden der Meßtechnik. Karlsruhe, Schnäcker-Verlag 1979.
Kronmüller, H.; Zehner, B.: Prinzipien der Prozeßmeßtechnik I und II. Karlsruhe, Schnäcker-Verlag.
[0.10] Merz, L.: Grundkurs der Meßtechnik; Teil I: Das Messen elektrischer Größen. München, R. Oldenbourg-Verlag; Teil II: Das elektrische Messen nichtelektrischer Größen. München, R. Oldenbourg-Verlag.
[0.11] Niebuhr, J.: Physikalische Meßtechnik; Band I: Aufnehmer und Anpasser; Band II: Meßprinzipien und Meßverfahren. München-Wien, R. Oldenbourg-Verlag 1977.
[0.12] Palm, A.: Elektrische Meßgeräte und Meßeinrichtungen. Berlin, Springer 1963.
Pflier, P.M.; Jahn, H.: Elektrische Meßgeräte und Meßverfahren. Berlin, Springer 1965.
[0.13] Profos, P. (Hrsg.): Handbuch der industriellen Meßtechnik. Essen, Vulkan-Verlag 1978.
Profos, P.: Einführung in die Systemdynamik. Stuttgart, Teubner Studienbücher 1982.
[0.14] Richter, W.: Grundlagen der elektrischen Meßtechnik. Berlin VEB Verlag Technik 1985.
[0.15] Rohrbach, C.: Handbuch für elektrisches Messen mechanischer Größen. Düsseldorf, VDI-Verlag 1967.
[0.16] Samal, E.: Elektrische Messung von Prozeßgrößen. AEG-TELEFUNKEN-Handbücher Band 17. Berlin, Elitera-Verlag 1974.
[0.17] SIEMENS AG: Messen in der Prozeßtechnik. Berlin, Siemens AG 1972.
[0.18] Stöckl, M.; Winterling, K.H.: Elektrische Meßtechnik. Stuttgart, B.G. Teubner.
[0.19] Tränkler, H.R.: Die Technik des digitalen Messens. München, R. Oldenbourg-Verlag 1976.
[0.20] Wiegleb, G.: Sensortechnik. München, Franzis Verlag 1986.
[0.21] Gerthsen, Kneser, Vogel: Physik. Berlin, Springer-Verlag.
[0.22] Dobrinski, Krakau, Vogel: Physik für Ingenieure. Stuttgart, B.G. Teubner Verlag.
[0.23] Guillery, P.; Hezel, R.; Reppich, B.: Werkstoffkunde für Elektroingenieure. Braunschweig, Vieweg & Sohn 1978.
[0.24] Feldtkeller, E.: Dielektrische und magnetische Materialeigenschaften. Hochschultaschenbücher Band 485 und Band 488, Bibliographisches Institut Mannheim.
[0.25] Harth, W.: Halbleitertechnologie. Teubner Studienskripten 1981.
[0.26] Müseler, H.; Schneider, T.: Elektronik-Bauelemente und Schaltungen. München, Carl-Hanser-Verlag 1981.
[0.27] Seifart, M.: Analoge Schaltungen und Schaltkreise. Berlin, VEB-Verlag Technik 1980.
Seifart, M.: Digitale Schaltungen und Schaltkreise. Heidelberg, Dr. Alfred Hüthig-Verlag 1982.
[0.28] Steudel, E.; Wunderer, P.: Gleichstromverstärker kleiner Signale. Frankfurt/M., Akademische Verlagsgesellschaft 1967.
[0.29] Tietze, U.; Schenk, C.: Halbleiterschaltungstechnik. Berlin, Springer.

[1.1] DIN 1319: Grundbegriffe der Meßtechnik
Teil 1: Allgemeine Grundbegriffe
Teil 2: Begriffe für die Anwendung von Meßgeräten

Teil 3: Begriffe für die Meßunsicherheit und für die Beurteilung von Meßgeräten und Meßeinrichtungen
Teil 4: Behandlung von Unsicherheiten bei der Auswertung von Messungen
[1.2] VDI/VDE 2600: Metrologie
Blatt 1: Gesamtstichwortverzeichnis
Blatt 2: Grundbegriffe
Blatt 3: Gerätetechnische Begriffe
Blatt 4: Begriffe zur Beschreibung der Eigenschaften von Meßeinrichtungen
[1.3] DIN 1301: Einheiten, Einheitennamen, Einheitenzeichen, 1971.
[1.4] Rümcker, B.: SI-Einheiten/Gesetzliche Einheiten und ihre Anwendungspflicht in der Praxis ab 1978. Weka-Verlag 1978.
[1.5] Kamke, D., Krämer, K.: Physikalische Grundlagen der Maßeinheiten. Stuttgart: B.G. Teubner 1977.
[1.6] Melchert, F.: Entwicklungsstand auf dem Gebiet der Gleichstromnormale. Technisches Messen atm 43 (1976) 5, S. 139–145.
[1.7] Kind, D.: Fortschritte bei der Darstellung der elektrischen Einheiten. Technisches Messen atm 44 (1977) 7/8, S. 243–248.
[1.8] Melchert, F.: Darstellung der Spannungseinheit mit Hilfe des Josephson-Effektes. Technisches Messen atm 46 (1979) 2, S. 59–68.
[1.9] Fiebiger, A.: Entwicklungsstand auf dem Gebiet der Wechselstromnormale – eine Übersicht. Technisches Messen 46 (1979) 1, S. 9–14 und 2, S. 69–74.
[1.10] PTB-Bericht: Probleme bei der Darstellung elektrischer Einheiten. PTB-E-12, Juni 1979.
[1.11] Kreyszig, E.: Statistische Methoden und ihre Anwendungen. Göttingen, Vandenhoek & Ruprecht 1977.
[1.12] Ludwig, R.: Methoden der Fehler- und Ausgleichsrechnung. Braunschweig, Vieweg-Verlag 1969.
[1.13] VDE/VDI 2620 Blatt 1 und 2: Fortpflanzung von Fehlergrenzen bei Messungen, 1974.
[1.14] DIN 40146: Begriffe der Nachrichtenübertragung, 1973. Blatt 1: Grundbegriffe.
[1.15] Reichel, H.: Hybridintegration; Technologie und Entwurf von Dickschichtschaltungen. Hüthig Verlag Heidelberg 1986.
[1.16] Tschulena, G.; Selders, M.: Schlüsseltechnologien zur Sensorherstellung. Technisches Messen tm 50 (1983), H. 4, S. 127–134.
[1.17] Schiller, S.; Heisig, U.: Bedampfungstechnik. VEB Verlag Technik Berlin 1975.
[1.18] Kempter, K.: Large-Area Electronics Based on Amorphous Silicon. Festkörperprobleme 27 (1987).
[1.19] Poppinger, M.: Sensoren auf Siliziumbasis. Verh. d. Dt. Phys. Ges. 6/1984, S. 1381–1392.
[1.20] Prinz, L.; Schrüfer, E.: Silizium-Sensoren. Enzyklopädie Naturwissenschaft und Technik, Jahresband 1983, S. 440–454.
[1.21] Csepregi, L.; Hauk, R.; Niessl, R.; Seidel, H.: Technologie dünngeätzter Siliziumfolien im Hinblick auf monolithisch integrierbare Sensoren. Fraunhofer-Institut für Festkörpertechnologie, Forschungsbericht BMFT-FB-T 83-089, Mai 1983.
[1.22] Schrüfer, E.: Fortschritte in der industriellen Meß- und Automatisierungstechnik durch die Mikroelektronik. MessComp 1987.
[1.23] Schrüfer, E.: Methoden der digitalen Signalverarbeitung. Parat Jahrbuch Meßtechnik 1987, Verlag VCH Weinheim, S. 73–108.

[2.1] Züblin, H.G. und Tschappu, F.: Das Messen der elektrischen Arbeit – eine Übersicht. Technisches Messen atm 45 (1978) 11, S. 395–402.
[2.2] Baetz, O., Krannich, W. und Pott, B.: Elektrische Registriergeräte. Berlin: AEG-Verlag, 1967.
[2.3] SIEMENS AG (Hrsg.): Elektromeßtechnik. 5. Aufl., Berlin/München: SIEMENS AG, 1968.
[2.4] Fricke, H.W.: Das Arbeiten mit Elektronenstrahl-Oszilloskopen, Band 1, Arbeitsweise und Eigenschaften. Heidelberg, Dr. Alfred Hüthig Verlag 1976.
[2.5] Lipinski, K.: Das Oszilloskop, Funktion und Anwendung. Berlin, VDE-Verlag 1976.
Meyer, G.: Analoge und digitale Oszilloskope. Hüthig Verlag Heidelberg, in Vorbereitung.

[2.6] Bergtold, F.: Umgang mit Operationsverstärkern. München, R. Oldenbourg-Verlag, 1973.
[2.7] Achterberg, H.: Operationsverstärker Grundlagen. Valvo Unternehmensbereich Bauelemente, Hamburg, Verlag Boysen & Maasch, 1974.
[2.8] Graeme, J.: Designing with Operational Amplifiers – Applications Alternatives. New York, McGraw Hill, 1977.
[2.9] SIEMENS AG, Bereich Bauelemente: Lineare Schaltungen, Datenbuch 1981/82. München, SIEMENS AG.
[2.10] Datenbücher und Applikationsunterlagen der Firmen Analog Devices, Burr Brown, Intersil, National Semiconductor, Precision Monolithics Inc., Texas Instruments.
[2.11] CMOS-Operationsverstärker mit automatischem Nullabgleich. Elektronik 1979, 9, S. 55.
[2.12] Sensoren – Technologie und Anwendung. NTG-Fachberichte, Band 79, Berlin/Offenbach, VDE-Verlag, 1982.
[2.13] Tränkler, H.: Sensortechnik eine Disziplin der Zukunft. Wärme 86, 5, S. 89–95.
Tränkler, H.: Die Schlüsselrolle der Sensortechnik in Meßsystemen. Technisches Messen 1982, 10, S. 343–353.
[2.14] Obermeier, E., Reichl, H.: Meßwerterfassungssysteme und Sensorprinzipien. Elektronik 1979, 26, S. 23–29.
[2.15] Herceg, E.E.: Handbook of Measurement and Control. Pennsauken, N.J., Schaevitz Engineering, 1972.
[2.16] Gevatter, H.J., Merl, W.A.: Der Wiegand-Draht, ein neuer magnetischer Sensor. Regelungstechnische Praxis 22 (1980), S, S. 81–85.
[2.17] Hans, R., Podgorski, J.: Magnetostriktive Hochtemperatur-Schall- und -Schwingungsmeßeinrichtung für Kernkraftwerke. Siemens-Zeitschrift 50 (1976) 8, S. 527–533.
[2.18] Lachmann, U.: Funktion und Anwendung der Hall-Magnet-Gabelschranke HKZ 101. Siemens Components 20 (1982), 3, S. 73–75.
[2.19] von Klitzing, K.: Two-Dimensional Systems: A Method for the Determination of the Fine Structure Constant. Surface Science 113 (1982) S. 1–9.
von Klitzing, K.: Quantisierter Hallwiderstand zweidimensionaler Elektronensysteme. PTB-Bericht PTB-E-18, 1981, S. 117–130.
[2.20] Früh, K.F.: Zu den Anfängen der magnetisch-induktiven Durchflußmessung. Automatisierungstechnische Praxis atp 27 (1985), Heft 1, S. 43–44.
[2.21] Hogrefe, W.: Magnetisch-induktive Durchflußmesser. Regelungstechnische Praxis rtp 18 (1976) 12, S. 321–348.
[2.22] Lieneweg, F.: Handbuch Technische Temperaturmessung. Braunschweig, Vieweg, 1976.
[2.23] Weichert, L. u.a.: Temperaturmessung in der Technik – Grundlagen und Praxis. Grafenau/Württ., Lexika-Verlag, 1976.
[2.24] Schrüfer, E.: Temperaturmessung mit elektrischen Berührungsthermometern. Parat Jahrbuch Meßtechnik 1987, Verlag VCH Weinheim, S. 1–46.
[2.25] Schwabe, K.: pH-Meßtechnik. 4. Aufl., Dresden, Verlag Theodor Steinkopff, 1977.
[2.26] Meßlinger, R.: pH-Wert-Messung. Regelungstechnische Praxis 23 (1981), 9, S. 304–308.
[2.27] Spescha, G., Volle, E.: Piezoelektrische Meßgeräte. Nellingen bei Stuttgart, Kistler Instrumente GmbH.
[2.28] v. d. Burgt, C.M. u.a.: Piezoxide-Wandler. Hamburg, Valvo GmbH.
[2.29] Piezotechnik. Sonderteil in: Elektronik 1982, 6, S. 72–94.
[2.30] Tichý, J., Gautschi, G.: Piezoelektrische Meßtechnik. Berlin, Springer 1980.
[2.31] Schmidt, W., Feustel, O.: Optoelektronik kurz und bündig. Würzburg, Vogel-Verlag, 1975.
[2.32] Datenbücher und Applikationsunterlagen der Firmen AEG-Telefunken, Fairchild, Hewlett Packard, Siemens, Texas Instruments, Valvo.
[2.33] Lutzke, D.: Betrieb und Schaltungstechnik von Fotodioden. elektronik industrie 1981, 6, S. 27–32.
[2.34] Meiler, I.: Der elektrische Belichtungsmesser – Meßtechnik im Dienst der Fotografie. Feinwerktechnik & Meßtechnik 85 (1977) 5, S. 206–210.
[2.35] Neuert, H.: Kernphysikalische Meßverfahren zum Nachweis für Teilchen und Quanten. Karlsruhe, Verlag G. Braun, 1966.
[2.36] Schrüfer, E. u.a.: Strahlung und Strahlungsmeßtechnik in Kernkraftwerken. Berlin, Elitera-Verlag, 1974.

[2.37] Schmid, D.: Elektronik ersetzt St. Florian. Markt & Technik, 10. 11. 1978, S. 11-18.
[2.38] Klein, M.; Kuisl, M.; Ricker, Th.: Der ionensensitive Feldeffekt-Transistor – ein Halbleitersensor zum Messen von chemischen Größen. Technisches Messen 50 (1983), S. 381–388.
[2.39] Abe, H.; Esashi, M.; Matsuo, T.: ISFET's Using Inorganic Gate Thin Films. IEEE Trans. on Electron Devices ED 26 (1979), S. 1939–1944.
[2.40] Dobos, K.; Zimmer, G.: Gasempfindliche MOS-Strukturen. NTG-Fachbericht 93 (1986), Sensoren – Technologie und Anwendung, S. 54. Berlin-Offenbach, VDI-Verlag, 1986.
[2.41] Weissbart, J.; Rubka, R.: Oxygen gauge. Rev. Sci. Instr. 32 (1961) 593.
[2.42] Möbius, H.-H.; Hartung, R.; Guth, U.: Ergebnisse der Entwicklung und Erprobung von Festelektrolytsensoren zur kontinuierlichen elektrochemischen Sauerstoffmessung in Rauchgasen. msr 22 (1979) 5, S. 269–272.
[2.43] Kraus, B.: Regelung und Gemischzusammensetzung bei Einspritz-Ottomotoren mit Hilfe der Lambda-Sonde. Bosch Techn. Berichte 6 (1978) 3, S. 136–143.
Wiedemann, H.M., Raff, L., Noack, R.: Heated Zirconia Oxygen Sensor for Stoichiometric and Lean Air-Fuel Ratios. Society of Automotive Engineers, Paper 840141 Detroit 1984
[2.44] Schwaier, A.: Festkörpersensoren zur Messung der Gas- und Ionenkonzentration sowie der Feuchte. Regelungstechnische Praxis (1984) H. 7, S. 298–306.
[2.45] Aschmoneit, E.-K.: FET-Gassensoren mit Ormosil-Schichten. Elektronik (1986) H. 21, S. 24–26.
[2.46] Jososwicz, M.: Aufbauformen von CHEMFETS. Hard and Soft, März 1987, Fachbeilage Mikroperipherik, S. VIII, IX.
[2.47] Kleinschmidt, P.: Piezokeramische Sensoren. NTG Fachberichte Band 29 (1982), S. 189.
[2.48] Meixner, H.; Mader, G.; Kleinschmidt, P.: Infrared Sensors Based on the Pyroelectric Polymer Polyvinylidene Fluoride (PVDF). Siemens Forsch.- u. Entwickl. Ber. 15 (1986) Nr. 3, Berlin: Springer-Verlag 1986.
[2.49] Walther, L.; Gerber, D.: Infrarotmeßtechnik. Berlin: VEB Verlag Technik 1981.
[2.50] N.N.: Infrarot-Wärmesensor. Elektor 6 (1985), S. 6–22 bis 6–28.
[2.51] Mächler, M.: Dauerjustiertes Diodenzeilen-Simultanspektrometer. Feinwerktechnik & Meßtechnik 96 (1988) 1 S. 13.

[3.1] Wilhelmy, L.: Meßgerät für Widerstände von mΩ ... TΩ. Elektronik 1981, 21, S. 65-66.
[3.2] Helke, H.: Gleichstrommeßbrücken, Gleichspannungskompensatoren und ihre Normale. München/Wien, R. Oldenbourg-Verlag, 1971.
[3.3] Lücke, B.: Vergleich von Wheatstone-Brücke und aktiver Brückenschaltung. Elektronik 1981, 21, S. 59-64.
[3.4] Herzog, H.: Temperaturmessung mit Platin-Widerstandsthermometern, Schaltungen elektrischer Meßumformer. Regelungstechnische Praxis 24 (1982) 1, S. 9-14.
[3.5] Hahn, H.: Thermistoren - ihre Eigenschaften und Anwendungen. Hamburg/Berlin, R. v. Deckers Verlag, G. Schenk.
[3.6] SIEMENS AG, Heißleiter-Datenbuch.
[3.7] Walch, H.: Der Hochtemperaturheißleiter - ein neuer Fühler für Temperaturen bis 1000 °C. Siemens bauteile report 16 (1978) 6, S. 208-210.
[3.8] SIEMENS AG, Kaltleiter-Datenbuch.
[3.9] Beitner, M., Tomasi, G.: Mikroelektronischer Spreading-Widerstand-Temperatursensor. Siemens Forsch.- u. Entwickl.-Ber. 10 (1981) 2, S. 65-71.
Reichert, H.: Halbleiter-Thermistoren: preiswerte Präzision. Elektronik 16 (1989) S. 42–45.
[3.10] VDE/VDI 3511/2.67: Technische Temperaturmessungen; 3512, Bl. 2/9.72: Meßanordnungen für Temperaturmessungen.
[3.11] Vanvor, H.: Temperaturfühler für Wärmemengenzähler. Technisches Messen tm 54 (1987), H. 4, S. 141 ff.
[3.12] Lück, W.: Feuchtigkeit – Grundlagen, Messen, Regeln. München/Wien, R. Oldenbourg-Verlag 1964.
[3.13] SIEMENS-Datenbuch Optoelektronik.
[3.14] SIEMENS-Datenbuch Magnetfeldabhängige Halbleiter.
[3.15] Müller, R.K. u.a.: Mechanische Größen elektrisch gemessen – Grundlagen und Beispiele zur technischen Ausführung. Grafenau/Württ., expert verlag, 1980.

[3.16] Potma, T.: Dehnungsmeßstreifen-Meßtechnik. Hamburg, Deutsche PHILIPS GmbH, 1968.

[3.17] Horn, K.: Lassen sich nur mit Dehnungsmeßstreifen hochgenaue Kraftaufnehmer bauen? VDI-Berichte 312 (1978).

[3.18] Bethe, K.: Sensoren mit Dünnfilm-Dehnungsmeßstreifen aus metallischen und halbleitenden Materialien. In [2.12] S. 168–176.

[3.19] Hoffmann, K.: Zur Herstellung moderner Folien-Dehnungsmeßstreifen und den dabei gegebenen Korrekturmöglichkeiten für Kriechen und Querempfindlichkeit. Hottinger Baldwin Meßtechnik, Meßtechnische Briefe 22 (1986), H. 2, S. 41–46.
Hoffmann, K.: Eine Einführung in die Technik des Messens mit Dehnungsmeßstreifen. Hottinger Balderin Meßtechnik GmbH Darmstadt 1987

[3.20] Ort, W.: Sensoren mit aufgedampften Dehnungsmeßstreifen, VDI-Berichte Nr. 509 (1984), S. 205ff.

[3.21] Heiland, G.: Zum Einfluß von adsorbiertem Sauerstoff auf die elektrische Leitfähigkeit von Zinkoxidkristallen. Zeitschrift für Physik 138 (1954), S. 459.

[3.22] Schulz, M.; Bohn, E.; Heiland, G.: Messung von Fremdgasen in der Luft mit Halbleitersensoren. Technisches Messen 46 (1979), H. 11, S. 405–414.

[3.23] Heiland, G.: Homogene halbleitende Gassensoren. VDI-Berichte Nr. 609 (1984), S. 223.

[4.1] Helke, H.: Meßbrücken und Kompensatoren für Wechselstrom. München, Wien: R. Oldenbourg-Verlag 1971.

[4.2] Krischker, P., Gast, T.: Induktiver Differential-Querankergeber hoher Auflösung. Technisches Messen atm 49 (1982) 2, S. 43–49.

[4.3] Zabler, E., Heintz, F.: Kurzschlußring-Sensoren als vielseitig verwendbare Weg- und Winkelgeber im Kraftfahrzeug. NTG-Fachberichte 79 (1982), S. 213–221.

[4.4] Meyer, G.: Stellungsfühler für Ventile – fehlersicher durch Frequenzsignale. messen + prüfen/automatik (1981) 9, S. 567–573.

[4.5] Lingenfelser, P., Thilo, P.: Schleifendetektoren zum Messen des Straßenverkehrs. Siemens-Zeitschrift 44 (1970) 2, S. 61–65.

[4.6] Veit, I.: Industrielles Messen in der Akustik und Schwingungstechnik – eine Übersicht, Teil 1: Einführung in die Grundlagen der Schallausbreitung und Funktionsbeschreibung von Meßschallwandlern. Technisches Messen atm 44 (1977) 5, S. 163–173.

[4.7] Kammermaier, J., Knauer, R., Rauhut, J.: Elektronischer Feuchtesensor mit linearer Kennlinie. Siemens Components 18 (1980) 1, S. 22–26.

[4.8] Lenk, A.: Elektromechanische Systeme, Band 3: Systeme mit Hilfsenergie. Berlin, VEB Verlag Technik 1975.

[5.1] Weber, W.: Einführung in die Methoden der Digitaltechnik. Berlin, Elitera-Verlag 1977.

[5.2] Heep, W.: Elektronische Steuerungstechnik. Berlin, Elitera-Verlag 1974.

[5.3] Leonhardt, E.: Grundlagen der Digitaltechnik. 2. Aufl., München, Carl-Hanser-Verlag 1982.

[5.4] DIN 40700: Schaltzeichen, Digitale Informationsverarbeitung. Berlin/Köln, Beuth-Verlag 1976.

[5.5] Huge, F., Sokolowsky, P.: Digitale Schaltungs- und Rechnertechnik. Würzburg, Vogel-Verlag 1979.

[5.6] Bergt, H.-E., Walter, K.-H.: Optoelektrische Anzeigeeinheiten; Wirkungsweise – Aufbau – Anwendung. Elektronik 1976, 4, S. 36–42.

[5.7] Nowak, B.: Optoelektronische Anzeigesysteme. Regelungstechnische Praxis 1979, 1, S. 4.

[5.8] Displaytechnik im Vergleich. Elektronik 1982, 14, S. 77–78.

[5.9] Taublitz, G.: Der richtige Kontakt im Relais. Elektronik 1981, 15, S. 53.

[5.10] Murray, B.: Schalten analoger Signale mit Halbleiterschaltern. Elektronik 1979, 17, S. 49–52.

[5.11] Knapp, J.: Vorschläge zur Vereinfachung und Verbesserung der Schaltungstechnik bei rechnergesteuerten Vielstellen-Dehnungsmeßgeräten. tm 1981, 7/8, S. 265–271.

[5.12] Munn, J., Shoreys, F.: Schnelle A/D-Umsetzer mit hoher Auflösung; Funktion – Anwendungen. Elektronik 1981, 23, S. 65–72.

[5.13] Hinz, W.: Prinzipien der Abfrage kontaktbehafteter Geber bei der Kraftwerkautomatisierung. Regelungstechnische Praxis 1975, 10, S. 316–320.

[5.14] Jäger, G.: Interferentielle digitale Wägesysteme. msr **21** (1978), 12, S. 688-690.

[6.1] Seifart, M.: Einfache Analog-Digitalumsetzer mit hoher Linearität und Genauigkeit. Nachrichtentechnik/Elektronik **28** (1978), 10, S. 418-420.

[6.2] Meyer, G.: Ein präziser Strom-Frequenz-Umformer nach dem Ladungsbilanzverfahren. Technisches Messen **48** (1981), 7/8, S. 249-256.

[6.3] Meyer-Ebrecht, D.: Frequenzanaloge Prozeßgrößendarstellung (I): Meßumformer für frequenzanaloge Instrumentierungssysteme. ETZ-B **24** (1972) 10, S. 243-246.

[6.4] Novickij, P.V., Knorring, V.G., Gutnikov, V.S.: Frequenzanaloge Meßeinrichtungen. Berlin (Ost), VEB Verlag Technik 1975.

[6.5] Freyberger, F., Landvogt, G., Schröder, G., Tränkler, H.R.: Nutzung der frequenzanalogen Signaldarstellung für die Prozeßlenkung mit DV-Anlagen. Karlsruhe, Gesellschaft für Kernforschung mbH, 1974.

[6.6] ITT: Integrierte Schaltungen für Gebrauchsuhren. Freiburg, Intermetall GmbH 1972.

[6.7] Ziegler, H.: Temperaturmessung mit Schwingquarzen. Technisches Messen tm, Heft 4 (1987), S. 124–129.

[6.8] Bouts, D.; Gast, T.: Frequenzanaloge Meßtechnik: Lineare Wegumformung mit Hilfe der schwingenden Saite. Technisches Messen atm 1977, 4, S. 125–130.

[6.9] Maihak-Schwingsaiten-Meßverfahren MDS. Hamburg, H. Maihak AG 1979.

[6.10] Gallo, M.; Winkler, J.: Mikroprozessoren im Waagenbau. Feinwerktechnik & Meßtechnik **86** (1978) 1, S. 30.

[6.11] Pirot, H.: Kontinuierliche Dichtebestimmung in Flüssigkeiten mittels Resonanzsensor, S. 203–206 in (2.12).

[7.1] Hellwig, R.: Übersicht über verschiedene Aufnehmerprinzipien für die elektrische Druckmessung. mpa Mai 1986, S. 273–279, Juni 1986 S. 340–351.

[7.2] Weißler, G.A.: Sensoren unter Druck. Elektronik 14 (1986), S. 79–84.

[7.3] Franz, H.: Herstellung von Drucksensoren. Feinwerktechnik & Meßtechnik 95 (1987) H. 3, S. 145–151.

[7.4] Hegner, F.: Druckaufnehmer in Dünnschichttechnik mit planarer Federstruktur. Technisches Messen tm 52 (1985) H. 10, S. 378–382.

[7.5] Rau, L.: Ein piezoresistiver Absolutdrucksensor in Dünnschichttechnik. NTG Fachberichte 93 (1986) S. 148–152.

[7.6] Hottinger Baldwin Meßtechnik GmbH, Darmstadt: Produktinformation.

[7.7] Tödt-Harten, W.; Germer, W.: Low-Cost Sensor zum Messen kleiner Drücke und Kräfte. VDI-Berichte Nr. 509 (1984), S. 57.
Kowalski, G.: Fehlerkompensierte Drucksensoren für einfache Verknüpfung mit Mikroelektronik. Technisches Messen tm 53 (1986), H. 6, S. 236–241.

[7.7] Damm, F.J.: Differenzdruckmeßumformer aus Keramik für die Durchflußmessung. messen prüfen automatisieren mpa 4 (1987), S. 185–187.

[7.8] Krause, R.: Interferometrische Messung der Durchbiegung von Silizium-Druckmeßmembranen. Siemens Forsch.- u. Entwickl.-Ber. 9 (1980) 5, S. 253–256.

[7.9] Theden, U.; Müller, B.; Boeters, K.: Halbleiter-Druckaufnehmer mit integrierter piezoresistiver Widerstandsbrücke. Regelungstechnische Praxis 24 (1982) 7.

[7.10] Becker, K.; Binder, J.; Ehrler, G.; Hagen, H.; Merta, F.: Silizium-Drucksensoren für den Bereich 2 kPa bis 40 MPa. Siemens Components 23 (1985), H. 2 und H. 3.

[7.11] Strohrmann, G.: Meßumformer für Druck und Druckdifferenz. Automatisierungstechnische Praxis atp 27 (1985) H. 1, S. 6–16, H. 2, S. 57–63, H. 3, S. 124–136.

[7.12] Hartmann & Braun AG, Frankfurt: Produktinformation.

[7.13] Fischer & Porter GmbH, Göttingen: Produktinformation.

[7.14] Rosemount Engineering GmbH, Weßling: Produktinformation.

[7.15] Graeger, V.; Liehr, M.; Kobs, R.; Orlowski, R.: Keramischer Differenzdrucksensor in Dickschichttechnik. Automatisierungstechnische Praxis atp 27 (1985) H. 10, S. 476–481.
Philips GmbH, Unternehmensbereich Elektronik für Wissenschaft und Industrie, Kassel: Produktinformation.

[7.16] Honeywell Regelsysteme GmbH, Offenbach: Produktinformation.

[7.17] VEGA Grieshaber GmbH & Co., Schiltach/Schwarzwald: Produktinformation.

[7.18] DIN 19201: Durchflußmeßtechnik; Begriffe, Gerätemerkmale für Durchflußmessungen nach dem Wirkdruckverfahren.
DIN 1952: Durchflußmessung mit genormten Düsen, Blenden und Venturi-Düsen (VDI-Durchflußregeln).
Richtlinien VDI/VDE 2040, Blatt 1, Blatt 2, Blatt 4: Berechnungsgrundlagen für die Durchflußmessung mit Drosselgeräten; Blatt 5: Berechnung der Gesamtmeßunsicherheit einer vollständigen Durchflußmeßeinrichtung.

[7.19] Bonfig, K.W.: Technische Durchflußmessung mit besonderer Berücksichtigung neuartiger Durchflußverfahren. Essen, Vulkan-Verlag, 1977.

[7.20] Hogrefe, W.: Auswahlkriterien für Durchflußmeßgeräte. Regelungstechnische Praxis rtp 24 (1982) Heft 9, 11, 12.

[7.21] Strohrmann, G.: Marktanalyse Durchflußmeßtechnik. Automatisierungstechnische Praxis atp 28 (1986), Heft 3, 4, 5 und 6.

[7.22] Meyer, D.; Greiner, B.: Erfahrungen beim Einsatz von Durchfluß- und Mengenmessern in der chemischen Industrie. Technisches Messen tm 52 (1985), Heft 1, S. 13–21.

[7.23] Schäfer, W.: Neuer thermischer Massendurchflußmesser für Gase. rtp Regelungstechnische Praxis 25 (1983), H. 11, S. 468–471.

[7.24] Hohenstatt, M.; Horlebein, E.: Erweiterte Anwendungsmöglichkeiten für thermischen Massenstrommesser. mpa 12 (1985), S. 668–671.

[7.25] Wiegleb, G.; Röß, R.: Durchflußsensor für extreme Umweltbedingungen. VDI-Berichte Nr. 509, 1984, S. 43–45.

[7.26] Hencke, H.: Lasergetrimmte Temperatur- und Luftstrom-Sensoren. Elektronik 14 (1986), S. 85ff.

[7.27] Hartmann, R.; Krüger, H.; Selders, M.; Demisch, U.: Strömungssensor in Dünnschichttechnik. VDI-Berichte Nr. 509, 1984, S. 101–104.

[7.28] Zehner, B.: Empfindlichkeit und Rauschen beim Differential-Hitzdraht-Anemometer. Technisches Messen atm 48 (1981) 11, S. 367.

[7.29] Steffen, W.; Stumm, W.: Direkte Massedurchflußmessung, insbesondere mit Coriolisverfahren. messen prüfen automatisieren, April 1987, S. 192–196 und Mai 1987, S. 301–305.

[7.30] Mettlen, D.: Massedurchflußmessung nach dem Coriolis-Prinzip. VDI-Berichte Nr. 509, 1984, S. 65–68.
Produktinformation der Schwing-Verfahrenstechnik (Micro-Motion)

[7.31] Mettlen, D.: Massedurchflußmessung mit Hilfe der Coriolis-Kraft. Technisches Messen tm 53 (1986) H. 12, S. 455.

[7.32] Bernard, H.: Ultraschall-Durchflußmessung. messen prüfen automatisieren mpa (1985), H. 12, S. 676–681.

[7.33] Brand, F.L.: Akustische Verfahren zur Durchflußmessung. messen prüfen automatisieren mpa (1987), H. 4, S. 198–205.

[7.34] v. Jena, A.: Ultraschall-Durchfluß-Sensor für die Wärmemengenmessung. VDI-Berichte Nr. 509, 1984, S. 39ff.

[7.35] Siemens AG: Produktinformation Statischer Wärmezähler in Ultraschalltechnik. A19100–J31–A28.

[7.36] Strouhal, V.: Über eine besondere Art der Tonerregung. Ann. d. Physik und Chemie **5** (1878), S. 216.

[7.37] Inkley, F.A. et al.: Flow characteristics of vortex-shedding flowmeters. J. Inst. of Measurement and Control **13** (1980), 5, S. 166–170.

[7.38] Huthloff, E.: Eichpflichtige Gasmengenmessung mit Wirbelgaszähler und elektronischer Umwertung. Technisches Messen atm 1980, 4, S. 125–130.

[7.39] Kalkhof, H.-G.: Einfluß der Wirbelkörperform auf das meßtechnische Verhalten der Wirbeldurchflußmesser. Technisches Messen tm 52 (1985), Heft 1, S. 28–33.

[7.40] Boeck, Th.: Wärmemengenmessung für Gase und Dämpfe mit dem Wirbeldurchflußmesser. Automatisierungstechnische Praxis atp 28 (1986), Heft 8, S. 377–381.

[7.41] Ceelen, D.: Wirbelzähler. messen prüfen automatisieren mpa April 1987, S. 206–213.

[7.42] Robert Bosch GmbH: Kraftfahrtechnisches Taschenbuch. VDI-Verlag Düsseldorf 1984.

Sachwortverzeichnis